Directory of Tissue Paper & Disposable Products【China】

中国生活用纸年鉴
2018/2019

中国制浆造纸研究院有限公司
中国造纸协会生活用纸专业委员会　编

中国石化出版社

图书在版编目（CIP）数据

中国生活用纸年鉴. 2018~2019 / 中国制浆造纸研究院有限公司，中国造纸协会生活用纸专业委员会编. —北京：中国石化出版社，2018. 8
ISBN 978-7-5114-4984-9

Ⅰ. ①中… Ⅱ. ①中… ②中… Ⅲ. ①生活用纸-中国-2018—2019-年鉴 Ⅳ. ①TS761. 6-54

中国版本图书馆 CIP 数据核字（2018）第 184532 号

责任编辑　张正威
责任校对　李　伟

中国石化出版社出版发行
地址:北京市朝阳区吉市口路 9 号
邮编:100020　电话:(010)59964500
发行部电话:(010)59964526
http://www.sinopec-press.com
E-mail:press@sinopec.com
北京科信印刷有限公司印刷
全国各地新华书店经销
*
889×1194 毫米 16 开本 33.5 印张 44 彩页 928 千字
2018 年 10 月第 1 版　2018 年 10 月第 1 次印刷
定价:450.00 元(含光盘)

《中国生活用纸年鉴 2018/2019》编委会

对本书有关的各项业务与意见请与编委会直接联系。

地址：北京市朝阳区望京启阳路 4 号中轻大厦 6 楼

邮编：100102

电话：010-64778188　　官方 QQ 号：800081501

传真：010-64778199　　官方微信号：cnhpia

Any business refers to this book, please contact the editorial board.

Address: Floor 6, Sinolight Plaza, No.4, Qiyang Road, Wangjing, Chaoyang District, Beijing 100102

Tel: 010-64778188　　Offical QQ: 800081501

Fax: 010-64778199　　Offical WeChat: cnhpia

E-mail: info@cnhpia.org, cidpex@cnhpia.org, editor@cnhpia.org

Http:// www.cnhpia.org

编 写 说 明

由中国制浆造纸研究院有限公司和中国造纸协会生活用纸专业委员会联合编写的《中国生活用纸年鉴》，作为委员会服务于行业企业的重要工作，从1994年开始编辑出版，已经出版发行了十三卷。从2002年的第六卷开始，每两年一卷逢双年的第一季度出版。《中国生活用纸年鉴》是目前国内全面反映生活用纸及相关行业情况的资料和从业人员的工具书，所收录的资料详实可靠，全面、准确地反映我国生活用纸行业的发展和变化。在引导资金投向，推动行业技术进步和促进企业间经贸活动中起着积极的作用。本卷为第十四卷即《中国生活用纸年鉴2018/2019》。

《中国生活用纸年鉴2018/2019》仍由中国石化出版社出版。2018/2019年版生活用纸年鉴的编写继续秉持以往编写年鉴详尽务实、真实可靠的原则，扩大信息量，编入行业的最新和最适用资料，各章节的内容都进行了认真的核实和补充，根据行业发展变化的情况，本卷年鉴的第二章生产和市场中，汇总了部分区域产业集群发展情况、部分原辅材料/设备的生产市场情况，以及部分上市公司2017年的运行情况的内容。第六章主要设备进出口情况中，增加了设备出口情况。年鉴的整体编排形式也更便于读者查阅和检索。为便于外国人阅读，目录和主要内容有中英文对照。

本卷年鉴继续制作光盘版，便于读者通过计算机更快捷查阅和使用资料。其中第四章、第五章企业名录，印刷的纸制版年鉴只刊登企业名称，企业的详细信息，刊登在光盘版中。

Foreword

As an important part of the services provided by China National Pulp and Paper Research Institute Co., Ltd. (CNPPRI) and China National Household Paper Industry Association (CNHPIA) to the industry enterprises, *Directory of Tissue Paper & Disposable Products (China)*, compiled by CNHPIA, has been published for 13 volumes since 1994. Since the 6th volume in 2002, it has been published biennially in the 1st quarter of the even years. It is currently the comprehensive reference book in China presenting a panorama of tissue paper and related industries for the employed. The information included in it is complete and reliable, which enables a comprehensive and precise reflection of the development and changes of Chinese tissue paper and related industries. It plays an active role in guiding investment and promoting industry technological improvement and trade activities between enterprises. *2018/2019 Directory of Tissue Paper & Disposable Products (China) (the 14th volume)* is published this year to present related information of the industry.

2018/2019 Directory of Tissue Paper & Disposable Products (China) is published by the China Petrochemical Press. The compiling of the new directory follows the principles of previous editions: completeness and reliability. New information as well as the latest and most related information has been added. In addition, details of each chapter have undergone careful checking and supplementing. According to the development and changes in the industry, the development of some regional industry clusters, production and market of some materials and equipments and performance of some listed enterprises in 2017 are included in the second chapter of the directory, which is Production and Market. The equipment export information is increased in the sixth chapter, which is Import and Export of Main Equipment. Its format is arranged in such a way in order to provide easy reader access and information retrieval. For the sake of foreigners, it is a bilingual version in both Chinese and English for the contents and the major parts.

The new directory continues to include CD in order to facilitate the readers to search and use the information on the computer. The printed copy only shows the name of the enterprises in the directory of Chapter 4 and 5. The detailed information of the enterprises will be contained in the CD.

目　　录

注：2018年6月7日，国家市场监督管理总局、国家标准委发布国家标准公告(2018年第9号)，其中涉及生活用纸和卫生用品有以下4项，3项为修订标准，1项为新制定标准。请企业实施新标准。

标准编号	标准名称	代替标准号	实施日期
GB/T 8939—2018	卫生巾(护垫)	GB/T 8939—2008	2019-07-01
GB/T 20810—2018	卫生纸(含卫生纸原纸)	GB/T 20810—2006	2019-07-01
GB/T 36420—2018	生活用纸和纸制品化学品及原料安全评价管理体系		2019-01-01
GB/T 22875—2018	纸尿裤和卫生巾用高吸收性树脂	GB/T 22875—2008, GB/T 22905—2008	2019-01-01

TABLE OF CONTENTS

Note: On June 7, 2018, the State Administration for Market Regulation and Standardization Administration of China issued the national standards notice (No. 9 in 2018). There are four standards related to tissue paper and disposable hygiene products, three of which are revised standards and the other one is new standard. Please abide by the new standards.

No.	Standards	No. to be Substituted	Implementation Date
GB/T 8939—2018	Sanitary Napkins (including pantiliners)	GB/T 8939—2008	2019-7-1
GB/T 20810—2018	Bathroom Tissue (including bathroom tissue base paper)	GB/T 20810—2006	2019-7-1
GB/T 36420—2018	Safety Evaluation and Management System of Tissue Paper and Paper Products Chemicals and Raw Materials		2019-1-1
GB/T 22875—2018	Super Absorbent Polymer for Diapers and Sanitary Napkins	GB/T 22875—2008 GB/T 22905—2008	2019-1-1

彩色页广告目录

No.	企业名称	主要产品/业务	页码
1	兰精纤维(上海)有限公司	纤维素纤维	封面, 内彩 36
2	法比奥百利怡机械设备(上海)有限公司	生活用纸加工设备	封二
3	佛山市宝索机械制造有限公司	生活用纸生产、加工及包装设备	扉页(内彩1)
4	佛山市南海区德昌誉机械制造有限公司	生活用纸加工设备	内彩 2
5	诺信(中国)有限公司	热熔胶机	内彩 3
6	厦门佳创科技股份有限公司	一次性卫生用品设备(堆垛机、包装机)	内彩 4
7	北京桑普生物化学技术有限公司	湿巾防腐杀菌剂	内彩 5
8	汕头市爱美高自动化设备有限公司	生活用纸包装机	内彩 6
9	杭州新余宏智能装备有限公司	一次性卫生用品设备	内彩 7
10	泉州市汉威机械制造有限公司	一次性卫生用品设备	内彩 8~9
11	金湖三木机械制造实业有限公司	一次性卫生用品设备	内彩 10
12	上海智联精工机械有限公司	一次性卫生用品设备	内彩 11
13	安庆市恒昌机械制造有限责任公司	一次性卫生用品设备及包装机	内彩 12~13
14	邦丽达(福建)新材料股份有限公司	高吸收性树脂	内彩 14
15	晋江市顺昌机械制造有限公司	一次性卫生用品设备	内彩 15
16	上海富永包装科技有限公司	生活用纸/卫生用品包装机	内彩 16~17
17	江西欧克科技有限公司	生活用纸加工设备及包装设备	内彩 18
18	山东东顺国际贸易有限公司	生活用纸,卫生用品	内彩 19
19	山东信和造纸工程股份有限公司	卫生纸机	内彩 20
20	第 26 届生活用纸国际科技展览及会议	行业年会	内彩 21
21	晋江海纳机械有限公司	一次性卫生用品设备	内彩 22
22	泽积(上海)实业有限公司	生活用纸/卫生用品加工设备配件	内彩 23
23	温州市王派机械科技有限公司	生活用纸包装设备	内彩 24
24	上海东冠纸业有限公司	生活用纸,卫生用品	内彩 25
25	丹东市丰蕴机械厂	干法纸设备,木浆粉碎设备,干法纸	内彩 26
26	法麦凯尼柯机械(上海)有限公司	一次性卫生用品设备	内彩 27
27	广东美登纸业有限公司	复合吸水纸	内彩 28
28	三明市普诺维机械有限公司	旋切刀辊刀架	内彩 29
29	陕西理工机电科技有限公司	干法纸机	内彩 30
30	川之江造纸机械(嘉兴)有限公司	卫生纸机,复卷分切机	内彩 31
31	广州市兴世机械制造有限公司	一次性卫生用品设备	内彩 32~33

No.	企业名称	主要产品/业务	页码
32	佛山市南海毅创设备有限公司	生活用纸加工设备	内彩 34
33	广州德渊精细化工有限公司	热熔胶	内彩 35
34	浙江新维狮合纤股份有限公司	复合短纤维	内彩 38
35	揭阳市洁新纸业股份有限公司	干法纸机，干法纸	
36	宁波东誉无纺布有限公司	热风/纺粘非织造布，干法纸	内彩 39
37	中国造纸协会生活用纸专业委员会出版物	行业协会/媒体	
38	泉州肯能自动化机械有限公司	卫生用品堆垛包装机	内彩 40
39	佛山市南海区宝拓造纸设备有限公司	卫生纸机	与封三对开背面页（内彩 41）
40	莱芬豪舍塑料机械（苏州）有限公司	非织造布设备	与封三对开页（内彩 42）
41	实宜机械设备（佛山）有限公司	生活用纸加工设备	封三
42	苏州市旨品贸易有限公司	原纸贸易，造纸化学品，生活用纸乳霜保湿剂	封底，内彩 37

内页广告目录

No.	企业名称	主要产品/业务	页码
1	上海丰格无纺布有限公司	热风非织造布，导流层	内广 1
2	中建材轻工业自动化研究所有限公司（杭州轻通博科自动化技术有限公司）	造纸、包装检测仪器	内广 2
3	北京大森包装机械有限公司	卫生用品包装机	内广 3
4	乐比舒生物科技香港有限公司	智能卫生用品技术开发	内广 4
5	漯河舒尔莱纸品有限公司	湿强纸和复合吸水纸	内广 5
6	上海联胜化工有限公司	生产聚氧化乙烯（PEO），经销造纸助剂	内广 6
7	上海吉臣化工有限公司	造纸助剂	内广 7
8	斯托克印刷（SPGprints）集团	生产打孔膜用网笼	内广 8
9	中国生活用纸和卫生用品信息网	媒体	

中国造纸协会生活用纸专业委员会

CHINA NATIONAL HOUSEHOLD PAPER INDUSTRY ASSOCIATION (CNHPIA)

[1]

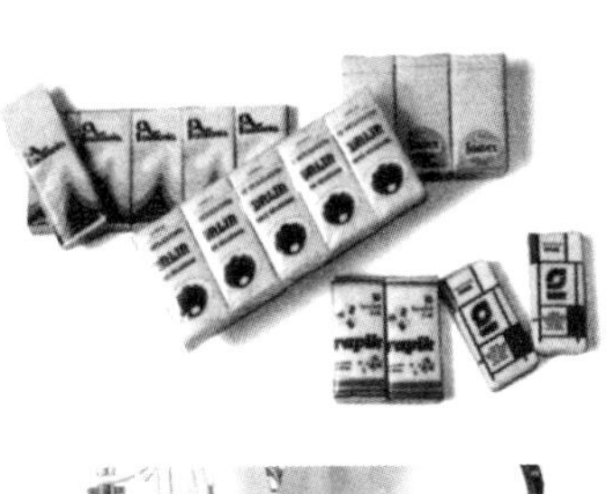

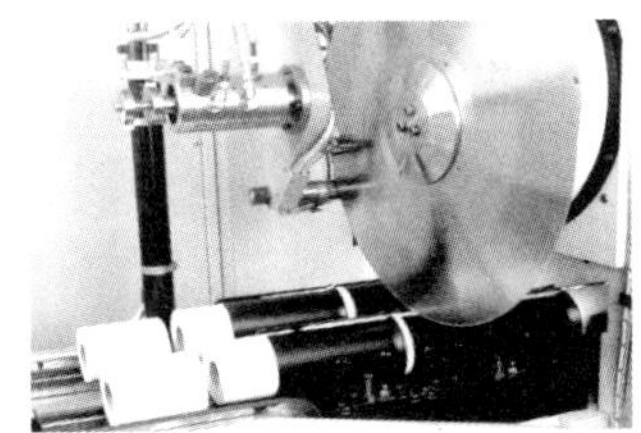

简　介

中国造纸协会生活用纸专业委员会(以下简称专委会)是在中国造纸协会领导下的全国性专业组织。英文名称 China National Household Paper Industry Association(CNHPIA)。会址设在北京，挂靠单位为中国制浆造纸研究院有限公司。

专委会于 1993 年 6 月 8 日正式成立。会员包括生活用纸、卫生用品生产企业，相关设备和原辅材料供应企业等，目前有国内会员单位 889 个，海外会员单位 43 个。通过其成员的积极工作，已在该领域做出了显著成绩。

专委会是跨部门、跨地区和不分所有制形式的全国性组织，是由生活用纸有关企业自愿组成的社会团体。其宗旨是促进生活用纸行业的技术进步和经济发展，加快现代化步伐。

专委会的主要任务是在企业与政府部门之间起桥梁和纽带作用，加强行业自律和反倾销等工作，为企业提供多种形式的服务：开展技术咨询，发展与海外同行业的联系，加强本行业的国内外信息交流，建立生活用纸行业数据库、信息网和微信平台，开展国际间技术、经济方面的合作与交流，组织会员单位参加国内外有关展览与技术考察活动，定期出版《生活用纸》期刊、《中国生活用纸年鉴》以及《中国生活用纸行业年度报告》，组建行业专家库，为行业提供技术指导，提供国内外生活用纸发展的技术经济和市场信息，为国内外厂商的技术合作和合资经营牵线搭桥。

专委会的最高权力机构为会员代表大会、常委会。常委会下设秘书处、生活用纸分委会、卫生用品分委会、机械设备分委会和原辅材料分委会等分支机构。

随着工作的开展，根据行业的需要，专委会将坚持服务宗旨，维护行业合法权益，建立健全工作制度和行为准则，以便更好地协助政府部门完成行业管理、发展规划、组织协调和服务等各项工作。

☆ 委员会领导机构

主任委员：曹振雷

副主任委员：曹春昱　许连捷　李朝旺　岳　勇　刘智清　张　泽　宫林吉广　陈树明　邓景衡　黄志源　中西稔　吴　跃　林　斌

秘书长：张玉兰

副秘书长：曹宝萍

☆ 会员单位

国内企业 889 家

海外企业 43 家

☆ 出版物

《生活用纸》(月刊，国内外公开发行)

《中国生活用纸年鉴》(每两年出版一卷)

《中国生活用纸行业企业名录大全》

《中国生活用纸行业年度报告》

☆ 联络方式

地址：北京市朝阳区望京启阳路 4 号中轻大厦 6 楼　　邮编：100102

电话：010-64778188　　传真：010-64778199

E-mail：cidpex@cnhpia.org
info@cnhpia.org
editor@cnhpia.org

Http://www.cnhpia.org

官方微信号：cnhpia

官方 QQ 号：800081501

Brief Introduction of CNHPIA

China National Household Paper Industry Association (CNHPIA) under China Paper Association is a nationwide organization in China. The site of the association is in Beijing, and the chairman member of the said association is China National Pulp & Paper Research Institute Co., Ltd.

CNHPIA was established on June 8, 1993. Members include manufacturers of tissue paper and disposable hygiene products, suppliers of related equipments and raw materials, etc. Up till now, there are 889 domestic members and 43 overseas members in the association. With the positive efforts of all the members, the association has achieved remarkable success in this field.

CNHPIA is a nationwide organization. Its members are from different departments, different regions, and of different ownerships, all the members are voluntary to join in the association. The aim of the association is to promote the technique improvement and economic development of the industry, and to quicken the modernization drive.

The main function of CNHPIA is to act as the bridge between the enterprises and the government, to strengthen industry self-discipline and deal with antidumping. It offers kinds of help for the industry. To provide technical consulting service, to keep in touch with the overseas enterprises, to enhance the communication of information from home and abroad, to set up the database, official website and WeChat of tissue paper and disposable hygiene products industry, to undertake the international cooperation on technology and economy, to organize the members to take part in the exhibitions and technique investigations, to publish *Tissue Paper and Disposable Products* magazine, *Directory of Tissue Paper & Disposable Products (China)* and *Annual Report on Chinese Tissue Paper & Disposable Products Industry* periodically, set up expert team of China disposable hygiene products industry, to provide technical guidance to the industry, to provide the technical and market information of tissue paper and disposable hygiene products for overseas and domestic corporations and joint venture business of domestic and overseas manufacturers.

The highest organ of authority in the association is all member congress and standing council. There are secretariat, Tissue Paper Branch, Disposable Hygiene Products Branch, Equipment Branch, and Raw Material Branch under the Council.

Along with the expanding of the work and the requirement of the industry, CNHPIA will aim at service, defend the industry legitimate right, construct and perfect work system and code of conduct, in order to fulfill the functions of industry management, development planning, organization, coordination, service, etc.

* Leader of CNHPIA

Chairman:	Cao Zhenlei
Vice Chairman:	Cao Chunyu, Xu Lianjie, Li Chaowang, Yue Yong, Kevin Liu, Zhang Ze, Yoshihiro Miyabayashi, Chen Shuming, William Tang, Huang Zhiyuan, Nakanishi Minoru, Wu Yue, Lin Bin
Secretary General:	Zhang Yulan
Vice Secretary General:	Cao Baoping

* Association Member

Domestic: 889

Overseas: 43

* Publication

Tissue Paper & Disposable Products (monthly)

Directory of Tissue Paper & Disposable Products (*China*) (publish every two years)

Directory of Tissue Paper & Disposable Products [*China*] (including five volumes: *Tissue Volume*, *Disposable Hygiene Products volume*, *Raw Materials Volume*, *Equipment Volume*, *Distributors Volume*)

Annual Report on Chinese Tissue Paper & Disposable Products Industry

* Contact

Address: Floor 6, Sinolight Plaza, No. 4, Qiyang Road, Wangjing, Chaoyang District, Beijing, 100102

Tel: 8610-64778188

Fax: 8610-64778199

E-mail: cidpex@cnhpia.org　　Http://www.cnhpia.org

info@cnhpia.org　　Offical WeChat: cnhpia

editor@cnhpia.org　　Offical QQ: 800081501

领导机构及秘书处成员
(2018 年)

主任委员(1 人): 曹振雷(中国轻工集团有限公司)

副主任委员(13 人): 许连捷(恒安(集团)有限公司)
李朝旺(维达纸业(中国)有限公司)
岳　勇(中顺洁柔纸业股份有限公司)
刘智清(北京宝洁技术有限公司)
张　泽(金佰利(中国)有限公司)
宫林吉广(尤妮佳生活用品(中国)有限公司)
陈树明(东顺集团股份有限公司)
邓景衡(广东景兴健康护理实业股份有限公司)
黄志源(金光纸业(中国)投资有限公司)
曹春昱(中国制浆造纸研究院有限公司)
中西 稔(花王(中国)投资有限公司)
吴　跃(杭州千芝雅卫生用品有限公司)
林　斌(爹地宝贝股份有限公司)

秘书长: 张玉兰(中国制浆造纸研究院有限公司)

副秘书长: 曹宝萍(中国制浆造纸研究院有限公司)

常务委员(97 家,按省市排列):

北京市:	中国轻工集团有限公司	曹振雷
	中国制浆造纸研究院有限公司	曹春昱
	北京宝洁技术有限公司	刘智清
	北京倍舒特妇幼用品有限公司	李秋红
	北京桑普生物化学技术有限公司	刘洪生
	北京大源非织造股份有限公司	张志宇
天津市:	天津市依依卫生用品股份有限公司	卢俊美
河北省:	河北义厚成日用品有限公司	白红敏
	保定市港兴纸业有限公司	张二牛
上海市:	金佰利(中国)有限公司	张　泽
	上海唯尔福集团股份有限公司	何幼成
	尤妮佳生活用品(中国)有限公司	宫林吉广
	上海东冠纸业有限公司	何志明
	花王(中国)投资有限公司	高红梅
	上海护理佳实业有限公司	夏双印
	上海紫华企业有限公司	沈娅芳
	上海丰格无纺布有限公司	焦　勇
	法比奥百利怡机械设备(上海)有限公司	邢小平
	诺信(中国)有限公司	谭宗焕
	上海松川远亿机械设备有限公司	黄　松
	富乐(中国)粘合剂有限公司	韦广法

	波士胶(上海)管理有限公司	Jeffrey Allan Merkt
	上海亿维实业有限公司	祁超训
	上海精发实业股份有限公司	陈立东
江苏省:	金红叶纸业集团有限公司	李肇锦
	永丰余投资有限公司	李宗纯
	胜达集团江苏双灯纸业有限公司	赵　林
	贝里国际集团(Berry)	崔彦昭
	维顺(中国)无纺制品有限公司	邓福元
	宜兴丹森科技有限公司	孙　骁
	依工玳纳特胶粘设备(苏州)有限公司	张国华
	莱芬豪舍塑料机械(苏州)有限公司	Bernd Reifenhauser
	南京松林刮刀锯有限公司	夏松林
	江苏有爱科技有限责任公司	任　用
浙江省:	杭州千芝雅卫生用品有限公司	吴　跃
	杭州可靠护理用品股份有限公司	金利伟
	杭州豪悦护理用品股份有限公司	李志彪
	杭州珍琦卫生用品有限公司	俞飞英
	杭州新余宏智能装备有限公司	鲁　兵
	台塑工业(宁波)有限公司	杨智全
	南六企业(平湖)有限公司	黄和村
	浙江她说生物科技有限公司	张　晨
	杭州余宏卫生用品有限公司	李新华
	浙江卫星新材料科技有限公司	洪锡全
	浙江优全护理用品科技有限公司	严华荣
	杭州国光旅游用品有限公司	傅启才
	杭州可悦卫生用品有限公司	黄国权
安徽省:	安庆市恒昌机械制造有限责任公司	吕兆荣
	黄山富田精工制造有限公司	方安江
	芜湖悠派护理用品科技股份有限公司	程　岗
福建省:	恒安(集团)有限公司	许连捷，许文默
	爹地宝贝股份有限公司	林　斌
	福建恒利集团有限公司	吴家荣
	雀氏(福建)实业发展有限公司	郑佳明
	厦门延江新材料股份有限公司	谢继华
	泉州市汉威机械制造有限公司	林秉正
	邦丽达(福建)新材料股份有限公司	郑叙炎
	福建省乔东新型材料有限公司	丁　棋
	婴舒宝(中国)有限公司	颜培坤
	美佳爽(中国)有限公司	陈汉河
	福建利澳纸业有限公司	丁棋灿
	泉州市嘉华卫生用品有限公司	尤华山

江西省：	江西欧克科技有限公司	胡坚胜
山东省：	东顺集团股份有限公司	陈树明
	山东晨鸣纸业集团股份有限公司	李伟先
	山东诺尔生物科技有限公司	荣敏杰
	山东俊富非织造材料有限公司	赵民忠
河南省：	漯河银鸽生活纸产有限公司	王奇峰
	河南舒莱卫生用品有限公司	杨桂海
湖北省：	湖北丝宝股份有限公司	陈　莺
湖南省：	湖南康程护理用品有限公司	覃叙钧
	湖南一朵生活用品有限公司	刘祥富
广东省：	维达纸业(中国)有限公司	李朝旺，张健
	中顺洁柔纸业股份有限公司	岳　勇
	广东景兴健康护理实业股份有限公司	邓锦明
	广东昱升个人护理用品股份有限公司	苏艺强
	佛山市啟盛卫生用品有限公司	关锦添
	广东茵茵股份有限公司	谢锡佳
	东莞市白天鹅纸业有限公司	卢伟民
	佛山市新飞卫生材料有限公司	穆范飞
	佛山市南海必得福无纺布有限公司	邓伟添
	佛山市宝索机械制造有限公司	彭锦铜
	佛山市南海区德昌誉机械制造有限公司	陆德昌
	东莞市佳鸣机械制造有限公司	万雪峰
	佛山市兆广机械制造有限公司	吴兆广
	中山佳健生活用品有限公司	缪国兴
	广州市兴世机械制造有限公司	林颖宗
	广东比伦生活用纸有限公司	许亦南
	东莞市常兴纸业有限公司	王树杨
	深圳全棉时代科技有限公司	刘　华
广　西：	广西贵糖纸业集团有限公司	陈　健
宁　夏：	宁夏紫荆花纸业有限公司	纳巨波
重庆市：	重庆百亚卫生用品股份有限公司	冯永林
	重庆珍爱卫生用品有限责任公司	黄诗平
	重庆理文卫生用纸制造有限公司	李文俊
四川省：	四川环龙新材料股份有限公司	周　骏
	四川石化雅诗纸业有限公司	周　祥

分委会主任单位名单：

生活用纸：

维达纸业(中国)有限公司

卫生用品：

恒安(集团)有限公司

机械设备：

安庆市恒昌机械制造有限责任公司

佛山市宝索机械制造有限公司

原辅材料：

厦门延江新材料股份有限公司

秘书处成员名单：

张玉兰　曹宝萍　林　茹　周　杨　孙　静　张华彬　葛继明　张升友　王　娟　邢婉娜
王　潇　李智斌　韩　颖　漆小华　付显玲　康　晰　郭凯原　徐晨晨　王林红

Session board of directors and secretaries of the CNHPIA (2018)

Chairman of Association: 1 person

Zhenlei Cao	Sinolight Corporation

Vice Chairman of Association: 13 persons

Lianjie Xu	Hengan International Group Co., Ltd.
Chaowang Li	Vinda International Holdings Limited
Yong Yue	C & S Paper Co., Ltd.
Kevin Liu	P & G Technology (Beijing) Co., Ltd.
Ze Zhang	Kimberly-Clark (China) Co., Ltd.
Miyabayashi Yoshihiro	Unicharm Consumer Products (China) Co., Ltd.
Shuming Chen	Dongshun Group Co., Ltd.
William Tang	Kingdom Healthcare Holdings Limited Guangdong
Zhiyuan Huang	APP Investment (China) Co., Ltd.
Chunyu Cao	China National Pulp and Paper Research Institute Co., Ltd.
Nakanishi Minoru	Kao (China) Holding Co., Ltd.
Yue Wu	Hangzhou Qianzhiya Sanitary Products Co., Ltd.
Bin Lin	Daddybaby Company Limited

Secretary General:

Yulan Zhang	China National Pulp and Paper Research Institute Co., Ltd.

Deputy Secretary General:

Baoping Cao	China National Pulp and Paper Research Institute Co., Ltd.

Members of Standing Committee: 97 units (By Regions)

Beijing:

Sinolight Corporation	Zhenlei Cao
China National Pulp and Paper Research Institute Co., Ltd.	Chunyu Cao
P & G Technology (Beijing) Co., Ltd.	Kevin Liu
Beijing Beishute Maternity & Child Articles Co., Ltd.	Qiuhong Li
Beijing Sunpu Biochem. Tech. Co., Ltd.	Hongsheng Liu
Beijing Dayuan Nonwoven Fabric Co., Ltd.	Zhiyu Zhang

Tianjin:

Tianjin Yiyi Hygiene Products Co., Ltd.	Junmei Lu

Hebei:

Hebei Yihoucheng Commodity Co., Ltd.	Hongmin Bai
Baoding Gangxing Paper Co., Ltd.	Erniu Zhang

Shanghai:

Kimberly-Clark (China) Co., Ltd.	Ze Zhang
Shanghai Welfare Group Co., Ltd.	Youcheng He
Unicharm Consumer Products (China) Co., Ltd.	Miyabayashi Yoshihiro
Shanghai Orient Champion Tissue Co., Ltd.	Zhiming He
Kao (China) Holding Co., Ltd.	Hongmei Gao
Shanghai Foliage Industry Co., Ltd.	Shuangyin Xia

Shanghai Zihua Enterprise Co., Ltd.	Yafang Shen
Shanghai Fengge Nonwoven Co., Ltd.	Yong Jiao
Fabio Perini Shanghai Co., Ltd.	Xiaoping Xing
Nordson (China) Co., Ltd.	Zonghuan Tan
Shanghai Soontrue Machinery Equipment Co., Ltd.	Song Huang
H.B. Fuller (China) Adhesives Ltd.	Guangfa Wei
Bostik (Shanghai) Management Co., Ltd.	Jeffrey Allan Merkt
Shanghai E-way Industry Co., Ltd.	Chaoxun Qi
Shanghai Kingfo Industrial Co., Ltd.	Lidong Chen
Jiangsu:	
Gold Hongye Paper Group Co., Ltd.	Zhaojin Li
Yuen Foong Yu Investment Co., Ltd.	Zongchun Li
Shengda Group Jiangsu Sund Paper Industry Co., Ltd.	Lin Zhao
Berry Global, Inc.	Yanzhao Cui
FiberVisions (China) Textile Products Ltd.	Fuyuan Deng
Yixing Danson Science and Technology Co., Ltd.	Xiao Sun
ITW Dynatec Adhesive Equipment (Suzhou) Co., Ltd.	Guohua Zhang
Reifenhauser Plastic Machinery (Suzhou) Co., Ltd.	Bernd Reifenhauser
Nanjing Songlin Doctor Blade & Saw Manufacture Co., Ltd.	Songlin Xia
Jiangsu YOAI Technology Co., Ltd.	Yong Ren
Zhejiang:	
Hangzhou Qianzhiya Sanitary Products Co., Ltd.	Yue Wu
Hangzhou Coco Healthcare Products Co., Ltd.	Liwei Jin
Hangzhou Haoyue Personal Care Co., Ltd.	Zhibiao Li
Hangzhou Zhenqi Sanitary Products Co., Ltd.	Feiying Yu
Hangzhou New Yuhong Intelligent Equipment Co., Ltd.	Bing Lu
Formosa Industries (Ningbo) Co., Ltd.	Zhiquan Yang
Nanliu Enterprise (Pinghu) Co., Ltd.	Hecun Huang
Zhejiang Tashuo Biotechnology Co., Ltd.	Chen Zhang
Hangzhou Yuhong Health Products Co., Ltd.	Xinhua Li
Satellite Science & Technology Co., Ltd.	Xiquan Hong
Zhejiang Youquan Care Products Technology Co., Ltd.	Huarong Yan
Hangzhou Guoguang Touring Commodity Co., Ltd.	Qicai Fu
Hangzhou Credible Sanitary Products Co., Ltd.	Guoquan Huang
Anhui:	
Heng Chang Machinery Co., Ltd.	Zhaorong Lv
Futian Machinery Co., Ltd.	Anjiang Fang
U-play Corporation	Gang Cheng
Fujian:	
Hengan International Group Co., Ltd.	Lianjie Xu, Wenmo Xu
Daddybaby Corporation Ltd.	Bin Lin
Fujian Hengli Group Co., Ltd.	Jiarong Wu
Chiaus (Fujian) Industrial Development Co., Ltd.	Jiaming Zheng
Xiamen Yanjan New Material Co., Ltd.	Jihua Xie
Hanwei Machinery Manufacturing Co., Ltd.	Bingzheng Lin

Banglida (Fujian) New Materials Co., Ltd.	Xuyan Zheng
Fujian Qiaodong New Material Co., Ltd.	Qi Ding
Insoftb (China) Co., Ltd.	Peikun Yan
Megasoft (China) Co., Ltd.	Hanhe Chen
Fujian Liao Paper Co., Ltd.	Qican Ding
Quanzhou Jiahua Sanitary Articles Co., Ltd.	Huashan You
Jiangxi:	
Jiangxi OK Science and Technology Co., Ltd.	Jiansheng Hu
Shandong:	
Dongshun Group Co., Ltd.	Shuming Chen
Shandong Chenming Paper Holdings Ltd.	Weixian Li
Shandong Nuoer Biological Technology Co., Ltd.	Minjie Rong
Jofo (Weifang) Nonwoven Co., Ltd.	Minzhong Zhao
Henan:	
Luohe Yinge Tissue Paper Industry Co., Ltd.	Qifeng Wang
Henan Simulect Health Products Co., Ltd.	Guihai Yang
Hubei:	
Hubei C-BONS Co., Ltd.	Ying Chen
Hunan:	
Hunan Cosom Baby Care-Products Co., Ltd.	Xujun Qin
Hunan Yido Necessaries of Life Co., Ltd.	Xiangfu Liu
Guangdong:	
Vinda International Holdings Limited	Chaowang Li, Jian Zhang
C & S Paper Co., Ltd.	Yong Yue
Kingdom Healthcare Holdings Limited Guangdong	Jinming Deng
Guangdong Winsun Personal Care Products Inc., Ltd.	Yiqiang Su
Foshan Kayson Hygiene Products Co., Ltd.	Jintian Guan
Guangdong Yinyin Co., Ltd.	Xijia Xie
Dongguan White Swan Paper Products Co., Ltd.	Weimin Lu
Foshan Xinfei Hygiene Materials Co., Ltd.	Fanfei Mu
Foshan Nanhai Beautiful Nonwoven Co., Ltd.	Weitian Deng
Baosuo Paper Machinery Manufacture Co., Ltd.	Jintong Peng
Nanhai Dechangyu Machinery Manufacture Co., Ltd.	Dechang Lu
Dongguan Jumping Machinery Manufacture Co., Ltd.	Xuefeng Wan
Foshan Zhaoguang Paper Machinery Manufacture Co., Ltd.	Zhaoguang Wu
Zhongshan Jiajian Daily-use Products Co., Ltd.	Guoxing Miao
Guangzhou Xingshi Equipments Co., Ltd.	Yingzong Lin
Guangdong Bilun Household Paper Industry Co., Ltd.	Yinan Xu
Dongguan Changxing Paper Co., Ltd.	Shuyang Wang
PurCotton Era Science and Technology Co., Ltd.	Hua Liu
Guangxi:	
Guangxi Guitang (Group) Co., Ltd.	Jian Chen
Ningxia:	
Ningxia Zijinghua Paper Co., Ltd.	Jubo Na

Chongqing:

Chongqing Baiya Sanitary Products Co., Ltd.	Yonglin Feng
Treasure Health Co., Ltd.	Shiping Huang
Chongqing Lee & Man Tissue Manufacturing Limited	Wenjun Li

Sichuan:

Sichuan Vanov New Material Co., Ltd.	Jun Zhou
Sichuan Petrochemical Yashi Paper Co., Ltd.	Xiang Zhou

Sub Committee of the Board:

Tissue Paper Sub-committee

Chairman: Vinda International Holdings Limited

Disposable Hygiene Products Sub-committee

Chairman: Hengan International Group Co., Ltd.

Machinery Sub-committee

Chairman: Heng Chang Machinery Co., Ltd.
Baosuo Paper Machinery Manufacture Co., Ltd.

Raw Materials Sub-committee

Chairman: Xiamen Yanjan New Material Co., Ltd.

The Members of CNHPIA Secretariat:

Zhang Yulan, Cao Baoping, Lin Ru, Zhou Yang, Sun Jing, Zhang Huabin, Ge Jiming, Zhang Shengyou, Wang Juan, Xing Wanna, Wang Xiao, Li Zhibin, Han Ying, Qi Xiaohua, Fu Xianling, Kang Xi, Guo Kaiyuan, Xu Chenchen, Wang Linhong

工作条例

Rules of the CNHPIA

（2015年修订稿）

第一章 总 则

第一条 中国造纸协会生活用纸专业委员会（以下简称专委会）是在中国造纸协会领导下的全国性专业组织，是有关生活用纸方面的企业家和科技工作者的群众团体。是中国造纸协会的组成部分，受中国造纸协会理事会的直接领导。

第二条 专委会的宗旨是：促进生活用纸行业的技术进步和经济发展，加快生活用纸技术的现代化。

第二章 任 务

第三条 专委会完成下列任务

1. 在企业与政府部门之间起桥梁和纽带作用，为企业提供多种形式的服务。

2. 组织开展生活用纸方面的学术及技术交流，组织技术协作。

3. 邀请专家、学者和有经验的人士讲学，举办培训班、组织国内外有关展览和技术考察活动。

4. 提出与生活用纸专业有关的技术经济政策和发展规划，做好行业统计与市场调查。为企业正确地进行决策提供依据，建立生活用纸行业信息网和数据库，定期出版生活用纸有关资料、刊物。

5. 开展信息反馈、技术咨询、企业诊断和技术改造等多种技术服务。

6. 参与制定、修订生活用纸行业各类标准的工作。

7. 为国内外厂商进行技术合作和合资经营牵线搭桥。

8. 根据需要，开展其他各项有利于提高生活用纸行业水平的活动。

第三章 会 员

第四条 凡是生活用纸生产企业同意专委会工作条例，向专委会提出申请，经专委会或常委会批准后即成为专委会会员单位，另外，根据发展情况和工作需要，与生活用纸有关的单位，亦可提出申请，其批准程序与上述相同。

第五条 会员单位的代表者，应为该单位的法人代表或法人代表委托的其他负责人，若人事更动，应及时将人员变更情况通知专委会。

第六条 对与本专业有关的专家、学者（包括已离退休者），经专委会同意可以作为本委员会特邀个人会员。

第七条 对与本专业有关的外国和港台地区厂家，经专委会同意可以作为专委会海外会员。

第四章 会员的权利与义务

第八条 权利

1. 有选举权和被选举权。

2. 对专委会有权提出意见和建议。

3. 有权参加专委会组织的学术交流和技术经贸活动及获得有关资料。

4. 有权要求专委会帮助组织技术协作。

第九条 义务

1. 遵守专委会条例。

2. 执行专委会的决议和委托的工作。

3. 受专委会的委托，派出人员参加有关单位的技术协作。

4. 按时交纳会费，会费在每年第三季度内（7月—9月）交清，无故拖欠者，经常委会通过取消会员资格。

第五章 机 构

第十条 专委会的组织原则实行民主集中制。

第十一条 专委会的最高权力机构为常务委员会议或会员大会。其主要职能是：

1. 讨论和修改专委会工作条例及有关文件。

2. 审议和批准专委会的工作报告及活动方案。

3. 按民主程序选举和产生专委会领导成员。

4. 审议批准专委会新成员。

5. 审议和决定其他重要事项。

第十二条 常务委员会设主任委员1人，副主任委员若干人，常务委员若干人，常务委员会每年召开1次会议。主任委员、副主任委员由常务委员会协商推选产生。任期4年，可连选连任。常委单位进入标准：纯生活用纸企业，年产能在10万吨以上；纯卫生用品企业，年销售额在5亿元以上；两种业务均有的企业，年销售额在7亿元以上；主要设备和原辅材料企业每大类选重要供应商进入。设秘书长1人、副秘书长4人以内，负责日常工作并与各副主任委员及常务委员单位做好联系工作。

第十三条 专委会的挂靠单位一般为当任的主任委员单位。秘书处设在挂靠单位。

第十四条 为了便于活动，专委会设1个办事机构(秘书处)和4个分委会，各分委会推选主任单位，负责各自分委会的联络、协调工作。

1. 生活用纸分委会。
2. 卫生用品分委会。
3. 机械设备分委会。
4. 原辅材料分委会。

第十五条 主任委员、副主任委员、秘书长、常委报中国造纸协会核准备案。

第六章 活动经费

第十六条 本专委会的活动经费有以下来源：

1. 会员单位交纳的会费。
2. 接收有关单位对部分专项活动的赞助费。
3. 挂靠单位对日常工作费用给予一定补贴。
4. 其他收入。

经费的收支情况定期向会员单位公布。

第七章 附 则

第十七条 本条例经常委扩大会讨论通过后执行，并报中国造纸协会备案，其解释权属于常务委员会。

第十八条 本条例如与上级规定有抵触时，按上级规定执行。

生活用纸企业家高峰论坛章程

Regulations of the China Tissue Paper Executives Summit (CTPES)

(2005年订立，2015年修订)

第一章 总 则

第一条 中国生活用纸企业家高峰论坛是由中国境内的生活用纸骨干企业自发成立的民间组织。

第二条 高峰论坛是生活用纸骨干企业之间交流联谊的平台，通过高峰论坛，成员企业的高层人士能及时沟通和得到各种行业共性化和针对本企业个性化的信息。

第二章 活动内容

第三条 高峰论坛的活动内容包括：

1. 无主题轻松的交流和联谊。

2. 对行业发展和市场开拓方面出现的新情况进行研讨，启发思路和寻找解决方案。

3. 针对企业发展规划、经营管理、市场培育、融资渠道、人力资源、原料采购、清洁生产、节能节水、质量管理、产品安全、环境友好等共性问题进行交流和沟通。

4. 就行业共性的有关问题，与政府部门、有关机构、主流媒体进行对话沟通，积极宣传行业发展情况，加强消费者教育工作。

5. 共同探讨如何把市场的蛋糕做大，开展企业之间多种形式的合作。

6. 邀请有关外国公司列席参加会议，加强国际合作。

第三章 会 员

第四条 高峰论坛采取会员制，遵循准入资格审查和企业自愿相结合的原则，控制会员数逐步增加并在一定的数量范围内。凡承认本高峰论坛章程，愿意履行会员义务并符合准入资格的企业，均可提出加入高峰论坛的申请。

第五条 会员准入资格

1. 中国境内注册的生活用纸企业。

2. 具有一定的高档生活用纸产品(修订前为生活用纸)生产规模，有较高的市场知名度和美誉度。

3. 入会申请经高峰论坛会员大会审核，并得到三分之二以上会员通过。

第六条 会员权利和义务

1. 由企业负责人参加会员活动，如负责人不能出席，可以派副总以上高层管理人员参加。

2. 遵守本高峰论坛的章程，承担会员活动经费。

3. 对高峰论坛的活动安排有参与和提出建议的权利和义务。

4. 高峰论坛会员不得利用高峰论坛进行价格协调等垄断、操纵市场的行为和活动。

第七条 退会

1. 入会企业可以申请自愿退会。

2. 连续三次不参加会员大会，需以书面报告形式，向秘书处说明情况，申请保留会籍，并经会员会议重新确认，否则视为自动退出。

3. 违反本章程第六条规定，不履行会员义务的，经三分之二以上会员通过，劝其退出。

4. 企业破产、被并购、出现重大经营或产品质量问题经会员大会同意作为退会处理。

第四章 组织机构

第八条 高峰论坛设会员大会，主席团和秘书处。

1. 会员大会为高峰论坛最高权力机构，会员大会每年举行一次。

2. 主席由各会员企业领导轮流担任，轮值主席人选在上一届会员大会上确定，主席负责高峰论坛的领导和决策。

3. 主席团由轮值主席、候任主席和秘书长组成。

4. 秘书长由中国造纸协会生活用纸专业委员会秘书长担任。秘书长在主席领导下负责高峰论坛的事务工作，贯彻落实会员大会的决议和决定。

5. 秘书处的日常事务工作(会议组织等)委托中国造纸协会生活用纸专业委员会秘书处代办。

第五章 经费来源及用途

第九条 高峰论坛为非营利组织。高峰论坛的会议或活动由会员企业轮流承办。

第十条 参加会议或活动的代表自付差旅费及住宿费，其他发生费用由承办企业负担。

承办企业可以委托秘书处代办会务和预付费用，并在会后按实际支出与秘书处结算和缴纳费用。

第十一条 本章程已于2005年2月25日获高峰论坛成立大会通过。并于2014年11月修订。

卫生用品企业家高峰论坛章程

Regulations of the China Hygiene Products Executives Summit (CHPES)

(2015年订立)

第一章 总 则

第一条 中国卫生用品企业家高峰论坛是由中国境内的卫生用品及相关原辅材料、机械设备骨干企业自发成立的民间组织。

第二条 高峰论坛是卫生用品及相关原辅材料、机械设备骨干企业之间交流联谊的平台，通过高峰论坛，成员企业的高层人士能及时沟通和得到各种行业共性化和针对本企业个性化的信息，并形成产业链上下游互动，推动技术进步和行业发展。

第二章 活动内容

第三条 高峰论坛的活动内容包括：

1. 无主题或设定主题轻松的交流和联谊。

2. 对行业发展和市场开拓方面出现的新情况进行研讨，启发思路和寻找解决方案。

3. 针对企业发展规划、经营管理、市场培育、融资渠道、人力资源、原料采购、节能降耗、质量管理、产品安全、环境友好等共性问题进行交流和沟通。

4. 就行业共性的有关问题，与政府部门、有关机构、主流媒体进行对话沟通，积极宣传行业发展情况，加强消费者教育和引导工作。

5. 共同探讨如何把市场做大做强，开展企业之间多种形式的合作。

6. 邀请有关外国公司列席参加会议，加强国际合作。

第三章 会 员

第四条 高峰论坛采取会员制，遵循准入资格审查和企业自愿相结合的原则，控制会员数逐步增加并在一定的数量范围内。凡承认本高峰论坛章程，愿意履行会员义务并符合准入资格的企业，均可提出加入俱乐部的申请。

第五条 会员准入资格

1. 中国境内注册的卫生用品及相关原辅材料、机械设备骨干企业。

2. 原则上：纯卫生用品企业，年销售额在5亿元以上，卫生用品和生活用纸两种业务兼有的企业，年销售额在7亿元以上生产规模，有较高的市场知名度和美誉度。常委单位中与卫生用品相关的原辅材料、机械设备企业。

3. 入会申请经高峰论坛会员大会审核，并得到三分之二以上会员通过。

第六条 会员权利和义务

1. 由企业负责人参加会员活动，如负责人不能出席，可以派副总以上高层管理人员参加。

2. 遵守本高峰论坛的章程，承担会员活动经费。

3. 对高峰论坛的活动安排有参与和提出建议的权利和义务。

4. 会员不得有利用高峰论坛会议进行价格协调等垄断、操纵市场的行为和活动。

第七条 退会

1. 入会企业可以申请自愿退会。

2. 连续三次不参加会员大会，需以书面报告形式，向秘书处说明情况，申请保留会籍，并经会员会议重新确认，否则视为自动退出。

3. 违反本章程第六条规定，不履行会员义务的，经三分之二以上会员通过，劝其退出。

4. 企业破产、被并购、出现重大经营或产品质量问题经会员大会同意作为退会处理。

第四章 组织机构

第八条 高峰论坛设会员大会，主席团和秘书处。

1. 会员大会为高峰论坛最高权力机构，会员大会每年的下半年举行一次。

2. 主席由各会员企业领导轮流担任，轮值主席人选在上一届会员大会上确定，主席负责高峰论坛的领导和决策。

3. 主席团由轮值主席、候任主席和秘书长组成。

4. 秘书长由中国造纸协会生活用纸专业委员会秘书长担任。秘书长在主席领导下负责高峰论坛的事务工作，贯彻落实会员大会的决议和决定。

5. 秘书处的日常事务工作(会议组织等)委托中国造纸协会生活用纸专业委员会秘书处代办。

第五章 经费来源及用途

第九条 高峰论坛为非营利组织。高峰论坛的会议或活动由会员企业(两家或两家以上)轮流承办，具体会务工作由承办企业和秘书处共同完成。

第十条 参加会议或活动的代表自付住宿费，其他发生费用(会议室租用费、餐费、代表接送站服务费、秘书处人员住宿费)由承办企业负担。

第十一条 本章程经2015年5月24日生活用纸委员会常委扩大会议讨论通过。

生活用纸行业文明竞争公约

Fair competition pledge of the China tissue paper and disposable products industry

(1998年订立)

近年来，我国生活用纸行业发展迅速，市场竞争日趋激烈，市场竞争推动了生活用纸企业乃至整个生活用纸行业的迅速发展，随着中国生活用纸行业的发展壮大，规范竞争行为，共创公平竞争环境，成为每个企业的迫切要求，也是我国生活用纸行业健康发展的需要。

第一章 总 则

第一条 为树立良好的行业风气，建立和维护公平、依法、有序的生活用纸竞争环境，保护经营者和消费者的正当权益，依照国家有关法律、法规特制订此中国生活用纸行业文明竞争公约(以下简称公约)。

第二条 本公约是行业内各企业自律性公约，是企业文明竞争、自我约束的基准。

第三条 现代企业不仅是社会物质的生产者、社会的服务者，同时也应是社会进步的推动者、现代文明的建设者。建立良好的竞争环境，树立文明竞争新风尚是每个生活用纸企业应肩负起的社会职责。

第二章 文明竞争道德规范

第四条 文明竞争道德规范的基本点即诚实、公平、守信用，互相尊重、平等相待、文明经营、以义生利、以德兴业。

第五条 每个企业都要把文明竞争观念作为企业文化的重要组成部分，提高文明竞争意识，正确处理竞争与协作、自主与监督、经济效益与社会效益等关系。

第六条 企业要依靠科学技术进步和科学管理，不断提高生产经营水平，用优质产品、满意的服务质量和良好信誉树立自己的企业形象。

第七条 企业在市场交易中要遵循自愿、平等、诚信的原则，遵守公认的商业道德和市场准则，自觉维护消费者合法权益并尊重其他经营者的正当权益，自觉接受市场和广大消费者的评价和监督。

第八条 企业应加强对职工进行职业责任、职业道德、法律及职业纪律教育，促使职工用道德信念支配自己的行为，树立职业责任感和职业荣誉感，更好地完成本职工作。

第九条 企业要有文明竞争、共同发展的胸襟。

——提倡在平等协商、互惠互利、优势互补的前提下，广泛开展合作、协作、联合，优化本行业产业结构。

——倡导企业间以各种形式向消费者提供联合服务，提高行业为社会及消费者服务的整体水平。

——发扬大事共议，协调发展的风气，树立良好的行业形象。

第三章 文明竞争准则

第十条 企业应严格执行《中华人民共和国产品质量法》、《中华人民共和国消费者权益保护法》、《中华人民共和国广告法》、《中华人民共和国反不正当竞争法》、国家颁布的各类生活用纸的产品标准和卫生标准，让购买生活用纸产品的消费者能够满意、放心和安心。

第十一条 企业销售人员和其他业务人员在任何场合都应避免发生损害其他企业的行为。营销人员为消费者介绍产品，不应借向消费者介绍产品之机，做有损其他企业同类产品的不恰当宣传。

第十二条 宣传自己的企业及产品、服务，不夸大其辞。不得在文章、广告、各种宣传品中有影射、贬低其他企业及其技术、产品和服务。不侵犯其他企业的商业信誉，不损害其他企业知识产权，不损害其他企业的合法权益。切实履行自己的广告承诺与义务。

第十三条 严格执行《中华人民共和国统计法》，按照有关规定，认真负责、客观地向国家主管部门、行业协会提供真实的统计数据，不得虚报或故意错报、漏报各类数据。

——向有关主管部门和行业协会如实上报各项经济指标的统计数据，为国家和行业提供准确的信息。

——不断章取义地利用某些统计资料，做有损于其他企业的宣传。

——企业的统计工作接受统计管理部门、行业协会和社会公众的监督。

第四章 公约实施及违约责任

第十四条 本公约由中国造纸协会生活用纸专业委员会常委会提出，向全国所有生活用纸企业倡议共同遵守。

第十五条 凡生活用纸专业委员会的成员单位都必须承诺、自觉遵守和维护本公约并接受社会各界对遵守公约情况做公正的监督、评议。

第十六条 凡违反第三章文明竞争准则的各项条款，视为违约。

第十七条 企业如果发生违约行为，将承担违约责任。违约企业及当事人(或代表)有责任向受到损害的单位或其代表，在受到损害的范围内，通过一定的形式公开赔礼道歉，对违约行为造成的直接经济损失，依照有关法规给予经济赔偿。

第十八条 企业有责任向全体职工进行遵守和维护本公约的宣传和教育，当发现有违约行为时，要严肃处理。

第十九条 严重违约的企业，应在行业内(会议、会刊)公开检讨。

第二十条 在竞争行为是否违约难以界定时，当事双方(或多方)应本着自觉遵守公约的态度解决矛盾。

第二十一条 在需要第三方对竞争行为是否违约进行界定时，可由中国造纸协会生活用纸专业委员会邀请国家有关部门组成临时机构进行界定。

第二十二条 严重违约，但又不承担违约责任者，中国造纸协会生活用纸专业委员会提请国家反不正当竞争主管部门处理，并向社会舆论曝光和清除出协会。

生活用纸行业加强质量管理倡议书

Written proposal on strengthening quality management in the China tissue paper and disposable products industry

中国造纸协会生活用纸专业委员会各会员单位：

为进一步提高生活用纸行业的产品质量水平，迎接入世挑战，以求共同得到发展，并使消费者利益得到进一步的保障，我们在秘书处的协助下，向全体会员单位发出倡议：

1. 认真学习和贯彻即将在2000年9月1日正式实施的《产品质量法》修正案，进一步完善和加强企业的质量控制体系，确保企业产品质量达到国家标准。

2. 坚决与假冒、伪劣现象作斗争。积极采集假冒品牌、伪劣产品的各种证据，查找制假、造伪的源头，一旦发现假冒伪劣产品，应立即向当地工商行政管理机构举报，为防止地方保护主义的干扰，也可向行业协会反映、举证，由秘书处统一协调，向中央新闻机构和有关工商管理机构反映，以保护我们各企业的合法权益。

3. 积极主动配合，认真接受各级技术监督部门、卫生监督部门的年度抽检和市场查验。如有异议，应当及时申诉，以求公正。在积极维护监督部门的权威性的同时，维护本行业的良好形象。逐步使企业向国际化迈进。

4. 企业要在一个公平、合理的竞争环境中以质量求生存，以品种求发展，从而满足不同消费层次的需求，以合理的价格参与市场竞争。反对低价倾销，正确把握各自的市场定位。

5. 各专业组应经常组织成员单位协商、研讨市场变化及应对措施，共谋行业发展，共商企业进步，为创建行业的精神文明、物质文明而共同努力。

2000年生活用纸企业高峰会议全体代表

二〇〇〇年八月十八日

1992—2017 年重要活动

Important activities of the CNHPIA（1992—2017）

年份 Year	时间	month	活　动	activities
1992	12 月	December	创建生活用纸专业委员会的筹备会议	Preparatory Meeting for CNHPIA
1993	6 月	June	生活用纸专业委员会成立大会	Establishment Conference for CNHPIA
	6 月	June	出版《生活用纸信息》创刊号(试刊)(内部资料)	Household Paper Information Started Its Publication
1994	5 月	May	'94 生活用纸技术交流会在京举行	'94 China Household Paper Technology Exchange Seminar Held in Beijing
	11 月	November	出版《首届中国生活用纸专业委员会会刊》(内部资料)	Published the [First Annual Directory of Household Paper Industry (China)]
	11 月	November	首届生活用纸年会在广东新会举行	The First China International Household Paper Conference Held in Xinhui
1995	1 月	January	生活用纸专业委员会转为隶属中国造纸协会领导	CNHPIA Changed to Under China Paper Association
	6 月	June	第二届生活用纸年会(一次性卫生用品专题)在京举行	The Second China International Household Paper Conference (Disposable Hygiene Products) Held in Beijing
	11 月	November	第二届生活用纸年会(生活用纸专题)在京举行	The Second China International Household Paper Conference (Tissue Paper) Held in Beijing
1996	3 月	March	生活用纸代表团赴欧洲及香港考察	China Household Paper Delegation Visited Europe and HongKong for Investigation
	5 月	May	出版《'96 中国生活用纸指南》(内部资料)	Published ['96 Directory of Household Paper Industry (China)]
	5 月	May	第三届生活用纸年会在福建厦门举行	The Third China International Household Paper Conference Held in Xiamen, Fujian
	10 月	October	'96 一次性纸餐具研讨展示会在京举行	'96 Disposable Paper Tableware Seminar Held in Beijing
	12 月	December	国产护翼型卫生巾机研讨展示会在京举行	Domestic Wing Sanitary Machine Seminar Held in Beijing
1997	3 月	March	生活用纸代表团赴法国、德国、奥地利参观考察	China Household Paper Delegation Visited France, Germany and Austria
	4 月	April	第四届生活用纸年会在昆明举行	The Fourth China International Household Paper Conference Held in Kunming, Yunnan
	10 月	October	生活用纸专业委员会主任委员扩大会在京举行	The Chairmen of CNHPIA Conference Held in Beijing
	11 月	November	出版《97—98 中国生活用纸指南》	Published [97—98 Directory of Household Paper Industry (China)]
	11 月	November	生活用纸信息交流暨技贸洽谈会在沪召开	Household Paper Industry Technology & Trade Seminar Held in Shanghai
1998	4 月	April	第五届生活用纸年会在浙江杭州举行	The Fifth China International Household Paper Conference Held in Hangzhou, Zhejiang
	4 月	April	生活用纸代表团赴美国考察	China Household Paper Delegation Visited U.S. for Investigation
	8 月	August	生活用纸专业委员常委扩大会议在汕头举行	The Members of CNHPIA Conference Held in Shantou, Guangdong
	8 月	August	《生活用纸信息》更名为《生活用纸》	[Household Paper Information] Changed Name to [Tissue Paper & Disposable Products]

续表

年份 Year	时间	month	活　动	activities
1999	3月	March	生活用纸代表团赴欧洲考察	China Household Paper Delegation Visited Europe for Investigation
	4月	April	《中国生活用纸年鉴1999》出版	The Publishing of [Tissue Paper and Hygiene Products (China) 1999 Annual Directory]
	5月	May	第六届生活用纸年会在西安举行	The Sixth China International Household Paper Exhibition/Conference (CIHPEC'1999) Held in Xi'an, Shaanxi
	7月	July	中国生活用纸信息网开通	The Launching of the Net of China Household Paper
	7月	July	全国生活用纸行业反低价倾销专题会议在沪召开	The Tissue Paper Conference Held in Shanghai
	9月	September	曹振雷继任生活用纸专业委员会主任委员	Mr.Cao Zhenlei Took the Chair of CNHPIA
	9月	September	'99生活用纸秋季信息交流暨展示交易会在沪举行	'99 China Household Paper Trade & Show Seminar Held in Shanghai
2000	2月	February	江秘书长参加日本卫生材料工业联合会成立五十周年庆典	The Attendance of Secretary General Jiang Manxia at the Celebration of the 50th Anniversary of Japan Hygiene Products Industry Association
	4月	April	第七届生活用纸年会在北京召开	The Seventh China International Household Paper Exhibition/Conference (CIHPEC'2000) Held in Beijing
	5月	May	生活用纸代表团赴欧洲考察	China Household Paper Delegation Visited Europe for Investigation
	6月	June	2000年下半年《生活用纸》逢双月并入《造纸文摘》	Merging [Tissue Paper & Disposable Products] into [Paper Abstract] in No.51, No.53, No.55
	8月	August	生活用纸企业高峰会议在京举行	The Summit Meeting of Household Paper Enterprises Held in Beijing
	10月	October	《中国生活用纸和包装用纸年鉴2000》出版	The Publishing of [2000 Directory of Household Paper & Packaging Paper/Paperboard Industry (China)]
2001	1月	January	《生活用纸》杂志公开发行	Published [Tissue Paper & Disposable Products] in Public
	5月	May	第八届生活用纸年会在珠海召开	The Eighth China International Household Paper Exhibition/Conference (CIHPEC'2001) Held in Zhuhai, Guangdong
	9月	September	生活用纸研讨班和高峰会议在北京举办	The Conference and Summit Meeting of Household Paper Enterprises Held in Beijing
2002	4月	April	《中国生活用纸年鉴2002》出版	The Publishing of [2002 Directory of Household Paper Industry (China)]
	5月	May	第九届生活用纸年会在福州举办	The Ninth China International Household Paper Exhibition/Conference (CIHPEC'2002) Held in Fuzhou, Fujian
	5月	May	"纸尿裤与育儿健康专题研讨会"在北京举办	"Diaper and Baby-Rearing Healthy Seminar" Held in Beijing
	6月	June	生活用纸代表团赴欧洲考察	China Household Paper Delegation Visited Europe for Investigation
	9月	September	生活用纸代表团赴美国、加拿大考察	China Household Paper Delegation Visited U.S. and Canada for Investigation
	11月	November	生活用纸秋季贸易洽谈会在上海举办	China Household Paper Trade Seminar Held in Shanghai

续表

年份 Year	时间	month	活 动	activities
2003	1月	January	《生活用纸》杂志改为半月刊	[Tissue Paper & Disposable Products] Became Semimonthly Magazine
	3月	March	曹振雷主任参加"2003 世界卫生纸会议"	Chairman Cao Zhenlei Attended "Tissue World 2003"
	3月	March	中国生活用纸信息网第一次升级改版	"www.cnhpia.org" Upgraded for the First Time
	4月	April	第十届生活用纸年会在南京召开	The 10th China International Household Paper Exhibition/Conference (CIHPEC'2003) Held in Nanjing, Jiangsu
	7月	July	2003 生活用纸常委扩大会议在上海举办	The Members of CNHPIA Conference Held in Shanghai
	12月	December	生活用纸代表团赴台湾考察	China Household Paper Delegation Visited Taiwan for Investigation
2004	3月	March	《中国生活用纸年鉴 2004》出版	The Publishing of [2004 Directory of Household Paper Industry (China)]
	4月	April	第十一届生活用纸年会在天津召开	The 11th China International Household Paper Exhibition/Conference (CIHPEC'2004) Held in Tianjin
	6月	June	第三届生活用纸专业委员会领导机构增补成员(2004年)	The Supplementary Members of the Third Session Board of Directors (2004)
	10月	October	生活用纸企业家俱乐部筹备会议在恒安举行	The Preparatory Meeting of China Tissue Paper Executives Club (CTPEC) Held in Hengan Holding Co., Ltd.
	12月	December	首届世界卫生纸中国展览会在上海举办	The First Tissue World China Held in Shanghai
2005	2月	February	中国生活用纸企业家俱乐部成立会议在厦门举行	Establishment Conference of China Tissue Paper Executives Club (CTPEC) Held in Xiamen
	3月	March	第十二届生活用纸年会在南京召开	The 12th China International Tissue/Disposable Hygiene Products Exhibition/Conference (CIHPEC'2005) Held in Nanjing
	4月	April	曹振雷主任等参加在瑞士举办的 INDEX 05	Chairman Cao Zhenlei and His Colleagues Visited INDEX05
	8月	August	第三届生活用纸委员会领导机构增补成员(2005年)	The Supplementary Members of the Third Session Board of Directors (2005)
	11月	November	第二届生活用纸企业家俱乐部会议在广东新会召开	The Second Meeting of China Tissue Paper Executives Club (CTPEC) Held in Xinhui
2006	1月	January	《中国生活用纸年鉴 2006/2007》出版	The Publishing of [2006/2007 Directory of Tissue Paper & Disposable Products (China)]
	1月	January	《消毒产品标签说明书管理规范》宣贯会在北京召开	Norm of Label Directions for Disinfectant Products Publicize Meeting Held in Beijing
	4月	April	第十三届生活用纸年会在昆明召开	The 13th China International Tissue/Disposable Hygiene Products Exhibition & Conference (CIHPEC'2006) Held in Kunming
	6月	June	第三届生活用纸企业家俱乐部会议在宁夏银川召开	The Third Meeting of China Tissue Paper Executives Club (CTPEC) Held in Yinchuan, Ningxia
	11月	November	2006 年世界卫生纸亚洲展览会在上海举办	Tissue World Asia 2006 Held in Shanghai
	11月	November	第四届生活用纸企业家俱乐部会议在上海召开	The Fourth Meeting of China Tissue Paper Executives Club (CTPEC) Held in Shanghai

续表

年份 Year	时间	month	活　动	activities
2007	2月	February	生活用纸企业家俱乐部增补2家会员单位	Two New Members Joined China Tissue Paper Executives Club (CTPEC)
	3月	March	曹振雷主任参加“2007年世界卫生纸大会”	Chairman Cao Zhenlei Attended “Tissue World 2007”
	3月	March	中国生活用纸信息网第二次改版	“www.cnhpia.org” Upgraded for the Second Time
	4月	April	第五届生活用纸企业家俱乐部会议在海口召开	The Fifth Meeting of China Tissue Paper Executives Club (CTPEC) Held in Haikou
	5月	May	第十四届生活用纸年会在青岛召开	The 14th China International Tissue/Disposable Hygiene Products Exhibition & Conference (CIHPEC'2007) Held in Qingdao
	12月	December	第六届生活用纸企业家俱乐部会议在南宁召开	The Sixth Meeting of China Tissue Paper Executives Club (CTPEC) Held in Nanning
2008	1月	January	秘书处开通“企信通”手机短信服务	CNHPIA Started SMS (Short Message Service)
	2月	February	《中国生活用纸年鉴2008/2009》出版	The Publishing of [2008/2009 Directory of Tissue Paper & Disposable Products (China)]
	2月	February	江曼霞秘书长参加cinte欧洲推介会	Secretary General Jiang Manxia Attended cinte European Promotion Conference
	4月	April	第十五届生活用纸年会在厦门召开	The 15th China International Tissue/Disposable Hygiene Products Exhibition & Conference (CIHPEC'2008) Held in Xiamen
	5月	May	生活用纸专业委员会组团参加INDEX08展览会	CNHPIA Organized Groups to Attend INDEX08
	5月	May	第七届生活用纸企业家俱乐部会议在苏州召开	The Seventh Meeting of China Tissue Paper Executives Club (CTPEC) Held in Suzhou
	10月	October	编写《纸尿裤、环境和可持续发展》报告	Publishing the Diapers, Environment and Sustainability Report
	10月	October	“纸尿裤、环境与可持续发展论坛”在上海举行	The Forum of Diapers, Environment and Sustainability Held in Shanghai
	11月	November	2008年世界卫生纸亚洲展览会在上海举办	Tissue World Asia 2008 Held in Shanghai
	11月	November	第八届生活用纸企业家俱乐部会议在东莞召开	The Eighth Meeting of China Tissue Paper Executives Club (CTPEC) Held in Dongguan
2009	4月	April	第十六届生活用纸年会在苏州召开	The 16th China International Tissue/Disposable Hygiene Products Exhibition & Conference (CIHPEC'2009) Held in Suzhou
	5月	May	第九届生活用纸企业家俱乐部会议在上海召开	The Ninth Meeting of China Tissue Paper Executives Club (CTPEC) Held in Shanghai
	10月	October	组团参加“2009阿拉伯造纸、卫生纸及加工工业国际展览会”	CNHPIA Organized Group to Attend Paper Arabia 2009
	11月	November	第十届生活用纸企业家俱乐部会议在厦门召开	The 10th Meeting of China Tissue Paper Executives Club (CTPEC) Held in Xiamen
2010	2月	February	生活用纸企业家俱乐部增补5家会员单位	Five New Members Joined China Tissue Paper Executives Club (CTPEC)

续表

年份 Year	时间	month	活　动	activities
2010	3 月	March	《中国生活用纸年鉴 2010/2011》出版	The Publishing of [2010/2011 Directory of Tissue Paper & Disposable Products (China)]
	4 月	April	第十七届生活用纸年会在南京召开	The 17th China International Tissue/Disposable Hygiene Products Exhibition & Conference (CIHPEC'2010) Held in Nanjing
	5 月	May	第十一届生活用纸企业家俱乐部会议在台北召开	The 11th Meeting of China Tissue Paper Executives Club (CTPEC) Held in Taipei
	9 月	September	组团参加"2010 阿拉伯造纸、卫生纸及加工工业国际展览会"	CNHPIA Organized Group to Attend Paper Arabia 2010
	11 月	November	2010 年世界卫生纸亚洲展览会在上海举办	Tissue World Asia 2010 Held in Shanghai
	12 月	December	"中国纸业可持续发展论坛 2010 之生活用纸系列"在苏州举办	China Paper Industry Sustainable Development Forum (Tissue Paper) Held in Suzhou
	12 月	December	第十二届生活用纸企业家俱乐部会议在东莞召开	The 12th Meeting of China Tissue Paper Executives Club (CTPEC) Held in Dongguan
2011	3 月	March	组团参加"2011 年世界卫生纸尼斯展览会"	CNHPIA Organized Group to Attend "Tissue World Nice 2011"
	4 月	April	"2011 年中国纸尿裤发展论坛"在北京举行	China Diapers Development Forum 2011 Held in Beijing
	5 月	May	第十八届生活用纸年会在青岛召开	The 18th China International Tissue/Disposable Hygiene Products Exhibition & Conference (CIHPEC'2011) Held in Qingdao
	6 月	June	第十三届生活用纸企业家俱乐部会议在绍兴召开	The 13th Meeting of China Tissue Paper Executives Club (CTPEC) Held in Shaoxing
	7 月	July	组团参加"2011 非洲造纸、卫生纸及加工工业国际展览会"	CNHPIA Organized Group to Attend Paper Africa 2011
	9 月	September	组团参加"2011 年阿拉伯造纸、卫生纸及加工工业展览会"	CNHPIA Organized Group to Attend Paper Arabia 2011
	9 月	September	生活用纸企业家俱乐部增补 4 家会员单位	Four New Members Joined China Tissue Paper Executives Club (CTPEC)
	10 月	October	"2011 年中国湿巾发展论坛"在北京举行	China Wet Wipes Development Forum 2011 Held in Beijing
	11 月	November	"首届中日卫生用品企业交流会"在上海举办	First China-Japan Hygiene Products Entrepreneurs Joint Meeting Held in Shanghai
	11 月	November	第十四届生活用纸企业家俱乐部会议在江苏盐城召开	The 14th Meeting of China Tissue Paper Executives Club (CTPEC) Held in Yancheng
	12 月	December	组团参加"第十届印度国际纸浆纸业展览会"	CNHPIA Organized Group to Attend Paperex 2011
2012	3 月	March	组团参加"2012 年世界卫生纸美国展览会"	CNHPIA Organized Group to Attend "Tissue World Americas 2012"
	4 月	April	《中国生活用纸年鉴 2012/2013》出版	The Publishing of [2012/2013 Directory of Tissue Paper & Disposable Products (China)]
	4 月	April	第十五届生活用纸企业家俱乐部会议在晋江召开	The 15th Meeting of China Tissue Paper Executives Club (CTPEC) Held in Jinjiang

续表

年份 Year	时间	month	活　动	activities
2012	4 月	April	第十九届生活用纸年会在厦门召开	The 19th China International Disposable Paper Expo (CIDPEX2012) Held in Xiamen
	4 月	April	组团参加"2012 亚洲纸业展览会"	CNHPIA Organized Group to Attend "Asia Paper 2012"
	6 月	June	生活用纸专业委员会派员出席 2012 GSPCS 会议	CNHPIA Attends 2012 GSPCS Conference
	9 月	September	曹振雷主任参加"2012 世界个人护理用品大会"	Chairman Cao Zhenlei Attended Outlook 2012
	10 月	October	组团参加"2012 年阿拉伯造纸、卫生纸及加工工业展览会"	CNHPIA Organized Group to Attend Paper Arabia 2012
	11 月	November	举办"绿色承诺,绿色发展"——中国纸业可持续发展论坛 2012	Held "Green Commitment, Green Development"——China Paper Industry Sustainable Development Forum 2012
	11 月	November	2012 年世界卫生纸亚洲展览会在上海举办	Tissue World Asia 2012 Held in Shanghai
	12 月	December	第十六届生活用纸企业家俱乐部会议在潍坊召开	The 16th Meeting of China Tissue Paper Executives Club (CTPEC) Held in Weifang
2013	3 月	March	江秘书长等参加"亚洲个人护理用品大会"	Ms. Jiang Manxia Attended Outlook Asia 2013
	5 月	May	庆祝中国造纸协会生活用纸专业委员会创建 20 周年暨《生活用纸》杂志创刊 20 周年	The 20th Anniversary of the CNHPIA and [Tissue Paper & Disposable Products]
	5 月	May	第十七届生活用纸企业家俱乐部会议在深圳召开	The 17th Meeting of China Tissue Paper Executives Club (CTPEC) Held in Shenzhen
	5 月	May	第二十届生活用纸年会在深圳召开	The 20th China International Disposable Paper Expo (CIDPEX2013) Held in Shenzhen
	9 月	September	组团参加"2013 年阿拉伯造纸、卫生纸及加工工业国际展览会"	CNHPIA Organized Group to Attend Paper Arabia 2013
	10 月	October	组团参加第十一届印度国际造纸及造纸装备展览会	CNHPIA Organized Group to Attend Paperex 2013
	12 月	December	第十八届生活用纸企业家俱乐部会议在苏州举行	The 18th Meeting of China Tissue Paper Executives Club (CTPEC) Held in Suzhou
2014	4 月	April	《中国生活用纸年鉴 2014/2015》及《中国生活用纸行业企业名录大全 2014/2015》出版	The Publishing of [2014/2015 Directory of Tissue Paper & Disposable Products (China)] and [2014/2015 Directory of Tissue Paper & Disposable Products (China) (Volumed)]
	4 月	April	第十九届生活用纸企业家俱乐部会议在济南召开	The 19th Meeting of China Tissue Paper Executives Club (CTPEC) Held in Jinan
	5 月	May	第二十一届生活用纸年会在成都召开	The 21st China International Disposable Paper EXPO (CIDPEX2014) Held in Chengdu
	6 月	June	生活用纸委员会开通官方微信	CNHPIA Opens Offical Wechat
	9 月	September	"纸尿裤专业技能培训班(第一期)"在上海举办	Diapers Professional Skills Training Class (Ⅰ) Held in Shanghai
	9 月	September	组团参加"2014 年阿拉伯造纸、卫生纸及加工工业国际展览会"	CNHPIA Organized Group to Attend Paper Arabia 2014
	10 月	October	第二届中日卫生用品企业交流会在东京举办	The Second China-Japan Hygiene Products Entrepreneurs Joint Meeting Held in Tokyo
	11 月	November	2014 年世界卫生纸亚洲展览会在上海举办	Tissue World Asia 2014 Held in Shanghai
	11 月	November	第二十届生活用纸企业家高峰论坛会议在南宁召开	The 20th Meeting of China Tissue Paper Executives Summit (CTPES) Held in Nanning

续表

年份 Year	时间	month	活　动	activities
2014	12 月	December	组团参加"首届印尼纸浆和造纸行业国际展览会"	CNHPIA Organized Group to Attend Paperex Indonesia 2014
2015	1 月	January	《生活用纸》杂志由半月刊变更为月刊	[Tissue Paper & Disposable Products] Changed from Semi-monthly to Monthly Magazine
	3 月	March	生活用纸委员会领导机构调整	CNHPIA Board of Directors Change
	5 月	May	第二十一届生活用纸企业家高峰论坛会议在深圳召开	The 21st Meeting of China Tissue Paper Executives Summit (CTPES) Held in Shenzhen
	5 月	May	2015 年生活用纸委员会常委会议在深圳举行	The 2015 Conference of CNHPIA Standing Committee Members Held in Shenzhen
	5 月	May	第二十二届生活用纸年会在深圳召开	The 22nd China International Disposable Paper EXPO (CIDPEX2015) Held in Shenzhen
	9 月	September	组团参加"2015 年阿拉伯造纸、卫生纸及加工工业国际展览会"	CNHPIA Organized Group to Attend Paper Arabia 2015
	10 月	October	成立卫生用品企业家高峰论坛，召开首届卫生用品企业家高峰论坛会议	Set up the China Hygiene Products Executives Summit (CHPES), Held the First Meeting of China Hygiene Products Executives Summit
	11 月	November	组团参加"第十二届印度国际造纸及造纸装备展览会"	CNHPIA Organized Group to Attend Paperex 2015

2016 年 3 月　生活用纸委员会领导机构调整
March 2016　CNHPIA Board of Directors Change

为加强生活用纸委员会领导机构的力量，更好地发挥委员会在推动行业进步中的引领作用，促进行业发展。秘书处根据行业、企业发生变化的实际情况和部分优秀企业的申请意愿，2016 年 3 月对生活用纸专业委员会领导机构提出了增补、调整方案，并向常委单位征求意见，获得通过。调整方案如下：

一、新增副主任委员

金光纸业(中国)投资有限公司　黄杰胜

二、新增常务委员单位

1. 北京大源非织造有限公司
2. 保定市港兴纸业有限公司
3. 富乐胶投资管理(上海)有限公司
4. 波士胶(上海)管理有限公司
5. 上海亿维实业有限公司
6. 莱芬豪舍塑料机械(苏州)有限公司
7. 南京松林刮刀锯有限公司
8. 浙江紫佰诺卫生用品股份有限公司
9. 黄山富田精工制造有限公司
10. 江西欧克科技有限公司
11. 山东诺尔生物科技有限公司
12. 湖南一朵众赢电商科技股份有限公司
13. 中山佳健生活用品有限公司
14. 广州市兴世机械制造有限公司
15. 广东比伦生活用纸有限公司

三、企业名称及人员变更

变更前	变更后
上海唯尔福集团有限公司	上海唯尔福集团股份有限公司
金红叶纸业(苏州工业园)有限公司 徐锡土	苏州金红叶纸业集团有限公司 李新久
永丰余家品投资有限公司 苏守斌	永丰余家品投资有限公司 陈忠民
PGI 无纺布(中国)有限公司 宋轶寅	贝里塑料集团(Berry) 王维波
宜兴丹森科技有限公司 洪锡全	宜兴丹森科技有限公司 孙骁
依工玳纳特胶粘设备(苏州)有限公司 林洪辉	依工玳纳特胶粘设备(苏州)有限公司 张国华
厦门延江工贸有限公司	厦门延江新材料股份有限公司
广东百顺纸品有限公司	广东茵茵股份有限公司

2016 年 4 月　第二十三届生活用纸年会在南京召开
April 2016　The 23rd China International Disposable Paper EXPO（CIDPEX2016）Held in Nanjing

第 23 届生活用纸国际科技展览及会议（2016 年生活用纸年会暨妇婴童、老人卫生护理用品展会）于 2016 年 4 月 11—13 日在南京国际博览中心成功举办。本届年会展览规模达 8 万平方米，国内外参展商 700 多家。来自全球的专业观众达 3 万多人，分别来自 60 个国家和地区，其中海外观众人数明显增多，年会国际影响力进一步提升。

4 月 10 日，生活用纸国际研讨会于展会前一天正式召开，本届研讨会经过委员会秘书处的整体策划，全新升级：①精心安排研讨主题；②增强现场听众与讲课人的互动性；③不断提高国际化水平。本届研讨会共有 34 场主旨演讲，吸引了 500 多名听众参加，是上年的两倍，国外听众人数更是有很大的突破。

2016 年 6 月　《中国生活用纸年鉴 2016/2017》和《中国生活用纸行业企业名录大全 2016/2017》出版
June 2016　The Publishing of［2016/2017 Directory of Tissue Paper & Disposable Products（China）］and［2016/2017 Directory of Tissue Paper & Disposable Products（China）（Volumed）］

由中国造纸协会生活用纸专业委员会编写的《中国生活用纸年鉴》，作为委员会服务于行业企业的重要工作，从 1994 年开始出版，已出版发行了十二卷。年鉴是目前国内唯一反映生活用纸及相关行业全貌的资料和从业人员的工具书，所收录的资料详实可靠，全面、准确地反映我国生活用纸行业的发展及变化。年鉴在引导资金投向，推动行业技术进步和促进企业间经贸合作中起着积极的作用。同时年鉴也为企业展示形象、扩大宣传提供了重要平台。

《中国生活用纸年鉴 2016/2017》为第十三卷，于 2016 年 6 月出版发行。为便于读者更快捷查阅和使用资料，该卷年鉴首次增加了光盘版，实现电子化阅读。

此外，生活用纸专业委员会还以第十三卷《中国生活用纸年鉴 2016/2017》为基础，特别编制了《中国生活用纸行业企业名录大全 2016/2017》，全套共包括 5 个分册——《生活用纸分册》《卫生用品分册》《原辅材料分册》《设备器材分册》和《经销商分册》，更方便国内外生活用纸行业上下游企业快速查阅到中国生活用纸/卫生用品生产企业、原辅材料及设备器材、经销商等企业名录。名录大全各分册均已于 2016 年 4 月出版发行。

2016 年 6 月　第二十二届生活用纸企业家高峰论坛会议在银川召开
June 2016　The 22nd Meeting of China Tissue Paper Executives Summit（CTPES）Held in Yinchuan

在轮值主席单位宁夏紫荆花纸业有限公司的周到安排和大力支持下，第二十二届中国生活用纸企业家高峰会议于 2016 年 6 月 4 日上午在银川举行，来自高峰论坛成员企业和特邀企业的代表共计 33 人参加了会议。

本届会议各企业代表结合企业自身的生产和运营状况，及在当前经济下行压力和经济新常态下，企业如何应对市场格局的变化和产能过剩，以及在行业转型升级和健康发展中，领先企业如何发挥引领作用，本色生活用纸的发展和面临的问题，差异化产品的研发创新等多个议题展开深入讨论。

一、本色纸成为热议话题

紫荆花纸业把对农作物秸秆综合利用确定为企业未来的发展方向，形成纸浆、肥料联产。项目规划年处理秸秆 100 万吨，其中一期项目投资 10.49 亿元，年处理秸秆 40 万吨，年产本色纸 10 万吨、有机肥料 16 万吨。2016 年 4 月，一期本色纸项目开工建设，项目得到了国家发改委1.05亿元专项基金支持。并在税收等诸多方面给予了很多优惠的政策。

唯尔福、港兴也表示有开发本色纸产品的计划，并针对目前草浆、蔗渣浆、竹木混合浆等各种原料生产的本色纸白度不同的现状，建议行业未来制定统一的本色纸白度标准。

东顺认为，本色纸不仅是一种产品，而是产品背后整个产业链的一体化。例如泉林本色纸的生产过程中，生产出的黄腐酸可替代农业化肥。

二、加强管理水平，向成本要效益

提升企业的管理内功，以精细化管理降低成本是各企业的共识。

维达通过整合爱生雅在中国香港、澳门、台湾，韩国以及东南亚等地的市场及品牌，丰富维达的产品线、扩大市场区域、扩充产能。此外，爱生雅的研发、资本、管理等多项优势都在助力维达的快速发展。维达新增的阳江工厂毗邻阳江港，为其进一步拓展东南亚市场创造了便利条件。

维达坚持减少单机更换品类的频率，让每一台纸机、每一台加工设备发挥更高的效率，实现更精细化的管理。通过跟迪士尼的合作、超韧中国行等活动，拉动线上线下消费互动，提升维达旗下品牌的认知度，有力支撑公司发展的利润及研发投入。

东顺以“不与行业争大，要与同行争强”为原则，强调做强企业。在内部抓生产成本的控制，以支持利润最大化。

护理佳从2015年开始把产品品类从80多个逐步缩减到15个，后续再减少7~8个。这样可有效减少更换品种浪费的时间，提高了单品产量及生产效率。

三、积极发掘差异化产品

维达已将爱生雅在上海的研发中心搬迁到维达广东总部，针对市场需求，计划开发可以多次使用的家居用清洁用纸等新产品。

东顺为优化产品结构，在2015年底投产了一台川之江的多功能纸机，纸机可以实现干法造纸和湿法造纸工艺转换，可以生产厨房、卫生间擦拭巾，汽车、设备擦拭巾，咖啡杯垫纸，大尺寸餐巾纸等，定量25~60g/m^2，产品已陆续投放市场。

东冠地处上海，各项成本高，环保要求更加严格。所以公司将近期的发展战略修正为走特色化经营的道路，不以规模取胜。

永丰余集团在台湾的生活用纸产能约为10万吨/年，已跃居台湾市场最大的生活用纸生产商。集团在大陆的鼎丰厂新投产两台幅宽2.8m的卫生纸机，依托永丰余在鼎丰的纸浆厂和自有林地，保证原料的充足供应。

太阳纸业生活用纸产能12万吨/年，加工产能为7万~8万吨/年，二期建设，增加软抽、盒抽、餐巾纸等加工设备。并计划与国外公司合作推出婴儿纸尿裤产品。

义厚成借助自身出口优势，有效提升擦手纸产品的出口量。并开发功能性的差异化产品，满足国外贸易商要求及国外消费者的用纸习惯。

四、非木浆纸的最新情况

广西的糖产量在2014—2015年和2015—2016年这两个榨季，下降幅度都超过15%，使蔗渣供应量也相应减少。由于原料优势的降低，加之一些生活用纸生产企业资金紧张，导致广西浆纸业的整体下滑程度更为明显。贵糖目前在积极通过资本运作，收购相关制糖企业，在逆境中扩大自身发展。生活用纸的产量已提升至约7万吨/年。

双灯近年来一直保持年产量8万吨左右，以草浆、废纸浆为主要原料。由于国家环保标准的提高，生产、销售成本的不断增加，企业通过设备更新、推出差异化产品谋求发展。双灯对生产高定量方块纸的纸机进行升级改造，提升产品品质，把这类产品作为公司的优质特色产品继续在华东市场深入推广。

曹振雷主任总结讲话

加快科技创新、提升国际竞争力对生活用纸企业来说任重而道远。发展不仅依靠体量大，更需要增强自身实力，才能够真正地跻身国际领先行列。建议企业今后应重视几个方面的问题：

第一，本色纸的发展方向。泉林和紫荆花的模式，既生产纸，同时生产有机肥等副产品，属于农业秸秆循环利用的经济方式，与单纯的造纸业是两个概念，所以说大家要冷静地看待这个问题。

第二，品牌建设问题。企业无论大小，对于消费类产品来说，品牌就是生命线。通过提高生产效率，减少单品，保证产品质量的稳定性，提升消费者对品牌和产品特点的认知度，不断推出差异化产品。

第三，市场开发。尽管目前我国的生活用纸消费水平比国外发达市场低，但是北上广等一线城市的人均消费量并不低，针对这些市场，需要我们调整开发思路，去开拓新的品类，而不是仅寄希望于增加原有品类的销售量。而对于三线以下的城市，随着经济和生活水平的提高，企业仍需不断提高生产率，满足市场增长的需求。

第四，加强行业自律。我们企业家高峰论坛的宗旨就是要加强行业的自律，提高我们这个行业的有序竞争，大家在合作中竞争，在竞争中合作，共同发展。过去的 10 多年，我们生活用纸行业在大家的共同努力下，得到良好的发展，希望今后这一优良传统能够继续保持。

参会人员名单：

中国造纸协会生活用纸专业委员会　曹振雷

中国制浆造纸研究院　卢宝荣

维达国际控股有限公司　张健

中顺洁柔纸业股份有限公司　邓冠彪、岳勇

金红叶纸业集团有限公司　李新久

宁夏紫荆花纸业有限公司　纳巨波、张东红、徐龙

东顺集团　陈树法、苏瑞

上海东冠华洁纸业有限公司　莫建新、许明艳

上海唯尔福集团股份有限公司　何幼成

永丰余投资有限公司　陈忠民、曾世阳

上海护理佳实业有限公司　夏双印

胜达集团江苏双灯纸业有限公司　颜礼彬

贵糖股份・广西纯点纸业有限公司　姚子虞

福建恒利集团有限公司　陈绍虬

河北义厚成日用品有限公司　白刚、张颢

保定市港兴纸业有限公司　张博信、张吉、张轩晨、张四车

山东太阳生活用纸有限公司(特邀)　刘兴功

平凉市宝马纸业有限公司(特邀)　李军、朱荣忠、杨小东

中国造纸协会生活用纸专业委员会　张玉兰、曹宝萍、周杨

2016 年 10 月　组团参加“俄罗斯国际纸浆造纸、林业、生活用纸及纸包装展览会”(PAP-FOR Russia 2016)

October 2016　CNHPIA Organized Group to Attend PAP-FOR Russia 2016

为满足企业向海外重要新兴市场发展的需要以及紧跟国家“一带一路”发展机遇，生活用纸专业委员会首次组织国内相关企业参加了 2016 年 10 月 25—28 日在俄罗斯圣彼得堡 EXPOFORUM 会展中心举办的“2016 年俄罗斯国际纸浆造纸、林业、生活用纸及纸包装展览会”(PAP-FOR Russia 2016)。

俄罗斯是“一带一路”的最大市场，拥有人口 1.4 亿，已成为近年来带动东欧生活用纸市场快速发展的火车头。俄罗斯加入 WTO 后，随着关税的降低，更有利于国际企业将更多高附加值的生活用纸产品出口到俄罗斯。

目前，俄罗斯市场的最大生活用纸生产商是 SCA 公司，其他主要的跨国公司包括金佰利和土耳其 Hayat Kimya 公司，俄罗斯本国的知名生产商为 Syassky 和 Syktyvkar Tissue 等公司。据统计，东欧在欧洲生活用纸市场中扮演的角色变得越来越重要。2000 年，西欧在欧洲生活用纸消费总额中占 88%的份额，俄罗斯仅占 3%，其他的东欧国家占 9%。到 2012 年，俄罗斯所占的份额翻了一番，达到了 6%，其他东欧国家的份额则从 9%上升到了 15%。预计到 2022 年，东欧将在整个欧洲生活用纸市场中占据约 30%的份额。

PAP-FOR Russia 为每两年一届，2016 年是第 14 届，该展会是俄罗斯及独联体地区规模最大、历史最悠久的纸浆造纸、林业、生活用纸及纸包装行业国际贸易博览会。2016 年 PAP-FOR Russia 的展览面积 1.1 万平方米，吸引了来自 23 个国家的 200 多家参展商，其中包括维美德、安德里茨、福伊特、拓斯克、PMP、百利怡、PCMC、TMC 等多家国际知名企业，以及来自俄罗斯、独联体国家和世界各地的数千名观众参观洽谈。

本届展会，生活用纸委员会组织的“中国生活用纸展团”包括佛山德昌誉、上海松川、温州王派、泉州创达、陆丰机械、山东荣泰、天津逸

飞、南京松林刮刀、汕头爱美高、山东大正机械等10家企业参展，参展净面积105平方米，使该展会的生活用纸参展商数量成功突破历史最好成绩。生活用纸委员会还积极协调展会主办方加强对中国生活用纸行业参展商的宣传和服务力度，并专门开辟中国生活用纸展区，集中展示中国企业的生活用纸、卫生用品、原辅材料、生产/加工设备等。由于本届展会的中国展商数量较往届有了大幅增加，主办方特别为开幕式所有致辞嘉宾安排了中文翻译。

展会同期举办了两天共计8场专题研讨会，吸引了100多名制浆造纸行业的专业人士参加。生活用纸专业委员会江曼霞秘书长在研讨会上做了题为《中国生活用纸行业现状和发展趋势》的演讲。俄罗斯Syktyvkar Tissue公司负责人在会上简要介绍了俄罗斯生活用纸市场概况：俄罗斯2015年的生活用纸人均消费量约为3kg，低于世界平均水平，具有很大的发展潜力，预计2021年俄罗斯生活用纸人均消费量将超过5kg。目前，俄罗斯生活用纸市场的消费结构中，居家用产品约占80%，居家外用产品约占20%；卫生纸的消费量约占所有生活用纸产品的72%，擦拭纸占13%，餐巾纸占9%，面巾纸占4%，其他产品占2%。

通过本次参展，生活用纸展团的各参展企业对当地市场有了更深入的了解，加强了与俄罗斯本地老客户的合作，并拓展了新客户，增强了进一步开发该市场的信心。

2016年11月 第三届中日卫生用品企业交流会暨第二届卫生用品企业家高峰论坛在厦门举行

November 2016 The Third China-Japan Hygiene Products Entrepreneurs Joint Meeting & The Second China Hygiene Products Executives Summit (CHPES) Held in Xiamen

为进一步推动中日两国卫生用品企业间的交流与合作，促进贸易往来和共同发展，中国造纸协会生活用纸专业委员会与日本卫生材料工业联合会联合主办，于2016年11月1—2日在厦门成功举办了第三届中日卫生用品企业交流会，这是继2011年、2014年成功举办了两届中日卫生用品企业交流会后的第3次交流活动。

为了充分合理利用资源、增强会议效果，本次会议与第二届卫生用品企业家高峰论坛合并举办。第二届卫生用品企业家高峰论坛轮值主席单位由恒安国际集团有限公司、厦门延江新材料股份有限公司和爹地宝贝股份有限公司联合承担。

活动共吸引了近300名代表参加，其中：日方来自24家卫生用品企业的代表39人，中方来自卫生用品企业家高峰论坛成员单位及特邀行业重要企业的代表226人。

会议围绕中日两国卫生用品行业的市场发展状况、新材料的研发等进行演讲和交流，中日双方共进行了9场演讲，内容涵盖了中日两国女性卫生用品、婴儿纸尿裤、成人失禁用品等卫生用品的市场概况，日本的成人纸尿裤、非织造布、SAP的市场发展动向，中国的非织造布、纸尿裤芯体材料、卫生用品生产设备、弹性非织造布的研发生产和应用趋势等。并针对演讲内容展开互动讨论。

作为代表们加深和了解会议活动的重要环节，当晚，举办了联谊会(欢迎晚宴)。

本次活动还设置了展示厅，分别展出了中日双方代表性卫生用品生产企业的卫生巾、婴儿纸尿裤、成人纸尿裤和湿巾等产品及创新的非织造布材料。日方展示企业为花王、大王、P&G、尤妮佳、白十字、妮飘、Livedo等，中方展示企业为恒安、维达、景兴、百亚、丝宝、倍舒特、爹地宝贝、代喜、优全、延江新材料、必得福等。

本次活动还安排代表参观了恒安晋江内坑生产基地工厂和厦门延江新材料浩纬生产基地。

交流会演讲内容：

江曼霞	中国造纸协会生活用纸专业委员会秘书长	中国卫生用品市场的现状与展望
谢继华	厦门延江新材料股份有限公司董事长	热风非织造布在面层的应用与创新
覃叙钧	湖南康程护理用品有限公司董事长/福建乔东新型材料有限公司/浙江卫星新材料科技有限公司	中国纸尿裤芯体结构的现状和未来发展趋势

续表

邓伟添	佛山市南海必得福无纺布有限公司董事	必得福弹性无纺布产品介绍
韩璐遥	黄山富田精工制造有限公司研发部经理	新的市场竞争引发卫生用品设备的变革
高桥绅哉	日本卫生材料工业联合会专务理事	日本卫生用品市场概况
宫泽清	日本卫生材料工业联合会技术委员会副委员长	成人纸尿布市场动向、品种与选用方法及其国际标准(ISO)化
北洞俊明	日本不织布协会事务局长	卫生材料(以纸尿裤、生理用品为主)用不织布的动向
三宅浩司	日本吸水性树脂工业会技术委员长	纸尿裤产品用吸水性树脂的功能及发展动向

2017年3月　第二十四届生活用纸年会在武汉召开

March 2017　The 24th China International Disposable Paper EXPO (CIDPEX2017) Held in Wuhan

第24届生活用纸国际科技展览及会议(2017年生活用纸年会暨妇婴童、老人卫生护理用品展会)于2017年3月21—24日在武汉国际博览中心成功举办。

作为全球最大的生活用纸和卫生用品行业展会，本届年会占用了武汉国际博览中心7个展馆，展览规模80000平方米，国内外参展商总数近800家，千余品牌集中展示，百余台设备现场演示。组委会通过多种渠道邀请业内专业人士参观展会，并深化海外专业买家邀请工作。据现场登录统计，为期3天的展会，来自全球的专业观众总数达3万多人。专业观众包括生活用纸和妇婴童、老人卫生护理用品上下游供应链企业决策层、管理层、采购代表，全国各地代理商、批发商、零售商、网络零售商，各城市卖场采购代表，以及海外采购商等，主要来自60个国家和地区。国内外有效专业观众数量大幅增加，产业链上下游展商企业新产品、新技术、新材料纷纷呈现，让参展企业和参观观众均收获圆满。

展会的四大展区精彩纷呈，主题突出。生活用纸展区：领军企业竞相登场，"本色"元素热情高涨；卫生用品展区：卫生棉条首次亮相，纯棉材料广受欢迎；原辅材料展区：性能提升，追求卓越；设备器材展区：技术升级加快，设备更新换代。

3月21日，召开了生活用纸国际研讨会。研讨会筹备首次面向业内人士广泛征集议题，使会议主题紧扣企业诉求、聚焦行业热点。本届研讨会取消了收费演讲，演讲内容和嘉宾经过严格审核、甄选，谢绝商业宣传，让研讨会回归热点探讨本质。本届研讨会设有"生活用纸专题""卫生用品专题""市场和管理专题"三大会场，共有21场主旨演讲和5场互动论坛，吸引了500多名听众参加。互动论坛环节精心设置，贴近实际需求：结合行业趋势、热点及企业发展困惑、瓶颈，精心设置论坛主题，让观众可以与行业大咖、专家等面对面进行观点的交流和思想的碰撞。互动论坛包括"本色和低白度卫生纸发展前景论坛"、"从用户需求思维的角度，探讨如何开展'战略性'研发论坛"、"中国纸尿裤如何突破重围论坛"、"'创二代'青年企业家论坛"、"卫生纸机节能降耗新技术论坛"。

2017年4月　曹振雷主任等参加日内瓦INDEX17展会及AHP Global全球吸收性卫生用品行业协会联盟会议

April 2017　Dr. Cao Attends INDEX17 in Geneva and AHP Global Meeting

2017年4月4日，INDEX17国际非织造布展览会在瑞士日内瓦举行。为深入了解全球非织造布市场和前沿动态，中国造纸协会生活用纸专业委员会主任曹振雷博士、副秘书长曹宝萍和康晰一行3人参观了展览会。

INDEX国际非织造布展览会由欧洲非织造布协会(EDANA)主办，每三年一届，是全球规模最大的高水平非织造布专业展览会之一。本届展会吸引了600多家企业参展，展览总面积达22000平方米。其中，中国参展企业173家，占近30%，包括恒昌、汉威、上海智联、顺昌、海纳、新余宏、陆丰、大昌、创达、倍康、大源、延江、必得福等企业。

2017年4月3日，AHP Global全球吸收性卫生用品行业协会联盟会议第一次会议于瑞士日内瓦召开，共有来自欧洲、亚洲、北美等八个国家和地区的相关行业协会出席本次联盟会议，包括：英国吸收性卫生用品协会（AHPMA）、俄罗斯香料/化妆品/家用化学品和卫生用品制造商协会（APCoHM）、北美婴儿和成人卫生用品中心（BAHP）、中国造纸协会生活用纸专业委员会（CNHPIA）、欧洲非织造布协会（EDANA）、法国个人健康卫生擦拭护理用品协会（Group' Hygiène）、北美非织造布协会（INDA）、日本卫生材料工业联合会（JHPIA）等8个国家和地区行业协会。中国造纸协会生活用纸专业委员会曹振雷主任、曹宝萍副秘书长和康晰应邀出席会议。

AHP Global全球吸收性卫生用品行业协会联盟由欧洲非织造布协会（EDANA）倡议发起，联合阿根廷、巴西、中国、法国、日本、拉丁美洲、俄罗斯、土耳其、英国、美国等国家和地区相关行业协会，共同创建成立AHP Global全球行业协会联盟，旨在加强各国家和地区协会间信息交流，增加协会间合作机会，更为有效地协调和解决行业中共性问题，促进全球吸收性卫生用品行业健康、可持续发展。

会议最后，各协会代表对AHP Global联盟成立的重要意义表示一致认同，对协会间信息共享和加强合作达成了共识，并商议下一次联盟会议举办的时间及地点。

2017年4月　第23届生活用纸企业家高峰论坛在海口召开
April 2017　The 23rd Meeting of China Tissue Paper Executives Summit（CTPES）Held in Haikou

在轮值主席单位金红叶纸业集团有限公司的周到安排和大力支持下，第23届中国生活用纸企业家高峰论坛于2017年4月26日在海口香格里拉酒店举行，来自高峰论坛成员企业的代表共计30人参加了会议。

各企业代表结合企业自身的生产和发展状况，及领先企业如何应对市场格局的新变化和产能过剩，积极优化供应链，加强品牌建设，打造精品和开发差异化产品，增进企业间合作，共同推动行业健康发展等多个议题展开深入讨论。

整合资源　合作共赢

据生活用纸委员会统计，2016年全国前三位生活用纸生产商产能合计达到381万吨，约占行业总产能的33.9%。在目前行业产能过剩，竞争加剧的大背景下，三大领先企业依托自身规模效应，不断强化资源整合和精细化运营，努力降低生产成本。而对于未来如何在大企业与区域型企业，及区域型企业之间增强合作，抱团发展，也成为本届会议关注的重点。

金红叶凭借自身林浆纸一体化及成熟的渠道优势，瞄准全产业链整合。集团计划具体从两方面着手，第一，内部挖潜，消除浪费；第二，对外延伸，加强合作。未来，金红叶将在生产和营销的精细化运营方面不断改进和提升，有效降低生产中的能源和资源消耗，继续提升公司的竞争力。

恒安注重从多渠道发展，在规模增长的同时，有效降低运营成本，始终坚持不赚钱的生意不做，保持产品的合理利润。未来，恒安将积极推进企业变革和产品升级，开发差异化产品。

维达近年来保持稳健发展，2016年营销业绩增长良好。目前集团顺应国家"一带一路"的发展战略，不断向外拓展，2016年正式把大股东SCA的东南亚业务并入维达平台，维达产品也开始在东南亚市场上市。

中顺计划在唐山和孝感分期新上产能，并希望加强行业企业间的供需合作。

永丰余、东冠、唯尔福等企业也纷纷表示，竞争最后将回归到规模化，在年产能10万吨左右的中等规模企业之间，及同区域内企业之间，非常有必要进行资源整合，例如在上游原料采购和下游销售渠道等方面深入合作，才能有效降低供应链成本，实现共同发展。

品质是永恒的追求

与会嘉宾普遍认为，高端有市场，高品质有

未来，产品的卖点应以稳定的高品质为基础，品牌建设仍任重而道远。

维达目前纸品类业务占集团80%以上的销售额，是集团的重点发展业务，2017年产能将再增加6万吨。维达准确把握消费升级的新趋势，满足消费者对高品质产品的不断需求，倡导给消费者始终如一的消费体验。在品牌建设方面，维达通过大力推动产品升级及新产品发布等宣传活动，与消费者建立紧密联系，取得良好成效。

东顺近几年在产品品质提升方面狠下功夫，注重开发针对不同渠道和消费者的新产品，把消费者体验放在第一位。

东冠目前的发展重心立足于品牌和渠道建设，整体运营良好，纸品类产品销量稳定，卫生巾类产品保持增长势头，特别是2016年卫生巾类产品取得销售增长超过50%的好成绩。

达林通过2016年与中国制浆造纸研究院合作，对公司的废纸脱墨制浆工艺进行改造，使成纸品质得到明显提升。目前，达林4台纸机都在满负荷运转，月产量约6000吨。

晨鸣、恒利、银鸽、白天鹅等企业也在提升品质方面进行了不懈努力，注重通过开发高端产品，提升整体毛利。

保定地区近年来加速淘汰落后产能，目前10蒸吨以内的燃煤锅炉已全部停产，10~20蒸吨的燃煤锅炉将于2017年底前陆续停产。并且，该地区的小纸机也有望于2017年底前全面淘汰，替换为高速纸机；唯尔福2016年淘汰了全部国产小纸机，并新上两台进口纸机；双灯也加速了对小纸机的淘汰进程。这些都将有助于企业在提高生产效率的同时，有效提升产品品质。

差异化≠误导消费

针对目前市场上产品同质化明显的问题，与会嘉宾一致认为，今后应在产品创新、产品差异化方面加大力度，但同时，提倡公平竞争，各企业应科学宣传，不能误导消费，共同推动行业健康发展。

东顺推出木浆本色纸系列新品，产品在手感和使用功能等方面表现突出，上市后受到了消费者的广泛认可。

唯尔福开发出保水纸，产品类似于湿巾，可与婴儿纸尿裤配套销售。

护理佳建议企业应着眼于毛利高的细分市场，例如国外的生活用纸在医疗、工业领域有很多应用，包括大卷汽车擦拭纸，及用卫生纸做的卷型医用床垫等，很值得大家借鉴。

紫荆花的发展重点是10万吨/年草浆本色生活用纸、16万吨/年有机肥项目，受惠于国家秸秆回收的优惠政策，得到当地政府的大力支持，目前项目进展顺利。

双灯推动产品差异化战略，重点开发功能型产品。2016年公司重点开发了本色产品，并与大型药企合作，未来计划推出具有保健型的纸产品。

义厚成推出的新款宠物垫中，采用其自产的卫生用品用吸水衬纸替代绒毛浆。

港兴从2016年下半年开始推出本色纸新品，使用一台川之江纸机专门生产本色系列产品，目前该纸机处于满负荷运转中。

曹振雷主任总结讲话

曹主任在总结讲话中首先回顾了2017年3月份召开的武汉生活用纸年会，特别对年会研讨会论坛紧抓行业热点话题的内容设置表示充分肯定，并希望各企业为下一届年会论坛的议题共同出谋划策。

对于目前处于井喷期的本色纸产品，曹主任强调，毋庸置疑的是，无论本色纸还是白色纸都是环保安全的。本色纸的定位就是差异化产品，不可能取代白色纸的主流产品地位。本色纸的使用功能是第一位的，消费者的使用感受决定产品的成败。

曹主任还建议各企业今后应重视以下几个方面的问题：

第一，品牌建设。无论是全国性还是区域性品牌，做好品牌才能使产品持续，这是企业首要的任务。企业要理解消费者需求，让消费者感受到关怀，才有助于建立忠实的消费群体。品牌和品类要做减法，这样更利于集中消费者的注意力。销售和市场策划方面，大企业已经走在前面了，建议更多中型企业也引起重视。

第二，在竞争中合作。现在市场已趋于成熟，消费者已趋于理性，已经不能单纯依靠低价占领市场了。但企业间各有所长，可以优势互补，无论是上下游，还是产品生产商之间，都可以展开合作，实现共赢。

第三，消费升级。如何不断发现、开拓新的市场，是目前企业需要关注的问题。像美国这样的成熟市场目前还以年均2%的速度在增长，说明这不是靠消费量的增长，而是产品的品种在增加。通过开发新的产品，使消费者的生活更方便、快捷，这是行业的持续发展之道。

此外，行业如何利用好大数据和“互联网+”，也是未来大家需要思考的问题。在2017年武汉年会上，涌现出很多优秀的创二代企业家，作为他们的父辈要给下一代成长的机会，并学习他们的思维方式，有利于让企业寻找到新的业绩增长点。

会后部分参会企业代表在金红叶纸业集团有限公司李新久首席运营官等的陪同下参观了位于海口洋浦经济开发区的金红叶纸业集团海南工厂及集团自用码头。

参会人员名单：

中国造纸协会生活用纸专业委员会　曹振雷

恒安集团有限公司　许连捷、许文默、王向阳

金红叶纸业集团有限公司　李新久

维达国际控股有限公司　张健

中顺洁柔纸业股份有限公司　岳勇

永丰余投资有限公司　李宗纯、曾世阳

东顺集团　陈小龙、陈晓燕

上海东冠华洁纸业有限公司　何志明、莫建新

上海唯尔福集团股份有限公司　何幼成

上海护理佳实业有限公司　夏双印

宁夏紫荆花纸业有限公司　张东红

胜达集团江苏双灯纸业有限公司　舒奎明

漯河银鸽生活纸产有限公司　王奇峰

福建恒利集团有限公司　吴家贺

山东晨鸣纸业集团生活用纸有限公司　韩庆国

东莞市白天鹅纸业有限公司　卢锦洪、卢伟民

保定市港兴纸业有限公司　张四车、张博信

河北义厚成日用品有限公司　张颢、孔利明

东莞市达林纸业有限公司　黎景均

中国造纸协会生活用纸专业委员会　张玉兰、曹宝萍、周杨

2017年10月　第三届中国卫生用品企业家高峰论坛在杭州召开
October 2017　The Third China Hygiene Products Executives Summit (CHPES) Held in Hangzhou

2017年10月19日，由中国造纸协会生活用纸专业委员会主办的第三届中国卫生用品企业家高峰论坛在杭州瑞立江河汇酒店成功召开。本届论坛的轮值主席由杭州千芝雅卫生用品有限公司、杭州可靠护理用品股份有限公司和杭州余宏卫生用品有限公司3家企业联合担任。

恒安、维达、千芝雅、可靠、余宏卫生用品、康程、爹地宝贝、广东茵茵、可靠、珍琦、丝宝、百亚、舒莱、佳健、北京大源、厦门延江、上海丰格、必得福、上海紫华、卫星科技、佛山新飞、富乐、恒昌、富田、兴世、诺信、玳纳特等行业上下游知名企业参加论坛。

10月18日晚，举办了隆重的欢迎晚宴，杭州可靠护理用品股份有限公司的金利伟董事长代表3家轮值主席单位致辞，表达了对与会代表的诚挚欢迎。

10月19日的论坛会议由生活用纸专业委员会主任曹振雷博士主持。杭州千芝雅卫生用品有限公司吴跃董事长代表轮值主席单位致欢迎辞。

论坛围绕“提振国产品牌信心，合力共赢未来”主题，采取分组形式(产品组、原材料组和设备组)进行发言。会议就(1)领先企业在引导和推动消费中如何发挥引领作用；(2)满足消费者诉求，提高培育品牌意识，提振国产品牌信心；(3)近期原辅材料价格上涨，企业如何应对；(4)互联网新零售——机遇与挑战；(5)全产业链战略合作，创新攻关，提升“中国质量”；(6)如何推动行业的可持续发展等议题各抒己见，为中国卫生用品行业的健康持续发展献言献策，共同缔造卫生用品行业的中国梦、品牌梦。

10月20日，与会代表还分别参观了杭州千芝雅卫生用品有限公司和杭州可靠护理用品股份有限公司的工厂。

会上，张玉兰常务副秘书长介绍了有关组建“中国卫生用品行业专家库”的工作。

参会人员名单：

中国造纸协会生活用纸专业委员会　曹振雷、江曼霞、张玉兰、林茹、曹宝萍、孙静、邢

婉娜

北京倍舒特妇幼用品有限公司　洪跃奎、沙长松

北京大源非织造股份有限公司　张静峰

北京桑普生物化学技术有限公司　严克非、许文波

LG化学　Kil Jungjin、苑博

天津市依依卫生用品有限公司　高福忠、卢俊美

上海唯尔福集团股份有限公司　何幼成

上海东冠健康用品股份有限公司　何志明、莫建新

上海护理佳实业有限公司　许国军、张小俊

上海紫华企业有限公司　沈娅芳、朱整伟

上海丰格无纺布有限公司　焦勇

波士胶(上海)管理有限公司　张喆宁、陈亮区

富乐胶投资管理(上海)有限公司　韦广法、黄雯亚

诺信(中国)有限公司　谭宗焕、张曦、刘凯

APP生活用纸　胡涛金

维顺(中国)无纺制品有限公司　许雪春

宜兴丹森科技有限公司　毛江、王欣华

依工玳纳特胶粘设备(苏州)有限公司　张国华、曹亚林、王嘉豪

莱芬豪舍塑料机械(苏州)有限公司　吴丹林

斐罗塔新材料科技(苏州)有限公司　宋逸

杭州可靠护理用品股份有限公司　金利伟、沈琦、陈秀王、郭瑞

杭州可靠护理用品股份有限公司　王尔玉

杭州珍琦护理用品有限公司　黄芬

杭州千芝雅卫生用品有限公司　吴跃、韦乐平

杭州余宏卫生用品有限公司　李新华、窦健、李婧

浙江她说生物科技有限公司　王琴

浙江卫星新材料科技有限公司　洪锡全、方东升

浙江省卫生用品商会　庄海波、项李峰、冯海其、周忠英、卢江良、钱佳琴、徐姗姗

安庆市恒昌机械制造有限责任公司　李洪庆、朱小龙

黄山富田精工制造有限公司　方安江、平田更夫

恒安集团有限公司　许连捷、林一速

爹地宝贝股份有限公司　林斌

雀氏(福建)实业发展有限公司　林登峰

厦门延江新材料股份有限公司　谢继华

博卫传媒　徐耀林

东顺集团股份有限公司　赵芹

万华化学集团股份有限公司　刘锐

河南舒莱卫生用品有限公司　赵华伟

湖北丝宝股份有限公司　陈莺、罗健

湖南一朵生活用品有限公司　张益民

湖南康程护理用品有限公司　覃叙钧、廖雁宇

维达国际控股有限公司　张健

佛山市啟盛卫生用品有限公司　关玉清、邱亚平

广东茵茵股份有限公司　蔡光合

中山佳健生活用品有限公司　缪国兴

佛山市新飞卫生材料有限公司　穆范飞

佛山市南海必得福无纺布有限公司　邓伟添

广州市兴世机械制造有限公司　林颖宗、吴婉宁

广发乾和投资有限公司　何金星

重庆百亚卫生用品股份有限公司　彭海麟、涂江涛、詹勇

2017年10月　中国卫生用品行业专家库组建工作正式启动
October 2017　The Establishment of Expert Team of China Disposable Hygiene Products Industry Started

为推动中国卫生用品行业的科学技术发展和进步，为相关部门决策的专业化、科学化提供技术支持，并为行业内提供有关的咨询，发挥行业专家和行业高素质人才在行业发展中的参谋作用和技术指导作用，中国造纸协会生活用纸专业委员会决定组建卫生用品行业专家库，有关专家征选等工作开始启动。

一、组成

卫生用品产品生产涉及到非织造布、绒毛浆、高吸收性树脂、PE薄膜、粘合剂、弹性材料等多种原材料，形成了卫生用品行业与多行业、多领域交叉的局面，因此入库专家的专业将包括卫生用品产品、原材料、设备等相关领域和学科。

二、征选形式

入库专家采取所在单位推荐、个人自荐等方式，面向行业上下游全产业链企业征选产生。拟推荐的专家人选所在单位原则上应为中国造纸协会生活用纸专业委员会会员单位。对入库的专家生活用纸委员会颁发专家聘任证书。

三、专家条件

1. 有高度责任感和事业心，有良好的职业道德，坚持原则；

2. 具有扎实的理论基础和丰富的实践经验，有较强的综合分析判断能力；

3. 熟悉本专业的法律法规、技术规范和标准，在学术上有一定的造诣，在本专业领域具有较高的权威性、知名度和影响力；

4. 具有一定的技术职称或获得奖项或项目业绩等；

5. 关心支持协会工作，积极参加生活用纸委员会组织的相关活动。

四、职责和工作

专家接受中国造纸协会生活用纸专业委员会的委托，承担行业有关的技术咨询和技术服务等工作。

2017年11月　组团参加“第十三届印度国际造纸及造纸装备展览会”
November 2017　CNHPIA Organized Group to Attend Paperex 2017

2017年11月1—4日，第13届“印度国际造纸及造纸装备展览会(Paperex 2017)暨Tissueex展会”在印度新德里Pragati Maidan展览中心举办。中国造纸协会生活用纸专业委员会连续第4次组织“中国生活用纸国家展团”出展，助力中国生活用纸和卫生用品行业企业拓展国际市场，抓住印度生活用纸和卫生用品市场启动的先机。

Paperex展览，创办于1993年，两年举办一届，目前已成为全球最大的造纸行业盛会。Paperex 2017展会占用了16个展馆，规模达2.5万平方米，共有来自奥地利、孟加拉国、巴西、加拿大、中国、捷克共和国、芬兰、法国、德国、印度、印度尼西亚、伊朗、以色列、意大利、日本、黎巴嫩、毛里求斯、菲律宾、朝鲜、韩国、西班牙、斯里兰卡、瑞典、瑞士、中国台湾、泰国、荷兰、阿联酋、英国、美国等30多个国家和地区的568家造纸及相关行业企业参展，包括全球知名的企业APP、国际纸业、维美德、福伊特、安德里茨等。

本届展会除企业单独参展外，仍组织了国家展团参展，如中国国家展团、芬兰国家展团等，其中中国参展企业共计46家。据主办方数据，有超过55个国家的25000名专业观众参观此次展会。展会同期还举办了为期3天的主题为“制浆造纸行业：可持续发展战略”的高水平技术研讨会。

生活用纸专业委员会组织了佛山德昌誉、汕头爱美高、泉州创达、广州欧克、上海松川、温州王派、山东荣泰和江西康琪等8家中国生活用纸和卫生用品及相关行业企业出展，参展面积达109平方米，展团人员共计18人。中国企业的展位楣板统一标注“MADE IN CHINA”的醒目字样，向来自全球各地的观众展示中国企业的风采，突显中国制造的品质。

展会期间，生活用纸委员会与印度造纸学会(IPPTA)、印度再生纸协会(IARPMA)、印度非织造布协会(BCH)等相关行业协会进行了交流，了解印度纸业和卫生用品市场情况和发展趋势。

印度造纸行业市场是全球增长最快的市场，其复合年均增长率约为6%~7%，总产能约为1927万吨/年，2016年纸和纸板的总产量约为1499万吨，约占全球的2%，消费量约为1673万吨，人均消费量约为14千克，年销售额约为6000亿卢比(约合608.7亿元人民币)，在全球排名第15位。主要原料包括木浆、农业残留物(稻麦草)和废纸，分别占31%、21%和48%。预计印度造纸行业仍将以6%~6.5%的速度增长，2017—2018年，印度GDP的增长率估计将达到6.5%，下一年度有望提高到7%~7.5%。2026—2027年，印度纸和纸板年总需求量将达到2730

万吨，需求的增长主要集中在包装纸、印刷书写纸和生活用纸等。

印度生活用纸总产能约为200~250吨/日(约6万~8万吨/年)，消费者使用最多的生活用纸品类为餐巾纸和卫生纸，目前印度生活用纸的人均消费量仍不足0.1千克。虽然受消费意识和文化差异影响，生活用纸在印度的普及率仍然较低，但是，随着观念的转变和收入的提高，生活用纸的发展前景十分乐观。

印度造纸行业主要以天然材料作为原材料，环境保护是其重点关注的问题，可持续发展成为印度造纸行业未来新的课题。

在过去的一两年中，印度卫生用品市场取得了很大的发展，出现了很多新的生产企业，从中国引进了很多生产线，包括卫生巾、婴儿纸尿裤和成人纸尿裤生产线等。目前，印度卫生用品企业大多使用低速生产设备，因为他们刚刚进入这个行业，还在起步阶段，随着业务的发展，他们将会选择更高速度的设备。

印度卫生用品市场增长迅速，各类产品的市场渗透率都有所提高。卫生巾的市场渗透率已提高到28%，婴儿纸尿裤的市场渗透率从两年前的约8%提高到现在的10%，成人纸尿裤的渗透率也有明显增长。

但印度的卫生用品消费量仍偏低，以卫生巾为例，中国适龄女性消费者每年使用240片卫生巾，而印度约使用100片，所以印度在消费量方面与中国还有较大差距。就产品喜好方面，印度消费者开始向超薄型、透气型产品方向发展。

全球知名的卫生用品企业，如宝洁、金佰利、强生、尤妮佳等都在印度设有生产厂，但是近两年这些跨国公司并没有新增投资。

卫生巾方面，近两年印度本土企业增多。婴儿纸尿裤方面，拉拉裤增长较快，印度消费者与中国相似，更喜欢使用拉拉裤，低月龄的婴儿就开始使用拉拉裤，因为穿脱非常方便。许多新入行的生产企业都是从生产拉拉裤开始的。

目前印度本土企业生产的卫生用品不能满足市场需求，仍需从中国、中国台湾、马来西亚等多个国家和地区进口卫生用品。

随着人口的增长和收入水平的提高，卫生用品的市场渗透率会逐渐提高，虽然跨国公司仍在大多数卫生用品品类中占主导地位，但是很多印度本土品牌也占有了一席之地。他们以创新、定制化和差异化的营销吸引新的消费群体。现有的消费者愿意尝试不同的产品，也可以接受较高价格的高档产品。很多生产企业努力开拓农村地区市场，让原来不使用卫生用品的消费者首次使用他们的品牌，提高农村地区的市场渗透率以获得更多的销售额。

印度卫生用品市场的另一个明显趋势是随着电商渠道的快速发展，消费者更容易购买到卫生用品。印度的卫生用品市场已经启动，未来的10年，行业将会发生更多的变化，尤其是印度本土品牌和零售商品牌的崛起，同时，未来线上销售将引领印度卫生用品的销售市场。

2017年12月　中国生活用纸和卫生用品信息网站改版
December 2017　The New Version of CNHPIA Official Website Launched

中国生活用纸和卫生用品网自创办以来，能够及时传递行业发展动态、行业信息、委员会活动等内容，并且在生活用纸年会等活动中，对展商的招展、展览的筹备、观众的组织等工作实现了电子互联网，网站在各项工作中发挥了重要的作用。

为进一步发挥中国生活用纸和卫生用品网站在协会工作中的作用，同时为了提高对网站的信息更新、维护、管理的水平和效率，秘书处对网站进行了改版，2017年12月初新版网站正式上线。新版网站栏目分类更合理、清晰，后台管理更方便、快捷。

会员单位名单(2017 年)

List of the CNHPIA members (2017)

国内会员单位

	会员名称
北京	金佰利(中国)有限公司
	北京宝洁技术有限公司
	北京倍舒特妇幼用品有限公司
	北京爱华中兴纸业有限公司
	北京桑普生物化学技术有限公司
	钛玛科(北京)工业科技有限公司
	北京大森包装机械有限公司
	芬欧汇川(中国)有限公司
	北京九佳兴卫生用品有限公司
	北京大源非织造股份有限公司
	北京联宾塑胶印刷有限公司
	北京爸爸的选择科技有限公司
	北京想象无限科技有限公司
	深圳山成丰盈企业管理谘询有限公司北京分公司
	北京清河三羊毛纺织集团有限公司
	乐金化学(中国)投资有限公司
	北京众生平安科技发展有限公司
	遛纸(北京)文化传播有限公司
天津	天津市依依卫生用品股份有限公司
	博爱(中国)膨化芯材有限公司
	小护士(天津)实业发展股份有限公司
	天津市英赛特商贸有限公司
	天津骏发森达卫生用品有限公司
	天津天辉机械有限公司
	天津市中科健新材料技术有限公司
	天津市实骁伟业纸制品有限公司
	天津比朗德机械制造有限公司
	天津莫莱斯柯科技有限公司
	天津市德利塑料制品有限公司
	天津博真卫生用品限公司
河北	唐山市博亚树脂有限公司
	河北义厚成日用品有限公司
	东纶科技实业有限公司
	河北雄县鹏程彩印有限公司
	保定市港兴纸业有限公司
	新乐华宝塑料薄膜有限公司
	河北雪松纸业有限公司
	河北中信纸业有限公司
	河北氏氏美卫生用品有限责任公司
	保定市东升卫生用品有限公司
	保定市新宇纸业有限公司
	廊坊金洁卫生科技有限公司

续表

	会员名称
河北	邢台北人印刷有限公司
	河北威廉无纺制品有限公司
	河北熙格日化用品销售有限公司
	广润机械制造有限公司
	保定雨森卫生用品有限公司
	保定市绿纯卫生用品有限公司
	保定市立发纸业有限公司
	满城县鹏达彩印有限公司
	河北维嘉无纺布有限公司
	新乐华宝塑料机械有限公司
	河北金友新材料科技有限公司
	河北华邦卫生用品有限公司
	石家庄索亿泽机械设备有限公司
	雄县凯宇塑料包装有限公司
	雄县永生塑料制品有限公司
	石家庄华纳塑料包装有限公司
辽宁	沈阳东联日用品有限公司
	丹东市丰蕴机械厂(丹东市天和纸制品有限公司)
	丹东北方机械有限公司
	辽阳慧丰造纸技术研究所
	大连日之宝商贸有限公司
	大连欧派科技有限公司
吉林	白城福佳科技有限公司
	四平圣雅生活用品有限公司
上海	上海唯尔福集团股份有限公司
	尤妮佳生活用品(中国)有限公司
	上海沛龙特种胶粘材料有限公司
	上海紫华企业有限公司
	上海联胜化工有限公司
	上海东冠纸业有限公司
	康那香企业(上海)有限公司
	上海护理佳实业有限公司
	花王(中国)投资有限公司
	意大利亚赛利纸业设备有限公司上海代表处
	巴斯夫(中国)有限公司
	亿利德纸业(上海)有限公司
	上海唯爱纸业有限公司
	上海智联精工机械有限公司
	上海高聚生物科技有限公司
	上海亿维实业有限公司
	上海德山塑料有限公司
	上海丰格无纺布有限公司

续表

	会员名称
上海	上海御流包装机械有限公司
	德旁亭(上海)贸易有限公司
	汉高股份有限公司
	上海富永包装科技有限公司
	中丝(上海)新材料科技有限公司
	上海松川远亿机械设备有限公司
	媛贝新材料科技(上海)有限公司
	上海柔亚尔卫生材料有限公司
	上海迪凯标识科技有限公司
	山特维克国际贸易(上海)有限公司
	上海森明工业设备有限公司
	伊士曼(上海)化工商业有限公司
	奥普蒂玛包装机械(上海)有限公司
	苏州市旨品贸易有限公司上海办事处
	包利思特机械(上海)有限公司
	上海庄生实业有限公司
	纳尔科(中国)环保技术服务有限公司
	上海黛龙生物工程科技有限公司
	乐金化学(中国)投资有限公司上海分公司
	德国舒美有限公司上海代表处
	上海华谊丙烯酸有限公司
	上海恒意得信息科技有限公司
	雅柏利(上海)粘扣带有限公司
	晓星国际贸易(嘉兴)有限公司上海处
	上海吉臣化工有限公司
	上海市松江印刷厂有限公司
	上海嘉好胶粘制品有限公司
	上海善实机械有限公司
	斯道拉恩索投资管理(上海)有限公司
	知为(上海)实业有限公司(BPI CHINA 上海代表处)
	巴西金鱼浆纸公司上海代表处
	欧睿信息咨询(上海)有限公司
	帝化国际贸易(上海)有限公司
	远纺工业(上海)有限公司
	上海斐庭日用品有限公司
	上海精发实业股份有限公司
	上海泰盛制浆(集团)有限公司
	上海京品纸业有限公司
	上海舒晓实业有限公司
	上海华测品标检测技术有限公司
	上海三渠智能科技有限公司
	上海路嘉胶粘剂有限公司
	上海贝睿斯生物科技有限公司
	上海星旭自动化设备有限公司
	上海通贝吸水材料有限公司
	上海新标工业皮带有限公司
	上海麓溢广告传媒有限公司

续表

	会员名称
上海	上海轻良实业有限公司
	霓达(上海)企业管理有限公司
	上海迁川制版模具有限公司
	3M 中国有限公司
	赢创特种化学(上海)有限公司
	上海林岑石油机械有限公司
	上海汉合纸业有限公司
	明答克商贸(上海)有限公司
江苏	盟迪(中国)薄膜科技有限公司
	江苏金卫机械设备有限公司
	南京松林刮刀锯有限公司
	维顺(中国)无纺制品有限公司
	王子制纸妮飘(苏州)有限公司
	金红叶纸业集团有限公司
	永丰余家品(昆山)有限公司
	胜达集团江苏双灯纸业有限公司
	泰州远东纸业有限公司
	顺昶塑胶(昆山)有限公司
	南京森和纸业有限公司
	江苏三笑集团有限公司
	金王(苏州工业园区)卫生用品有限公司
	日触化工(张家港)有限公司
	金湖三木机械制造实业有限公司
	苏州龙邦贸易有限公司
	江苏德邦卫生用品有限公司
	宜兴丹森科技有限公司
	江苏美灯纸业有限公司(滨海县蓝天纸业有限公司)
	兰精(南京)纤维有限公司
	如东县宝利造纸厂
	贝里国际集团
	莱芬豪舍塑料机械(苏州)有限公司
	金顺重机(江苏)有限公司
	达伯埃(江苏)纸业有限公司
	淮安金华卫生用品(设备)有限公司
	江苏斯尔邦石化有限公司
	江苏华西村股份有限公司特种化纤厂
	常州市铸龙机械有限公司
	苏州市苏宁床垫有限公司
	江苏贝斯特数控机械有限公司
	溧阳市江南烘缸制造有限公司
	常州盖亚材料科技有限公司
	昆山尚威包装科技有限公司
	江苏米咔婴童用品有限公司
	恒天长江生物材料有限公司
	盐城天盛卫生用品有限公司
	南通佳宝机械有限公司
	苏州丰宝新材料系统科技有限公司

续表

	会员名称
江苏	江苏麒浩精密机械股份有限公司
	江苏有爱科技有限责任公司
	常州卡瑞斯特花辊机械有限公司
	常州金博兴机械有限公司
	江苏昇瑞机械制造有限公司
	江阴市科盛机械有限公司
	博路威机械江苏有限公司
	阳光卫生医疗新材料江阴有限公司
	昆山科世茂包装材料有限公司
	南京锦琪昶新材料有限公司
	江苏妙卫纸业有限公司
	苏州先蚕丝绸生物科技有限公司
	江苏朵拉无纺科技有限公司
	扬州奥特隆无纺布有限公司
	张家港市春秋科技发展有限公司
	艾利（昆山）有限公司
	东丽高新聚化（南通）有限公司
	亚青永葆生活用纸（苏州）有限公司
	南通通机股份有限公司
	无锡优佳无纺科技有限公司
	常州维盛无纺科技有限公司
浙江	杭州新余宏智能装备有限公司
	杭州可悦卫生用品有限公司
	浙江诸暨造纸厂
	嘉兴市申新无纺布厂
	宁波东誉无纺布有限公司
	衢州双熊猫纸业有限公司
	瑞安市瑞乐卫生巾设备有限公司
	杭州小姐妹卫生用品有限公司
	杭州珂瑞特机械制造有限公司
	杭州川田卫生用品有限公司
	杭州珍琦卫生用品有限公司
	浙江金通纸业有限公司
	台塑工业（宁波）有限公司
	杭州品享科技有限公司
	浙江鼎业机械设备有限公司
	温州市王派机械科技有限公司
	杭州纸邦自动化技术有限公司
	杭州可靠护理用品股份有限公司
	杭州大路装备有限公司
	杭州千芝雅卫生用品有限公司
	浙江新维狮合纤股份有限公司
	浙江卫星新材料科技有限公司
	浙江优全护理用品科技有限公司
	瑞安市金邦喷淋技术有限公司
	杭州豪悦护理用品股份有限公司

续表

	会员名称
浙江	中建材轻工业自动化研究所有限公司
	浙江珍琦护理用品有限公司
	温州启扬机械有限公司
	温州市伟牌机械有限公司
	浙江代喜卫生用品有限公司
	浙江英凯莫实业有限公司
	嘉兴南华无纺材料有限公司
	温州胜泰机械有限公司
	俐特尔（杭州）包装材料有限公司
	湖州东日环保科技有限公司
	浙江弘安纸业有限公司
	浙江正华纸业有限公司
	杭州余宏卫生用品有限公司
	义乌市广鸿无纺布有限公司
	浙江她说生物科技有限公司
	浙江省消毒产品标准化技术委员会
	浙江瑞康日用品有限公司
	浙江华晨非织造布有限公司
	海宁市粤海彩印有限公司
	杭州比因美特孕婴童用品有限公司
	浙江晶岛实业有限公司
	浙江传化华洋化工有限公司
	浙江金亿乐无纺布科技有限公司
	浙江辉凯新材料科技有限公司
	南六企业（平湖）有限公司
	杭州国光旅游用品有限公司
	杭州欣富实业有限公司
	嘉善彩华包装厂
	龙泉鸿业塑料有限公司
	华昊无纺布有限公司
	浙江武义浩伟机械有限公司
	浙江庄生新材料科技有限公司
	杭州原创广告设计有限公司
	浙江佳尔彩包装有限公司
	杭州东巨实业有限公司
	嘉善永泉纸业有限公司
	湖州唯可新材料科技有限公司
安徽	安庆市恒昌机械制造有限责任公司
	铜陵洁雅生物科技股份有限公司
	芜湖悠派护理用品科技股份有限公司
	黄山富田精工制造有限公司
	马鞍山市富源机械有限公司
	安徽格义循环经济产业园有限公司
	安庆市新宜纸业有限公司
	旌德县万方日用品有限公司
	马鞍山市东信机械刀片厂
	铜陵麟安生物科技有限公司

续表

	会员名称
福建	恒安(集团)有限公司
	福建恒利集团有限公司
	福建莆田佳通纸制品有限公司
	厦门延江新材料股份有限公司
	建亚保达(厦门)卫生器材有限公司
	福建培新机械制造实业有限公司
	泉州市汉威机械制造有限公司
	泉州市东工机械制造有限公司
	泉州大昌纸品机械制造有限公司
	福建妙雅卫生用品有限公司
	泉州新日成热熔胶设备有限公司
	晋江市东南机械制造有限公司
	福建泉州明辉轻工机械有限公司
	邦丽达(福建)新材料股份有限公司
	三明市普诺维机械有限公司
	南安长利塑胶有限公司
	中天(中国)工业有限公司
	龙海市明发塑料制品有限公司
	漳州市芗城晓莉卫生用品有限公司
	南安市满山红纸塑彩印有限公司
	雀氏(福建)实业发展有限公司
	厦门市立克传动科技有限公司
	福建省乔东新型材料有限公司
	福建满山红包装股份有限公司
	美佳爽(中国)有限公司
	福建漳州智光纸业有限公司
	泉州市创达机械制造有限公司
	厦门安德立科技有限公司
	福建新亿发集团有限公司
	福建省昌德胶业科技有限公司
	爹地宝贝股份有限公司
	晋江市新合发塑胶印刷有限公司
	泉州天娇妇幼卫生用品有限公司
	婴舒宝(中国)有限公司
	泉州市嘉华卫生用品有限公司
	福建利澳纸业有限公司
	厦门恒大工业有限公司
	晋江市兴泰无纺制品有限公司
	晋江市顺昌机械制造有限公司
	厦门佳创机械有限公司
	福建冠泓工业有限公司
	泉州丰泽恩加品牌策划有限公司
	福建省长汀县天乐卫生用品有限公司
	泉州恒新纸品机械制造有限公司
	晋江市德豪机械有限公司
	厦门力和行光电技术有限公司
	中南纸业(福建)有限公司
	长城崛起(福建)新材料科技股份公司
	泉州市茂源石油机械设备制造有限公司

续表

	会员名称
福建	泉州市肯能自动化机械有限公司
	松嘉(泉州)机械有限公司
	晋江海纳机械有限公司
	福建汇众妇婴用品科技有限公司
	泉州诺达机械有限公司
	福建东南艺术纸品股份有限公司
	福建省诺美护理用品有限公司
	南安市熊猫传奇日用品科技有限责任公司
	厦门领道者科技有限公司
	厦门聚富塑胶制品有限公司
	厦门掀科商贸有限公司
	晋江翔锐机械有限公司
	泉州智造者机械设备有限公司
	厦门悠派无纺布制品有限公司
	厦门祺星塑胶科技有限公司
	泉州东方机械有限公司
江西	江西省美满生活用品有限公司
	江西欧克科技有限公司
	赣州华鑫卫生用品有限公司
	江西康祺实业有限公司
山东	潍坊恒联美林生活用纸有限公司
	山东信成纸业有限公司
	诸城市大正机械有限公司
	东营市胜安卫生用品有限公司
	山东含羞草卫生科技股份有限公司
	山东华林机械有限公司
	诸城市金隆机械制造有限责任公司
	山东泉林纸业有限责任公司
	东顺集团股份有限公司
	山东晨鸣纸业集团股份有限公司
	山东艾丝妮乐卫生用品有限公司
	山东俊富非织造材料有限公司
	山东赛特新材料股份有限公司
	山东信和造纸工程股份有限公司
	山东诺尔生物科技有限公司
	潍坊中顺机械科技有限公司
	万华化学集团股份有限公司
	山东太阳生活用纸有限公司
	山东中科博源新材料科技有限公司
	东营海容新材料有限公司
	青岛瑞利达机械制造有限公司
	山东荣泰新材料科技有限公司
	青岛优佳卫生科技有限公司
	山东无敏极护理用品有限公司
	潍坊市同邦自动化设备有限公司
	诸城市格林纸业有限公司

续表

	会员名称
山东	邹平新昊高分子材料有限公司
	青岛运卓国际贸易有限公司
	山东顺霸化妆品有限公司
	郯城县鹏程印务有限公司
	山东德润新材料科技有限公司
河南	漯河银鸽生活纸产有限公司
	陆丰机械(郑州)有限公司
	河南舒莱卫生用品有限公司
	平舆中南纸业有限公司
	河南派尼尔精密机械制造有限公司
	河南丝绸之宝卫生用品有限公司
	洛阳市洁达纸业有限公司
	河南宝汇机械设备有限公司
	郑州陆创机械设备有限公司
	郑州智联机械设备有限公司
	河南省百蓓佳卫生用品有限公司
湖北	湖北丝宝卫生用品有限公司
	湖北世纪雅瑞纸业有限公司
	湖北乾峰新材料科技有限公司
	湖北佰斯特卫生用品有限公司
	湖北中雅新材料股份有限公司
	镭德杰标识科技武汉有限公司
	湖北马应龙护理品有限公司
	武汉八斗贸易有限公司
	湖北欣柔科技有限公司
	孝感市孝南区招商局
湖南	湖南恒安纸业有限公司
	湖南爽洁卫生用品有限公司
	常德烟草机械有限责任公司
	长沙正达轻科纸业设备有限公司
	湖南一朵生活用品有限公司
	湖南千金卫生用品股份有限公司
	长沙长泰机械股份有限公司
	湖南花香实业有限公司
	湖南信实机械科技有限公司
	湖南康程护理用品有限公司
	湖南舒比奇生活用品有限公司
广东	维达纸业(中国)有限公司
	广州卓德嘉薄膜有限公司
	广州市兴世机械制造有限公司
	东莞市白天鹅纸业有限公司
	东莞市佳鸣机械制造有限公司
	东莞佳鸣造纸机械研究所
	佛山华韩卫生材料有限公司
	佛山市联塑万嘉新卫材有限公司
	佛山市啟盛卫生用品有限公司

续表

	会员名称
广东	广东景兴健康护理实业股份有限公司
	佛山市兆广机械制造有限公司
	佛山市南海区宝索机械制造有限公司
	中山瑞德卫生纸品有限公司
	中顺洁柔纸业股份有限公司
	中山佳健生活用品有限公司
	广东川田卫生用品有限公司
	佛山市南海区德昌誉机械制造有限公司
	深圳市腾科系统技术有限公司
	佛山市南海置恩机械制造有限公司
	汕头市万安纸业有限公司
	国桥实业(深圳)有限公司
	佛山市南海必得福无纺布有限公司
	东莞皇尚企业股份有限公司
	广东茵茵股份有限公司
	佛山市新飞卫生材料有限公司
	广东洁新卫生材料有限公司
	广东康怡卫生用品有限公司
	东莞利良纸巾制品有限公司
	深圳市亿宝纸业有限公司
	东莞市常兴纸业有限公司
	东莞嘉米敦婴儿护理用品有限公司
	江门市新龙纸业有限公司
	佛山市南海毅创设备有限公司
	西朗纸业(深圳)有限公司
	广州贝晓德传动配套有限公司
	惠州市汇德宝护理用品有限公司
	东莞市达林纸业有限公司
	广东一洲新材料科技有限公司
	东莞瑞麒婴儿用品有限公司
	佛山南宝高盛高新材料有限公司
	佛山市南海区德利劲包装机械制造有限公司
	佛山市鹏轩机械制造有限公司
	佛山市南海区宝拓造纸设备有限公司
	佛山市南海区德虎纸巾机械厂
	广州市顶丰自动化设备有限公司
	深圳市轩泰机械设备有限公司
	东莞市科环机械设备公司
	广东昱升个人护理用品股份有限公司
	佛山市协合成机械设备有限公司
	江门市蓬江区跨海工贸有限公司
	东莞市成铭胶粘剂有限公司
	佛山市精拓机械设备有限公司
	江门市新会区宝达造纸实业有限公司
	东莞市程富实业有限公司
	佛山市腾华塑胶有限公司

续表

	会员名称
广东	广东佰分爱卫生用品有限公司
	广东省佛山市南海区志胜激光制辊有限公司
	佛山市今飞机械制造有限公司
	佛山市南海铭阳机械制造有限公司
	深圳市御品坊日用品有限公司
	江门市新会区园达工具有限公司
	心丽卫生用品(深圳)有限公司
	美塞斯(珠海保税区)工业自动化设备有限公司
	广东聚胶粘合剂有限公司
	深圳市嘉美高科系统技术有限公司
	深圳市爱普克流体技术有限公司
	广东比伦生活用纸有限公司
	中山市恒广源吸水材料有限公司
	诺斯贝尔(中山)无纺日化有限公司
	广州德渊精细化工有限公司
	深圳市鑫冠臣机电有限公司
	东莞市宝盈妇幼用品有限公司
	佛山市科牛机械有限公司
	东莞市佛而盛智能机电股份有限公司
	广东鑫雁科技有限公司
	广州韶能本色纸品有限公司
	东莞市汉氏纸业有限公司
	佛山市嘉和机械制造有限公司
	广东美联新材料股份有限公司
	广州市粤盛工贸有限公司
	广州艾泽尔机械设备有限公司
	深圳市哈德胜精密科技有限公司
	东莞市自成机械设备有限公司
	实宜机械设备(佛山)有限公司
	东莞市润丽华实业有限公司
	东莞市嘉宏有机硅科技有限公司
	东莞市神点纳米喷涂科技有限公司
	佛山市鼎天商贸有限公司
	佛山市正道功臣品牌策划有限公司
	广东美登纸业有限公司
	佛山市洁邦卫生用品有限公司
	佛山市顺德区康儿健母婴用品有限公司
	滨海昌正企业管理有限公司
	盟立自动化科技(上海)有限公司广州分公司
	广州市新辉联无纺布有限公司
	广州爱科琪盛塑料有限公司
	金发科技股份有限公司
	广州市鑫源纸业有限公司
	江门市安德宝特种润滑剂有限公司
	深圳市瑞广自动化设备有限公司
	深圳市星星晨纸业有限公司
	凯儿得乐(深圳)科技发展有限公司
	中山瑞德卫生纸品有限公司
	深圳市蓝月亮纸业有限公司

续表

	会员名称
广东	广东妇健企业有限公司
	珠海得米新材料有限公司
	佛山市南海区邦贝机械制造有限公司
	金旭环保制品(深圳)有限公司
	深圳全棉时代科技有限公司
	汕头市集诚妇幼用品厂有限公司
	耐恒(广州)纸品有限公司
	深圳金皇尚热熔胶机喷涂设备有限公司
广西	广西洁宝纸业有限公司
	南宁侨虹新材料有限责任公司
	广西贵糖纸业集团股份有限公司
	广西华怡纸业有限公司
	南宁市佳达纸业有限责任公司
	广西横县江南纸业有限公司
	柳州两面针纸业有限公司
	柳州市卓德机械科技有限公司
	柳州市维特印刷机械制造有限公司
	广西舒雅护理用品有限公司
重庆	重庆百亚卫生用品股份有限公司
	重庆珍爱卫生用品有限责任公司
	重庆理文卫生用纸制造有限公司
	重庆盛丰纸业有限公司
	重庆久吉纸业有限公司
四川	四川友邦纸业有限公司
	成都市豪盛华达纸业有限公司
	成都彼特福纸品工艺有限公司
	四川佳益卫生用品有限公司
	成都居家生活造纸有限责任公司
	四川汇维仕化纤有限公司
	四川蓝漂日用品有限公司
	四川犍为凤生纸业有限公司
	四川竹印良品新材料科技有限公司
	成都永丰纸业有限公司
	四川兴睿龙实业有限公司
	四川环龙新材料股份有限公司
	成都百信纸业有限公司
贵州	贵州恒瑞辰科技股份有限公司
云南	云南嘉信和纸业有限公司
	云南万达纸业股份有限公司
西藏	西藏坎巴嘎布卫生用品有限公司
陕西	陕西欣雅纸业有限公司(陕西兴包企业集团有限责任公司)
	陕西理工机电科技有限公司
	西安兴晟造纸不锈钢网有限公司
	神木市益牌纸业有限公司
甘肃	平凉市宝马纸业有限责任公司
宁夏	宁夏紫荆花纸业有限公司

海外会员单位

	会员名称
日本	日本卫生材料工业连合会（JHPIA）
	日本池上交易株式会社（IKEGAMI KOEKI）
	日本株式会社瑞光（ZUIKO）
	川之江造纸机械（嘉兴）有限公司（KAWANOE）
	日惠得造纸器材（上海）有限公司（NIPPON FELT）
	上海伊藤忠商事有限公司（ITOCHU）
	广州伊藤忠商事有限公司（ITOCHU）
	伊藤忠（中国）集团有限公司（ITOCHU）
	住友精化贸易（上海）有限公司（SUMITOMO）
	大王（南通）生活用品有限公司（GOO. N）
	贝亲母婴用品（常州）有限公司（PIGEON）
	日东（中国）新材料有限公司（NITTO）
	SMC（中国）有限公司
	三井化学无纺布（天津）有限公司
美国	诺信（中国）有限公司（NORDSON）
	国际纸业（INTERNATIONAL PAPER）
	GP 纤维亚洲香港有限公司（GP Cellulose）
	依工玳纳特胶粘设备（苏州）有限公司（ITW DYNATEC）

续表

	会员名称
美国	致优无纺布（无锡）有限公司（First Quality）
	富乐（中国）粘合剂有限公司（H. B. FULLER）
意大利	法麦凯尼柯机械（上海）有限公司（FAMECCANICA）
	意大利法比奥百利怡机械（上海）有限公司（KÖRBER）
	意大利拓斯克公司（Toscotec）
	Tissue Machinery Company S. P. A.（TMC）
芬兰	维美德集团（Valmet）
香港地区	特艺佳国际有限公司（TECH VANTAGE）
	灯塔亚洲有限公司（DOMTAR）
台湾地区	台湾百和工业股份有限公司（PAIHO）
德国	威刻勒机器设备（上海）有限公司（W+D）
	恩格利特公司（UNGRICHT Roller + Engraving Technology）
	德国 TKM 集团（TKM）
法国	波士胶（上海）管理有限公司（Bostik）
	罗盖特管理（上海）有限公司
波兰	PMPoland S. A. 造纸设备有限公司（PMP）
韩国	HYUKSAN PROFEIL CO., LTD

生活用纸企业家高峰论坛成员单位名单(2018年)

List of the China Tissue Paper Executives Summit (CTPES) members (2018)

会员名称	会员人选
中国轻工集团有限公司	曹振雷
恒安(集团)有限公司	许连捷
维达纸业(中国)有限公司	李朝旺
中顺洁柔纸业股份有限公司	岳　勇
金红叶纸业集团有限公司	李肇锦
东顺集团股份有限公司	陈树明
永丰余投资有限公司	李宗纯
上海东冠纸业有限公司	何志明
福建恒利集团有限公司	吴家荣
上海唯尔福集团股份有限公司	何幼成
胜达集团江苏双灯纸业有限公司	赵　林
广西贵糖纸业集团有限公司	陈　健
漯河银鸽生活纸产有限公司	王奇峰
上海护理佳实业有限公司	夏双印
宁夏紫荆花纸业有限公司	纳巨波
山东晨鸣纸业集团股份有限公司	李伟先
东莞市白天鹅纸业有限公司	卢伟民
河北义厚成日用品有限公司	白红敏
保定市港兴纸业有限公司	张二牛
广东比伦生活用纸有限公司	许亦南
重庆理文卫生用纸制造有限公司	李文俊
四川环龙新材料股份有限公司	周　骏
四川石化雅诗纸业有限公司	周　祥

卫生用品企业家高峰论坛成员单位名单(2018 年)

List of the China Hygiene Products Executives Summit(CHPES) members(2018)

省市	公司名称	会员人选
北京市	中国轻工集团有限公司	曹振雷
	北京倍舒特妇幼用品有限公司	李秋红
	北京桑普生物化学技术有限公司	刘洪生
	北京大源非织造股份有限公司	张志宇
天津市	天津市依依卫生用品股份有限公司	卢俊美
河北省	河北义厚成日用品有限公司	白红敏
上海市	上海唯尔福集团股份有限公司	何幼成
	上海东冠纸业有限公司	何志明
	上海护理佳实业有限公司	夏双印
	上海紫华企业有限公司	沈娅芳
	上海丰格无纺布有限公司	焦勇
	诺信(中国)有限公司	谭宗焕
	富乐(中国)粘合剂有限公司	韦广法
	波士胶(上海)管理有限公司	Jeffrey Allan Merkt
	上海亿维实业有限公司	祁超训
	上海精发实业股份有限公司	陈立东
江苏市	金红叶纸业集团有限公司	李肇锦
	贝里国际集团(Berry)	崔彦昭
	维顺(中国)无纺制品有限公司	邓福元
	宜兴丹森科技有限公司	孙骁
	依工玳纳特胶粘设备(苏州)有限公司	张国华
	莱芬豪舍塑料机械(苏州)有限公司	Bernd Reifenhauser
	江苏有爱科技有限责任公司	任用
浙江省	杭州千芝雅卫生用品有限公司	吴跃
	杭州可靠护理用品股份有限公司	金利伟
	杭州豪悦护理用品股份有限公司	李志彪
	杭州珍琦卫生用品有限公司	俞飞英
	杭州新余宏智能装备有限公司	鲁兵
	台塑工业(宁波)有限公司	杨智全
	南六企业(平湖)有限公司	黄和村
	浙江她说生物科技有限公司	张晨
	浙江卫星新材料科技有限公司	洪锡全
	浙江优全护理用品科技有限公司	严华荣
	杭州国光旅游用品有限公司	傅启才
	杭州可悦卫生用品有限公司	黄国权

续表

省市	公司名称	会员人选
安徽省	安庆恒昌机械制造有限责任公司	吕兆荣
	黄山富田精工制造有限公司	方安江
	芜湖悠派护理用品科技股份有限公司	程岗
福建省	恒安(集团)有限公司	许连捷，许文默
	爹地宝贝股份有限公司	林斌
	福建恒利集团有限公司	吴家荣
	厦门延江新材料股份有限公司	谢继华
	雀氏(福建)实业发展有限公司	郑佳明
	泉州市汉威机械制造有限公司	林秉正
	邦丽达(福建)新材料股份有限公司	郑叙炎
	福建省乔东新型材料有限公司	丁棋
	婴舒宝(中国)有限公司	颜培坤
	美佳爽(中国)有限公司	陈汉河
	福建利澳纸业有限公司	丁棋灿
	泉州市嘉华卫生用品有限公司	尤华山
山东省	东顺集团股份有限公司	陈树明
	山东诺尔生物科技有限公司	荣敏杰
	山东俊富非织造材料有限公司	赵民忠
河南省	河南舒莱卫生用品有限公司	杨桂海
湖北省	湖北丝宝卫生用品有限公司	陈莺
湖南省	湖南康程护理用品有限公司	覃叙钧
	湖南一朵生活用品有限公司	刘祥富
广东省	维达纸业(中国)有限公司	李朝旺，张健
	广东景兴健康护理实业股份有限公司	邓锦明
	广东昱升个人护理用品股份有限公司	苏艺强
	佛山市啟盛卫生用品有限公司	关锦添
	广东茵茵股份有限公司	谢锡佳
	东莞市白天鹅纸业有限公司	卢伟民
	佛山市新飞卫生材料有限公司	穆范飞
	佛山市南海必得福无纺布有限公司	邓伟添
	中山佳健生活用品有限公司	缪国兴
	广州市兴世机械制造有限公司	林颖宗
	东莞市常兴纸业有限公司	王树杨
	深圳全棉时代科技有限公司	刘华
重庆市	重庆百亚卫生用品股份有限公司	冯永林
	重庆珍爱卫生用品有限责任公司	黄诗平

中国卫生用品行业专家库专家名单(2018年)

Expert team of the China disposable hygiene products industry (2018)

类别	省市	专家姓名	性别	擅长领域	职称	工作单位	职务
产品类(20人)	北京	李秋红	女	卫生巾产品	工程师	北京倍舒特妇幼用品有限公司	董事长兼总经理
		王胜地	男	纸尿裤产品		北京爸爸的选择科技有限公司	CEO
	上海	王嘉俊	男	卫生巾、纸尿裤产品标准	工程师	尤妮佳生活用品(中国)有限公司	公共关系部高级经理
		夏双印	男	卫生巾，乳垫	高级工程师	上海护理佳实业有限公司	董事长
		陈广岩	男	卫生巾，乳垫	电气工程师	上海护理佳实业有限公司	总工程师
		蒋庆杰	男	卫生巾，乳垫	高级工程师	上海护理佳实业有限公司	总经理
	浙江	金利伟	男	纸尿裤产品	高级工程师	杭州可靠护理用品股份有限公司	董事长兼总经理
		唐伟	男	纸尿裤产品	高级工程师	杭州可靠护理用品股份有限公司	研究院副院长
		麦庆枚	男	纸尿裤产品	工程师	杭州可靠护理用品股份有限公司	研究院技术总监
		俞小英	女	纸尿裤产品	工程师	浙江珍琦护理用品有限公司	副总经理
		KIM HYONG BOM	男	纸尿裤产品		浙江珍琦护理用品有限公司	研发总监
	安徽	程岗	男	宠物垫，护理垫，成人纸尿裤	工程师	芜湖悠派护理用品科技股份有限公司	董事长兼总经理
	福建	王添辉	男	纸尿裤产品	高级工程师	恒安(集团)有限公司	纸尿裤研发总经理
		林斌	男	纸尿裤产品	助理工程师	爹地宝贝股份有限公司	董事长
	河南	杨桂海	男	卫生巾产品		河南舒莱卫生用品有限公司	总经理
		张小俊	女	卫生巾产品		河南护理佳实业有限公司	厂长
	湖北	李银琪	男	卫生巾产品		湖北丝宝股份有限公司	技术开发经理
	湖南	覃叙钧	男	纸尿裤产品		湖南康程护理用品有限公司	董事长
	广东	关锦添	男	卫生巾产品	工程师，政工师	佛山市啟盛卫生用品有限公司	董事长
		房雨	男	纸尿裤产品		广东贝禧护理用品有限公司	总经理
材料类(14人)	北京	张静峰	女	非织造布	高级工程师	北京大源非织造股份有限公司	副总经理
	上海	何厚康	男	透气膜	高级工程师	上海德山塑料有限公司	副总经理/厂长
		沈娅芳	女	PE薄膜，透气膜	高级经济师	上海紫华企业有限公司	总经理
		张维军	男	热风和水刺非织造布开发应用、工艺管理和质量管理；卫生用品开发、工艺和质量管理	高级工程师	上海抬基企业管理咨询有限公司	CEO
		时海斌	男	热熔胶		波士胶(上海)管理有限公司	技术服务经理
		焦勇	男	非织造布		上海丰格无纺布有限公司	总经理
	江苏	田雨	男	非织造布		INNOWEN, INC.	总裁
		宋逸	男	非织造布，热熔胶		斐罗塔新材料科技(苏州)有限公司	创始人

续表

类别	省市	专家姓名	性别	擅长领域	职称	工作单位	职务
材料类（14人）	福建	黄奕群	男	包装袋		福建满山红包装股份有限公司	董事长
		杨海金	男	包装袋		福建明禾新材料科技有限公司	总经理
	广东	韦广法	男	热熔胶	工程师	富乐（中国）粘合剂有限公司	总监
		方昌琴	女	热熔胶，纸尿裤闭合系统		广州德渊精细化工有限公司	研发协理
		陈康振	男	非织造布	高级工程师	贝里国际集团南海南新无纺布有限公司	亚洲区卫材产品开发和技术服务总监
	台湾	谢绍明	男	绒毛浆，卫生巾、纸尿裤产品		灯塔亚洲有限公司	技术服务经理
设备类（15人）	上海	蒋涛涛	男	输送带		霓达（上海）企业管理有限公司	副课长
		傅炯	男	卫生用品设备		上海智联精工机械有限公司	总经理
		谭宗焕	男	热熔胶机		诺信（中国）有限公司	亚洲中国区无纺布部门总经理
	江苏	张国华	男	热熔胶机		依工玳纳特胶粘设备（苏州）有限公司	销售总监
	浙江	黄伟	男	设备设计、产品（卫生巾/纸尿裤/湿巾）设计	高级工程师	杭州嘉杰实业有限公司	董事长
	安徽	吕兆荣	男	卫生用品设备	高级工程师	安庆市恒昌机械制造有限责任公司	董事长
		吕庆	男	卫生用品设备	副研究员	安庆市恒昌机械制造有限责任公司	副总经理
		金昌飞	男	卫生用品设备	副研究员	安庆市恒昌机械制造有限责任公司	副总经理
		朱振良	男	卫生用品设备	工程师	安庆市恒昌机械制造有限责任公司	设计开发部主任
		丁卫星	男	卫生用品设备	副研究员	安庆市恒昌机械制造有限责任公司	设计开发部副主任
	福建	郭尚接	男	旋转模切刀具	高级工程师	三明市普诺维机械有限公司	董事长
		林秉正	男	卫生用品设备		泉州市汉威机械制造有限公司	董事长兼总经理
	广东	黄葆钧	男	纠偏器		广州贝晓德传动配套有限公司	总经理
		林颖宗	男	卫生用品设备	高级工程师	广州市兴世机械制造有限公司	总经理
	江西	胡坚胜	男	包装设备、生活用纸加工设备	高级工程师	江西欧克科技有限公司	董事长

生产和市场

PRODUCTION AND MARKET

[2]

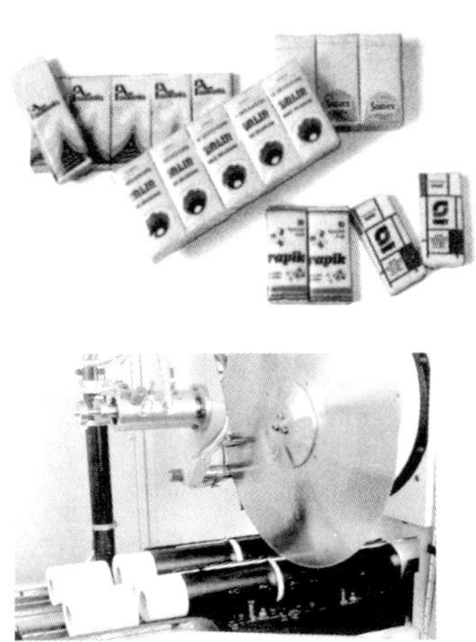

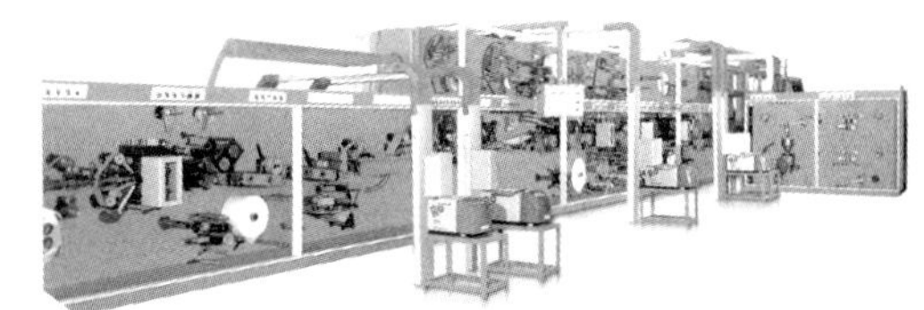

[编者按]中国生活用纸和卫生用品行业经过20多年的发展，在生产技术和装备水平不断提高的同时，也逐渐形成了产品、原材料、设备等专业化的产业集群、企业集群的特点，各集群也获得了市场竞争的优势。另外越来越多的企业进入资本市场，借助资本市场的力量发展壮大和助推企业转型升级。

为全面展示各产业集群和企业集群的发展情况，进一步提高集群的发展优势，推动行业进步和优化升级，本卷年鉴的生产和市场章节中，汇总了部分区域产业集群发展情况、部分原辅材料/设备的生产市场情况，以及部分上市公司2017年的运行情况的内容，供参考。

中国生活用纸行业的概况和展望

周 杨 张玉兰 中国造纸协会生活用纸专业委员会

2017年，中国经济运行稳中有进、稳中向好、好于预期，GDP总量达到82.7万亿元，比上年增长6.9%。内需持续扩大，社会消费品零售总额366262亿元，比上年增长10.2%。

中国生活用纸市场在此大背景下继续保持增长，总规模比上年增长12.0%，达到1106.4亿元；其他指标包括产能、产量、销售量、进出口量、消费量、人均消费量、产品平均价格等均比上年增长；在国家加大环保要求和市场竞争的推动下，行业落后产能的淘汰步伐加快，进一步推动了行业的优化升级。表现在2017年已投产的项目和新宣布投资项目中，中小型企业的纸机更新换代项目数量持续大幅增加。

整个行业产能充足，市场竞争更加激烈，且2017年的新增产能中有很多是于下半年或年底投产的，加之政府环保督查力度持续增强，对四川、河北等区域的阶段性限产等因素影响，使全行业的平均设备利用率仍难以提升。2017年浆价持续大幅上涨助推纸价跟随上扬，及生产企业通过积极调整产品结构和创新产品，提升高附加值产品比例等因素共同作用，使行业产品平均出厂价格继续回升，企业毛利率仍维持在合理区间。虽然2017年新增现代化产能达到创纪录的近220万吨，但这些新增产能主要集中在已有的企业，且以中小型企业的纸机更新换代项目为主，新进入行业的企业很少；另外仍有不少已宣布的投资项目延期。

1 市场规模

根据中国造纸协会生活用纸专业委员会(以下简称生活用纸委员会)的统计，2017年生活用纸总产能达到1215万吨，总产量约923.4万吨(按设备利用率76%计)，销售量约921.6万吨，工厂总销售额约921.6亿元(按统计的平均出厂价10000元/吨计，含出口)。消费量约851.1万吨，人均年消费量约6.1千克，已明显超过RISI统计的2016年世界人均4.9千克的消费量水平。国内市场规模约1106.4亿元(按统计的平均零售价13000元/吨计算)。

表1 2015—2017年中国生活用纸行业的总规模

	2017年	2016年	2015年	2014年
产能/万吨	1215.0	1125.3	1028.7	944.0
产量/万吨	923.4	855.2	802.4	736.3
销售量/万吨	921.6	854.0	804.4	731.2
进口量/万吨	3.5	2.8	2.8	3.58
出口量/万吨	74.0	69.2	71.2	74.7
净出口量/万吨	70.5	66.4	68.4	71.1
消费量/万吨	851.1	787.6	736.0	660.1
人均消费量/千克	6.1	5.7	5.4	4.8
出厂均价/(元/吨)	10000	9650	9500	9700
工厂销售总额/亿元	921.6	824.1	764.2	709.3
市场零售均价/(元/吨)	13000	12545	12350	12610
国内市场规模/亿元	1106.4	988.0	909.0	832.4

注：(1)根据国家统计局资料，2017年年底总人口13.90亿人，2016年年底总人口13.83亿人，2015年年底总人口13.75亿人，2014年年底总人口13.68亿人；
(2)市场零售均价按出厂均价加价率30%计。

2 主要生产商和品牌

中国目前的生活用纸市场仍是由多个生产商组成，行业集中度继续提升。生活用纸委员会统计数据显示，原纸生产企业由2013年的426家，逐步减少到2017年的340家左右。原纸生产企业主要分布在山东、广东、四川、重庆、河北、长三角地区、广西、福建、湖南、湖北、辽宁、江西等地。其中四川、河北和广西以中小型企业为主。原纸企业大多数为年产5万吨以下的中小企业，年产5万吨以上(含5万吨)的企业数量在60家左右。全国性的三大品牌是心相印、维达、清风。

2017年综合排名前17位的生产商的产能占总产能的58.8%(2016年：57.9%)，销售额合计约占总销售额的56.6%(2016年：57.4%)，产能占比和销售额占比分别比上年提高0.9个百分点和下降0.8个百分点。

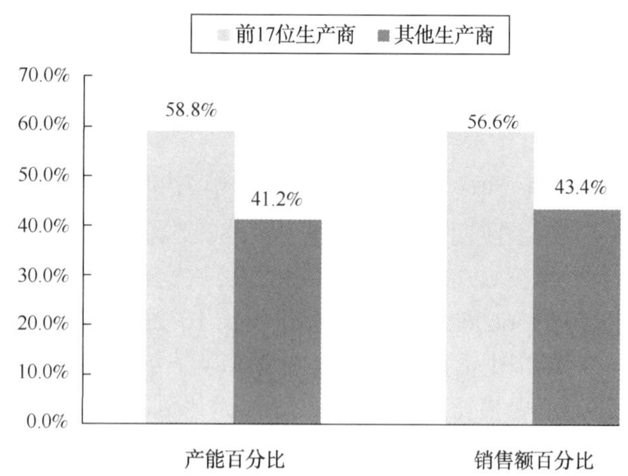

图1　2017年综合排名前17位生产商产能、销售额占总量的百分比

表2　2017年综合排名前17位的生活用纸生产商

序号	公司名称	品牌	生产能力/(万吨/年)
1	恒安纸业有限公司	心相印，柔影	131
2	金红叶纸业(中国)有限公司	唯洁雅，清风，真真	163
3	维达纸业集团有限公司	维达 Vinda，花之韵	110
4	中顺洁柔纸业股份有限公司	洁柔，C&S，太阳	65
5	东顺集团股份有限公司	顺清柔，哈里贝贝	40.8
6	重庆理文卫生用纸制造有限公司	亨奇	62.5(含竹浆纸)
7	永丰余家品(昆山)有限公司	五月花	20
8	上海东冠集团	洁云，丝柔	14
9	保定市港兴纸业有限公司	丽邦	13
10	河北雪松纸业有限公司	雪松	12
11	上海唯尔福(集团)有限公司	纸音	9
12	漯河银鸽生活纸产有限公司	银鸽，舒蕾	16
13	山东晨鸣纸业集团股份有限公司	星之恋，森爱之心	12
14	山东太阳生活用纸有限公司	幸福阳光	12
15	福建恒利集团	好吉利	9
16	泰盛科技股份有限公司	维尔美，纤纯	17(含竹浆纸)
17	胜达集团江苏双灯纸业有限公司	双灯，蓝雅，欧风，老好	8.5(含稻麦苇草浆、废纸浆纸)
	合计产能		714.8

金红叶(APP在中国内地的产能)、恒安、维达是中国领先的3家生活用纸企业，据RISI数据显示，2017年这3家企业产能在全球分别排在第4、第6、第7，在亚洲分别排在第1、第2、第3。2017年这3家企业生活用纸原纸的生产能力都超过100万吨，合计达到约404万吨，比上年增长约6.0%，约占行业总产能的33.3%(2016年：33.9%)，销售额合计约292.2亿元，比上年增长约8.3%，约占行业总销售额的31.7%(2016年：32.7%)。

恒安是居中国第1位的生活用纸生产商，也是目前中国生活用纸行业产量最大的生产商。根据恒安国际年报，2017年，恒安生活用纸业务销售额为93.9亿元，比2016年上升约3.6%，生活用纸业务占集团总销售额的约47.4%(2016年：47.0%)。由于年内主要原材料木浆价格持续上升，生活用纸业务的毛利率下降至约32.9%(2016年：37.9%)[1]。

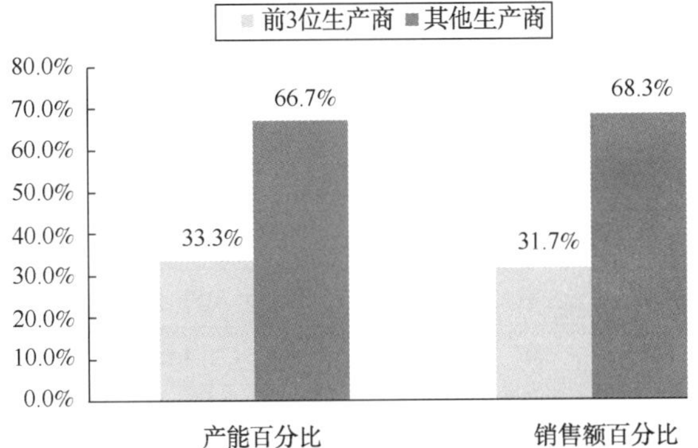

图 2 2017 年前 3 位生产商产能、销售额占总量的百分比

金红叶是 APP 在中国的生活用纸集团，是位居中国第 2 的生活用纸生产商。2017 年产能 163 万吨/年，目前为中国生活用纸行业产能最大的生产商。

维达是中国最早的生活用纸专业生产商之一，多年来保持平稳发展的领先地位，目前是居第 3 位的生活用纸生产商。根据维达国际年报，2017 年维达国际生活用纸业务实现营业收入 109.08 亿港元，同比增长 8.8%，占集团总销售额的 81%(2016 年：83%)；其中，毛利较高的软抽纸、厨房纸巾及湿巾销售额显著上升，在竞争激烈的市场中仍维持稳定盈利。年内，生活用纸业务的毛利率和业绩利润率分别为 29.6% 和 8.5%(2016 年：分别为 32.1%和 10.6%)[2]。

中顺洁柔目前是居第 4 位的生活用纸生产商，根据中顺洁柔业绩快报，2017 年，中顺洁柔营业总收入(主要为生活用纸业务销售额)达 46.38 亿元，同比增长 21.76%；净利润为 3.49 亿元，同比上升 34.01%。2017 年公司的主营收入增长主要是项目建设完成、产能提升、销售团队积极开拓市场、搭建网络平台、优化产品结构所致[3]。

位居第 5 名的是山东东顺，2017 年产能 40.8 万吨。目前，有 2 个原纸生产基地(山东东平、黑龙江肇东)，山东东平基地计划于 2018 年底投产 2 台川之江与维美德合作制造的 DCT60 新月型卫生纸机，合计新增产能 6 万吨/年；位于湖南湘西的第 3 个原纸生产基地计划于 2018 年上半年投产首台纸机，新增产能 1.6 万吨/年；位于浙江的第 4 个原纸基地正在建设中(规划 10 万吨)。

永丰余家品(昆山)有限公司是永丰余在中国内地的生活用纸企业，目前总产能为 20 万吨。在中国内地有 4 个原纸生产基地，分别在江苏昆山、江苏扬州、北京、广东肇庆。

理文是 2014 年投产进入到生活用纸领域的大型企业，以自身原料(自制竹浆)、能源等成本优势，生产竹浆原纸(包括本色纸)，以“产业链条集群发展”的思路，创造新的运营模式，即在重庆理文工业园区，理文负责配套厂房、水电气及原纸供应，面向全国生活用纸加工企业招商，2016、2017 年，第一、二期合计 14 家生活用纸加工企业签约入驻并投产，第三期共有 4 家生活用纸加工企业和 2 家包材企业于 2017 年底签约入驻，这种运营模式使得理文迅速成长并取得良好业绩。2014 年投产 2.5 万吨，2015 年增加产能 12 万吨，2016 年投产 24 万吨。2017 年，理文又投产 4 台福伊特 6 万吨/年卫生纸机，在江西、东莞 2 个生产基地各 2 台，使总产能达到 62.5 万吨/年。2018 年，理文计划在重庆投产 4 台维美德 6 万吨/年卫生纸机，总产能将达到 86.5 万吨/年。

保定港兴纸业是保定满城地区代表性企业，目前产能 13 万吨。截至 2017 年底，已投产 5 台日本川之江 BF 纸机和 1 台川之江与维美德合作制造的新月型卫生纸机(DCT60 型，产能 2 万吨/年，于 2017 年投产)。2018 年初，港兴又投产 1 台川之江 BF-1000S 型卫生纸机，产能 1.6 万吨/年。港兴是保定地区最早淘汰落后产能、更新换代设备的企业。

3 进出口情况

表 3 2016—2017 年各类生活用纸进出口情况

商品编号	商品名称	数量/吨			金额/美元		
		2017 年	2016 年	同比增长/%	2017 年	2016 年	同比增长/%
进口		35411.355	28085.367	26.08	60342887	51155387	17.96
48030000	原纸	24751.651	18776.071	31.83	35959669	29974441	19.97
48181000	卫生纸	5140.143	4397.278	16.89	9801967	8659318	13.20
48182000	手帕纸、面巾纸	4257.191	3703.086	14.96	11177773	9237570	21.00

续表

商品编号	商品名称	数量/吨			金额/美元		
		2017 年	2016 年	同比增长/%	2017 年	2016 年	同比增长/%
48183000	纸台布、餐巾纸	1262. 370	1208. 932	4. 42	3403478	3284058	3. 64
出口		739614. 666	692246. 220	6. 84	1735116218	1659136139	4. 58
48030000	原纸	195776. 502	168958. 412	15. 87	274521807	242567050	13. 17
48181000	卫生纸	263266. 771	271499. 356	-3. 03	628046356	657843494	-4. 53
48182000	手帕纸、面巾纸	231535. 879	208696. 803	10. 94	677331896	613053820	10. 48
48183000	纸台布、餐巾纸	49035. 514	43091. 649	13. 79	155216159	145671775	6. 55

2017 年生活用纸出口量为 74. 0 万吨，比上年上升 6. 8%，出口量约占总产量的 8. 0%；出口金额为 173512 万美元，比上年上升 4. 6%，出口额占工厂销售总额的 12. 8%。生活用纸出口量增价跌，相比上年呈回暖态势。

中国生活用纸是出口型行业，从 2011 年开始，进口量基本是持续降低的趋势，2017 年进口量和进口额出现明显回升，分别比 2016 年增长 26. 1%和 18. 0%。但进口总量较低，只有 3. 5 万吨，比上年增长 0. 7 万吨，仅占总产量的约 0. 38%，说明国产生活用纸已能充分满足消费者的需求。

表 4　进出口的各类生活用纸产品占比情况　%

年份(年)	进口		出口	
	2017	2016	2017	2016
原纸	69. 90	66. 85	26. 47	24. 41
卫生纸	14. 52	15. 66	35. 60	39. 22
手帕纸、面巾纸	12. 02	13. 19	31. 30	30. 15
纸台布、餐巾纸	3. 56	4. 30	6. 63	6. 22

进口生活用纸中，仍然主要是原纸，占进口总量的 69. 90%。出口生活用纸中，仍然是以生活用纸成品为主，原纸只占 26. 47%，其中卫生纸份额最大，占总出口量的 35. 60%。

表 5　2016—2017 年各类生活用纸产品进出口平均价格

商品名称	出口			进口		
	2017 年平均单价/(美元/吨)	2016 年平均单价/(美元/吨)	同比增长/%	2017 年平均单价/(美元/吨)	2016 年平均单价/(美元/吨)	同比增长/%
总量	2345. 97	2396. 74	-2. 12	1704. 05	1821. 42	-6. 44
原纸	1402. 22	1435. 66	-2. 33	1452. 82	1596. 42	-9. 00
卫生纸	2385. 59	2423. 00	-1. 54	1906. 94	1969. 25	-3. 16
手帕纸、面巾纸	2925. 39	2937. 53	-0. 41	2625. 62	2494. 56	5. 25
纸台布、餐巾纸	3165. 38	3380. 51	-6. 36	2696. 10	2716. 50	-0. 75

数据显示，出口产品平均价格比上年下降，但出口产品平均价格高于进口产品平均价格，同时也高于国内的平均出厂价。

根据海关的统计数据，2017 年按出口量排序，商品编号 48030000、48181000、48182000、48183000 四项分项及总计前 10 位的出口目的地国家和地区见附表 1。出口目的地国家和地区的总计前 10 位分别为美国、日本、中国香港、澳大利亚、马来西亚、中国澳门、新西兰、南非、新加坡、英国。这前 10 位国家和地区的出口量合计 58. 59 万吨，约占出口总量的 79. 2%。

出口产品的企业相对集中，金红叶、恒安、维达 3 家企业占总出口量的约 41. 8%。附表 2 是 2017 年生活用纸出口量排名前 20 位的企业，这 20 家公司的出口量合计约 41. 10 万吨，约占出口总量的 55. 6%。

4　进口木浆价格持续上涨，产品利润空间收窄；非木纤维迎来阶段性利好

我国生活用纸特别是中高档生活用纸普遍以商品木浆为原料，对进口纸浆的依存度大，生活

用纸除投资成本外的生产总成本中，纸浆大约占75%左右，因此产品成本受国际纸浆市场价格波动的影响大。2017年生活用纸使用进口木浆量占纸浆进口总量的较大份额，在漂白阔叶木浆总量中的占比更大。

根据海关统计数据，2017年我国纸浆进口总量约2372万吨，同比增长12.6%。进口金额为153.4亿美元，同比增长25.3%。2017年我国进口纸浆平均价格比2016年增长11.4%。其中，漂白针叶木浆总量约813万吨，同比增长1.1%，均价643美元/吨，同比增长8.4%；漂白阔叶木浆总量约1047万吨，同比增长25.5%，均价588美元/吨，同比增长15.1%，详见附表3、附图1。漂白针叶木浆主要进口自加拿大、美国、智利、俄罗斯联邦、芬兰等国家，漂白阔叶木浆主要进口自巴西、印度尼西亚、乌拉圭、智利等国家。

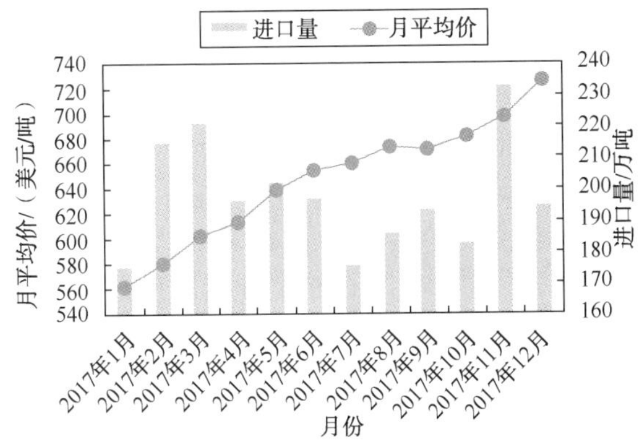

图3 2017年1—12月纸浆进口情况

2017年，受国际市场纸浆供需的影响，以及2017年8月，环保部等5部委出台的《进口废物管理目录》中，将未经分拣的废纸调整为《禁止进口固体废物目录》的影响，造成进口废纸原料减少，使包装纸和纸板企业对商品浆需求增加，加大了商品浆的供需矛盾，引发了商品浆价格上涨。粗略统计，2017年阔叶木浆最高涨幅近1400元/吨，针叶木浆最高涨幅近2500元/吨。对于以进口木浆为主要原料的生活用纸企业，成本压力陡增。

此外，根据国家统计局数据，2017年原材料、燃料、动力等工业生产资料购进价格比2016年上涨8.1%；2016年9月21日起，国家交通运输部超载超限新规定正式实施，导致物流成本上升；受环保监管力度从严影响，生产企业能源成本明显提升，助推纸价上扬，同时众多生产企业通过大力推动产品结构调整和创新产品，提高高附加值产品比例，精益化生产等措施，使整体出厂平均价格得到有效提升，一定程度上缓解了成本上涨的压力，毛利仍能维持在合理区间。据生活用纸委员会统计，行业总体的产品出厂平均价格上升了3.6%，延续了2016年以来的上行趋势。据卓创资讯数据显示，国内4个主要省份的生活用纸原纸和国产浆主流出厂报价走势详见图4、附图2。

以非木浆稻麦草为原料的生活用纸生产企业，近些年来由于人工成本、运输成本的增加，造成稻麦草的收购困难和成本提高，加上环保压力增大以及最终产品品质不及木浆产品等，导致宁夏、陕西及河南等地区走中低端路线的稻麦草浆生活用纸产品已不具备成本优势和市场优势，以稻麦草为原料的生活用纸生产企业数量逐年减少，目前基本停产关闭，仅剩下包括山东泉林、宁夏紫荆花等为数不多的大型企业，这些企业通过积极转型升级，以资源循环综合利用新模式，及开发本色纸等差异化产品，努力提升市场竞争力。

商品木浆价格上涨，为竹浆等非木纤维原料带来了发展机遇。四川竹浆制浆成本虽仍居高不下，且由于环保压力继续增强，使当地产品生产企业开工率下降，对生产、加工企业都造成不利影响。但2017年，更多的浆纸企业加大本色竹浆生活用纸的开发推广力度，据四川造纸协会统计，四川竹浆原纸产量100万吨，其中，本色竹浆原纸产量约45万吨，本色竹浆纸产品供不应求。

四川造纸行业协会向国家工商总局商标局申请注册的“竹浆纸”集体商标已于2017年11月28日通过审批，此集体商标可用于四川造纸行业协会的制浆、造纸、纸品加工会员企业共同使用，将促进川纸行业良性竞争及上下游企业间抱团发展。

2017年下半年，在木浆价格一路走高的带动下，蔗渣浆及原纸价格开始跟随上扬，使蔗渣浆、纸生产企业的成本压力暂时缓解，蔗渣浆原料供应量也有所提升。据广西造纸协会统计，2017年，广西蔗渣浆产量约为70万吨，蔗渣浆生活用纸原纸产量约为65万吨。目前广西地区通过积极推动制浆企业兼并重组，加速淘汰落后产能，促进企业转型升级等措施，及重点开发本色生活用纸等高附加值产品，进一步提高蔗渣浆制浆和造纸企业的竞争力。

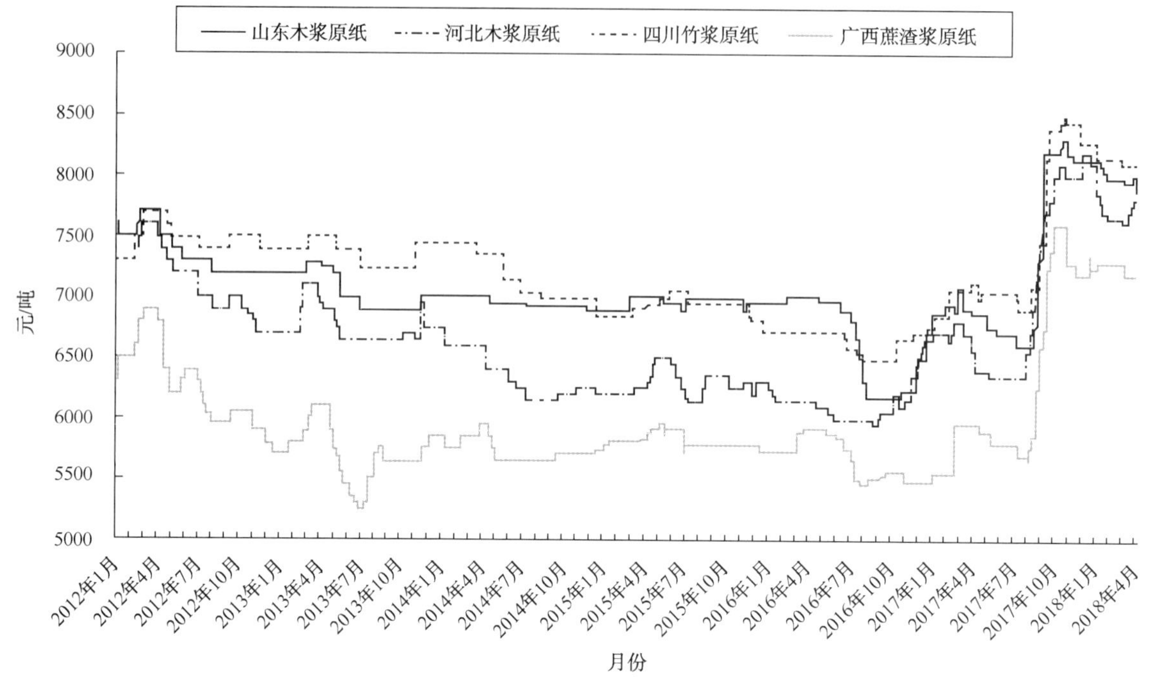

图 4　2012 年 1 月—2018 年 3 月国内生活用纸原纸出厂平均价格

5　行业优化升级加速

近几年来，随着国家实施节能减排和强制淘汰落后产能政策，以及市场的竞争和调整，行业落后产能的淘汰步伐加快，促使中国生活用纸行业现代化产能的比例持续提高，2017 年，现代化产能总计为 1055.25 万吨，占生活用纸总产能的 86.9%。2017 年，环保要求和市场竞争加速了河北保定、四川等地区的中小型生活用纸生产企业对高能耗小纸机的淘汰进程。以河北地区为代表的行业升级加速，当地企业在淘汰落后产能的同时，新增现代化产能进入集中投产阶段。河北保定地区 2017 年投产产能 72.1 万吨，2018 年计划新增产能 67.3 万吨。据生活用纸委员会估计，2017 年全国淘汰和停产的净产能约 137 万吨。2017 年新增 219.3 万吨产能中，中小型企业纸机更新换代项目数量大幅增加，也进一步推动了行业的优化升级。

表 6　2009—2019 年新增现代化产能情况

年份	2009	2010	2011	2012	2013	2014	2015	2016	2017	2018	2019 及之后计划
新增产能/万吨	33.3	40.35	57.4	110.5	83.15	121.8	106.0	130.55	219.3	315.5	71.7

引进先进卫生纸生产线提高了生活用纸行业现代化产能占比，据生活用纸委员会统计，截至 2017 年年底，我国已投产的进口新月型成形器卫生纸机累计达 150 台，产能合计 596.7 万吨；真空圆网型卫生纸机累计达 99 台，产能合计 140.2 万吨/年；斜网卫生纸机 1 台，产能 1 万吨/年，各进口卫生纸机制造商投产纸机产能份额如图 5 所示。以上进口卫生纸机产能总计为 737.9 万吨/年，约占 2017 年生活用纸总产能的 60.7%。

装备现代化的趋势还表现在新月型纸机逐步

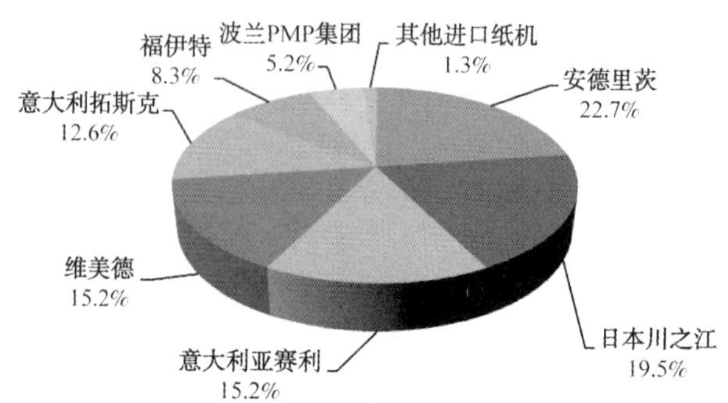

图 5　1988—2017 年我国已投产的进口卫生纸机产能份额

成为引进纸机的主导机型，而且单台纸机能力达6万吨/年及以上的项目不断增加。

表7 2009—2019年单机产能为6万吨/年及以上的新增卫生纸机数量

年份	2009	2010	2011	2012	2013	2014	2015	2016	2017	2018	2019及之后计划
数量/台	2	3	4	12	3	9	7	7	8	11	5

6 投资趋于理性

由于前几年投资过热，形成的产能明显过剩，因此，整个行业的投资趋于理性，主要表现为：

一是2017年新增的产能主要集中在已有的企业。

二是新进入者明显减少，2015—2016年新进入生活用纸领域的制浆造纸企业只有泰盛集团，旗下赤天化纸业项目于2015年7月正式开工建设，规划30万吨生活用纸产能，一期两台新月型卫生纸机，合计产能12万吨/年，分别于2017年8月、10月投产；旗下江西泰盛纸业项目分两期建设，规划年产48万吨生活用纸原纸，于2016年第四季度签约引进一期的4台新月型卫生纸机，合计产能24万吨/年，计划于2018年投产，二期将再引进4台卫生纸机。至2020年，泰盛集团生活用纸总产能计划达到近100万吨。

2017年新宣布进入生活用纸行业的大企业只有宜宾纸业。2017年6月22日，宜宾纸业发布公告称，公司投资约7.5亿元的生活用纸项目启动，项目位于四川省宜宾市南溪区裴石轻工业园区，建设周期为一年半。项目已签定5台意大利亚赛利新月型卫生纸机，合计产能15万吨/年，计划于2018年8月投产。

三是行业企业的扩产步伐趋缓，部分投资项目在原计划基础上有延期的情况。

表8 2014—2017年计划投产和实际投产的新增现代化产能对比

年份	2014	2015	2016	2017
计划新增产能/万吨	244.6	213.4	182.3	307.5
实际新增产能/万吨	121.8	106.0	130.55	219.3

从统计的2017年计划投产的项目中可以看出，有一些是本应在2014—2017年投产而由于各种原因推迟下来的。2018年即使按照销售量同比增长10%左右，预计新增的市场容量(国内外市场)约为90万吨，假设淘汰落后产能100万吨，则可消化约190万吨的新增产能，所以吸纳2018年计划新增的300多万吨产能还是太多。估计有些项目还会后延，或不能达产。

7 主要企业新增产能项目

- 金红叶纸业

2017年总产能维持163万吨，没有新增产能。

2017年10月9日，金光集团总投资68亿美元(450亿元)的高档生活用纸项目落户江苏南通如东县洋口港经济开发区，占地8500亩，建成后可年产生活用纸400万吨，将成为全球最大的生活用纸生产基地。一期产能200万吨项目之先期72万吨项目计划于2018年开工、2020年投产。

2018年已公布的计划总产能达到172万吨/年。新增项目包括：

(1) 在四川遂宁增加6万吨/年产能；

(2) 在四川雅安增加3万吨/年产能。

金红叶纸业2012—2018年的产能和卫生纸机数量见附表4。

- 恒安纸业

2017年新增产能17万吨，总产能增加到131万吨/年。新增产能包括：

(1) 在新疆昌吉新建5万吨/年产能；

(2) 在重庆巴南增加12万吨/年产能。

2018年计划总产能达到145.4万吨/年。新增产能包括：

(1) 在山东潍坊增加12万吨/年产能；

(2) 在福建晋江增加2.4万吨/年产能。

恒安纸业2012—2018年的产能和卫生纸机数量见附表5。

- 维达纸业

2017年新增产能6万吨，总产能增加到110万吨/年。新增产能为在浙江龙游增加6万吨/年。

2018年计划总产能达到128万吨/年。新增产能包括：

(1) 在湖北孝感增加12万吨/年产能；

(2) 在广东阳江新建6万吨/年产能。

维达纸业 2012—2018 年的产能和卫生纸机数量见附表 6。

• 中顺洁柔纸业

2017 年新增产能 14.5 万吨，总产能增加到 65 万吨/年。新增产能包括：

（1）在河北唐山增加 2.5 万吨/年产能；

（2）在广东云浮增加 12 万吨/年产能。

2018 年计划总产能达到 70 万吨/年。新增产能为在河北唐山增加 5 万吨/年。

2017 年 1 月，公司发布公告称，中顺洁柔（湖北）纸业有限公司拟新建 20 万吨/年高档生活用纸项目，第一期拟投资约 6 亿元，年产约 10 万吨高档生活用纸。

2018 年 3 月，公司发布公告称，全资子公司中顺洁柔（四川）纸业有限公司拟扩建 5 万吨/年高档生活用纸项目，项目建设周期为 18 个月，总投资额约 5 亿元。

中顺洁柔的发展目标为总产能达到 100 万吨/年。

中顺洁柔纸业 2012—2018 年的产能和卫生纸机数量见附表 7。

• 理文集团

2017 年新增产能 24 万吨，总产能增加到 62.5 万吨/年。新增产能包括：

（1）在江西九江增加 12 万吨/年产能；

（2）在广东东莞增加 12 万吨/年产能。

2018 年计划总产能达到 86.5 万吨/年。新增项目为在重庆增加 24 万吨/年产能。

理文集团 2014—2018 年的产能和卫生纸机数量见附表 8。

附表 9—附表 11 为 2017—2019 年投产和计划投产的现代化卫生纸机一览表（未包括新增及改造的国产普通圆网等低速纸机）。

8 产品结构

根据生活用纸委员会对 2017 年企业样本调查推算，国内消费的生活用纸产品中，卫生纸仍占主导地位，约占 55.2%的市场份额，其他品类依次是面巾纸（27.4%）、手帕纸（6.8%）、餐巾纸（3.9%）、厨房纸巾（0.9%）、擦手纸（4.4%）、卫生用品用吸水衬纸（1.4%）等。

总体趋势是产品结构不断向发达国家和地区水平接近，厕用卫生纸占比继续下降。

表 9 2017 年生活用纸的产品结构及与 2016 年对比

产品	2017 年		2016 年	
	消费量/万吨	市场份额/%	消费量/万吨	市场份额/%
卫生纸	469.9	55.2	443.3	56.3
面巾纸	233.1	27.4	206.4	26.2
手帕纸	57.7	6.8	58.9	7.5
餐巾纸	33.0	3.9	28.7	3.6
厨房纸巾	8.0	0.9	10.3	1.3
擦手纸	37.5	4.4	30.3	3.8
卫生用品用吸水衬纸	11.8	1.4	7.8	1.0
其他			2.0	0.3
生活用纸合计	851.1	100.0	787.6	100.0

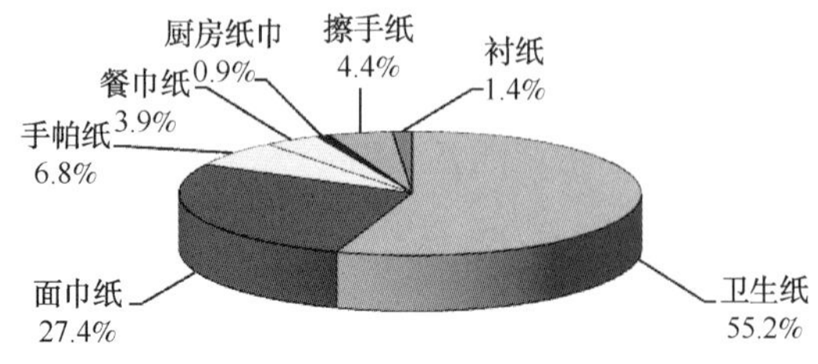

图 6 2017 年生活用纸的产品结构图示

在西欧、北美和日本等发达国家和地区，卫生纸在生活用纸产品中的份额（销售量）大约在 55%左右，2017 年中国卫生纸所占份额比 2016 年下降 1.1 个百分点，接近发达国家水平，但是擦拭纸类产品（厨房纸巾和擦手纸）的消费量，特别是厨房纸巾的消费量仍然远低于发达国家水平（发达国家擦拭纸份额约 30%）。从各类生产商的产品结构来看，一般大企业的产品结构中，卫生纸的份额低于平均水平；此外，由于竹浆纸生产企业多年来对竹浆产品特别是本色竹浆纸的有效宣传，促进了四川竹浆纸产品不断发展，产品结构进一步优化，目前竹浆纸产量中，软抽纸、手帕纸等高附加值产品比例约占50%以上。而多数中小企业，或使用其他非木浆、废纸原料的企业，卫生纸的份额则高于平均水平，有些甚至达90%以上。

2017年面巾纸在生活用纸中的份额继续提高，这是由于面巾纸产品进一步向三、四线城市和农村市场普及，销售量有较大的提高。由软抽纸主导的面巾纸类产品逐步代替从前承载了过多使用功能的厕用卫生纸，占比逐年提升；“随身包”型小规格尺寸包装面巾纸的出现，及公共场所卫生纸和擦手纸的配给量增加，使手帕纸的消费量下降，占比与2016年相比，减少0.7个百分点。此外，2017年公共场所卫生间配备擦手纸的情况进一步普及，擦手纸占比提高；厨房纸巾只有为数不多的大企业在生产，市场推广仍困难重重，消费量降低，是需要重点进行消费引导的品类。

但是我们也应清楚地看到，由于中西方的文化和消费习惯有很大不同，中国市场不会完全复制北美、欧洲等发达市场的发展轨迹。由于中国烹饪方式和节俭的消费观念，让消费者完全放弃使用布质抹布，替换为擦拭纸，达到或接近北美、欧洲的擦拭纸消费水平，短期内很难实现。与此同时，随着消费升级，兼具多种使用功能的软抽面巾纸的消费量比例仍有继续提升的空间。

9 原料结构

2017年，生活用纸委员会对近百家卫生纸原纸生产企业所使用的纤维原料种类进行了调查，产量覆盖率约90%，由调查结果推算出生活用纸行业使用纤维原料的结构及与2016年的对比情况见表10、图7。

表10 2017年生活用纸纤维原料结构及与2016年对比

纤维原料	2017年比例/%	2016年比例/%
木浆	81.7	80.7
草浆	1.3	2.3
蔗渣浆	5.9	6.1
竹浆	9.8	9.5
废纸浆	1.3	1.3

生活用纸使用木浆原料的比例远高于造纸行

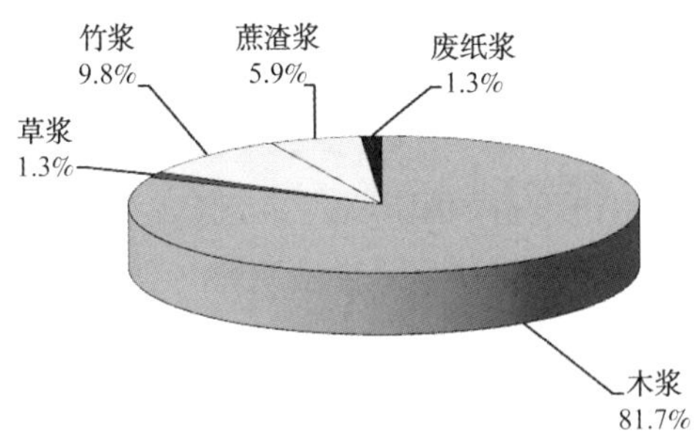

图7 2017年中国生活用纸的纤维原料结构图示

业平均水平（29%[4]）。2017年与2016年相比，生活用纸使用木浆原料的比例继续提高（2016年：80.7%），稻麦草浆、蔗渣浆等非木浆的落后产能已逐步被淘汰，而由于年内木浆价格大幅上涨，暂时缓解了非木浆纸的成本压力，但产品在市场推广方面仍未有明显改善；竹浆纸以其本色纸等差异化的特性、部分企业自制浆的优势，使竹浆占比有所提升。

基于成本与环保的压力，以及在《一次性生活用纸生产加工企业监督整治规定》中明确规定，纸巾纸（包括面巾纸、餐巾纸、手帕纸等）不得使用回收纤维作为原料，所以废纸浆在生活用纸生产中的使用量继续下降。目前，国内有包括广东东莞达林纸业在内的为数不多的生活用纸企业，以废纸为原料。但在美国、欧洲、日本等发达国家，则有着成熟的废纸分类回收和利用技术，能够利用回收纤维原料生产高品质的各种生活用纸产品，废纸浆已成为经济、环保的生活用纸主要纤维原料之一。从长期发展的角度来看，我国生活用纸行业有待进一步优化原料结构，特别是在厕用卫生纸、擦手纸生产中，应加大回收纤维的使用比例，这有利于资源的循环利用和行业的可持续发展。因此需要国内有条件的大型生活用纸企业引起重视，引领行业提高废纸浆在卫生纸、擦手纸原料中的使用比重。

10 技术进展

10.1 继续引进先进卫生纸机

随着生活用纸新项目的设备引进和投产，中国生活用纸行业的技术装备水平大大提高。新建大项目和部分企业新增产能引进高速宽幅卫生纸机，技术起点与世界先进水平同步，生产出高质量的产品。卫生纸机单机最大年产能达到7万吨/年，最大车速达到2400m/min。采用的最新技术包括双层流浆箱、靴式压榨、钢制烘缸、热能回收系统、短程流送供浆系统、流浆箱喷射能量回收系统、新型陶瓷起皱刮刀、高效托辊双刮刀系统、自动化和智能化控制系统等，2017年钢制烘缸的应用进一步得到普及。

10.2 引进设备的国产化

10.2.1 国产纸机技术进步明显

2017年，凯信、宝拓、轻良、华林、信和、大路、金顺、炳智、天轻、同成、恒瑞辰、维亚、大正、欧克、美捷等国内有关设备研究制造企业继续加紧新月型、真空圆网型现代化中高速卫生纸机的研发制造工作，提高设备制造水平，国产纸机在新项目中的占比显著增加，见表11、图8。

表11 2010—2017年投产纸机中，进口、国产占比情况

年份/年	2010	2011	2012	2013	2014	2015	2016	2017
投产产能/万吨	40.35	57.4	110.5	83.15	121.8	106	130.55	219.3
其中：进口纸机/万吨	32.65	52.9	101.9	61.15	97.5	72.8	64.5	90.8
国产纸机/万吨	7.7	4.5	8.6	22	24.3	33.2	66.05	128.5
投产纸机数/台	20	27	33	35	41	43	66	110
其中：进口纸机/台	13	24	26	23	28	18	17	25
国产纸机/台	7	3	7	12	13	25	49	85

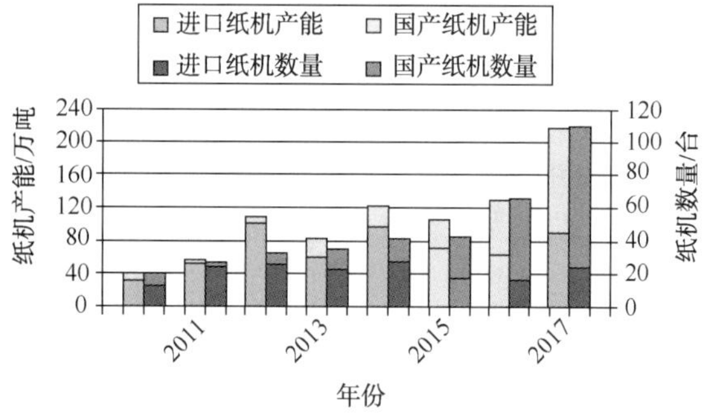

图8 2010—2017年投产纸机中，进口、国产占比情况

2017年，国产卫生纸机同时在大幅宽、高车速两个方面加速发展，不断提升单机产能。国产(含中外合作)卫生纸机生产商合计在中国内地投产中高速卫生纸机85台(套)，合计产能128.5万吨/年，占内地全年投产现代化总产能的近六成，最大幅宽达4200mm，最高设计车速达1500m/min。包括：

(1) 2017年，广东宝拓科技股份公司的12台真空圆网型卫生纸机和8台新月型卫生纸机分别在河北瑞丰纸业、保定益康纸业、保定华邦日用品、保定金光纸业(4台)、满城恒信纸业、满城聚润纸业、保定辰宇纸业、保定安信纸业、广东信达纸业、湖北真诚纸业、甘肃宝马纸业、南宁佳达纸业(2台)、四川环龙集团(2台)、四川蜀邦实业、广东飘合纸业投产。纸机幅宽2860~4200mm，车速800~1500m/min，产能为1.2万~3.3万吨/年。

2017年11月，宝拓在广东信达纸业投产1台幅宽4200mm，设计车速1500m/min，产能100t/d的新月型卫生纸机，该机由宝拓自主设计、制造，创造了中国制造的卫生纸机单机产能最高记录。

宝索集团依托宝拓、宝索、宝进一体化服务优势，提供一站式原纸生产、后加工、包装生产线，提升了集团的市场竞争力，实现快速发展。2017年3月底，广东宝拓科技股份公司(由佛山宝拓造纸设备有限公司、辽阳慧盛造纸机械有限公司、溧阳市江南烘缸制造有限公司共同出资组建)全资并购辽阳慧盛，辽阳慧盛(包括慧丰)将造纸机整机业务并入广东宝拓，不再从事造纸机整机业务，辽阳慧丰将继续向老客户提供技术支持和后续服务业务。并购后，宝索集团将整合宝拓造纸设备公司在真空圆网卫生纸机和辽阳慧盛(慧丰)在新月型卫生纸机上的技术和市场优势，进一步深入拓展国内及全球中高速卫生纸机市场。

(2) 潍坊凯信的19台真空圆网型卫生纸机分别在保定雨森(4台)、河北中信纸业(2台)、河北立发纸业(2台)、山东泉林纸业(11台)投产。纸机幅宽2850~3500mm，车速900~1100m/min，产能为1万~1.3万吨/年。

(3) 轻良的9台新月型卫生纸机分别在河北姬发纸业、保定成功纸业(2台)、河南护理佳纸业、山西力达纸业(2台)、广西天力丰、陕西法门寺纸业、河南华兴纸业投产，纸机幅宽2850~3500mm，车速1250~1400m/min，产能为

1.6万~2万吨/年。

(4) 山东信和的6台新月型卫生纸机和1台擦手纸机分别在满城诚信纸业(2台)、秦皇岛凡南纸业(2台)、保定金能(2台)、聊城坤昇投产，纸机幅宽2850~3600mm，车速500~1200m/min，产能1.5万~2.5万吨/年。

(5) 贵州恒瑞辰的4台真空圆网型卫生纸机和2台新月型卫生纸机分别在广西柳林纸业、四川圆周实业、成都居家、成都绿洲纸业、成都鑫宏、四川艾尔纸业投产，纸机幅宽2850~4200mm，车速700~1200m/min，产能1万~2.4万吨/年。

(6) 山东华林的2台新月型卫生纸机在保定东升纸业投产，纸机均为幅宽2850mm，车速1200m/min，产能1.7万吨/年。

(7) 天津天轻的4台真空圆网型卫生纸机分别在保定明月纸业、保定立新纸业、贵州汇景纸业投产，纸机幅宽2880~3500mm，车速600~700m/min，产能0.8万~1万吨/年。

(8) 陕西炳智的4台新月型卫生纸机分别在保定长山纸业(2台)、保定晨松纸业、保定国利纸业投产，纸机幅宽2850~3500mm，车速800~1000m/min，产能1万~1.8万吨/年。

(9) 绵阳同成的2台真空圆网型卫生纸机和1台新月型卫生纸机分别在河北顺通纸厂(2台)、广西嵘兴中科投产，纸机幅宽3500~3900mm，车速800~1000m/min，产能1.5万~1.8万吨/年。

(10) 西安维亚的6台新月型卫生纸机分别在满城印象纸业、满城宏大纸业、满城丽达纸业、满城兴荣纸业、秦皇岛丰满纸业、漳州佳亿纸业投产，纸机幅宽2850~3500mm，车速700~1000m/min，产能1万~1.5万吨/年。

(11) 诸城大正的2台新月型卫生纸机分别在曙光纸业、广西天力丰投产，纸机幅宽均为3500mm，车速800~1200m/min，产能1.5万~2万吨/年。

(12) 主营生活用纸加工设备的江西欧克于2017年进入卫生纸机领域，并在浙江旭荣纸业投产2台真空圆网型卫生纸机，纸机均为幅宽2860mm，车速1000m/min，产能1.5万吨/年。

2017年4月，江西欧克与山东大正签署《合并共同开发2000m/min新月型造纸机械项目》合作协议。该项目总投资1亿元，共同开发时间为两年。

(13) 东莞美捷的1台新月型卫生纸机在惠州福新纸业投产，纸机幅宽为4000mm，车速1200m/min，产能2.2万吨/年。

2017年，中高速卫生纸机的钢制烘缸制造及烘缸喷涂国产化进程加速：

(1) 江南烘缸公司钢制扬克缸业绩显著

截至2017年底，江南烘缸公司已与亚赛利、川之江、PMP、APP、维达集团、中顺洁柔、泉林纸业、辽阳慧丰、佛山宝拓、山东凯信、上海轻良、山东华林、贵州恒瑞辰、绵阳同成、四川振邦、诸城大正等多家知名卫生纸机制造商及生活用纸生产企业达成长期合作协议，已完成或签约配套钢制扬克缸150台/套。

江南烘缸于2017年成功向欧洲知名企业提供多台大尺寸钢制扬克缸，包括18英尺(设计车速达2000m/min)和22英尺(直径为6706mm，幅宽5800mm，质量达176吨，属亚洲首创)钢制扬克缸。

(2) 山东信和钢制扬克缸业务取得新进展

山东信和公司自2010年与欧盟的先进造纸机械制造商进行技术引进与合作以来，已经研发制造出直径3000~5000mm的钢制扬克缸，工作车速已达1600m/min以上，2017年公司又研发制造出幅宽6000mm，直径4877mm，设计车速2000m/min的高速钢制扬克缸。

(3) 东莞神点科技已与多家纸机制造企业建立合作

东莞神点纳米喷涂科技有限公司已经与国内多家纸机制造企业建立了合作关系，包括山东华林、山东信和、杭州大路、东莞美捷等，并先后为广东信达、保定成功纸业等企业的扬克烘缸进行表面喷涂，也为中顺纸业等的钢制烘缸面进行维修、维护服务。迄今为止，已经为国内外客户的50多台套高速卫生纸机的扬克烘缸提供缸面喷涂服务。

10.2.2 国产现代化卫生纸机出口增长

近年来，国产纸机的技术进步和优良的性价比推动现代化纸机出口业务的发展，据生活用纸委员会统计，截至2017年底，以宝拓、信和、凯信、轻良、华林、金顺、炳智、大正等为代表的国内知名纸机制造商出口海外的新月型及真空圆网型卫生纸机共 25 台，产能合计约 45 万吨/年，出口地区为亚洲、非洲、欧洲。项目签约时间主要为 2013—2017 年，特别是 2017 年签约的项目占到半数以上，达 13 台，产能合计约 22 万吨/年。

10.2.3 进口纸机供应商积极推动本土化进程

为降低成本和应对国家 2008 年 1 月 1 日起对幅宽小于 3m 的造纸机取消进口免税的政策，国外纸机生产商陆续在国内建厂，并不断加大在中国本土的业务内容。

（1）维美德在上海嘉定的工厂从事机架制造、烘缸铸造、设备预安装等业务，并已成功地铸造出第一台在中国生产的 DCT40 扬克缸。2015 年，维美德收购了美卓的过程自动化业务以及意大利 MC 公司卫生纸复卷机业务。2017 年，维美德与索拉透平公司签署合作协议，进一步开发与生活用纸生产配套的联合燃气涡轮机发电系统，以降低生活用纸客户生产成本，提高工艺节能效应；维美德推出工业互联网新方案并建立四个面向制浆造纸与能源客户的运行性中心，进一步提升维美德工业互联网服务能力，助推其在中国市场的业务发展。

（2）安德里茨在佛山的工厂从事制造纸机构件及组装业务。2014 年，安德里茨加强在中国的制造能力，在佛山工厂建设钢制烘缸生产线，新建车间面积 4350m^2，可年产 10~15 台钢制扬克缸，烘缸直径最大为 22 英尺。新车间已于 2015 年 1 月全线投产，并已开始为安德里茨卫生纸机配套制造钢制烘缸，其中供应国内客户的钢制烘缸包括 2 台 20 英尺直径、幅宽 5600mm，2 台 12 英尺直径、幅宽 2850mm，用于卫生纸机；1 台 16 英尺直径、幅宽 2800mm 的钢制烘缸，用于烟草机。另外，1 台 16 英尺直径、幅宽 2850mm 的钢制烘缸，用于出口孟加拉的卫生纸机配套。

2018 年 3 月，安德里茨在奥地利格拉茨正式启动了其全球最现代化的卫生纸研究中心。该中心拥有全套备浆流送系统及试验卫生纸机，可针对客户特定产品进行优化纤维处理，提高产品质量，提高干燥效率和降低能耗。该试验卫生纸机具有各种不同配置，可以使用真空压榨或靴压，常规新月型成形器或立式新月型成形器，以及一个 16 英尺钢制扬克缸或两个 14 英尺 TAD 烘缸，可生产普通干法起皱型、塑纹型、TAD 型等多种卫生纸原纸。纸机设计车速为 2500m/min，幅宽为 600mm。

（3）福伊特正在进行昆山工厂的升级扩建项目，并加速本土化人才建设。2015 年，福伊特面向中国市场正式推出了“造纸 4.0”概念，旨在提升整个造纸工艺流程的生产效率、生产能力和生产质量，使造纸过程变得更加智能、高效、节能和可持续。福伊特在中国投资建设钢制烘缸生产线于 2013 年投产，年产能 12~15 台，已开始配套由昆山工厂供货的卫生纸机。目前福伊特已经成功将第一代卫生纸机蒸汽气罩的自动过滤装置运用到商业运行中，其更为高效的第二代气罩自动过滤系统也即将运用到实际运行中。

（4）PMP 集团在江苏常州的工厂，为集团配套制造新月型卫生纸机(关键部件从 PMP 集团进口)。

（5）亚赛利在上海的工厂，也已实现卫生纸机非关键部件的国产化。此外，亚赛利高速复卷机处于国际领先水平。

（6）川之江在浙江嘉兴的工厂，从事 BF 纸机和相关设备的制造、组装等业务。

2013 年，维美德与川之江展开在中国市场新月型卫生纸机技术方面的合作，川之江的浙江嘉兴厂开始对 Advantage DCT 40 和 60 型卫生纸机实施制造、销售及安装。作为川之江供货的一部分，维美德将提供包括 OptiFlo II TIS 流浆箱、扬克缸以及真空压辊在内的关键部件。由川之江和维美德公司合作制造的首批两台 DCT60 新月型卫生纸机已于 2015 年 10 月在山东东顺集团正式投产。2018 年底，东顺还计划投产另两台同型纸机。2017 年初，保定港兴纸业签约引进 1 台由川之江和维美德公司合作制造的 DCT60 新月型卫生纸机，该纸机已于 2017 年 11 月投产。

（7）拓斯克在其上海的工厂，从事卫生纸机的组装以及卫生纸机非关键部件的制造。拓斯克卫生纸机的关键部件在意大利进行设计和制造。拓斯克上海设立了负责中国市场的售后服务中心，本地的技术人员能给中国生产商提供更快捷的服务。拓斯克面对整个亚洲市场的销售网络也坐落于其上海子公司。拓斯克十分重视中国市场，并不断拓展其业务范围。拓斯克已开展为中国客户现有的铸铁烘缸替换为钢制烘缸的卫生纸机改造项目，以及提供拓斯克节能干燥优化解决方案 TT DOES，该方案能够优化纸机主要脱水部分的干燥能力：压榨部、扬克缸和扬克气罩，以确保完全依靠蒸汽高速生产并为客户达到最佳的节能效果。

截至 2017 年，拓斯克在全球累计销售了 200 台钢制扬克缸，其中，在亚洲市场销售的钢制扬克缸已经超过 100 台。2017 年，拓斯克供货安装了卫生纸机用的最大钢制烘缸，烘缸直径 22 英尺(6705mm)，幅宽 5600mm。

10.3 国产加工和包装设备升级，大规模替代进口

根据国家统计局数据，2017 年大陆地区 16 岁~59 岁劳动年龄人口为 90199 万人，相比 2016 年的 90747 万人减少了 548 万人，延续了 2016 年的下降趋势，意味着劳动力成本将继续上升。因此企业对全自动化加工设备和包装设备的需求增加，及加强加工生产线智能化、远程操控等方面的研发创新，已成为国内企业发展的大势所趋。

2017 年，国内后加工设备企业加大研发力度，设备不断升级，车速和效率以及设备运行稳定性等大幅提高，普遍满足国内市场需求并大规模替代进口。

（1）宝索公司研发推出 YH-PL 全自动抽式面巾纸生产线，幅宽 2900~3600mm，速度可达 150m/min，设备采用全伺服机构集成，让面巾纸加工设备向“无人机”目标靠近；可实时多角度智能监控；拥有智能提示功能，操作控制可集成提示，让设备操作说明、常见故障排除等信息可自动转换；可选配各种高精度压花、压边纹、上胶复合等功能；成品包装可同时实现软装、盒装、微商用、电商用等自动包装与集成装箱等多种整体解决方案，日产能达到 30 吨以上。

2017 年，宝索集团位于广东恩平工业园占地 300 亩的广东宝索有限公司生产基地全面投入生产。2018 年 3 月 9 日，生活用纸智能装备研发孵化基地在宝索公司三山总部举行了正式的揭牌仪式。生活用纸智能装备研发孵化基地项目选址在佛山市南海区三山新城，拟占地近 30 亩，重点布局“总部办公、研发孵化、展示贸易、综合配套”四大功能。宝索公司计划用 10 年的时间，将研发孵化基地建设成为全国首屈一指的生活用纸智能装备企业总部集聚区，带动生活用纸智能装备及相关产业发展。

（2）德昌誉公司推出 3600 型全自动面巾纸加工设备，450 型全自动高速卫生卷纸/厨房纸巾加工设备，新立体式压花设备，无胶封尾机，纸尾定向机，去头尾压扁大回旋切纸机。

3600 型全自动面巾纸加工设备从原料到包装完全实现了全自动化，操作人员只需监控生产过程，操作简单，加工速度为 150m/min；拥有精确的分叠计数系统，产品的合格率大幅提高；采用专利技术的螺旋式切刀设计，大大提高了切刀的使用周期；拥有人性化的自动化辊体保养系统。

新立体式压花设备能加工出拥有独特观感、手感，纸层紧致贴合，蓬松度适中的产品；无胶封尾机在生产过程中不再使用胶水，更加环保，且成本更低；纸尾定向机使纸卷进入切纸机前，可按需要调整纸尾方向，保证包装后产品的整体效果。

（3）松川推出的抽取式面巾纸包装设备涵盖了从原纸折叠、分切、单包、中包、装箱(或装袋)到堆垛等生产流程的每一个环节，设备流畅、高效，节省人工成本。最新推出的生活用纸电商装箱生产线，配置 ZB300F 抽取式面巾纸单包机，生产速度 100 包/min，及面巾纸电商装箱机，装箱速度 12 箱/min。

（4）欧克推出的高速软抽纸自动折叠设备，这款折叠机具有大幅宽、高速度、高效率的特点，幅宽：3600mm，加工速度：200m/min 或 15 条/min。产能是普通自动抽纸折叠设备(速度：120m/min 或 9 条/min)的约 2 倍。整机联线采用多个储纸架，向高空安装，极大地增加了生产的缓存空间，优化了生产联线方案及减少了生产的故障点。

10.4 绿色发展

2016 年 7 月 18 日，国家工信部正式公布《工业绿色发展规划(2016—2020 年)》，提出到 2020 年，造纸等行业清洁生产水平显著提高，工业二氧化硫、氮氧化物、化学需氧量和氨氮排放量明显下降，高风险污染物排放大幅削减；能源利用效率显著提升，绿色低碳能源占工业能源消费量的比重明显提高；资源利用水平明显提高，单位工业增加值用水量进一步下降，主要再生资源回收利用率稳步上升。

2015 年，河北满城投资 50 亿元建设占地

1500亩的生活用纸深加工及热电联产循环经济产业园项目，全面推进集中供热、绿色发展，加快转型升级。2017年12月，长青集团集中供应热蒸汽项目已经投产运营；截至2017年底，满城已全部淘汰35t/h以下的燃煤锅炉；2017年，河北满城的生活用纸生产企业积极淘汰高能耗、幅宽1575mm以下的卫生纸机，加速替换成中高速纸机。

广东省制定了《广东省珠三角地区排放物限值标准》《广东省大气污染物排放指标》《广东省生活用产品能耗限额标准》等，以推动行业优化升级和可持续发展。

东顺集团与中国煤炭科工集团、浙江富春江集团合作，三方将以新合作的清洁能源公司为平台，面向山东各地区辐射，发展低碳产业、促进低碳消费、提高资源利用效率。2017年1月，山东东顺集团与中国煤科集团清洁能源项目启动，双方正式签署了合作开发协议。该项目主要推广清洁高效煤粉型工业锅炉系统，应用煤炭科学研究总院的高效煤粉工业锅炉技术，运用“煤粉燃烧技术”为核心的先进工业锅炉换代体系，可有效提高燃煤工业锅炉燃烧效率，降低运行成本，取得显著的节能减排效果。此次合作开发清洁能源的目的是建设山东东平经济开发区热电联产项目，工业蒸汽和发电自用加外售。该项目总投资10亿元，占地面积160亩，新上三台套130蒸吨高效粉煤锅炉，一期工程已于2017年12月投产。项目全部达产后，可淘汰低能落后小锅炉上百台，年节约燃煤5.6万吨，可实现园区企业集中供热、余热发电。

10.5 产品创新

生活用纸企业产品创新和开发差异化产品，集中在后加工和包装环节，主要表现在两个方面：

一是通过纸机、加工设备的特殊设计，及添加香精和乳霜等表面处理剂，使产品气味清香或具有更好的护肤性等功能性及特色包装的产品，2017年比较突出的特点是更多的企业推出了添加乳霜的生活用纸。新品包括：

• 恒安集团推出心相印“小黄人”系列面巾纸、手帕纸，借势动画电影《神偷奶爸3》，迎合年轻消费群体的喜好；推出添加乳霜的柔软、细腻的生活用纸；

• 金红叶推出清风“黑曜”系列面巾纸、手帕纸，采用专利陶瓷刀工艺，产品强韧更厚实、平滑舒适；

• 东顺推出哈里贝贝“成长日记”系列婴儿、孕产妇用纸，产品具有超强吸水性、更柔软、更厚实；

• 上海唯尔福推出优净绸缎纸新产品，采用进口保湿配方，含有天然抑菌成分，产品触感细腻、柔滑，即使在干燥环境下也可以保湿、润滑，特别适合过敏性肌肤、幼嫩肌肤和花粉症、粉刺、鼻炎等的敏感人群使用；

• 江苏双灯纸业推出双灯“大头的家”系列面巾纸、卫生纸产品，纸质细腻柔软、湿水不易破；

• 东莞艾丽乐纸业，专业生产添加乳霜的柔软面巾纸、餐巾纸。

二是以健康环保和可持续发展的理念，开发差异化的本色生活用纸产品的企业数量快速增长，据生活用纸委员会统计，2017年，本色纸产量超过70万吨，成为更多企业的“标配”产品，恒安、金红叶、中顺洁柔、东顺、东冠、银鸽、晨鸣、泰盛、唯尔福、港兴等行业领先企业都推出本色系列产品，主要包括：

（1）木浆本色

• 金红叶推出“原色”系列木浆本色生活用纸系列新品，产品经食品级检测、敏感处肌肤安全测试；

• 中顺洁柔推出洁柔“自然木”木浆低白度生活用纸系列新品；

• 晨鸣推出木浆本色生活用系列新品。

（2）竹浆本色：

• 恒安推出“竹π”竹浆本色生活用纸系列新品；

• 东冠推出洁云“Air Plus空气柔”竹浆本色面巾纸产品，通过了国际食品级检测，采用4层压花设计，使纸质轻柔；

• 唯尔福推出竹浆本色生活用纸系列新品；

• 银鸽推出“Bamboo Paper”竹浆本色生活用纸系列新品；

• 理文依托自制竹浆，推出竹浆本色原纸及生活用纸系列新产品，产能迅速扩张中，理文的竹浆本色生活用纸原纸已广泛销售到川渝、保定等国内生活用纸企业。2017年理文在江西、广东生产基地分别投产 2 台福伊特卫生纸机，并计划于 2018 年在重庆基地投产 4 台维美德 6 万吨/年卫生纸机，使总产能达到 86.5 万吨/年；

• 环龙依托自制竹浆，推出斑布“功夫熊猫”系列本色竹浆生活用纸新产品，2017 年，投产 2 台宝拓卫生纸机，合计新增产能 3 万吨/年。2017 年 1 月，环龙并购四川安县纸业，并于 2017 年内正式投产安县纸业的原有 2 台待投产的川之江卫生纸机，合计新增产能 2.4 万吨/年。2018 年，环龙将陆续投产 8 台宝拓卫生纸机，合计新增产能 12 万吨/年，届时将使集团总产能超过 20 万吨/年；

• 泰盛集团依托自制竹浆，推出“纤纯本色”系列竹浆本色生活用纸新品，2017 年于旗下赤天化公司再投产 2 台安德里茨卫生纸机，合计新增产能 12 万吨/年。2018 年，计划于江西泰盛公司再投产 4 台福伊特卫生纸机，合计新增产能 24 万吨/年，届时将使集团总产能达到 41 万吨/年；

• 韶能竹浆本色生活用纸项目，2017 年投产 1 台亚赛利卫生纸机，使总产能达到 6 万吨/年。

（3）草浆本色

• 泉林纸业依托自制草浆优势，是最早进军本色生活用纸领域的企业，其麦草浆本色生活用纸的市场推广取得良好效果，并于 2017 年初推出升级版草浆本色母婴专用纸、擦拭纸等新产品，2017 年在黑龙江、吉林生产基地分别投产 10 台、1 台卫生纸机，合计新增产能 11 万吨/年；

• 宁夏紫荆花依托自制草浆，2015 年推出“麦田本色”系列麦草浆本色生活用纸，2018 计划投产 3 台凯信卫生纸机，合计新增产能 3 万吨/年。

10.6 营销创新

根据国家统计局数据，2017 年，全国互联网上网人数 7.72 亿人，同比增加 4074 万人，其中手机上网人数 7.53 亿人，同比增加 5734 万人。互联网普及率达到 55.8%。全国网上商品零售额 54806 亿元，同比增长 28.0%，占社会消费品零售总额的比重为 15.0%，其中，用类商品增长 30.8%。快递业务量 400.6 亿件，快递业务收入 4957 亿元，同比增长 24.7%。

由于生活用纸产品的特点，现代渠道、传统渠道依然是目前行业主流的营销模式，但随着互联网的发展，2017 年企业针对网络渠道的营销创新加速，网络渠道销售份额稳步增加。

• 2017 年，维达电商渠道的销售收入占总收入的 21%，比 2016 年增加 3 个百分点。在借力双十一等电商活动的推助下，来自电商的收益增长脱颖而出。

• 恒安为进一步加强电商渠道的销售和市场占有率，从产品类型、销售模式及产品推广方面入手，推进网店及微商等电子销售渠道发展。2017 年，恒安的电商销售取得快速增长，电商营业额约 20.2 亿元，比 2016 年同期上升超过 80%，电商对整体销售额贡献上升至约 10%（2016 年：约 6.0%）。

2018 年，恒安将继续通过改革及仓库调整，提升电商效益。同时会继续开发电商专项商品，加强电商竞争力。集团已开展和各大电商营运商的战略合作，在产品开发、营销、供应链等各方面增加合作。

10.7 理文创新运营模式，取得成功

2014 年投产的重庆理文卫生用纸制造有限公司，具有林浆纸一体化的生产优势，2017 年生活用纸产能达到 62.5 万吨。公司逐步增强自身品牌的建设，同时，利用重庆理文的 300 多亩富余用地，投资 4.5 亿元，分期实施重庆理文卫生用纸制造有限公司后加工工业城项目及配套设施建设。该项目面向全国生活用纸加工企业招商，理文负责配套厂房、水电气及原纸供应。目前已成功吸引了维邦、彼特福、峰城、佳益、渝成、东实等 20 家生活用纸加工及配套包材企业入驻，并于 2016 年起陆续投产，实现产业链上下游抱团发展。

未来，理文将借鉴重庆基地的成功经验，继续复制此模式到其江西、广东、广西等基地，实现快速扩张。

11 市场展望

11.1 行业继续增长，增速放缓

• 中国生活用纸人均消费量仍然较低、生活用纸具有刚性和持续需求特征、经济增长和城市化进程加快、人口增长特别是二孩政策已全面放开会提高出生率、产品品类结构继续优化、落后产能加速淘汰等因素，都将推动行业继续增长。

• 经济下行压力影响、近几年的快速增长形成的充足产能使得行业增速放缓；生活用纸行业已走过了高增长时代，进入中高速增长，但增长速度仍会高于全球平均水平。中国仍将是全球生活用纸市场增长的最大驱动力，是全球增长量最高的地区。

11.2 竞争更加激烈，加速整合，向高质量发展转型

• 从宣布的2018年及以后计划投产的项目总产能看，新增产能依然大于新增市场容量，所以预测未来市场竞争会更加激烈，估计有些项目还会后延，或者不能达产；整个行业的平均开工率依然会较低；企业为争取市场份额，会选择低价促销，从而有可能引发价格战。

• 从宣布的2018年及以后计划投产的项目企业看，中小企业的纸机更新换代数量大幅增加，所以未来落后产能及不具备规模优势的中小型原纸生产企业的淘汰会加速，行业结构将继续优化，行业从高速增长向高质量发展转型。

• 生活用纸生产商竞争加剧，价格战压力已波及到上游的设备供应商，尤其是资金实力相对较弱的部分国产设备供应商面临被淘汰出局的风险。设备行业将重新洗牌和整合，企业间兼并重组、优势互补、合作共赢的发展趋势明显增强。

• 区域性抱团发展趋势逐渐明显，如河北、川渝、广西等区域内生产企业通过龙头带动、兼并重组、资源共享等有效措施，实现集中化、规模化发展。

• 中国生活用纸行业主要原材料纸浆依靠进口程度高，企业面临着浆价波动及汇率波动的成本压力风险。

• 本色纸已进入高速增长时期，虽目前仍属于差异化型高附加值产品，但随着本色纸市场参与者的激增，及大量新增产能释放，未来本色纸竞争将日趋激烈，应注重规避同白色纸产品一样面临的价格战风险。

• 浆价上扬推动原纸价格上涨，但涨幅难以完全传递到消费终端，这对加工型企业的利润空间造成挤压，成本风险增大。随着城市管理整治力度日益加大，市场监管不断强化，使具有产品品牌知名度的集原纸生产和加工于一体的综合型生产企业的抗风险能力提升。

11.3 发展主题

随着生产技术、设备的不断成熟，行业面临着同质化问题，企业应加强内部管理，实施精细化的生产、运营管理；另外通过能量回收、自动化、智能化等新技术、新设备的应用，达到设备的高效利用，降低单位产品能源和物料的消耗，以此来降低生产成本，推动企业的高质量发展，提升产品的市场竞争力，这是企业发展的核心和行业发展的主题。

11.4 规模和容量预测

基于比较保守的预测，到2018年，产能在2017年1215万吨的基础上新增产能180万吨，淘汰落后产能100万吨，总产能达到1295万吨。按设备利用率76%计，2018年产量达到984.2万吨，销售量972万吨，净出口量70万吨，消费量902万吨(按同比增长6%计)，年人均消费量6.4千克，高于世界平均水平。

表12 生活用纸的市场预测

年份	生产量/万吨	消费量/万吨	人口/万人	人均消费量/（千克/人·年）
2010	524.8	483.5	134100	3.6
2011	582.1	540.2	134735	4.0
2012	627.3	577.5	135404	4.3
2013	680.8	618.9	136072	4.5
2014	736.3	660.1	136782	4.8
2015	802.4	736.0	137462	5.4
2016	855.2	787.6	138271	5.7
2017	923.4	851.1	139008	6.1
2018	984.2	902	139750	6.4
2020	1100	1000	141500	7.0

参 考 文 献

[1] 恒安国际集团有限公司2017年年报.
[2] 维达国际控股有限公司2017年年报.
[3] 中顺洁柔纸业股份有限公司2017年快报.
[4] 中国造纸工业2016年度报告.

附　　录

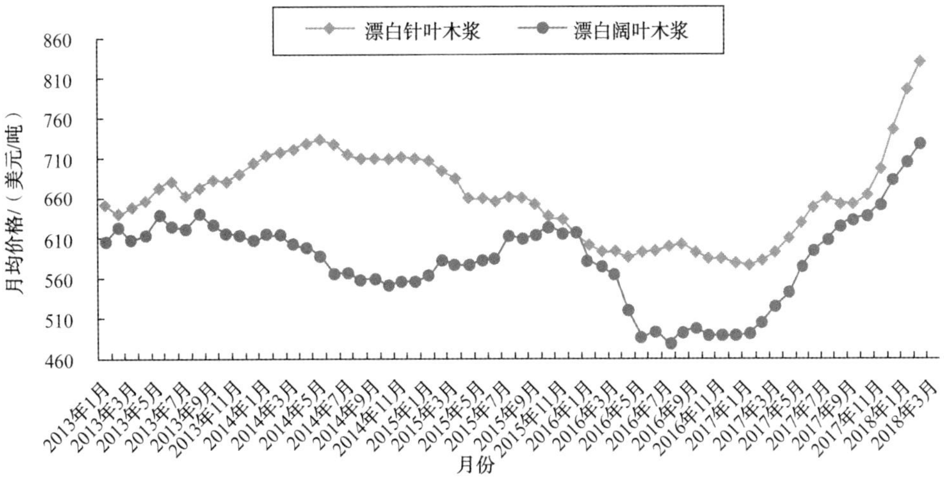

附图 1　2013 年 1 月—2018 年 2 月我国木浆进口月度均价

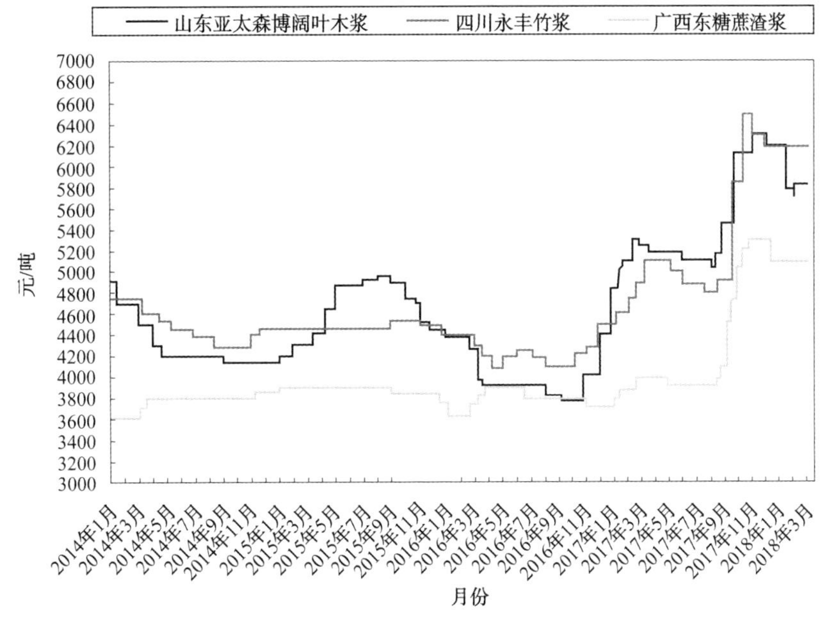

附图 2　2014 年 1 月—2018 年 3 月亚太森博阔叶木浆、永丰竹浆、东糖蔗渣浆出厂价格

附表 1　2017 年生活用纸出口量分项及总计排名前 10 位的出口目的地国家和地区

商品编号	商品名称	排名	出口目的地国家和地区	出口量/吨	商品编号	商品名称	排名	出口目的地国家和地区	出口量/吨
48030000	原纸	1	澳大利亚	73790.620	48181000	卫生纸	1	中国香港	75373.180
		2	美国	26167.972			2	美国	59628.894
		3	马来西亚	13100.215			3	日本	28498.779
		4	南非	9947.759			4	澳大利亚	21863.466
		5	约旦	7739.420			5	加纳	7573.190
		6	日本	7639.885			6	新加坡	6834.271
		7	新西兰	6572.126			7	中国澳门	6480.125
		8	牙买加	5343.693			8	哥斯达黎加	6238.046
		9	科威特	3984.198			9	马来西亚	4258.103
		10	韩国	3356.381			10	新西兰	2871.790
48182000	手帕纸、面巾纸	1	日本	81098.410	48183000	纸台布、餐巾纸	1	美国	25321.482
		2	美国	50420.013			2	澳大利亚	2495.652
		3	中国香港	40093.817			3	日本	2182.643
		4	澳大利亚	11342.466			4	中国香港	2121.676
		5	英国	5796.396			5	英国	1951.531
		6	中国澳门	4976.913			6	加拿大	1696.444
		7	泰国	3874.804			7	沙特阿拉伯	933.268
		8	马来西亚	3209.918			8	伊拉克	612.402
		9	新加坡	3060.565			9	荷兰	589.699
		10	俄罗斯联邦	1893.155			10	新加坡	467.540

商品编号	商品名称	排名	出口目的地国家和地区	出口量/吨
48030000、48181000、48182000、48183000	生活用纸总计	1	美国	161538.361
		2	日本	119419.717
		3	中国香港	118978.337
		4	澳大利亚	109492.204
		5	马来西亚	21029.586
		6	中国澳门	11790.784
		7	新西兰	11304.733
		8	南非	11248.551
		9	新加坡	10839.593
		10	英国	10225.129

附表 2 2017 年出口量排名前 20 位的企业

排名	公司名称	排名	公司名称
1	金红叶纸业集团有限公司	11	青岛北瑞纸制品有限公司
2	恒安集团有限公司	12	江门日佳纸业有限公司
3	维达纸业集团有限公司	13	江苏妙卫纸业有限公司
4	山东太阳生活用纸有限公司	14	潍坊恒联美林生活用纸有限公司
5	安丘市翔宇包装彩印有限公司	15	杭州名轩卫生用品有限公司
6	金钰(清远)卫生纸有限公司	16	东莞彩鸿实业有限公司
7	中顺洁柔纸业股份有限公司	17	富士达纸品(深圳)有限公司
8	广州市洁莲纸品有限公司	18	西朗纸业(深圳)有限公司
9	心丽卫生用品(深圳)有限公司	19	广州市启鸣纸业有限公司
10	青岛贝里塑料有限公司(原青岛普什宝枫实业有限公司)	20	上海东冠纸业有限公司

附表 3 2017 年我国木浆进口量和月度均价

月份	漂白针叶木浆		漂白阔叶木浆	
	进口量/万吨	均价/(美元/吨)	进口量/万吨	均价/(美元/吨)
2017 年 1 月	64.19	577.21	80.07	489.91
2017 年 2 月	74.79	583.26	93.43	503.16
2017 年 3 月	76.83	593.01	95.50	525.29
2017 年 4 月	66.70	610.58	90.03	543.34
2017 年 5 月	71.50	629.21	85.84	574.01
2017 年 6 月	61.10	648.59	87.13	594.04
2017 年 7 月	52.86	659.94	84.27	608.46
2017 年 8 月	63.52	653.52	80.60	625.89
2017 年 9 月	61.83	652.10	87.95	632.55
2017 年 10 月	65.96	664.19	71.56	636.54
2017 年 11 月	79.15	696.89	109.44	651.69
2017 年 12 月	74.26	745.81	81.14	682.95
合计	812.69	643.11	1046.96	588.35

附表 4 金红叶纸业的产能和卫生纸机数量(2012—2018 年)

生产基地	2012 年		2013 年		2014 年		2015 年		2016 年		2017 年		2018 年计划	
	产能/万吨	卫生纸机数量/台	产能/万吨	卫生纸机数量/台	产能/万吨	卫生纸机数量/台	产能/万吨	卫生纸机数量/台	产能/万吨	卫生纸机数量/台	产能/万吨	卫生纸机数量/台	产能/万吨	卫生纸机数量/台
江苏苏州	31	10	31	10	37	11	43	12	43	12	43	12	43	12
海南海口	30	12	51	19	84	28	84	28	84	28	84	28	84	28
湖北孝感	12	2	12	2	12	2	24	4	24	4	24	4	24	4
辽宁沈阳	6	1	6	1	6	1	6	1	6	1	6	1	6	1
四川雅安													3	2
四川遂宁									6	1	6	1	12	2
江苏南通														
合计	79	25	100	32	139	42	157	45	163	46	163	46	172	49

附表 5 恒安纸业的产能和卫生纸机数量(2012—2018 年)

生产基地	2012 年		2013 年		2014 年		2015 年		2016 年		2017 年		2018 年计划	
	产能/万吨	卫生纸机数量/台	产能/万吨	卫生纸机数量/台	产能/万吨	卫生纸机数量/台	产能/万吨	卫生纸机数量/台	产能/万吨	卫生纸机数量/台	产能/万吨	卫生纸机数量/台	产能/万吨	卫生纸机数量/台
湖南常德	18	4	18	4	24	5	30	6	30	6	30	6	30	6
山东潍坊	18	3	18	3	18	3	18	3	18	3	18	3	30	5
福建晋江	30	5	30	5	30	5	30	5	30	5	30	5	32.4	6
安徽芜湖	12	2	12	2	12	2	12	2	24	4	24	4	24	4
重庆巴南	12	2	12	2	12	2	12	2	12	2	24	4	24	4
新疆昌吉											5	2	5	2
合计	90	16	90	16	96	17	102	18	114	20	131	24	145.4	27

附表 6　维达纸业的产能和卫生纸机数量（2012—2018 年）

生产基地	2012 年		2013 年		2014 年		2015 年		2016 年		2017 年		2018 年计划	
	产能/万吨	卫生纸机数量/台	产能/万吨	卫生纸机数量/台	产能/万吨	卫生纸机数量/台	产能/万吨	卫生纸机数量/台	产能/万吨	卫生纸机数量/台	产能/万吨	卫生纸机数量/台	产能/万吨	卫生纸机数量/台
广东江门新会会城	6	3	6	3	6	3	6	3	6	3	6	3	6	3
湖北孝感	10	9	18	13	18	13	18	13	18	13	18	13	30	17
北京	3	3	3	3	3	3	3	3	3	3	3	3	3	3
四川德阳	4.5	4	4.5	4	4.5	4	7.5	5	7.5	5	7.5	5	7.5	5
广东江门新会双水	12	6	12	6	12	6	12	6	12	6	12	6	12	6
浙江龙游	9	6	9	6	15	8	15	8	15	8	21	10	21	10
辽宁鞍山	5.5	4	5.5	4	5.5	4	5.5	4	5.5	4	5.5	4	5.5	4
广东江门新会三江	4	2	13	6	20	8	20	8	26	10	26	10	26	10
山东莱芜			5	2	5	2	8	3	11	4	11	4	11	4
广东阳江													6	2
合计	54	37	76	47	89	51	95	53	104	56	110	58	128	64

附表 7　中顺纸业的产能和卫生纸机数量（2012—2018 年）

生产基地	2012 年		2013 年		2014 年		2015 年		2016 年		2017 年		2018 年计划	
	产能/万吨	卫生纸机数量/台	产能/万吨	卫生纸机数量/台	产能/万吨	卫生纸机数量/台	产能/万吨	卫生纸机数量/台	产能/万吨	卫生纸机数量/台	产能/万吨	卫生纸机数量/台	产能/万吨	卫生纸机数量/台
广东中山	2	18(17 台国产小纸机)	2	18(17 台国产小纸机)	2	18(17 台国产小纸机)								
广东江门	17	7	17	7	17	7	17	7	17	7	17	7	17	7
湖北孝感	2	2	2	2	2	2	2	2	2	2	2	2	2	2
四川成都	4	11(8 台国产小纸机)	7	12(8 台国产小纸机)	10.2	13(8 台国产小纸机)	12.7	6	12.7	6	13	6	13	6
浙江嘉兴	2	3	2	3	2	3	4	4	4	4	4	4	4	4
河北唐山	2.5	1	2.5	1	2.5	1	2.5	1	2.5	1	5	2	10	4
广东云浮					12	2	12	2	12	2	24	6	24	6
合计	29.5	42	32.5	43	47.7	46	50.2	22	50.2	22	65	27	70	29

附表 8　理文的产能和卫生纸机数量(2014—2018 年)

生产基地	2014 年		2015 年		2016 年		2017 年		2018 年计划	
	产能/万吨	卫生纸机数量/台	产能/万吨	卫生纸机数量/台	产能/万吨	卫生纸机数量/台	产能/万吨	卫生纸机数量/台	产能/万吨	卫生纸机数量/台
重庆	2.5	2	14.5	4	38.5	8	38.5	8	62.5	14
江西九江							12	2	12	2
广东东莞							12	2	12	2
广西梧州										
合计	2.5	2	14.5	4	38.5	8	62.5	12	86.5	18

附表 9　2017 年投产的卫生纸机项目一览表

集团省份	公司名称	项目地点	阶段	规模/(万吨/年)	纸机					投产时间	供应商	备注
					型式	型号	数量/台	幅宽/mm	车速/(m/min)			
河北	河北义厚成	河北保定	新增	2.5	新月型	12 英尺钢制烘缸	1	2850	1650	2017 年 5 月	安德里茨	进口
	河北金博士集团	河北保定	新增	5.4	新月型	Intelli-Tissue® EcoEc1200，钢制烘缸	2	3650	1200	分别于 2017 年 6 月、9 月	波兰 PMP 集团	进口
	保定港兴	河北保定	新增	2	新月型	DCT60	1	2760	1300	2017 年 11 月	日本川之江与维美德合作	进口
	河北瑞丰纸业	河北保定	新增	1.2	真空圆网型		1	2860	900	2017 年 8 月	宝拓	中外合作
	保定益康纸业	河北保定	新增	1.2	真空圆网型		1	2860	800	2017 年 5 月	宝拓	中外合作
	保定华邦日用品	河北保定	新增	1.2	真空圆网型		1	2860	800	2017 年 5 月	宝拓	中外合作
	保定金光纸业	河北保定	新增	2.4	真空圆网型		2	2880	800	2017 年 5 月	宝拓	中外合作
		河北保定	新增	4	新月型	AL-FORM C1200-3550	2	3550	1200	分别于 2017 年 5 月、7 月	宝拓(慧丰)	国产
	满城恒信纸业	河北保定	新增	2	新月型	AL-FORM C1200-3550	1	3550	1200	2017 年 4 月	宝拓(慧丰)	国产
	满城聚润纸业	河北保定	新增	1.8	新月型	AL-FORM C1100-3550	1	3600	1100	2017 年 3 月	宝拓(慧丰)	国产

续表

集团省份	公司名称	项目地点	阶段	规模/（万吨/年）	纸机					投产时间	供应商	备注
					型式	型号	数量/台	幅宽/mm	车速/（m/min）			
河北	保定辰宇纸业	河北保定	新增	1.8	新月型	MC1100-3550	1	3550	1100	2017年10月	宝拓（慧丰）	国产
	保定市安信纸业	河北保定	新增	2	新月型	MC1100-3550	1	3550	1100	2017年12月	宝拓（慧盛）	中外合作
	保定雨森卫生用品	河北保定	新增	5.2	真空圆网型	HC-1100/2850	4	2850	1100	2017年7-9月	凯信	国产
	河北中信纸业	河北保定	新增	2.6	真空圆网型	HC-900/3500	2	3500	900	分别于2017年6月、10月	凯信	国产
	河北立发纸业	河北保定	新增	2.6	真空圆网型	HC-900/3500	2	3500	900	分别于2017年6月、10月	凯信	国产
	河北姬发造纸有限公司	河北保定	新增	1.7	新月型		1	2850	1300	2017年	上海轻良	国产
	保定成功	河北保定	新增	3.2	新月型		2	2850	1250	2017年	上海轻良	国产
	满城诚信纸业	河北保定	新增	5	新月型		2	3600	1000	2017年9月	山东信和	国产
	秦皇岛凡南纸业	河北秦皇岛	新增	2.5	新月型		1	3600	1200	2017年11月	山东信和	国产
		河北秦皇岛	新增	2.5	短长网型	擦手纸机	1	3600	500	2017年11月	山东信和	国产
	保定金能卫生用品有限公司	河北保定	新增	3	新月型		2	2850	1000	分别于2017年9月、12月	山东信和	国产
	保定东升纸业	河北保定	新增	3.4	新月型		2	2850	1200	分别于2017年2月、7月（原计划2014年12月投产）	山东华林	国产
	曙光纸业	河北保定	新增	1.5	新月型		1	3500	800	2017年7月	诸城大正	国产
	保定长山纸业	河北保定	新增	1.5	新月型	BZ3500-I	1	3500	800	2017年1月	陕西炳智	国产
		河北保定	新增	1.8	新月型	BZ3500-III	1	3500	1000	2017年11月	陕西炳智	国产
	保定晨松纸业	河北保定	新增	1.5	新月型	BZ3500-I	1	3500	800	2017年10月	陕西炳智	国产
	保定国利纸业	河北保定	新增	1	新月型	BZ2850-II	1	2850	800	2017年4月	陕西炳智	国产
	河北顺通纸厂	河北保定	新增	1.5	真空圆网型		1	3500	850	2017年1月	绵阳同成	国产
		河北保定	新增	1.8	新月型		1	3500	1000	2017年	绵阳同成	国产

续表

集团省份	公司名称	项目地点	阶段	规模/（万吨/年）	纸机					投产时间	供应商	备注
					型式	型号	数量/台	幅宽/mm	车速/（m/min）			
河北	保定明月纸业	河北保定	新增	0.8	真空圆网型		1	2880	600	2017 年	天津天轻	国产
	保定立新纸业	河北保定	新增	1	真空圆网型		1	3500	700	2017 年 3 月	天津天轻	国产
	满城印象纸业	河北保定	新增	1	新月型		1	2850	700	2017 年 3 月	西安维亚	国产
	满城宏大纸业	河北保定	新增	1.5	新月型		1	3500	1000	2017 年 2 月	西安维亚	国产
	满城丽达纸业	河北保定	新增	1.5	新月型		1	3500	800	2017 年 4 月	西安维亚	国产
	满城兴荣纸业	河北保定	新增	1.5	新月型		1	3500	800	2017 年 6 月	西安维亚	国产
	秦皇岛丰满纸业	河北秦皇岛	新增	1	新月型		1	2850	800	2017 年 7 月	西安维亚	国产
山西	力达纸业	山西运城	新增	3.2	新月型		2	2850	1300	2017 年	上海轻良	国产
上海	赤天化纸业（泰盛集团）	贵州赤水	新建	12	新月型	PrimeLineST，20 英尺钢制烘缸	2	5600	1900	分别于 2017 年 8 月、10 月	安德里茨	进口
浙江	浙江旭荣纸业	浙江龙游	新建	3	真空圆网型		2	2860	1000	2017 年底	江西欧克	国产
福建	恒安纸业	新疆昌吉	新增	5	新月型		2	2800	1600	2017 年 11 月	意大利拓斯克	进口
		重庆巴南	新增	12	新月型	18 英尺钢制烘缸	2	5600	2000	分别于 2017 年 3 月、5 月	安德里茨	进口
	漳州佳亿纸业	福建漳州	新增	1	新月型		1	2850	800	2017 年 6 月	西安维亚	国产
山东	泉林纸业	吉林德惠	新建	1	真空圆网型	HC-800/2850	1	2850	900	2017 年 3 月（原计划 2016 年上半年投产）	凯信	国产
		黑龙江佳木斯	新建	10	真空圆网型	HC-800/2850	10	2850	900	2017 年 3 月（原计划 2015 年投产）	凯信	国产
	聊城坤昇环保科技	山东聊城	新增	2.5	新月型		1	3600	1000	2017 年 9 月	山东信和	国产
河南	河南护理佳	河南鹿邑	新增	1.7	新月型		1	2850	1400	2017 年 1 月	上海轻良	国产
	华兴纸业	河南西平	新增	1.6	新月型		1	2850	1250	2017 年	上海轻良	国产
湖北	湖北真诚纸业	湖北荆州	新增	2.4	新月型	AL-FORM C1300-3550	1	3650	1300	2017 年 3 月	宝拓（慧丰）	国产

续表

集团省份	公司名称	项目地点	阶段	规模/（万吨/年）	纸机					投产时间	供应商	备注
					型式	型号	数量/台	幅宽/mm	车速/（m/min）			
广东	香港理文集团	江西九江	新建	12	新月型		2	5600	2000	分别于2017年5月、6月	福伊特	进口
		广东东莞	新建	12	新月型		2	5600	2000	分别于2017年11月、12月	福伊特	进口
	维达纸业	浙江龙游	新增	6	新月型	AHEAD 2.0M	2	保密	保密	2017年7月	意大利拓斯克	进口
	中顺洁柔	河北唐山	新增	2.5	新月型		1			2017年		进口
		广东云浮	新增	6	新月型		2			2017年		进口
		广东云浮	新增	6	真空圆网型		2			2017年		进口
	广东韶能集团南雄珠玑纸业	广东韶关	新增	3	新月型		1	2850	1600	2017年10月	意大利亚赛利	进口
	广东飘合纸业	广东汕头	新增	1.2	真空圆网型		1	2860	800	2017年12月	宝拓	中外合作
	广东信达纸业	广东揭阳	新增	3.3	新月型	AL-FORM C1500-4200	1	4200	1500	2017年11月	宝拓（慧丰）	国产
	惠州福新纸业	广东惠州	新增	2.2	新月型	MT4000-1200	1	4000	1200	2017年10月	东莞美捷	国产
广西	南宁佳达纸业	广西南宁	新增	3	真空圆网型		2	2860	1000	分别于2017年2月、6月	宝拓	中外合作
	广西嵘兴中科发展有限公司	广西南宁	新增	1.5	真空圆网型		1	3900	800	2017年	绵阳同成	国产
	广西柳林纸业	广西柳州	新增	2.4	新月型		1	3950	1200	2017年12月	贵州恒瑞辰	国产
	广西天力丰	广西南宁	新增	2	新月型		1	3500	1200	2017年1月	诸城大正	国产
		广西南宁	新增	2	新月型		1	3500	1300	2017年4月	上海轻良	国产
四川	四川环龙	四川绵阳（安州基地）	新建	2.4	真空圆网型	BF-10EX	2	2760	770	2017年6月（原计划2013年4月投产）	日本川之江	进口
		四川眉山（西龙基地）	新增	3	真空圆网型	SF-12-1000	2	2850	1000	分别于2017年1月、5月	宝拓	中外合作
	四川蜀邦实业	四川成都	新增	1.2	真空圆网型		1	2860	900	2017年7月	宝拓	中外合作
	四川圆周实业	四川成都	新增	2.4	新月型		1	3998	1200	2017年4月	贵州恒瑞辰	国产

续表

集团省份	公司名称	项目地点	阶段	规模/（万吨/年）	纸机					投产时间	供应商	备注
					型式	型号	数量/台	幅宽/mm	车速/（m/min）			
四川	成都居家生活用纸有限公司	四川成都	新增	1.5	真空圆网型		1	3950	700	2017年1月	贵州恒瑞辰	国产
	成都绿洲纸业	四川成都	新增	1	真空圆网型		1	2850	750	2017年1月	贵州恒瑞辰	国产
	成都鑫宏纸品厂	四川成都	新增	1	真空圆网型		1	2850	750	2017年1月	贵州恒瑞辰	国产
	四川艾尔纸业	四川泸州	新增	1.8	真空圆网型		1	4200	700	2017年12月	贵州恒瑞辰	国产
贵州	贵州汇景纸业	贵州安顺	新增	1.6	真空圆网型		2	2880	600	分别于2017年4月、7月	天津天轻	国产
云南	云南金晨纸业	云南玉溪	新建	2	真空圆网型	BF-12	1	3400	1000	2017年6月（东莞永昶转让纸机）	日本川之江	进口
陕西	法门寺纸业	陕西宝鸡	新增	1.6	新月型		1	2850	1300	2017年	上海轻良	国产
甘肃	宝马纸业	甘肃平凉	新增	1.2	真空圆网型		1	2860	1200	2017年11月	宝拓	中外合作
总计				219.3			110					

附表10　2018年已投产及计划投产的卫生纸机项目一览表

集团省份	公司名称	项目地点	阶段	规模/（万吨/年）	纸机					投产时间	供应商	备注
					型式	型号	数量/台	幅宽/mm	车速/（m/min）			
河北	保定港兴	河北保定	新增	1.6	真空圆网型	BF-1000S	1	2760	1100	2018年1月	日本川之江	进口
	保定明月纸业	河北保定	新增	1.2	真空圆网型		1	2860	900	2018年初	宝拓	中外合作
	保定永利纸业	河北保定	新增	1.2	真空圆网型	SF-10-900	1	2860	900	2018年初	宝拓	中外合作
	河北永兴纸业	河北保定	新增	4	新月型	MC1100-3550	2	3550	1100	2018年初	宝拓	中外合作
	保定华邦日用品	河北保定	新增	1.2	真空圆网型		1	2860	800	2018年1月	宝拓	中外合作
	满城纸业（天天纸业）	河北保定	新增	4.5	新月型	AL-FORM C1200-3550	2	3550	1200	2018年1月	宝拓（慧丰）	国产
	保定市恒信纸业	河北保定	新增	2.4	新月型	C1300-3550	1	3550	1300	2018年5月	宝拓（慧盛）	中外合作
	保定金光纸业	河北保定	新增	4	新月型	BC1300-3550	2	3550	1300	2018年底	宝拓（慧盛）	国产
	河北瑞丰纸业	河北保定	新增	1.6	新月型	BC1300-2850	1	2850	1300	2018年12月	宝拓（慧盛）	国产
	保定泽裕纸业	河北保定	新增	2.5	新月型	HC-1300/3550	1	3550	1300	2018年4月	凯信	国产

续表

集团省份	公司名称	项目地点	阶段	规模/（万吨/年）	纸机					投产时间	供应商	备注
					型式	型号	数量/台	幅宽/mm	车速/（m/min）			
河北	保定中信纸业	河北保定	新增	1.5	真空圆网型	HC-900/3500	1	3500	900	2018年3月	凯信	国产
	保定达亿纸业	河北保定	新增	5	新月型		2	2850	1500	2018年	山东信和	国产
	保定金能卫生用品有限公司	河北保定	新增	1.5	新月型		1	2850	1000	2018年1月	山东信和	国产
		河北保定	新增	1.8	新月型		1	3500	900	2018年1月	山东信和	国产
	保定市飞跃造纸有限公司	河北保定	新增	2.5	新月型		1	3550	1100	2018年	山东信和	国产
	河北金博士集团	河北保定	新增	5	新月型		2	3600	1000	2018年6月	山东信和	国产
	保定东升纸业	河北保定	新增	1.6	新月型		1	2850	1200	2018年2月（原计划2014年12月投产）	山东华林	国产
		河北保定	新增	5	新月型		3	2850	1200	2018年上半年	山东华林	国产
	曙光纸业	河北保定	新增	2	新月型		1	3500	1200	2018年5月	诸城大正	国产
	保定晨松纸业	河北保定	新增	1.5	新月型	BZ3500-I	1	3500	800	2018年3月	陕西炳智	国产
	保定国利纸业	河北保定	新增	1.5	新月型	BZ3500-I	1	3500	800	2018年10月	陕西炳智	国产
	保定长山纸业	河北保定	新增	2.2	新月型	BZ3500-II	1	3500	1200	2018年8月	陕西炳智	国产
	辛集化二公司	河北辛集	新增	3	新月型	BZ3500-I	2	3500	800	2018年8月	陕西炳智	国产
	河北姬发造纸有限公司	河北保定	新增	2	新月型		1	3550	1300	2018年	上海轻良	国产
	河北雪松纸业	河北保定	新增	4.6	新月型		2	2850	1600	2018年4月	自主组装	国产
		河北保定	新增	5.4	新月型		2	3600	1300	2018年9月	自主组装	国产
山西	大同云冈纸业	山西大同	新增	2.5	新月型	BZ3500-I	1	3500	1300	2018年10月	陕西炳智	国产
辽宁	辽宁豪唐	辽宁开原	新增	4	新月型		2	3550	1300	2018年	上海轻良	国产
上海	江西泰盛纸业（泰盛集团）	江西九江	新建	24	新月型		4	5600	2200	2018年	福伊特	进口
江苏	金红叶纸业	四川遂宁	新增	6	新月型		1	5630	2000	2018年	意大利亚赛利	进口
		四川雅安	新建	3	新月型		2	2860	1200	2018年1月	金顺	国产
浙江	唯尔福集团	浙江绍兴	新增	1.2	真空圆网型	BF-W10S	1	2760	850	2018年3月	日本川之江	进口

续表

集团省份	公司名称	项目地点	阶段	规模/（万吨/年）	纸机					投产时间	供应商	备注
					型式	型号	数量/台	幅宽/mm	车速/（m/min）			
福建	恒安集团	山东潍坊	新增	12	新月型	DCT200，SPR	2	5600	2000	分别于2018年1月、3月	维美德	进口
福建	恒安集团	福建晋江	新增	2.4	短长网型	擦手纸机	1	3050	500	2018年	山东信和	国产
福建	武平顺发纸业	福建武平	新增	3	真空圆网型		2	3900	700	2018年8月	贵州恒瑞辰	国产
山东	山东东顺集团	山东东平	新增	6	新月型	DCT60	2	3000	1600	2018年底（原计划于2015年上半年投产）	日本川之江与维美德合作	进口
山东	山东东顺集团	湖南湘西	新增	1.6	真空圆网型	BF-1000	1	2760	1000	2018年上半年	日本川之江	进口
山东	泉林纸业	山东聊城	新增	2	新月型	HC-1600/2850	1	2850	1600	2018年（原计划2015年10月投产）	凯信	国产
山东	泉林纸业	黑龙江佳木斯	新建	10	真空圆网型	HC-800/2850	10	2850	900	2018年（原计划2015年投产）	凯信	国产
山东	泉林纸业	吉林德惠	新增	13	真空圆网型	HY-1500	13	2850	900	2018年	杭州大路	国产
河南	开封通富纸业	河南开封	新增	1.8	新月型		1	2850	1200	2018年10月	贵州恒瑞辰	国产
湖北	湖北真诚纸业	湖北荆州	新增	1.5	真空圆网型	SF-10-1000	1	2860	1000	2018年1月	宝拓	中外合作
广东	香港理文集团	重庆	新增	24	新月型	DCT200HS，软靴压	4	5600	2000	分别于2018年1月、2月、4月、5月	维美德	进口
广东	维达纸业	广东阳江	新增	6	新月型	AHEAD 2.0M	2	保密	保密	2018年	意大利拓斯克	进口
广东	维达纸业	湖北孝感	新增	12	新月型	AHEAD 2.0M	4	保密	保密	2018年底	意大利拓斯克	进口
广东	中顺洁柔	河北唐山	新增	5	新月型		2			2018年		进口
广东	肇庆南宝纸业	广东肇庆	新增	1.2	真空圆网型	SF-10-900	1	2860	900	2018年初	宝拓	中外合作
广东	广东肇庆万隆纸业	广东肇庆	新增	1.2	真空圆网型		1	2860	1000	2018年初	宝拓	中外合作
广东	广东飘合纸业	广东汕头	新增	6	新月型	HC-1400CE	2	2900	1400	2018年12月	凯信	中外合作
广东	广东中桥纸业	广东东莞	新增	2.5	新月型		1	3980	1200	2018年8月	信和	国产

续表

集团省份	公司名称	项目地点	阶段	规模/（万吨/年）	纸机					投产时间	供应商	备注
					型式	型号	数量/台	幅宽/mm	车速/（m/min）			
广西	南宁佳达纸业（新厂）	广西南宁	新建	15	真空圆网型		10	2860	1000	2018 年	宝拓	中外合作
	南宁香兰纸业（南宁上峰纸业）	广西南宁	新增	3	新月型	C1300-2850	2	2850	1300	2018 年	宝拓	中外合作
	江南纸业	广西横县	新增	1.5	新月型		1	2850	1300	2018 年	绵阳同成	国产
		广西南宁	新增	1	TAD 型		1	3500	待定	2018 年	诸城大正	国产
	圣大纸业	广西南宁	新增	3	新月型		2	2850	1200	2018 年 3 月	诸城大正	国产
	广西华怡纸业	广西贵港	新增	3	新月型		2	2800	900	2018 年（原计划 2016 年 5 月）	山东华林	国产
	广西柳林纸业	广西柳州	新增	1.8	新月型		1	2850	1200	2018 年 3 月	贵州恒瑞辰	国产
四川	宜宾纸业	四川宜宾	新增	15	新月型		5	2850	1600	2018 年 8 月	意大利亚赛利	进口
	四川环龙	四川眉山（西龙基地）	新增	6	真空圆网型	SF-12-1000B	4	2850	1000	2018 年	宝拓	中外合作
		四川绵阳（安州基地）	新增	6	真空圆网型	SF-12-1000B	4	2850	1000	2018 年	宝拓	中外合作
	四川犍为凤生纸业	四川乐山	新增	12	真空圆网型		10	2850	1000	2018 年	宝拓	中外合作
	成都志豪纸业	四川成都	新增	1.5	真空圆网型		1	4060	800	2018 年	绵阳同成	国产
	成都居家生活用纸有限公司	四川成都	新增	1.5	真空圆网型		1	3950	700	2018 年 7 月	贵州恒瑞辰	国产
		四川成都	新增	2.4	新月型		1	3950	1200	2018 年 10 月	贵州恒瑞辰	国产
	成都绿洲纸业	四川成都	新增	2	真空圆网型		2	2850	750	2018 年 8 月	贵州恒瑞辰	国产
	成都鑫宏纸品厂	四川成都	新增	2	真空圆网型		2	2850	750	2018 年 9 月	贵州恒瑞辰	国产
贵州	贵州汇景纸业	贵州安顺	新增	1.8	真空圆网型		1	4200	700	2018 年 1 月	贵州恒瑞辰	国产
		贵州安顺	新增	1.8	新月型		1	2850	1200	2018 年 10 月	贵州恒瑞辰	国产
		贵州安顺	新增	0.8	真空圆网型		1	2880	650	2018 年	天津天轻	国产
云南	云南泓源纸业	云南昆明	新增	2.5	真空圆网型		2	2860	900	分别于 2018 年 2 月、3 月	宝拓	中外合作
	云南金晨纸业	云南玉溪	新建	2	新月型		1	3500	1400	2018 年	诸城大正	国产
	云南汉光纸业有限公司	云南玉溪	新增	1	真空圆网型		1	2850	900	2018 年	绵阳同成	国产

续表

集团省份	公司名称	项目地点	阶段	规模/（万吨/年）	纸机 型式	纸机 型号	纸机 数量/台	纸机 幅宽/mm	纸机 车速/（m/min）	投产时间	供应商	备注
陕西	宁强长久纸业	陕西汉中	新增	2.5	新月型	BZ2850-II	2	2850	800	2018 年 5 月	陕西炳智	国产
宁夏	宁夏紫荆花纸业	宁夏	新增	3	真空圆网型	HC-800A/2850	3	2850	700	2018 年（原计划 2017 年投产）	凯信	国产
新疆	新疆芳菲达纸业	新疆阜康	新增	1.2	真空圆网型		1	2860	800	2018 年	宝拓	中外合作
总计				315.5			160					

附表 11　2019 年及之后计划投产的卫生纸机项目一览表

集团省份	公司名称	项目地点	阶段	规模/（万吨/年）	纸机 型式	纸机 型号	纸机 数量/台	纸机 幅宽/mm	纸机 车速/（m/min）	投产时间	供应商	备注
河北	保定雨森	辽宁台安	新建	6	新月型		2	3500	1600	2019 年 1 月	波兰 PMP 集团	进口
山西	大同云冈纸业	山西大同	新增	2.5	新月型	BZ3500-I	1	3500	1300	2019 年 4 月	陕西炳智	国产
江苏	金红叶纸业	江苏南通	新增	12	新月型	DCT200，软靴压	2	5600	2000	2020 年	维美德	进口
江苏	佩博实业	江苏苏州	新增	1.2	真空圆网型		1	2860	1000	项目推迟（原计划 2017 年投产）	宝拓	中外合作
安徽	安徽冠亿纸业	安徽安庆	新增	1.2	真空圆网型		1	2860	900	项目推迟（原计划 2017 年投产）	宝拓	中外合作
福建	歌芬卫生用品（福州）有限公司	福建福州江阴港	新建	6	新月型	DCT200，ViscoNip 软靴压	1	5600	2000	推迟投产（设备安装完毕，原计划于 2011 年 3 月投产）	维美德	进口
山东	山东东顺集团	山东东平	新增	4	真空圆网型	擦手纸机，DS1200	1	2850	450	项目推迟（原计划 2014 年底投产）	日本川之江	进口
河南	银鸽集团	河南漯河	新建	12	新月型		2	5550	2000	2019 年及之后		进口
广东	中顺洁柔	湖北孝感	新增	10			4			2019 年		进口
广东	中顺洁柔	四川成都	新增	5			2			2019 年		进口
广东	新会宝达纸业	广东江门	新增	1.2	真空圆网型		1	2660	800	项目推迟（原计划 2015 年 8 月投产）	宝拓	中外合作

续表

集团省份	公司名称	项目地点	阶段	规模/（万吨/年）	纸机					投产时间	供应商	备注
					型式	型号	数量/台	幅宽/mm	车速/（m/min）			
广西	广西华美（福建绿金）	福建福清	新建	3	新月型	DCT100	1	2850	1600	项目推迟	维美德	进口
云南	云南云景林纸	云南景谷	新增	2.4	真空圆网型		1			2019 年底		
宁夏	宁夏佳美纸业	宁夏吴忠	新增	4	新月型	C1300-3550	2	3550	1300	2019 年	宝拓（慧盛）	中外合作
新疆	新疆芳菲达纸业	新疆阜康	新增	1.2	真空圆网型		1	2860	800	2019 年及之后	宝拓	中外合作
总计				71.7			23					

Overview and Prospects of the Chinese Tissue Paper Industry in 2017

Zhou Yang, Zhang Yulan, CNHPIA

In 2017, Chinese economy has made a steady progress with good momentum for growth and better performance than expected. The GDP reached 82.7 trillion Yuan, increasing by 6.9% over the previous year. Domestic demand continued to grow. The total retail sales of social consumer goods reached 36,626.2 billion Yuan, up 10.2% than the previous year.

Under this context, China's tissue paper market continues to grow, with the total size increasing by 12.0% over the previous year, reaching 110.64 billion Yuan. Other indicators such as capacity, output, sales volume, imports and exports, consumption, per capita consumption, average price of products, have all increased over the same period of 2016. The stricter environmental requirements and fiercer market competition have accelerated the elimination of outdated capacity in the industry, further driving the industry to optimize and upgrade. This is reflected in the projects that have been put into operation in 2017 and that have been newly announced, among which the number of tissue machines upgrading projects in small and medium enterprises has continued to increase significantly.

The entire industry has sufficient capacity and is faced with fiercer market competition. As new capacity in 2017 was mostly put into operation in the second half of 2017 or the end of the year, and the government continued to strengthen environmental supervision, and limited the production of Sichuan, Hebei and other regions periodically, it is hard to improve the average utilization rate of equipment in the industry. In 2017, the surge in pulp price pushed up the paper price. The tissue paper manufacturers improved the proportion of high value-added products through the active adjustment of product structure and the innovation of products. Under the impact of the above factors, the average ex-factory price of industry products continued to rise, and the gross profits of enterprises in the industry remained acceptable. Although the new modern capacity in 2017 reached record-breaking 2.2 million tons, the new capacity is mainly concentrated in the existing enterprises and dominated by tissue machines upgrading projects in small and medium enterprises with few new players entering the industry. Besides, many investment projects announced were postponed.

1 Market Size

According to the statistics by the China National Household Paper Industry Association (CNHPIA), in 2017, the total production capacity of tissue paper was 12.15 million tons and the total output was about 9.234 million tons (calculated on the machinery utilization rate of 76%). The sales volume was about 9.216 million tons. The aggregate plant sales revenue reached about 92.16 billion Yuan (calculated on average producer price of 10,000 Yuan/ton, including the exports). The consumption was about 8.511 million tons. The annual per capita consumption was about 6.1kg, which had clearly passed the world per capita consumption level in 2016 calculated by RISI (4.9kg). The domestic market size was about 110.64 billion Yuan (calculated on average retail price of 13,000 Yuan/ton).

Table 1 Total Scale of Tissue Paper Industry in China in 2014-2017

	2017	2016	2015	2014
Capacity/10000t	1215.0	1125.3	1028.7	944.0
Output/10000t	923.4	855.2	802.4	736.3

续表

	2017	2016	2015	2014
Sales volume/10000t	921.6	854.0	804.4	731.2
Import/10000t	3.5	2.8	2.8	3.58
Export/10000t	74.0	69.2	71.2	74.7
Net export/10000t	70.5	66.4	68.4	71.1
Consumption/10000t	851.1	787.6	736.0	660.1
Per capita consumption/kg	6.1	5.7	5.4	4.8
Average producer price/(Yuan/t)	10000	9650	9500	9700
Factory sales revenue/100 million Yuan	921.6	824.1	764.2	709.3
Average retail price/(Yuan/t)	13000	12545	12350	12610
Domestic market size/100 million Yuan	1106.4	988.0	909.0	832.4

Note: (1) According to the data by the National Bureau of Statistics (NBS), the total population by the end of 2017 reached 1.39 billion, the total population by the end of 2016 reached 1.383 billion, the total population by the end of 2015 reached 1.375 billion, and the total population by the end of 2014 reached 1.368 billion.

(2) The average market retail price is equal to the average producer price multiplied by 130%.

2 Major Manufacturers and Brands

Nowadays, the tissue paper market in China is still composed of a number of manufacturers. The industry concentration rate continued to increase. According to the statistical data from CNHPIA, the number of tissue parent roll manufacturers has reduced from 426 in 2013 to about 340 in 2017. These manufacturers are mainly located in Shandong, Guangdong, Sichuan, Chongqing, Hebei, Yangtze River Delta region, Guangxi, Fujian, Hunan, Hubei, Liaoning, Jiangxi, etc. Particularly, manufacturers in Sichuan, Hebei and Guangxi are mainly small and medium enterprises. The majority of tissue parent roll manufacturers are small and medium enterprises with annual capacity below 50,000 tons, and about 60 enterprises have annual capacity above 50,000 tons (including 50,000 tons). The main three national brands include Mind Act Upon Mind, Vinda and Breeze.

In 2017, the production capacity of top 17 manufacturers accounted for 58.8% of total capacity (2016: 57.9%), while their sales revenue accounted for about 56.6% of total sales revenue (2016: 57.4%). The proportion of their production capacity and sales revenue over the total production capacity and sales revenue have increased 0.9 percentage point and decreased 0.8 percentage point over the previous year respectively.

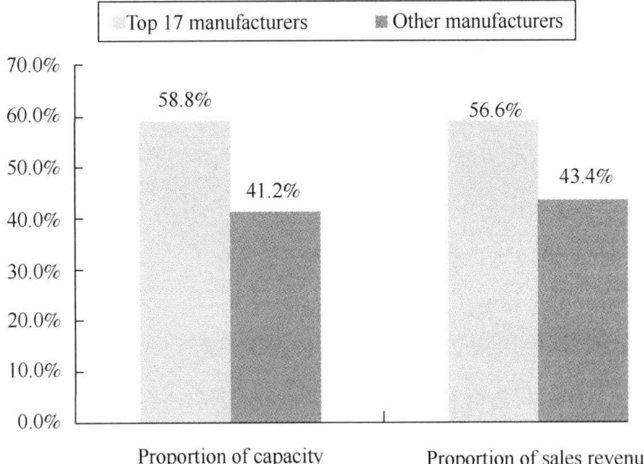

Figure 1 Proportions of Capacity and Sales Revenue of the Top 17 Tissue Paper Manufacturers in 2017

Table 2 Top 17 Tissue Paper Manufacturers in 2017

No.	Company	Brand	Capacity /10000tpy
1	Hengan Paper Co., Ltd.	Mind Act Upon Mind, Rouying	131
2	Gold Hongye Paper (China) Co., Ltd.	Virjoy, Breeze, Zhenzhen	163
3	Vinda Paper Group Co., Ltd.	Vinda, Huazhiyun	110
4	C&S Paper Co., Ltd.	C&S, Sun	65

续表

No.	Company	Brand	Capacity /10000tpy
5	Dongshun Group Co. , Ltd.	Softest, HARRYBABY	40. 8
6	Chongqing Lee & Man Tissue Manufacturing Limited	Hanky	62. 5 (including bamboo pulp paper)
7	Yuen Foong Yu Family Care (Kunshan) Co. , Ltd.	May Flower	20
8	Shanghai Orient Champion Group	Hygienix, Silk'n Soft	14
9	Baoding Gangxing Paper Co. , Ltd.	Libang	13
10	Hebei Xuesong Paper Co. , Ltd.	Xuesong	12
11	Shanghai Welfare Group Co. , Ltd.	Zhiyin	9
12	Luohe Yinge Tissue Paper Industry Co. , Ltd.	Yinge, Shulei	16
13	Shandong Chenming Paper Group Co. , Ltd.	Xingzhilian, Forestlove	12
14	Shandong Sun Household Paper Co. , Ltd.	Sun Elements	12
15	Fujian Hengli Group	Hodorine	9
16	Taison Technology Co. , Ltd.	Well Mind, Skin 2 Skin	17 (including bamboo pulp paper)
17	Shengda Group Jiangsu Sund Paper Industry Co. , Ltd.	Sund, Lanya, Ofeng, Laohao	8. 5 (including rice straw pulp and recycled paper)
	Total capacity		714. 8

Gold Hongye Paper (capacity of APP in mainland China), Hengan Paper and Vinda Paper are the 3 leading tissue paper companies in China. According to the statistics of RISI, they ranked the 4th, 6th and 7th respectively in the world and ranked the 1st, 2nd and 3rd respectively in Asia in 2017. In 2017, the capacity of the three companies has all exceeded one million tpy. Their total capacity reached about 4. 04 million tpy and increased by about 6. 0% than the previous year, accounting for 33. 3% of the total capacity in China (33. 9% in 2016). The aggregate sales revenue reached about 29. 22 billion Yuan, up about 8. 3% than 2016. It accounted for 31. 7% of the total sales revenue (32. 7% in 2016).

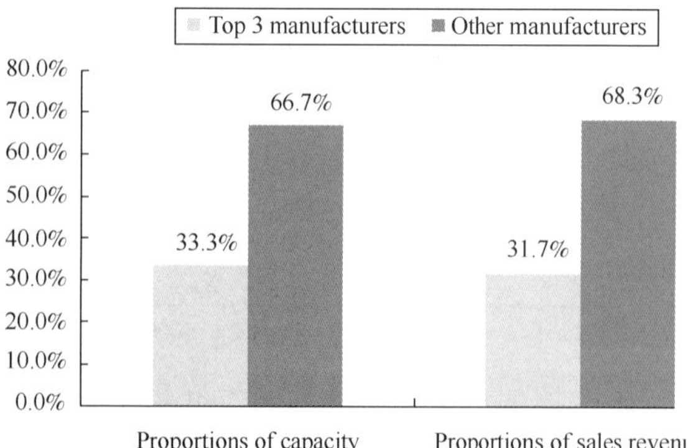

Figure2 Proportions of Capacity and Sales Revenue of the Top 3 Tissue Paper Manufacturers in 2017

Hengan is the top 1 tissue paper manufacturer in China. It is currently the manufacturer with the largest output in the Chinese tissue paper industry. According to Hengan's annual report, its sales revenue of tissue paper reached 9. 39 billion Yuan in 2017, up about 3. 6% than 2016. Tissue paper accounted for about 47. 4% of Hengan's total sales revenue (47. 0% in 2016). The gross profit margin of the tissue paper fell to about 32. 9% (37. 9% in 2016), which is caused by continuous rise in the price of primary raw material wood pulp during the year [1].

Gold Hongye is the tissue paper company under APP group in China. It is currently the No. 2 tissue paper manufacturer in China. Its production capacity reached 1. 63 million tpy in 2017. It is now the largest tissue paper manufacturer in China in terms of capacity.

Vinda is one of the earliest professional manufacturers of tissue paper in China. It maintained steady development and leading position in the past years. It is now the No. 3 tissue paper manufacturer in China. According to the annual report of Vinda International, the tissue paper business of Vinda International in 2017 recorded an operation revenue of

10.908 billion Hong Kong dollars, an increase of 8.8% over 2016, accounting for 81% of the Group's total sales revenue (83% in 2016). Among the revenue, sales of plastic-pack facial tissue, kitchen tissue and wet wipes, which have higher gross margin, have significantly increased and remained profitable continuously in the highly competitive market. In 2017, the gross profit margin and profit margin of the tissue paper were 29.6% and 8.5% respectively (32.1% and 10.6% in 2016) [2].

C&S Paper is the fourth largest tissue paper enterprise in China. According to preliminary earnings estimate of C&S, its sales revenue (mainly sales revenue of tissue paper) in 2017 reached 4.638 billion Yuan, up 21.76% than 2016. The net profit was 349 million Yuan, up 34.01% than 2016. In 2017, the growth of main business revenue mainly comes from the finished projects, production capacity increase, active exploration of the market by the sales team, setup of the network platform, and optimization of the product structure [3].

Shandong Dongshun Group is the fifth largest tissue paper manufacturer with the capacity of 408,000 tons in 2017. At present, it has two tissue parent roll production bases (Dongping Shandong and Zhaodong Heilongjiang). It plans to launch two DCT60 crescent tissue machines jointly made by Kawanoe Zoki and Valmet at the end of 2018, with the total capacity of 60,000 tpy in Dongping Shandong. It is expected to launch the first tissue machine in its third tissue parent roll production base located in Xiangxi Hunan in the first half of 2018, with the capacity of 16,000 tpy. The fourth tissue parent roll production base located in Zhejiang is under construction now (planned capacity of 100,000 tons).

Yuen Foong Yu Family Care (Kunshan) Co., Ltd. is the tissue paper enterprise of Yuen Foong Yu in mainland China. Now its total capacity is 200,000 tons. In mainland China, it has four tissue parent roll production bases in Kunshan Jiangsu, Yangzhou Jiangsu, Beijing, and Zhaoqing Guangdong respectively.

Lee & Man Group is a large-scale enterprise that entered the sector of tissue paper in 2014. It produces tissue parent roll of bamboo pulp (including unbleached tissue paper) with cost advantage in raw materials (homemade bamboo pulp), energy and other fields. With the idea of "cluster development along the industrial chain", Lee & Man Group creates a new business model, that is, Lee & Man is responsible for supplying supporting plants, utilities and tissue parent roll in Chongqing Lee & Man Industrial Park which has begun to attract investment of tissue paper converting enterprises. In 2016 and 2017, 14 tissue paper converting enterprises have signed the contracts to settle in the park and put into operation in phases I and II. And four tissue paper converting enterprises and two packaging material enterprises signed the contracts and settled in at the end of 2017 in phase III. With the new business model, Lee & Man Group has witnessed rapid development and good results. Lee & Man Group put 25,000 tons capacity into production in 2014, increased the capacity by 120,000 tons in 2015, and put into production of 240,000 tons in 2016. In 2017, Lee & Man Group put into operation another four sets of Voith tissue machines with the capacity of 60,000 tpy, with Jiangxi production base and Dongguan production base getting two respectively, making its total capacity 625,000 tpy. In 2018, it plans to put into operation four sets of Valmet tissue machines with the capacity of 60,000 tpy in Chongqing, making the total capacity 865,000 tpy.

Baoding Gangxing Paper is a representative enterprise in Mancheng, Baoding. Now, it has the capacity of 130,000 tons. By the end of 2017, it has put into operation five sets of Japan Kawanoe Zoki BF tissue machines, as well as one new crescent tissue machine, which is manufactured by Kawanoe Zoki and Valmet jointly (DCT60 with the capacity of 20,000 tpy and put into operation in 2017). At the beginning of 2018, Gangxing Paper launched another Kawanoe Zoki BF-1000S tissue machine with the capacity of 16,000 tpy. Gangxing Paper is among the first batch of enterprises in Baoding area to eliminate backward production and upgrade equipment.

3 Import and Export

Table 3 Imports and Exports of Various Tissue Paper in 2016-2017

Commodity Number	Commodity Name	Volume/tons			Value/US $		
		2017	2016	Y-o-Y Growth rate/%	2017	2016	Y-o-Y Growth rate/%
Import		35411. 355	28085. 367	26. 08	60342887	51155387	17. 96
48030000	Tissue parent roll	24751. 651	18776. 071	31. 83	35959669	29974441	19. 97
48181000	Toilet tissue	5140. 143	4397. 278	16. 89	9801967	8659318	13. 20
48182000	Handkerchief tissue, facial tissue	4257. 191	3703. 086	14. 96	11177773	9237570	21. 00
48183000	Table tissue and paper napkin	1262. 370	1208. 932	4. 42	3403478	3284058	3. 64
Export		739614. 666	692246. 220	6. 84	1735116218	1659136139	4. 58
48030000	Tissue parent roll	195776. 502	168958. 412	15. 87	274521807	242567050	13. 17
48181000	Toilet tissue	263266. 771	271499. 356	-3. 03	628046356	657843494	-4. 53
48182000	Handkerchief tissue, facial tissue	231535. 879	208696. 803	10. 94	677331896	613053820	10. 48
48183000	Table tissue and paper napkin	49035. 514	43091. 649	13. 79	155216159	145671775	6. 55

In 2017, the export volume of tissue paper was 740,000 tons, up 6. 8% than the previous year, accounting for about 8. 0% of total output. The export value was 1. 73512 billion US dollars, up 4. 6% than the previous year, accounting for 12. 8% of total factory sales. The export volume of tissue paper increased while price decreased. The overall condition recovers compared with the previous year.

China's tissue paper industry is an export-oriented industry. Since 2011, the import has taken on the trend of constant decline. The import volume and value in 2017 increased obviously by 26. 1% and 18. 0% respectively than 2016. However, the total import volume was still low, only 35,000 tons, which was an increase of 7,000 tons over the previous year, and accounted for only about 0. 38% of total production. This indicates that home-made tissue paper has been able to fully meet the needs of consumers.

Table 4 Proportions of Various Imported and Exported Tissue Papers (%)

Year	Import		Export	
	2017	2016	2017	2016
Tissue parent roll	69. 90	66. 85	26. 47	24. 41
Toilet tissue	14. 52	15. 66	35. 60	39. 22
Handkerchief tissue, facial tissue	12. 02	13. 19	31. 30	30. 15
Table tissue and paper napkin	3. 56	4. 30	6. 63	6. 22

In the imports, tissue parent roll still dominates, accounting for 69. 90% of total imports. In the exports, the finished tissue paper still dominates with tissue parent roll only accounting for 26. 47%. Among the exports, toilet tissue takes the largest proportion, accounting for 35. 60% of total exports.

Table 5 Average Price of Various Imported and Exported Tissue Papers During 2016-2017

Commodity Name	Export			Import		
	Unit Price in 2017 / (US Dollar/t)	Unit Price in 2016 / (US Dollar/t)	Y-o-Y Growth rate/%	Unit Price in 2017 / (US Dollar/t)	Unit Price in 2016 / (US Dollar/t)	Y-o-Y Growth rate/%
Total	2345. 97	2396. 74	-2. 12	1704. 05	1821. 42	-6. 44
Tissue parent roll	1402. 22	1435. 66	-2. 33	1452. 82	1596. 42	-9. 00

续表

Commodity Name	Export			Import		
	Unit Price in 2017 / (US Dollar/t)	Unit Price in 2016 / (US Dollar/t)	Y-o-Y Growth rate/%	Unit Price in 2017 / (US Dollar/t)	Unit Price in 2016 / (US Dollar/t)	Y-o-Y Growth rate/%
Toilet tissue	2385. 59	2423. 00	-1. 54	1906. 94	1969. 25	-3. 16
Handkerchief tissue, facial tissue	2925. 39	2937. 53	-0. 41	2625. 62	2494. 56	5. 25
Table tissue and paper napkin	3165. 38	3380. 51	-6. 36	2696. 10	2716. 50	-0. 75

According to the data, the average price of exported products fell than the previous year, and was higher than the average price of imported products as well as domestic average factory price.

According to the Customs, in 2017, based on the export volume, the top 10 export destinations of the products with commodity number of 48030000, 48181000, 48182000, and 48183000 are listed in Attached Table 1. The top 10 export destinations are the United States, Japan, Hong Kong of China, Australia, Malaysia, Macau of China, New Zealand, South Africa, Singapore, and UK. The total export volume of top 10 export destinations was 585,900 tons, accounting for 79. 2% of total exports.

The export enterprises are relatively concentrated with the exports of Gold Hongye Paper, Hengan, and Vinda accounting for about 41. 8% of the total. Attached Table 2 shows the top 20 tissue paper manufacturers ranked on export volume in 2017. The total export volume of the top 20 companies was about 411,000 tons, which accounted for 55. 6% among the total.

4 The Price of Imported Wood Pulp Continuously Rose with the Product Gross Margin Narrowing. Non-Wood Fiber Has Gained Periodic Profits

Tissue paper especially middle and high grade tissue paper in China mainly use market pulp as raw material. As a result, the industry relies greatly on the imported pulp. In the total production cost of tissue paper except for the investment cost, pulp accounted for about 75%. So the product cost is greatly influenced by the international market pulp price volatility. In 2017, imported pulp used in tissue paper accounted for a large proportion of the total imported pulp, and the percentage was higher for the bleached hardwood pulp.

According to the Customs, in 2017, the total imported pulp volume in China was 23. 72 million tons, up 12. 6% than 2016. The total import value was 15. 34 billion US dollars, up 25. 3% than 2016. In 2017, the average price of imported pulp in China rose by 11. 4% than 2016. The volume of bleached softwood pulp was 8. 13 million tons, up 1. 1% than 2016. The average price was 643 US dollars per ton, up 8. 4% than 2016. The volume of bleached hardwood pulp was about 10. 47 million tons, up 25. 5% than 2016. The average price was 588 USD per ton, up 15. 1% than 2016. The details are listed in Attached Table 3 and Attached Figure 1. The bleached softwood pulp was mainly imported from Canada, the United States, Chile, Russia, Finland, etc. The bleached hardwood pulp was mainly imported from Brazil, Indonesia, Uruguay, Chile, etc.

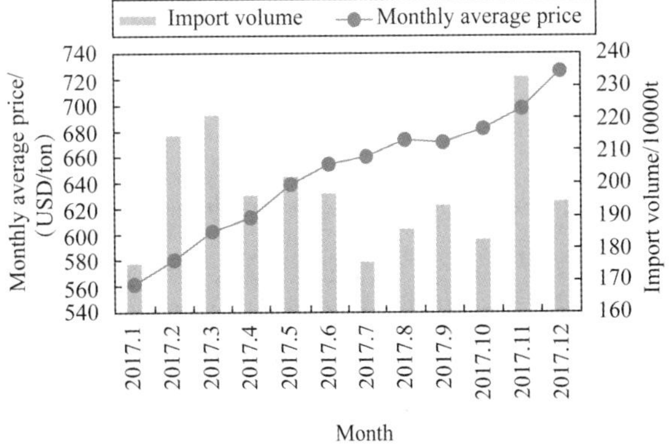

Figure 3 Imported Pulp from Jan. to Dec. 2017

In 2017, due to the influence of pulp supply and demand of international market, as well as the adjustment of non-sorted waste paper to Prohibited Imported Solid Waste Management Directory in the Imported Waste Management Directory issued by five ministries in August 2017, including the Ministry of Environmental Protection, the volume of imported waste paper was reduced, increasing the demand of packaging paper and paper board enterprises on market pulp as well as the imbalance between supply and demand of market pulp, and causing the price rise of market pulp. According to rough statistics, in 2017, the maximum price rise of hardwood pulp reached nearly 1,400 Yuan/ton, and the maximum price rise of softwood pulp reached nearly 2,500 Yuan/ton. The cost pressure of tissue paper enterprises which take imported pulp as the main raw material increased suddenly.

Besides, according to the data from National Bureau of Statistics, the purchase price of raw materials, fuels, power and other industrial production materials rose by 8.1% than 2016. Since September 21,2016, new regulation on overload released by the Ministry of Transport has been formally implemented, resulting in increased logistics costs. Due to stricter environmental supervision, the energy cost of manufacturing enterprises was obviously increased to boost the rise in price of paper. Meanwhile, by vigorously promoting product structure adjustment and innovative products, improving the proportion of high value-added products, lean manufacturing and other measures, many manufacturers have realized the effective increase of the overall average ex-factory price, easing the pressure of cost increase, and keeping the gross profit within a reasonable range. According to CNHPIA, the overall average ex-factory price of tissue paper products was up by 3.6%, continuing the upward trend that has prevailed since 2016. According to the data by SCI (Sublime China Information Group), ex-factory prices trend of tissue parent roll of the four major provinces and mainstream home-made pulp in China are shown in Figure 4 and Attached Figure 2.

As to tissue paper manufacturers using rice straw, rather than wood pulp, as raw material, the increase in labor costs and transportation costs has made it difficult to acquire rice straw and caused the purchase cost to rise. What's more, greater environmental protection pressure and the quality of final product inferior to that of wood pulp products and other factors have caused the mid-low end tissue paper products with rice straw as raw materials in Ningxia, Shaanxi, Henan and other regions to lose cost advantages and market advantages. The number of tissue paper manufacturers using rice straw as raw materials has decreased year by year. At present, most of them have closed with only few large-scale enterprises such as Shandong Tralin and Ningxia Zijinghua left open. Through active transformation and upgrading, these enterprises have enhanced the market competitiveness with the new model of comprehensive utilization of resources, and the development of unbleached tissue paper and other differentiated products.

The price rise of market pulp brings opportunity to bamboo pulp and other non-wood fibers. The production cost of Sichuan bamboo pulp remains high and the environmental pressure continues to increase, making the operation rate of local manufacturers decline, and causing adverse effect on both manufacturing and converting enterprises. However, in 2017, more pulp and paper enterprises endeavored to develop and promote tissue paper made of unbleached bamboo pulp. According to statistics of Sichuan Paper Association, production of Sichuan bamboo pulp tissue parent roll was 1 million tons, of which production of the unbleached bamboo pulp tissue parent roll was about 450,000 tons. Yet the unbleached bamboo pulp tissue paper is in short supply.

The collective trademark "Bamboo pulp paper" applied by Sichuan Paper Association to the Trademark Office of the State Administration for Industry and Commerce was approved on November 28, 2017. This trademark can be used by the pulping, paper making and converting member enterprises of Sichuan Paper Association, which will promote healthy competition among Sichuan paper industry and cluster development of upstream and downstream enterprises.

In the second half of 2017, driven by the rise of wood pulp price, the price of bagasse pulp and tissue parent roll began to increase. In consequence, the cost pressure of bagasse pulp enterprises and tissue manufacturers was temporarily alleviated, and the supply of bagasse pulp increased. According to statistics of Guangxi Paper Association, the production of Guangxi bagasse pulp was about 700,000 tons in 2017. The production of bagasse pulp tissue parent roll in 2017 was about 650,000 tons. At present, Guangxi takes many measures such as actively promoting the merger and restructure of pulp enterprises, accelerating the elimination of backward capacity, driving enterprises to upgrade, and focusing on the development of unbleached tissue paper and other high value-added products, to improve the competitiveness of bagasse pulp enterprises and paper manufacturing enterprises.

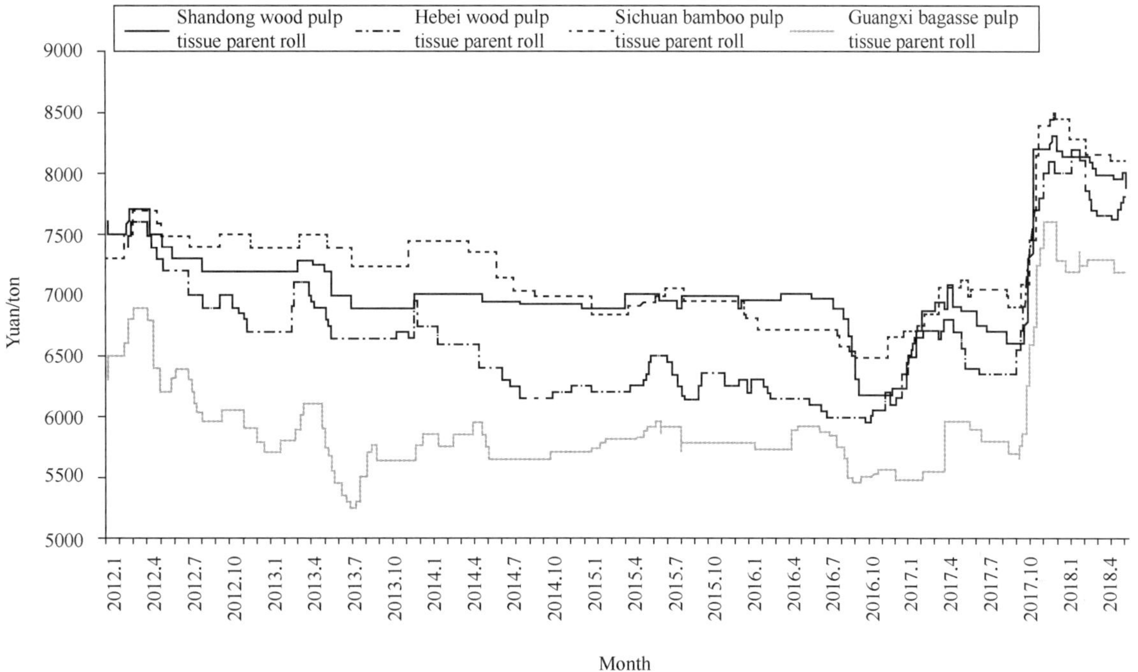

Figure 4 Average Ex-factory Price of China Tissue Parent Roll from Jan. 2012 to Mar. 2018

5 Accelerated Industrial Optimization and Upgrade

In recent years, with the implementation of national policies on energy-saving, emission reduction and mandatory elimination of backward production capacity, as well as market competition and adjustment, elimination of industry backward production capacity has sped up, improving the proportion of modern production capacity in China's tissue paper industry. In 2017, the modern capacity totaled 10.5525 million tons, accounting for 86.9% of the total capacity of tissue paper. In 2017, environmental protection requirements and market competition accelerated the elimination process of small paper machines with high energy consumption in small and medium-sized tissue paper enterprises in some regions represented by Baoding Hebei and Sichuan. The industrial upgrade represented by Hebei region has been accelerated. In addition to elimination of backward production capacity by local enterprises, the newly-added modern production capacity has been put into operation in a concentrated way. In 2017, the newly launched production capacity in Baoding Hebei reached 721,000 tons, and new capacity in 2018 is expected to be 673,000 tons. According to estimation of CNHPIA, the net capacity eliminated and shutdown across China in 2017 was about 1.37 million tons. Among the 2.193 million tons new capacity in 2017, the number of tissue machines from the upgrading projects in small and medium enterprises has increased sharply, also further promoting the industry to optimize and upgrade.

Table 6 Modern New Capacity During 2009-2019

Year	2009	2010	2011	2012	2013	2014	2015	2016	2017	2018	Plan in and after 2019
New capacity/ 10,000t	33.3	40.35	57.4	110.5	83.15	121.8	106.0	130.55	219.3	315.5	71.7

The introduction of advanced tissue paper production lines increases the ratio of modern capacity in tissue paper industry. According to CNHPIA, until the end of 2017, there were 150 imported new crescent tissue machines launched in China with the total capacity of 5.967 million tpy, 99 vacuum cylinder tissue machines with the total capacity of 1.402 million tpy, and 1 oblique net tissue machine with the capacity of 10,000 tpy. Proportion of launched capacity of imported tissue machine manufacturers is shown in Figure 5. The total capacity of above imported tissue machines reaches 7.379 million tpy, which accounts for about 60.7% of the total capacity in 2017.

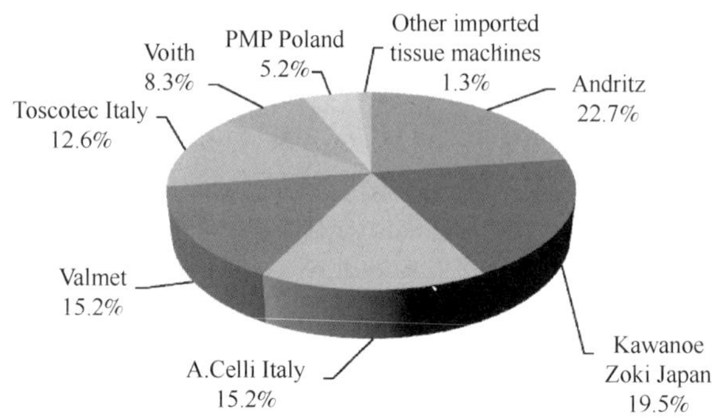

Figure 5 Shares of Capacity of the Imported Tissue Machines Put into Operation During 1988-2017

Equipment modernization trend is also reflected in that new crescent tissue machines gradually become dominant machines among the imported ones. The projects of single tissue machine with the capacity above 60,000 tpy are increasing continuously.

Table 7 Number of New Tissue Machines with Capacity Above 60,000 tpy During 2009-2019

Year	2009	2010	2011	2012	2013	2014	2015	2016	2017	2018	Plan in and after 2019
Number	2	3	4	12	3	9	7	7	8	11	5

6 More Rational Investment

Due to the clear overcapacity caused by overheated investment in the past few years, the investment across the industry has become more rational, which is reflected in the following aspects:

Firstly, the new capacity in 2017 is mainly concentrated in the existing enterprises.

Secondly, the new entrants are significantly reduced. There is only one pulp and paper enterprise entering tissue paper industry during 2015 to 2016, namely, Taison Group. The Chitianhua paper project under Taison Group officially started construction in July 2015 with planned tissue paper capacity of 300,000 tons. In Phase I, two new crescent tissue machines, with the total capacity of 120,000 tpy, were put into operation in August and October 2017. Jiangxi Taison Paper project will be constructed in two phases, and it plans to realize an annual tissue parent roll output of 480,000 tons. In the fourth quarter of 2016, it signed a contract to introduce four new crescent tissue machines in Phase I with the total capacity of 240,000 tpy, and these machines are expected to be put into operation in 2018. Another four new crescent tissue machines will be introduced in Phase II. By 2020, Taison Group's total capacity of tissue paper will reach nearly 1 million tons.

Only one large enterprise, which is Sichuan Yibin Paper, announced to enter the tissue paper industry in 2017. On June 22, 2017, Yibin Paper announced that its tissue paper project with an investment of 750 million Yuan has started. This project is located in Peishi Light Industrial Park, Nanxi District, Yibin, Sichuan, with a construction period of one and a half years. It has signed a contract to introduce five A. Celli new crescent tissue machines with the total capacity of 150,000 tpy, and these machines are expected to be put into operation in August 2018.

Thirdly, the pace of expansion of industrial enterprises slowed down, and some investment projects are postponed compared with the original plan.

Table 8 Comparison of Planned New Modern Capacity and Actual New Modern Capacity During 2014-2017

Year	2014	2015	2016	2017
Planned new capacity/10,000t	244.6	213.4	182.3	307.5
Actual new capacity/10,000t	121.8	106.0	130.55	219.3

Some of the projects that are planned to be put into operation in 2017 should have been launched during 2014 - 2017 but were postponed due to a variety of reasons. Calculated by year-by-year sales volume increase rate of about 10%, it is estimated that the increased market capacity (domestic and overseas market) in 2018 would be about 900,000 tons. Supposing that 1 million tons of outdated capacity shall be eliminated, 1.9 million tons of incremental capacity can be absorbed by the market. Therefore, it is too much to digest over 3 million tons of new expected capacity in 2018. As a result, some projects are expected to be postponed or cannot put into production.

7 New Capacity Projects of Main Enterprises

• Gold Hongye Paper

In 2017, the total capacity was kept at 1.63 million tons, with no new capacity.

On October 9, 2017, the high-grade tissue paper project of APP, with a total investment of USD 6.8 billion (45 billion Yuan), was settled in Yangkou Port Economic Development Zone, Rudong County, Nantong, Jiangsu. With an area of 8,500 mu and an annual tissue paper output of 4 million tons, the project will become the world's largest tissue paper production base after completion. The initial part (720,000 tons of capacity) of the Phase I project (2 million tons of capacity) is expected to be started in 2018 and put into operation in 2020.

The planned total capacity announced in 2018 has reached 1.72 million tpy. The new projects include:

(1) 60,000 tpy new capacity in Suining Sichuan.

(2) 30,000 tpy new capacity in Yaan Sichuan.

See Attached Table 4 for capacity and the number of tissue machines of Gold Hongye Paper during 2012-2018.

• Hengan Paper

In 2017, its total production capacity increased to 1.31 million tpy with the new capacity of 170,000 tons. The new capacity includes:

(1) 50,000 tpy greenfield mill in Changji Xinjiang.

(2) 120,000 tpy new capacity in Banan Chongqing.

Hengan plans to increase its total capacity to 1.454 million tpy in 2018. The new capacity includes:

(1) 120,000 tpy new capacity in Weifang Shandong.

(2) 24,000 tpy new capacity in Jinjiang Fujian.

See Attached Table 5 for capacity and the number of tissue machines of Hengan during 2012-2018.

• Vinda Paper

In 2017, its total production capacity increased to 1.1 million tpy with new capacity of 60,000 tons. The 60,000 tpy newly-added capacity is located in Longyou Zhejiang.

Vinda plans to increase its total capacity to 1.28 million tpy in 2018. The new capacity includes:

(1) 120,000 tpy new capacity in Xiaogan Hubei.

(2) 60,000 tpy greenfield mill in Yangjiang Guangdong.

See Attached Table 6 for capacity and the number of tissue machines of Vinda during 2012-2018.

• C&S Paper

In 2017, its total production capacity increased to 650, 000 tpy with new capacity of 145, 000 tons. The new capacity includes:

(1) 25,000 tpy new capacity in Tangshan Hebei.

(2) 120,000 tpy new capacity in Yunfu Guangdong.

Its total capacity is expected to reach 700,000 tpy in 2018, with 50,000 tpy new capacity in Tangshan Hebei.

In January 2017, C&S Paper announced that C&S (Hubei) Paper Co., Ltd. intended to build a new 200, 000 tpy high-grade tissue paper project with the proposed investment of about 600 million Yuan in Phase I and an annual output of about 100,000 tons.

In March 2018, C&S Paper announced that its wholly-owned subsidiary C&S (Sichuan) Paper Co., Ltd. intended to expand 50,000 tpy high-grade tissue paper project with construction period of 18 months and total investment of about 500 million Yuan.

C&S Paper's development goal is to increase its total capacity to 1 million tpy.

See Attached Table 7 for capacity and the number of tissue machines of C&S Paper during 2012-2018.

- Lee & Man Group

In 2017, its total production capacity increased to 625,000 tpy with new capacity of 240,000 tons. The new capacity includes:

(1) 120,000 tpy new capacity in Jiujiang Jiangxi.

(2) 120, 000 tpy new capacity in Dongguan Guangdong.

It plans to increase its total capacity to 865,000 tpy in 2018, with 240, 000 tpy new capacity in Chongqing.

See Attached Table 8 for capacity and the number of tissue machines of Lee & Man Group during 2014-2018.

Attached Tables 9-11 show the overview of modern tissue machines put or to be put into operation during 2017-2019 (excluding new and rebuilt home-made common cylinder tissue machines and other low-speed tissue machines).

8 Product Structure

According to the research into enterprise samples by CNHPIA in 2017, among the tissue paper products consumed in China, toilet tissue occupied the dominant role and had 55.2% market share. The next were in turn facial tissue (27.4%), handkerchief tissue (6.8%), paper napkins (3.9%), kitchen towel (0.9%), hand towel (4.4%) and liner tissue of hygiene products (1.4%), etc.

The overall trend is that the product structure continues to be close to that of developed countries and regions with the proportion of toilet tissue declining.

Table 9 Tissue Paper Product Structure in 2017 and Comparison with That in 2016

Product	2017		2016	
	Consumption/10000t	Market Share/%	Consumption/10000t	Market Share/%
Toilet tissue	469.9	55.2	443.3	56.3
Facial tissue	233.1	27.4	206.4	26.2
Handkerchief tissue	57.7	6.8	58.9	7.5
Paper napkin	33.0	3.9	28.7	3.6
Kitchen towel	8.0	0.9	10.3	1.3
Hand towel	37.5	4.4	30.3	3.8
Liner tissue of hygiene products	11.8	1.4	7.8	1.0
Others			2.0	0.3
Total	851.1	100.0	787.6	100.0

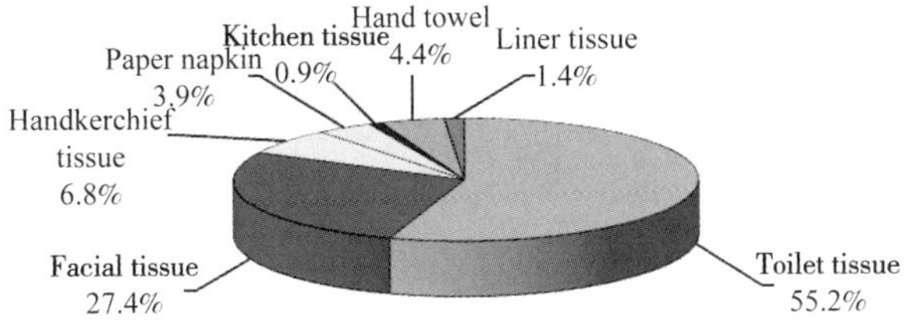

Figure 6 Tissue Paper Product Structure in 2017

In the developed countries and regions such as Western Europe, North America and Japan, toilet tissue accounts for about 55% among the tissue products by sales volume. In 2017, the proportion of toilet tissue decreased 1. 1 percentage points than 2016 in China tissue paper market, which was close to the level in developed countries. However, the consumption volume of paper towels (kitchen towels and hand towels) especially kitchen towels was far less than that of developed countries (the proportion of paper towels in developed countries is about 30%).In view of the product structure of all kinds of manufacturers, the share of toilet tissue is lower than the average in the structure of large enterprises. In addition, due to the effective promotion of bamboo pulp products by bamboo pulp paper manufacturers for many years, Sichuan bamboo pulp paper products continue to develop, making the product structure further optimized. At present, the proportion of high value-added bamboo pulp products such as plastic-pack facial tissue and handkerchief tissue is above 50%. In majority of small and medium enterprises, or enterprises that use other non-wood pulp and waste paper as raw materials, the share of toilet tissue is higher than the average level, even more than 90% in some enterprises.

In 2017, the share of facial tissue in tissue products continued to increase because facial tissue was further spread to the third and fourth tier cities and rural market. The sales volume of facial tissue had greatly improved. The facial tissue products dominated by plastic - pack facial tissue have gradually replaced the toilet tissue which has carried over too many functions previously, accounting for a larger proportion year by year. As the " portable package" of small-size facial tissue emerging and more toilet tissue and hand towel provided in public places, handkerchief tissue consumption has decreased, with a drop of 0. 7 percentage point than 2016. In addition, hand towel in bathroom in public places was further popularized in 2017, driving its share to increase. Only a few large enterprises are making kitchen towel and the marketing promotion are facing many difficulties with its consumption declined. The consumption of kitchen towel still needs guidance.

But we should also clearly see that, since the Chinese and Western culture and consumption habits are greatly different, the Chinese market will not completely replicate the development track of North America, Europe and other developed markets. Because of the Chinese cooking style and the concept of frugal consumption, it is quite difficult to make consumers completely abandon the use of cleaning clothes and replace them with kitchen towels, reaching or getting close to the towels consumption level of North America and Europe in the short term. At the same time, as the consumption upgrades, the consumption of plastic-pack facial tissue that has multiple functions still has great room to grow.

9 Structures of Raw Materials

In 2017, CNHPIA conducted a survey on the variety of fabrics used by nearly 100 tissue mills. The coverage rate of output is about 90%. According to the results of the survey, the structure of fabrics used in China tissue paper industry and comparison with that in 2016 is as follows:

Table 10 Structure of Fabrics Used in China Tissue Paper Industry in 2017 and Comparison with That in 2016

Fabric Materials	2017 Proportion /%	2016 Proportion /%
Wood pulp	81. 7	80. 7
Straw pulp	1. 3	2. 3
Bagasse pulp	5. 9	6. 1
Bamboo pulp	9. 8	9. 5
Waste paper pulp	1. 3	1. 3

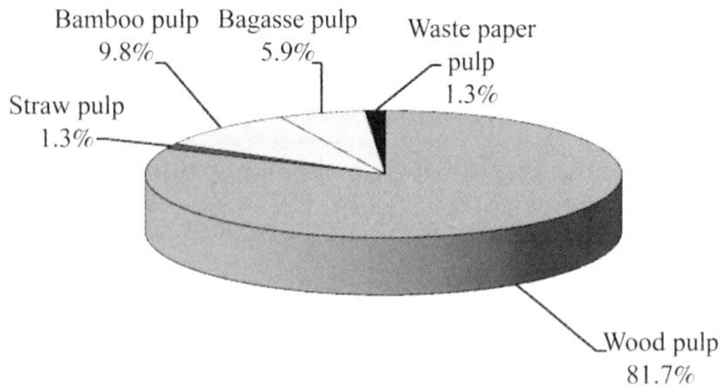

Figure 7 The Structure of Fabrics Used in China Tissue Paper Industry in 2017

The proportion of wood pulp used in tissue paper industry is far higher than the average (29%[4]) of the paper industry. Compared with 2016, the proportion of wood pulp used in tissue paper continued to increase (2016: 80.7%) in 2017. Backward capacity of rice straw pulp, bagasse pulp and other non-wood pulp has been gradually eliminated. The substantial price rise of wood pulp within the year temporarily relieved the cost pressure of non-wood pulp paper, but the marketing was not improved obviously. As to bamboo pulp paper, due to its advantages such as differentiated products like unbleached paper, and self-made pulp of some enterprises, the proportion of bamboo pulp has improved.

As the cost and environment protection pressure become greater, and it is explicitly stipulated in the Provisions on Supervision and Administration of Disposable Tissue Paper Manufacturing & Processing Companies that tissues (including facial tissue, paper napkin, handkerchief tissue and so on) made from recycled fibers are forbidden, the use of waste paper pulp in the production of tissue paper continues to decline. At present, only a few tissue paper enterprises in China, including Guangdong Dongguan Dalin Paper, manufacture with waste paper as raw materials. By contrast, such developed countries as the USA, Europe and Japan have mature technologies in recycling and utilizing waste paper, capable of making high-class tissue products from recycled fibers. Therefore, waste paper pulp has become one of the major fiber materials for economical and environmental tissue paper in these markets. In the long run, materials structure of tissue paper industry of China remains to be further optimized, in the production of toilet tissue and hand towel in particular. The utilization of recycled fibers should be further expanded, which is good for recycling of resources as well as sustainable development of the industry. For the above reasons, well-equipped large tissue manufacturers in China should attach importance to the issue and lead the whole industry to increase use of waste pulp in toilet tissue and handkerchief tissue.

10 Technology Advances

10.1 Continue to Introduce Advanced Tissue Machines

With the importing and launching of new tissue machines, tissue equipment level in China has been promoted greatly. In large new projects and some capacity expansion projects, high speed tissue machines with big width have been imported. They keep the same level with the world advanced technologies and could manufacture premium products. The biggest capacity per machine could reach 70,000 tpy and the highest speed 2,400m/min. The new technologies adopted included double-layer headbox, shoe press, steel drying cylinder, thermal recycling system, short-range flow pulp feeding system, headbox jet energy recovery system, new ceramic creping doctor, efficient roller double doctor system, automatic and intelligent control system, etc. The application of steel drying cylinder has become more popular in 2017.

10.2 Localization of Imported Machines

10.2.1 Considerable Progress of Domestic Tissue Machine Technology

In 2017, Hicredit, Baotuo, Qingliang, Hualin, Xinhe, Dalu, Gold Sun, Bingzhi, Tianqing, Mutual Success, Hengruichen, Weiya, Dazheng, OK, Meijie and other domestic equipment research and manufacturing enterprises continue to focus on the research and manufacturing of the new crescent and vacuum cylinder modern medium-high speed tissue machines, so as to improve the equipment manufacturing level. In consequence, the proportion of home-made tissue machines in the new project gets higher. Please see Table 11 and Figure 8 for details.

Table 11 Proportion of Imported and Domestic Tissue Machines launched During 2010-2017

Year	2010	2011	2012	2013	2014	2015	2016	2017
Capacity Launched/10000t	40. 35	57. 4	110. 5	83. 15	121. 8	106	130. 55	219. 3
Among which: Imported TM/10000t	32. 65	52. 9	101. 9	61. 15	97. 5	72. 8	64. 5	90. 8
Domestic TM/10000t	7. 7	4. 5	8. 6	22	24. 3	33. 2	66. 05	128. 5
Number of Launched TM	20	27	33	35	41	43	66	110
Among which: Imported TM	13	24	26	23	28	18	17	25
Domestic TM	7	3	7	12	13	25	49	85

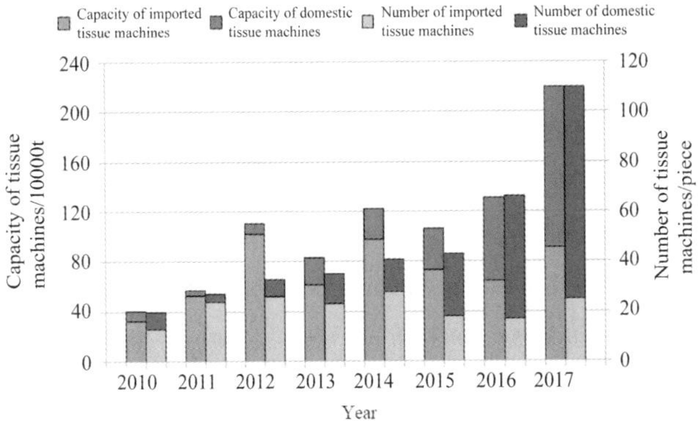

Figure 8 Proportion of Imported and Domestic Tissue Machines launched During 2010-2017

In 2017, the homemade tissue machines have achieved accelerated progress in terms of large width and high speed, continuously improving the capacity of single equipment. The manufacturers of home-made (including those made through China-foreign cooperation) tissue machine put into operation 85 (sets of) medium-high-speed tissue machines in mainland China with a total capacity of 1. 285 million tpy, accounting for nearly 60% of the mainland's total launched modern capacity of the whole year. The maximum width is 4200mm, and the highest design speed is up to 1500m/min. The capacity included:

(1) In 2017, twelve vacuum cylinder tissue machines and eight new crescent tissue machines made by Guangdong Baotuo Technology Co. , Ltd. were put into operation in Hebei Ruifeng Paper, Baoding Yikang Paper, Baoding Huabang Daily Products, Baoding Jinguang Paper (4 sets), Mancheng Hengxin Paper, Mancheng Jurun Paper, Baoding Chenyu Paper, Baoding Anxin Paper, Guangdong Xinda Paper, Hubei Zhencheng Paper, Gansu Baoma Paper, Nanning Jiada Paper (2 sets), Sichuan Vanov Group (2 sets), Sichuan Shubang Industrial and Guangdong Piaohe Paper respectively. The trimmed width of these machines ranges from 2860mm to 4200mm, design speed ranges from 800m/min to 1500m/min and capacity ranges from 12,000tpy to 33,000tpy.

In November, 2017, one new crescent tissue machine manufactured by Baotuo was put into operation in Guangdong Xinda Paper. The trimmed width of the machine is 4200mm, design speed is 1500m/min and capacity is 100tpd. The machine was independently designed and manufactured by Baotuo, creating the highest record of capacity of single tissue machine made in China.

Baosuo Group, relying on the advantage of integrated service delivered by Baotuo, Baosuo and Baojin, provides one-stop tissue parent roll production, converting and packaging production lines, enhancing the Group's market competitiveness and achieving rapid development. At the end of March 2017, Guangdong Baotuo Technology Co. , Ltd. (funded by Foshan Baotuo Paper Machinery Engineering Co. , Ltd. , Liaoyang Huisheng Papermaking Machinery Co. , Ltd. and Liyang Jiangnan Dryer Manufacturing Co. , Ltd.) acquired Liaoyang Huisheng wholly. Liaoyang Huisheng (including Allideas) merged the complete paper machine business into

Guangdong Baotuo, and was no longer engaged in complete paper machine business. However, Liaoyang Allideas will continue to provide technical support and follow-up services to the existing customers. After the acquisition, Baosuo Group will integrate the technology and market advantages of Baotuo Papermaking Equipment Co., Ltd. on vacuum cylinder tissue machine and Liaoyang Huisheng (Allideas) on new crescent tissue machine, further expanding the market of domestic and global medium-high-speed tissue machine.

(2) Nineteen vacuum cylinder tissue machines made by Weifang Hicredit were put into operation in Baoding Yusen (4 sets), Hebei Zhongxin Paper (2 sets), Hebei Lifa Paper (2 sets), and Shandong Tralin Paper (11 sets) respectively. The trimmed width of these machines ranges from 2850mm to 3500mm, the design speed 900m/min to 1000m/min and production capacity 10,000tpy to 13,000 tpy.

(3) Nine new crescent tissue machines made by Qingliang were put into operation in Hebei Jifa Paper, Baoding Chenggong Paper (2 sets), Henan Foliage Paper, Shanxi Lida Paper (2 sets), Guangxi Sky Power, Shaanxi Famensi Paper and Henan Huaxing Paper with the trimmed width of 2850-3500mm, design speed of 1250-1400m/min and capacity of 16,000-20,000tpy.

(4) Six new crescent tissue machines and one hand towel machine made by Shandong Xinhe were put into operation in Mancheng Chengxin Paper (2 sets), Qinhuangdao Fannan Paper (2 sets), Baoding Jinneng (2 sets) and Liaocheng Kunsheng with the trimmed width of 2850-3600mm, design speed of 500-1200m/min and capacity of 15,000-25,000tpy.

(5) Four vacuum cylinder tissue machines and two new crescent tissue machines made by Guizhou Hengruichen were put into operation in Guangxi Liulin Paper, Sichuan Yuanzhou Industry, Chengdu Family Life, Chengdu Luzhou Paper, Chengdu Xinhong and Sichuan Aier Paper, with the trimmed width of 2850-4200mm, design speed of 700-1200m/min and capacity of 10,000-24,000tpy.

(6) Two new crescent tissue machines made by in Shandong Hualin were put into operation in Baoding Dongsheng Paper with the trimmed width of 2850mm, design speed of 1200m/min and capacity of 17,000tpy.

(7) Four vacuum cylinder tissue machines made by Tianjin Tianqing were put into operation in Baoding Mingyue Paper, Baoding Lixin Paper and Guizhou Huijing Paper with the trimmed width of 2880-3500mm, design speed of 600-700m/min and capacity of 8,000-10,000tpy.

(8) Four new crescent tissue machines made by Shaanxi Bingzhi were put into operation in Baoding Changshan Paper (2 sets), Baoding Chensong Paper and Baoding Guoli Paper with the trimmed width of 2850-3500mm, design speed of 800-1000m/min and capacity of 10,000-18,000tpy.

(9) Two vacuum cylinder tissue machines and one new crescent tissue machine made by Mianyang Mutual Success were put into operation in Hebei Shuntong Paper (2 sets) and Guangxi Rongxingzhongke, with the trimmed width of 3500-3900mm, design speed of 800-1000m/min and capacity of 15,000-18,000tpy.

(10) Six new crescent tissue machines made by Xi'an Weiya were put into operation in Mancheng Yinxiang Paper, Mancheng Hongda Paper, Mancheng Lida Paper, Mancheng Xingrong Paper, Qinhuangdao Fengman Paper and Zhangzhou Jiayi Paper, with the trimmed width of 2850-3500mm, design speed of 700-1000m/min and capacity of 10,000-15,000tpy.

(11) Two new crescent tissue machines made by Zhucheng Dazheng were put into operation in Shuguang Paper and Guangxi Sky Power with the trimmed width of 3500mm, design speed of 800-1200m/min and capacity of 15,000-20,000tpy.

(12) Jiangxi OK, whose main business is tissue paper converting equipment, entered the field of tissue machine in 2017 and launched two vacuum cylinder tissue machines in Zhejiang Xurong Paper, with the trimmed width of 2860mm, design speed of 1000m/min and capacity of 15,000tpy.

In April 2017, Jiangxi OK and Shandong Dazheng signed a cooperation agreementon Joint Development Project of 2000m/min New Crescent Paper-Making Machinery. The project has a total investment of 100 million Yuan and joint development time of two years.

(13) One new crescent tissue machine made by Dongguan Meijie was put into production in Huizhou Fuxin Paper, with the trimmed width of 4000mm, design speed of 1200m/min and capacity of 22,000 tpy.

In 2017, the localization of steel drying cylinder manufacturing and spraying for medium-high-speed tissue machines was accelerated:

(1) The steel Yankee cylinder business of Jiangnan Dryer have made remarkable achievements.

By the end of 2017, Jiangnan Dryer has reached long-term cooperation agreements with many famous tissue machine manufacturers and tissue paper producing enterprises, such as A. Celli, Kawanoe Zoki, PMP, APP, Vinda, C&S, Tralin Paper, Liaoyang Allideas, Foshan Baotuo, Shandong Hicredit, Shanghai Qingliang, Shandong Hualin, Guizhou Hengruichen, Mianyang Mutual Success, Sichuan Zhenbang and Zhucheng Dazheng. It has completed or signed 150 sets of steel Yankee cylinder.

In 2017, Jiangnan Dryer successfully provided many large-size steel Yankee cylinders for well-known enterprises in Europe, including 18 feet (design speed of 2000m/min) and 22 feet (diameter of 6706mm, trimmed width of 5800mm, weight of 176 tons. First of this kind in Asia.) steel Yankee cylinders.

(2) The steel Yankee cylinder business of Shandong Xinhe makes new progress.

Shandong Xinhe has developed and manufactured steel Yankee cylinders with the diameter of 3000-5000mm and operating speed above 1600m/min since its technical introduction and cooperation with advanced paper-making machinery manufacturers in EU since 2010. In 2017, it developed and manufactured high-speed steel Yankee cylinder with trimmed width of 6000mm, diameter of 4877mm and design speed of 2000m/min.

(3) Dongguan Shendian Technology has established cooperation with many paper machine manufacturers.

Dongguan Shendian Nano-spray Technology Co., Ltd. has established cooperation with many paper machine manufacturers, such as Shandong Hualin, Shandong Xinhe, Hangzhou Dalu and Dongguan Meijie, conducted Yankee cylinder surface spraying for Yankee drying cylinders of Guangdong Xinda, Baoding Chenggong Paper, etc. and provided steel drying cylinder surface maintenance and repair service for C&S and other companies. So far, it has provided Yankee cylinder surface spraying service for over 50 high-speed tissue machines of domestic and foreign customers.

10.2.2 Export Growth of Domestic Modern Tissue Machines

In recent years, technical progress and excellent cost performance have driven the export business of modern domestic tissue machines. According to the statistics of CNHPIA, by the end of 2017, Baotuo, Xinhe, Hicredit, Qingliang, Hualin, Gold Sun, Bingzhi, Dazheng and other famous domestic paper machine manufacturers exported 25 new crescent and vacuum cylinder tissue machines to Asia, Africa and Europe with total capacity of 450,000 tpy. These projects were signed during 2013-2017, of which the projects signed in 2017 accounted for over a half, reaching 13 machines, with total capacity of about 220,000 tpy.

10.2.3 Suppliers of Imported Tissue Machines Actively Promote Localization Process

In order to lower the cost and cope with the imports tax-free policy which has been canceled by the Chinese government concerning the paper machines within the width of 3 meters from January 1, 2008, foreign tissue machinery suppliers started to establish plants in China. Besides, these suppliers continue to expand their business in China.

① The plant of Valmet in Jiading Shanghai works on the business of rack producing, dryer moulding, equipment pre-installation, etc. It also successfully produced the first DCT40 Yankee dryer in China. In 2015, Valmet completed two acquisitions, including Metso's process automation business and the tissue rewinder business of Italian MC. In 2017, Valmet signed a cooperation agreement with Solar Turbines to further develop combined gas turbine power generation system matched with tissue paper production, so as to reduce the production cost of customers and improve energy-saving effect of the process. Valmet launched a new industrial Internet plan and built four operational centers facing pulping and papermaking and energy industry customers, so as to further improve the service capacity of Valmet's industrial Internet, and promote its business development in Chinese market.

② The plant of Andritz in Foshan works on the manufacturing and assembling of machine components. In 2014, Andritz strengthened its manufacturing capacity in China. The steel drying cylinder production line in its Foshan factory was built, with the new workshop area of 4350m^2, and an annual output of 10-15 steel Yankee cylinders. The maximum cylinder diameter could reach 22 feet. The full production lines of the new workshop were put into operation in January 2015. Now the workshop has manufactured steel Yankee drying cylinders for Andritz tissue machines. The steel drying cylinders supplied to domestic customers include two drying cylinders for tissue machine with the diameter of 20 feet and the trimmed width of 5600mm, two with the diameter of 12 feet and the trimmed width of 2850mm for tissue machine, and one drying cylinder for tobacco machine with the diameter of 16 feet and the trimmed width of 2800mm. In addition, a steel drying cylinder with the diameter of 16 feet and the trimmed width of 2850mm is exported to Bangladesh as part of tissue machine.

In March 2018, Andritz officially launched its most advanced toilet tissue research center in Graz, Austria. The center has a complete set of stock preparation and flow system and pilot tissue machine. It can conduct optimized fiber treatment for specific products of customers, improving product quality and drying efficiency, and reducing energy consumption. With different configurations, the pilot tissue machine can use vacuum press or shoe press, conventional new crescent former or vertical new crescent former, and one 16-feet steel Yankee cylinder or two 14-feet TAD drying cylinders. It can be used for producing various tissue parent rolls, such as common dry-creped, textured and TAD parent rolls. The tissue machine has design speed of 2500m/min and trimmed width of 600mm.

③ Voith is upgrading and expanding its Kunshan plant, and speeding up the construction of local talents. In 2015, Voith officially launched the concept of "Papermaking 4.0" in Chinese market, in an attempt to improve the production efficiency, capacity and quality of the entire papermaking process, and make the papermaking process more intelligent, efficient, energy saving and sustainable. The steel drying cylinder production line established by Voith in China was put into operation in 2013, with annual production capacity of 12-15 cylinders. Now the cylinders have started to be assembled to tissue machines supplied by its Kunshan plant. At present, Voith has successfully applied the first-generation automatic filtration system of tissue machine steam hood to commercial operation, and more efficient second-generation hood automatic filtration system will be soon used for actual operation.

④ The plant of PMP Group in Changzhou Jiangsu manufactures new crescent tissue machines for the Group (with key parts imported from the PMP Group).

⑤ A. Celli's Shanghai factory has also achieved the localization of non-key parts of tissue machines. In addition, A. Celli high-speed rewinders are in the international advanced level.

⑥ The plant of Kawanoe Zoki in Jiaxing Zhejiang focuses on the manufacturing and assembling of BF tissue machines and related equipment.

In 2013, Valmet and Kawanoe Zoki cooperated on new crescent tissue machine technologies on Chinese market. Kawanoe Zoki's mill in Jiaxing

Zhejiang is responsible for manufacturing, selling and installing of Advantage DCT 40 and DCT 60 tissue machines. Valmet is responsible for providing the key parts including OptiFlo II TIS headbox, Yankee cylinder and vacuum press roller, as part of Kawanoe Zoki's supply. The two of the first batch of DCT 60 new crescent tissue machines made by Valmet and Kawanoe Zoki were put into operation officially in Shandong Dongshun Group in October 2015. Shandong Dongshun Group also plans to put into operation another two tissue machines of the same type at the end of 2018. At the beginning of 2017, Baoding Gangxing Paper signed a contract to introduce one DCT60 new crescent tissue machine manufactured by Kawanoe Zoki and Valmet, which was put into operation in November 2017.

⑦ Toscotec is engaged in the assembly of tissue machine and the manufacturing of non - key components of tissue machine in its Shanghai factory. The key components of Toscotec tissue machine are designed and manufactured in Italy. Toscotec Shanghai sets up a service center for Chinese market so that the local technical staff can provide Chinese clients with more efficient services. The center of its sales network for the entire Asian market is also located in its Shanghai subsidiary. Toscotec has attached great importance to Chinese market, and continued to expand its business here. Toscotec has carried out the rebuild project to change cast iron drying cylinders currently used by Chinese clients to steel drying cylinders in the tissue machines. Besides, it has provided Toscotec's TT DOES, an optimization solution for drying and energy saving, which can optimize the drying capacity of the main dewatering parts of the tissue machine (namely, press section, Yankee drying cylinder and gas hood), so as to ensure that tissue paper runs at high speed entirely based on steam and satisfactory energy saving effects are achieved to the utmost extent for customers.

As of 2017, Toscotec has sold 200 steel Yankee cylinders all over the world, of which steel Yankee cylinders sold in Asian market have exceeded 100. In 2017, Toscotec supplied and installed the biggest steel drying cylinder for tissue machine, with the diameter of 22 feet (6705 mm) and trimmed width of 5600 mm.

10.3 Home-made Converting and Packaging Equipment Have Been Upgraded, Replacing Imported Equipment Massively

According to National Bureau of Statistics, the working age population (between 16-59 years old) in Mainland China was 901.99 million in 2017. Compared with 907.47 million in 2016, it has reduced by 5.48 million, which carries on the downward trend of 2016 and means the labor cost will keep rising. So the enterprises have greater demand for fully automatic converting and packaging equipment, and R&D innovation of intelligent and remote control of converting lines, which represented the general trend for the Chinese enterprises.

In 2017, Chinese converting equipment enterprises made more efforts on research and development so that the equipment achieves constant upgrade with speed and efficiency and operation stability improved substantially, generally meeting the domestic market demand and replacing the imported equipment.

- Baosuo developed the YH - PL full - auto draw- out facial tissue production line with the trimmed width of 2900-3600mm and the speed up to 150m/min. The equipment adopts full-servo mechanism integration to enable facial tissue converting equipment to approach the goal of "Unmanned Equipment", which include real-time multi-angle intelligent monitoring, intelligent prompt function with integrating prompt of operation control and automatic switch between operating instruction, common trouble shooting and other information, optional functions of high-accuracy embossing, edge embossing and glue lamination, product packaging with various solutions, such as plastic packing, box packing, packing for products sold on Wechat and e-commerce channel and other automatic packaging and integrated encasement, with daily capacity above 30 tons.

In 2017, Baosuo Group's production base of Guangdong Baosuo Co., Ltd., which is located in Enping Industrial Park Guangdong, was fully put into operation. On March 9, 2018, the official unveiling ceremony of Tissue Paper Intelligent Equipment R&D Incubation Base was held in the Sanshan headquarters of Baosuo. The project of Tissue Paper Intelligent Equipment R&D Incubation Base, located in Sanshan New City, Nanhai District, Foshan, has a planned area of nearly 30 mu, and is mainly focused on four functions of "headquarters office, R & D incubation, show trade and integrated supporting service". Baosuo plans to build the R&D incubation base into China's leading tissue paper intelligent equipment enterprise headquarters clustering area within ten years to drive the development of tissue paper intelligent equipment and related industries.

• Dechangyu launchedthe 3600 full-auto facial tissue converting equipment, 450 full-auto high-speed toilet roll/kitchen towel converting equipment, new three-dimensional embossing unit, glueless tail sealer, paper tail positioning machine and flattening log saw cutting machine which can cuts out the paper head and tail.

The 3600 full-auto facial tissue converting equipment achieves complete automation from raw material handling to packaging and only needs the operators to monitor the production process, which is simple to operate with converting speed of 150m/min. The equipment has precise folding and counting system to greatly improve the percent of pass of products. It adopts patented screw cutter design, greatly improving the service cycle of cutter. It also has a humanized automatic roll maintenance system.

The new three-dimensional embossing unit can make products with unique appearance, handfeel, fit paper layers and appropriate bulkiness. Since no glue is used during production, glueless tail sealer is more environmental with lower cost. The paper tail positioning machine enables the adjustment of paper tail's position as required before the tissue roll enters the paper cutting machine, ensuring the entire effect of products after packaging.

• Soontrue has launched packaging equipment for draw-out facial tissue. The equipment covers every step of production processes from parent roll folding, slitting, single-roll packing, bundle packing and encasement (or bagging) to stacking, and is smooth and efficient, saving labor cost. The recently launched encasement production line for tissue paper sold online is equipped with ZB300F draw-out facial tissue single package machine with the production speed of 100 packs/min, as well as facial tissue encasement machine for e-commerce channel with casing speed of 12 boxes/min.

• OK Machinery launched a high-speed automatic folding machine for plastic-pack facial tissue. The folding machine is characterized by large trimmed width, high speed and efficiency, with trimmed width of 3600mm and converting speed of 200m/min or 15 strips/min. Its capacity is about twice of common automatic folding equipment for plastic-pack facial tissue (speed: 120m/min or 9 strips/min). The entire machine adopts multiple paper roll holders and high altitude installation, greatly increasing the buffer space of production, optimizing production lines connection scheme and reducing fault points of production.

10.4 Green Development

According to Green Development Plan of Industry (2016-2020) officially announced by the Ministry of Industry and Information Technology on July 18, 2016, it is proposed that by 2020, cleaner production in papermaking industry and other industries will be significantly improved with industrial sulfur dioxide, nitrogen oxides, chemical oxygen demand and ammonia nitrogen reduced greatly, and high-risk pollutant emissions substantially decreased. The efficiency of energy utilization will be obviously improved, and the ratio of green low-carbon energy in industrial energy consumption will get higher. Resource utilization will be enhanced greatly, water consumption per unit of industrial added value further reduced, and recovery utilization rate of important renewable resources steadily increased.

In 2015, Mancheng Hebei invested 5 billion Yuan to build a tissue paper converting and cogeneration circular economy industrial park project covering an area of 1500 mu, comprehensively promoting the centralized heating, green development, and speeding up the transformation and upgrading. In December 2017, hot steam centralized supply project of Chant Group was put into operation. By the end of 2017, Mancheng eliminated all the coal-fired boilers below 35t/h. In 2017, tissue paper enterprises in Mancheng Hebei actively eliminated tissue machines of high energy consumption and with the width below 1575mm, speeding up the adoption of medium-high-speed tissue machines.

Guangdong Province has formulated the Guangdong Provincial Limit Standards of Effluents in Pearl River Delta, Emission Indexes of Air Pollutants in Guangdong Province, Limit Standards on Energy Consumption of Household Products in Guangdong Province, with a view to driving the industrial optimization and upgrading, and sustainable development.

With the clean energy company as platform which is established under the cooperation of Shandong Dongshun Group, China Coal Technology & Engineering Group, Zhejiang Fuchunjiang Group, these three parties will develop low - carbon industries, promote low - carbon consumption, and improve resource utilization efficiency for various regions in Shandong. In January 2017, the clean energy project of Shandong Dongshun Group and China Coal Technology & Engineering Group kicked off for which the two sides formally signed a cooperative development agreement. The project mainly promotes the clean and efficient pulverized coal industrial boiler system. This project can effectively improve the combustion efficiency of industrial coal-fired boiler, reduce the operation cost and achieve substantial effect on energy saving and emission reduction by using the high-efficiency pulverized coal industrial boiler technology developed by China Coal Research Institute, and applying advanced industrial boiler replacement system with "pulverized coal combustion technology" as the core. Both sides conducted cooperation in the development of clean energy with the aim to building the Cogeneration Project of Shandong Dongping Economic Development Zone, and the industrial steam and power will be for self use and selling. With a total investment of 1 billion Yuan, and the area coverage of 160 mu, the project includes three new 130 t/h high-efficiency pulverized coal boilers, with the Phase I project put into operation in December 2017. After the project is fully put into production, it can eliminate hundreds of low-efficiency small boilers, thereby saving 56,000 tons of coal each year, and achieving centralized heating and waste heat power generation in the park.

10.5 Product Innovation

When tissue paper enterprises innovate and develop differentiated products, they focus on converting and packaging, which can be mainly reflected in two aspects:

Firstly, through the special design of tissue machine, converting equipment, and addition of such surface treating agents as fragrance and lotion, the products smell fragrant or have better skin care function and characteristic packages. The outstanding feature in 2017 is that more enterprises launched lotion tissue paper. The new products are as follows:

- Hengan launched Mind Act Upon Mind "Minions" series facial tissue and handkerchief tissue, which caters to the hobby of young consumers by virtue of animated film Despicable Me 3. It launched soft and exquisite tissue paper added with lotion.
- Under the brand of Breeze, Gold Hongye launched "Heiyao" series of facial tissue and handkerchief tissue, which adopts patented ceramic knife technology, and is thicker and solid, smooth and comfortable.
- Under the brand of HARRYBABY, Shandong Dongshun Group launched CeanZa series of tissue paper for babies as well as pregnant and puerperal women, which has super water absorption ability, and is much softer and thicker.
- Shanghai Welfare launched "Primary Clean" series of silky tissue paper, which adopts imported moisturizing formula, contains natural antibacterial ingredients, and feels soft and delicate. The product can moisturize and lubricate in a dry environment, and is especially suitable for people who have

sensitive or tender skin, and who have pollinosis, acne and rhinitis.

• Jiangsu Sund Paper Industry launched Sund "Dato's Family" series facial tissue and toilet tissue products which are delicate and soft and not easy to break if being wetted.

• Dongguan Ailile Paper specializes in the production of soft facial tissue and handkerchief tissue added with lotion.

Secondly, an increasing number of enterprises have begun to develop differentiated unbleached tissue paper products following the concepts of health, environmental protection, and sustainable development. According to statistics of CNHPIA, the output of unbleached paper was above 700,000 tons in 2017, and has become "standard" product of more enterprises. The leading enterprises in the industry, such as Hengan, Gold Hongye, C&S, Dongshun, Orient Champion, Yinge, Chenming, Taison, Welfare, Gangxing, etc. have launched unbleached products, mainly including:

(1) Unbleached wood pulp:

• Gold Hongye launched "natural color" series unbleached wood pulp tissue paper which passed food grade quality test and sensitive skin safety test.

• C&S launched C&S "natural wood" series wood pulp low whiteness tissue paper.

• Chenming launched new unbleached wood pulp tissue paper.

(2) Unbleached bamboo pulp:

• Hengan launched "Zhu Pai" new unbleached bamboo pulp tissue paper.

• Orient Champion launched Hygienix "Air Plus" unbleached bamboo pulp facial tissue products, which passed international food grade quality test, and adopt four-layer embossing design to make the tissue lighter and softer.

• Welfare launched new unbleached bamboo pulp tissue paper.

• Yinge launched "Bamboo Paper" unbleached bamboo pulp tissue paper.

• Based on bamboo pulp made by itself, Lee & Man Group launched new unbleached bamboo pulp parent tissue roll and tissue paper, making its capacity undergo rapid expansion. The unbleached bamboo pulp parent tissue roll made by Lee & Man Group has been sold to domestic tissue paper enterprises in Sichuan, Chongqing, Baoding and other regions. In 2017, it put into operation two Voith tissue machines in Jiangxi and Guangdong production bases respectively, and plans to put into operation four Valmet tissue machines (with the capacity of 60,000 tpy) in Chongqing base in 2018, making the total production capacity reach 865,000 tpy.

• Based on bamboo pulp made by itself, Vanov launched the Kung Fu Panda series of unbleached bamboo pulp tissue paper under the brand of BABO. In 2017, it put two Baotuo tissue machines into operation with the total new capacity of 30,000 tpy. In January 2017, Vanov acquired Sichuan Anxian Paper, and officially put into production two Kawanoe Zoki tissue machines originally held by Sichuan Anxian Paper in 2017 with the total new capacity of 24,000 tpy. In 2018, Vanov will put into operation 8 Baotuo tissue machines with the total new capacity of 120,000 tpy, and then the Group's total capacity will exceed 200,000 tpy.

• Based on bamboo pulp made by itself, Taison Group launched the Skin 2 Skin series of unbleached bamboo pulp tissue paper. In 2017, it put another two Andritz tissue machines into operation in Chitianhua Company with a total new capacity of 120,000 tpy. In 2018, it plans to launch four Voith tissue machines in Jiangxi Taison Company, with the total new capacity of 240,000 tpy. At that time, the total capacity of the Group will reach 410,000 tpy.

• In Shaoneng's unbleached bamboo pulp tissue paper project, one A. Celli tissue machine was put into operation in 2017, making the total capacity reach 60,000 tpy.

(3) Unbleached straw pulp:

• Based on straw pulp made by itself, Shandong Tralin Group is one of the first enterprises to enter the field of unbleached tissue paper. Its unbleached wheat straw pulp tissue paper has achieved good market promotion effect. In early 2017, Tralin

Group launched the upgraded version of unbleached straw pulp paper for infants & moms, and paper towels, etc. It put into operation 10 and 1 tissue machine in 2017 in Heilongjiang and Jilin production bases respectively with the total new capacity of 110,000 tpy.

- Based on straw pulp made by itself, Ningxia Zijinghua launched "Wheat Essence" series of unbleached wheat straw pulp tissue paper in 2015 and plans to put into operation three Hicredit tissue machines in 2018 with the total new capacity of 30,000 tpy.

10.6 Marketing Innovation

According to data of National Bureau of Statistics, in 2017, the number of netizens was 772 million, an increase of 40.74 million on a year-over-year basis. Among these netizens, the number of people gaining access to Internet through mobile phones was 753 million, an increase of 57.34 million over 2016. The Internet penetration rate reached 55.8%. The national online retail sales of goods was 5480.6 billion Yuan, an increase of 28.0% on a year-over-year basis, accounting for 15.0% of total retail sales of social consumer goods. Among the sales, household goods grew by 30.8%. 40.06 billion pieces of goods are sent by courier, and courier business income reached 495.7 billion Yuan, an increase of 24.7% than the previous year.

Due to the characteristics of tissue paper products, modern channels and traditional channels are still the mainstream marketing model of the industry at present. However, as the Internet develops, in 2017 enterprises sped up marketing innovation on network channels with the share of sales on network channels increased steadily.

- In 2017, Vinda's revenue of e-commerce sales accounted for 21% of the total revenue, an increase by three percentage points compared with that in 2016.

Driven by "Nov. 11 Shopping Festival" and other activities on e-commerce channel, the profit of e-commerce remarkably increased.

- In order to further strengthen the sales and market share of e-commerce channel, Hengan promoted the development of e-commerce sales in online stores and WeChat business by innovating product type, sales model, product promotion, etc. In 2017, Hengan's e-commerce sales rapidly increased, and its turnover from e-commerce channel reached about 2.02 billion Yuan, up more than 80% over the same period of 2016. The sales of e-commerce accounted for about 10% (2016: about 6.0%) of total sales.

In 2018, Hengan will continue to improve the profit of e-commerce through the reform and warehouse adjustment. At the same time, it will continue to develop specially designed products to enhance the competitiveness of e-commerce. The group has carried out strategic cooperation with major e-commerce operators to enhance cooperation in product development, marketing, supply chain, etc.

10.7 Lee & Man Group Achieves Great Success in Innovating Business Model

Chongqing Lee & Man Tissue Paper Manufacturing Co., Ltd., which was launched in 2014, has the production advantage of wood-pulp-paper integration. In 2017, its tissue paper capacity reached 625,000 tons. Lee & Man Group gradually strengthened its own brand building. At the same time, it uses its more than 300 mu unused land and invests 450 million Yuan to construct converting industrial park project and supporting facilities of Chongqing Lee & Man Tissue Paper Manufacturing Co., Ltd. in phases. The project attracts tissue paper converting enterprises across the country, with Lee & Man responsible for supplying supporting plants, utilities and tissue parent roll. At present, it has successfully attracted 20 tissue paper converting and matched packing material enterprises including Weibang, Beautiful, Fengcheng, Jiayi, Yucheng and Donsea. As they have been put into operation in 2016 one after another, cluster development of the upstream and downstream enterprises along the industry chain has been achieved.

In the future, Lee & Man will learn from the successful experience of its Chongqing base, and continue to replicate this model to its bases in

Jiangxi, Guangdong, Guangxi, etc. so as to achieve rapid expansion.

11 Market Prospects

11.1 The Industry Continues to Grow at a Slower Pace

• Though China's per capita consumption of tissue paper is still low, the tissue paper is featured by a rigid and sustainable demand. Due to economic growth and accelerated urbanization, and population growth, especially the implementation of two children policy, the birth rate will increase, the product category structure will continue to optimize, and backward production capacity will be eliminated at a faster speed, thus promoting the industry to grow continuously.

• The impact of economic downturn, and overcapacity caused by the rapid growth in recent years have made the industry grow at a slower pace. Tissue paper industry has gone through the high-growth period into the medium-high-speed growth period, but the growth rate will still be higher than the global average. China will still be the largest driving force of global tissue paper market growth and the region with the highest global growth.

11.2 More Intense Competition, Accelerated Integration, and Development towards the High Quality

• Seen from the total production capacity of projects to be put into operation in 2018 and later, new production capacity is still greater than the new market capacity. So it is forecasted that market competition will be much fiercer, and it is estimated that some projects will be delayed, or cannot hit production targets. The average operating rate of the industry will still be low. In order to seize more market share, enterprises will choose low price promotions, which may lead to price war.

• Seen from the projects to be put into operation in 2018 and later, small and medium enterprises replace and upgrade more and more tissue machines. So in the future, backward capacity and small and medium-sized parent tissue roll production enterprises that do not have thescale advantages will be eliminated in a faster pace with industry transforming from high-speed growth to high-quality development.

• Competition among tissue paper manufacturers has intensified, and the price war pressure has spread to the upstream equipment suppliers. Particularly some domestic equipment suppliers with the relatively weak financial strength are faced with the risk of being eliminated. The equipment industry will witness re-shuffling and integration, while mergers and acquisitions between enterprises, complementary advantages, cooperation and win-win development are significantly enhanced.

• The trend of regional cluster development has become gradually prominent. For example, production enterprises in Hebei, Sichuan, Chongqing, Guangxi and other regions have realized centralized and large-scale development under the leadership of leading enterprises, and through mergers and acquisitions, resource sharing and other effective measures.

• In China's tissue paper industry, the major raw material - wood pulp mainly comes from imports. Therefore tissue paper companies are confronted with the cost pressure and risk of the price volatility of wood pulp and exchange rate.

• Unbleached tissue paper has entered a period of rapid growth. Although it is still a high value-added differentiated product, with the surge of participants in unbleached tissue paper market, and a large number of new capacities released, the unbleached tissue paper market competition will become increasingly fierce, and attention should be paid to avoiding similar risks of price war which white tissue paper products are facing now.

• The rise of pulp price drives the price rise of tissue parent roll, but it's hard to be fully delivered to end consumers, which squeezes the profit margin of converting enterprises and increases cost risk. The increasing level of city management and control and market supervision improve the anti-risk capability of comprehensive manufacturing enterprises with famous product brands which integrate tissue parent roll production and converting.

11.3 Development Theme

With the maturity of production technology and equipment, the industry is confronted with the problem of homogenization. The enterprises should strengthen inner management and implement refined production and operation management. The enterprises should also efficiently utilize equipment and reduce energy and material consumption of unit product by using energy recovery, automatic and intelligent technology and equipment, so as to reduce production cost, promote high-quality development of enterprises, and enhance the market competitiveness of products. This is the core of enterprise development and theme of industrial development.

11.4 Forecast on Market Size and Capacity

Based on conservative estimates, in 2018, the new production capacity will be 1.8 million tons based on the existing capacity of 12.15 million tons in 2017. With the elimination of 1 million tons laggard production capacity, the total production capacity will reach 12.95 million tons. In 2018, calculated on 76% machinery utilization rate, the output will be 9.842 million tons, sales will be 9.72 million tons, net export will be 0.7 million tons, and consumption will be 9.02 million tons (calculated on annual growth rate 6%) and the annual per capita consumption will be 6.4kg, exceeding the world average level.

Table 12 Forecast on Tissue Paper Market

Year	Output/ 10000t	Consumption/ 10000t	Population/ billion	Per capita consumption/ (kg/person · year)
2010	524.8	483.5	13.4100	3.6
2011	582.1	540.2	13.4735	4.0
2012	627.3	577.5	13.5404	4.3
2013	680.8	618.9	13.6072	4.5
2014	736.3	660.1	13.6782	4.8
2015	802.4	736.0	13.7462	5.4
2016	855.2	787.6	13.8271	5.7
2017	923.4	851.1	13.9008	6.1
2018	984.2	902	13.9750	6.4
2020	1100	1000	14.1500	7.0

References

[1] The 2017 Annual Report of Hengan International Holdings Limited.

[2] The 2017 Annual Report of Vinda International Holdings Limited.

[3] The 2017 Preliminary Earnings Estimate of C&S Paper Co., Ltd.

[4] The 2016 Annual Report of China Paper Industry.

Appendix:

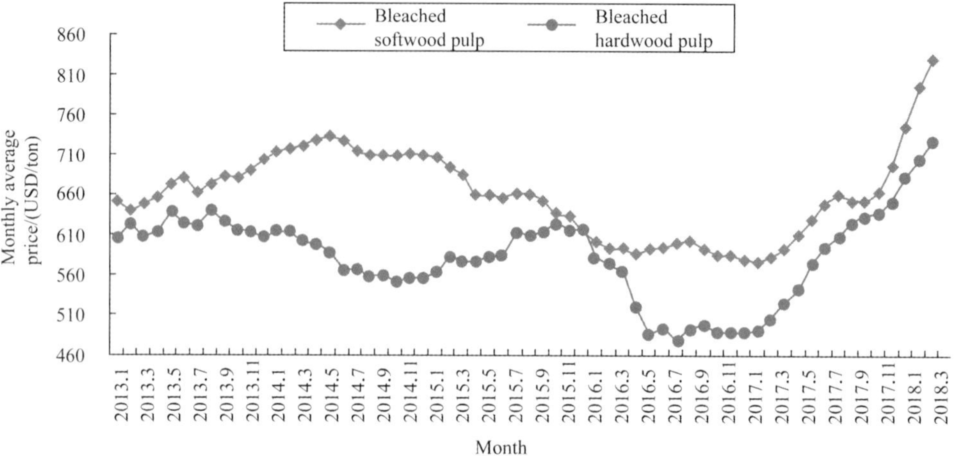

Attached Figure 1 Monthly Average Price of Imported Pulp in China from Jan. 2013 to Feb. 2018

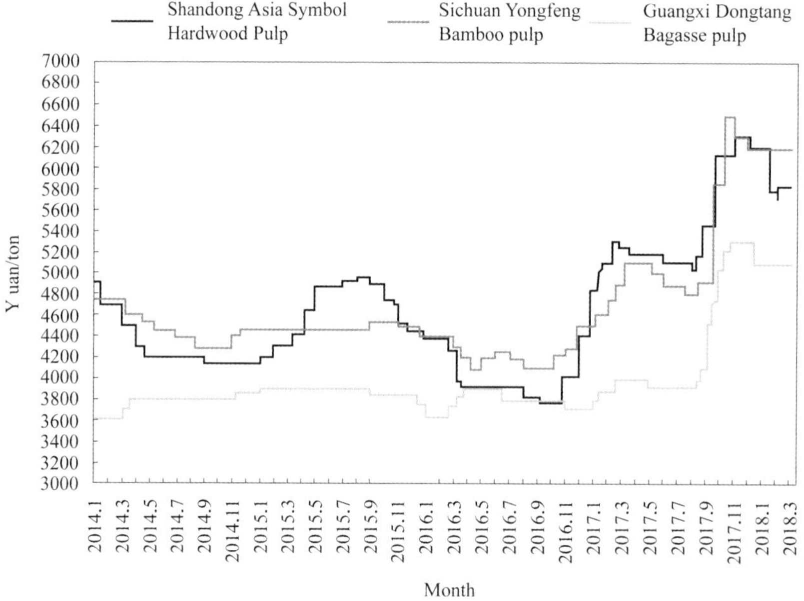

Attached Figure 2 Cost Prices of Asia Symbol Hardwood Pulp, Yongfeng Bamboo Pulp, and Dongtang Bagasse Pulp from Jan. 2014 to Mar. 2018

Attached Table 1 Top 10 Export Destination Countries and Regions by Different Tissue Paper Export Volume and Total Export Volume in 2017

Commodity Number	Commodity Name	Num	Export destination countries and regions	Export volume/t	Commodity Number	Commodity Name	Num	Export destination countries and regions	Export volume/t
48030000	Tissue parent roll	1	Australia	73790. 620	48181000	Toilet tissue	1	Hong Kong, China	75373. 180
		2	USA	26167. 972			2	USA	59628. 894
		3	Malaysia	13100. 215			3	Japan	28498. 779
		4	South Africa	9947. 759			4	Australia	21863. 466
		5	Jordan	7739. 420			5	Ghana	7573. 190
		6	Japan	7639. 885			6	Singapore	6834. 271
		7	New Zealand	6572. 126			7	Macao, China	6480. 125
		8	Jamaica	5343. 693			8	Costa Rica	6238. 046
		9	Kuwait	3984. 198			9	Malaysia	4258. 103
		10	South Korea	3356. 381			10	New Zealand	2871. 790
48182000	Handkerchief tissue, facial tissue	1	Japan	81098. 410	48183000	Table tissue and paper napkin	1	USA	25321. 482
		2	USA	50420. 013			2	Australia	2495. 652
		3	Hong Kong, China	40093. 817			3	Japan	2182. 643
		4	Australia	11342. 466			4	Hong Kong, China	2121. 676
		5	UK	5796. 396			5	UK	1951. 531
		6	Macao, China	4976. 913			6	Canada	1696. 444
		7	Thailand	3874. 804			7	Saudi Arabia	933. 268
		8	Malaysia	3209. 918			8	Iraq	612. 402
		9	Singapore	3060. 565			9	Netherlands	589. 699
		10	The Russian Federation	1893. 155			10	Singapore	467. 540

Commodity Number	Commodity Name	Num	Export destination countries and regions	Export volume/t
48030000, 48181000, 48182000, 48183000	Total	1	USA	161538. 361
		2	Japan	119419. 717
		3	Hong Kong, China	118978. 337
		4	Australia	109492. 204
		5	Malaysia	21029. 586
		6	Macao, China	11790. 784
		7	New Zealand	11304. 733
		8	South Africa	11248. 551
		9	Singapore	10839. 593
		10	UK	10225. 129

Attached Table 2 Top 20 Tissue Manufacturers Ranked on Export Volume in 2017

Num	Company	Num	Company
1	Gold Hongye Paper Group Co., Ltd.	11	Qingdao Megall Paper Co., Ltd.
2	Hengan Group	12	Jiangmen Rijia Paper Co., Ltd.
3	Vinda Paper Group Co., Ltd.	13	Jiangsu Miaowei Paper Co., Ltd.
4	Shandong Sun Household Paper Co., Ltd.	14	Weifang Lancel Hygiene Products Co., Ltd.
5	Anqiu Xiangyu Packaging and Printing Co., Ltd.	15	Hangzhou Mingxuan Sanitary Products Co., Ltd.
6	Jinyu (Qingyuan) Tissue Paper Industry Co., Ltd	16	Dongguan Caihong Industrial Co., Ltd.
7	C&S Paper Co., Ltd.	17	Fushida Paper (Shenzhen) Co., Ltd.
8	Guangzhou Jielian Paper Co., Ltd.	18	Cellynne Paper Conventer (Shenzhen) Co., Ltd.
9	Sunlight Hygiene Products (Shenzhen) Co., Ltd.	19	Guangzhou Qiming Paper Co., Ltd.
10	Qingdao Berry Plastics Co., Ltd. (the former Qingdao Pushibaofeng Industrial Co., Ltd.)	20	Shanghai Orient Champion Paper Co., Ltd.

Attached Table 3 Imports and Monthly Average Price of Wood Pulp of China in 2017

Month	Bleached softwood pulp		Bleached hardwood pulp	
	Import/10000t	Average price/(USD/ton)	Import/10000t	Average price/(USD/ton)
Jan. 2017	64.19	577.21	80.07	489.91
Feb. 2017	74.79	583.26	93.43	503.16
Mar. 2017	76.83	593.01	95.50	525.29
Apr. 2017	66.70	610.58	90.03	543.34
May 2017	71.50	629.21	85.84	574.01
Jun. 2017	61.10	648.59	87.13	594.04
Jul. 2017	52.86	659.94	84.27	608.46
Aug. 2017	63.52	653.52	80.60	625.89
Sept. 2017	61.83	652.10	87.95	632.55
Oct. 2017	65.96	664.19	71.56	636.54
Nov. 2017	79.15	696.89	109.44	651.69
Dec. 2017	74.26	745.81	81.14	682.95
Total	812.69	643.11	1046.96	588.35

Attached Table 4 Capacity and the Number of Tissue Machines of Gold Hongye Paper (2012-2018)

Production Base	2012		2013		2014		2015		2016		2017		2018 (plan)	
	Capacity/10000t	Number of Tissue Machines	Capacity/10000t	Number of Tissue Machines	Capacity/10000t	Number of Tissue Machines	Capacity/10000t	Number of Tissue Machines	Capacity/10000t	Number of Tissue Machines	Capacity/10000t	Number of Tissue Machines	Capacity/10000t	Number of Tissue Machines
Suzhou Jiangsu	31	10	31	10	37	11	43	12	43	12	43	12	43	12
Haikou Hainan	30	12	51	19	84	28	84	28	84	28	84	28	84	28
Xiaogan Hubei	12	2	12	2	12	2	24	4	24	4	24	4	24	4
Shenyang Liaoning	6	1	6	1	6	1	6	1	6	1	6	1	6	1
Yaan Sichuan													3	2
Suining Sichuan									6	1	6	1	12	2
Nantong Jiangsu														
Total	79	25	100	32	139	42	157	45	163	46	163	46	172	49

Attached Table 5 Capacity and the Number of Tissue Machines of Hengan Paper (2012-2018)

Production Base	2012		2013		2014		2015		2016		2017		2018 (plan)	
	Capacity/10000t	Number of Tissue Machines	Capacity/10000t	Number of Tissue Machines	Capacity/10000t	Number of Tissue Machines	Capacity/10000t	Number of Tissue Machines	Capacity/10000t	Number of Tissue Machines	Capacity/10000t	Number of Tissue Machines	Capacity/10000t	Number of Tissue Machines
Changde Hunan	18	4	18	4	24	5	30	6	30	6	30	6	30	6
Weifang Shandong	18	3	18	3	18	3	18	3	18	3	18	3	30	5
Jinjiang Fujian	30	5	30	5	30	5	30	5	30	5	30	5	32. 4	6
Wuhu Anhui	12	2	12	2	12	2	12	2	24	4	24	4	24	4
Banan Chongqing	12	2	12	2	12	2	12	2	12	2	24	4	24	4
Changji Xinjiang											5	2	5	2
Total	90	16	90	16	96	17	102	18	114	20	131	24	145. 4	27

Attached Table 6 Capacity and the Number of Tissue Machines of Vinda Paper (2012–2018)

Production Base	2012		2013		2014		2015		2016		2017		2018 (plan)	
	Capacity/ 10000t	Number of Tissue Machines	Capacity/ 10000t	Number of Tissue Machines	Capacity/ 10000t	Number of Tissue Machines	Capacity/ 10000t	Number of Tissue Machines	Capacity/ 10000t	Number of Tissue Machines	Capacity/ 10000t	Number of Tissue Machines	Capacity/ 10000t	Number of Tissue Machines
Huicheng Xinhui Jiangmen Guangdong	6	3	6	3	6	3	6	3	6	3	6	3	6	3
Xiaogan Hubei	10	9	18	13	18	13	18	13	18	13	18	13	30	17
Beijing	3	3	3	3	3	3	3	3	3	3	3	3	3	3
Deyang Sichuan	4.5	4	4.5	4	4.5	4	7.5	5	7.5	5	7.5	5	7.5	5
Shuangshui Xinhui Jiangmen Guangdong	12	6	12	6	12	6	12	6	12	6	12	6	12	6
Longyou Zhejiang	9	6	9	6	15	8	15	8	15	8	21	10	21	10
Anshan Liaoning	5.5	4	5.5	4	5.5	4	5.5	4	5.5	4	5.5	4	5.5	4
Sanjiang Xinhui Jiangmen Guangdong	4	2	13	6	20	8	20	8	26	10	26	10	26	10
Laiwu Shandong			5	2	5	2	8	3	11	4	11	4	11	4
Yangjiang Guangdong													6	2
Total	54	37	76	47	89	51	95	53	104	56	110	58	128	64

Attached Table 7 Capacity and the Number of Tissue Machines of C&S Paper (2012-2018)

Production Base	2012		2013		2014		2015		2016		2017		2018 (plan)	
	Capacity/10000t	Number of Tissue Machines	Capacity/10000t	Number of Tissue Machines	Capacity/10000t	Number of Tissue Machines	Capacity/10000t	Number of Tissue Machines	Capacity/10000t	Number of Tissue Machines	Capacity/10000t	Number of Tissue Machines	Capacity/10000t	Number of Tissue Machines
Zhongshan Guangdong	2	18 (17 homemade)	2	18 (17 homemade)	2	18 (17 homemade)								
Jiangmen Guangdong	17	7	17	7	17	7	17	7	17	7	17	7	17	7
Xiaogan Hubei	2	2	2	2	2	2	2	2	2	2	2	2	2	2
Chengdu Sichuan	4	11 (8 homemade)	7	12 (8 homemade)	10. 2	13 (8 homemade)	12. 7	6	12. 7	6	13	6	13	6
Jiaxing Zhejiang	2	3	2	3	2	3	4	4	4	4	4	4	4	4
Tangshan Hebei	2. 5	1	2. 5	1	2. 5	1	2. 5	1	2. 5	1	5	2	10	4
Yunfu Guangdong					12	2	12	2	12	2	24	6	24	6
Total	29. 5	42	32. 5	43	47. 7	46	50. 2	22	50. 2	22	65	27	70	29

Attached Table 8 Capacity and the Number of Tissue Machines of Lee & Man Group (2014-2018)

Production Base	2014		2015		2016		2017		2018 (plan)	
	Capacity/10000t	Number of Tissue Machines	Capacity/10000t	Number of Tissue Machines	Capacity/10000t	Number of Tissue Machines	Capacity/10000t	Number of Tissue Machines	Capacity/10000t	Number of Tissue Machines
Chongqing	2. 5	2	14. 5	4	38. 5	8	38. 5	8	62. 5	14
Jiujiang Jiangxi							12	2	12	2
Dongguan Guangdong							12	2	12	2
Wuzhou Guangxi										
Total	2. 5	2	14. 5	4	38. 5	8	62. 5	12	86. 5	18

Attached Table 9 Tissue Machines Projects Launched in China in 2017

Province	Company	Project Location	Stage	PM Capacity / 10000tpy	Tissue Machine					Production Time	PM Supplier	Remark
					Type	Model	Number	Trimmed Width (mm)	Speed (m/min)			
Hebei	Hebei Yihoucheng	Baoding Hebei	new	2. 5	New crescent	12ft. steel drying cylinder	1	2850	1650	May 2017	Andritz	Import
	Hebei Golden Doctor Group	Baoding Hebei	new	5. 4	New crescent	Intelli-Tissue® EcoEc1200, steel drying cylinder	2	3650	1200	Jun. and Sep. 2017	Poland PMP	Import
	Baoding Gangxing	Baoding Hebei	new	2	New crescent	DCT60	1	2760	1300	Nov. 2017	Kawanoe Zoki Japan and Valmet	Import
	Hebei Ruifeng Paper	Baoding Hebei	new	1. 2	Vacuum cylinder		1	2860	900	Aug. 2017	Baotuo	Chinese-foreign cooperation
	Baoding Yikang Paper	Baoding Hebei	new	1. 2	Vacuum cylinder		1	2860	800	May 2017	Baotuo	Chinese -foreign cooperation
	Baoding Huabang Daily Products	Baoding Hebei	new	1. 2	Vacuum cylinder		1	2860	800	May 2017	Baotuo	Chinese -foreign cooperation
	Baoding Jinguang Paper	Baoding Hebei	new	2. 4	Vacuum cylinder		2	2880	800	May 2017	Baotuo	Chinese-foreign cooperation
		Baoding Hebei	new	4	New crescent	AL-FORM C1200-3550	2	3550	1200	May and Jul. 2017	Baotuo (Allideas)	Homemade
	Mancheng Hengxin Paper	Baoding Hebei	new	2	New crescent	AL-FORM C1200-3550	1	3550	1200	Apr. 2017	Baotuo (Allideas)	Homemade
	Mancheng Jurun Paper	Baoding Hebei	new	1. 8	New crescent	AL-FORM C1100-3550	1	3600	1100	Mar. 2017	Baotuo (Allideas)	Homemade
	Baoding Chenyu Paper	Baoding Hebei	new	1. 8	New crescent	MC1100-3550	1	3550	1100	Oct. 2017	Baotuo (Allideas)	Homemade
	Baoding Anxin Paper	Baoding Hebei	new	2	New crescent	MC1100-3550	1	3550	1100	Dec. 2017	Baotuo (Huisheng)	Chinese -foreign cooperation

续表

Province	Company	Project Location	Stage	PM Capacity / 10000tpy	Tissue Machine					Production Time	PM Supplier	Remark
					Type	Model	Number	Trimmed Width (mm)	Speed (m/min)			
Hebei	Baoding Yusen Health Supplies	Baoding Hebei	new	5. 2	Vacuum cylinder	HC-1100/2850	4	2850	1100	Jul. -Sep. 2017	Hicredit	Homemade
	Hebei Zhongxin Paper	Baoding Hebei	new	2. 6	Vacuum cylinder	HC-900/3500	2	3500	900	Jun. and Oct. 2017	Hicredit	Homemade
	Hebei Lifa Paper Co. , Ltd.	Baoding Hebei	new	2. 6	Vacuum cylinder	HC-900/3500	2	3500	900	Jun. and Oct. 2017	Hicredit	Homemade
	Hebei Jifa Paper Co. , Ltd.	Baoding Hebei	new	1. 7	New crescent		1	2850	1300	2017	Shanghai Qingliang	Homemade
	Baoding Chenggong	Baoding Hebei	new	3. 2	New crescent		2	2850	1250	2017	Shanghai Qingliang	Homemade
	Mancheng Chengxin Paper	Baoding Hebei	new	5	New crescent		2	3600	1000	Sep. 2017	Shandong Xinhe	Homemade
	Qinhuangdao Fannan Paper	Qinhuangdao Hebei	new	2. 5	New crescent		1	3600	1200	Nov. 2017	Shandong Xinhe	Homemade
		Qinhuangdao Hebei	new	2. 5	Short fourdrinier	Hand towel machine	1	3600	500	Nov. 2017	Shandong Xinhe	Homemade
	Baoding Jinneng Sanitation Supplies Co. , Ltd.	Baoding Hebei	new	3	New crescent		2	2850	1000	Sep. and Dec. 2017	Shandong Xinhe	Homemade
	Baoding Dongsheng Paper	Baoding Hebei	new	3. 4	New crescent		2	2850	1200	Feb. and Jul. 2017 (planned to be launched in Dec. 2014)	Shandong Hualin	Homemade
	Shuguang Paper	Baoding Hebei	new	1. 5	New crescent		1	3500	800	Jul. 2017	Zhucheng Dazheng	Homemade
	Baoding Changshan Paper	Baoding Hebei	new	1. 5	New crescent	BZ3500-I	1	3500	800	Jan. 2017	Shaanxi Bingzhi	Homemade
		Baoding Hebei	new	1. 8	New crescent	BZ3500-III	1	3500	1000	Nov. 2017	Shaanxi Bingzhi	Homemade
	Baoding Chensong Paper	Baoding Hebei	new	1. 5	New crescent	BZ3500-I	1	3500	800	Oct. 2017	Shaanxi Bingzhi	Homemade

续表

Province	Company	Project Location	Stage	PM Capacity / 10000tpy	Tissue Machine					Production Time	PM Supplier	Remark
					Type	Model	Number	Trimmed Width (mm)	Speed (m/min)			
Hebei	Baoding Guoli Paper	Baoding Hebei	new	1	New crescent	BZ2850-II	1	2850	800	Apr. 2017	Shaanxi Bingzhi	Homemade
	Hebei Shuntong Paper Factory	Baoding Hebei	new	1.5	Vacuum cylinder		1	3500	850	Jan. 2017	Mianyang Mutual Success	Homemade
		Baoding Hebei	new	1.8	New crescent		1	3500	1000	2017	Mianyang Mutual Success	Homemade
	Baoding Mingyue Paper	Baoding Hebei	new	0.8	Vacuum cylinder		1	2880	600	2017	Tianjin Tianqing	Homemade
	Hebei Lixin Paper	Baoding Hebei	new	1	Vacuum cylinder		1	3500	700	Mar. 2017	Tianjin Tianqing	Homemade
	Mancheng Yinxiang Paper	Baoding Hebei	new	1	New crescent		1	2850	700	Mar. 2017	Xi'an Weiya	Homemade
	Mancheng Hongda Paper	Baoding Hebei	new	1.5	Newcrescent		1	3500	1000	Feb. 2017	Xi'an Weiya	Homemade
	Mancheng Lida Paper	Baoding Hebei	new	1.5	New crescent		1	3500	800	Apr. 2017	Xi'an Weiya	Homemade
	Mancheng Xingrong Paper	Baoding Hebei	new	1.5	New crescent		1	3500	800	Jun. 2017	Xi'an Weiya	Homemade
	Qinhuangdao Fengman Paper	Qinhuangdao Hebei	new	1	New crescent		1	2850	800	Jul. 2017	Xi'an Weiya	Homemade
Shanxi	Lida Paper	Yuncheng Shanxi	new	3.2	New crescent		2	2850	1300	2017	Shanghai Qingliang	Homemade
Shanghai	Chitianhua Paper (Taison Group)	Chishui Guizhou	Green-field mill	12	New crescent	PrimeLineST, 20ft. steel drying cylinder	2	5600	1900	Aug. and Oct. 2017	Andritz	Import

续表

Province	Company	Project Location	Stage	PM Capacity / 10000tpy	Tissue Machine					Production Time	PM Supplier	Remark
					Type	Model	Number	Trimmed Width (mm)	Speed (m/min)			
Zhejiang	Zhejiang Xurong Paper	Longyou Zhejiang	Green-field mill	3	Vacuum cylinder		2	2860	1000	End of 2017	Jiangxi OK	Homemade
Fujian	Hengan Paper	Changji Xinjiang	new	5	New crescent		2	2800	1600	Nov. 2017	Toscotec Italy	Import
		Banan Chongqing	new	12	New crescent	18ft. steel drying cylinder	2	5600	2000	Mar. and May 2017	Andritz	Import
	Zhangzhou Jiayi Paper	Zhangzhou Fujian	new	1	New crescent		1	2850	800	Jun. 2017	Xi'an Weiya	Homemade
Shandong	Tralin Group	Dehui Jilin	Green-field mill	1	Vacuum cylinder	HC-800/2850	1	2850	900	Mar. 2017(planned to be launched in the first half of 2016 before)	Hicredit	Homemade
		Jiamusi Heilongjiang	Green-field mill	10	Vacuum cylinder	HC-800/2850	10	2850	900	Mar. 2017(planned to be launched in 2015 before)	Hicredit	Homemade
	Liaocheng Kunsheng Environment Protecting Technology	Liaocheng Shandong	new	2.5	New crescent		1	3600	1000	Sep. 2017	Shandong Xinhe	Homemade
Henan	Henan Foliage	Luyi Henan	new	1.7	New crescent		1	2850	1400	Jan. 2017	Shanghai Qingliang	Homemade
	Huaxing Paper	Xiping Henan	new	1.6	New crescent		1	2850	1250	2017	Shanghai Qingliang	Homemade
Hubei	Hubei Zhencheng Paper	Jingzhou Hubei	new	2.4	New crescent	AL-FORM C1300-3550	1	3650	1300	Mar. 2017	Baotuo (Allideas)	Homemade

续表

Province	Company	Project Location	Stage	PM Capacity / 10000tpy	Tissue Machine					Production Time	PM Supplier	Remark
					Type	Model	Number	Trimmed Width (mm)	Speed (m/min)			
Guangdong	Hongkong Lee & Man Group	Jiujiang Jiangxi	Green-field mill	12	New crescent		2	5600	2000	May and Jun. 2017	Voith	Import
		Dongguan Guangdong	Green-field mill	12	New crescent		2	5600	2000	Nov. and Dec. 2017	Voith	Import
	Vinda Paper	Longyou Zhejiang	new	6	New crescent	AHEAD 2. 0M	2	Confidential	Confidential	Jul. 2017	Toscotec Italy	Import
	C & S Paper	Tangshan Hebei	new	2. 5	New crescent		1			2017		Import
		Yunfu Guangdong	new	6	New crescent		2			2017		Import
		Yunfu Guangdong	new	6	Vacuum cylinder		2			2017		Import
	Nanxiong Zhuji Paper, Guangdong Shaoneng Group	Shaoguan Guangdong	new	3	New crescent		1	2850	1600	Oct. 2017	A. Celli Italy	Import
	Guangdong Piaohe Paper	Shantou Guangdong	new	1. 2	Vacuum cylinder		1	2860	800	Dec. 2017	Baotuo	Chinese-foreign cooperation
	Guangdong Xinda Paper	Jieyang Guangdong	new	3. 3	New crescent	AL-FORM C1500-4200	1	4200	1500	Nov. 2017	Baotuo (Allideas)	Homemade
	Huizhou Fuxin Paper	Huizhou Guangdong	new	2. 2	New crescent	MT4000-1200	1	4000	1200	Oct. 2017	Dongguan Meijie	Homemade
Guangxi	Nanning Jiada Paper	Nanning Guangxi	new	3	Vacuum cylinder		2	2860	1000	Feb. and Jun. 2017	Baotuo	Chinese-foreign cooperation
	Guangxi Rongxing zhongke Development Co., Ltd.	Nanning Guangxi	new	1. 5	Vacuum cylinder		1	3900	800	2017	Mianyang Mutual Success	Homemade
	Guangxi Liulin Paper	Liuzhou Guangxi	new	2. 4	New crescent		1	3950	1200	Dec. 2017	Guizhou Hengruichen	Homemade
	Guangxi Sky Power	Nanning Guangxi	new	2	New crescent		1	3500	1200	Jan. 2017	Zhucheng Dazheng	Homemade
		Nanning Guangxi	new	2	New crescent		1	3500	1300	Apr. 2017	Shanghai Qingliang	Homemade

续表

Province	Company	Project Location	Stage	PM Capacity / 10000tpy	Tissue Machine					Production Time	PM Supplier	Remark
					Type	Model	Number	Trimmed Width (mm)	Speed (m/min)			
Sichuan	Sichuan Vanov	Mianyang Sichuan (Anzhou base)	Green-field mill	2.4	Vacuum cylinder	BF-10EX	2	2760	770	Jun. 2017 (planned to be launched in Apr. 2013 before)	Kawanoe Zoki Japan	Import
		Meishan Sichuan (Xilong base)	new	3	Vacuum cylinder	SF-12-1000	2	2850	1000	Jan. and May 2017	Baotuo	Chinese-foreign cooperation
	Sichuan Shubang Industrial Co., Ltd.	Chengdu Sichuan	new	1.2	Vacuum cylinder		1	2860	900	Jul. 2017	Baotuo	Chinese-foreign cooperation
	Sichuan Yuanzhou Industry Co., Ltd.	Chengdu Sichuan	new	2.4	New crescent		1	3998	1200	Apr. 2017	Guizhou Hengruichen	Homemade
	Chengdu Family Life Paper-making Co., Ltd.	Chengdu Sichuan	new	1.5	Vacuum cylinder		1	3950	700	Jan. 2017	Guizhou Hengruichen	Homemade
	Chengdu Luzhou Paper	Chengdu Sichuan	new	1	Vacuum cylinder		1	2850	750	Jan. 2017	Guizhou Hengruichen	Homemade
	Chengdu Xinhong Paper Products Factory	Chengdu Sichuan	new	1	Vacuum cylinder		1	2850	750	Jan. 2017	Guizhou Hengruichen	Homemade
	Sichuan Aier Paper	Luzhou Sichuan	new	1.8	Vacuum cylinder		1	4200	700	Dec. 2017	Guizhou Hengruichen	Homemade
Guizhou	Guizhou Huijing Paper	Anshun Guizhou	new	1.6	Vacuum cylinder		2	2880	600	Apr. and Jul. 2017	Tianjin Tianqing	Homemade
Yunnan	Yunnan Jinchen Paper	Yuxi Yunnan	Green-field mill	2	Vacuum cylinder	BF-12	1	3400	1000	Jun. 2017 (tissue machine transferred from Dongguan Yongchang)	Kawanoe Zoki Japan	Import
Shaanxi	Famensi Paper	Baoji Shaanxi	new	1.6	New crescent		1	2850	1300	2017	Shanghai Qingliang	Homemade
Gansu	Baoma Paper	Pingliang Gansu	new	1.2	Vacuum cylinder		1	2860	1200	Nov. 2017	Baotuo	Chinese-foreign cooperation
Total				219.3			110					

AttachedTable 10 Tissue Machines Projects Launched and to be Launched in China in 2018

Province	Company	Project Location	Stage	PM Capacity / 10000tpy	Tissue Machine					Production Time	PM Supplier	Remark
					Type	Model	Number	Trimmed Width (mm)	Speed (m/min)			
Hebei	Baoding Gangxing	Baoding Hebei	new	1.6	Vacuum cylinder	BF-1000S	1	2760	1100	Jan. 2018	Kawanoe Zoki Japan	Import
	Baoding Mingyue Paper	Baoding Hebei	new	1.2	Vacuum cylinder		1	2860	900	Beginning of 2018	Baotuo	Chinese-foreign cooperation
	Baoding Yongli Paper	Baoding Hebei	new	1.2	Vacuum cylinder	SF-10-900	1	2860	900	Beginning of 2018	Baotuo	Chinese-foreign cooperation
	Hebei Yongxing Paper	Baoding Hebei	new	4	New crescent	MC1100-3550	2	3550	1100	Beginning of 2018	Baotuo	Chinese-foreign cooperation
	Baoding Huabang Daily Products	Baoding Hebei	new	1.2	Vacuum cylinder		1	2860	800	Jan. 2018	Baotuo	Chinese-foreign cooperation
	Mancheng Paper (Tiantian Paper)	Baoding Hebei	new	4.5	New crescent	AL-FORM C1200-3550	2	3550	1200	Jan. 2018	Baotuo (Allideas)	Homemade
	Baoding Hengxin Paper	Baoding Hebei	new	2.4	New crescent	C1300-3550	1	3550	1300	May 2018	Baotuo (Huisheng)	Chinese-foreign cooperation
	Baoding Jinguang Paper	Baoding Hebei	new	4	New crescent	BC1300-3550	2	3550	1300	End of 2018	Baotuo (Huisheng)	Homemade
	Hebei Ruifeng Paper	Baoding Hebei	new	1.6	New crescent	BC1300-2850	1	2850	1300	Dec. 2018	Baotuo (Huisheng)	Homemade
	Baoding Zeyu Paper	Baoding Hebei	new	2.5	New crescent	HC-1300/3550	1	3550	1300	Apr. 2018	Hicredit	Homemade
	Hebei Zhongxin Paper	Baoding Hebei	new	1.5	Vacuum cylinder	HC-900/3500	1	3500	900	Mar. 2018	Hicredit	Homemade
	Baoding Dayi Paper	Baoding Hebei	new	5	New crescent		2	2850	1500	2018	Shandong Xinhe	Homemade

续表

Province	Company	Project Location	Stage	PM Capacity / 10000tpy	Tissue Machine					Production Time	PM Supplier	Remark
					Type	Model	Number	Trimmed Width (mm)	Speed (m/min)			
Hebei	Baoding Jinneng Sanitation Supplies Co., Ltd.	Baoding Hebei	new	1.5	New crescent		1	2850	1000	Jan. 2018	Shandong Xinhe	Homemade
		Baoding Hebei	new	1.8	New crescent		1	3500	900	Jan. 2018	Shandong Xinhe	Homemade
	Baoding Feiyue Paper Co., Ltd.	Baoding Hebei	new	2.5	New crescent		1	3550	1100	2018	Shandong Xinhe	Homemade
	Hebei Golden Doctor Group	Baoding Hebei	new	5	New crescent		2	3600	1000	Jun. 2018	Shandong Xinhe	Homemade
	Baoding Dongsheng Paper	Baoding Hebei	new	1.6	New crescent		1	2850	1200	Feb. 2018(planned to be launched in Dec. 2014 before)	Shandong Hualin	Homemade
		Baoding Hebei	new	5	New crescent		3	2850	1200	First half of 2018	Shandong Hualin	Homemade
	Shuguang Paper	Baoding Hebei	new	2	New crescent		1	3500	1200	May 2018	Zhucheng Dazheng	Homemade
	Baoding Chensong Paper	Baoding Hebei	new	1.5	New crescent	BZ3500-I	1	3500	800	Mar. 2018	Shaanxi Bingzhi	Homemade
	Baoding Guoli Paper	Baoding Hebei	new	1.5	New crescent	BZ3500-I	1	3500	800	Oct. 2018	Shaanxi Bingzhi	Homemade
	Baoding Changshan Paper	Baoding Hebei	new	2.2	New crescent	BZ3500-II	1	3500	1200	Aug. 2018	Shaanxi Bingzhi	Homemade
	Xinji Huaer Co., Ltd.	Xinji Hebei	new	3	New crescent	BZ3500-I	2	3500	800	Aug. 2018	Shaanxi Bingzhi	Homemade
	Hebei Jifa Paper Co., Ltd.	Baoding Hebei	new	2	New crescent		1	3550	1300	2018	Shanghai Qingliang	Homemade
	Hebei Xuesong Paper	Baoding Hebei	new	4.6	New crescent		2	2850	1600	Apr. 2018	Assembled by itself	Homemade
		Baoding Hebei	new	5.4	New crescent		2	3600	1300	Sep. 2018	Assembled by itself	Homemade

续表

Province	Company	Project Location	Stage	PM Capacity / 10000tpy	Tissue Machine					Production Time	PM Supplier	Remark
					Type	Model	Number	Trimmed Width (mm)	Speed (m/min)			
Shanxi	Datong Yungang Paper	Datong Shanxi	new	2.5	New crescent	BZ3500-I	1	3500	1300	Oct. 2018	Shaanxi Bingzhi	Homemade
Liaoning	Liaoning Haotang	Kaiyuan Liaoning	new	4	New crescent		2	3550	1300	2018	Shanghai Qingliang	Homemade
Shanghai	Jiangxi Taison Paper (Taison Group)	Jiujiang Jiangxi	Green-field mill	24	New crescent		4	5600	2200	2018	Voith	Import
Jiangsu	Gold Hongye Paper	Suining Sichuan	new	6	New crescent		1	5630	2000	2018	A. Celli Italy	Import
		Yaan Sichuan	Green-field mill	3	New crescent		2	2860	1200	Jan. 2018	Gold Sun	Homemade
Zhejiang	Welfare Group	Shaoxing Zhejiang	new	1.2	Vacuum cylinder	BF-W10S	1	2760	850	Mar. 2018	Kawanoe Zoki Japan	Import
Fujian	Hengan Group	Weifang Shandong	new	12	New crescent	DCT200, SPR	2	5600	2000	Jan. and Mar. 2018	Valmet	Import
		Jinjiang Fujian	new	2.4	Short fourdrinier	Hand towel machine	1	3050	500	2018	Shandong Xinhe	Homemade
	Wuping Shunfa Paper	Wuping Fujian	new	3	Vacuum cylinder		2	3900	700	Aug. 2018	Guizhou Hengruichen	Homemade
Shandong	Shandong Dongshun Group	Dongping Shandong	new	6	New crescent	DCT60	2	3000	1600	End of 2018 (planned to be launched in the first half of 2015 before)	Kawanoe Zoki Japan and Valmet	Import
		Xiangxi Hunan	new	1.6	Vacuum cylinder	BF-1000	1	2760	1000	First half of 2018	Kawanoe Zoki Japan	Import
	Tralin Group	Liaocheng Shandong	new	2	New crescent	HC-1600/2850	1	2850	1600	2018 (planned to be launched in Oct. 2015 before)	Hicredit	Homemade
		Jiamusi Heilongjiang	Green-field mill	10	Vacuum cylinder	HC-800/2850	10	2850	900	2018 (planned to be launched in 2015 before)	Hicredit	Homemade
		Dehui Jilin	new	13	Vacuum cylinder	HY-1500	13	2850	900	2018	Hangzhou Dalu	Homemade

续表

Province	Company	Project Location	Stage	PM Capacity / 10000tpy	Tissue Machine					Production Time	PM Supplier	Remark
					Type	Model	Number	Trimmed Width (mm)	Speed (m/min)			
Henan	Kaifeng Tongfu Paper	Kaifeng Henan	new	1. 8	New crescent		1	2850	1200	Oct. 2018	Guizhou Hengruichen	Homemade
Hubei	Hubei Zhencheng Paper	Jingzhou Hubei	new	1. 5	Vacuum cylinder	SF-10-1000	1	2860	1000	Jan. 2018	Baotuo	Chinese-foreign cooperation
Guang-dong	Hongkong Lee & Man Group	Chongqing	new	24	New crescent	DCT200HS, soft shoe press	4	5600	2000	Jan., Feb., Apr. and May 2018	Valmet	Import
	Vinda Paper	Yangjiang Guangdong	new	6	New crescent	AHEAD 2. 0M	2	Confid-ential	Confid-ential	2018	Toscotec Italy	Import
		Xiaogan Hubei	new	12	New crescent	AHEAD 2. 0M	4	Confid-ential	Confid-ential	End of 2018	Toscotec Italy	Import
	C&S Paper	Tangshan Hebei	new	5	New crescent		2			2018		Import
	Zhaoqing Nanbao Paper	Zhaoqing Guangdong	new	1. 2	Vacuum cylinder	SF-10-900	1	2860	900	Beginning of 2018	Baotuo	Chinese-foreign cooperation
	Guangdong Zhaoqing Wanlong Paper	Zhaoqing Guangdong	new	1. 2	Vacuum cylinder		1	2860	1000	Beginning of 2018	Baotuo	Chinese-foreign cooperation
	Guangdong Piaohe Paper	Shantou Guangdong	new	6	New crescent	HC-1400CE	2	2900	1400	Dec. 2018	Hicredit	Chinese-foreign cooperation
	Guangdong Zhongqiao Paper	Dongguan Guangdong	new	2. 5	New crescent		1	3980	1200	Aug. 2018	Xinhe	Homemade
Guangxi	Nanning Jiada Paper (new plant)	Nanning Guangxi	Green-field mill	15	Vacuum cylinder		10	2860	1000	2018	Baotuo	Chinese-foreign cooperation
	Nanning Xianglan Paper (Nanning Shangfeng Paper)	Nanning Guangxi	new	3	New crescent	C1300-2850	2	2850	1300	2018	Baotuo	Chinese-foreign cooperation

续表

Province	Company	Project Location	Stage	PM Capacity / 10000tpy	Tissue Machine					Production Time	PM Supplier	Remark
					Type	Model	Number	Trimmed Width (mm)	Speed (m/min)			
Guangxi	Jiangnan Paper	Hengxian Guangxi	new	1.5	New crescent		1	2850	1300	2018	Mianyang Mutual Success	Homemade
		Nanning Guangxi	new	1	TAD		1	3500	To be confirmed	2018	Zhucheng Dazheng	Homemade
	Shengda Paper	Nanning Guangxi	new	3	New crescent		2	2850	1200	Mar. 2018	Zhucheng Dazheng	Homemade
	Guangxi Huayi Paper	Guigang Guangxi	new	3	New crescent		2	2800	900	2018(planned to be launched in May 2016 before)	Shandong Hualin	Homemade
	Guangxi Liulin Paper	Liuzhou Guangxi	new	1.8	New crescent		1	2850	1200	Mar. 2018	Guizhou Hengruichen	Homemade
Sichuan	Yibin Paper	Yibin Sichuan	new	15	New crescent		5	2850	1600	Aug. 2018	A. Celli Italy	Import
	Sichuan Vanov	Meishan Sichuan (Xilong base)	new	6	Vacuum cylinder	SF-12-1000B	4	2850	1000	2018	Baotuo	Chinese-foreign cooperation
		Mianyang Sichuan (Anzhou base)	new	6	Vacuum cylinder	SF-12-1000B	4	2850	1000	2018	Baotuo	Chinese-foreign cooperation
	Sichuan Qianwei Fengsheng Paper	Leshan Sichuan	new	12	Vacuum cylinder		10	2850	1000	2018	Baotuo	Chinese-foreign cooperation
	Chengdu Zhihao Paper	Chengdu Sichuan	new	1.5	Vacuum cylinder		1	4060	800	2018	Mianyang Mutual Success	Homemade
	Chengdu Family Life Paper-making Co., Ltd.	Chengdu Sichuan	new	1.5	Vacuum cylinder		1	3950	700	Jul. 2018	Guizhou Hengruichen	Homemade
		Chengdu Sichuan	new	2.4	New crescent		1	3950	1200	Oct. 2018	Guizhou Hengruichen	Homemade
	Chengdu Luzhou Paper	Chengdu Sichuan	new	2	Vacuum cylinder		2	2850	750	Aug. 2018	Guizhou Hengruichen	Homemade
	Chengdu Xinhong Paper Products Factory	Chengdu Sichuan	new	2	Vacuum cylinder		2	2850	750	Sep. 2018	Guizhou Hengruichen	Homemade

续表

Province	Company	Project Location	Stage	PM Capacity / 10000tpy	Tissue Machine					Production Time	PM Supplier	Remark
					Type	Model	Number	Trimmed Width (mm)	Speed (m/min)			
Guizhou	Guizhou Huijing Paper	Anshun Guizhou	new	1. 8	Vacuum cylinder		1	4200	700	Jan. 2018	Guizhou Hengruichen	Homemade
		Anshun Guizhou	new	1. 8	New crescent		1	2850	1200	Oct. 2018	Guizhou Hengruichen	Homemade
		Anshun Guizhou	new	0. 8	Vacuum cylinder		1	2880	650	2018	Tianjin Tianqing	Homemade
Yunnan	Yunnan Hongyuan Paper	Kunming Yunnan	new	2. 5	Vacuum cylinder		2	2860	900	Feb. and Mar. 2018	Baotuo	Chinese-foreign cooperation
	Yunnan Jinchen Paper	Yuxi Yunnan	Green-field mill	2	New crescent		1	3500	1400	2018	Zhucheng Dazheng	Homemade
	Yunnan Hanguang Paper Co., Ltd.	Yuxi Yunnan	new	1	Vacuum cylinder		1	2850	900	2018	Mianyang Mutual Success	Homemade
Shaanxi	Ningqiang Changjiu Paper	Hanzhong Shaanxi	new	2. 5	New crescent	BZ2850-II	2	2850	800	May 2018	Shaanxi Bingzhi	Homemade
Ningxia	Ningxia Zijinghua Paper	Ningxia	new	3	Vacuum cylinder	HC-800A/2850	3	2850	700	2018(planned to be launched in 2017 before)	Hicredit	Homemade
Xinjiang	Xinjiang Fangfeida Paper	Fukang Xinjiang	new	1. 2	Vacuum cylinder		1	2860	800	2018	Baotuo	Chinese-foreign cooperation
Total				315. 5			160					

Attached Table 11 Tissue Machines Projects to be Launched in China in and after 2019

Province	Company	Project Location	Stage	PM Capacity / 10000tpy	Tissue Machine					Production Time	PM Supplier	Remark
					Type	Model	Number	Trimmed Width (mm)	Speed (m/min)			
Hebei	Baoding Yusen	Taian Liaoning	Green-field mill	6	New crescent		2	3500	1600	Jan. 2019	PMP Poland	Import
Shanxi	Datong Yungang Paper	Datong Shanxi	new	2. 5	New crescent	BZ3500-I	1	3500	1300	Apr. 2019	Shaanxi Bingzhi	Homemade
Jiangsu	Gold Hongye Paper	Nantong Jiangsu	new	12	New crescent	DCT200, soft shoe press	2	5600	2000	2020	Valmet	Import
	Peibo Industry	Suzhou Jiangsu	new	1. 2	Vacuum cylinder		1	2860	1000	Delayed project (planned to be launched in 2017 before)	Baotuo	Chinese-foreign cooperation
Anhui	Anhui Guanyi Paper	Anqing Anhui	new	1. 2	Vacuum cylinder		1	2860	900	Delayed project (planned to be launched in 2017 before)	Baotuo	Chinese-foreign cooperation
Fujian	Garven Sanitary Product (Fuzhou) Co., Ltd.	Jiangyin Harbor Fuzhou Fujian	Green-field mill	6	New crescent	DCT200, ViscoNip soft shoe press	1	5600	2000	Delayed production (Machinery installation completed. Planned to be launched in Mar. 2011 before)	Valmet	Import
Shandong	Shandong Dongshun Group	Dongping Shandong	new	4	Vacuum cylinder	Hand towel machine, DS1200	1	2850	450	Delayed project (planned to be launched at the end of 2014 before)	Kawanoe Zoki Japan	Import
Henan	Yinge Group	Luohe Henan	Green-field mill	12	New crescent		2	5550	2000	2019 and after		Import

续表

Province	Company	Project Location	Stage	PM Capacity / 10000tpy	Tissue Machine					Production Time	PM Supplier	Remark
					Type	Model	Number	Trimmed Width (mm)	Speed (m/min)			
Guang-dong	C&S Paper	Xiaogan Hubei	new	10			4			2019		Import
		Chengdu Sichuan	new	5			2			2019		Import
	Xinhui Baoda Paper	Jiangmen Guangdong	new	1. 2	Vacuum cylinder		1	2660	800	Delayed project (planned to be launched in Aug. 2015 before)	Baotuo	Chinese-foreign cooperation
Guangxi	Guangxi Huamei (Fujian Lujin)	Fuqing Fujian	Green-field mill	3	New crescent	DCT100	1	2850	1600	Delayed project	Valmet	Import
Yunan	Yunnan Yunjing Forestry & Pulp	Jinggu Yunnan	new	2. 4	Vacuum cylinder		1			End of 2019		
Ningxia	Ningxia Jiamei Paper	Wuzhong Ningxia	new	4	New crescent	C1300-3550	2	3550	1300	2019	Baotuo (Huisheng)	Chinese-foreign cooperation
Xinjiang	Xinjiang Fangfeida Paper	Fukang Xinjiang	new	1. 2	Vacuum cylinder		1	2860	800	2019 and after	Baotuo	Chinese-foreign cooperation
Total				71. 7			23					

中国一次性卫生用品行业的概况和展望

孙 静 张玉兰 曹宝萍 中国造纸协会生活用纸专业委员会

2017年，国民经济稳中有进、稳中向好、好于预期，经济社会保持平稳健康发展。GDP总量达到82.7万亿元，比上年增长6.9%。全年社会消费品零售总额366262亿元，比上年增长10.2%。全国居民人均可支配收入25974元，比上年增长9.0%，扣除价格因素实际增长7.3%。

国内一次性卫生用品(包括吸收性卫生用品和湿巾)市场继续增长。卫生巾、婴儿纸尿裤和成人失禁用品的消费量都比上年增长，尤其是婴儿纸尿裤和成人失禁用品增长较快。卫生护垫和婴儿纸尿片消费量有轻微下降。2017年吸收性卫生用品的市场规模(市场总销售额)达到约1138.9亿元，比2016年增长9.8%。

在吸收性卫生用品(包括女性卫生用品、婴儿纸尿布和成人失禁用品)市场总规模中，女性卫生用品占46.3%，婴儿纸尿布占48.2%，成人失禁用品占5.5%，相比2016年，女性卫生用品占比继续下降，婴儿纸尿布和成人失禁用品占比继续提升，产品结构继续向成熟市场方向发展。

表1 2012—2017年吸收性卫生用品市场规模中各类产品占比(%)

产 品	2017年	2016年	2015年	2014年	2013年	2012年
女性卫生用品	46.3	48.9	49.7	52.0	56.8	53.7
婴儿纸尿布	48.2	46.4	44.0	41.2	38.1	41.8
成人失禁用品	5.5	4.7	6.3	6.8	5.1	4.5

注：2017年度女性卫生用品和婴儿纸尿布产品零售加价率按80%计，2016年以前是按40%计算的，为便于比较，将2016年数据作相应调整。

表2 2012—2017年吸收性卫生用品的市场规模和消费量及复合年均增长率

项目	年份	女性卫生用品	婴儿纸尿布	成人失禁用品
市场规模/亿元	2017	527.4	548.6	62.9
	2016	507.7	480.9	48.8
	2015	397.7	352.4	50.7
	2014	348.5	276.6	45.6
	2013	354.8	238.3	31.7
	2012	287.1	223.0	23.8
2012—2017年市场规模复合年均增长率/%		12.9	19.7	21.5
消费量/亿片	2017	1200.1	381.8	44.9
	2016	1186.1	349.1	33.1
	2015	1147.4	314.6	29.2
	2014	1028.2	258.0	26.0
	2013	1052.0	226.2	17.9
	2012	916.0	206.2	13.0
2012—2017年消费量复合年均增长率/%		5.6	13.1	28.1

注：2017年度女性卫生用品和婴儿纸尿布产品零售加价率按80%计，2016年以前是按40%计算的，为便于比较，将2016年数据作相应调整。

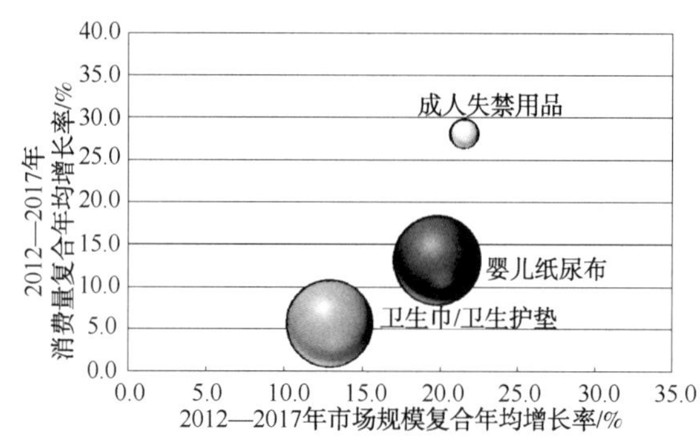

图1 2012—2017年吸收性卫生用品的市场规模和消费量的增长情况(CAGR)

注：2017年度湿巾首次以非织造布用量为依据进行统计，与以往的数据无可比性，因此本图未包括湿巾产品。

1 市场规模

1.1 女性卫生用品

2017年，女性卫生用品的市场保持平稳发展。根据中国造纸协会生活用纸专业委员会(以下简称生活用纸委员会)统计，卫生巾的产量约934.0亿片，工厂销售量约903.4亿片，工厂销售额约280.1亿元(按平均出厂价0.31元/片计算)，消费量约823.9亿片，市场规模约459.7亿元(按零售加价率80%计)，比上年增长6.7%，市场渗透率已达到100%。卫生护垫产量约407.1

亿片，工厂销售量约396.0亿片，工厂销售额约39.6亿元(按平均出厂价0.10元/片计)，消费量约376.2亿片，市场规模约67.7亿元(按零售加价率80%计)，比上年下降12.0%。

2017年，适龄女性人口继续减少，经期裤(裤型卫生巾)和卫生棉条的兴起取代了部分卫生巾的市场。同时，人们卫生意识提高，卫生巾更换频次增加，抵消了大部分不利影响，再加上进口卫生巾产品的持续增加，使卫生巾的消费量增长3.3%。在消费升级的大趋势下，企业不断推出创新产品和高端产品，卫生巾平均出厂价比上年提高，使工厂销售额获得了5.3%的增长。

卫生护垫市场出现下降，分析原因可能是因为以前在经期的初期和后期，很多消费者以卫生护垫作为卫生巾的替代品使用，近年来，迷你巾的出现，满足了这一需求，同时，部分消费者追求健康、自然、环保的生活方式，趋向日常不使用卫生护垫。综合上述因素，致使卫生护垫市场出现萎缩。卫生护垫平均出厂价下降，使工厂销售额降低16.6%。

2017年，卫生棉条在女性卫生用品总体消费量中仍然占比较小，且无确切数据，暂不列入本报告。

表3 2017年卫生巾和卫生护垫的产量和消费量

	2017年	2016年	同比增长/%
卫生巾			
产量/亿片	934.0	902.9	3.4
工厂销售量/亿片	903.4	886.4	1.9
工厂销售额/亿元	280.1	265.9	5.3
消费量/亿片	823.9	797.8	3.3
市场规模/亿元	459.7	430.8	6.7
市场渗透率/%	100	96.5	3.5个百分点
卫生护垫			
产量/亿片	407.1	443.1	-8.1
工厂销售量/亿片	396.0	431.4	-8.2
工厂销售额/亿元	39.6	47.5	-16.6
消费量/亿片	376.2	388.3	-3.1
市场规模/亿元	67.7	76.9	-12.0

注：1. 关于市场渗透率计算基础的说明：适龄女性(15—49岁)人数：2017年约为3.417亿人，2016年约为3.443亿人。卫生巾人均使用量为240片/人·年。

2. 2017年度产品零售加价率按80%计，2016年以前是按40%计算的，为便于比较，将2016年数据作相应调整。

1.2 婴儿纸尿布

婴儿纸尿布包括婴儿纸尿裤和婴儿纸尿片。2017年，婴儿纸尿布的市场继续保持较高速度的增长。根据生活用纸委员会的统计，婴儿纸尿布总产量约350.0亿片，工厂总销售量约343.9亿片，总消费量约381.8亿片，其中婴儿纸尿裤约322.8亿片，保持两位数增长，婴儿纸尿片约59.0亿片，出现轻微下降。婴儿纸尿布的工厂销售额合计约272.5亿元(婴儿纸尿裤按平均出厂价0.84元/片计，婴儿纸尿片按平均出厂价0.57元/片计)；市场规模达到548.6亿元(按零售加价率80%计)，比上年增长14.1%。市场渗透率由2016年的55.6%上升到59.6%，提高了4个百分点。

为满足消费者对高品质产品的需求，生产企业加强研发，不断推出创新产品和升级产品，2017年，高端产品和拉拉裤产品占比提高，平均出厂价格有所提升，使销售额增长高于销售量的增长。

全面二孩政策实施后，2016年和2017年新生儿数量连续两年保持在1700万以上，促进了纸尿布的消费。除了国产品牌销售量提高以外，还有大量国外品牌产品进入中国市场。为满足消费者对进口婴儿纸尿裤产品的需求，跨国企业加大境外原产地的生产，采取直接进口、跨境电商或合作的方式将产品引入中国市场。

表4 2017年婴儿纸尿布的产量和消费量

	2017年	2016年	同比增长/%
婴儿纸尿裤			
产量/亿片	289.7	256.3	13.0
工厂销售量/亿片	283.1	251.3	12.7
工厂销售额/亿元	237.8	203.6	16.8
消费量/亿片	322.8	289.0	11.7
市场规模/亿元	488.1	421.4	15.8
婴儿纸尿片			
产量/亿片	60.3	65.0	-7.2
工厂销售量/亿片	60.8	63.3	-3.9
工厂销售额/亿元	34.7	34.8	-0.3
消费量/亿片	59.0	60.1	-1.8
市场规模/亿元	60.5	59.5	-1.7
婴儿纸尿布合计			
产量/亿片	350.0	321.3	8.9

续表

	2017 年	2016 年	同比增长/%
工厂销售量/亿片	343.9	314.6	9.3
工厂销售额/亿元	272.5	238.4	14.3
消费量/亿片	381.8	349.1	9.4
市场渗透率/%	59.6	55.6	4 个百分点
市场规模/亿元	548.6	480.9	14.1

注：(1) 关于市场渗透率计算基础的说明：2017 年 0—2 岁婴儿人数约为 3509 万人，2016 年约为 3441 万人；人均纸尿布用量：5 片/(人・天)。

(2) 2017 年度产品零售加价率按 80% 计，2016 年以前是按 40% 计算的，为便于比较，将 2016 年数据作相应调整。

1.3 成人失禁用品

成人失禁用品主要包括成人纸尿裤/片和护理垫。2017 年成人失禁用品市场继续高速增长。与婴儿纸尿布市场不同的是，成人失禁用品的购买者目前仍普遍追求性价比，以价格为导向的消费理念仍然主导市场，为了顺应这一消费观念，很多企业提高了中低档产品的占比，平均出厂价格下降，导致工厂销售额增长低于销售量的增长，市场规模增长低于消费量增长。

根据生活用纸委员会的统计，2017 年，成人纸尿裤产量约 40.4 亿片，工厂销售量 38.8 亿片，工厂销售额约 47.7 亿元(按平均出厂价 1.23 元/片)。成人纸尿片产量约 11.1 亿片，工厂销售量 10.1 亿片，工厂销售额约 7.1 亿元(按平均出厂价 0.7 元/片计)。护理垫的产量约 20.3 亿片，工厂销售量约 18.9 亿片，工厂销售额约 14.1 亿元(按平均出厂价 0.75 元/片计)。成人失禁用品合计的工厂销售额约 68.9 亿元，市场规模约 62.9 亿元(按零售加价率 40%计)，比 2016 年增长 28.9%。

表 5　2017 年成人失禁用品的产量和消费量

	2017 年	2016 年	同比增长/%
成人纸尿裤			
产量/亿片	40.4	28.3	42.8
工厂销售量/亿片	38.8	27.5	41.1
工厂销售额/亿元	47.7	35.8	33.2
消费量/亿片	24.1	16.7	44.3
市场规模/亿元	41.5	30.4	36.5
成人纸尿片			
产量/亿片	11.1	7.6	46.1
工厂销售量/亿片	10.1	7.5	34.7
工厂销售额/亿元	7.1	6.5	9.2
消费量/亿片	5.9	4.2	40.5
市场规模/亿元	5.8	5.1	13.7
护理垫			
产量/亿片	20.3	16.1	26.1
工厂销售量/亿片	18.9	15.5	21.9
工厂销售额/亿元	14.1	12.1	16.5
消费量/亿片	14.9	12.2	22.1
市场规模/亿元	15.6	13.3	17.3
失禁用品总计			
产量/亿片	71.8	52.0	38.1
工厂销售量/亿片	67.8	50.5	34.3
工厂销售额/亿元	68.9	54.4	26.7
消费量/亿片	44.9	33.1	35.6
市场规模/亿元	62.9	48.8	28.9

2017 年，成人失禁用品市场继续保持两位数增长，消费量比上年增长 35.6%，其中成人纸尿裤增长 44.3%，成人纸尿片增长 40.5%，护理垫消费量增长 22.1%。在按片计的总消费量中，纸尿裤占 53.7%，比上年减少 4.8 个百分点，纸尿片占 13.1%，比上年提高 2.5 个百分点，护理垫占 33.2%，比上年提高 2.3 个百分点。成人失禁用品正逐渐被人们认知和接受，市场消费不断升温，但主要集中在满足基本功能的、具有较高性价比的中低档纸尿裤产品。纸尿裤的消费增速加快，纸尿片和护理垫的增速放缓。纸尿片和护理垫一般与纸尿裤一起搭配使用，这样可以延长单片纸尿裤的使用时间，降低护理成本。另外，护理垫还开辟了一些新的用途市场，如产褥垫、经期小床垫、婴儿小床垫、野餐垫等。

1.4 湿巾

2017 年度，生活用纸委员会首次以非织造布用量为依据对湿巾的生产情况进行统计。一方面是因为湿巾规格品种繁多，企业难以准确统计片数，另一方面也是为了与国际接轨，如北美非织造布协会 INDA 的数据都是以非织造布用量计算的。

根据企业填报数据估算，2017 年湿巾行业总计消耗非织造布约 22.2 万吨，湿巾工厂销售额总计约 66.6 亿元，市场规模约为 71.8 亿元(按零售加价率 40%计算）。

表 6　2017 年湿巾的产量和消费量

	2017 年
非织造布用量/万吨	22.2
工厂销售额/亿元	66.6
其中：净出口额/亿元	15.3
国内销售额/亿元	51.3
市场规模/亿元	71.8

2　主要生产商和品牌

2.1　女性卫生用品

经过多年的发展，女性卫生用品市场相对比较稳定，新进入的大企业很少。2017 年，生活用纸委员会统计在册的卫生巾/卫生护垫生产企业约 635 家，总体集中度仍然较低，市场竞争者仍由多个生产商组成，领先生产商主要集中在上海、福建、广东等地，包括本土生产商/品牌：恒安、景兴、啟盛，国际生产商：宝洁、尤妮佳、金佰利、花王。高端市场的品牌集中度很高，国际性品牌有：苏菲、护舒宝、高洁丝、乐而雅等，本土企业全国性品牌有七度空间、ABC、安尔乐等，区域性品牌有洁婷、U 适、小妮、佳期、自由点、倍舒特、洁伶、好舒爽、日子等。

表 7a 所列是 2017 年综合排名前 10 位国内女性卫生用品生产商和品牌，排序仅供参考，表 7b 所列为在国内设有工厂的国际女性卫生用品生产商和品牌。

表 7a　2017 年综合排名前 10 位国内女性卫生用品生产商/品牌（主要按销售额指标综合排序）

序号	公司名称	品　牌	产能（卫生巾+卫生护垫）/（亿片/年）
1	福建恒安集团有限公司	七度空间，安尔乐	291+65
2	广东景兴健康护理实业股份有限公司	ABC，Free	OEM 加工
3	佛山市啟盛卫生用品有限公司	U 适，小妮	60+28
4	重庆百亚卫生用品股份有限公司	妮爽，自由点	32.8+7.5
5	湖北丝宝卫生用品有限公司	洁婷	25+4.5
6	中山佳健生活用品有限公司	佳期	18+3.8
7	北京倍舒特妇幼用品有限公司	倍舒特，月自在	8+2
8	福建恒利集团有限公司	好舒爽，舒爽	88+30
9	桂林洁伶工业有限公司	洁伶，淘淘氧棉	15.1+2.2
10	云南白药清逸堂实业有限公司	日子	9+2

表 7b　在国内设有工厂的国际女性卫生用品生产商/品牌

公司名称	品　牌
宝洁（中国）有限公司	护舒宝，朵朵
尤妮佳生活用品（中国）有限公司	苏菲
金佰利（中国）有限公司	高洁丝
上海花王有限公司	乐而雅

2017 年，适龄女性（15—49 岁）人口继续减少，女性卫生用品的消费人群基数继续缩小。同时，进口卫生巾（海关商品编号 96190020 下的进口商品）数量继续保持两位数增长，再加上电商、微商等互联网品牌卫生巾的发展，导致国内领先品牌增速放缓，甚至出现负增长。

恒安集团卫生巾业务的销售收入增长约 6.1%至约 69.72 亿元，约占集团整体收入的 35.2%（2016 年：34.1%），毛利率维持稳定，约 72.2%（2016 年：72.6%）[1]。

宝洁公司在发展中地区（编者注：包括中国市场）的女性卫生用品销售量出现了低一位百分数的下降，主要是由于市场竞争以及减少对委内瑞拉分公司的出口造成的[2]。

金佰利公司在发展中地区和新兴市场的个人护理用品销售额增长了 6%，销售量增长了 5%。主要的驱动力来自于拉丁美洲（尤其是阿根廷和巴西）、中国、东欧和中东/非洲地区[3]。

花王乐而雅卫生巾销售额获得增长，虽然该品牌在日本国内市场面对巨大的竞争压力，但其在亚洲市场仍保持稳定增长[4]。

尤妮佳在中国市场积极开拓大城市的年轻女性消费者市场，进展顺利，带动了中国业务的增长[5]。

维达女性护理业务获得显著增长。轻曲线

Libresse 重新登陆中国的跨境电商平台及精品护理店，薇尔 VIA 通过成功的社交媒体推广以及全新裤型产品的推出，有效吸引了年轻消费者[6]。

女性卫生用品销售额增长显著的其他企业主要有：上海申欧增长 50%，杭州余宏增长 40%，广东川田增长 36%，杭州川田增长 29%，上海亿维增长 29%，湖南千金增长 25%，佩安婷增长 23%，康那香增长 19%，佳通增长 18%，上海月月舒增长 16%。另一方面，由于受到消费高端化趋势影响以及进口产品和互联网品牌的冲击，许多区域性品牌业绩出现明显下滑，经营压力加大。

2.2 婴儿纸尿布

婴儿纸尿布行业仍处于调整期，市场竞争激烈。2017 年，生活用纸委员会统计在册的婴儿纸尿布生产企业 669 家，市场竞争者仍由多个生产商组成。领先生产商主要集中在上海、江苏、浙江、福建、湖南、广东等地，包括本土生产商：恒安、昱升、千芝雅、茵茵、爹地宝贝等，国际生产商：宝洁、尤妮佳、金佰利、花王、大王等。高端市场的品牌集中度很高，国际性品牌有：帮宝适、妈咪宝贝、Moony、好奇、妙而舒、GOO. N 等，全国性品牌有安儿乐，区域性品牌有：吉氏、名人宝宝、茵茵、爹地宝贝、一片爽、倍康、希望宝宝、酷特适、婴舒宝等。

表 8a 所列是 2017 年综合排名前 10 位国内婴儿纸尿布生产商和品牌，排序仅供参考，表 8b 所列为在国内设有工厂的国际婴儿纸尿布生产商和品牌。

表 8a　2017 年综合排名前 10 位国内婴儿纸尿布生产商和品牌(主要按销售额指标综合排序)

序号	公司名称	品　牌	产能(纸尿裤+纸尿片)/(亿片/年)
1	福建恒安集团有限公司	安儿乐	34+1
2	广东昱升个人护理用品股份有限公司	吉氏，舒氏宝贝	15. 6+1. 1
3	杭州千芝雅卫生用品有限公司	名人宝宝	17. 0+0. 9
4	广东茵茵股份有限公司	茵茵 Cojin	10. 3+4. 3
5	爹地宝贝股份有限公司	爹地宝贝	7+0. 8
6	东莞市常兴纸业有限公司	一片爽，片片爽	10+9
7	湖南康程护理用品有限公司	倍康	5. 1+4
8	杭州豪悦护理用品股份有限公司	希望宝宝	8. 7+0. 8
9	杭州可靠护理用品股份有限公司	酷特适	15. 3(总)
10	婴舒宝(中国)有限公司	婴舒宝	9. 1+1

表 8b　在国内设有工厂的国际婴儿纸尿布生产商和品牌

公司名称	品　牌
宝洁(中国)有限公司	帮宝适
尤妮佳生活用品(中国)有限公司	妈咪宝贝
金佰利(中国)有限公司	好奇
花王(合肥)有限公司	妙而舒
大王(南通)生活用品有限公司	GOO. N

2017 年，婴儿纸尿布行业仍然受到进口产品和微商、电商品牌的冲击，不少区域性品牌的业绩都出现了不同程度的下滑。领先企业积极升级设备和产品，摆脱低层次的价格竞争，跃上高品质、高附加值和差异化的竞争平台。阶段性的产能过剩以及进口产品，微商、电商品牌的冲击是目前婴儿纸尿布行业最突出的问题。

恒安集团纸尿裤(含成人纸尿裤)业务销售收入下降约 7. 0%至约 19. 99 亿元，占集团整体收入的约 10. 1%(2016 年：11. 2%)，毛利率下降至约 46. 9%(2016 年：50. 8%)[1]。

宝洁公司在发展中地区(编者注：包括中国市场)的婴儿纸尿裤销售量获得低一位百分数的增长，主要得益于市场的成长和产品创新[2]。

花王妙而舒 Merries 婴儿纸尿裤实现大幅增长。在日本市场，虽然面对激烈竞争，但其销售额仍然获得增长，而且对中国的跨境电商实现大幅增长。在中国市场，自 2016 年开始实施的销售结构调整进展顺利，且加大电商供货量，使其在中国的销售额实现大幅增长[4]。

尤妮佳在中国市场加强进口 Moony 婴儿纸尿裤的销售并在市场营销方面积极投资，电商渠道获得持续增长[5]。

婴儿纸尿布销售额有明显增长的企业有：豪悦增长54%，婴舒宝增长52%，新亿发增长42%，嘉美诗增长42%，昱升增长37%，百亚增长35%，珍琦增长15%，杭州川田增长14%。

2.3 成人失禁用品

2017年，生活用纸委员会统计在册的成人失禁用品生产商431家，主要分布在天津、河北、上海、江苏、浙江、福建、山东、广东等地。本土生产商主要有可靠、恒安、千芝雅、珍琦、豪悦等，国际生产商有SCA、金佰利、尤妮佳等。国际性品牌有得伴、添宁、乐互宜等，全国性品牌有安而康，区域性品牌有包大人、可靠、千芝雅、珍琦、汇泉等。

表9所列是2017年综合排名前10位成人失禁用品生产商和品牌，排序仅供参考。

表9 2017年综合排名前10位国内成人失禁用品生产商和品牌(主要按销售额指标综合排序)

序号	公司名称	品 牌	生产能力/(亿片/年)
1	杭州可靠护理用品股份有限公司	可靠	10.1(总)
2	福建恒安集团有限公司	安而康	2.1(总)
3	杭州千芝雅卫生用品有限公司	千芝雅，千年舟	6.9(裤)+0.09(片)+1.2(垫)
4	杭州珍琦卫生用品有限公司	珍琦，健乐士，念慈恩	2.3(裤)+2.9(片)+3.0(垫)
5	杭州豪悦护理用品股份有限公司	白十字，汇泉，好年，康福瑞	1.7(裤)+0.4(片)+0.8(垫)
6	沈阳般舟纸制品包装有限公司	护家人，关爱	1.7(裤)+1.1(片)+0.8(垫)
7	上海亿维实业有限公司	宝莱	0.6(片)+1.5(垫)
8	苏州市苏宁床垫有限公司	安帕	0.6(裤)+4.0(垫)
9	杭州淑洁卫生用品有限公司	益年康，淑洁康	0.4(裤)+0.5(片)+0.4(垫)
10	小护士(天津)实业发展股份有限公司	小护士	0.6(裤)+0.7(片)+1.4(垫)

2017年，维达个人护理分部收益达25.78亿港元(约合20亿元人民币)，占集团总收益的19%(2016年：17%)。失禁及女性护理业务在中国内地市场的收益均实现了双位数的自然增长率。失禁护理方面，维达积极与地区政府及养老院合作，拓展专销客户。网上销售发展形势向好。在主要的市场，添宁TENA继续成为业界的领先品牌[6]。

2017年，成人失禁用品销售额增长较多的企业有：亿维增长一倍多，常兴增长一倍多，新亿发增长46.7%，昱升增长40%，唯尔福增长37%，珍琦增长37%，依依增长28%，千芝雅增长27.5%，苏宁增长25.6%，佳通增长19%，百亚增长17%，必得福增长16%，般舟增长15%，倍舒特增长12.8%，茵茵增长11%。

2.4 宠物卫生用品

2017年，生活用纸委员会统计在册的宠物卫生用品生产企业共69家，主要分布在北京、天津、河北、辽宁、上海、江苏、浙江、安徽、福建、山东、河南、广东等省市。

表10 2017年宠物卫生用品的主要生产商(排名不分先后)

公司名称	生产能力/(亿片/年)
北京倍舒特妇幼用品有限公司	1.0(垫)
天津市依依卫生用品有限公司	1.4(裤)+21.8(垫)
河北义厚成日用品有限公司	0.4(垫)
大连爱丽思生活用品有限公司	约2(垫)
沈阳般舟纸制品包装有限公司	0.7(垫)
上海唯尔福(集团)有限公司	0.8(垫)
上海亿维实业有限公司	0.5(垫)
江苏中恒宠物用品股份有限公司	2(垫)
苏州市苏宁床垫有限公司	1.0(垫)
泰州远东纸业有限公司	0.85(垫)
江苏省沭阳县协恒卫生用品有限公司	0.3(垫)
杭州可靠护理用品股份有限公司	1.5(总)
杭州小姐妹卫生用品有限公司	0.6(垫)
芜湖悠派护理用品科技股份有限公司	6.5(垫)
福建新亿发卫生用品有限公司	0.2(垫)
山东云豪卫生用品股份有限公司	0.5(垫)

2.5 湿巾

2017年，生活用纸委员会统计在册的湿巾生产企业739家，主要分布在北京、辽宁、上海、江苏、浙江、安徽、福建、山东、湖北、广东、重庆等地，但全国性品牌不多，排名前10位的生产商所占份额接近60%，市场集中度相对较高。有很多企业是给其他国内企业或零售商做贴牌或给国外企业生产OEM产品。

表11所列是2017年排名前10位湿巾生产商和品牌，排序仅供参考。

表11 2017年前10位湿巾生产商和品牌(主要按销售额综合排序)

序号	公司名称	品 牌
1	福建恒安集团有限公司	心相印
2	杭州国光旅游用品有限公司	全棉爸爸，OEM加工
3	铜陵洁雅生物科技股份有限公司	艾妮，喜擦擦，哈哈
4	重庆珍爱卫生用品有限责任公司	珍爱
5	上海美馨卫生用品有限公司	Cuddsies，凯德馨
6	强生(中国)有限公司	强生，嗳呵
7	南六企业(平湖)有限公司	OEM加工
8	深圳全棉时代科技有限公司	Purcotton 全棉时代
9	诺斯贝尔化妆品股份有限公司	NBC 诺斯贝尔
10	金红叶纸业集团有限公司	清风

目前，国内市场湿巾的普及率总体相对较低。据生活用纸委员会统计，2017年，婴儿专用湿巾和普通型湿巾仍是占比最大的类别，其他类别的湿巾占比较小。厨房清洁湿巾和厕用湿巾(湿厕纸)已占有一席之地，受到业内关注，恒安、维达、金佰利、金红叶、中顺洁柔、国光、洁雅、珍爱、全棉时代、诺斯贝尔等领先企业都已进入该市场。

表12 各品类湿巾的产量占比(以非织造布用量计)/%

品 类	2017年
普通型	27.8
婴儿专用	56.4
女性卫生专用	5.1
卸妆用	4.6
居家清洁用	3.3
厨房用	1.7
厕用	0.9
其他用途	0.2

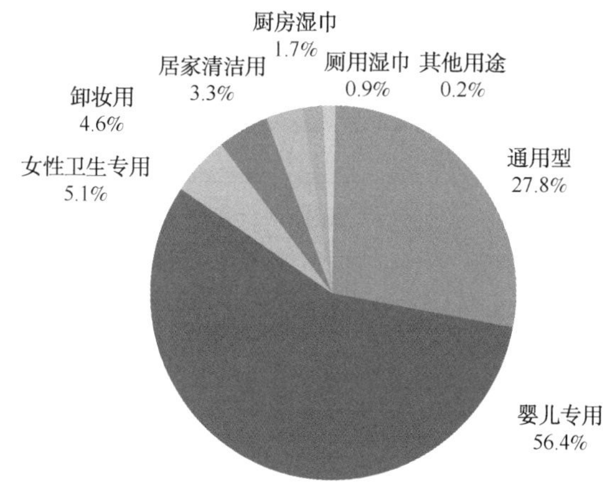

图2 2017年各品类湿巾的产量占比(以非织造布用量计)

3 进出口情况

3.1 出口贸易显著增长

一次性卫生用品行业出口贸易继续保持活跃，且增幅明显加大。据海关统计数据(表13)，2017年吸收性卫生用品的出口量比2016年增长12.79%，出口额增长5.88%，出口产品平均价格下降，价格下降主要集中在卫生巾产品。出口产品中婴儿纸尿布和成人失禁用品占比最大。

表13 2017年一次性卫生用品出口情况

商品编号	商品名称	数量/吨	金额/美元	与去年同期相比/%	
				数量	金额
吸收性卫生用品合计		656,924.871	1,908,847,810	12.79	5.88
48189000	纸浆、纸等制的其他家庭、卫生或医院用品	156,325.027	301,722,392	14.50	15.29
96190011	供婴儿使用的尿裤及尿布，任何材料制	219,887.472	738,864,789		
96190019	其他任何材料制的尿裤及尿布	104,551.530	238,351,890		

续表

商品编号	商品名称	数量/吨	金额/美元	与去年同期相比/%	
				数量	金额
96190020	任何材料制的卫生巾(护垫)及止血塞	97,378.301	428,812,998	12.70	1.04
96190090	任何材料制的尿布衬里及本品目所列货品的类似品	78,782.541	201,095,741	23.18	24.69
湿巾合计		160,687.488	260,467,100	18.60	14.24
34011990	湿巾	160,687.488	260,467,100	18.60	14.24

注：从2017年起，海关将原有编码“96190010　任何材料制的尿裤及尿布”拆分为两个编码，“96190011　供婴儿使用的尿裤及尿布，任何材料制”，即婴儿纸尿裤和“96190019　其他任何材料制的尿裤及尿布”，即成人纸尿裤。

婴儿纸尿布出口量增长较大的企业有：怡佳增长3倍，新亿发增长1.8倍，百亚增长1.5倍，茵茵增长82%，千芝雅增长75%，江苏德邦增长56%，雀氏增长31%，珍琦增长15%。

成人失禁用品出口量增长较大的企业有：佳通增长77%，倍舒特增长71%，新亿发增长49%，必得福增长43%，苏宁增长37.5%，般舟增长36%，豪悦增长16%，珍琦增长15%。另外，天津依依和悠派的宠物卫生用品出口量也有较大增长。

海关数据显示，2017年我国吸收性卫生用品出口量排名前10位的出口目的国和地区依次为：美国、菲律宾、日本、韩国、加纳、巴基斯坦、印度、中国香港、肯尼亚、英国。吸收性卫生用品出口量排名前20位的企业见表14a，卫生巾(护垫)及止血塞出口量排名前10位的企业见表14b，婴儿纸尿裤及尿布出口量排名前10位的企业见表14c。

表14a　2017年吸收性卫生用品出口量排名前20位的企业

排名	公司名称
1	天津市依依卫生用品股份有限公司
2	杭州可靠护理用品股份有限公司
3	浙江珍琦护理用品有限公司/杭州珍琦卫生用品有限公司
4	广州市森大贸易有限公司
5	上海亿维实业有限公司
6	芜湖悠派护理用品科技股份有限公司
7	美佳爽(中国)有限公司/美佳爽(福建)卫生用品有限公司
8	金佰利集团
9	大连爱丽思生活用品有限公司

续表

排名	公司名称
10	南安市远大卫生用品厂
11	中天(中国)工业有限公司
12	河北义厚成日用品有限公司
13	福建恒利生活用品有限公司/福建恒利实业有限公司
14	山东晶鑫无纺布制品有限公司
15	常州市武进亚星卫生用品有限公司
16	博爱(中国)膨化芯材有限公司
17	杭州豪悦实业有限公司/江苏豪悦实业有限公司
18	苏州美迪凯尔国际贸易有限公司
19	福建省惠安泉艺进出口有限公司
20	潍坊恒联美林生活用纸有限公司

表14b　2017年卫生巾(护垫)及止血塞出口量排名前10位的企业

排名	公司名称
1	金佰利集团
2	苏州美迪凯尔国际贸易有限公司
3	宁波意斯欧国际贸易有限公司
4	中天(中国)工业有限公司
5	广州市森大贸易有限公司
6	安徽英柯进出口贸易有限公司
7	广州宝洁有限公司
8	泉州卓悦纸业有限公司
9	上海申欧企业发展有限公司
10	广西舒雅护理用品有限公司

表 14c　2017 年婴儿纸尿裤及尿布出口量排名前 10 位的企业

排名	公司名称
1	杭州可靠护理用品股份有限公司
2	广州市森大贸易有限公司
3	美佳爽(中国)有限公司/美佳爽(福建)卫生用品有限公司
4	福建恒利生活用品有限公司
5	南安市远大卫生用品厂
6	中天(中国)工业有限公司
7	福建省惠安泉艺进出口有限公司
8	福建一达通企业服务有限公司
9	福建莆田佳通纸制品有限公司
10	广州宝洁有限公司

2017 年，湿巾出口贸易大幅增长，表 13 显示，“商品编号 34011990(湿巾)”一项，出口量比 2016 年增长 18.6%，出口金额增长 14.24%。湿巾出口量排名前 10 位的出口目的国和地区是：美国、日本、澳大利亚、英国、丹麦、智利、中国香港、菲律宾、秘鲁、台澎金马关税区。湿巾出口量排名前 20 位的企业见表 15。

表 15　2017 年湿巾出口量排名前 20 位的企业

排名	公司名称
1	杭州国光旅游用品有限公司
2	扬州倍加洁日化有限公司
3	铜陵洁雅生物科技股份有限公司
4	佛山市顺德区崇大湿纸巾有限公司
5	河北义厚成日用品有限公司
6	哈尔滨锦华实业有限公司
7	上海联众医疗产品有限公司
8	无锡市凯源家庭用品有限公司
9	绍兴佰迅卫生用品有限公司
10	苏州宝丽洁日化有限公司
11	临安大拇指清洁用品有限公司
12	中国浙江国际经济技术合作有限责任公司
13	维尼健康(深圳)股份有限公司
14	上海申虹对外经济贸易有限公司
15	创艺卫生用品(苏州)有限公司
16	深圳市康雅实业有限公司
17	扬州市时新旅游用品有限公司
18	上海日晶企业发展有限公司
19	上海新领域国际贸易有限公司
20	浙江启美日用品有限公司

3.2　进口保持平稳增长

表 16　2017 年一次性卫生用品进口情况

商品编号	商品名称	数量/吨	金额/美元	与去年同期相比/%	
				数量	金额
吸收性卫生用品合计		254,861.197	1,435,266,367	10.39	10.17
48189000	纸浆、纸等制的其他家庭、卫生或医院用品	3,729.144	12,669,214	-20.35	-19.99
96190011	供婴儿使用的尿裤及尿布，任何材料制	238,008.280	1,296,485,739		
96190019	其他任何材料制的尿裤及尿布	3,005.691	4,598,634		
96190020	任何材料制的卫生巾(护垫)及止血塞	9,074.304	115,230,409	10.94	21.96
96190090	任何材料制的尿布衬里及本品目所列货品的类似品	1,043.778	6,282,371	-5.27	-3.74
湿巾合计		11,524.761	19,056,964	2.11	11.39
34011990	湿巾	11,524.761	19,056,964	2.11	11.39

2017 年，吸收性卫生用品进口保持平稳增长，进口量比 2016 年增长 10.39%，进口额增长 10.17%，纸尿裤产品进口量仍保持一位数增速，2017 年 12 月 1 日起进口纸尿裤关税降为零并没有造成纸尿裤进口量大幅增长。婴儿纸尿裤在进口卫生用品中占比达到 93.4%，其中 90%以上原

产地是日本，如花王、大王、尤妮佳等公司的产品，宝洁也从日本进口超高端特级棉柔纸尿裤。

卫生巾类(含卫生棉条)产品进口增速仍保持在两位数，但进口量增长率几乎下降到2016年的27%，为10.94%(2016年为40.66%)，其在进口卫生用品中占比仍较小，仅为3.6%。进口的卫生巾类(含卫生棉条)产品主要来自日本、韩国、加拿大等国，其中日本占比最大，为41.5%。

4 市场变化和发展特征

2017年，中国卫生用品市场容量持续稳步增长，市场竞争更加激烈。消费高端化趋势、二孩政策的全面实施和老龄化加剧为卫生用品行业带来新的机遇，吸引了新一轮的投资扩产，同时跨国公司为保持在中国市场的竞争力，继续增加进口高端产品。市场格局的变化和原材料涨价压缩了盈利空间，倒逼企业研发创新，升级降耗，一批有竞争优势的企业脱颖而出。部分企业开始以各种方式向海外市场发展和布局。

4.1 投资热方兴未艾，国内企业在提质升级的同时，开始布局国际市场；跨国公司在中国的投资减缓

国内现有卫生用品企业投资扩产，技术装备更新换代，导入智能制造。如爹地宝贝、婴舒宝的智能化立体仓库投入使用；康程婴童国际产业园开工建设，计划新建智能立体仓库并引进物流搬运机器人、无人驾驶叉车以及生产全过程目视化管理系统；杭州国光建设智能化“黑灯”工厂等。

同时，部分国内生产企业和原材料企业开始布局国际市场。如恒安在俄罗斯投资建厂，收购了马来西亚皇城集团；康程将倍康品牌打入德国市场，与中俄潇湘伏尔加产业园达成战略合作；维达整合SCA在中国和其他亚洲地区的个人护理用品业务；悠派的美国工厂开业；爹地宝贝品牌纸尿裤成功进入韩国市场；云南白药清逸堂在东南亚市场推广“日子”卫生巾。必得福在澳洲合资建立非织造布工厂；延江在埃及和北美建厂等。

一些外行业的大型制药企业、纺织企业、乳品企业等跨界强势进入卫生用品行业，投资项目体量大，技术先进。如江苏新沂必康药业、湖北马应龙药业、双飞人制药、欣龙控股、海斯摩尔、贝因美等。

知名电商、微商品牌投资建厂，如北京爸爸的选择在山东德州建厂，月如意品牌卫生巾在天津建厂等。

跨国公司在中国的原有项目进展顺利，新增投资较少。如金佰利天津纸尿裤生产基地正式落成投产；日本大王在江苏南通建设新的纸尿裤厂并扩大现有工厂产能；宝洁广州设立中国数字创新中心。日本东丽集团决定在广东佛山建设第二家非织造布工厂。

4.2 卫生用品产业集群形成，上下游产业链共同发展

2017年，生活用纸委员会统计在册的广东省吸收性卫生用品企业368家，包括景兴、啟盛、昱升、茵茵、常兴、佳健、美洁、新感觉等国内领先企业；福建省402家，包括恒安、爹地宝贝、婴舒宝、美佳爽、远大、雀氏、恒利等国内领先企业；长三角地区335家，包括唯尔福、护理佳、余宏、可靠、豪悦、千芝雅、珍琦等国内领先企业。

经过30多年的发展，中国卫生用品行业已自然形成广东、福建、长三角等产业集群，不仅有卫生巾、纸尿裤生产企业聚集，同时也吸引了非织造布、高吸收性树脂、复合芯体、透气膜、热熔胶、离型纸、包装材料等原材料企业投资建厂，形成了完善的上下游产业链。且已自发成立了西樵卫生用品行业协会、佛山市南海区医卫用产品行业协会、福建省卫生用品商会、浙江省卫生用品商会、天津市工商联生活用纸商会等。

湖南宁乡母婴卫生用品产业集群已初步形成，目前入驻的有康程、舒比奇、爽洁、洁韵、宜贝尔和漫画岛等6家纸尿裤生产企业及14家相关材料企业。

广东省佛山市南海九江镇现已形成医卫用非织造产品集群地。九江镇的非织造布产业起源于1993年，经过20多年的发展，产品已由起初工业基布(如家私、鞋材、环保袋)为主逐步发展为以卫生用品和医疗卫生用品的辅助材料为主，培育和吸引了一批优质非织造布企业，如贝里国际集团南海工厂、南海必得福无纺布有限公司、佛山市裕丰无纺布有限公司等。

湖北省仙桃彭场镇非织造布产业集群稳步

发展，形成了集非织造布机械设备制造、产品开发、原料生产、制品加工、辅料生产、包装印刷、物流运输等于一体的完整产业链。未来，仙桃将聚焦医用、卫生用非织造布及制品产业发展，全力打造以“全国非织造布产业名镇”彭场镇为核心的华中地区最大非织造布产业基地。

4.3 卫生用品高端化趋势延续，升级产品不断涌现；中国特色的经期裤和复合芯体纸尿裤产品成为突出亮点

经期裤是中国首创的产品，其在女性卫生用品中的份额继续提升，或将成为夜用卫生巾的替代品，产品的改进主要集中在贴身(拉伸性)、透气方面，豪悦、千芝雅和维达等在弹性材料的选择上各具特色。

卫生棉条市场处于引导培育期，市场占比很低，市售产品以进口品牌为主。

卫生巾产品的升级主要体现在透气性、贴身性以及个性化。如尤妮佳的苏菲“口袋魔法 S”可伸缩卫生巾和裸感卫生巾；花王的乐而雅“超瞬吸系列”卫生巾；恒安的安乐品牌重塑“新呼吸 New Breath”卫生巾；丝宝的“洁婷”；杭州余宏的“易可儿”、“布知布觉”；全棉时代的“奈丝公主全棉芯”卫生巾等。

婴儿纸尿裤市场，跨国公司继续引进高端产品，国内品牌努力研发升级产品，细节创新和差异化产品成为竞争的突破口，不少品牌的品质都已达到甚至超越跨国公司品牌。尤其是中国特色的复合芯体纸尿裤获得消费者的认可和青睐，同时也引起跨国公司的重视。国产品牌仍需进一步提高品质稳定性和品牌培育，取得消费者的信任。

成人纸尿裤高端产品升级，实现透气性、除异味、尿湿显示等功能。

湿巾产品的功能越来越细分化、多样化。如丹东康齿灵、济南卡尼尔、上海三君等推出针对失禁人群的失禁护理专用湿巾。生活用纸的“本色”之风也影响到了湿巾行业，不少企业推出本色湿巾。

天然材料受消费者推崇。如 NONOLADY 的“NONO 小黑巾”聚乳酸和竹炭纤维卫生巾；啟盛的“U 适”竹纤维卫生巾；上海东冠的“米娅”蚕丝蛋白卫生巾；嘟贝母婴的“嘟贝”竹浆婴儿湿巾；山东百合的“永润”木浆婴儿手口湿巾等。原材料供应商也在可持续发展方面不断探索，北京大源、上海精发研发出 PLA 聚乳酸纤维非织造布，上海紫华研发出 PLA 聚乳酸薄膜等。

4.4 婴儿拉拉裤(内裤式纸尿裤)市场高速增长

2017 年，婴儿拉拉裤市场份额继续扩大，在统计涵盖的企业中，婴儿纸尿裤的销售量中拉拉裤占比达到 24.9%，比上年增长 5.3 个百分点，且增长率远高于纸尿裤行业平均水平。婴儿拉拉裤的生产企业主要集中在广东、福建和浙江地区。

表 17 2017—2018 年新增拉拉裤生产线

省市	公司名称	生产线	数量	制造厂商	投产时间
北京	北京爸爸的选择科技有限公司	拉拉裤	1		2017.10
浙江	杭州珍琦卫生用品有限公司	婴儿拉拉裤	1	国产	2017.10
	杭州淑洁卫生用品有限公司	婴儿拉拉裤	1	三木	2018.3
	杭州豪悦护理用品股份有限公司	婴儿拉拉裤	1	海纳	2017.12
		妇女经期裤	1	上海瑞光	2017.7
福建	雀氏(福建)实业发展有限公司	拉拉裤	1	江苏三木	2017.1
	福建恒利集团有限公司	婴儿拉拉裤	1	国产	2017.10
	福建新亿发卫生用品有限公司	婴儿全伺服拉拉裤	1	海纳	2017.11
	百润(中国)有限公司	全伺服婴儿拉拉裤	1	汉威	2017.11
湖南	湖南康程护理用品有限公司	拉拉裤	2	汉威	2017.11
	湖南一朵生活用品有限公司	两片式婴儿训练裤	1	海纳	2017.5
	湖南舒比奇生活用品有限公司	拉拉裤生产线	1	瑞光	2017.1

续表

省市	公司名称	生产线	数量	制造厂商	投产时间
广东	佛山市顺德区新感觉卫生用品有限公司	拉拉裤	1		2017
	广州市汉氏卫生用品有限公司	拉拉裤	2	汉威	2018.10
	东莞市常兴纸业有限公司	婴儿拉拉裤	1	海纳	2017.11
	广东欧比个人护理用品有限公司	两片式拉拉裤	2	兴世	2017.11
	广东康怡卫生用品有限公司	拉拉裤	1	智造者	2017.12
	东莞天正纸业有限公司	两片式拉拉裤	1	海纳	2017.9
	东莞苏氏卫生用品有限公司	两片式兼容三片式	1	海纳	2017
	佛山市惠婴乐卫生用品有限公司	三片式拉拉裤	1	海纳	2017
	佛山爱佳护理用品有限公司	两片式兼容三片式	1	海纳	2017
	广州汇聚卫生用品有限公司	全伺服婴儿U型沙漏拉拉裤	1	海纳	2017
	中山市恒升卫生用品有限公司	两片式拉拉裤	1	海纳	2017
贵州	贵州卡布婴童用品有限责任公司	全伺服驱动婴儿拉拉裤	1		2017.5

4.5 合作研发、定制化研发的趋势成为行业上下游企业的共识

研发的重要性不言而喻，而且在当今时代以某个企业的一己之力很难应对消费者多样化的需求和迅速多变的市场形势，加强产业链上下游的深度合作，开发定制化、个性化的产品是全行业的共识，并且已经付诸实践。

可靠投资1亿元成立中国失禁护理及老人福祉行业首家企业研究机构——可靠研究院，是全国获批的唯一的省级企业研究院。豪悦与日本瑞光展开深度战略合作，推进卫生护理产品新技术研发和工艺的提升。珍琦与日本普利乐株式会社合作研发应用于医院、护理机构及一般市场等的除臭剂产品。茵茵与东华大学联合研制空间站航天员腹泻袋，为航天员在太空复杂空间情况下应对特殊生理状况提供处理方案。且茵茵股份技术中心实验室挂牌成为东华大学与茵茵股份航天卫生用品产学研合作基地的联合研发实验室。

北京大源与上游纤维、油剂等供应商和下游卫生用品生产商合作研发，为客户提供定制化产品。延江不断创新，与客户合作进行定制化研发，提供小批量、个性化面层材料，帮助客户实现差异化竞争。

恒昌坚持自主创新之路，积极与知名跨国公司、优秀供应商、高等院校、科研单位等密切合作，建立技术经济合作伙伴关系，努力实现从中国制造向中国创造的转变。泉州汉威走高端化路线，实现企业升级，与客户合作进行一对一研发，实现定制化、高端化、差异化。富田申报的“中国一次性卫生制品装备产业链协同创新中心”获得批准，未来将在已有技术联盟基础上与更多的企业展开更深入的合作。

4.6 企业积极尝试O2O模式，布局新零售

新零售概念一经提出就引起人们的热议并且已经对人们的生活产生了实质性的影响，与消费者密切相关的卫生用品行业企业积极尝试O2O模式，把线上线下和现代物流相结合，布局新零售。

恒安集团针对“七度空间”产品开发O2O营销平台；爸爸的选择再度推出“千店+”计划，将在全国建立1000家“爸爸的选择”专卖店；宝洁携手天猫超市在核心商圈组织快闪店活动，推出“线下体验-线上下单-回家收货”的新玩法；爹地宝贝第一家互动乐园全新启航，其中设有免费纸尿裤体验区及产品展示区，可以现场通过扫描二维码购买，直接送货到家；天津博真实业的“月如意”是较早的互联网卫生巾品牌，现在公司积极打通线上和线下，可实现在“博真优选”线上商城订购产品，在线下的实体店进行体验交易或者直接送货上门。

5 绒毛浆和高吸收性树脂的供应情况

5.1 绒毛浆

2017年我国吸收性卫生用品行业使用的绒毛浆仍然以进口浆为主，进口绒毛浆的主要生产商及品牌见表18。

表 18　2017 年进口绒毛浆的主要生产商及品牌

序号	公司名称	品　牌
1	美国国际纸业公司(IP，International Paper)	超柔(Supersoft)
2	GP 纤维亚洲香港有限公司(GP Cellulose)	金岛(Golden Isles)
3	灯塔亚洲有限公司(Domtar)	灯塔(Domtar)
4	芬兰斯道拉恩索公司(Stora Enso)	女神(Stora Prime)
5	美国石头公司(Stone)	石头(Stone)
6	美国 Resolute Forest Products 公司	宝水(Bowater)
7	瑞安先进材料有限公司(Rayonier)	白玉(Rayfloc)

注：自 2017 年起，惠好(亚洲)有限公司已并入国际纸业公司。

2017 年国产绒毛浆的数量仍然很少，主要生产商福建腾荣达纸业 BCTMP 杉木绒毛浆生产能力 4 万吨/年。

5.2　高吸收性树脂

据生活用纸委员会统计，2017 年，中国卫生用品行业高吸收性树脂的用量约为 55 万吨，中国内地包括外商独资企业在内的高吸收性树脂生产商的生产能力约为 130 万吨/年(见表 19)，衢州威龙、晋江汇森和中山恒广源已转产不再生产高吸收性树脂。2017 年，整个行业的产能利用率不高，由于产能过剩，行业内出现了价格竞争，有些产品售价已在成本以下，全年平均价格仍在万元/吨左右。同时，企业也在积极寻求出口市场和其他用途市场，丹森有约 70%产品出口、卫星有约 40%出口、博亚有约 30%出口、台塑和诺尔有约 20%出口等。

表 19　2017 年中国内地主要的高吸收性树脂生产商

序号	公司名称	生产能力/(万吨/年)
1	宜兴丹森科技有限公司	26
2	三大雅精细化学品(南通)有限公司	23
3	山东诺尔生物科技有限公司	14
4	台塑吸水树脂(宁波)有限公司	9
5	浙江卫星新材料科技有限公司	9
6	江苏斯尔邦石化有限公司(原江苏虹创新材料有限公司)	8
7	邦丽达(福建)新材料股份有限公司	7
8	扬子石化-巴斯夫有限责任公司	6
9	湖北乾峰新材料科技有限公司	5
10	日触化工(张家港)有限公司	3
11	万华化学集团股份有限公司	3
12	邹平新昊高分子材料有限公司	3
13	上海华谊丙烯酸有限公司(新厂在建中)	2
14	济南昊月吸水材料有限公司	2
15	唐山博亚树脂有限公司	2
16	北京希涛技术开发有限公司	2
17	南京盈丰高分子化学有限公司	2
18	山东中科博源新材料科技有限公司	2
19	珠海得米新材料有限公司	2

各企业的扩产计划如下：

① 卫星新材料计划 2018 年新增 2 条 SAP 生产线，合计增加产能 6 万吨/年；

② 诺尔 8 万吨/年丙烯酸项目计划 2018 年 4 月投产，SAP 产能将增加 10 万吨/年；

③ 珠海得米计划 2018 年 7—8 月投产一条新的生产线，SAP 产能增加 3 万吨/年。

6　国产卫生用品设备整体水平提升

国产卫生用品设备整体水平提升，领先企业跻身国际先进行列，定制化、高端化、差异化是发展趋势。

卫生巾生产线稳定生产速度达到2000 片/min，婴儿训练裤生产线稳定生产速度达 800 片/min，婴儿纸尿裤生产线稳定生产速度达到 800 片/min，成人失禁裤生产线稳定生产速度达到 400 片/min，成人纸尿裤生产线稳定生产速度达到 350 片/min，湿巾生产线速度达到 9600 片/min。除生产速度提高外，生产线的自动化程度也得到显著提升，高速生产线配套码垛机、包装机和装箱机等，使用工人数明显减少。

恒昌、法麦凯尼柯、富田等设备厂商引进超声波粘合技术，在纸尿裤生产的某些部分替代传统的热熔胶喷涂粘合方式，进一步减少了原材料的用量。

国产卫生用品设备不仅满足了国内生产企业的需求，还得到知名国际品牌的认可。恒昌与多个国际品牌保持良好的合作关系，并连续两次获得金佰利“全球最佳供应商”大奖。兴世、汉威、新余宏、海纳、金卫等都有大量设备出口。

7 市场展望

7.1 女性卫生用品

目前卫生巾市场渗透率已经达到100%，市场基本饱和。未来市场的主要驱动力仍然是产品的高端化、使用频次的提高，但也应看到适龄女性(15—49岁)人口在未来数年仍将保持下降趋势等不利因素。

消费者除了要求产品品质的升级以外，还希望获得更好的消费体验。对于卫生巾来说这一点尤为重要，因为一般来说卫生巾的购买者即为使用者。生产企业需用心做好消费者研究，必须针对不同消费层次、年龄层次提供差异化、个性化的产品。

经期裤和卫生棉条的市场将有所增长，尤其是在年轻女性消费者群体中，但短期内不会成为市场主流。

7.2 婴儿纸尿布

2017年是全面二孩政策实施的第2年，根据国家统计局发布数据，全年出生人口1723万人(2016年为1786万人，为2000年以来最高水平)，仍处于2000年以来的高位，高于“十二五”时期年均出生1644万人的水平。其中，二孩数量进一步上升至883万人，比2016年增加了162万人；二孩占全部出生人口的比重达到51.2%，比2016年提高了11个百分点。国务院参事、人口问题专家马力表示，“全面二孩”政策所针对的目标，是之前蓄积起来的有继续生育需求的育龄妇女，根据测算，这部分蓄积量需要大概5年的时间才能得到完全释放，而其中的生育高峰将会发生在2017年和2018年，也就是说，2018年二孩出生数还将维持在2017年的水平，之后才会缓慢下降。

新一代年轻父母普遍是80后、90后，他们对纸尿布的接受度高，尤其是随着二孩比例的上升，父母们对于纸尿布更加依赖，而且日均使用片数明显增加，必将促进婴儿纸尿布市场需求的持续增长。可支配收入增加和持续的城镇化，将使下线城市及农村、乡镇市场婴儿纸尿布的渗透率继续提高。预计未来5年，婴儿纸尿布市场仍将保持较高的增长率。

对婴儿纸尿布市场前景的预期仍将吸引更多投资，包括外行业的进入，使市场竞争激烈程度加剧。

7.3 成人失禁用品

统计公报显示，2017年末，我国60周岁及以上人口24090万人，占总人口的17.3%，比上年末提高了0.6个百分点。其中，65周岁及以上人口15831万人，占总人口的11.4%，比上年末提高了0.6个百分点。中国人口老龄化程度加剧且速度快、规模大，同时还伴随着“少子”老龄化、高龄化、空巢化、家庭结构小型化和家庭保障功能快速弱化的现象。

针对这一严峻的形势，政府工作报告提出要积极应对人口老龄化，发展居家、社区和互助式养老，推进医养结合，提高养老院服务质量。

从国际经验来看，形成相当规模的失禁用品消费群体的必要条件是人均GDP达到8000~10000美元，2017年，我国人均GDP达到59660元(约合9425美元)，完全满足市场发展的必要条件。

综合以上因素，今后数年，我国成人失禁用品市场将持续快速增长。

7.4 湿巾

目前，国内湿巾市场仍以婴儿用湿巾、通用型湿巾为主，女性(或男性)卫生湿巾、卸妆湿巾等人用湿巾及居家清洁湿巾、宠物湿巾等品类占比仍然较小。厕用湿巾和厨房湿巾市场在领先企业的推动下将继续拓展。干湿两用巾作为一个跨界的品类仍将满足特定群体的需求。

湿巾的基材仍将以水刺非织造布为主，采用棉纤维、竹纤维等天然纤维的湿巾以及本色湿巾仍将满足具有较强健康意识和环保意识的消费者的需求。

现在生活节奏快、时间紧张，便利性成为消费者选择商品时的重要考虑因素。

根据北美等发达国家的经验，具有清洁/消毒功能的湿巾增长较快。近年来，全球暴发了一系列的流行性疾病，一些传染性病菌也在很多地方肆虐，还有与医疗保健相关的感染(HAI)频繁发生。为了控制流行疾病及减少感染，清洁/消毒湿巾得到普遍应用。随着人们卫生健康意识的提高，中国市场对于具有清洁/消毒功能的湿巾也将有一定的需求。

中国人口老龄化形势严峻，针对老年人的医

疗护理任务加剧，能满足老年人日常护理需求，如预防褥疮、护肤功能的湿巾将有一定的市场。

总体来说，目前中国湿巾市场普及率相对较低，品类也相对较少，可开发的空间很大，市场将持续快速发展。

参 考 文 献

[1] 恒安国际控股有限公司 2017 年年报.
[2] 宝洁公司 2017 年年报.
[3] 金佰利公司 2017 年年报.
[4] 花王公司 2017 年年报.
[5] 尤妮佳集团公司 2017 年年报.
[6] 维达国际控股有限公司 2017 年年报.

Overview and Prospects of the Chinese Disposable Hygiene Products Industry in 2017

Sun Jing, ZhangYulan, Cao Baoping, CNHPIA

In 2017, the national economy has progressed steadily with a good momentum, and developed better than expectation while the economic society maintained steady and healthy development. In 2017, the GDP reached 82.7 trillion Yuan, up 6.9% than 2016. The total retail sales of social consumer goods reached 36.6262 trillion Yuan, up 10.2% over the previous year. The per capita disposable income of residents in China was 25,974 Yuan, an increase of 9.0% over the previous year, and an actual increase of 7.3% with price factor deducted.

China's disposable hygiene products market (including absorbent hygiene products and wet wipes) kept growing. The consumption of sanitary napkins, baby diapers and adult incontinent products has increased over the previous year. In particular, baby diapers and adult incontinent products grew faster. The consumption of pantiliners and baby diaper pads showed a slight decrease. In 2017, the market size (total market sales revenue) of absorbent hygiene products was about 113.89 billion Yuan, up 9.8% than 2016.

Among the total market of absorbent hygiene products (including feminine hygiene products, baby diapers and adult incontinent products), feminine hygiene products accounted for 46.3%, baby diapers accounted for 48.2%, and adult incontinent products accounted for 5.5%. Compared with 2016, the share of feminine hygiene products kept declining, while the share of baby diapers and adult incontinent products kept increasing, making the product structure to develop in the direction of mature market continuously.

Table 1 Market Size Share of Various Absorbent Hygiene Products during 2012-2017(%)

Category	2017	2016	2015	2014	2013	2012
Feminine Hygiene Products	46.3	48.9	49.7	52.0	56.8	53.7
Baby Diapers	48.2	46.4	44.0	41.2	38.1	41.8
Adult Incontinences	5.5	4.7	6.3	6.8	5.1	4.5

Note: The retail sales markup rate for feminine hygiene products and baby diapers in 2017 is calculated based on 80%, while the markup rate before 2016 was calculated based on 40%. For the sake of comparison, the data in 2016 was adjusted accordingly.

Table 2 Market Size & Consumption and CAGR of Absorbent Hygiene Products during 2012-2017

Items	Year	Feminine Hygiene Products	Baby Diapers	Adult Incontinent Products
Market size/100 million Yuan	2017	527.4	548.6	62.9
	2016	507.7	480.9	48.8
	2015	397.7	352.4	50.7
	2014	348.5	276.6	45.6
	2013	354.8	238.3	31.7
	2012	287.1	223.0	23.8
2012-2017 Market Size CAGR/%		12.9	19.7	21.5
Consumption/100 million pieces	2017	1200.1	381.8	44.9
	2016	1186.1	349.1	33.1
	2015	1147.4	314.6	29.2
	2014	1028.2	258.0	26.0

续表

Items	Year	Feminine Hygiene Products	Baby Diapers	Adult Incontinent Products
Consumption/100 million pieces	2013	1052. 0	226. 2	17. 9
	2012	916. 0	206. 2	13. 0
2012-2017 Consumption CAGR/%		5. 6	13. 1	28. 1

Note: The retail sales markup rate for feminine hygiene products and baby diapers in 2017 is calculated based on 80%, while the markup rate before 2016 was calculated based on 40%. For the sake of comparison, the data in 2016 was adjusted accordingly.

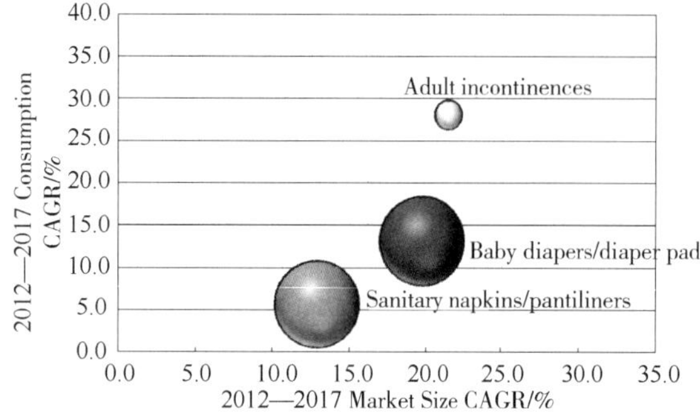

Figure 1 Growth of Market Size and Consumption of Absorbent Hygiene Products during 2012-2017(CAGR)

Note: In 2017, the statistics of the wet wipes is conducted based on the nonwoven consumption for the first time, which is incomparable with the previous data. Therefore, this figure does not in clude wet wipes.

1 Market Size

1. 1 Feminine Hygiene Products

In 2017, the feminine hygiene products market maintained steady growth. According to the statistics by China National Household Paper Industry Association (CNHPIA), the output of sanitary napkins was about 93. 4 billion pieces. The producers' sales volume was 90. 34 billion pieces, with the sales revenue of about 28. 01 billion Yuan (calculated in accordance with average producer price of 0. 31 Yuan/pcs), and the consumption volume was 82. 39 billion pieces. The market size was approximately 45. 97 billion Yuan (calculated on 80% of the retail markup rate), an increase of 6. 7% over the previous year. The market penetration rate has reached 100%. The output of pantiliners was about 40. 71 billion pieces. The producers' sales volume was about 39. 6 billion pieces, with sales revenue of about 3. 96 billion Yuan (calculated based on average producer price of 0. 10 Yuan/pcs), and the consumption volume was 37. 62 billion pieces. The market size was approximately 6. 77 billion Yuan (calculated at 80% of the retail markup rate), a decrease of 12. 0% from the previous year.

In 2017, while the population of age - appropriate females continued to decline, menstrual pants (pant - type sanitary napkins) and tampons have gradually increased to seize some shares of sanitary napkin market. However, on the other hand, people's health awareness has improved with more frequent changes of sanitary napkins, which has made up for most of negative effect. Besides, imports of sanitary napkin products continued to increase. As a result, the consumption of sanitary napkins has increased 3. 3% in 2017. Under the general trend of consumption upgrade, enterprises continue to introduce innovative products and high-end products. In consequence, the average producer price of sanitary napkins has increased compared to the previous year, which leads to a 5. 3% increase in factory sales revenue.

The pantiliner market has exhibited a decline. The reasons for the decline could be that many consumers used pantiliners as a substitute for sanitary napkins in the early and late periods of menstruation. However, in recent years, the emergence of mini sanitary napkins has met the demands. Furthermore, some consumers pursuing healthy, natural, and environmentally friendly lifestyles tend to not use pantiliners in their daily life. Under the combined effect of above factors, the pantiliner market has been shrinking. The average producer price of pantiliners has decreased, which reduced producers' sales revenue by 16. 6%.

In 2017, the proportion of tampon in the total consumption of feminine hygiene products is still quite small with no specific data. So tampon is not included in this annual report.

Table 3 Output and Consumption of Feminine Hygiene Products in China in 2017

	2017	2016	Growth rate/%
Sanitary napkins			
Production/100 million pieces	934.0	902.9	3.4
Producers' sales volume / 100 million pieces	903.4	886.4	1.9
Producers' sales revenue/100 million Yuan	280.1	265.9	5.3
Consumption/100 million pieces	823.9	797.8	3.3
Market size/100 million Yuan	459.7	430.8	6.7
Market penetration/%	100	96.5	3.5 percentage points
Pantiliners			
Production/100 million pieces	407.1	443.1	-8.1
Producers' sales volume/100 million pieces	396.0	431.4	-8.2
Producers' sales revenue/100 million Yuan	39.6	47.5	-16.6
Consumption/100 million pieces	376.2	388.3	-3.1
Market size/100 million Yuan	67.7	76.9	-12.0

Note: 1. The calculation basis of market penetration rate is as follows: data on the number of women aged 15 - 49: In 2017, the number of women aged 15-49 was 341.7 million, and that in 2016 was 344.3 million. The number of sanitary napkins used by each person is 240 pcs/year.

2. The retail sales markup rate in 2017 is calculated based on 80%, while the markup rate before 2016 was calculated based on 40%. For the sake of comparison, the data in 2016 was adjusted accordingly.

1.2 Baby Diapers

Baby diapers include baby diapers (open and pant type) and baby diaper pads. In 2017, the market of baby diapers continued to grow at a fast speed. According to the statistics of CNHPIA, the total output reached 35 billion pieces. The producers' total sales volume was 34.39 billion pieces. The total consumption volume was 38.18 billion pieces, including 32.28 billion pieces (maintaining a two-digit growth rate) of baby diapers and 5.9 billion pieces (showing a slight decrease) of baby diaper pads. The total producers' sales revenue was about 27.25 billion Yuan (calculated on average producer price: 0.84 Yuan/pcs for baby diaper and 0.57 Yuan/pcs for baby diaper pad). The market size reached 54.86 billion Yuan (calculated in accordance with retail markup rate of 80%), up 14.1% than the previous year. The market penetration rate increased to 59.6% from 55.6% in 2016, up 4%.

In order to meet consumers' demand for high-quality products, manufacturers have put greater emphasis on R&D and continuously introduced innovative products and upgraded products. In 2017, the proportion of high-end products and baby pull-ups has increased, and the average producer price rose somewhat, resulting in sales revenue growing faster than sales volume.

After the implementation of the two-child policy, the number of newborns in 2016 and 2017 remained above 17 million for two consecutive years, which promoted the consumption of baby diapers. In addition to the increase in the sales volume of domestic brands, a large number of foreign brand products have entered the Chinese market. In order to meet consumers' demand for imported baby diaper products, multinational enterprises have increased the productionin in original overseas factories and imported those products to China through such methods as direct import, cross-border e-commerce and cooperation.

Table 4 Output and Consumption of Baby Diapers in 2017

	2017	2016	Growth rate/%
Baby Diapers			
Production/100 million pieces	289.7	256.3	13.0
Producers' sales volume/100 million pieces	283.1	251.3	12.7
Producers' sales revenue/100 million Yuan	237.8	203.6	16.8
Consumption/100 million pieces	322.8	289.0	11.7
Market size/100 million Yuan	488.1	421.4	15.8
Baby diaper pads			
Production/100 million pieces	60.3	65.0	-7.2
Producers' sales volume/100 million pieces	60.8	63.3	-3.9
Producers' sales revenue/100 million Yuan	34.7	34.8	-0.3
Consumption/100 million pieces	59.0	60.1	-1.8
Market size/100 million Yuan	60.5	59.5	-1.7
Baby diapers/Baby diaper pads (in total)			
Production/100 million pieces	350.0	321.3	8.9
Producers' sales volume/100 million pieces	343.9	314.6	9.3
Producers' sales revenue/100 million Yuan	272.5	238.4	14.3
Consumption/100 million pieces	381.8	349.1	9.4
Market penetration/%	59.6	55.6	4 percentage points
Market size/100 million Yuan	548.6	480.9	14.1

Note: 1. The calculation basis of market penetration rate is as follows: data on the number of children aged 0-2: In 2017, the number of children aged 0-2 was 35.09 million, and that in 2016 was 34.41 million. The number of baby diapers/diaper pads used by each child aged 0-2 is 5 pcs/day.

2. The retail sales markup rate in 2017 is calculated based on 80%, while the markup rate before 2016 was calculated based on 40%. For the sake of comparison, the data in 2016 was adjusted accordingly.

1.3 Adult Incontinences

Adult incontinences mainly include adult diapers, diaper pads and under pads. The adult incontinences market continued to grow at a high rate in 2017. Different from the baby diapers market, buyers of adult incontinences are still in pursuit of high cost performance generally, as a result of which price-oriented consumption philosophy still dominates the market. In order to cater to this consumption concept, many companies have improved the proportion of mid-low-end products. Therefore, the average producer price has shown a decline, which has led to the growth rate of producers' sales revenue lower than sales volume, and the growth of market size lower than consumption growth.

According to the statistics by the CNHPIA, in 2017, the output of adult diapers was about 4.04 billion pieces. The producers' sales volume was 3.88 billion pieces. The producers' sales revenue was 4.77 billion Yuan (calculated on average producer price: 1.23 Yuan/pcs). The output of adult diaper pads was about 1.11 billion pieces. The producers' sales volume was 1.01 billion pieces, while the producers' sales revenue was 0.71 billion Yuan (calculated on average producer price: 0.7 Yuan/pcs). The output of under pads was about 2.03 billion pieces. The producers' sales volume was about 1.89 billion pieces, while the producers' sales revenue was about 1.41 billion Yuan (calculated on average producer price: 0.75 Yuan/pcs). The producers' aggregate sales revenue of adult incontinences was about 6.89 billion Yuan. The market size was about 6.29 billion Yuan (calculated in accordance with retail markup rate of 40%), which is an increase of 28.9% than 2016.

Table 5 Output and Consumption of Adult Incontinences in 2017

	2017	2016	Growth rate/%
Adult Diapers			
Production/100 million pieces	40.4	28.3	42.8
Producers' sales volume/100 million pieces	38.8	27.5	41.1
Producers' sales revenue/100 million Yuan	47.7	35.8	33.2
Consumption/100 million pieces	24.1	16.7	44.3
Market size/100 million Yuan	41.5	30.4	36.5
Adult Diaper Pads			
Production/100 million pieces	11.1	7.6	46.1
Producers' sales volume/100 million pieces	10.1	7.5	34.7
Producers' sales revenue/100 million Yuan	7.1	6.5	9.2
Consumption/100 million pieces	5.9	4.2	40.5
Market size/100 million Yuan	5.8	5.1	13.7
Under Pads			
Production/100 million pieces	20.3	16.1	26.1
Producers' sales volume/100 million pieces	18.9	15.5	21.9
Producers' sales revenue/100 million Yuan	14.1	12.1	16.5
Consumption/100 million pieces	14.9	12.2	22.1
Market size/100 million Yuan	15.6	13.3	17.3
Incontinences (total)			
Production/100 million pieces	71.8	52.0	38.1
Producers' sales volume/100 million pieces	67.8	50.5	34.3
Producers' sales revenue/100 million Yuan	68.9	54.4	26.7
Consumption/100 million pieces	44.9	33.1	35.6
Market size/100 million Yuan	62.9	48.8	28.9

In 2017, the adult incontinent product market continued to maintain double-digit growth, with consumption increasing by 35.6% over the previous year, among which adult diapers increased by 44.3%, adult diaper pads increased by 40.5%, and under pads increased by 22.1%. In the total consumption calculated by pieces, adult diapers accounted for 53.7%, down 4.8 percentage points than the previous year. Adult diaper pads accounted for 13.1%, up 2.5 percentage points than the previous year. Under pads accounted for 33.2%, up 2.3 percentage points than the previous year. Adult incontinent products are gradually being recognized and accepted by consumers. As the market consumption continues to heat up, they mainly focus on mid- and low-end diaper products that meet basic functions and have higher cost-effectiveness. The consumption growth of adult diapers sped up, while the consumption growth of diaper pads and under pads slowed down. Diaper pads and under pads are generally used together with diapers to extend the use of single diaper and reduce nursing costs. In addition, the new markets for under pads applications also opened up, such as puerperal pads, menstrual mattresses, baby bed pads, picnic mats, etc.

1.4 Wet Wipes

In 2017, CNHPIA made statistics on the production of wet wipes based on the consumption volume of nonwovens for the first time. On the one hand, due to the wide variety of wet wipes, it is difficult for enterprises to accurately count the pieces of wet wipes. On the other hand, it is also acted on international convention. For example, the data of INDA is based on the consumption volume of nonwovens.

According to data provided by enterprises, in 2017, the wet wipes industry consumed a total of 222, 000 tons of nonwovens. The producers' aggregate sales revenue of wet wipes reached approximately 6.66 billion Yuan, and the market size was approximately 7.18 billion Yuan (calculated on the retail markup rate of 40%).

Table 6 Output and Consumption of Wet Wipes in 2017

	2017
Nonwoven consumption/10, 000 tons	22.2
Producers' sales revenue/100 million Yuan	66.6
Among which: net exports value/100 million Yuan	15.3
Domestic sales revenue/100 million Yuan	51.3
Market size/100 million Yuan	71.8

2 Major Manufacturers and Brands

2.1 Feminine Hygiene Products

Feminine hygiene product market has enjoyed relatively stable growth through years of development with only a few new big market players. In 2017, about 635 sanitary napkins/pantiliner manufacturers have been registered in the CNHPIA, and the overall concentration was still low. Market competitors include many manufacturers with leading manufacturers concentrating in Shanghai, Fujian, Guangdong and other places, such as domestic manufacturers/brands like Hengan, Kingdom Sanitary Products, and Kayson, as well as international manufacturers like P&G, Unicharm, Kimberly-Clark, and Kao. High-end brands have a high concentration, including international brands like SOFY, Whisper, Kotex, and Laurier, national brands like Space 7, ABC, and An Erle, as well as regional brands like Ladycare, U-Style, Xiaoni, Goodcare, Freemore, Bestee, Geron, So-soft, Fine Day, etc.

Table 7a displays top 10 Chinese manufacturers and brands of feminine hygiene products in 2017 with the ranking for reference only. Table 7b shows international manufacturers and brands of feminine hygiene products with factories built in China.

Table 7a Top 10 Domestic Feminine Hygiene Products Manufacturers/Brands in 2017 (By Sales Revenue)

Num	Company	Brand	Capacity(sanitary napkins+pantiliners)/(100 million pieces/year)
1	Fujian Hengan Group Co., Ltd.	Space 7, An Erle	291+65
2	Kingdom Sanitary Products Co., Ltd. Guangdong	ABC, Free	OEM
3	Foshan Kayson Hygiene Products Co., Ltd.	U. Style, Xiaoni	60+28
4	Chongqing Baiya Sanitary Products Co., Ltd.	Neat&soft, Freemore	32.8+7.5
5	Hubei C-BONS Co., Ltd.	Ladycare	25+4.5
6	Zhongshan Jiajian Daily-use Products Co., Ltd.	Goodcare	18+3.8
7	Beijing Beishute Maternity & Child Articles Co., Ltd.	Bestee, Yuezizai	8+2
8	Fujian Hengli Group Co., Ltd.	So-Soft, So Soft	88+30
9	Guilin Jieling Industrial Co., Ltd.	Geron, Softfeeling	15.1+2.2
10	Yunnan Baiyao Qingyitang Industry Co., Ltd.	Fine Day	9+2

Table 7b International Feminine Hygiene Products Manufacturers/Brands with Factories in China

Company	Brand
Procter & Gamble (China) Co., Ltd.	Whisper, Naturella
Unicharm Consumer Products (China) Co., Ltd.	Sofy
Kimberly-Clark (China) Co., Ltd.	Kotex
Kao Corporation Shanghai Co., Ltd.	Laurier

In 2017, the population of age-appropriate females (15-49 years old) continued to decline, causing the consumer group of feminine hygiene products to shrink continuously. Due to the continuous double-digit growth of imported sanitary napkins (imported goods under the customs commodity number of 96190020), coupled with the development of Internet branded sanitary napkins like e-commerce and Wechat business, domestic leading brands grew at a slower pace, or even witnessed negative growth.

In 2017, Hengan Group's sales revenue of sanitary napkins has increased by about 6.1%, reaching 6.972 billion Yuan, and accounting for about 35.2% of the Group's total sales revenue (2016: 34.1%). The gross profit rate maintained stable, staying at about 72.2% (2016: 72.6%)[1].

In 2017, the sales volume of feminine hygiene products of P&G in the developing regions (Editor's note: including Chinese market) has shown a low single-digit decrease, which is mainly due to market competition and the export reduction to Venezuela subsidiary[2].

In 2017, Kimberly-Clark's sales revenue of personal care products in developing and emerging markets increased by 6%, with sales volume growing by 5%. The growth mainly comes from Latin America (especially Argentina and Brazil), China, Eastern Europe and Middle East/Africa[3].

The sales revenue of Kao's Laurier sanitary napkins has increased. Although Kao faces great competitive pressure in the Japanese market, it still maintains a stable growth in the Asian market[4].

In Chinese market, Unicharm achieves smooth progress in actively opening up the market of young women consumers in big cities, which led to its business growth in China[5].

Vinda's feminine healthcare business has achieved remarkable progress. Libresse staged a comeback to China's cross-border e-commerce platforms and high-grade care product stores. VIA effectively attracted young consumers through successful social media promotion and the introduction of new pant-type products[6].

The sales revenue of feminine hygiene products has undergone significant increase in such enterprises as: Shanghai Sun'o, up 50%; Hangzhou Yuhong, up 40%; Guangdong Kawada, up 36%; Hangzhou Kawada, up 29%; Shanghai E-way, up 29%; Hunan Qianjin, up 25%; PAT, up 23%; Kang Na Hsiung, up 19%; G.T. Paper, up 18%; and Shanghai Yueyueshu, up 16%. On the other hand, due to the impact of high-end consumption trend, imported products and Internet brands, many regional brands have been faced with greater operation pressure as their performance showing clear slowdown.

2.2 Baby Diapers

Baby diaper industry is in a period of adjustment when the market is faced with fierce competition. In 2017, there were 669 baby diaper manufacturers registered in CNHPIA, while market competitors consist of a large number of manufacturers. Leading manufacturers are mainly located in Shanghai, Jiangsu, Zhejiang, Fujian, Hunan, Guangdong and other places, including Hengan, Winsun, Qianzhiya, Yiyin, Daddybaby and other domestic manufacturers, as well as P&G, Unicharm, Kimeberly-Clark, Kao, Elleair and other international manufacturers. Brand concentration is high in the high-end market, including international brands such as Pampers, MamyPoko, Moony, Huggies, Merries, GOO.N, etc., as well as national brands like Anerle, and regional brands like Dress, Mingrenbaobao, Cojin, Daddybaby, Yipianshuang, Baken, hope baby, Quties, Insoftb, etc.

Table 8a shows the top 10 domestic baby diaper manufacturers and brands in 2017 with the ranking for reference only. Table 8b shows the international baby diaper manufacturers and brands with factories built in China.

Table 8a Top 10 Domestic Baby Diaper Manufacturers/Brands in 2017 (By Sales Revenue)

Num	Company	Brand	Capacity (baby diapers+ baby diaper pads)/(100 million pieces/year)
1	Fujian Hengan Group Co., Ltd.	Anerle	34+1
2	Guangdong Winsun Personal Care Products Co., Ltd.	Dress, D-sleepbaby	15.6+1.1
3	Hangzhou Qianzhiya Sanitary Products Co., Ltd.	Mingrenbaobao	17.0+0.9
4	Guangdong Yinyin Co., Ltd.	Cojin	10.3+4.3

续表

Num	Company	Brand	Capacity (baby diapers+ baby diaper pads)/(100 million pieces/year)
5	Daddybaby Co., Ltd.	Daddybaby	7+0.8
6	Dongguan Changxing Paper Co., Ltd.	Yipianshuang, Pianpianshuang	10+9
7	Hunan Cosom Care Products Co., Ltd.	Baken	5.1+4
8	Hangzhou Haoyue Healthcare Products Co., Ltd.	hope baby	8.7+0.8
9	Hangzhou Coco Healthcare Products Co., Ltd.	Quties	15.3 (total)
10	Insoftb (China) Co., Ltd.	Insoftb	9.1+1

Table 8b International Baby Diaper Manufacturers with Factories in China

Company	Brand
Procter & Gamble (China) Co., Ltd.	Pampers
Unicharm Consumer Products (China) Co., Ltd.	MamyPoko
Kimberly-Clark (China) Co., Ltd.	Huggies
Kao (Hefei) Co., Ltd.	Merries
Elleair International China (Nantong) Co., Ltd.	GOO.N

As the baby diaper industry was influenced by imported products and brands from Wechat business, and e-commerce in 2017, many regional brands have shown decline in performance to varying degrees. Leading companies are actively upgrading their equipment and products to get rid of low-level price competition and turn to the competition of high-quality, high value-added and differentiated products. The most prominent problems faced by the baby diaper industry are periodic overcapacity and the impact brought by imported products and brands from Wechat business and e-commerce business.

In 2017, the sales revenue of Hengan Group's diaper business (including adult diapers) decreased by approximately 7.0% to about 1.999 billion Yuan, accounting for approximately 10.1% (2016: 11.2%) of the Group's total revenue, and the gross profit margin fell down to about 46.9% (2016: 50.8%)[1].

P&G's sales volume of baby diapers in the developing regions (Editor's note: including the Chinese market) has grown by a low single-digit percent, which mainly benefits from market growth and product innovation[2].

Merries baby diapers of Kao achieved substantial growth. Despite fierce competition in the Japanese market, the sales revenue of Merries has continued to grow, while the sales revenue realized through China's cross-border e-commerce also witnessed significant growth. In the Chinese market, the adjustment of sales structure that has been implemented since 2016 has seen smooth progress. And the increase in e-commerce has led to a substantial sales revenue increase in China[4].

Unicharm intensified the import of Moony baby diapers into the Chinese market and made active investment in marketing, which resulted in the constant increase of sales revenue through e-commerce channels[5].

The sales revenue of baby diapers has undergone significant increase in such enterprises as: Haoyue, up 54%; Insoftb, up 52%; New Yifa, up 42%; Jiameis, up 42%; Winsun, up 37%; Baiya, up 35%; Zhenqi, up 15%; and Hangzhou Kawada, up 14%.

2.3 Adult Incontinences

In 2017, there were 431 adult incontinences manufacturers registered in CNHPIA, mainly located in Tianjin, Hebei, Shanghai, Jiangsu, Zhejiang, Fujian, Shandong, and Guangdong. The local manufacturers mainly include Coco, Hengan, Qianzhiya, Zhenqi, Haoyue, etc, while the international manufacturers include SCA, Kimberly-Clark, Unicharm, etc. International brands include Depend, Tena, and Lifree, etc, and national brands include ElderJoy, while local brands include Dr. P, Coco, Kidsyard, Zako and Huiquan.

Table 9 shows the top 10 adult incontinences manufacturers and brands in 2017 with the ranking only for reference.

Table 9 Top 10 Domestic Adult Incontinences Manufacturers/Brands in 2017 (By Sales Revenue)

Num	Company	Brand	Capacity/(100 million pieces/year)
1	Hangzhou Coco Healthcare Products Co., Ltd.	COCO	10.1 (total)
2	Fujian Hengan Group Co., Ltd.	ElderJoy	2.1 (total)
3	Hangzhou Qianzhiya Sanitary Products Co., Ltd.	Kidsyard, Kindsure	6.9(diapers)+0.09(diaper pads)+1.2(under pads)
4	Hangzhou Zhenqi Sanitary Products Co., Ltd.	Zako, Janurs, Niancien	2.3(diapers)+2.9(diaper pads)+3.0 (under pads)
5	Hangzhou Haoyue Healthcare Products Co., Ltd.	WHITE CROSS, HUIQUAN, Good Year, Comfrey	1.7(diapers)+0.4(diaper pads)+0.8 (under pads)
6	Shenyang Banzhou Paper Products Co., Ltd.	Hujiaren, Guan Ai	1.7(diapers)+1.1(diaper pads)+0.8 (under pads)
7	Shanghai E-way Industry Co., Ltd.	Baolai	0.6(diapers pads)+1.5(under pads)
8	Suzhou Suning Mattress Co., Ltd.	Anpa	0.6(diapers)+4.0(under pads)
9	Hangzhou Shujie Hygiene Products Co., Ltd.	Yiniankang, Shujiekang	0.4(diapers)+0.5(diaper pads)+0.4 (under pads)
10	Little Nurse (Tianjin) Industry and Commerce Development Co., Ltd.	Little Nurse	0.6(diapers)+0.7(diaper pads)+1.4 (under pads)

In 2017, Vinda's sales revenue of personal care products reached HK $2.578 billion (approximately 2 billion Yuan), accounting for 19% of Vinda's total revenue (2016: 17%). The incontinences and feminine care business both realized double-digit natural growth rates in China mainland market. In terms of incontinencs, Vinda conducted active cooperation with local governments and nursing homes to expand its targeted customers. The online sale is developing vigorously. In the main market, TENA continues to be the leading brand in the industry [6].

In 2017, the sales revenue of adult incontinences has undergone significant increase in such enterprises as: E-way, up more than 100%; Changxing, up more than 100%; New Yifa, up 46.7%; Winsun, up 40%; Welfare, up 37%; Zhenqi, up 37%; Yiyi, up 28%; Qianzhiya, up 27.5%; Suning, up 25.6%; G. T. Paper, up 19%; Baiya, up 17%; Beautiful Nonwovens, up 16%; Banzhou, up 15%; Beishute, up 12.8%; and Yinyin, up 11%.

2.4 Hygiene Products for Pets

In 2017, there were 69 pet hygiene products manufacturers registered in CNHPIA, mainly located in Beijing, Tianjin, Hebei, Liaoning, Shanghai, Jiangsu, Zhejiang, Anhui, Fujian, Shandong, Henan, Guangdong, etc.

Table 10 Major Manufacturers of the Hygiene Products for Pets in 2017 (No Ranks)

Company	Capacity/(100 million pieces/year)
Beijing Beishute Maternity & Child Articles Co., Ltd.	1.0 (under pads)
Tianjin Yiyi Hygiene Products Co., Ltd.	1.4 (diapers)+21.8 (under pads)
Hebei Yihoucheng Commodity Co., Ltd.	0.4 (under pads)
Dalian Iris Commodity Co., Ltd.	About 2 (under pads)
Shenyang Banzhou Paper Products Co., Ltd.	0.7 (under pads)
Shanghai Welfare Group Co., Ltd.	0.8 (under pads)
Shanghai E-way Industry Co., Ltd.	0.5 (under pads)
Jiangsu Zhongheng Pets Articles Co., Ltd.	2 (under pads)
Suzhou Suning Mattress Co., Ltd.	1.0 (under pads)
Taizhou Far East Paper Co., Ltd.	0.85 (under pads)

续表

Company	Capacity/(100 million pieces/year)
Jiangsu Shuyang Xieheng Sanitary Products Co., Ltd.	0.3 (under pads)
Hangzhou Coco Healthcare Products Co., Ltd.	1.5 (total)
Hangzhou Xiaojiemei Health-Care Products Co., Ltd.	0.6 (under pads)
Wuhu U-play Corporation	6.5 (under pads)
Fujian New Yifa Group Co., Ltd.	0.2 (under pads)
Shandong Yunhao Hygiene Products Co., Ltd.	0.5 (under pads)

2.5 Wet Wipes

In 2017, there were 739 wet wipes manufacturers registered in CNHPIA, mainly located in Beijing, Liaoning, Shanghai, Jiangsu, Zhejiang, Anhui, Fujian, Shandong, Hubei, Guangdong, Chongqing, etc. However, there are few national brands. The market concentration is relatively high as the top ten manufacturers accounted for nearly 60% of the market shares. Many companies do the OEM for other domestic companies, retailers or foreign companies.

Table 11 shows the top 10 wet wipe manufacturers and brands in 2017 with the ranking only for reference.

Table 11 Top 10 Wet Wipes Manufacturers/ Brands in 2017 (By Sales Revenue)

Num	Company	Brand
1	Fujian Hengan Group Co., Ltd.	Mind Act Upon Mind
2	Hangzhou Guoguang Touring Commodity Co., Ltd.	Cotton Papa, OEM
3	Tongling Jyair Bio-Tech Co., Ltd.	Aini, Xicaca, Haha
4	Chongqing Treasure Hygiene Products Co., Ltd.	Treasure
5	Shanghai American Hygienics Co., Ltd.	Cuddsies
6	Johnson & Johnson (China) Ltd.	Johnson & Johnson, Elsker
7	Nan Liu Enterprise (Pinghu) Co., Ltd.	OEM
8	Shenzhen PurCotton Science and Technology Co., Ltd.	Purcotton
9	Nox Bellcow Cosmetics Co., Ltd.	NBC
10	Gold Hongye Paper (China) Co., Ltd.	Breeze

In current domestic market, wet wipes penetration rate is relatively low on the whole. According to the statistics by CNHPIA, in 2017, wet wipes for babies and general-purpose wet wipes were still top two categories, while the other categories of wet wipes account for a small proportion. Wet wipes for kitchen and wet wipes for toilet (moist toilet tissue) have gained a foothold on the market and caught the eyes of the industry. Leading manufacturers such as Hengan, Vinda, Kimberly-Clark, Gold Hongye Paper, C&S, Hangzhou Guoguang, Jyair, Treasure Health, PurCotton, and NBC have entered this market successively.

Table 12 Production Share of Various Wet Wipes (By Nonwovens Consumption) (%)

Category	2017
General-purpose wet wipes	27.8
Wet wipes for babies	56.4
Wet wipes for feminine sanitation	5.1
Wet wipes for make-up removal	4.6
Wet wipes for household cleaning	3.3
Wet wipes for kitchen cleaning	1.7
Moist toilet tissue	0.9
Others	0.2

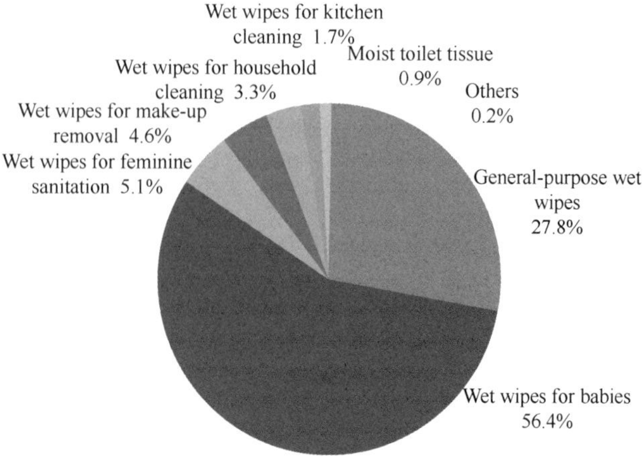

Figure 2 Production Share of Various Wet Wipes (By Nonwovens Consumption)

3 Import and Export

3.1 Export Gained Significant Growth

The export of disposable hygiene products kept active with a faster growth rate. According to the data from the Customs (Table 13), the export volume of absorbent hygiene products in 2017 increased by 12.79% than 2016, while the value of exports increased by 5.88%. The average price of export products, mainly the sanitary napkins, has fallen. Baby diapers and adult incontinent products accounted for the largest proportion in export products.

Table 13 Exports of Disposable Hygiene Products in 2017

Commodity Number	Commodity Name	Volume/tons	Value/US $	Compared with the same time of 2016/%	
				Volume	Value
Absorbent hygiene products total		656,924.871	1,908,847,810	12.79	5.88
48189000	Other family, hygiene or hospital products made from pulp, paper, etc.	156,325.027	301,722,392	14.50	15.29
96190011	Diapers and cloth nappies for babies, made from any materials	219,887.472	738,864,789		
96190019	Other diapers and cloth nappies made from any materials	104,551.530	238,351,890		
96190020	Sanitary napkins (pantiliners) and tampons made from any materials	97,378.301	428,812,998	12.70	1.04
96190090	Diaper liners made from any materials and similar products	78,782.541	201,095,741	23.18	24.69
Wet wipes total		160,687.488	260,467,100	18.60	14.24
34011990	Wet Wipes	160,687.488	260,467,100	18.60	14.24

Note: Since 2017, the Customs has divided the original item "96190010 diapers and cloth nappies made from any materials" into two items, namely, "96190011 diapers and cloth nappies for babies, made from any materials" (i.e., baby diapers) and "96190019 other diapers and cloth nappies made from any materials" (i.e., adult diapers).

The export volume of baby diapers has undergone significant increase in such enterprises as: Yijia, up 300%; New Yifa, up 180%; Baiya, up 150%; Yinyin, up 82%; Qianzhiya, up 75%; Jiangsu Debang, up 56%; Chiaus, up 31%; and Zhenqi, up 15%.

The export volume of adult incontinences has undergone significant increase in such enterprises as: G.T. Paper, up 77%; Beishute, up 71%; New Yifa, up 49%; Beautiful Nonwovens, up 43%; Suning, up 37.5%; Banzhou, up 36%; Haoyue, up 16%; and Zhenqi, up 15%. In addition, the export volume of pet hygiene products of Tianjin Yiyi and U-play also experienced rapid increase.

According to the data from the Customs, based on the export volume of absorbent hygiene products, the top 10 exporting destination countries and areas in 2017 are as follows: USA, Philippines, Japan, South Korea, Ghana, Pakistan, India, China Hong Kong, Kenya, and UK. See Table 14a for top 20 enterprises of absorbent hygiene products by export volume, Table 14b for top 10 enterprises of sanitary napkins (pantiliners) and tampons by export volume, Table 14c for top 10 enterprises of baby diapers and diaper pads by export volume.

Table 14a Top 20 Absorbent Hygiene Products Exporters in China in 2017

Num	Company
1	Tianjin Yiyi Hygiene Products Co., Ltd.
2	Hangzhou Coco Healthcare Products Co., Ltd.
3	Zhejiang Zhenqi Nursing Products Co., Ltd./Hangzhou Zhenqi Sanitary Products Co., Ltd.
4	Guangzhou Sunda International Trading Co., Ltd.
5	Shanghai E-way Industry Co., Ltd.

续表

Num	Company
6	Wuhu U-play Corporation
7	Megasoft (China) Co., Ltd./Megasoft (Fujian) Hygiene Products Co., Ltd.
8	Kimberly-Clark Group
9	Dalian Iris Commodity Co., Ltd.
10	Nanan Yuanda Hygiene Articles Factory
11	ABB (China) Industrial Company Limited
12	Hebei Yihoucheng Commodity Co., Ltd.
13	Fujian Hengli Consumer Products Co., Ltd./Fujian Hengli Industrial Co., Ltd.
14	Shandong Jingxin Nonwoven Products Co., Ltd.
15	Changzhou Wujin Yaxing Hygiene Products Co., Ltd.
16	Fitesa (China) Airlaid Co., Ltd.
17	Hangzhou Haoyue Industrial Co., Ltd./Jiangsu Haoyue Industrial Co., Ltd.
18	Suzhou Meidi Kaier International Trade Co., Ltd.
19	Fujian Huian Quanyi Import & Export Co., Ltd.
20	Weifang Lancel Hygiene Products Co., Ltd.

Table 14b Top 10 Sanitary Napkins (Pantiliners) and Tampons Exporters in China in 2017

Num	Company
1	Kimberly-Clark Group
2	Suzhou Meidi Kaier International Trade Co., Ltd.
3	Ningbo Eco International Trade Co., Ltd.
4	ABB (China) Industrial Company Limited
5	Guangzhou Sunda International Trading Co., Ltd.
6	Anhui Yingke Import & Export Trading Co., Ltd.
7	Guangzhou Procter & Gamble Co., Ltd.
8	Quanzhou Zhuoyue Paper Co., Ltd.
9	Shanghai Sun'o Development Co., Ltd.
10	Guangxi Shuya Healthcare Products Co., Ltd.

Table 14c Top 10 Baby Diapers and Diaper Pads Exporters in China in 2017

Num	Company
1	Hangzhou Coco Healthcare Products Co., Ltd.
2	Guangzhou Sunda International Trading Co., Ltd.
3	Megasoft (China) Co., Ltd./Megasoft (Fujian) Hygiene Products Co., Ltd.
4	Fujian Hengli Consumer Products Co., Ltd.
5	Nanan Yuanda Hygiene Articles Factory

续表

Num	Company
6	ABB (China) Industrial Company Limited
7	Fujian Huian Quanyi Import & Export Co., Ltd.
8	Fujian Yidatong Enterprises Service Co., Ltd.
9	G.T. Paper (Fujian Putian) Co., Ltd.
10	Guangzhou Procter & Gamble Co., Ltd.

The export of wet wipes witnessed substantial growth in 2017. As shown in Table 13, the export volume of item under commodity number 34011990 (wet wipes) increased by 18.6% than 2016, while the value of export increased by 14.24% than 2016. Top 10 export destination countries and areas of wet wipes by export volume are: USA, Japan, Australia, UK, Denmark, Chile, China Hong Kong, Philippines, Peru, Separate Customs Territory of Taiwan, Penghu, Kinmen and Matsu. The top 20 wet wipes exporters in 2017 are in Table 15.

Table 15 Top 20 Wet Wipes Exporters in China in 2017

Num	Company
1	Hangzhou Guoguang Touring Commodity Co., Ltd.
2	Yangzhou Perfect Daily Chemicals Co., Ltd.
3	Tongling Jyair Bio-Tech Co., Ltd.
4	Foshan Shunde Soshio Wet Tissue Co., Ltd.
5	Hebei Yihoucheng Commodity Co., Ltd.
6	Harbin Jinhua Industry Co., Ltd.
7	Shanghai Multi-Med Union Co., Ltd.
8	Wuxi Keyone Houseware Co., Ltd.
9	Shaoxing Baixun Hygiene Products Co., Ltd.
10	Suzhou Borage Daily Chemicals Co., Ltd.
11	Lin'an Thumb Cleaning Products Co., Ltd.
12	China Zhejiang International Economic & Technical Cooperation Co., Ltd.
13	Shenzhen Vinner Health Products Co., Ltd.
14	Shanghai Shenhong Economic Relation & Trade Co., Ltd.
15	Haso Sanitary Material (Suzhou) Co., Ltd.
16	Shenzhen Kangya Industrial Co., Ltd.
17	Yangzhou Shixin Touring Commodity Co., Ltd.
18	Shanghai Rijing Enterprise Development Co., Ltd.
19	Shanghai Frontier International Trade Co., Ltd.
20	Zhejiang Qimei Commodity Co., Ltd.

3.2 The Import Maintained Steady Growth

Table 16 Imports of Disposable Hygiene Products in 2017

Commodity Number	Commodity Name	Volume/tons	Value/US $	Compared with the same time of 2016/%	
				Volume	Value
Absorbent hygiene products total		254,861.197	1,435,266,367	10.39	10.17
48189000	Other family, hygiene or hospital products made from pulp, paper, etc.	3,729.144	12,669,214	-20.35	-19.99
96190011	Diapers and cloth nappies for babies, made from any materials	238,008.280	1,296,485,739		
96190019	Other diapers and cloth nappies made from any materials	3,005.691	4,598,634		
96190020	Sanitary napkins (pantiliners) and tampons made from any materials	9,074.304	115,230,409	10.94	21.96
96190090	Diaper liners made from any materials and similar products	1,043.778	6,282,371	-5.27	-3.74
Wet wipes total		11,524.761	19,056,964	2.11	11.39
34011990	Wet Wipes	11,524.761	19,056,964	2.11	11.39

In 2017, the import of absorbent hygiene products maintained steady growth with import volume increasing by 10.39%, and import value increasing by 10.17% compared with 2016. The import volume of diapers still maintained a single-digit growth rate. The tariffs on imported diapers were canceled on December 1, 2017, but it didn't lead to significant increase in imports of diapers. Baby diapers accounted for 93.4% of imported hygiene products, and more than 90% of such baby diapers were made in Japan, such as Kao, Elleair, and Unicharm. P&G also imported ultra-high-end special cotton diapers from Japan.

The imports of sanitary napkins (including tampons) maintained the double-digit growth rate with import volumegrowth rate falling down to 10.94%, which is only 27% of that in 2016 (2016: 40.66%). Sanitary napkins still accounted for a small share in the imported hygiene products, merely 3.6%. The imported sanitary napkins (including tampons) mainly came from Japan, South Korea, Canada and other countries, of which those imported from Japan accounted for the largest share, namely, 41.5%.

4 Market Change and Development Characteristics

In 2017, the market capacity of China hygiene product industry continues to grow steadily with more fierce market competition. The high-end consumption trend, implementation of the two-child policy and aging population have presented new opportunities for the China hygiene product industry, which attract a new round of investment and production expansion. Meanwhile, in order to remain the competitiveness in China market, the multinationals have continued to increase imports of high-end products. Since the profit margins are squeezed by the changes of market landscape and rising prices of raw materials, the enterprises are forced to carry out R&D, innovation, equipment upgrade, and cost reduction. A number of enterprises have stood out from the competition. Some enterprises begin to develop and march into overseas markets in various ways.

4.1 As the Investment Fever is in the Ascendant, Domestic Enterprises have Started to Cultivate International Markets while Upgrading Their Product Quality. However, the Investment of Multinational Companies in China has Slowed Down.

The Chinese hygiene productmanu facturers have

invested in expanding production capacity, upgrading their equipment, and introducing intelligent manufacturing. For instance, the intelligent three-dimensional warehouses of Daddybaby and Insoftb are put into operation. Cosom plans to build a new intelligent three-dimensional warehouse and introduce material handling robots, unmanned forklift trucks, and a visual management system for the entire production process in its Infants and Children Products International Industrial Park which has been under construction. Hangzhou Guoguang Touring Commodity Co., Ltd. builds an intelligent No Lamp Factory.

At the same time, some domestic manufacturers and raw material suppliers have started to cultivate international markets. For example, Hengan invested in the construction of a plant in Russia and acquired the Malaysian Wang-Zheng Berhad. Cosom put the Baken brand into German market and reached strategic cooperation with China-Russia Xiaoxiang Volga Industrial Park. Vinda consolidated the personal care product business of SCA in China and other Asian regions. U-play Corporation opened its factory in the USA. Daddybaby diapers made successful access to the Korean market. Yunnan Baiyao Qingyitang promoted "Fine Day" sanitary napkins in the Southeast Asian market. Beautiful Nonwovens set up a joint-stock nonwoven factory in Australia. Xiamen Yanjan established factories in Egypt and North America, etc.

Some large-scale pharmaceutical companies, textile companies, and dairy companies in other industries have made a strong entry into hygiene product industry with large investment projects and advanced technologies, such as, Jiangsu Xinyi Bicon Pharmaceuticals, Hubei Mayinglong Pharmaceutical Group, Shuangfeiren Pharmaceuticals, Xinlong, Hismer, Beingmate, etc.

Famous e-commerce and Wechat business brands invested to build factories. For example, Beijing Daddy's Choice built a factory in Dezhou Shandong, and Yueruyi sanitary napkins built a factory in Tianjin.

The existing projects of multinationals in China are progressing smoothly with new investments decreasing. For example, Kimberly-Clark's Tianjin diaper production base has been put into operation officially. The Japanese Elleair constructed a new diaper plant in Nantong Jiangsu and expanded the production capacity of current plant. P&G set up a Chinese Digital Innovation Center in Guangzhou. The Japanese Toray Group decided to build the second nonwoven factory in Foshan, Guangdong.

4.2 The Hygiene Product Industrial Clusters Have Come into Shape. Upstream and Downstream Enterprises from the Entire Industrial Chain Develop Together.

In 2017, there were 368 absorbent hygiene products enterprises in Guangdong Province registered in CNHPIA, including Kingdom, Kayson, Winsun, Yinyin, Changxing, Jiajian, Magic, New Sensation and other leading domestic enterprises. There were 402 hygiene products enterprises in Fujian Province, including Hengan, Daddybaby, Insoftb, Megasoft, Yuanda, Chiaus, Hengli and other leading domestic enterprises. There were 335 absorbent hygiene products enterprises in the Yangtze River Delta Region, including Welfare, Foliage, Yuhong, Coco, Haoyue, Qianzhiya, Zhenqi and other domestic leading enterprises.

After more than 30 years of development, industrial clusters in Guangdong, Fujian, and the Yangtze River Delta are naturally formed in China's hygiene products industry. In these clusters, not only sanitary napkin and diaper manufacturers gathered together, but also raw material suppliers of nonwovens, SAP, absorbent paper cores, breathable films, hot melt adhesives, release papers, and packaging materials have been attracted to invest in factories here, thus forming a complete upstream and downstream industrial chain. Besides, Xiqiao Hygiene Products Industry Association, Foshan Nanhai Medical and Hygiene Products Industry Association, Fujian Hygiene Products Business Alliance, Zhejiang Hygiene Products Business Alliance, and Tianjin Tissue Paper Business Alliance of Industry and Commerce Federation have been established.

Hunan Ningxiang maternal and child hygiene products industrial cluster has taken initial shape. There are currently 6 diaper manufacturers (namely, Cosom, Suitsky, ShaJoy, Jieyun, E-ber and Manhuadao) and 14 related materials suppliers.

A medical and hygiene nonwoven products cluster has taken shape in Jiujiang, Nanhai, Foshan City, Guangdong Province. The nonwoven industry of Jiujiang originated in 1993. After more than 20 years of development, the main products have gradually developed from the industrial fabrics (such as furniture, shoe materials, and environmental protection bags) at the beginning to the materials mainly used for hygiene products and medical products. It has cultivated and attracted a number of high-quality nonwoven companies, such as Nanhai Plant of Berry, Nanhai Beautiful Nonwovens Co., Ltd., Foshan Yufeng Nonwoven Fabrics Co., Ltd. and so on.

The nonwoven industry cluster of Pengchang, Xiantao, Hubei Province has developed steadily, forming a complete industrial chain integrating nonwovens machinery manufacturing, product development, raw material production, product converting, auxiliary material production, packaging and printing, logistics and transportation, etc. In the future, Xiantao will focus on developing the medical and hygiene nonwovens and products, and will strive to build the largest nonwoven industry base in Central China, which is centered on the "National Famous Nonwoven Industry Town" - Pengchang.

4.3 The High-End Trend of Hygienic Products is Developing Vigorously with the Upgraded Products Springing Up One After Another. Menstrual Pants and Absorbent Paper Core Diapers with Chinese Characteristics have Become the Highlights.

Menstrual pant was first invented in China and its share in feminine hygiene products keeps increasing. It will become a substitute for night-use sanitary napkins. The improvement of the product mainly focuses on fitness (stretchability) and breathability. Haoyue, Qianzhiya and Vinda have their own merits in the selection of elastic materials.

As the tampons market is still in the guidance and cultivation period, the market share of tampons is very low. The products on the market are dominated by imported brands.

The upgrade of sanitary napkins is mainly reflected in breathability, fitness and individualization, such as Sofy "Pocket Magic S" stretchable sanitary napkins and ultra-thin sanitary napkins, Kao's Laurier "Instant Absorbent Series" sanitary napkins, An Le "New Breath" sanitary napkins reinvented by Hengan, C-bons' Ladycare sanitary napkins, Hangzhou Yuhong's Easycare and Buzhi Bujue sanitary napkins, and PurCotton's Nice Princess sanitary napkins with cotton core, etc.

In the baby diapers market, the multinationals continue to import the high-end products, while the domestic brands strive to develop and upgrade products. The details innovation and differentiated products have become the advantages in competition. The product quality of many domestic brands has reached and even exceeded that of multinational brands. In particular, the absorbent paper core diapers with Chinese characteristics have been recognized and favored by consumers. At the same time, they have also attracted the attention of multinational companies. Domestic brands still need further improvement in quality stability and brand cultivation, so as to gain the trust of consumers.

High-end adult diapers are upgraded to achieve better breathability, deodorization, wet indication and other functions.

The functions of wet wipes are becoming more and more differentiated and diversified. For example, Dandong Kangchiling, Jinan Kanier, and Shanghai Sanjun introduced incontinent care wet wipes. The "unbleached" style of tissue paper has also affected the wet wipes industry so that many companies have introduced unbleached wet wipes.

Natural materials gain great popularity among consumers. Natural materials are adopted by many brands, such as NONOLADY's NONO black napkins using polylactic acid and bamboo charcoal fiber, Kayson ' s U - style bamboo fiber sanitary napkins, Shanghai Orient Champion ' s Mia silk protein sanitary napkins, Dubei ' s Dubei bamboo pulp wet wipes for babies, Shandong Lily's Yongrun wood pulp wet wipes for babies, etc. Raw material suppliers are also exploring the sustainable development. Beijing Dayuan and Shanghai Kingfo have developed PLA polylactic acid fiber nonwovens, while Shanghai Zihua has developed PLA polylactic acid films.

4.4 Baby Pull-Ups (Pant-type diapers) Enjoy High-Speed Growth

In 2017, the market share of baby pull-ups continued to expand. Among the enterprises covered by statistics, the proportion of pull-ups in baby diapers sales volume reached 24.9%, an increase of 5.3 percentage points over the previous year. Its growth rate is much higher than the average level of the diaper industry. Manufacturers of baby pull-ups are mainly located in Guangdong, Fujian and Zhejiang.

Table 17 New Pull-up Diaper Production Lines in 2017-2018

Province	Company	Production Line	Volume	Supplier	Production Time
Beijing	Daddy's Choice Inc.	Pull-ups	1		2017.10
Zhejiang	Hangzhou Zhenqi Sanitary Products Co., Ltd.	Baby pull-ups	1	Homemade	2017.10
	Hangzhou Shujie Hygiene Products Co., Ltd.	Baby pull-ups	1	Three Wood	2018.3
	Hangzhou Haoyue Healthcare Products Co., Ltd.	Baby pull-ups	1	Jinjiang Haina	2017.12
		Menstrual pants for females	1	Shanghai Zuiko	2017.7
Fujian	Chiaus (Fujian) Industrial Development Co., Ltd.	Pull-ups	1	Jiangsu Sunwood	2017.1
	Fujian Hengli Group Co., Ltd.	Baby pull-ups	1	Homemade	2017.10
	Fujian New Yifa Group Co., Ltd.	Full servo baby pull-ups	1	Jinjiang Haina	2017.11
	Bairun (China) Ltd.	Full servo baby pull-ups	1	Hanwei	2017.11
Hunan	Hunan Cosom Care Products Co., Ltd.	Pull-ups	2	Hanwei	2017.11
	Hunan Idore Household Products Co., Ltd.	Two-piece training pants	1	Jinjiang Haina	2017.5
	Hunan Suitsky Household Products Co., Ltd.	Pull-ups	1	Zuiko	2017.1
Guangdong	New Sensation Sanitary Product Co., Ltd.	Pull-ups	1		2017
	Guangzhou H&C Sanitary Products Co., Ltd.	Pull-ups	2	Hanwei	2018.10
	Dongguan Changxing Paper Co., Ltd.	Baby pull-ups	1	Jinjiang Haina	2017.11
	Guangdong Obee Care Product Co., Ltd.	Two-piece pull-ups	2	Xingshi	2017.11
	Guangdong Kangyi Hygiene Products Co., Ltd.	Pull-ups	1	Smart Machinery	2017.12
	Dongguan Tianzheng Paper Co., Ltd.	Two-piece pull-ups	1	Jinjiang Haina	2017.9
	Dongguan SU's Sanitary Product Ltd.	Two-piece pull-ups, compatible with three-piece pull-ups	1	Jinjiang Haina	2017
	Foshan Huiyingle Hygiene Products Co., Ltd.	Three-piece pull-ups	1	Jinjiang Haina	2017
	Foshan Aijia Nursing Suppliers Co., Ltd.	Two-piece pull-ups, compatible with three-piece pull-ups	1	Jinjiang Haina	2017
	Guangzhou Huiju Hygiene Products Co., Ltd.	Full servo baby U-shape hourglass pull-ups	1	Jinjiang Haina	2017
	Zhongshan Hengsheng Hygiene Products Co., Ltd.	Two-piece pull-ups	1	Jinjiang Haina	2017
Guizhou	Guizhou Capable Infant and Children Supplies Co., Ltd.	Full servo baby pull-ups	1		2017.5

4.5 The Trend of Cooperative and Customized R&D has Become the Consensus of Upstream and Downstream Enterprises in the Industry.

The importance of R&D speaks for itself, and it is difficult for a single enterprise to cater to the diversified needs of consumers and the rapidly changing market situation in the current era. It has been the consensus to strengthen the deep cooperation in the upstream and downstream of the industrial chain and to develop customized and personalized products. Now, the consensus has been put into practice.

Coco has invested 100 million Yuan to establish Coco Research Institute, the first enterprise level research institution in Chinese incontinence care and elderly welfare industry, as well as the only provincial - level enterprise research institute approved in China. Haoyue conducts deep strategic cooperation with Japan Zuiko to promote the development of new technologies and processes for hygiene care products. Zhenqi carries out cooperation with Japan Leprino Co. , Ltd. to develop deodorants for hospitals, nursing institutions and general markets. Yinyin and Donghua University have jointly developed diarrhea bags for astronauts in space station, providing a solution for astronauts to deal with special physiological conditions in the complex environment of space. In addition, Yinyin Technology Center Laboratory has become the authorized joint R&D laboratory of Donghua University and Yinyin' s aerospace hygiene products production, study and research cooperation base.

Beijing Dayuan cooperates with upstream fiber and oil suppliers and downstream hygiene product manufacturers to provide customers with customized products. Yanjan continues innovation, collaborates with customers on customized R&D, and provides small-volume, personalized top sheets to help customers achieve differentiated competition.

Hengchang adheres to the road of independent innovation and actively conducts close cooperation with well - known multinational corporations, excellent suppliers, universities and research institutes to establish technical and economic partnership, in an attempt to realize the transformation from "made in China" to "created by China". Quanzhou Hanwei takes the high - end route to achieve enterprise upgrades and cooperates with customers to conduct one-on-one R&D to achieve customization, high - end development, and differentiation. The " Collaborative Innovation Center for China Disposable Hygiene Products and Equipment Industry Chain" applied by Futian has been approved. In the future, it will conduct more in - depth cooperation with more companies on the basis of existing technology alliances.

4.6 The Enterprises have Actively Tried the O2O Models to Deploy New Retails.

Once the new retail concept is proposed, it has aroused people' s heated discussion and has already had a substantial impact on people ' s lives. Enterprises in hygiene products industry which is closely related to consumers have actively tried the O2O model, exploring the new retail by combining the online sales, offline sales and modern logistics.

Hengan develops O2O marketing platform for "Space 7" products. Daddy' s Choice launches "Thousands of Stores+" program to establish 1, 000 "Daddy' s Choice" stores across the country. P&G and Tmall Supermarket work together to organize the pop-up shop activities in the core business districts and launch the new model of "experience offline- order online - home delivery". The first interactive park of Daddybaby opens up, where a free diaper experience area and product display area is set up. The consumers can buy baby diapers by scanning the QR code for direct home delivery. As an early starter of e-commerce sanitary napkins, Yueruyi of Tianjin Bozen now actively connects online and offline activities so that customers can purchase products in online stores of " Bozen Mall", go to experience and purchase in the physical stores offline or simply wait for the home delivery of products.

5 Fluff Pulp and SAP Supply

5.1 Fluff Pulp

In 2017, the fluff pulp used in the absorbent hygiene industry in China is still dominated by imported pulp. See Table 18 for the major manufacturers and brands of imported fluff pulp.

Table 18 Major Manufacturers and Brands of Imported Fluff Pulp in 2017

Num	Company	Brand
1	International Paper Co., Ltd.	Supersoft
2	GP Cellulose Co., Ltd.	Golden Isles
3	Domtar Co., Ltd.	Domtar
4	Stora Enso Co., Ltd.	Stora Prime
5	Stone Co., Ltd.	Stone
6	Resolute Forest Products Co.	Bowater
7	Rayonier Advanced Materials Inc., Ltd.	Rayfloc

Note: Since 2017, Weyerhaeuser (Asia) Co., Ltd. has been incorporated into International Paper Co., Ltd.

There were very little amount of fluff pulp made in China in 2017. Main fluff pulp producer is Fujian Tengrongda Pulp Co., Ltd., with the BCTMP fir fluff pulp capacity at 40,000 tpy.

5.2 Super Absorbent Polymer

According to the statistics by CNHPIA, the total consumption of SAP in China's hygiene products industry in 2017 was about 550,000 tons. The SAP capacity in mainland China, including those of exclusively foreign-owned enterprises, was about 1.30 million tpy (see Table 19). Quzhou Weilong, Jinjiang Huisen and Zhongshan Hengguangyuan have switched to other products, no longer producing SAP. In 2017, the capacity utilization rate was not high. Due to overcapacity, there has been price competition in the industry. Some products have been sold at a price below the cost, while the average price in 2017 is still around 10,000 Yuan/ton. At the same time, companies are also actively seeking export markets and markets of other uses. For instance, Danson, Zhejiang Satellite New Material Technology, Boya, FPC Super Absorbent Polymer and Nuoer have about 70%, 40%, 30%, 20% and 20% of their products exported respectively.

Table 19 Major SAP Manufacturers in Mainland China in 2017

Num	Company	Capacity/10000tpy
1	Yixing Danson Science & Technology Co., Ltd.	26
2	San-Dia Polymers (Nantong) Co., Ltd.	23
3	Shandong Nuoer Biological Technology Co., Ltd.	14
4	FPC Super Absorbent Polymer (Ningbo) Co., Ltd.	9
5	Zhejiang Satellite New Material Technology Co., Ltd.	9
6	Jiangsu Sierbang Petrochemical Company (formerly Jiangsu Hongchuang New Material Co., Ltd.)	8
7	Banglida (Fujian) New Materials Co., Ltd.	7
8	BASF-YPC Co., Ltd.	6
9	Hubei Qianfeng New Material Technology Co., Ltd.	5
10	Nisshoku Chemical Industry (Zhangjiagang) Co., Ltd.	3
11	Wanhua Chemical Group Co., Ltd.	3
12	Zouping Xinhao Polymer Material Co., Ltd.	3
13	Shanghai Huayi Acrylic Acid Co., Ltd. (new plants under construction)	2
14	Jinan Haoyue Absorbent Co., Ltd.	2
15	Tangshan Boya Resin Co., Ltd.	2
16	Beijing Xitao Polymer Co., Ltd.	2
17	Nanjing KingGreen Polymers Chemical Co., Ltd.	2
18	Shandong Zhongke Boyuan New Material Technology Co., Ltd.	2
19	Zhuhai Demi New Material Co., Ltd.	2

Capacity expansion plans of each company:

(1) Zhejiang Satellite New Material Technology plans to install two SAP production lines in 2018, increasing the production capacity by 60,000 tpy.

(2) Nuoer's 80,000tpy acrylic acid project is scheduled to be put into production in April 2018, increasing the SAP production capacity by 100,000 tpy.

(3) Zhuhai Demi plans to start a new production

lineduring July to August 2018, increasing the SAP production capacity by 30,000 tpy.

6 The Quality of Domestic Hygiene Products Equipment Improved on the Whole

The quality of homemade hygiene products equipment has been improved on the whole, while that of the leading enterprises has reached the advanced international level. The customized, high-end and differentiated equipments are the development trends.

The stable production speed has reached 2000 pieces/min for sanitary napkin production lines, 800 pieces/min for baby training-pant production lines, 800 pieces/min for baby diaper production lines, 400 pieces/min for adult incontinent pant production lines, 350 pieces/min for adult diaper production lines, and 9600 pieces/min for wet wipe production lines. In addition to faster production speed, the automation level of production lines has also been significantly improved. The introduction of palletizers, packaging machines, and casing machine for high-speed production lines has significantly reduced the number of workers.

Machinery manufacturers, such as Hengchang, Fameccanica, and Futian, have introduced ultrasonic bonding technology to replace traditional hot-melt adhesives in certain parts of diaper production to further reduce the consumption of raw materials.

Homemade hygiene products equipment not only meets the needs of domestic producers, but also gains recognition of famous international brands. Hengchang maintains a good relationship with a number of international brands and has won "Global Best Supplier" award from Kimberly-Clark for twice. Xingshi, Hanwei, New Yuhong, Haina, and JWC have a large number of their equipment exported.

7 Market Prospects

7.1 Feminine Hygiene Products

At present, the penetration rate of sanitary napkin market has reached 100%, signaling that the market is basically saturated. The main driver of market development in the future is still the high-end products and the increase in the frequency of use. However, the unfavorable factors, like the constant population decrease of age-appropriate females (15-49 years old) in the next few years, should be noted.

In addition to improving the product quality, consumers also expect a better consumer experience. This is especially true for sanitary napkins, since the purchasers of sanitary napkins are actually the users. Manufacturers need to make lots of efforts in consumer research, and must provide differentiated, and personalized products for consumers of different consumption levels and different ages.

The market for menstrual pants and tampons will grow to some extent, especially in the younger female consumer groups. But they won't become the mainstream in the short term.

7.2 Baby Diapers

2017 is the second year to fully implement universal two-child policy. According to the data released by National Bureau of Statistics, the population born throughout the year was 17.23 million (17.86 million in 2016, the highest level since 2000), which is still at a high level since 2000, and higher than the annual average birth number of 16.44 million during the period of 12th Five-Year Plan. Among the newborns, the number of second-born children further increased to 8.83 million, an increase of 1.62 million from 2016. The proportion of second-born children in the total number of newborns reached 51.2%, an increase of 11 percentage points from 2016. Ma Li, the State Council counselor and population expert, said that the universal two-child policy is targeted at the fertile women who have the need of having more children. It is estimated that it will take about 5 years to fully release the accumulated need. The baby boom will come in 2017 and 2018. So the number of the second-born children in 2018 will remain at the level of 2017 and will slowly decline in the future.

The new generation of young parents are generally those born in 1980s and 1990s who have high acceptance of diapers. In particular, as the proportion of second child increases, parents become more dependent on diapers, and the average number of daily use increases significantly, which will definitely promote the continuous growth of baby diaper demand. Increased disposable income and continued urbanization will continue to increase the penetration rate of baby diapers in lower-tier cities and rural and town markets. It is expected that the baby diaper market will maintain a high growth rate in the next five years.

More investment will be attracted by the prospects of the baby diaper market, including enterprises from other industries, which will intensify the fierce competition in the market.

7.3 Adult Incontinences

According to the Statistical Communiqué, by the end of 2017, the population of people at the age 60 and older in China has reached 240.90 million, which accounts for 17.3% of the total population, up 0.6 percentage points than the end of previous year. The population of people at the age 65 and older in China has reached 158.31 million, which accounts for 11.4% of the total population, up 0.6 percentage points than the end of previous year. China's population aging is intensifying, and develops rapidly at a large scale. Meanwhile, such phenomena as aging with fewer children, old aging, empty nest, the miniaturization of family structures, and the rapid weakening of family security can be found together with the aging society.

In response to this grim situation, it is proposed in the government work report that we should respond to the population aging by combining home care, community nursing service, and mutual support care, promoting the integration of medical care and health care, and improving the service quality of nursing homes.

Judging from international experience, the necessary condition for forming a considerable scale of incontinences consumer groups is that per capita GDP reaching 8,000 to 10,000 US dollars. In 2017, China's per capita GDP reached 59,660 Yuan (about 9,425 US dollars), which fully meets the necessary condition for market development.

Based on the above factors, the adult incontinent product market in China will continue to grow rapidly in the next few years.

7.4 Wet Wipes

At present, China wet wipes market is still dominated by wet wipes for babies and general-purpose wet wipes. Other wet wipes for human (such as hygiene wipes for females or males, wet wipes for make-up removal), wet wipes for household cleaning, wet wipes for pets, etc. still account for a small proportion in the market. The market of moist toilet tissues and wet wipes for kitchen cleaning will continue to expand with the promotion of leading companies. As a cross-border category, dry-and-wet dual-use wipes will still meet the needs of specific groups.

The substrate of wet wipes will still be mainly spunlace nonwovens. The wet wipes made of natural fibers, such as cotton fiber and bamboo fiber, and unbleached wet wipes will still meet the needs of consumers with strong health awareness and environmental protection awareness.

Nowadays, due to the fast pace of life and tight time schedule, convenience has become an important factor for consumers when they select goods.

According to the experience of developed countries such as those in North America, wet wipes with cleaning/disinfection functions have grown much faster. In recent years, a series of outbreaks of epidemic diseases can be found around the world. Some infectious diseases are also raging in many places. And hospital-acquired infections (HAI) have frequently occurred. In order to control epidemic diseases and reduce infections, wet wipes for cleaning/disinfection are widely used. As people's health and hygiene awareness gradually improved, the Chinese market will also have a certain demand for wet wipes with cleaning/disinfecting functions.

China is facing severe population aging situation. The task of medical care for the elderly is intensifying. The wet wipes which can meet the daily care needs of the elderly, such as, prevention of bedsore and skin-care functions, will gain certain market shares.

In general, currently China's wet wipes market has a relatively low penetration rate, and only a few categories, hence a large room for development. Therefore, the wet wipe market will maintain rapid development.

References:

[1] The 2017 Annual Report of Hengan International Holdings Limited.
[2] The 2017 Annual Report of P&G.
[3] The 2017 Annual Report of Kimberly-Clark.
[4] The 2017 Annual Report of Kao.
[5] The 2017 Annual Report of Unicharm Group.
[6] The 2017 Annual Report of Vinda International Holdings Limited.

区域产业集群情况

四川竹浆生活用纸集群发展与展望

1 总体情况

中国是产竹大国，四川是产竹大省，四川利用竹子制浆造纸历史悠久。用竹浆生产生活用纸是从上世纪90年代开始的，至目前四川省有竹浆生产企业11家，竹浆年产能120万吨，其中漂白竹浆和本色竹浆各占大约50%左右；竹浆生活用纸原纸生产企业60家，原纸年产能90万吨，竹浆生活用纸加工企业250余家，年加工能力110万吨；其中本色竹浆生活用纸40万吨/年左右，占竹浆生活用纸总量的36%左右。竹浆生活用纸的产品品类齐全，主要销售渠道为传统渠道、电商渠道；40%在省内销售，60%在省外销售和出口。

2 竹子资源优势及发展历程

四川省拥有独特的气候条件，特别是川南地区潮湿的地理环境，最适合竹子的生长。上世纪90年代，为保护长江上游生态屏障，国家实行天然林禁伐退耕还林，四川省利用退耕还林资金大力鼓励农民种竹，社、村、镇、县、市层层签订种植和收购合同，逐步扩大竹子种植面积，积累了丰富的竹子资源。到目前已有竹林面积1700万亩，其中可用于制浆造纸的竹林1200万亩，主要分布在泸州、宜宾、乐山、雅安、眉山、成都、达州、广安、资阳、内江、自贡、绵阳、遂宁等地。

竹子的种类很多，可用于制浆造纸的竹子种类包括慈竹、绵竹、白夹竹、水竹等，其中使用最多的是慈竹和绵竹，绵竹是四川省林科院与四川制浆企业合作培育的新竹种，传统的慈竹每亩年砍伐只有1吨，而绵竹每年每亩可砍伐2~4吨，大大提高了竹子产量。竹子的种植相对简单，农民利用房前屋后、沟边地埂，挖坑将竹苗栽种施水施肥即可，成活率很高，头年栽培，第二年养，第三年就可以砍伐，每年间伐，越砍越发。

四川省现有竹林年产量1700万吨，可用于制浆造纸的1200万吨，年可生产竹浆300万吨。四川永丰纸业集团、四川环龙新材料有限公司、四川省犍为凤生纸业有限责任公司、宜宾纸业股份有限公司等大型竹子制浆造纸企业，依托“竹—浆—纸—加工—销售”一体化的制浆造纸优势，带动了四川竹浆生活用纸的大力发展。

2012年四川开发生产加工本色竹浆生活用纸，避开与漂白木浆、漂白竹浆生活用纸的直面竞争，提升产品品质，以差异化将本色竹浆生活用纸推向高端消费市场。2017年四川本色竹浆生活用纸产品供不应求。

3 发展中的问题

（1）砍伐和运输

竹子以前用弯刀砍伐，速度慢、费工时，宜宾纸业股份有限公司与西安一家公司合作开发了一款气动砍竹机，效果很好，目前正在四川推广，解决竹子砍伐问题。

很多竹子生长在山区，由于山区没有公路给竹子运输带来很多困难，运费太高、税费过高，四川造纸行业协会经过与政府沟通、协调，目前四川省林业厅对竹子收购已停止育林基金的征收，四川省税务局对竹子收购已停止林产税的征收，部分地区已开始利用国家以工代赈资金在林区修简易公路，这些优惠政策的落实大大降低了竹子收购成本，减少了制浆企业负担，增强企业盈利水平。

（2）竹子制浆造纸

• 企业规模小、效益水平低，大企业大集团发展缓慢。

四川省生活用纸企业平均年产能在1万吨左右，企业规模过小，不具备更新先进设备的能力，规模效益难以发挥。同时产品质量档次难以提升，单位产品能耗高，产品的同质化现象严重，企业缺乏竞争力，部分企业被淘汰的可能性很大。另外，近年来引进的大企业大集团发展缓慢。

• 林纸一体化原料基地建设发展艰难，优质原料资源缺口大。

四川省受人多地少，林地、林权流转投资巨大，林区道路建设滞后，人工砍伐成本高，运输成本增加等诸多因素影响，企业的林纸一体化原料基地建设发展艰难而缓慢。从2010年起，由于竹材资源的紧张，竹片收购价呈跳跃式上涨，有时还出现部分制浆企业因购买不到原料而停产的现象。

4 四川省造纸行业协会积极推动产业转型升级

四川省造纸行业协会和各生活用纸生产、加工企业，在对竹浆本色生活用纸产品的宣传、引导本色生活用纸市场和消费方面做了大量的工作，对提高竹浆生活用纸在行业的影响、推动竹浆本色生活用纸的发展、扩大本色生活用纸市场规模发挥了积极的作用，使四川竹浆生活用纸在整个生活用纸市场中的份额不断增加，培育了雅诗、斑布等知名度较高的全国性品牌。

四川省造纸行业协会积极协调浆、纸、加工等环节中企业之间的可持续发展关系，使得上下游企业间能抱团发展，为此已经取得了显著的效果。

2017年，四川省造纸行业协会已申请得到了国家工商总局商标局"竹浆纸"集体商标，用于四川省造纸行业协会的制浆、造纸、纸品加工会员企业使用，共同维护竹浆纸的产品质量、销售市场，开拓四川竹浆生活用纸产品更广阔的市场。

5 四川竹浆生活用纸产业集群建设、发展规划和目标

以科学发展观，坚持竹原料基地建设优先的原则，进一步推动和实现竹浆纸一体化发展，增强全行业的环境保护意识和制浆造纸企业的社会责任，淘汰落后产能，把四川建成全国最重要的竹浆纸生产基地。

对现有老的化学竹浆企业，年产能在5万吨以下的，应加快升级改造，在"十三五"期内达到10万吨/年；新建、异地扩建的化学竹浆企业，起始规模应在20万吨/年以上。

生活用纸行业发展的重点是：推广使用中速（车速800～1200m/min）、高速（1200～2000 m/min）、幅宽2850～5600mm的卫生纸机，提高产能、提高质量、降低消耗、降低成本，重点推广本色竹浆高档生活用纸原纸生产及加工，逐步淘汰幅宽2m以下、车速在200m/min以下的低速卫生纸机。分散的企业逐步向园区集中，做强下游的纸制品加工企业，重点培育什邡年加工30万吨的"绿色低碳竹浆生活用纸园区"和犍为"双百"纸制品产业园区建设，争创一个国家知名品牌。产业集中布局在成都、绵阳、德阳、乐山、宜宾等中心城市周边。加强自主研发和创新能力，重点开发竹浆特种纸、竹浆厨房纸巾、竹浆吸油纸、竹浆擦拭纸、竹浆医用纸等新产品。

竹浆生活用纸重点项目：

（1）宜宾纸业股份有限公司扩建12万吨/年竹、浆、纸、加工一体化中高档生活用纸项目；

（2）四川省犍为凤生纸业有限公司扩建18万吨/年竹、浆、纸、加工一体化中高档生活用纸项目；

（3）四川福华竹浆纸业有限公司扩建12万吨/年竹、浆、纸、加工一体化中高档生活用纸项目；

（4）四川环龙新材料有限公司扩建年产20万吨/年竹、浆、纸、加工一体化中高档本色生活用纸项目；

（5）夹江汇丰纸业有限公司扩建8万吨/年竹、浆、纸、加工一体化中高档本色生活用纸项目；

（6）四川石化雅诗纸业有限公司30万吨/年本色竹浆生活用纸加工项目；

（7）四川圆周实业有限公司扩建8万吨/年生活用纸原纸和5万吨/年生活用纸加工项目；

（8）四川蜀邦实业有限公司扩建6万吨/年生活用纸原纸和4万吨/年生活用纸加工项目；

（9）四川省绵阳超兰卫生用品有限公司扩建5万吨/年生活用纸原纸和4万吨/年生活用纸加工项目等。

到"十三五"末期，四川省总的竹浆年产能达到140万吨，生活用纸原纸年产能140万吨，生活用纸加工年产能160万吨。

表1 2017年四川省主要竹浆企业

序号	企业名称
1	四川永丰浆纸股份有限公司
2	泸州永丰浆纸有限责任公司
3	四川永丰纸业有限公司
4	宜宾纸业股份有限公司
5	四川省犍为凤生纸业有限责任公司
6	四川环龙新材料有限公司安州基地/青神基地
7	四川天竹竹资源开发有限公司
8	四川银鸽竹浆纸业有限公司
9	四川福华竹浆纸业有限公司
10	夹江汇丰纸业有限公司
11	四川省眉山丰华纸业有限公司

表 2 2017 年四川省主要生活用纸原纸企业（2 万吨/年以上）

序号	企业名称
1	四川圆周实业有限公司
2	四川环龙新材料有限公司
3	沐川禾丰纸业有限公司
4	成都居家生活造纸有限责任公司
5	成都鑫宏纸品厂
6	四川福华竹浆纸业有限公司
7	四川省犍为凤生纸业有限责任公司
8	四川蜀邦实业有限责任公司
9	成都绿洲纸业有限公司
10	夹江汇丰纸业有限公司
11	四川省津诚纸业有限公司
12	成都志豪纸业有限公司
13	四川友邦纸业有限公司
14	犍为三环纸业有限公司
15	四川省绵阳超兰卫生用品有限公司
16	崇州市倪氏纸业有限公司
17	彭州市大良纸厂
18	成都市阿尔纸业有限公司
19	四川省崇州市上元纸业有限公司
20	四川万安纸业有限公司
21	芦山兴业纸业有限公司

表 3 四川以木浆为原料的生活用纸企业

序号	企业名称
1	中顺洁柔（四川）纸业有限公司
2	维达纸业（四川）有限公司
3	四川遂宁金红叶纸业有限公司

表 4 四川主要竹浆生活用纸加工企业（2 万吨/年以上）

序号	企业名称
1	四川石化雅诗纸业有限公司
2	四川蓝漂日用品有限公司
3	四川兴睿龙实业有限公司
4	四川诺邦纸业有限公司
5	四川佳益卫生用品有限公司
6	四川若禺卫生用品有限公司
7	成都纤姿纸业有限公司
8	四川省什邡市望风青苹果纸业有限公司
9	成都欣适运纸品有限公司
10	成都市苏氏兄弟纸业有限公司
11	彭州市阳阳纸业有限公司
12	四川迪邦卫生用品有限公司
13	成都发利纸业有限公司
14	四川翠竹纸业有限公司
15	四川清爽纸业有限公司
16	成都百顺纸业有限公司

（四川省造纸行业协会、四川省造纸行业协会生活用纸分会罗福刚 供稿）

广西生活用纸行业概况

1 总体概况

近年来，广西生活用纸产量呈下降趋势，如图1所示，2017年为73万吨，与2016年基本持平，预计2018年将走出低谷，产量会有所增加。广西生活用纸主要纤维原料为甘蔗渣，产量与广西制糖业关系密切，随着蔗渣浆产量变化而变化，其生产过度依赖于蔗渣浆的格局未能根本性改变，广西的生活用纸产品同质化比较严重，大部分为中档产品。近年来，广西淘汰能耗高、效率低的卫生纸机效果初显，2017年高档生活用纸的产量有所增加。

2017年，广西投入运行的中高速卫生纸机达到20台(套)，但抄造生活用纸的主要设备仍然是低速圆网纸机；广西生活用纸，无论是原纸、分切盘纸，还是在广西区内加工的纸制品，品牌都较少；后加工能力较低，仅为25万吨左右；广西生活用纸工业总产值约为71.6亿元。

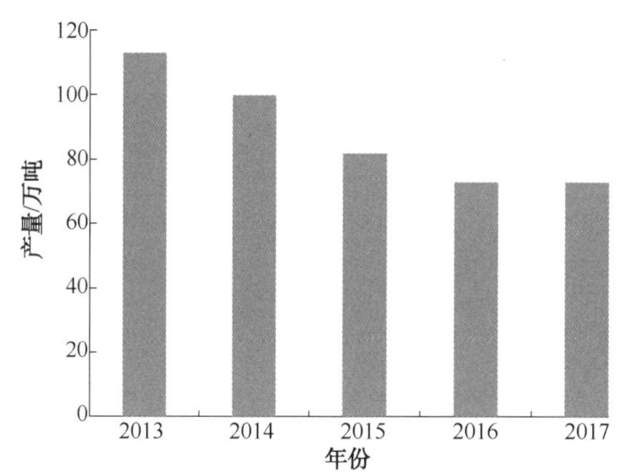

图1 2013—2017年广西生活用纸产量

2 产品结构

广西生活用纸以原纸、分切盘纸为主，后加工产品所占比例较低，约为总量的25%，主要产品有：卫生纸、擦手纸、餐巾纸、面巾纸、手帕纸等，主要品牌有：桂纤、爽手、清帕、卡西雅、婉庭、天力丰、纯点、碧绿湾、蝶恋花、洁宝、56°、舒柔、惠妙、素研本草、节节高、凤派、达力等，其中大部分品牌为广西区内品牌，在全国知名度不高。随着本色生活用纸的风靡，广西也研发并推出混浆本色生活用纸(蔗渣浆、木浆、竹浆)，但产量不高，2017年的产量仅为1万吨左右。

3 原料结构

广西生活用纸原料以蔗渣浆为主，其次是木浆，竹浆很少，具体如下，蔗渣浆74.7%，木(竹)浆25.3%。目前广西生活用纸，一般不是利用单一浆种抄造，大多数是根据客户及市场的需求，利用不同浆种以一定比例进行抄造。

4 主要企业

2017年广西主要生活用纸企业如下：广西田东南华纸业有限公司、广西龙州曙辉纸业有限公司、广西贵糖(集团)股份有限公司、柳州两面针纸业有限公司、南宁市佳达纸业有限责任公司、广西来宾东糖纸业有限公司、广西天力丰生态材料有限公司、广西横县江南纸业有限公司、广西桂海金浦纸业有限公司、南宁市圣大纸业有限公司。

5 优化升级

到2017年，广西已投入生产的中高速卫生纸机有20台(套)，其产量占年总产量的三分之一左右，其他仍然是低速、低效率、高能耗的国产纸机。随着生活水平提高，人们对生活用纸的要求除了数量之外，越来越注重产品质量，同时，环境保护的要求也更加严格，在城区内或工业园区内的企业要求集中供热，淘汰企业自身的煤锅炉，倒逼企业必须优化升级，向中高端发展。预计在2018年底，投入运行的中高速纸机可达30台(套)，产能将达50万吨左右，到2020年，大部分小规模生产企业及低效率、高能耗的圆网卫生纸机将被淘汰。原料结构也会有较大改变，木浆比例将大幅上升，配合使用湿部化学品，不断提高广西生活用纸质量。

6 发展趋势

近年来，随着制浆造纸工业严抓环保治理，淘汰落后工艺和设备，向清洁化生产迈进，广西区的制浆造纸工业有了新的发展。原来因经营性问题或因环保问题停产的生产企业将在2018年逐步恢复生产，木浆产能将增加30万吨，同时广西区内木浆在价格方面有较大优势，将使得广西生活用纸原料、产品单一的局面逐步得到改变，得到新的发展。

第一，提高后加工能力，加大产品创新，提

高其附加值。广西生活用纸的后加工能力较低，高档产品较少，中低档产品较多，随着消费者对生活用纸品质要求越来越高，必须改变这种格局，巩固并加大广西生活用纸市场。提升广西生活用纸后加工能力，同时考虑产品品种创新，产品包装和市场营销创新，提高产品的附加值，如：干湿两用卫生纸、擦手纸、厨房纸巾、本色纸、柔润保湿卫生纸等。

第二，加强品牌建设，提升品牌影响力。广西生活用纸品牌多为广西地方品牌，企业须培育知名品牌，并建立完善的品牌培育管理体系，从而提高企业和产品的竞争力。

第三，淘汰落后产能，提升装备水平，推广清洁生产技术。必须加快淘汰高能耗、低车速卫生纸机，引进低能耗、中高车速卫生纸纸机，推广先进工艺技术，提高生产效率，适应节能、高效、环保要求，从而提高产品产量、质量和效益。

第四，紧跟时代步伐，以第四次工业革命开启的“工业4.0”和工业互联网为标志的新一轮技术革命正深刻改变制造业生产模式和产业形态。广西生活用纸应该充分利用好这个发展空间，依托现有“互联网+”战略，推进采购、生产、营销和售后服务环的互联网化。

（广西造纸行业协会黄显南　供稿）

南海西樵中国妇婴卫生用品基地

1 基地发展概况

1.1 地区发展背景

西樵镇地处广东省佛山市南海区的西南部，距广州45公里，总面积177平方公里。西樵水陆交通便捷，经济发展蓬勃，形成了纺织、卫生用品、旅游、陶瓷、五金、电器、印刷、包装、商贸服务、酒店餐饮等多元化发展的产业体系。近年来，西樵不断调整产业结构，逐步淘汰高能耗、低产能的产业，引入环保、创新高科技等产业，推动产业升级发展，提升产业竞争力。

西樵纺织业历史悠久，素有“广纱甲天下、丝绸誉神州”的美名，2003年西樵镇被中国纺织工业协会授予“中国面料名镇”的称号。近年来，西樵纺织产业逐步转型升级，在卫生用品的生产、包装、原材料和装备制造等形成了30多家企业的完善产业链，其中广东昱升个人护理用品有限公司和佛山市啟盛卫生用品有限公司是其中两家行业龙头企业。2017年，西樵纺织产业基地被中国产业用纺织品行业协会授予“中国妇婴卫生用纺织品示范基地”称号。

1.2 产业发展现状

西樵镇作为中国面料名镇，已在国家工商总局成功注册集体商标——“西樵面料”。

“十三五”期间，西樵镇提出大力发展纺织和培育发展卫生用品等新兴产业的重点任务，并提出卫生用品产业要建设一批基地载体，引进和培育一批领军企业，吸引一批具有行业带动作用的优质项目的发展目标。2016年，全国非织造布行业知名企业浙江金三发公司在西樵建设新工厂，项目2条生产线已投入运行；佛山益贝达公司年产1.5万吨高档干法纸项目投产；佛山裕丰公司拥有复合非织造布生产线和配套深加工能力，年产值7000万元；佛山栢盈公司和佛山福得佳公司进驻西樵纺织产业基地，进一步加速西樵镇卫生用品产业的集聚。

西樵镇已成立镇卫生用品行业协会，作为桥梁和平台，实现资源共享、合作共赢，促进了西樵卫生用品行业健康有序的发展，提高了“西樵卫生用品”在行业和市场中的影响力。中国纺织工业联合会检测中心佛山分中心(佛山中纺联检验技术服务有限公司)，具有国家计量认证(CMA)、国家实验室认可(CNAS)、国家质量监督检验机构认证(CAL)资质，可承担各类纺织品及服装的检测，西樵地区卫生用品发展已具备良好的基础。

2 主要企业情况

2.1 佛山市啟盛卫生用品有限公司

啟盛公司专业研发、生产、销售卫生巾、卫生护垫、婴儿纸尿裤、纸尿片和隔尿垫巾等，2013年9月8日正式落户西樵科技工业园。公司拥有30多年的发展历程，30多年的积淀，成就了啟盛公司专注的工匠精神和创新发展的企业精神，受到业内的广泛认可和关注。

目前公司占地面积100亩，建筑面积16万平方米，7个生产车间，全部按先进、标准、规范的要求设计建造。拥有国内国外先进的设备共50条，设有6600平方米的仓储物流中心，700平方米的质检中心。现有员工1200人，其中近100人的专业人员组成了公司的质检队伍和研发团队，为保障公司产品的品质和产品的研发创新发挥巨大作用。

啟盛公司的研发创新走在行业的前列，2001年公司研发了国内首创具有导流作用的蓝芯片、绿芯片高级新型卫生巾；2002年研发了夜用大扇尾卫生巾；2003年研发了加长夜用中央提升小棉条，解决了产品使用中的后漏问题；2005年研发了小护垫棉芯内切，使产品使用时更加舒适；2007年研发了更换方便的隐形护翼卫生巾，属行业内首创；2009年研发了专为小女孩体型设计的迷你型立体护围卫生巾；2012年成功研发生产了新型的婴儿纸尿裤；2015年推出了纯棉系列卫生巾。目前公司继续从卫生巾产品的功能性、安全性、附加值上下功夫，研发新型的卫生巾产品，满足市场和消费者的需求。

公司注重品牌建设，拥有小妮、U适、U适宝宝、美适宝宝等自主品牌以及用于出口的“AGNES”品牌，有较高的知名度。此外，公司与多个国外公司建立长期战略性生产、销售合作伙伴关系，主要出口卫生巾、卫生护垫产品，出口到美国。其中，2016年出口额达到622.46万美元，

2017 年上半年出口额达到 429.5 万美元。预计 2017 年全年出口额达到 715.83 万美元。

2.2 佛山市南海区西樵啟丰卫生用品有限公司

啟丰公司位于西樵镇科技工业园，是一家专业研发、生产、销售卫生巾、卫生护垫、婴儿纸尿裤和纸尿片的企业。

2.3 广东昱升个人护理用品股份有限公司

公司是专业研发、生产、销售中高档婴儿、成人卫生用品的企业。公司位于佛山市南海区。目前有四个厂区，占地面积 500 多亩。拥有全自动婴儿拉拉裤、婴儿纸尿裤、婴儿纸尿片、成人纸尿裤、成人纸尿片、护理床垫等各类全球先进的生产设备共 18 台。公司产品品类丰富，包括婴儿纸尿裤/片、成人纸尿裤/片、护理垫、婴儿拉拉裤、环抱型的婴儿纸尿裤等。拥有“DRESS 吉氏”“婴之良品”“舒氏宝贝”等品牌。与多家国际知名企业战略合作，确保技术的领先和优质的原材料供应。通过与高校合作研发，公司拥有了十多项发明专利，二十多项实用新型专利，确保产品的领先水平。

公司目前拥有一支近六百人的生产、研发及销售服务队伍，全面实行先进的计算机管理系统。公司非常注重营销网络的建设，建立防伪防窜货条码管理系统，严格执行市场价格体系，切实保护代理商和零售商的利益，与每一位合作伙伴共同发展。

2.4 佛山市奇瑞丝卫生用品有限公司

奇瑞丝公司是大型的专业婴童、成人卫生用品企业，集研发、设计、生产、销售和服务为一体。公司前身为南海昱升对外商贸有限公司，成立于 1997 年，产品出口到非洲、欧洲、中北美洲以及东南亚等。因为有多年出口经验的积累和对世界各地市场信息的掌握，因此奇瑞丝公司在行业内迅速崛起，目前公司品牌主要有“添宝”、“添康”等。

2.5 佛山市惠婴乐卫生用品有限公司

公司成立于 2016 年，位于佛山市西樵镇，专注于一次性卫生用品的生产、研发、营销。目前拥有先进的婴儿纸尿裤、拉拉裤和环腰裤生产线各 1 条，拥有巧贝贝、酷咕自主品牌。按照标准建立了全面完整的质量管理体系，从原材料检验、生产管理、成品检验层层把关，保证每片产品的高品质。

2.6 佛山市裕丰无纺布有限公司

公司位于龙高公路主干道旁，交通便利。致力于研究、开发、生产 SS 丙纶纺粘非织造布系列产品，主要面向卫生材料、医用耗材、酒店一次性用品、高档环保购物袋及家居生活用品等市场。

公司拥有多条先进的 SS 纺粘非织造布生产线、打孔非织造布生产线、复合非织造布生产线和其他配套深加工设备。以标准的生产环境、严格的质量监督、完善的管理体系等保证产品质量。公司专门组建了技术研发团队，在积极研发创新产品的同时，还为客户提供产品开发的技术支持。在超柔软、多次渗透、防反渗、防侧漏、防过敏等方面进行了深入的研究，使公司的非织造布产品技术先进、质量卓越。

2.7 佛山市益贝达卫生材料有限公司

益贝达公司现拥有厂房 5000 平方米，生产环境全封闭，保证生产车间干净卫生，全自动化的干法纸生产线，整个生产流程采用电脑监控和管理，由机械自动化操作完成，年产 1.5 万吨干法纸。

2.8 佛山市栢盈无纺布有限公司

公司位于西樵镇纺织科技产业园，占地 36000 平方米，规划设计安装 6 条高速非织造布生产线，是一个以生产医卫用非织造布为主的企业。现首期建设 2 条高速生产线，一条 SSMMS 生产线，一条 SSS 生产线，幅宽均为 3.2 米，设计速度 600 米/分，所有核心部件均为德国等地进口。其中 SSMMS 非织造布生产线计划于 2018 年年初投产，SSS 生产线计划于 2018 年 5 月份投产。两条生产线设计年产能 2 万吨。

2.9 佛山市福得佳新型材料科技有限公司

公司位于西樵镇纺织科技产业园，占地面积 27 亩，规划建筑面积 23000 多平方米。是一个以生产卫生用品专用透气膜的企业，为提高产品品质，满足市场需求，公司计划引进韩国进口透气膜生产线及 6 色柔版印刷机各 4 套。首期已进口透气膜及 6 色柔版印刷机及配套设备各一套，已于 2016 年 11 月正式投产，首条生产线年产能 4000 吨。

2.10 广东金三发科技有限公司

公司是浙江金三发集团有限公司在华南地区的子公司。项目的首期土地使用面积约为 9000

平方米，计划投资2.0亿元，项目达产后，预计每年生产非织造布5.1万吨，湿巾2800万包，年产值约为10亿元。

2.11 广东维盛科技有限公司

维盛公司创建于2016年，位于南海区西樵科技工业园，是一家专业生产热风非织造布企业。拥有2条全球先进的生产设备，2017年8月底正式投产。到2017年底公司共有3条生产线，年产能1.2万吨。

3 行业协会概况

2017年3月，西樵镇联合镇内卫生用品企业，成立了镇卫生用品行业协会，以促进卫生用品行业健康有序发展。行业协会能充分发挥政府和企业之间的桥梁纽带作用，维护企业利益，推动企业间的合作，实现资源共享。

2017年3月21日，西樵卫生用品行业协会联合镇相关部门，组织6家卫生用品企业参加在武汉举办的2017年生活用纸年会暨妇婴童、老人卫生护理用品展会，了解卫生用品行业发展动向，并展示和推介了西樵卫生用品产业发展环境；同年6月20日至22日，组织9家卫生用品企业参加上海2017年中国国际非织造材料展览会暨高端论坛，宣传和展示西樵的投资环境，同时展示了西樵卫生用品企业的产品竞争力和企业抱团发展的凝聚力。

西樵卫生用品行业协会发挥着引导企业做好市场、加强行业自律的积极作用，同时也汇聚每一家企业的力量，全力打造西樵镇卫生用品的区域品牌。

4 政府积极扶持和推进基地建设

（1）制订产业扶持政策，推动产业发展。

2017年7月24日，为促进南海区卫生用品产业的发展，提升大健康产业竞争力，推动卫生用品产业在南海区西部片区(西樵、丹灶、九江)形成聚集、发展壮大，培育扶持壮大卫生用品产业集群，南海区出台了《南海区促进医卫用非织造布及关联产业发展工作措施的通知》。

（2）加大招商引资力度，推动产业集聚。

（3）加强品牌建设，培育西樵镇区域品牌。

（西樵卫生用品行业协会　供稿）

湖南宁乡母婴卫生用品产业集群概况与展望

1 宁乡经开区概况

宁乡地处湖南省会长沙，是全国第12个、中部地区首个国家级新区——湖南湘江新区的重要组成部分。长沙是连接中国东西部地区的中心城市之一，是京广、沪昆和渝厦三条国内主要高铁动脉的交汇点。

宁乡市占地2906平方公里，人口145万，自然资源丰富，人力资源充足。国家级宁乡经济技术开发区(以下简称宁乡经开区)规划面积60平方公里，已建成30平方公里，引进企业400多家，2017年实现了“千亿园区”的跨越，完成工业总产值超1100亿元，财政总收入30亿元。目前园区主要以食品饮料、先进装备制造、新材料、妇孕婴童(母婴卫生用品)为主导产业。康程护理、英氏舒比奇、爽洁卫生用品、洁韵卫生用品、宜贝尔、漫画岛等纸尿裤企业；格力电器、海信电器、海尔电器、中联重科、三一重工、日本东洋铝业(吉维信)、康师傅、小洋人乳业、恰恰食品、青岛啤酒、华润怡宝、绝味鸭脖、加加酱油、松井新材料、香港联塑、中财集团等一批行业龙头企业的项目已落户园区。

2 宁乡母婴卫生用品产业集群总体情况

2.1 发展历程——湖南省规模最大、效益最好的母婴卫生用品产业集群

宁乡经开区是中部地区首个提出建设妇孕婴童产业专业园区的国家级开发区，也是湖南省唯一的“孕婴童产业示范园区”和“中国卫生用品安全示范园区”。

经过多年的培育和发展，宁乡母婴卫生用品全产业链已经形成，并具备较强的竞争力。目前拥有包括6家纸尿裤成品企业的母婴卫生护理用品及相关企业共14家，其中规模以上企业9家。

2.2 产业链的发展优势——母婴卫生用品产业链较完备的国家级开发区

随着纸尿裤生产企业在园区的集聚，产业链上游的原材料企业也陆续入驻。包括ES多组分特种纤维生产企业益宏达；热风及纺粘非织造布生产企业五鑫无纺布、兆鸿无纺布、承影无纺布、金利宝无纺布等；芯体材料生产企业博源纸业；PE底膜、复合膜生产企业聚石-贺兰科技、合兴新材料等；热熔胶生产企业鑫湘环保胶业；彩印、包装企业银腾包装、尚品彩印等。使宁乡母婴卫生用品产业链条逐步完备，产业链竞争力不断提高，在中国卫生用品行业中具有一定的知名度。

宁乡经开区也出台了园区范围内企业之间材料采购的奖励和补贴政策，政府牵头，兑现奖励，高效推动产业链企业之间的合作，进一步降低企业成本，逐步形成园区卫生用品产业链的闭合生态圈。

2.3 产业转型升级——产业链优势企业厚积薄发、竞争力日益强劲

在政府的支持鼓励和市场的推动下，宁乡的母婴卫生用品企业通过引进全国及全球领先的生产设备，积极推进生产运行优化，实现转型升级。宁乡政府制定了对每家企业最高400万元的设备升级补贴政策，鼓励企业转型升级，推动企业技术水平和产品品质的提升。

康程护理定制的意大利GDM公司生产线，技术全球领先，另一条国际先进的拉拉裤生产线也已投产；爽洁卫生用品引进日本瑞光生产线2条，2018年拟再引进3条日本瑞光生产线；漫画岛采购福建顺昌设备公司的生产线3条，包括纸尿片、纸尿裤、拉拉裤；宜贝尔采购福建顺昌设备公司的生产线3条，包括拉拉裤、纸尿裤、纸尿片；原材料生产企业五鑫无纺布采购2条台湾日惟热风非织造布生产线，是目前湖南省最先进的非织造布生产线，2018年又签订了2条设备采购合同，1条台湾日惟双梳理热风非织造布生产线、1条德国特吕茨勒(Trutzschler)热风非织造布生产线，设备投产后将成为中西南地区规模大、实力强的热风非织造布生产企业。

3 政府在扶持和推进产业集群和产业链建设中的主要工作

3.1 支持企业厂房代建、轻资产入驻

宁乡经开区目前已建成的爽尔妇孕婴童产业园项目由园区下属国有平台公司投资开发，占地约200亩，总投资5亿元，总建筑面积约20万平方米，正面向全球高端复合膜、非织造布、芯体材料、高吸收性树脂、腰贴、氨纶丝等卫生用品

原材料生产企业招商，支持母婴卫生用品企业以轻资产方式入驻。聚石化学PE膜、复合膜项目和兆鸿无纺布项目等以轻资产的方式入驻至此。

3.2 支持企业举办和参加峰会、展会

宁乡经开区支持康程护理举办的“2017中国卫生用品全产业链发展峰会”，进一步提升了宁乡母婴卫生用品产业园区地位和影响力。

3.3 支持企业自主创新和转型升级

宁乡经开区通过给予资金奖励和补贴，鼓励企业建设技术创新平台或成立技术创新联盟，开展研发、创新和设备升级，引进高层次人才。成功创建并被新认定为国家级、省级、市级工程(技术)研究中心、企业技术中心、检测中心、重点实验室的企业，最高可奖励100万元。高层次人才落户宁乡经开区最高可获得150万元的购房安家补贴。购买实验仪器、技改、建立实验室等研发投入也可获得政府的资金补助。设备升级最高可获得400万元的新购设备补贴。

3.4 为企业搭建融资平台

为切实解决企业贷款难、融资难等问题，针对小微型企业，园区已与邮政储蓄银行合作，并正与北京银行、建设银行等洽谈推出“助保贷”产品，由园区出资一部分为企业提供杠杆，企业可以以较优惠的利息获得银行贷款。对企业工业贷款进行贴息，最高可贴息30万元。

2017月10月，宁乡经开区成立长沙蓝月谷创新发展合伙企业(有限合伙)，可为园区企业提供最高6亿元的股权投资服务。2018年上半年，该基金还将联合建设银行，为园区企业提供不高于30亿元的股权投资服务。

3.5 搭建企业家交流平台

宁乡经开区致力于为企业营造跨界融合的发展氛围，推动园区母婴卫生用品企业之间形成了良好的互信与互动交流机制，并正在推进建立宁乡卫生用品企业技术研发联盟。

3.6 推动企业与专业机构合作

宁乡经开区通过专场推介会、行业沙龙、产品展销、知识产权服务等多重合作方式，由政府买单深挖平台资源，为企业塑造全方位的软性服务环境。

3.7 提供专业综合配套服务

包括热电联供、专业水厂、提供“九通一平”条件、材料配套、引进检测中心、打通铁路货运配套、设立卫生用品安全认证中心等。

4 宁乡母婴卫生用品产业集群未来发展规划和目标

总目标：以横向壮群、纵向强链为目标，做优企业、引进龙头企业，打造具有竞争力的母婴卫生用品产业链闭合生态圈和专业的母婴卫生用品国家级开发区。

计划通过产业的培育、成长、成熟三个阶段的发展，用5—10年的时间实现总产值500亿元，将宁乡经开区建设成为中西部地区品牌最多、影响最广、规模最大的妇孕婴童产业专业国家级开发区。

（宁乡经开区贺海蛟　供稿）

湖北仙桃市非织造布产业集群

湖北省仙桃市位于湖北省东南部，在武汉市西南方向，距武汉市100余公里。非织造布是仙桃市的重要产业，经过多年的发展，已经形成了非织造布生产、加工及上下游产业链的产业集群。2008年、2012年两次被中国产业集群研究院和中国社科院城市发展与环境研究中心授予“中国县域产业集群竞争力百强”。仙桃市被中国纺织工业协会、中国产业用纺织品行业协会授予“中国非织造布产业名城”。2016年，仙桃市非织造布及医用卫材产业实现产值317.76亿元，同比增长10.8%。2017年1—8月实现产值232.95亿元。总投资2000多万元的非织造布博物馆2015年9月正式开馆。

1 现状及特点

1.1 产业规模持续扩大，产品品质不断提升

仙桃市不断加大非织造布产业投入力度，生产能力和技术装备水平不断提升。到2017年全市从事非织造布生产、加工的企业1000余家，其中规模以上企业100多家。年产各类非织造布30多万吨，包括SSMMMS、SSMMS、SMMS、SMS、纺粘、熔喷等产品。非织造布加工设备3万多台(套)，年加工制品70多万吨。

企业通过与高等院校、科研院所开展技术与研发合作，推动产品优化和升级，也提升了仙桃市整个产业的层次。目前仙桃市的企业已与华中科技大学、武汉科技学院、化工学院等建立了产学研合作。

1.2 产业链不断延伸，产业体系逐步成熟

随着非织造布产业的不断发展壮大，带动了配套企业加快发展，推动了区域的产业链条不断加粗和延伸，逐步形成了产品开发、原料生产、制品加工、辅料配套、物流运输于一体的较完整和成熟的产业链条。产品应用到建筑、医疗、防护、日用、环保、服装、电子、汽车、航空航天、军工等多个领域。60%以上的加工制品用于高端的医疗卫生、防护、军工、建材、家居、汽车等领域。

1.3 产业转型升级加快

恒天嘉华、新发、裕民、兴荣等一批骨干企业近年来相继扩规裂变、上档升级，不断引进新设备、研发和改进工艺技术，新发、裕民、富实、宏祥、高源等企业全部新建了10万级的无菌车间。由此带动了区域行业的升级。

新发塑料投资8亿元的新鑫非织造布一期建成投产，这是该公司第四次扩规，新上莱芬双组分生产线。恒天嘉华是2011年中国恒天集团与仙桃嘉华塑料战略重组，组建的非织造有限公司，成为仙桃市非织造布产业的龙头企业。2013年恒天嘉华投资4.5亿元，新上年产1.5万吨的亚洲第一条、全球第三条莱芬双组分非织造布生产线，2015年全面投产。之后又征地500亩，计划投资15亿元打造成国际一流的非织造新材料示范基地、非织造布检测中心及国家级非织造新材料研发中心。

1.4 产业服务配套完善

仙桃市依托新发公司成立了非织造布生产力促进中心，并被授予国家级示范平台，构建起产业集群公共研发和技术创新平台。同时依托新发公司建立了省级非织造布检测中心。依托恒天嘉华公司建立了非织造布新材料、产品技术研发中心。

仙桃市还成立了非织造布行业协会，通过协会来推动仙桃市非织造布企业由分散竞争向联合抱团发展转变，努力实现良性竞争、合作发展的共赢局面。

另外规划兴建非织布工业城、综合配套中心、中小企业园等园区平台，推进当地非织造布产业集中。

2 面临的问题

2.1 各企业的技术装备水平及发展状况相差很大

仙桃市非织造布行业普遍缺乏高素质的管理人才和技术操作人员；企业规模偏小，重复建设导致竞争严重；中小企业多的特点使集群整体科技创新及产品开发能力不足；集群的可持续发展能力有待提高。

2.2 要素瓶颈制约依然存在

人工成本、原材料成本上升，资源、环境等要素约束成为重要挑战。另外整个区域用地紧张也制约企业发展壮大。

2.3 全球经济的不确定性对行业发展带来不利影响

国内部分生产低端产品的企业为降低劳动力成本，把企业向越南、老挝、柬埔寨、泰国等东南亚国家和地区转移，使仙桃市生产非织造布低端产品的企业订单大量减少。

3 未来发展

发展潜力巨大的非织造产业，对于仙桃市的非织造布产业集群来说，即是机遇也有挑战。仙桃政府相关部门通过政策和措施，来引导和推动产业集群的提升和发展。首先是避免为了简单壮大集群规模而造成低水平重复建设；二是引导行业由规模型向质量效能型转变；三是提高自主创新能力，提升非织造产品附加值和高端产品的占比；四是加强品牌的建设和培育，提升产品竞争力。

（仙桃市经济和信息化委员会施玉泉　供稿）

主要原材料、设备的生产和市场

卫生用品行业旋转模切的技术现状和发展趋势

1 旋转模切概述

旋转模切组件(见图1)由模切刀辊、砧辊、模切刀架、加压机构、润滑机构和辅助传动机构等部分组成，在合理的压力下，利用刀辊刃口与砧辊表面的同步滚动实现连续高效切割。该组件是生产线上最关键的核心部件之一，模切组件的制造精度和模切刀辊的耐磨性直接影响生产线的运行效率和产品的成本(见图2)，设备速度越快，制造精度的要求越高，刀辊的耐磨性要求也越高。

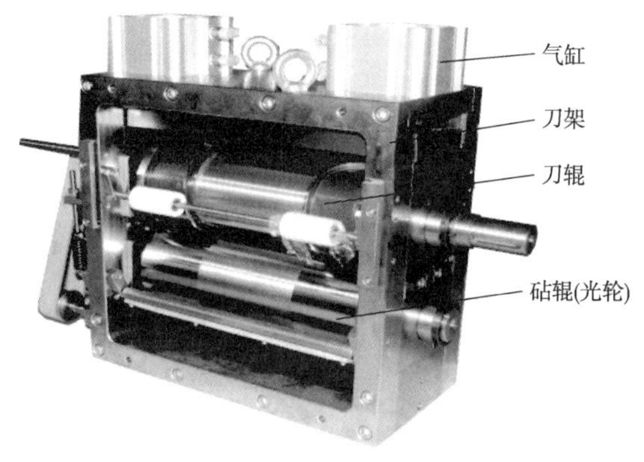

图1

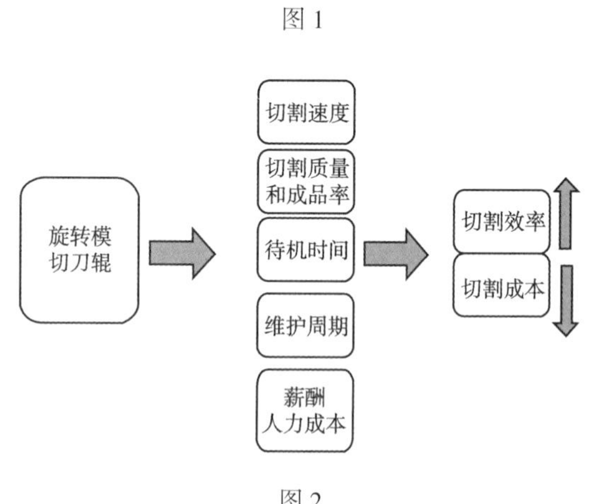

图2

决定模切刀辊使用寿命的因素主要有：刀辊的材质、热处理工艺、刀辊的制造精度、刀架的刚性和精度、生产线的运行速度、卫材的可切割性、操作者的技能和维护保养等等。

旋转模切技术(又称圆压圆模切技术)适用于所有柔性材料的高效连续模切，如非织造布、塑料薄膜、纸张和铜/铝箔等制品。目前，中国旋转模切技术不断进步，已经逐步替代了落后的平面冲切生产模式，大幅度提高了模切效率，特别是在一次性卫生用品和包装印刷等高速设备上得到了成熟运用。广泛用于卫生巾、护垫、婴儿/成人纸尿裤(训练裤)、口罩、围兜、围裙、医用膏贴、面膜、雨伞布、包装纸盒、标签标贴、手套、塑料袋等生产线，涉及近20多个行业。本文阐述的一次性卫生用品包括卫生巾、护垫、乳垫、婴儿/成人纸尿裤和训练裤等，该行业旋转模切刀辊的运用技术基本可以代表中国旋转模切技术的发展水平，其他行业的发展相对比较滞后。

2 我国卫生用品行业旋转模切技术的发展现状

2.1 行业越来越关注效率和成本

中国卫生用品行业从20世纪90年代初开始兴起，历经20多年的发展和整合，整个行业已进入了成熟发展阶段，竞争越来越激烈，产业链上的相关企业都面临如何提高效率和降低成本的考验和挑战。卫生用品制造商的竞争尤其激烈，再加上人力资源缺乏的困扰，很多知名品牌产品生产商都在探讨精益生产方式以谋求效益最大化，这些需求倒逼设备制造商和相关核心部件制造商必须快速提升各自的技术水平。

2.2 高端模切刀辊的需求量越来越大

2015年以来，行业中高端设备制造商的技术提升迅速，各类生产线的稳定运行速度和自动化程度都显著提高，全伺服生产线(含自动包装机)已成为行业主流，其中卫生巾、纸尿裤、训练裤等生产线运行速度已突破或接近300m/min大关。生产线的全面提升对旋转模切组件的制造精度和模切刀辊的耐磨性提出了更高的要求，由于临界速度和耐磨性都适应不了高速生产线的要求(见图3)，传统工具钢和高速钢模切刀辊已逐渐被淘汰，行业对粉末钢和硬质合金模切刀辊的需求量迅速增加，2016年卫生用品行业粉末钢和硬质合金模切刀辊的总量首次超过了高速钢模切刀辊的总量(见图4)。这充分说明设备制造商和越来越多的卫生用品生产商已认识到高端刀辊的重要性和性价比的巨大优势。

时间	模切刀辊材质的历史沿革	不同钢材的速度临界值 V1
1998 年以前	国产普通工具钢	120m/min
1998—2002	国产高速钢	150m/min
2002—2005	进口高速钢	180m/min
2005—2010	进口粉末冶金钢	300~400m/min
2010 年至今	进口超硬粉末冶金钢和硬质合金	500m/min 以上

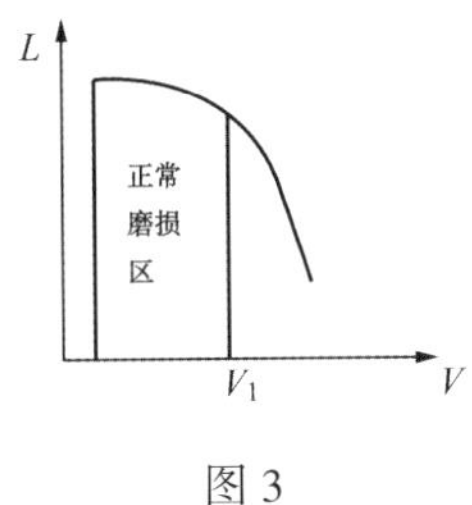

图 3

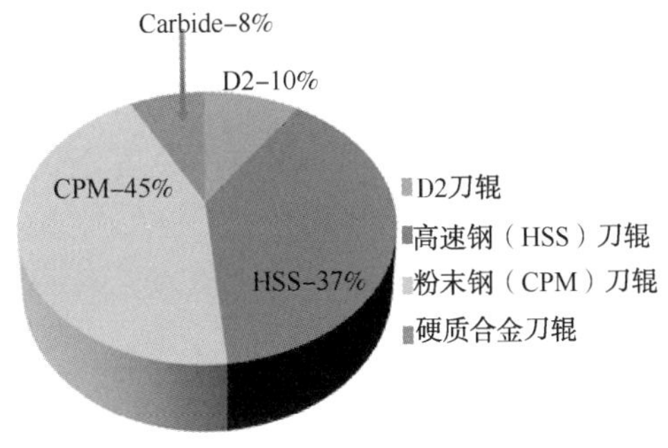

图 4

2.3 模切刀辊关键技术取得新突破

近几年，在终端卫品生产商的支持和设备制造商的大力配合下，通过企业之间、校企、院企等多种合作方式，行业旋转模切关键技术取得了很多重大突破。

首先，解决了硬质合金模切刀辊的核心工艺难题，国内普诺维公司已经全面推出硬质合金模切刀辊，直径最大可以做到500mm。各项质量和技术指标已达到或接近国际同类产品的使用数据，打破了硬质合金刀辊长期由海外公司垄断的局面。

其次，国产粉末钢已经开始用于旋转模切行业。国产硬质合金的压制和烧结工艺也取得突破，并已经完成模切刀辊试制，接受终端客户的检验。

粉末钢模切刀辊的热处理工艺已得到进一步完善，制造精度达到同等产品的国际先进水平，基本可以满足 300m/min 生产线的配置要求。该类产品已趋于成熟并完全替代了进口产品。

2.4 旋转模切行业发展的困境

整个卫生用品行业的模切刀辊市场容量较小，2016 年含进口刀辊只有约 3.5 亿元左右，同时模切刀辊属于非标模具，几乎都是单件订制化生产，制造周期长，投入产出比较低。大企业根本不愿意介入该领域，早期一些研究所和制造商也先后退出该行业。现有的国内 10 几家模切刀辊制造商大部分都是中小微企业，良莠不齐，工艺和质量控制水平相对较弱，没有足够的人力和物力去投入研发和引进关键设备，关键工序(如热处理等)都是委外加工或装备落后。目前，行业内像三明普诺维公司已建立了完整的模切刀辊机械加工、热处理、材料化验、检测、实验等全流程工艺装备。如果模切刀辊制造商不能尽快转型升级，提升自身的综合能力，将很难适应行业的快速发展。

解决关键工艺的设备、超硬钢材、元器件等都依赖进口，是旋转模切行业最大的瓶颈，同时行业缺少特种钢材研发机构和解决关键工艺的技术人才，造成制造商在研发和技改过程中困难重重，走了很多弯路，技术提升速度缓慢。如果模切刀辊制造商们不能提升研发能力，继续重复走复制、仿制的老路，国际高端模切刀辊制造商将会重新夺回他们失去近 20 多年的中国市场。

旋转模切刀辊制造商处于卫生用品产业链中游，两头受挤压，每个企业几乎都是垫资生产；原材料库存、生产、资金回笼等的周期都很长，造成每个企业的资金压力很大；中低端企业之间无序的价格竞争致使行业利润越来越低；另外企业的知识产权保护意识薄弱，诚信度不高，这些也是严重制约旋转模切行业发展的重要因素。

3 卫生用品行业旋转模切技术的发展趋势

(1) 卫生用品行业产业链上下游细分市场的集中度越来越高，规模效应越来越明显，卫生用品生产商们将越来越追求生产线的高效率和自动化程度。因此，如何稳步提升生产线的运行速度和自动化程度是设备制造商和配套模切组件制造商将长期面临的挑战。

（2）高端模切刀辊的需求量会继续增加，国内制造商将直接面对海外公司的竞争；同时由于刀辊使用寿命大幅度提高，卫生用品行业模切刀辊的需求量在一定时间后将急剧下降，模切刀辊制造商转型升级的压力进一步加大。

（3）粉末钢和硬质合金胚料国产化是未来旋转模切行业的发展趋势，进口钢材价格高，只有走国产化道路，我国的旋转模切行业才能持续发展。

（4）模切专业技术人才缺乏将继续困扰整个行业的发展，涉及制造、研发、使用、维护等各个层面，在人才培养短期得不到有效解决的环境下，卫品生产商、设备制造商、模切组件制造商等相关企业建立合作联盟，共享人才资源是一条互惠互利的出路。

（5）高端模切刀辊制造商未来最大的威胁是水切割和激光切割；在小批量订制化生产中，磁性刀辊会有一定的发展空间。

目前，卫生用品行业迎来发展的良好契机，中国实施二孩生育政策和老年社会的到来，在一段时间内会刺激行业的快速发展和缓解竞争压力；行业产业链相关细分行业应该抓住整合和转型升级的良机，转变观念，增进合作，提高尊重知识产权和专利保护意识，提高行业的诚信度，共同维护行业的利益和促进行业的良性发展。

（三明市普诺维机械有限公司郭尚接　供稿）

非织造材料在一次性卫生用品上的应用和发展趋势

1 一次性卫生用品及市场态势

1.1 一次性卫生用品的定义与分类

“用即弃”型卫生、医疗用品，一般是指使用一次后即丢弃的、与人体直接或间接接触的、并为达到人体生理卫生或卫生保健(抗菌或抑菌)作用，减少照料工作量和提高生活质量而使用的各种日常生活用品。主要功能是收纳、隔离人体或动物的体液、排泄物，并保持在使用过程中的安全性、舒适性。

一次性卫生用品泛指婴幼儿卫生用品(纸尿裤、纸尿片、拉拉裤等)，妇女卫生用品(卫生巾、护垫、裤型卫生巾、棉条)，成人失禁用品(纸尿裤、纸尿片、护理垫等)，宠物卫生用品(宠物垫、宠物纸尿裤)，湿巾等。

1.2 一次性卫生用品市场规模及态势

据统计，2017 年吸收性卫生用品市场规模为 1138.9 亿元(未包括湿巾，见表 1)，比 2016 年增长 9.8%。

表 1 2017 年吸收性卫生用品市场规模和消费量复合年均增长率

序号	项目	女性卫生用品	婴儿纸尿布	成人失禁用品	湿巾
1	市场规模(亿元)	527.4	548.6	62.9	71.8
	占比(%)	46.3	48.2	5.5	—
	复合年均增长率(%)	12.9	19.7	21.5	—
2	消费量(亿片)	1200.1	381.8	44.9	22(万吨)
	复合年均增长率(%)	5.6	13.1	28.1	—

注：(1) 数据来源：中国造纸协会生活用纸专业委员会《2017 年一次性卫生用品行业的概况和展望》。

(2)“复合年均增长率”的统计时间段是 2012—2017 年。

(3) 2017 年湿巾行业消耗的非织造布总计约 22.2 万吨。

1.3 国内一次性卫生用品企业及生产量统计

目前，国内生产女性卫生用品的本土企业有 635 家，在国内设有工厂的国际品牌企业 4 家；本土品牌的婴儿纸尿裤企业有 669 家，在国内设有工厂的国际品牌企业 5 家；本土品牌的成人失禁用品企业有 431 家。

表 2 2017 年吸收性卫生用品生产量统计

项目	女性卫生用品	婴儿纸尿裤	成人失禁用品	湿巾
在册企业数量(家)	635	669	431	739
生产量(亿片/年)	934/407.1	289.7/60.3	40.4/11.1/20.3	22.2 万吨

注：(1) 数据来源：中国造纸协会生活用纸专业委员会《2017 年一次性卫生用品行业的概况和展望》，卫生棉条无统计数据。

(2) 在册企业数量是指生活用纸专业委员会统计在册的企业数量。

(3) 生产量数据中，女性卫生用品是卫生巾和护垫，婴儿纸尿裤是纸尿裤和纸尿片，成人失禁用品是纸尿裤、纸尿片和护理垫。

1.4 一次性卫生用品的出口贸易

2017 年中国向国外出口的吸收性卫生用品约 65.6925 万吨，出口金额 19.0885 亿美元；出口数量比 2016 年增加 12.97%，金额增加 5.88%。(注：同期进口的吸收性卫生用品金额为 14.3527 亿美元)

出口湿巾共 16.069 万吨，出口金额 2.6047 亿美元，出口数量比 2016 年增加 18.60%，金额增加 14.24%。

2 一次性卫生用品中使用的非织造材料

一次性卫生用品都是由多层功能不同的材料组成，通常以“非织造布”为其主体结构材料，不同部位会用到特性不同的非织造布。根据纤网的结构，分为“熔体纺丝成网”非织造布及“梳理成网”非织造布。

“高吸收性树脂”(SAP)、高吸收性纤维(SAF)、绒毛浆及其他纤维材料是一次性卫生用品中常用的吸收功能材料。

纸尿裤的具体结构，所使用材料的种类，规格(如定量、尺寸)，质量指标，功能要求等，都会因厂家设计方案的不同而有差异。以纸尿裤为例，对各种结构或不同部位的材料要求如下：

2.1 纸尿裤面层

要求亲水、有良好的触感(棉柔、蓬松)、对皮肤无刺激，与皮肤亲和，不容易起毛起球，能多次亲水，低反渗，无迁移。

热风法非织造布(包括压花热风布、打孔热风布、3D立体热风布)被广泛用作卫生用品面料，常用的定量范围在18~22g/m^2，高端产品上还会用到功能性热风布。

纺粘法非织造布也是广泛应用的面层材料，常用定量的范围在13~23g/m^2，目前主要使用具有SS、SSS、SSSS型结构的纺粘法产品。

为了使液体能在蓬松的面层材料中快速"渗透、扩散"，除了要进行"亲水"功能整理外，还可以通过压花加工、使面层材料呈凹凸状，或通过打孔来提高面层材料的透液、透气性能。

用汉麻和美棉混梳的、或用100%植物纤维原料生产的水刺法非织造布面层材料；或使面层材料的pH值呈弱酸性；或赋予面层材料抑菌、除臭、吸味、护肤等功能，将增加卫生用品的舒适感，提供更安全、无刺激的亲肤产品，并提高纸尿裤的附加值。

2.2 纸尿裤复合底层

要求拒水、有良好的触感、对皮肤无刺激、与皮肤亲和、耐摩擦、无噪音、不容易起毛起球，常用SS、SSS、SSSS型纺粘法产品与透气膜复合的材料(SF)，其定量范围一般在11~18g/m^2。

目前有些高端产品底层也在使用热风布材料，采用三维热风法非织造布，触感蓬松、柔软、丝滑、透气。也可以使用经过拒水处理的水刺布，触感会更好。

2.3 纸尿裤的防侧漏隔边材料

要求拒水，有良好的触感(棉柔)，对皮肤无刺激，与皮肤亲和，有较好的阻隔性，能有效防止侧漏，产品的静水压不低于130mm水柱即可满足要求。

纺粘/熔喷法复合非织造布产品也简称为"纺熔非织造布"，比如用SMS、SMMS、SSMMS、SSMMMS型设备生产的产品，是常用的防侧漏隔边材料，其定量范围一般在13~18g/m^2。

2.4 纸尿裤吸收芯体包裹材料

要求亲水、具有多次(持久的)亲水、透液功能，低定量规格能使产品实现更薄、更轻、更柔软，也降低了成本。

材料应有较高的湿强度，纤维较细，有良好的遮蔽性，能有效防止SAP微粒外渗，常用SS、SSS等结构的纺粘法产品，定量范围在8~13g/m^2。

目前，纸尿裤中的吸收芯体包裹层有使用SMS材料的趋势，经过"亲水"处理后的SMS材料，其致密的熔喷层(M)具有比传统纺粘材料更好的阻隔性能，可防止SAP微粒外渗。

"SAF"是一种超吸水纤维材料，能吸收自身重量200倍的水或60倍的盐水，这种纤维状吸水材料不存在渗漏问题，当吸收层用"SAF+干法纸"代替SAP时，就无需再使用包裹材料了。

2.5 导流层材料

纸尿裤导流层材料要求具有亲水、快速扩散、多次渗透、持续导流、低反渗、表面干爽的特点，优质的导流材料还能提高吸收芯体的利用率，热风非织造布是常用的导流层材料，也有用短纤(粘胶纤维或聚酯纤维)梳理成网的化学粘合法非织造布作导流层材料。

导流层材料的常用定量范围在35~55g/m^{2}左右。

3 生产非织造布的纤维原料

3.1 中国非织造布行业概况

一次性卫生用品都要使用不同种类的非织造布，一般按所用的纤维原料，成网工艺(纺丝成网、梳理成网)，纤网固结方法(热轧、热粘合、水刺、针刺、化学粘合等)，应用领域(如卫生、医疗、工业、包装、土工等)和用途来区分各种非织造布。

目前，卫生用品用的非织造布主要有"熔体纺丝成网"和"短纤维梳理成网"两大类，在妇女卫生用品中还有一部分在使用纯棉水刺非织造布。由于热轧非织造布的性能不及热风布及纺粘布，已退出了卫生用品市场。

2017年，中国的非织造布总产量为564.3万吨，其中"熔体纺丝成网"产品286.3万吨，占总量的50.74%。用于医疗卫生领域的非织造布为155.5万吨，占总量的27.56%。(图1)

3.2 "熔体纺丝成网"非织造布用的切片原料

"熔体纺丝成网"非织造布是目前在卫生用品中用量最多的材料，主要包括："纺粘法热轧非

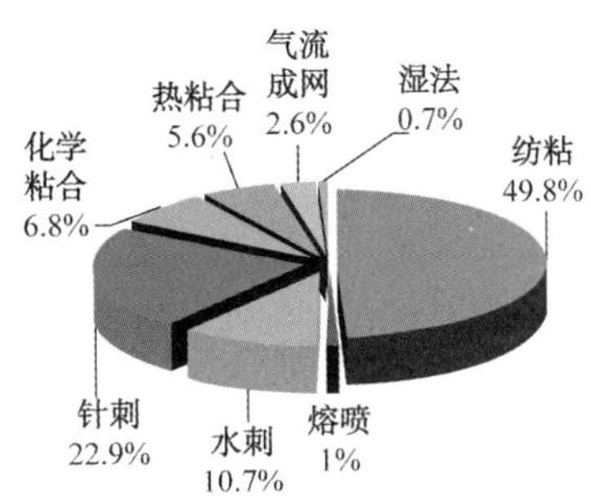

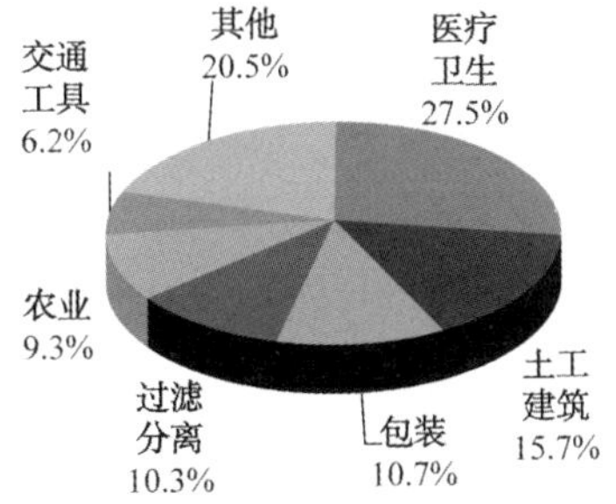

图1 中国的非织造布产品及主要应用领域

织造布"(代号S，标准号FZ/T 64033—2014)、"纺粘/熔喷/纺粘热轧复合(SMS)非织造布"(标准号FZ/T 64034—2014)，"纺粘法热风非织造布"，"纺粘法水刺非织造布" 及"熔喷法非织造布"几种。

"熔体纺丝成网"工艺是目前发展速度最快、生产效率最高，产量最大、应用领域最广的非织造材料生产工艺，其产量已占所有非织造布总产量的一半。

"熔体纺丝成网"工艺所使用的原料多为石油化工产品，因受纺丝系统的纺丝速度限制，主要是聚丙烯(PP)、聚乙烯(PE)等聚烯烃原料。聚乳酸(PLA)是可生物降解的"绿色"原料，其产品可在卫生用品领域应用。

用于卫生、医疗领域的非织造布，绝大部分都是由聚丙烯(PP)原料生产的。以聚乙烯(PE)生产的非织造布柔软性很好，具有良好的应用前景。

目前，非织造布的纤维基本是圆形截面的连续纤维，异形截面纤维虽然具有圆形纤维所没有的其他特性，如同样规格的纤维，异形截面纤维具有更大的比表面积等，但目前的用量仍很少。

绝大部分卫生、医疗用品用的熔体纺丝成网非织造布，都是单组分纤维，仅有少量的"皮芯型"(C/S)和"并列型"(S/S)双组分纤维，配对的原料一般为PE/PP、CoPP/PP等。

并列型双组分纤维具有三维卷曲特性，由这种纤维制造的双组分纺粘热风非织造布结构蓬松，具有比一般单组分纤维、及皮芯型双组分纤维产品有更好的手感。因此，有可能成为一个新的发展趋势。

双组分型纤维的两个组分在理化特性方面有较大差异，因此，这种产品或不良品基本不能直接回收再利用，生产成本会较高。

3.3 "梳理成网"非织造布用的纤维材料

用"短纤维梳理成网"工艺(代号C)生产的非织造材料主要有："梳理成网短纤热风非织造布"(FZ/T 64046-2014)，"短纤热轧法非织造布"(FZ/T 64052-2014)，"梳理成网短纤水刺固结非织造布"(FZ/T 64012-2013)，"梳理成网化学粘合非织造布"等。

"梳理成网"非织造工艺技术成熟，纤维原料供应充裕，产品手感优异、蓬松，但生产效率较低，产品物理力学性能有明显的各向异性等特点。卫生用品是"热风非织造布"、"短纤水刺非织造布"、"化学粘合非织造布"的重要应用领域。

热风非织造布生产要使用"热熔性"双组分短纤维原料，双组分的成分为PE/PP(ES纤维)、PE/PET，其结构有"同心皮芯式"和"偏心皮芯式"及"空心皮芯"结构等，也可以按一定比例添加其他非热熔性纤维混梳。

水刺非织造布的短纤维原料则有较多选择，如粘胶纤维，PET纤维，植物纤维(如棉、麻、木浆、竹纤维、玉米纤维等)和动物纤维(如蚕丝、甲壳素、壳聚糖纤维等)。

棉纤维、粘胶纤维、生物基纤维是目前生产可降解、可冲散卫生用品的"绿色"环保型原料。使用纯棉生产的卫生用品能大幅度减少对皮肤的刺激，高端产品甚至要选用经非转基因认证的有机棉生产，但棉纤维本身的高吸水性及易储水性能，使产品的表面干爽特性受到了制约。

3.4 气流成网非织造布用的原料

气流成网非织造布(干法纸，代号A)的产量很小，2018年全球市场规模预计约16.4亿美元，但已在卫生用品领域得到了应用。如用纺粘/气流成网/纺粘(SAS)工艺生产的复合非织造材料，已在卫生用品材料领域崭露头角。

利用"熔喷+木浆+熔喷"(MPM，P-木浆)复合技术，可以生产具有良好触感和吸收性能的非织造产品，已成为国外某些品牌纸尿裤的材料。

4 卫生用品用非织造材料生产工艺

4.1 纺熔非织造布生产技术

纺熔非织造布包括纺粘(Spunbond)非织造布、熔喷(Meltblown)非织造布、纺(粘)熔(喷)复合非织造布(Spunmelt)三种，是目前发展速度最快、技术密集、生产效率最高、产量占比最大的非织造布。

(1) 纺粘法非织造布生产技术

从聚合物切片原料熔融纺丝、冷却、牵伸、铺网这个过程，纺粘法与熔喷法的生产工艺基本是一样的。但熔喷法是利用纤网的余热自固结成布的。纺粘法需要专用的纤网固结设备，但有较多选项，可用热轧、水刺、针刺、热风等工艺，产品的特性更为多样化。

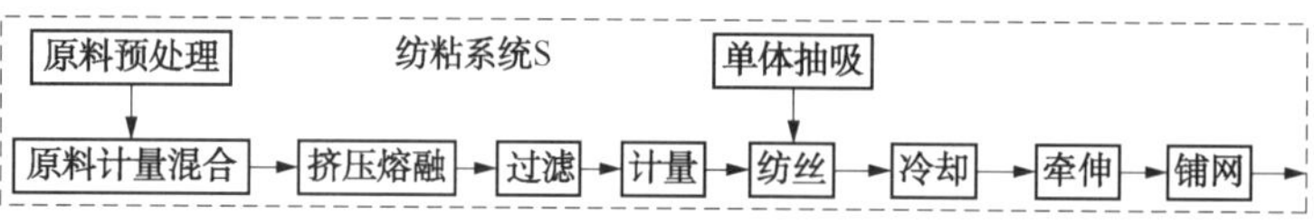

图 2 纺粘系统基本纺丝单元 S

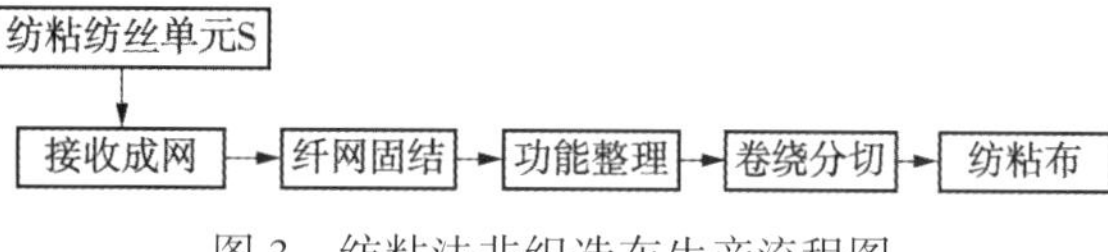

图 3 纺粘法非织造布生产流程图

纺粘法非织造布生产线可以有多个纺丝单元，每个纺丝单元形成的纤网在成网机“叠层复合”。根据纺丝系统的数量，可分别生产 S、SS、SSS、SSSS 型产品。这种由多层复合而成产品，有较好的均匀度和遮盖性，在卫生用品上得到广泛应用。

纺粘法非织造布技术已能生产 8g/m^{2}的产品，纤维细度约 1d，生产能力在 150～270kg/m/h，能耗一般<1000kWh/t。

尽管熔体纺丝成网非织造布已成为最大品类，但已有的产品技术标准明显滞后于技术的发展，对指导行业的发展作用很微，离市场要求也很远。

(2) 熔喷法非织造布生产技术

熔喷布较多用于空气过滤制品，如口罩等，不适合在纸尿裤上单独使用，更多是以与纺粘纤网复合为“SMS”结构使用。熔喷布的生产流程与纺粘布类似，但熔喷法无需专门配置纤网固结设备，生产流程比纺粘法更短。

熔喷布需要用热空气牵伸，产量较低，只有 50kg/m/h，因此，能耗要比纺粘布高，一般在 2500kWh/t，生产成本也高很多。可以将多个纺丝系统组合，生产 M、MM 复合型熔喷产品。

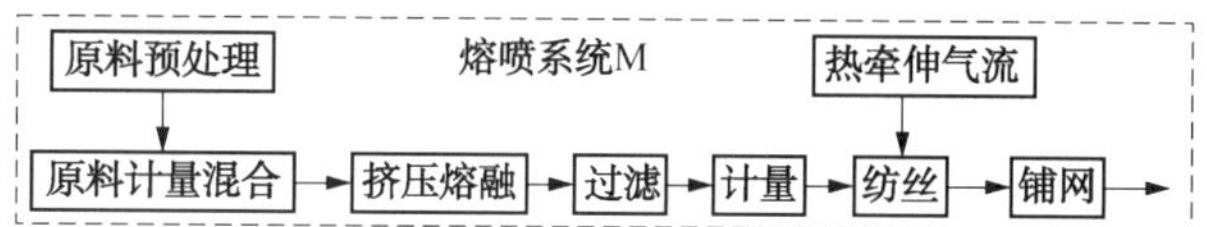

图 4 熔喷系统基本纺丝单元

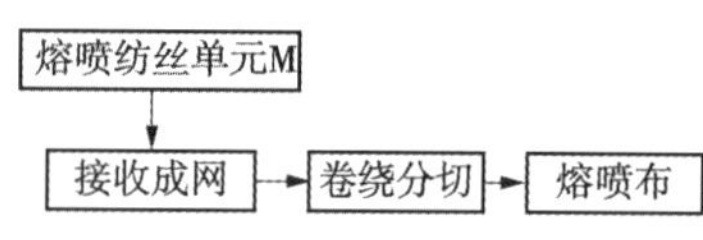

图 5 熔喷法非织造布生产流程图

(3) 纺粘/熔喷复合(SMS)非织造布生产技术

纺粘/熔喷复合(SMS)非织造布生产线是由多个纺粘系统、熔喷系统排列、组合而成，整合了纺粘层的耐磨、高强力，熔喷层的阻隔性优势，在一次性卫生用品领域获得重要的应用。

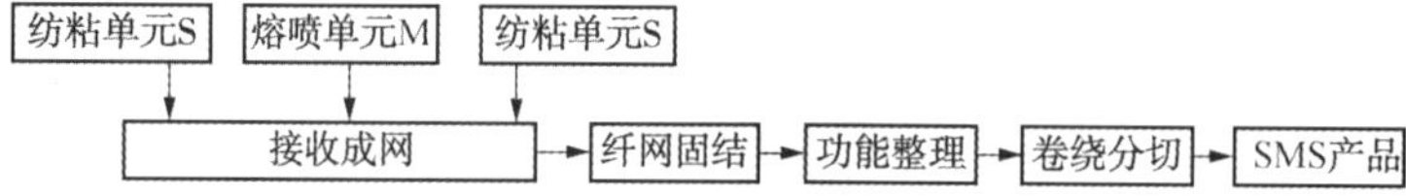

图 6 SMS 型非织造布生产流程图

SMS 技术是熔体纺丝成网技术水平的象征，目前，生产线最多可配置八个纺丝系统，最大幅宽 5200mm，能生产定量 8g/m^{2}的产品，最高运行速度 1200m/min，单条生产线的最大产能已达 3.5 万吨/年。由于 SMS 产品中既有纺粘纤网、也有熔喷纤网，因此，其能耗是介于纺粘布与熔喷布之间。

2017 年，中国的纺熔非织造布总产量为 287.041 万吨，比 2016 年增长 5.75%，各类产品的占比见图 7。

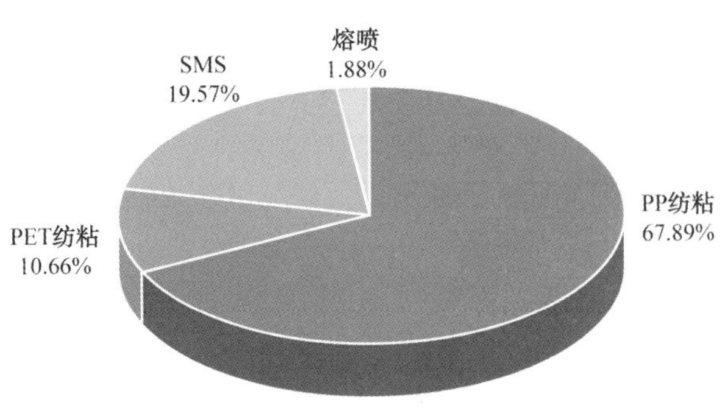

图7 2017年熔体纺丝成网非织造布的实际产量占比

4.2 热风法非织造布生产技术

热风非织造布最大的特点是其蓬松感，给消费者带来了可感知的优异触感和舒适性，在加工成3D立体面料后，有非常好的立体成型效果，越来越多地用作高端卫生用品的面层、导流层及纸尿裤的底层(与透气膜复合)等，目前已开发全部由热风非织造布构成的卫生用品。

热风非织造布在提供蓬松、柔软性的同时，也产生了一些应用性缺陷，如用于纸尿裤面层时，易起毛起球。

在一次性卫生用品行业，热风非织造布常用的短纤维原料包括PE/PP、CoPP/PP、PE/PET等，结构有“同心”、“偏心”两类，纤维细度在1.5~6d，长度有38mm、45mm、51mm等。

图8 热风法非织造布生产流程

热风固结设备有“平网热风穿透型”和“圆网热风穿透”两类。热风非织造布技术有向宽幅、多锡林、多道夫、高速、高效、低定量方向发展的趋势。

短纤维原料对热风非织造布的性能及手感有着决定性的作用，热风非织造布的蓬松性等特点有赖于双组分纤维的“纤度”和“卷曲度”，“纤度”越小、纤维的刚性越弱，产品的触感就越好，但进行梳理加工的难度也越大。

纤维的“卷曲度”越大，产品就越蓬松。“卷曲度”与纤维组分的配比、皮芯型纤维的偏心度、牵伸、卷曲的形状(如“Z”形、波浪形、三维卷曲等)等因素有关。

因此，纤维原料的性能是热风非织造布的技术核心之一，也是热风非织造布技术的重要研发方向。ES纤维是目前最理想的一种热粘合纤维，国产的短纤维原料仅能用于生产中、低端产品的热风布。中、高端产品用热风布的优质纤维供不应求，仍需从台湾、韩国、日本等地区或国家购进。

目前国内使用的热风法非织造布生产设备主要是国产和台湾省制造的。随着对产品定量(g/m^2)轻量化、更高的生产效率和更高合格品率的需求，已有企业从欧洲引进成套热风法非织造布生产线。目前，高端热风布生产设备均为欧洲品牌。

尽管“外购”设备的价格较高，但产品的质量及生产效率具有更强的竞争优势，可以使企业更容易在中、高端市场中脱颖而出。

热风法非织造布具有蓬松、柔软、弹性回复性优异、渗透性好、强力优良的特点，且不含化学粘结剂，通过后加工，能提供打孔、3D立体花纹的产品，是一种比较理想的卫生材料。热风布的加工工艺成熟，生产流程短，无环境污染，设备价格也相对较低。

热风法非织造布生产线的幅宽一般在2400mm，最高运行速度在100~120m/min，单条生产线产能在1500吨/年左右，产品的物理力学性能与纺熔非织造布仍存在较大的差距。

4.3 水刺法非织造布生产技术

继纺粘法非织造布和热风法非织造布之后，水刺法非织造布(Spunlace)是正在快速发展的一种非织造材料。水刺法非织造布也使用短纤维梳理成网，但要使用高速水射流固结纤维网，因不存在像纺粘非织造布的薄膜化热轧点，所以手感蓬松柔软。

水刺法非织造布生产工艺的核心是“水刺”，在技术上有“平板水刺”和“转鼓水刺”两种工艺备选。在加工过程中，也可以与其他材料复合，生产一些功能优异的产品。如可加入木浆，与气流成网材料复合，成为触感优良、吸收性能好的产品。

生产卫生用品用水刺非织造布的生产流程　如下：

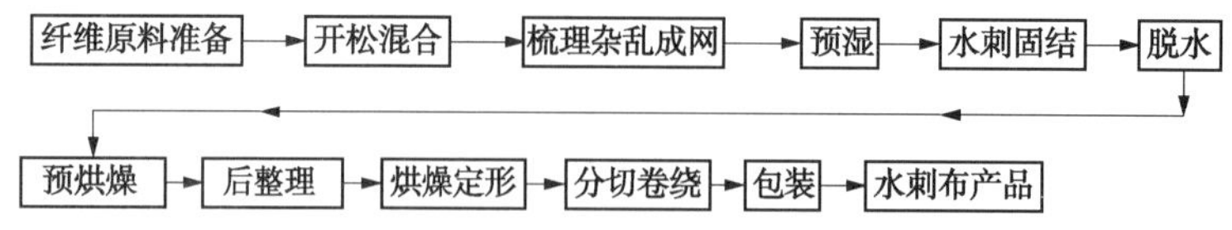

图 9　水刺法非织造布生产流程

水刺布不像热风非织造布那样一定要使用热熔纤维，在原料的选择上有更大的自由度，可用细度 1.5～3.5d，长度 38～51mm 的粘胶纤维、聚酯纤维、聚丙烯纤维和棉纤维、蚕丝纤维、壳聚糖纤维等。特别在生产可冲散湿巾方面有很大的灵活性，在最终产品设计上也更有特色，可以生产打孔或有各种花纹图案的产品。

粘胶纤维、棉纤维、玉米纤维、大豆纤维等都是天然的植物基纤维，具有亲肤透气、舒适柔软、天然亲水、吸水保水率优良、不易产生静电、能减少皮肤过敏的风险、可降解等特点，在一次性卫生用品行业有良好的应用前景。

国产幅宽为 2500mm 的直铺型卫生用品材料水刺生产线，最高运行速度在 180m/min，可生产定量 30～70g/m^2 的产品，产能在 7000 吨/年。目前，国外已有运行速度在 300m/min 以上的水刺生产线。

水刺法非织造布的工艺复杂，设备投资大，生产能耗高，水处理系统运行费用高，不容易生产低定量(≤25g/m^2)的产品，而一次性卫生用品对低定量材料的需求则是与日俱增的。

5　中国的纺熔非织造布技术

5.1　纺熔非织造布的主流技术与发展趋势

多年来，纺熔非织造布设备都是趋向纤维更细、产品质量更好、更轻薄、更高效、速度更快、产能更大、能耗更低、数字化、智能化的方向发展。按所使用的纺丝工艺，纺粘法非织造布主要有“宽狭缝负压牵伸工艺”、“宽狭缝正压牵伸工艺”、“管式压牵伸工艺”三种。

由德国莱芬豪舍公司制造的、使用“宽狭缝负压牵伸工艺”的生产线，及中国采用类似纺丝工艺的生产线，是全世界装机数量最多的、用于生产卫生用品材料的主流机型，其产量已占非织造材料总量的一半。在中国目前的 1412 条纺熔生产线中，有约 90%的生产线使用了这种工艺。

我国在 1986 年引进了德国莱芬豪舍公司的 RF 型非织造布设备，随后陆续引进了 RF2、RF3、RF4 型设备，拥有了世界上的各种先进机型，RF5 技术在 2017 年 4 月面世不到三个月，就有企业宣布要在广东引进 RF5 的 3S 型生产线，我国非织造布生产企业拥有的设备水平基本与国外同步。

表 3　2017 年中国纺丝成网非织造布统计表

类型		生产厂家（个）	生产线数量（条）	生产能力（吨/年）	实际产量（吨/年）
纺粘法非织造布	PP 产品	438	1185	2851000	1948628
	PET 产品	76	118	501700	306070
	SMS 复合产品	64	109	761900	561630
合计		—	1412	4114600	2816328
熔喷法非织造布		70	138	80820	54080

注：资料来源：中国产业用纺织品行业协会纺粘法非织造布分会《2017 年中国纺丝成网非织造布工业生产统计公报》。

经过近三十年的发展，我国已形成了一个全球最大的非织造材料产业集群，国产纺熔设备也得到了长足进步，有六个纺丝系统的新型纺熔设备已开始制造，纺粘纤维细度达到 1.6d，产品的均匀度、断裂伸长率等性能与国外主流产品的差距日趋缩小。不仅造就了中国非织造布大国地位，还推动了全球非织造技术的发展。

5.2　国产非织造设备的现状

我国的非织造技术是通过“引进、消化、吸收、再创新”的途径，以“短、平、快”的方式实现从“从无到有”快速发展起来的。虽然在一些应用环节有微观的改造或“创新”，但至今并没有原理性突破。

在装备制造方面，我国目前仅能制造 SSS 型生产线和 SSMMS 型生产线，国产化双组分技术的应用才刚起步，SSSS 型生产线仍在建造中，设备的水平与国外主流技术差距明显。

用国产设备生产的卫生用品非织造材料的均匀度、纤维细度、物理力学指标(如伸长模量等)，仍未能满足高端卫生用品的要求。

受制于主流程中的成网机、卷绕机、分切机、特别是热轧机的性能，全部为国产配置的大型熔体纺丝成网生产线，目前的最高运行速度基本止步于450m/min。

除了需大量进口熔喷系统的纺丝箱体和喷丝板外，正压牵伸器和部分双组分纺丝组件仍依赖进口。目前速度≥500m/min生产线所需的热轧机，在线后整理的圆网干燥机及部分卷绕机、分切机等设备都需花更高的价格从国外引进。

虽然国内已有企业对这部分设备进行了开发、研究，但暂时尚无法完全替代国外同类产品。因此，对这些设备的价格、交货条件等的话语权要受制于人。需要注意的是一些传统引进的设备，其在配置、质量、售后服务等方面出现的一些不良倾向。

国产生产线的价格仅相当于引进设备的20%左右，有较大的价格优势，投资风险较低，回收期短，产品质量能满足大部分"用即弃"型产品需求，在中低端市场和新兴市场中有较强的竞争能力。

中国的非织造技术缺乏自主知识产权和核心技术，以"仿制"为主的发展模式注定要长期处于"跟跑"位置，只能以同质化方式扩大产能和规模，能在世界上具有竞争优势的高科技产品依然短缺。至今还鲜有著名外资企业选用中国制造设备的报道，说明中国设备与高端市场仍有相当的距离。

极少有设备制造商配置有高水平的小型试验设备，绝大多数连非织造布检测能力都不具备，一些院校也仅拥有"学生实习"层次的原理性示教设备，以这些薄弱的技术能力是很难进行科研和收获创新成果的。

非织造布生产装备与国外先进水平一直存在明显的"代差"，我国的熔体纺丝成网技术在2008年后才有较大进步。目前，国内约38%生产线的"机龄"在10~25年，甚至还有行业起步时期的老旧设备在发挥"余热"。

即使是"最高端"的国产机型，在运行速度、生产效率、能耗、产品的断裂伸长率、纤维细度等指标方面，能达到国外RF3~RF4技术水平(相当于2002年以前)也不多。在我国近600家熔体纺丝成网非织造布卷材生产企业、近60家生产线制造企业中，多为中小型的、缺乏创新能力的企业。

这种现象导致绝大部分的技术和产品研发乏力，核心竞争力缺失，企业只能相互"追风"仿制，大部分"新产品"的"开发"无非是在相同的设备、工艺环境下，在热轧机花辊的"热容比"、花纹形式、现有添加剂的选配、工艺参数优化等方面做文章，技术门槛很低，鲜有他人难于复制的核心工艺。

5.3 国产设备与引进设备的差异

国产非织造生产线的运行速度仅相当于国外先进设备的一半左右，生产效率、产能仅相当于国外先进设备的50%~60%。在设备的运行稳定性、工艺的可重现性、双组分纺丝技术应用、数字化水平、智能化程度等方面存在较大的差距。

表4 国外及国产主流卫生用品非织造材料生产设备性能对比

序号	项 目	机 型		
		德国RF4	德国RF5	国产
1	幅宽(mm)	1000，1600，2400，3200，4200，5200		1600，2400，3200
2	适用聚合物	PP，PE		PP
3	PET聚合物	选用		—
4	最高生产速度(m/min)	910	1200	600
5	纺粘系统技术	RF4	RF5	类似RF3
6	PP纺粘牵伸速度(m/min)	≥3500		2300
7	熔喷系统技术	RF4 MB或多排孔	RF5 MB或多排孔	传统技术
8	纺粘系统产能[kg/(h·m)]	120~200	150~270	120~150
9	熔喷系统产能[kg/(h·m)]	15~50	15~70	50

续表

序号	项　目		机　型		
			德国 RF4	德国 RF5	国产
10	纤维细度(d)	Z-NPP 原料	1.5~1.8	1.2~1.8	1.6~1.8
11		M-PP 原料	1.0~1.5	0.7~1.1	—
12	数字化技术		选配	有	简易
13	双组分高蓬松技术		选配		起步
14	单线最大产能(t/a)		22000~35000		8000~12000

其次，国产设备在生产运行中的环境保护意识有待加强，纺丝过程的单体废气直排、组件煅烧过程产生的烟气、废水排放、后整理废气未经净化排放、熔喷高分贝噪音扰民、安全防护措施不到位等现象仍有普遍性。

受市场价格竞争的影响，很多生产线的控制系统配置较低，仅具备基本的控制功能，在数字化、智能化、大数据分析技术应用等方面与国外设备有明显的差距。

6　中国的非织造布材料行业的发展趋势

中国一次性卫生用品行业正面临消费观念改变，产品在快速向高端升级，但同时由于中国的地域广、消费层次多、收入差距大等发展不均衡的原因，产品也将继续向中低端市场延伸。非织造技术的发展，为卫生用品生产提供了技术创新的基础；卫生用品对材料的更高要求，也将成为促进非织造技术转型升级的新动能。

各种非织造布材料正朝手感更加柔软、蓬松、立体、轻薄、纤维细旦、功能多样、绿色环保的方向发展。其中双组分纺粘产品，高蓬松纺粘产品，更加柔软、蓬松、干爽、丝滑的产品，可降解、可冲散产品；弹性材料、低定量材料、环保型纤维应用；以及各种功能性的热风无纺布将成为重要的发展目标，以满足不同细分市场的需求。

通过原料、添加剂、设备、工艺等方面的优化和创新，中国开发出了触感(包括爽滑、柔软、蓬松等)良好的非织造材料，提高了卫生用品的使用舒适性和安全性，引领全球纸尿裤产业创新和发展的作用也越来越明显。

为了应对一次性卫生用品行业的发展和需求，非织造材料生产装备和产品也得到了长足的发展，产品已逐步被市场认可。国外资金也看好中国市场，最新的技术和设备也将被引入中国，这些高端非织造材料将为卫生用品行业树立新的标杆。

囿于企业规模、生产线的总量、生产能力和设备制造能力，2017 年热粘合(含热风和热轧)非织造布的总产量只有 31.4 万吨，仅为熔体纺丝成网非织造布的九分之一左右，目前国产 ES 纤维的性能和供应量还需紧跟市场以满足需求。

因此，梳理成网非织造布不太可能替代熔体纺丝成网产品，各有各的发展空间。但通过竞争将促进技术创新和供给侧的结构改革，将共同助力卫生用品市场的发展和繁荣。

参　考　文　献

[1] 中国造纸协会生活用纸专业委员会. 2017 年一次性卫生用品行业的概况和展望，2018，04.

[2] 中国产业用纺织品行业协会. 2017 年中国产业用纺织品行业运行分析，2018-04-09.

[3] 中国产业用纺织品行业协会纺粘法非织造布分会. 2017 年中国纺丝成网非织造布工业生产统计公报，2018，04.

[4] 探寻新时代创新途径 实现高质量发展. 中国纺织，2018-03-31.

[5] 气流成网稳步前进. 国际非织造布工业商情，2018，03.

(佛山市南海必得福无纺布有限公司
司徒元舜　供稿)

2017 年生活用纸、卫生用品及相关行业上市公司概况

恒安国际集团有限公司

1 财务摘要

	2017 年	2016 年	增幅/%
营业收入/元	19 825 031 000	19 277 397 000	2.8
经营利润/元	5 271 574 000	4 742 869 000	11.1
毛利率/%	46.9	48.8	-1.9 个百分点
股东应占利润/元	3 794 041 000	3 596 821 000	5.5
每股基本收益/元	3.149	2.967	6.1
每股全年股息/元	2.10	1.95	7.7

2 业务回顾

回顾2017 年，由于纸浆价格上涨，集团生活用纸业务的生产成本上升，毛利率下降。按收入的百分比计，推广及分销成本及行政费用占期内收入的比例下降至约 26.1%（2016 年：27.0%），主要因为实施“平台化小团队经营”，有效管控销售渠道的推广及促销费用所致。

2.1 生活用纸业务

中国的人均生活用纸消费量仍低于发达国家，意味着中国生活用纸市场具有庞大的增长潜力。2017 年，恒安生活用纸业务收入上升约 3.6%至约 93.9 亿元，约占整体收入的 47.4%（2016 年：47.0%）。

2017 年，商品浆价格继续维持上升走势，使生活用纸业务毛利率受到影响，较上年同期下降至约 32.9%（2016 年：37.9%）。但在恒安的积极应对下，下半年传统渠道销售逐步改善，电商渠道也增长显著，2017 年下半年恒安生活用纸业务收入上升超过 7.0%。2018 年，随着“平台化小团队”经营模式的正面成效继续显现，将进一步抵消造纸原材料价格上升的压力。

目前，恒安集团的生活用纸年产能约为 130 万 t，预计 2018 年上半年产能将提升到约 142 万 t/a。集团会根据市场情况及销售表现决定未来增加产能的速度。

2018 年，恒安将增加热卖商品小黄人主题系列及田馥甄定制版心相印系列生活用纸的供应。另外，也会推出新产品，如“会说话的纸巾”及新包装电商专项商品，并加强推广新包装“超迷你”及“提神”系列湿巾，为每个市场配置不同的产品组合，恒安相信生活用纸业务在 2018 年能加快增长并改善毛利率。

2.2 卫生巾业务

中国女性受教育水平、社会地位和消费能力的不断提高，以及女性对自身健康关注和需求提升，促使卫生巾市场稳定发展。恒安灵活配合消费能力及消费模式的改变，卫生巾业务于 2017 年保持稳定增长，加强了市场领导地位。

2017 年，恒安卫生巾业务的销售增长约 6.1%至约 69.72 亿元，约占集团整体收入的 35.2%（2016 年：34.1%）。产品组合升级所带来的效益，缓解了部分原材料成本上升的影响，使卫生巾业务的毛利率维持稳定于约 72.2%（2016 年：72.6%）。

2017 年，恒安继续积极优化产品组合，推出了针对成熟女性市场的七度空间 Space7 系列，持续推广针对夜用需求的甜睡裤系列，均得到良好的市场反应。未来，恒安将继续在包装、功能性和材质等方面作出更多突破，推出更多全新产品及升级产品，以少女卫生巾市场为核心，进一步开拓成熟及白领市场，调整产品组合，并进一步扩大电商市场份额。预计 2018 年恒安的卫生巾销售将会保持平稳增长。

2.3 纸尿裤业务

二孩政策的全面实施，加上国民整体收入上升，有利于优质婴儿纸尿裤市场发展。与此同时，与发达国家相比，中国纸尿裤市场渗透率仍低，因此极具发展潜力。

2017 年，恒安在电商渠道及母婴店的策略性投入已初见成效，两种渠道的纸尿裤销售显著增长，电商渠道的销售同比增加超过 70%，占整体纸尿裤销售已超过 25%，有助于缓和恒安纸尿裤整体销售额的跌幅。2017 年，恒安纸尿裤业务收入下降约 7.0%至约 19.99 亿元，约占整体收入的 10.1%（2016 年：11.2%）。

2017 年，由于主要原材料石油化工产品的价格上升，恒安纸尿裤业务毛利率下跌至约 46.9%（2016 年：50.8%）。然而，集团已于 2017 年下半年采取适当措施，调整电商产品价格，再加上高档及优质产品推向市场，2017 年全年的毛利率为已较上半年略有改善。

恒安的高档纸尿裤品牌 Q·MO 已建立起一定的市场知名度及高品质纸尿裤形象，对整体纸尿裤业务的销售提升效果将于 2018 年逐渐显现。在 2018 年，恒安会继续丰富 Q·MO 系列，并持续推广皇家至柔、纯棉、纯氧系列，针对市场对优质产品的需求，采用高质量进口原材料及技术，并善用其获国内外权威机构认证的优势，进一步加强消费者对恒安纸尿裤产品的接受度并提升竞争力，务求在激烈的市场竞争中，以优质产品突围而出。

2.4 电商策略

为进一步加强电商渠道的销售和市场占有率，恒安从产品类型、销售模式及产品推广方面入手，推进网店及微商等电子销售渠道发展。2017 年，恒安的电商销售快速增长，营业额达约 20.2 亿元，比 2016 年同期增长超过 80%。电商对整体销售额贡献亦上升至约 10.0%（2016 年：约 6.0%）。

未来，恒安会通过销售渠道改革及仓库调整，提升电商渠道的效益；同时继续开发电商专项商品，加强电商渠道的竞争力；并与各大电商营运商进行策略性合作，在产品开发、营销、供应链等各方面增加合作。预期 2018 年，恒安电商销售会进一步快速发展。

3 未来展望

展望 2018 年，世界经济复苏的形势预计将持续，预期中国经济增长将保持平稳，为国内零售市场带来支持，有利于高档优质产品市场的发展。

恒安会继续强化“平台化小团队经营”的初步成果，本着以“客户为中心”的宗旨，继续活化及变革整个集团，并加强电商布局以把握市场机遇，进一步增加高档优质产品在整体产品组合中的定位。凭借在生产规模、品牌影响力方面的优势，以及持续提升的产品质量，恒安将以产业延伸为长远发展目标，继续保持在国内卫生用品行业的领导地位，推动业务长远健康发展。

维达国际控股有限公司

1 财务摘要

	2017 年	2016 年	增幅/%
收益/港元	13 485 960 780	12 056 548 935	11.9
毛利/港元	3 999 913 098	3 816 933 804	4.8
本公司权益持有人应占溢利/港元	620 956 454	653 534 554	-5.0
毛利率/%	29.7	31.7	-2.0 个百分点
净利润率/%	4.6	5.4	-0.8 个百分点
每股基本盈利/港元	0.526	0.598	-12.0

就业务分部而言，生活用纸及个人护理用品分别占总收益的 81% 及 19%。在销售渠道方面，来自传统经销商、重点客户超市大卖场、商务客户及电商的收益分别占 39%、26%、14% 及 21%。在借力双十一等电商活动的推助下，来自电商的收益增长脱颖而出。

2 业务回顾

2.1 生活用纸业务

生活用纸业务的收益为 109.08 亿港元，占本集团总收益的 81%（2016 年：83%）。面巾纸、厨房纸巾及湿巾收益取得显著增长。

尽管集团推出的一系列措施，如优化产品组合、于 2017 年第四季度提升产品价格及引进成本管控措施，以舒缓木浆成本大幅上升带来的部分压力，但生活用纸业务的盈利率仍受到波动。毛利率及该部分业绩溢利率分别为 29.6% 及 8.5%。

面对激烈竞争，维达 Vinda 品牌强化了其市场领导地位，并在电商销售平台上继续领先。压花系列维达 Vinda Deluxe 4D-Déco™ 及推广活动《维达超韧中国行——第五季》，均深受消费者欢迎。得宝 Tempo 的市场份额已提高，并扩大销售网络。多康 Tork 的国内网上旗舰店于一家领先的电商平台正式上线。

2017年度，集团在马来西亚多家连锁超市推广维达 Vinda Deluxe 系列产品，并于新加坡的微信商城销售，借此进军东南亚高端生活用纸市场。

2.2 个人护理用品

个人护理用品业务收益达25.78亿港元，占本集团总收益的19%(2016年：17%)。失禁及女性护理用品业务在中国大陆地区的收益均实现了双位数的自然增长率。个人护理用品业务的毛利率及业绩溢利率分别为29.9%及6.1%。这部分业绩溢利率反映了中国个人护理用品业务仍属投资期阶段。

失禁护理用品方面，集团积极与地区政府及养老院合作，拓展专销客户。网上销售发展形势向好。对于集团的主要市场，添宁 TENA 继续保持业界的领先品牌地位。

女性护理用品业务收益取得卓越的增长。马来西亚市场方面，轻曲线 Libresse 巩固了当地第一的市场地位。中国市场方面，由著名摄影师陈漫女士代言的轻曲线 Libresse，重新登陆中国的跨境电商平台及精品护理店。薇尔 VIA 通过成功的社交媒体推广，以及全新裤型卫生巾产品，有效地吸引了年轻消费者。

东南亚是集团婴儿护理业务的主要市场。Drypers 纸尿裤在马来西亚及新加坡所占的市场份额分别名列第一及第三位。Drypers Drypantz 被马来西亚消费者评选为2017/2018年年度产品。在中国，丽贝乐 Libero 专注于网上销售，提升品牌知名度。

2.3 产能配置

截至2017年12月31日，维达的生活用纸设计年产能达110万吨。2018年下半年，集团将于湖北增加12万吨/年产能，并于阳江的第十家工厂增加6万吨/年产能。2018年年底总产能将达128万吨。

集团在中国大陆地区备有精良的设备，以生产部分个人护理用品，在马来西亚及中国台湾共拥有三间厂房。

3 未来展望

中长期而言，集团洞悉维达生活用纸及高端个人护理用品品牌的巨大商机。随着可支配收入日益递增，将推广优质及创新的卫生用品消费；人口老龄化将推动对专业失禁护理用品的需求；网上购物日渐普及，为新晋而有实力的品牌拉低了入行门坎。同时，市场淘汰落后产能亦将有助整合。

展望2018年，预期激烈市场竞争犹在；电商平台将继续分占线下零售商的份额；在成本压力及环保政策收紧的形势下，预计越来越多小型同业将缩减经营规模；汇率走向未见明朗；木浆成本在2018年将持续带来压力。为此，集团2018年将专注于提升产品组合、积极节约成本、锐意创新、管理产品定价并提高营运效率。

中顺洁柔纸业股份有限公司

1 主要财务数据和指标

项目	2017年	2016年	增幅/%
营业总收入/元	4 638 349 590.23	3 809 349 072.13	21.76
归属于上市公司股东的净利润/元	349 065 603.85	260 416 579.23	34.04
基本每股收益/元	0.47	0.35	34.29

2 经营业绩和财务状况

2017年，受全球经济持续复苏，原物料价格持续上涨的影响，纸浆价格持续走高，2017年下半年，涨幅愈加迅猛，一年涨幅达到近50%。

面对国际纸浆价格的大幅提升、国内生活用纸行业供需失衡的加剧、愈加激烈的市场竞争、环保高压等诸多困难，公司通过调整产品结构，加速重点品、新品推广，持续完善渠道建设，收减促销力度等措施，全面推动公司向精细化、效益化方向深度耕耘。2017年，公司实现销售收入463834.96万元、净利润34906.56万元，分别较上年增长21.76%和34.04%，完成预期目标。

2.1 产品结构的调整

公司的品牌定位是：高端生活，品味洁柔；2017年，公司加大了高端、高毛利产品 Face 和 Lotion 等重点品的销售力度并制定出各大渠道的分销标准，提高各渠道的占有率，不断调整优化产品结构，公司非卷纸占比57.4%，同比提升30.54%。

2.2 研发新品：黄色纸（低白度纸）中的贵族——自然木

近年，黄色纸开始受到广大消费者的青睐，公司看准市场机遇，迅速组织研发，于2017年6月推出新品低白度纸——自然木。公司自然木系列沿袭一贯高质量的品质要求，采用100%进口原生木浆，通过欧美食品级检测，品质优等，上市以来迅速抢占黄色纸市场，该产品得到消费者的广泛好评，对公司利润提升带来积极贡献。

2.3 渠道建设不断完善

2017年依然是公司的渠道建设年，通过新的营销团队两年的运作，KA/GT/ AFH/EC等渠道全面发力，公司的销售网点不断扩展下沉，通过车铺车销、一日一店一改善，门店陈列与库存进行抢、占、挤、压等具体动作执行，目前中国有2800多个城市，公司开发数量有1200多个，尚有很多空白城市需要公司的团队不断拓展，开发渗透，这是公司业绩增长的驱动力，原动力。

2.4 及时收缩促销力度，缓解浆价大幅上涨的压力

2017年，受全球经济持续复苏，原物料价格持续上涨的影响，纸浆价格持续走高，2017年下半年，涨幅愈加迅猛，长纤、短纤纸浆近一年来的涨幅分别为46%与47%。

面对如此严峻的挑战，从2017年10月起，公司及时收缩促销力度，缓解毛利下降趋势，顺利完成2017年经营目标。

2.5 开展资本运作

2017年，公司实施了第一期员工持股计划，加上2015年的限制性股票激励计划，涵盖总裁、副总及核心管理人员。业务上涵盖决策层、销售端、产品端、采购端、管理端，目标定位一致，有助于公司长远发展，另外2017年底，公司部分经销商基于对公司未来持续发展的信心，实现公司长远发展以及与自身利益的充分结合，准备实施经销商持股计划，激发团队积极性，持续提升公司盈利能力。

2017年，公司通过“渠道+产能”双轨驱动、减少冗员、精简机构、提高效率等一系列措施，推动公司销售额稳步增长，实现生产规模、销售规模与经营业绩的持续增长。2018年，公司管理层将迎难而上，提高团队运营能力，大力推广品牌，夯实市场基础，搭建渠道结构，进一步巩固经营绩效，保障公司的持续发展。

3 发展规划

随着公司云浮生活用纸项目和唐山生活用纸项目的逐步投产，公司产能达到65万吨/年，为弥补随着销售增长可能产生的产能缺口，2018年，公司湖北新增10万吨产能将建设投产，预计未来5年，每年约有10万吨的产能投放。随着公司产能的不断扩建，公司整体产能实力将会提升。未来公司将根据行业发展态势，依托下属子公司江门中顺、江门洁柔、云浮中顺、四川中顺、浙江中顺、湖北中顺和唐山分公司进一步扩大规模，全面形成华东、华南、华西、华北和华中的生产布局，产品覆盖全国。

厦门延江新材料股份有限公司

1 企业信息

上市地点	深圳证券交易所A股创业板
上市时间	2017年6月2日
股票代码	300658
所属行业	纺织业（C17）
主营业务	一次性卫生用品面层材料的研发、生产和销售

2 主要会计数据和财务指标

项目	2017年	2016年	增幅/%
营业收入（元）	738 147 186.42	599 259 585.75	23.18
归属于上市公司股东的净利润（元）	90 130 041.18	89 420 063.05	0.79
基本每股收益（元/股）	1.01	1.19	-15.13

3 经营范围和主营业务

公司成立于2000年，主要从事一次性卫生用品面层材料的研发、生产和销售，主要产品为3D打孔无纺布和PE打孔膜，用作妇女卫生用品、婴儿纸尿布等的面层材料，其中3D打孔无

纺布是应用于高端纸尿布的面层材料。

4 经营情况

2017 年，公司实现营业收入 73 814.72 万元，同比增长 23.18%；实现营业利润10 458.70 万元，同比增长 3.37%；实现利润总额10 672.22 万元，同比增长 0.81%；实现归属于上市公司股东的净利润9 013.00万元，同比增长 0.79%。其中，打孔无纺布业务实现营业收入45 765.68万元，同比增长 13.85%，PE 打孔膜业务实现营业收入19 354.15万元，同比增长 45.94%。

4.1 打孔热风无纺布

打孔热风无纺布方面，公司业务涵盖了国内外主流卫生巾、纸尿裤生产厂家，在业界享有良好的声誉。同众多一线品牌的合作，已由初期一般性的供货，逐渐深化为供求双方的战略性合作，逐步被市场上更多的客户认可，销售额近三年分别为 31 139.20 万元、40 197.20 万元、45 765.68 万元，分别以 19.72%、29.09%、13.85%的增速增长，分别占公司主营业务收入的 67.44%、67.11%、62.01%。

目前热风无纺布、打孔无纺布主要还是供应亚洲地区；在欧美非地区，纺粘布的使用相对广泛。公司将致力于通过全球化进程，开拓亚洲以外的地区市场。

4.2 PE 打孔膜

PE 打孔膜，主要用于卫生巾面层。公司已成为国际知名卫生巾生产商的重要供应商之一，并走向全球市场。PE 打孔膜销售额近三年为 11 008.59万元、13 261.89万元、19 354.15万元，分别以 19.17%、20.47%、45.94%的增速增长，分别占公司主营业务收入的 23.84%、22.14%、26.22%。尤其是 2017 年，增速明显加快，最主要的驱动因素就是 PE 打孔膜海外市场的需求释放所导致的。

从目前及未来的一段时间看，PE 打孔膜都是公司海外生产基地重要的产品组成部分，也是这些地区初始投产时的主打产品。公司将通过 PE 打孔膜作为立足海外市场的业务切入点，打造公司海外市场的平台，为其他产品进入海外市场建立坚实的基础。

4.3 无纺布腰贴

无纺布腰贴是纸尿裤闭合系统的组成单元，它与魔术扣成套使用，由于此种闭合系统性能的快速提升，其固有的柔软、环保等优势逐步呈现出来。在近两年里，快速应用于纸尿裤产品的升级换代。

公司在这一升级换代进程中起到较大的作用，并拥有多项专利。公司 2016 年销售无纺布前腰贴 1696.73 吨，2017 年销售无纺布前腰贴 2048.69 吨，同比增长 17.18%。

5 加强研发创新，推动公司技术进步

公司深知研发对业务开拓的重要性。并通过自主研发等形式，跟踪行业技术发展前沿，取得了一定成果。同时能根据客户需要，提供定制专属产品，并为客户未来产品的研发提供专业意见，增加了客户产品种类的多样性和功能差异性。

在 PE 打孔膜领域，公司开发了棉柔触感 3D 立体打孔膜及其一步成型工艺等项目，使得小孔真空打孔生产和大孔机械打孔生产实现快速同步生产，较二次打孔节省收卷设备和放卷设备及运输环节，同时起到节省能耗，降低成本，提高生产效率，防止材料二次污染的作用。

在打孔无纺布领域，公司开发了 3D plus 压花打孔复合系列无纺布产品及其工艺优化设计，通过两层无纺布的粘结，防止凸起部分被挤压，有效地形成气流通道，防止通道堵塞、压塌，提供气流的内外循环，减少湿闷感；并且第一层开孔无纺布凸起部分的内部连续空间与第二层开孔无纺布之间形成有气流通道，使无纺布在保持凸起的立体结构的同时，为渗透提供一个通道，进而加快液体、软便渗透和减少残留。

报告期内，公司研发投入2 517.52万元，占营业收入的 3.41%。报告期内，公司共获得 1 项发明专利，8 项实用新型专利，6 项外观专利。

6 未来展望

持续创新，为全球的使用者提供高品质高性价比的产品和服务。

（1）2018 年，公司将加快募投项目的建设，推动产能优化升级，根据订单情况，适时增加产能，满足客户的需求。

（2）积极布局全球市场，深化与国际厂商的战略合作，通过海外生产基地的设立，为拓展海外业务打下坚实的基础。

在 2017 年埃及子公司成立并正式投入生产运营的基础上，扩大产能及品种，将埃及延江打

造成为延江针对埃及、中东、欧洲、非洲地区的供应中心；按照计划积极落实美国延江的项目，保证项目产品的按期投产；尽快完成设立印度延江的工作，保证现有部分产品的产能能够顺利转移到印度并适时扩大印度的产能，开拓印度市场。

（3）2018 年，公司继续提升产品性能，加快新品开发，为客户提供更优质的产品。公司将安装调试进口的纯棉水刺生产线，为客户提供干爽、舒适的纯棉卫生巾、纸尿裤面料。

（4）应对国内市场变化，加大对国内中小客户服务力度。2018 年中国纸尿裤市场将迎来更激烈的竞争，市场碎片化趋势愈加明显。为此，在满足和保证大客户需求的同时，公司将调整营销方式和生产运作方式，满足“小批量、多品种”的客户需求，为中小客户提供更及时、精准的服务。

在"全国中小企业股份转让系统"挂牌的公司一览表

企业名称	挂牌时间	证券代码	分层情况	行业(挂牌公司管理型行业分类)	主要产品与服务项目	2017 年度公司大事记
重庆和泰润佳股份有限公司	2014 年 6 月 27 日	830825	基础层	C 制造业-C29 塑胶和塑料制品业-C292 塑料制品业-C2921 塑料薄膜制造	PE 流延膜研发、生产与销售	2017 年 4 月，公司铜梁标准现代化 PE 流延膜生产基地正式启动项目建设；2017 年 5 月，公司通过设备融资租赁新增 11 色凹版印刷生产线一条；2017 年 7 月，公司完成购买厦门嘉琦包装有限公司 17% 的股权，并完成增资 500 万元；2017 年 8 月，公司"PE 流延(透气膜系列)"和"PE 流延(印刷膜系列)"被评定为重庆市"重大新产品"
山东信和造纸工程股份有限公司	2014 年 11 月 10 日	831338	基础层	制造业-专用设备制造业-印刷、制药、日化及日用品生产专用设备制造-制浆和造纸专用设备制造(C3541)	造纸工程总包，造纸机整机的设计、组装、生产与销售，造纸机部件的设计、生产与销售	2017 年 2 月底，公司与保定金能纸业有限公司签订 3 条 2850mm，900m/min、1 条 3500mm，900m/min新月型卫生纸生产线；2017 年 2 月，公司与保定达亿纸业有限公司签订第 3 条 2850mm，1500m/min 新月型卫生纸生产线；2017 年 2 月，公司获得国家知识产权局授予"一种用于机械加工过程中的观察系统和使用方法"和"一种造纸机网槽成型器及其应用"的发明专利证书；2017 年 3 月，公司与启顺(越南)纸业有限公司签订 3 条 2850mm，1500m/min 新月型卫生纸生产线；2017 年 10 月 30 日，山东信和与意大利盖康公司正式签订合作协议，增强了公司在造纸设备研发领域的技术实力
上海唯尔福集团股份有限公司	2015 年 1 月 26 日	831782	基础层	制造业-造纸和纸制品业-纸制品制造-其他纸制品制造(C2239)	生活用纸和卫生用品的生产和销售	2017 年 3 月 22 日—24 日，第 24 届生活用纸国际科技展览会在武汉国际博览中心盛大开幕，集团携旗下"唯尔福"、"纸音"、"美丽约会"等品牌的卫生用品、婴儿卫生用品、生活用纸、护理用品盛装亮相本届展会；2017 年 10 月 20 日，唯尔福集团在"传播爱心，关爱老人"重阳节慈善助老敬老活动中，向绍兴市慈善总会捐赠了价值 10 万元的爱心物资和爱心礼包，体现了企业强烈的社会责任；2017 年 12 月 20 日，唯尔福集团召开了"逐梦不忘初心，超越再铸辉煌"为主题的 30 周年庆典活动；2017 年 12 月，绍兴唯尔福实业有限公司第六条川之江卫生纸机开始安装，于 2018 年 3 月 30 日投产

续表

企业名称	挂牌时间	证券代码	分层情况	行业(挂牌公司管理型行业分类)	主要产品与服务项目	2017 年度公司大事记
厦门佳创科技股份有限公司	2015 年 4 月 21 日	832368	基础层	制造业(C)-专用设备制造业(C35)-印刷、制药、日化及日用品生产专用设备制造(C354)-其他日用品生产专用设备制造(C3549)	从事一次性卫生用品和生活用纸智能化包装机械的研发、制造和销售	2017 年 12 月取得由厦门市科学技术局、厦门市经济和信息化局、厦门市财政局、厦门市国资委、厦门市总工会联合颁发的《厦门市创新型企业》；2017 年 6 月 19 日取得厦门市科技局、厦门市发改委、厦门市经信局、厦门市财政局、厦门火炬管委会联合颁发的《厦门市科技小巨人领军企业证书》称号；2017 年 1-12 月公司自主研发的产品获得国家知识产权局授予的发明专利 6 项，实用新型专利 7 项；申请并已受理的发明专利有 6 项，实用新型专利 5 项；2017 年 10 月 11 日取得福建省知识产权局颁发的《福建省知识产权优势企业证书》
芜湖悠派护理用品科技股份有限公司	2015 年 10 月 26 日	833977	基础层	C22 造纸和纸制品业	一次性卫生用品的研发、生产与销售。公司的主要产品包括成人护理系列和宠物护理系列两大系列，公司产品主要针对宠物及失禁人群	2017 年 9 月，安徽省工商联、省经信委、省商务厅、省地税局、省统计局、省工商局、省国税局联合发布“2017 安徽省民营企业百强”排序，芜湖悠派护理用品科技股份有限公司被评为“2017 安徽省民营企业进出口创汇五十强企业”；悠派科技旗下品牌“Honeycare 心上宝贝”荣获第二十届亚洲宠物展“年度最具影响力用品品牌 TOP5”；2017 年 3 月公司全资子公司芜湖福派卫生用品有限公司举行奠基仪式，是公司首个全智能化制造基地，建成后将助力公司向高端成人失禁护理产品市场进军，此为公司国内第三个工厂；2017 年 6 月 30 日，公司孙公司 U-Play USA，LLC 在美国弗吉尼亚州 VIGINIA BEACH 举行开业庆典，这是悠派科技海外战略布局的第一个工厂；悠派科技旗下品牌 Honeycare 荣获 2016-2017 年度京东商城宠物行业“用户最喜爱优秀品牌”称号；2017 年 4 月，公司生产的悠派牌成人护理垫、宠物卫生用品荣获芜湖市人民政府授予的“芜湖名牌产品”称号；2017 年 8 月 24 日，公司进入首次公开发行股票并上市的辅导阶段；2017 年公司被认定为“安徽省芜湖市鸠江区 2016 年度科技创新企业”

续表

企业名称	挂牌时间	证券代码	分层情况	行业(挂牌公司管理型行业分类)	主要产品与服务项目	2017 年度公司大事记
爹地宝贝股份有限公司	2015 年 12 月 10 日	834683	创新层	制造业-C22 造纸和纸制品业-223 纸制品制造-2239 其他纸制品制造	纸尿布等一次性卫生用品的研发、生产和销售业	报告期内，爹地宝贝以“新一代超薄芯纸尿裤集成化智能工厂建设”项目成功入选省级智能制造试点示范企业，将智能技术融入纸尿裤生产线，满足消费者高品质纸尿裤需求；报告期内，公司荣获福建省智能制造样板工厂(车间)示范项目。在“中国制造 2025”战略方针的指导下，爹地宝贝不断地在信息化整体提升工程以及互联网+建设上加大投入；2017 年 4 月 11 日，“2017 年京东母婴开放平台商家大会”盛大召开，爹地宝贝凭借高质量、高口碑获评“2017 京东母婴最具潜力商家奖”
广东欣涛新材料科技股份有限公司	2016 年 5 月 18 日	837313	基础层	C2 制造业-26 化学原料及化学制品制造业-265 合成材料制造-2659 其他合成材料	EVA 型热熔胶、PO 型热熔胶、SBC 型热熔胶	2017 年 8 月，广东欣涛新材料科技股份有限公司组建的广东省环保型热熔粘合剂工程技术研究中心通过认定；2017 年 9 月 12 日，广东欣涛新材料科技股份有限公司通过国家高新技术企业复核认定；2017 年 11 月 17 日，广东欣涛新材料科技股份有限公司兴办的“佛山市三水区知行职业技术培训学校”、与中国建材检验认证集团(CTC)苏州有限公司联合建设的“防水卷材专用热熔胶检测应用技术培训基地”举行揭牌仪式
山东昊月新材料股份有限公司	2016 年 5 月 23 日	837396	基础层	制造业-化学原料和化学制品制造业-合成材料制造-其他合成材料制造(C2659)	高分子吸收材料的研发、生产、销售	
深圳市嘉美斯科技股份有限公司	2016 年 10 月 14 日	839308	基础层	C35 专业设备制造业	热熔胶设备及自动化设备的生产与销售	《一种单条复合纸包覆折叠机》和《一种全自动五层结构 1200 型芯体复合机》两种设备正式获得国家授予实用新型专利；2017 年 8 月 15 日正式在广东省佛山市成立控股子公司。控股子公司主要生产卫生用品及卫生用品的销售

续表

企业名称	挂牌时间	证券代码	分层情况	行业(挂牌公司管理型行业分类)	主要产品与服务项目	2017 年度公司大事记
天津市依依卫生用品股份有限公司	2017 年 1 月 5 日	870245	基础层	C22 造纸和纸制品业	卫生用品生产、研发与销售；公司主要产品为宠物护理系列、成人护理系列两类	为满足日益扩张的市场需求，进一步提升企业产能。2017 年 9 月，公司在河北省沧州中捷高新区正式设立全资子公司河北依依科技发展有限公司，注册资本人民币 5 000 万元；当今社会，“智能+”已成为经济高质量发展的新引擎。公司前瞻性的开始实施人工智能的产业升级布局。2017 年 12 月，“机械手”成功引入，极大地提升了企业的经济创新力和生产力。2018 年，公司将进一步提升工业机器人的使用比例，全面推进“智能产业”；2017 年 6 月，公司荣获“天津市西青区优秀出口企业”荣誉称号，成功实现该项荣誉的“四连冠”；2017 年 6 月，公司被天津市西青区人民政府评为“2016 年度西青区出口十强内资企业 ”
北京大源非织造股份有限公司	2017 年 3 月 13 日	871126	基础层	制造业-纺织业-非家用纺织制成品制造-非织布制造	无纺布的研发、生产、加工、销售	北京大源于 2017 年新投产 3 条热风非织造布生产线，其中大源非织造(苏州)有限公司 2 条，产能 3600 t/a，大源无纺新材料(天津)有限公司 1 条，产能 1800 t/a

注：以上内容均摘编自各公司年报。

主要生产企业

MAJOR MANUFACTURERS OF TISSUE PAPER & DISPOSABLE PRODUCTS

[3]

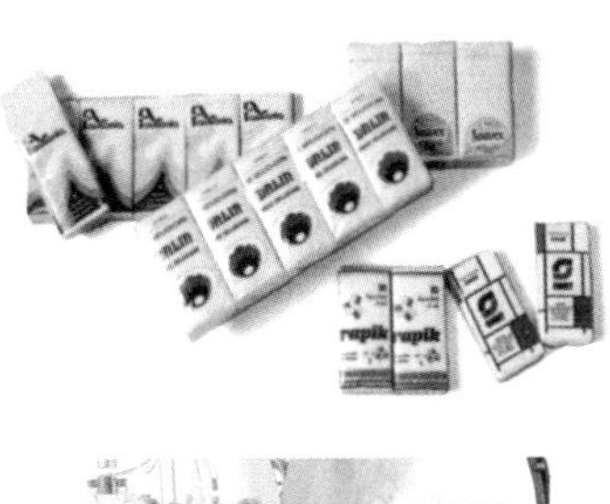

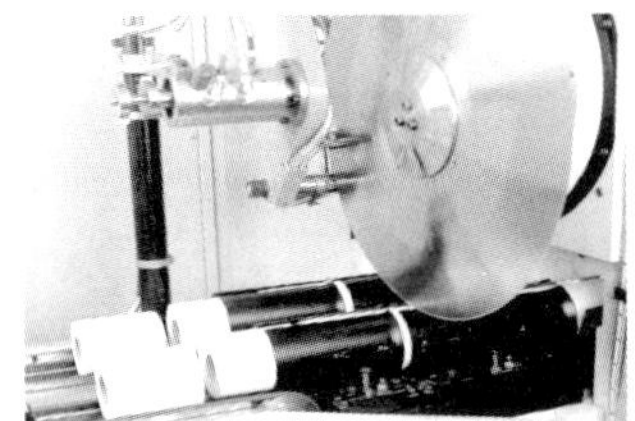

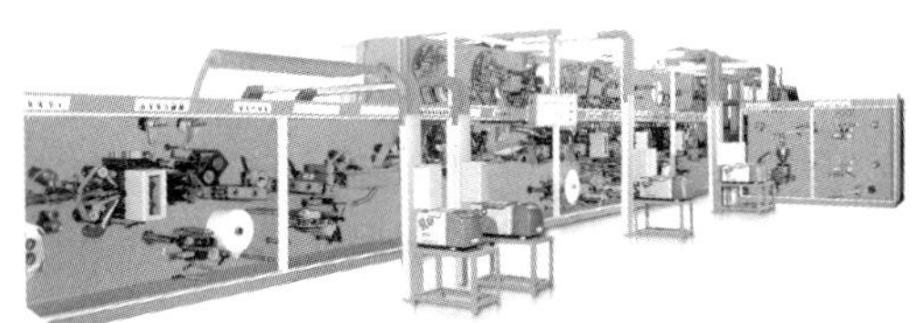

主要生产企业、品牌及地理位置分布图

List of major manufacturers, brands and location maps of major manufacturers in China

生活用纸

Tissue paper and converting products

编号	省市	公司名称	品牌
1	河北	保定市港兴纸业有限公司(含河北保定、湖北孝感) Baoding Gangxing Paper Co., Ltd.	丽邦，港兴
2		河北雪松纸业有限公司 Hebei Xuesong Paper Co., Ltd.	雪松，佳贝，好人家，真情
3		河北金博士集团有限公司 Hebei Golden Doctor Group Co., Ltd.	金博仕
4		保定市东升卫生用品有限公司(含河北保定、辽宁) Baoding Dongsheng Hygiene Products Co., Ltd.	小宝贝，洁婷
5		河北义厚成日用品有限公司 Hebei Yihoucheng Commodity Co., Ltd.	妮好，女主角
6	上海	金佰利(中国)有限公司 Kimberly-Clark (China) Co., Ltd.	舒洁 Kleenex
7		上海东冠集团 Shanghai Orient Champion Group	洁云，丝柔，自由森林
8		泰盛科技股份有限公司(含重庆、贵州、江西) Taisheng Scientific and Technical Co., Ltd.	维尔美，纤纯
9	江苏	金红叶纸业集团有限公司(含江苏苏州、江苏南通、海南、湖北、辽宁、四川遂宁、四川雅安) Gold Hongye Paper Group Co., Ltd.	唯洁雅，清风，真真
10		永丰余家品(昆山)有限公司(含昆山、北京、扬州、广东肇庆) Yuen Foong Yu Family Care (Kunshan) Co., Ltd.	五月花
11		胜达集团江苏双灯纸业有限公司 Shengda Group Jiangsu Sund Paper Industry Co., Ltd.	双灯，蓝雅，蓝欣，老好
12	浙江	唯尔福集团股份有限公司 Welfare Group Co., Ltd.	纸音
13		浙江景兴纸业股份有限公司 Zhejiang Jingxing Paper Joint Stock Co., Ltd.	品萱
14	福建	恒安(中国)纸业有限公司(含晋江、湖南、山东、重庆、安徽、新疆) Hengan (China) Paper Co., Ltd.	心相印，品诺
15		福建恒利集团有限公司 Fujian Hengli Group Co., Ltd.	好吉利
16	山东	东顺集团股份有限公司(含山东、黑龙江、湖南、浙江) Dongshun Group Co., Ltd.	顺清柔，哈里贝贝
17		山东晨鸣纸业集团股份有限公司(含山东、武汉) Shandong Chenming Paper Holding Co., Ltd.	星之恋，森爱之心
18		山东太阳生活用纸有限公司 Shandong Sun Household Paper Co., Ltd.	幸福阳光
19	河南	漯河银鸽生活纸产有限公司 Luohe Yinge Tissue Paper Industry Co., Ltd.	银鸽，舒蕾
20		河南护理佳纸业有限公司 Henan Foliage Paper Co., Ltd.	品秀
21	广东	维达纸业(中国)有限公司(含广东新会会城、广东新会双水、广东新会三江、广东阳江、湖北、北京、四川、浙江、辽宁、山东) Vinda Paper (China) Co., Ltd.	维达 Vinda，花之韵
22		中顺洁柔纸业股份有限公司(含广东江门、广东云浮、湖北、四川、浙江、唐山) C&S Paper Co., Ltd.	洁柔，C&S，太阳
23		东莞市白天鹅纸业有限公司 Dongguan White Swan Paper Products Co., Ltd.	贝柔
24		广东比伦生活用纸有限公司(含东莞、安徽) Guangdong Bilun Household Paper Industry Co., Ltd.	好家风
25		东莞市达林纸业有限公司 Dongguan Dalin Paper Co., Ltd.	达林
26	广西	广西华劲集团股份有限公司(含赣州、南宁) Guangxi Hwagain Group Co., Ltd.	华劲
27	四川	四川永丰纸业股份有限公司 Sichuan Yongfeng Paper Co., Ltd.	丰尚，禾风，卉洁，永丰
28		四川环龙新材料有限公司 Sichuan Vanov New Material Co., Ltd.	斑布
29	重庆	重庆理文卫生用纸制造有限公司(含重庆、江西、广东、广西) Chongqing Lee & Man Tissue Paper Manufacturing Limited.	亨奇
30	陕西	陕西欣雅纸业有限公司 Shaanxi Xinya Paper Co., Ltd.	欣雅，欣家，怡诺
31	甘肃	平凉市宝马纸业有限责任公司 Pingliang Baoma Paper Co., Ltd.	雪竹，漫天乐
32	宁夏	宁夏紫荆花纸业有限公司 Ningxia Bauhinia Paper Industry Co., Ltd.	紫金花，紫荆花，麦田本色

注：表中只包含了有原纸的生产企业。

生活用纸
Tissue paper and converting products

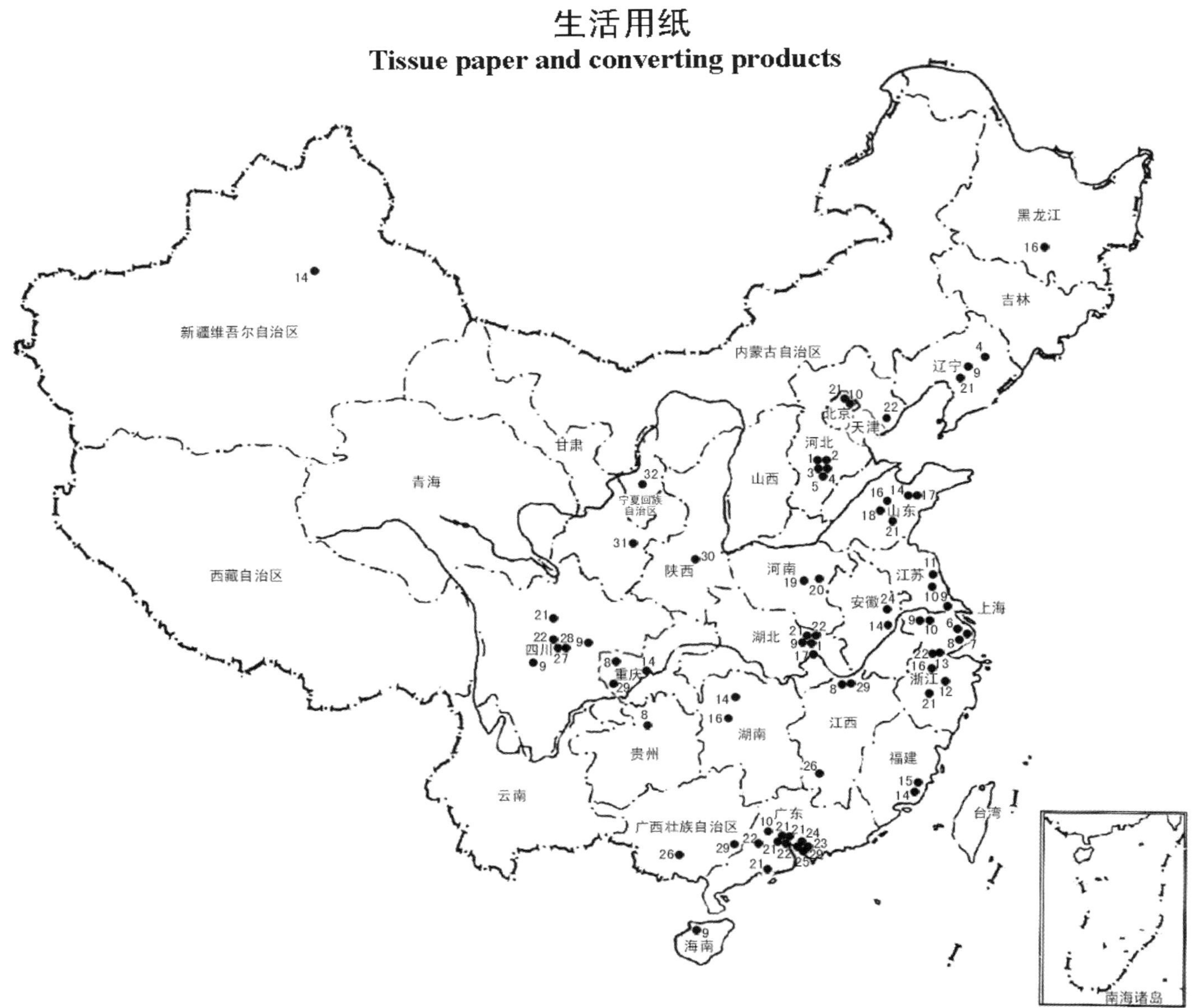

卫生用品——卫生巾和卫生护垫
Disposable hygiene products——Sanitary napkins & pantiliners

编号	省市	公司名称	品牌
1	北京	金佰利(中国)有限公司 Kimberly-Clark (China) Co., Ltd.	高洁丝
2		北京倍舒特妇幼用品有限公司 Beijing Beishute Maternity & Child Articles Co., Ltd.	倍舒特，月自在
3	天津	小护士(天津)实业发展股份有限公司 Little Nurse(Tianjin) Industry & Commerce Development Co., Ltd.	小护士
4	河北	河北义厚成日用品有限公司 Hebei Yihoucheng Commodity Co., Ltd.	女主角
5	上海	尤妮佳生活用品(中国)有限公司(含上海、天津、扬州) Unicharm Consumer Products (China) Co., Ltd.	苏菲
6		上海花王有限公司 Kao Corporation Shanghai Co., Ltd.	乐而雅
7		上海护理佳实业有限公司 Shanghai Foliage Industry Co., Ltd.	护理佳
8		康那香企业(上海)有限公司 Kang Na Hsiung Enterprise (Shanghai) Co., Ltd.	康乃馨，御守棉
9	江苏	江苏三笑集团有限公司 Jiangsu Sanxiao Group Co., Ltd.	笑爽
10	浙江	唯尔福集团股份有限公司 Welfare Group Co., Ltd.	唯尔福，美丽约会
11		杭州余宏卫生用品有限公司 Hangzhou Yuhong Health Products Co., Ltd.	安琦，布织布觉
12		杭州可悦卫生用品有限公司 Hangzhou Credible Sanitary Products Co., Ltd.	月满好，雅妮娜
13		川田卫生用品有限公司(杭州、中山) Kawada Sanitary Products Co., Ltd.	非凡魅力
14	福建	福建恒安集团有限公司(含福建、天津、辽宁、浙江、安徽、江西、山东、河南、湖北、湖南、广西、四川、陕西) Fujian Hengan Holding Co., Ltd.	安尔乐，七度空间，安乐
15		福建恒利集团有限公司 Fujian Hengli Group Co., Ltd.	好舒爽，舒爽
16		福建妙雅卫生用品有限公司 Fujian Miaoya Sanitary Products Co., Ltd.	妙雅，公主日记
17	河南	河南舒莱卫生用品有限公司 Henan Simulect Health Products Co., Ltd.	舒莱
18	湖北	湖北丝宝股份有限公司 Hubei C-BONS Co., Ltd.	洁婷
19	湖南	湖南千金卫生用品股份有限公司 Hunan Qianjin Hygienic Products Co., Ltd.	千金净雅
20	广东	宝洁(中国)有限公司 Procter & Gamble (China) Ltd.	护舒宝，朵朵
21		广东景兴健康护理实业股份有限公司 Kingdom Healthcare Holdings Limited Guangdong	ABC，Free
22		佛山市啟盛卫生用品有限公司 Foshan Kayson Hygiene Products Co., Ltd.	U适，小妮
23		中山佳健生活用品有限公司 Zhongshan Jiajian Consumer Goods Co., Ltd.	佳期
24		深圳全棉时代科技有限公司 PurCotton Era Science and Technology Co., Ltd.	奈丝公主
25		广东美洁卫生用品有限公司 Guangdong Magic Sanitary Articles Co., Ltd.	美洁，美宜洁，美月爽
26		新感觉卫生用品有限公司 New Sensation Sanitary Products Co., Ltd.	新感觉
27	广西	桂林洁伶工业有限公司 Guilin Jieling Industrial Co., Ltd.	洁伶，淘淘氧棉
28		南宁洁伶卫生用品有限公司 Nanning Jieling Hygiene Products Co., Ltd.	蝶菲
29	重庆	重庆百亚卫生用品股份有限公司 Chongqing Beyou Sanitary Products Co., Ltd.	妮爽，自由点
30	云南	云南白药清逸堂实业有限公司 Yunnan Baiyao Qingyitang Industrial Co., Ltd.	日子

卫生用品——卫生巾和卫生护垫
Disposable hygiene products——Sanitary napkins & pantiliners

卫生用品——婴儿纸尿裤/片
Disposable hygiene products——Baby diapers/diaper pads

编号	省市	公司名称	品牌
1	上海	尤妮佳生活用品(中国)有限公司(含上海、天津、扬州) Unicharm Consumer Products (China) Co., Ltd.	妈咪宝贝
2	江苏	金佰利(中国)有限公司(含天津、南京) Kimberly-Clark (China) Co., Ltd.	好奇
3		大王(南通)生活用品有限公司 Elleair International China (Nantong) Co., Ltd.	GOO. N
4	浙江	杭州千芝雅卫生用品有限公司 Hangzhou Qianzhiya Sanitary Products Co., Ltd.	名人宝宝
5		杭州可靠护理用品股份有限公司 Hangzhou Coco Healthcare Products Co., Ltd.	酷特适
6		杭州豪悦护理用品股份有限公司 Hangzhou Haoyue Healthcare Products Co., Ltd.	希望宝宝
7	安徽	花王(合肥)有限公司 Kao (Hefei) Co., Ltd.	妙而舒
8	福建	福建恒安集团有限公司(含福建、天津、辽宁、安徽、江西、河南、四川) Fujian Hengan Holding Co., Ltd.	安儿乐，奇莫
9		爹地宝贝股份有限公司 Daddybaby Corporation Ltd.	爹地宝贝
10		雀氏(福建)实业发展有限公司 Chiaus (China) Daily Necessities Co., Ltd.	雀氏
11		福建恒利集团有限公司 Fujian Hengli Group Co., Ltd.	爽儿宝
12		婴舒宝(中国)有限公司 Insoftb (China) Co., Ltd.	婴舒宝
13		泉州市嘉华卫生用品有限公司 Quanzhou Jiahua Sanitary Articles Co., Ltd.	宜婴
14		泉州天娇妇幼卫生用品有限公司 Quanzhou Tianjiao Lady & Baby's Hygiene Supply Co., Ltd.	家得宝，欢乐贝比
15		福建利澳纸业有限公司 Fujian Liao Paper Co., Ltd.	乐贝，倍爱宁
16	湖南	湖南康程护理用品有限公司 Hunan Cosom Care Products Co., Ltd.	倍康
17		湖南舒比奇生活用品有限公司 Hunan Suitsky Household Products Co., Ltd.	舒比奇
18		湖南一朵生活用品有限公司 Hunan Yido Commodity Co., Ltd.	一朵
19		湖南爽洁卫生用品有限公司 Hunan Shajoy Hygiene Products Co., Ltd.	爽然，爱心妈妈，珍柔
20	广东	宝洁(中国)有限公司 Procter & Gamble (China) Ltd.	帮宝适
21		广东昱升个人护理用品股份有限公司 Guangdong Yusheng Sanitary Products Inc., Ltd.	Dress，吉氏，婴之良品，舒氏宝贝
22		广东茵茵股份有限公司 Guangdong Yinyin Co., Ltd.	茵茵 Cojin
23		东莞市常兴纸业有限公司 Dongguan Changxing Paper Co., Ltd.	一片爽，片片爽，公子帮

卫生用品——婴儿纸尿裤/片
Disposable hygiene products——Baby diapers/diaper pads

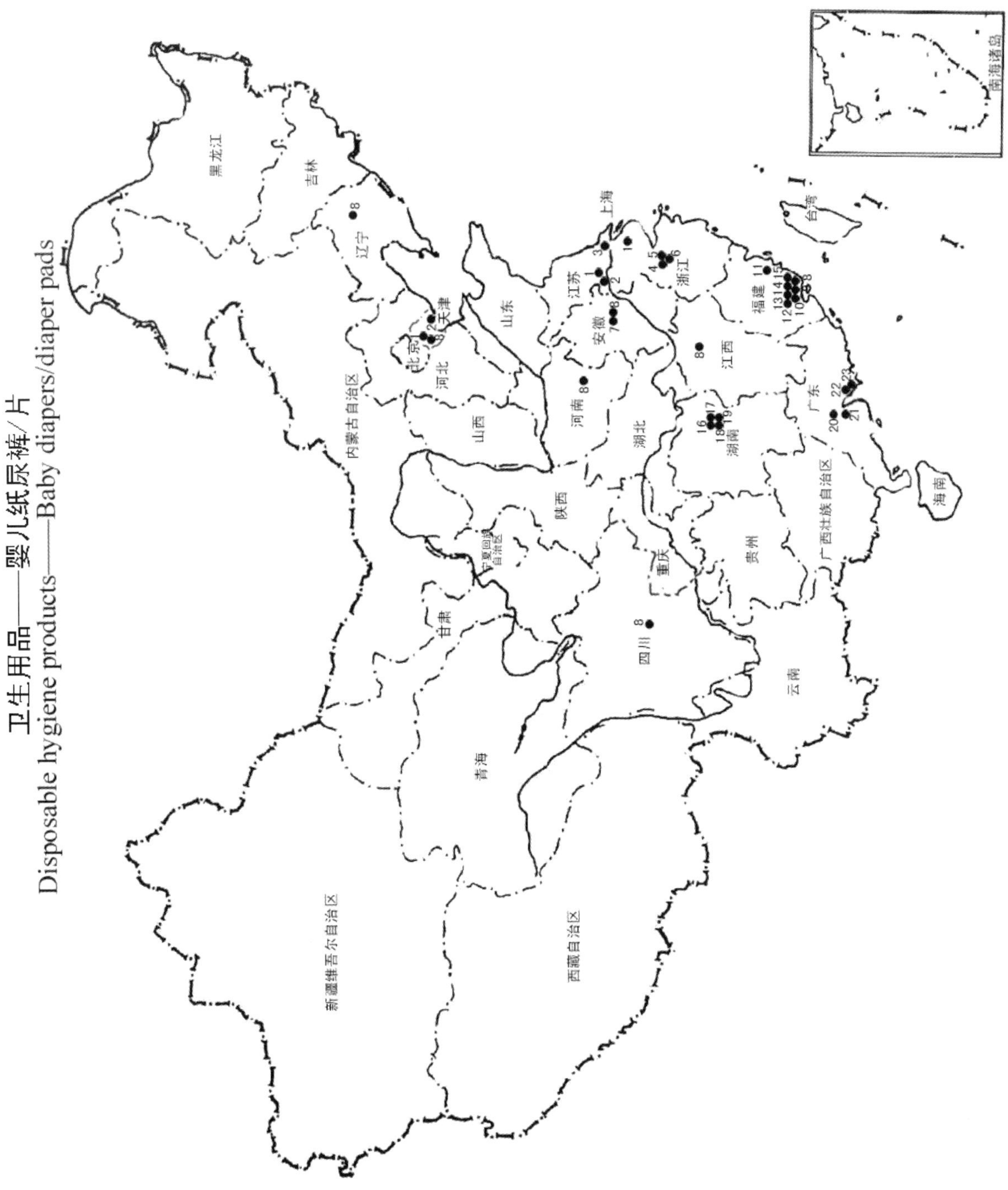

卫生用品——成人失禁用品
Disposable hygiene products——Adult incontinent products

编号	省市	公司名称	品牌
1	北京	金佰利(中国)有限公司 Kimberly-Clark (China) Co., Ltd.	得伴 Depend
2		北京倍舒特妇幼用品有限公司 Beijing Beishute Maternity & Child Articles Co., Ltd.	倍舒特
3	天津	天津市依依卫生用品股份有限公司 Tianjin Yiyi Hygiene Products Co., Ltd.	依依
4		天津市实骁伟业纸制品有限公司 Tianjin Shixiao Weiye Paper Co., Ltd.	旅伴，永福康
5		小护士(天津)实业发展股份有限公司 Little Nurse(Tianjin) Industry & Commerce Development Co., Ltd.	小护士
6	河北	廊坊金洁卫生科技有限公司 Langfang Jinjie Health Technology Co., Ltd.	静中净，一把手，牵手，巧帮手
7	辽宁	辽宁汇英般舟医用材料有限公司 Liaoning Huiying Banzhou Medical Material Co., Ltd.	护家人，关爱
8	上海	维达纸业(中国)有限公司(上海) Vinda Paper (China) Co., Ltd.	包大人，添宁
9		尤妮佳生活用品(中国)有限公司(含上海、扬州) Unicharm Consumer Products (China) Co., Ltd.	乐互宜
10		上海亿维实业有限公司 Shanghai E-Way Industry Co., Ltd.	宝莱
11	江苏	苏州市苏宁床垫有限公司 Suzhou Suning Underpad Co., Ltd.	安帕
12	浙江	杭州千芝雅卫生用品有限公司 Hangzhou Qianzhiya Sanitary Products Co., Ltd.	千芝雅，千年舟
13		杭州珍琦卫生用品有限公司 Hangzhou Zhenqi Sanitary Products Co., Ltd.	珍琦，自由生活
14		杭州可靠护理用品股份有限公司 Hangzhou Coco Healthcare Products Co., Ltd.	可靠
15		杭州豪悦护理用品股份有限公司 Hangzhou Haoyue Industrial Co., Ltd.	白十字，汇泉，好年，康福瑞
16		杭州淑洁卫生用品有限公司 Hangzhou Shujie Hygiene Products Co., Ltd.	淑洁康，益年康
17	福建	福建恒安集团有限公司(含福建、天津、辽宁、江西、四川) Fujian Hengan Holding Co., Ltd.	安而康
18	山东	山东日康卫生用品有限公司 Shandong Rikang Health Products Co., Ltd.	福露达，怡洁康
19	广东	东莞嘉米敦婴儿护理用品有限公司 Dongguan Carmelton Baby Products Manufacturing Ltd.	百寿康，高慧

卫生用品——成人失禁用品
Disposable hygiene products——Adult incontinent products

卫生用品——湿巾
Disposable hygiene products——Wet wipes

编号	省市	公司名称	品牌
1	河北	河北义厚成日用品有限公司 Hebei Yihoucheng Commodity Co., Ltd.	妮好
2	辽宁	大连欧派科技有限公司 Dalian Oupai Technological Co., Ltd.	优普爱
3		凌海展望生物科技有限公司 Linghai Prospect Biotechnology Co., Ltd.	漂亮宝贝，全棉生活
4	上海	上海美馨卫生用品有限公司 Shanghai American Hygienics Co., Ltd.	凯德馨 Cuddsies
5		康那香企业(上海)有限公司 Kang Na Hsiung Enterprise (Shanghai) Co., Ltd.	康乃馨
6		强生(中国)有限公司 Johnson & Johnson (China) Ltd.	强生，嗳呵
7		上海三君生活用品有限公司 Shanghai Sanjun General Merchandise Co., Ltd.	楚牌
8	江苏	金红叶纸业集团有限公司 Gold Hongye Paper Group Co., Ltd.	清风
9		扬州倍加洁日化有限公司 Yangzhou Perfect Daily Chemicals Co., Ltd.	倍加洁
10		苏州宝丽洁日化有限公司 Suzhou Baolijie Daily Chemicals Co., Ltd.	
11	浙江	杭州国光旅游用品有限公司 Hangzhou Guoguang Touring Commodity Co., Ltd.	全棉爸爸
12		南六企业(平湖)有限公司 Nan Liu Enterprise (Pinghu) Co., Ltd.	
13		浙江优全护理用品科技有限公司 Zhejiang Youquan Care Products Technology Co., Ltd.	淳净，优全猫，露尔
14	安徽	铜陵洁雅生物科技股份有限公司 Jyair Bio-Tech Co., Ltd.	艾妮，喜擦擦，哈哈
15		安徽汉邦日化有限公司 Anhui Hanbon Daily Chemical Co., Ltd.	憨贝洁、润 U
16	福建	福建恒安集团有限公司(晋江) Fujian Hengan Holding Co., Ltd.	心相印
17	江西	江西生成卫生用品有限公司 Jiangxi Sencen Hygienic Products Co., Ltd.	SC，锐派，棉新
18	广东	深圳全棉时代科技有限公司 PurCotton Era Science and Technology Co., Ltd.	Purcotton 全棉时代
19		诺斯贝尔化妆品股份有限公司 Nox-Bellcow (ZS) Nonwoven Chemical Co., Ltd.	NBC 诺斯贝尔
20		深圳市御品坊日用品有限公司 Imperial Palace Commodity (Shenzhen) Co., Ltd.	水肌肤，水亲亲，抹布女，御品坊
21		广东景兴健康护理实业股份有限公司 Kingdom Healthcare Holdings Limited Guangdong	ABC，Free，EC
22		深圳市康雅实业有限公司 Shenzhen Well-Come Industry Co., Ltd.	Wetclean，Softclean
23		深圳市维尼健康用品有限公司 Shenzhen Vinner Health Products Co., Ltd.	维尼
24		佛山市顺德区崇大湿纸巾有限公司 Foshan Shunde Soshio Wet Tissue Co., Ltd.	
25	重庆	重庆珍爱卫生用品有限责任公司 Chongqing Treasure Hygiene Products Co., Ltd.	珍爱

卫生用品——湿巾
Disposable hygiene products——Wet wipes

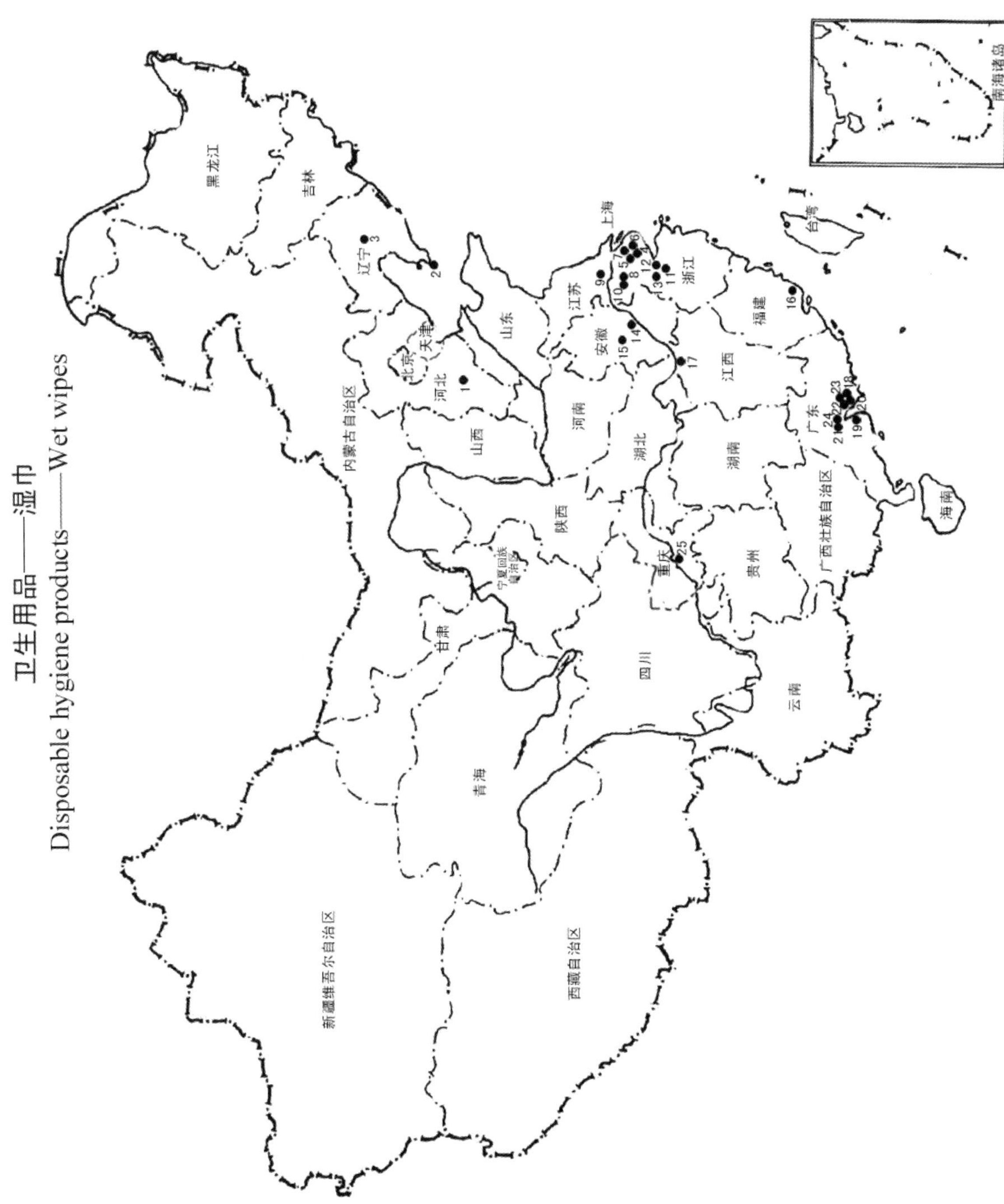

按区域分的主要企业、产品及位置分布图

Location maps of major manufacturers and products by regions

珠三角地区和福建省

Pearl river delta and Fujian province

广东省 Guangdong		
1	维达纸业(中国)有限公司(含广东新会会城、广东新会双水、广东新会三江、广东阳江) Vinda Paper (China) Co., Ltd.	△
2	中顺洁柔纸业股份有限公司(含广东江门、广东云浮) C&S Paper Co., Ltd.	△
3	东莞市白天鹅纸业有限公司 Dongguan White Swan Paper Products Co., Ltd.	△
4	广东比伦生活用纸有限公司 Guangdong Bilun Household Paper Industry Co., Ltd.	△
5	东莞市达林纸业有限公司 Dongguan Dalin Paper Co., Ltd.	△
6	广东鼎丰纸业有限公司(永丰余集团) Guangdong Dingfung Pulp & Paper Co., Ltd.	△
7	宝洁(中国)有限公司 Procter & Gamble (China) Ltd.	▲★
8	广东景兴健康护理实业股份有限公司 Kingdom Healthcare Holdings Limited Guangdong	▲○
9	佛山市啟盛卫生用品有限公司 Foshan Kayson Hygiene Products Co., Ltd.	▲
10	中山佳健生活用品有限公司 Zhongshan Jiajian Consumer Goods Co., Ltd.	▲
11	川田卫生用品有限公司(中山) Kawada Sanitary Products Co., Ltd.	▲
12	深圳全棉时代科技有限公司 PurCotton Era Science and Technology Co., Ltd.	▲○
13	广东美洁卫生用品有限公司 Guangdong Magic Sanitary Articles Co., Ltd.	▲★
14	新感觉卫生用品有限公司 New Sensation Sanitary Products Co., Ltd.	▲★
15	广东昱升个人护理用品股份有限公司 Guangdong Yusheng Sanitary Products Inc., Ltd.	★☆
16	广东茵茵股份有限公司 Guangdong Yinyin Co., Ltd.	★☆
17	东莞市常兴纸业有限公司 Dongguan Changxing Paper Co., Ltd.	★☆
18	东莞嘉米敦婴儿护理用品有限公司 Dongguan Carmelton Baby Products Manufacturing Ltd.	☆★
19	诺斯贝尔化妆品股份有限公司 Nox-Bellcow (ZS) Nonwoven Chemical Co., Ltd.	○
20	深圳市御品坊日用品有限公司 Imperial Palace Commodity (Shenzhen) Co., Ltd.	○
21	深圳市康雅实业有限公司 Shenzhen Well-Come Industry Co., Ltd.	○
22	深圳市维尼健康用品有限公司 Shenzhen Vinner Health Products Co., Ltd.	○
23	佛山市顺德区崇大湿纸巾有限公司 Foshan Shunde Soshio Wet Tissue Co., Ltd.	○

福建省 Fujian		
1	恒安(中国)纸业有限公司(晋江) Hengan (China) Paper Co., Ltd.	△
2	福建恒安集团有限公司(晋江) Fujian Hengan Holding Co., Ltd.	▲★☆○
3	福建恒利集团有限公司 Fujian Hengli Group Co., Ltd.	△▲★
4	福建妙雅卫生用品有限公司 Fujian Miaoya Sanitary Products Co., Ltd.	▲★
5	爹地宝贝股份有限公司 Daddybaby Corporation Ltd.	★▲☆
6	雀氏(福建)实业发展有限公司 Chiaus (China) Daily Necessities Co., Ltd.	★☆
7	婴舒宝(中国)有限公司 Insoftb (China) Co., Ltd.	★
8	泉州市嘉华卫生用品有限公司 Quanzhou Jiahua Sanitary Articles Co., Ltd.	★
9	泉州天娇妇幼卫生用品有限公司 Quanzhou Tianjiao Lady & Baby's Hygiene Supply Co., Ltd.	★☆
10	福建利澳纸业有限公司 Fujian Liao Paper Co., Ltd.	★☆

珠三角地区和福建省
Pearl river delta and Fujian province

△生活用纸制造商

Tissue paper and converting products manufacturers

▲卫生巾和卫生护垫制造商

Sanitary napkins & pantiliners manufacturers

★婴儿纸尿裤/片制造商

Baby diapers/diaper pads manufacturers

☆成人失禁用品制造商

Adult incontinent products manufacturers

○ 湿巾制造商

Wet wipes manufacturers

长三角地区
Yangtze river delta area

上海市 Shanghai		
1	金佰利(中国)有限公司(上海金佰利纸业有限公司) Kimberly-Clark (China) Co., Ltd.	△
2	上海东冠集团 Shanghai Orient Champion Group	△▲○
3	尤妮佳生活用品(中国)有限公司(上海) Unicharm Consumer Products (China) Co., Ltd.	▲★☆
4	上海花王有限公司 Kao Corporation Shanghai Co., Ltd.	▲
5	上海护理佳实业有限公司 Shanghai Foliage Industry Co., Ltd.	▲
6	康那香企业(上海)有限公司 Kang Na Hsiung Enterprise (Shanghai) Co., Ltd.	▲○
7	维达纸业(中国)有限公司(上海) Vinda Paper (China) Co., Ltd.	☆
8	上海亿维实业有限公司 Shanghai E-Way Industry Co., Ltd.	☆
9	上海美馨卫生用品有限公司 Shanghai American Hygienics Co., Ltd.	○★
10	强生(中国)有限公司 Johnson & Johnson (China) Ltd.	○
11	上海三君生活用品有限公司 Shanghai Sanjun General Merchandise Co., Ltd.	○
江苏省 Jiangsu		
1	金红叶纸业集团有限公司(含江苏苏州、江苏南通) Gold Hongye Paper Group Co., Ltd.	△○
2	永丰余家品(昆山)有限公司(含昆山、扬州) Yuen Foong Yu Family Care (Kunshan) Co., Ltd.	△
3	胜达集团江苏双灯纸业有限公司 Shengda Group Jiangsu Sund Paper Industry Co., Ltd.	△
4	尤妮佳生活用品(中国)有限公司(扬州) Unicharm Consumer Products (China) Co., Ltd.	▲★☆
5	金佰利(中国)有限公司(南京) Kimberly-Clark (China) Co., Ltd.	★
6	江苏三笑集团有限公司 Jiangsu Sanxiao Group Co., Ltd.	▲
7	大王(南通)生活用品有限公司 Elleair International China (Nantong) Co., Ltd.	★
8	苏州市苏宁床垫有限公司 Suzhou Suning Underpad Co., Ltd.	☆
9	扬州倍加洁日化有限公司 Yangzhou Perfect Daily Chemicals Co., Ltd.	○
10	苏州宝丽洁日化有限公司 Suzhou Baolijie Daily Chemicals Co., Ltd.	○
浙江省 Zhejiang		
1	维达纸业(浙江)有限公司 Vinda Paper (Zhejiang) Co., Ltd.	△
2	浙江中顺纸业有限公司 C&S Paper Zhejiang Co., Ltd.	△
3	东顺集团股份有限公司(浙江) Dongshun Group Co., Ltd.	△
4	唯尔福集团股份有限公司 Welfare Group Co., Ltd.	△▲★☆○
5	浙江景兴纸业股份有限公司 Zhejiang Jingxing Paper Joint Stock Co., Ltd.	△
6	福建恒安集团有限公司(浙江) Fujian Hengan Holding Co., Ltd.	▲
7	杭州余宏卫生用品有限公司 Hangzhou Yuhong Health Products Co., Ltd.	▲
8	杭州可悦卫生用品有限公司 Hangzhou Credible Sanitary Products Co., Ltd.	▲
9	川田卫生用品有限公司(杭州) Kawada Sanitary Products Co., Ltd.	▲
10	杭州千芝雅卫生用品有限公司 Hangzhou Qianzhiya Sanitary Products Co., Ltd.	★☆▲
11	杭州可靠护理用品股份有限公司 Hangzhou Coco Healthcare Products Co., Ltd.	☆★
12	杭州豪悦护理用品股份有限公司 Hangzhou Haoyue Healthcare Products Co., Ltd.	★☆▲
13	杭州珍琦卫生用品有限公司 Hangzhou Zhenqi Sanitary Products Co., Ltd.	☆▲
14	杭州淑洁卫生用品有限公司 Hangzhou Shujie Hygiene Products Co., Ltd.	☆▲★
15	杭州国光旅游用品有限公司 Hangzhou Guoguang Touring Commodity Co., Ltd.	○
16	南六企业(平湖)有限公司 Nan Liu Enterprise (Pinghu) Co., Ltd.	○
17	浙江优全护理用品科技有限公司 Zhejiang Youquan Care Products Technology Co., Ltd.	○★

长三角地区
Yangtze river delta area

△生活用纸制造商

Tissue paper and converting products manufacturers

▲卫生巾和卫生护垫制造商

Sanitary napkins & pantiliners manufacturers

★婴儿纸尿裤/片制造商

Baby diapers/diaper pads manufacturers

☆成人失禁用品制造商

Adult incontinent products manufacturers

○ 湿巾制造商

Wet wipes manufacturers

京津冀地区
Beijing-Tianjin-Hebei area

北京市 Beijing		
1	维达北方纸业(北京)有限公司 Vinda Paper North (Beijing) Co., Ltd.	△
2	永丰余家纸(北京)有限公司 Yuen Foong Yu Family Paper (Beijing) Co., Ltd.	△
3	金佰利(中国)有限公司 Kimberly-Clark (China) Co., Ltd.	▲☆
4	北京倍舒特妇幼用品有限公司 Beijing Beishute Maternity & Child Articles Co., Ltd.	▲☆
天津市 Tianjin		
1	金佰利(中国)有限公司(天津) Kimberly-Clark (China) Co., Ltd.	★
2	尤妮佳生活用品(中国)有限公司(天津) Unicharm Consumer Products (China) Co., Ltd.	▲★
3	福建恒安集团有限公司(天津) Fujian Hengan Holding Co., Ltd.	▲
4	小护士(天津)实业发展股份有限公司 Little Nurse(Tianjin) Industry & Commerce Development Co., Ltd.	▲☆
5	天津市实骁伟业纸制品有限公司 Tianjin Shixiao Weiye Paper Co., Ltd.	☆
6	天津市依依卫生用品股份有限公司 Tianjin Yiyi Hygiene Products Co., Ltd.	☆▲
河北省 Hebei		
1	保定市港兴纸业有限公司 Baoding Gangxing Paper Co., Ltd.	△○
2	河北雪松纸业有限公司 Hebei Xuesong Paper Co., Ltd.	△
3	河北金博士集团有限公司 Hebei Golden Doctor Group Co., Ltd.	△
4	保定市东升卫生用品有限公司 Baoding Dongsheng Hygiene Products Co., Ltd.	△
5	河北义厚成日用品有限公司 Hebei Yihoucheng Commodity Co., Ltd.	△▲○
6	中顺洁柔纸业股份有限公司唐山分公司 C&S Paper Co., Ltd. Tangshan Branch	△
7	廊坊金洁卫生科技有限公司 Langfang Jinjie Health Technology Co., Ltd.	☆

京津冀地区
Beijing-Tianjin-Hebei area

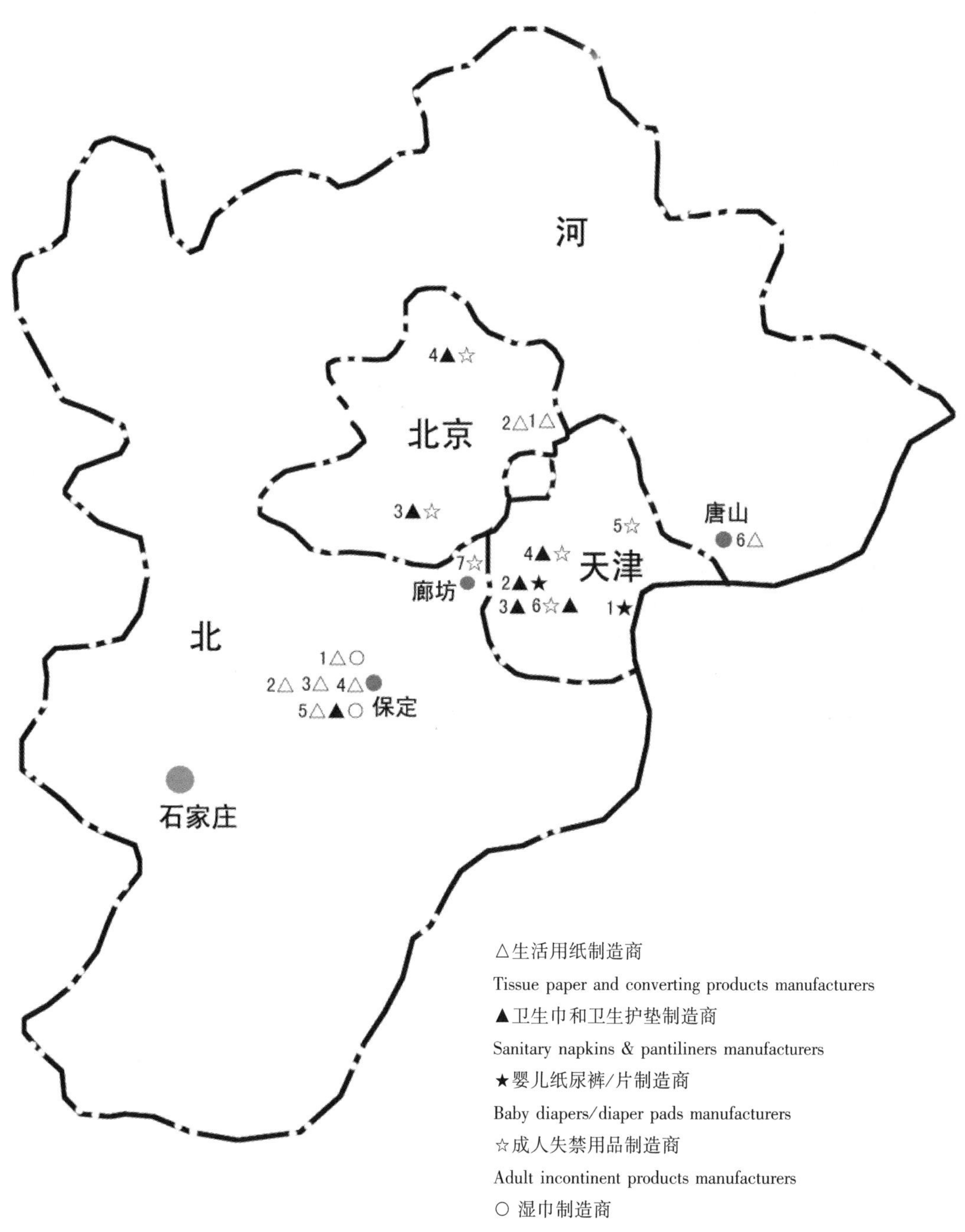

湖北省和湖南省

Hubei province and Hunan province

湖北省 Hubei		
1	金红叶纸业(湖北)有限公司 Gold Hongye Paper (Hubei) Co., Ltd.	△
2	维达纸业(湖北)有限公司 Vinda Paper (Hubei) Co., Ltd.	△
3	中顺洁柔(湖北)纸业有限公司 C&S Paper (Hubei) Co., Ltd.	△
4	武汉晨鸣汉阳纸业股份有限公司 Wuhan Chenming Hanyang Paper Co., Ltd.	△
5	湖北丽邦纸业有限公司(保定港兴) Hubei Libang Paper Co., Ltd.	△
6	湖北丝宝股份有限公司 Hubei C-BONS Co., Ltd.	▲
湖南省 Hunan		
1	湖南恒安纸业有限公司 Hunan Hengan Paper Co., Ltd.	△
2	湖南东顺纸业有限公司 Hunan Dongshun Paper Co., Ltd.	△
3	湖南千金卫生用品股份有限公司 Hunan Qianjin Hygienic Products Co., Ltd.	▲
4	湖南康程护理用品有限公司 Hunan Cosom Care Products Co., Ltd.	★
5	湖南舒比奇生活用品有限公司 Hunan Suitsky Household Products Co., Ltd.	★
6	湖南一朵生活用品有限公司 Hunan Yido Commodity Co., Ltd.	★△▲○
7	湖南爽洁卫生用品有限公司 Hunan Shajoy Hygiene Products Co., Ltd.	★

△生活用纸制造商
Tissue paper and converting products manufactures

▲卫生巾和卫生护垫制造商
Sanitary napkins & pantiliners manufactures

★婴儿纸尿裤/片制造商
Baby diapers/diaper pads manufactures

☆成人失禁用品制造商
Adult incontinent products manufactures

○ 湿巾制造商
Wet wipes manufactures

生产企业名录(按产品和地区分列)

DIRECTORY OF TISSUE PAPER & DISPOSABLE PRODUCTS MANUFACTURERS IN CHINA(sorted by product and region)

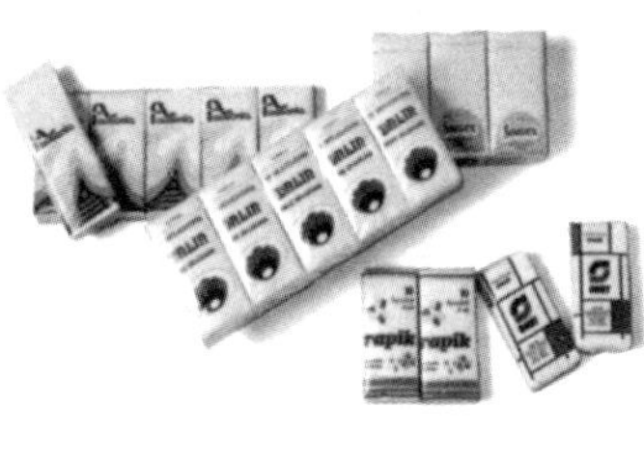

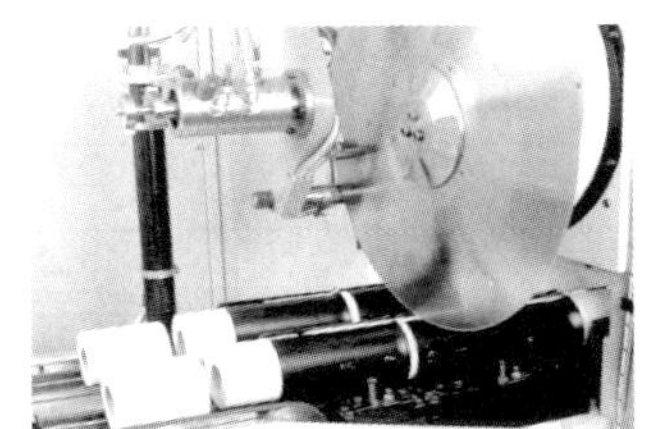

分地区生活用纸生产企业数(2017年)
Number of tissue paper and converting products manufacturers by region(2017)

地区	Region	企业数(家) Number of manufacturers	生产原纸企业数(家) Number of tissue parent roll manufacturers
总计	Total	2018	391
北京	Beijing	33	2
天津	Tianjin	10	0
河北	Hebei	195	75
山西	Shanxi	7	1
内蒙古	Inner Mongolia	6	0
辽宁	Liaoning	37	15
吉林	Jilin	11	3
黑龙江	Heilongjiang	13	4
上海	Shanghai	59	3
江苏	Jiangsu	150	13
浙江	Zhejiang	128	17
安徽	Anhui	63	7
福建	Fujian	132	12
江西	Jiangxi	60	10
山东	Shandong	182	37
河南	Henan	102	17
湖北	Hubei	98	10
湖南	Hunan	60	6
广东	Guangdong	272	45
广西	Guangxi	87	38
海南	Hainan	7	1
重庆	Chongqing	42	11
四川	Sichuan	150	46
贵州	Guizhou	22	4
云南	Yunnan	25	5
西藏	Tibet	1	0
陕西	Shaanxi	30	2
甘肃	Gansu	8	2
青海	Qinghai	3	0
宁夏	Ningxia	11	1
新疆	Xinjiang	14	4

生活用纸

Tissue paper and converting products

注：(1)★表示生产原纸；(2)按邮编排序

● 北京 Beijing

北京雅洁经典家居用品有限公司
北京北方开来纸品有限公司
北京富通兴达商贸有限公司
北京中南纸业有限公司
北京绍波丰成贸易有限公司
北京宝润通科技开发有限责任公司
北京瑞森纸业有限公司
北京家婷卫生用品有限公司
北京市融信智合国际贸易有限公司
北京雨荷纸制品有限公司
北京金鸿(兴河)纸业有限公司
北京家家乐纸业有限公司
北京联航航空客舱用品有限公司
北京下一站酒店用品有限责任公司
北京鼎鑫航空用品有限公司
北京爱华中兴纸业有限公司
北京松竹梅兰纸业有限公司
北京市北郊小沙河造纸厂
北京派尼尔纸业有限公司
北京四诚纸业开发公司
北京金香玉杰纸业有限公司
北京安洁纸业有限公司
北京熙鑫纸业有限公司
北京蓝天碧水纸制品有限责任公司
北京金人利丰纸业有限公司
北京众诚天通商贸有限公司
北京创利达纸制品有限公司
北京清源无纺布制品厂
北京净尔雅卫生用品有限公司
北京恒源鸿业贸易有限公司
统汇生活用纸(北京)有限公司
维达北方纸业(北京)有限公司★
永丰余家纸(北京)有限公司★

● 天津 Tianjin

天津市瀚洋纸业有限公司
大势东联(天津)科技发展有限公司
金红叶纸业(天津)有限公司
天津碧泉餐巾纸厂
天津市安洁纸业有限公司
津西洁康餐巾纸厂
天津市武清区花蕊纸制品厂
天津忘忧草纸制品有限公司
天津金秋丽之雨商贸有限公司
天津市福美来纸业制品厂

● 河北 Hebei

石家庄东胜纸业有限公司
石家庄市依春工贸有限公司
石家庄市胜利开拓工贸有限公司
石家庄小布头儿纸业有限公司
石家庄和柔卫生用品有限公司
石家庄市美鑫包装有限公司
石家庄市顺美生活用纸科技有限公司
金雷卫生用品厂
河北正定光大卫生用品厂
唐山市宏阔科技有限公司
小陀螺(中国)品牌运营管理机构
白之韵纸制品厂
唐山市金秋纸业有限公司
唐山市泽林植物纤维有限公司★
迁安博达纸业有限公司
中顺洁柔纸业股份有限公司唐山分公司★
秦皇岛丰满纸业有限公司★
秦皇岛凡南纸业有限公司★
河北双健卫生用品有限公司
河北柏隆卫生纸有限公司
河北堂阳卫生用品有限公司
河北腾盛纸业有限公司
保定市金利源纸业有限公司
保定市第六造纸厂附属餐巾纸厂
保定市梦晨卫生用品有限公司
保定市嘉铭纸制品厂
保定合众纸业有限公司
保定市第五造纸厂
保定市晨光纸业有限公司★
保定市日新工贸有限公司★

保定市众康纸业有限公司
保定市保利纸品厂
保定市新市区华欣餐巾纸厂
保定市西而曼能威纸业有限公司★
保定市振中卫生用品有限公司
河北小人国纸业有限公司★
保定市诚真纸业有限公司
保定市鑫百合纸业有限公司
保定林海纸业有限公司
保定市雅姿纸业有限公司
保定市南市区精洁纸制品厂
保定市东奥纸业有限公司
保定市壹张纸业有限公司
保定市金利卫造纸厂
保定奥博纸业品有限公司
满城派克纸业
保定市跃兴造纸厂★
保定市满城和信纸品有限公司
保定市长山纸业有限公司★
满城迎宾纸制品厂
保定市奥达卫生用品有限公司
满城佳豪纸制品厂
满城益康造纸厂★
保定兴荣纸业有限公司★
河北洁美卫生用品有限公司
保定市满城永昌造纸厂★
满城纯中纯纸制品厂
满城辰宇纸业有限公司★
保定市满城曙光纸业★
满城美亚美亚纸制品厂
保定市丰诚卫生用品有限公司
满城大册营立新造纸厂★
保定市碧柔卫生用品有限公司
保定市金伯利卫生用品有限公司
河北金博士集团有限公司★
保定东亮纸制品厂
保定爱森卫生纸制品有限公司
保定市满城香雪兰纸业有限公司
保定市满城豪峰纸业★
河北姬发造纸有限公司★
保定市满城永利纸业有限公司★
保定市前进造纸有限公司★
河北省保定市顺兴纸制品有限公司
满城群冠造纸有限公司★
保定满城永兴纸业有限公司★
新宇纸业集团有限公司★
保定嘉禾纸业有限公司★
河北雪松纸业有限公司★
满城益源造纸有限公司★
保定市满城昌盛造纸厂★
保定市满城金光纸业有限公司★
保定市富国纸业有限公司
保定市满城县美缘纸品有限公司
保定市满城金升纸业有限公司
保定市东升卫生用品有限公司★
保定市恒泰纸业有限公司★
满城汇丰纸业有限公司★
保定市雨楠纸业
金铭达造纸实业有限公司★
保定市满城国利造纸有限公司★
满城区满兴纸业有限公司
保定市满城欣畅纸制品厂
满城区惠美媛纸业
保定市满城红升纸业有限责任公司★
满城县鑫扬纸制品厂
满城县民康造纸厂
保定满城永兴纸业有限公司★
保定永昌纸业
保定市满城区乾源纸业有限公司★
保定市满城区如意卫生纸复卷厂★
保定市满城县欣博纸制品有限公司
保定宏大纸业有限公司★
保定市满城县金杰纸制品厂
保定市满城美洁纸业有限公司
满城立发纸业有限公司★
北京福运源长纸制品有限公司
满城区鑫润纸业有限公司
保定市超能纸业有限责任公司★
保定市满城金三利纸业
保定金贝达卫生用品有限公司
保定市聚润纸业有限公司★
保定洁中洁卫生用品有限公司
满城县美华卫生用品厂
保定市满城潇童纸业有限公司
满城桥东纸制品制造有限公司
满城新平纸业有限公司★
满城家舒宝纸制品厂
保定市安信纸业有限公司★
保定市清纯纸制品厂
保定成功纸业有限公司★
满城中兴卫生用品厂
保定市港兴纸业有限公司★
保定市博兴纸业有限公司
保定市满城宝洁造纸厂★

河北义厚成日用品有限公司★
保定市诚信纸业有限公司★
河北中信纸业有限公司★
满城和晟纸业有限公司★
保定顺通卫生纸制造有限公司★
满城爽悦卫生用品有限公司
保定豪通纸业有限公司
河北亚光纸业有限公司★
绿纯卫生用品有限公司
保定雨森卫生用品有限公司★
保定市蓝猫卫生用品有限公司
保定市满城利达纸业有限公司★
保定市东雨卫生用品有限公司
满城景昌纸业
满城腾辉纸业有限公司
保定友邦卫生用品有限公司
保定市恒阳纸业有限公司★
保定市满城瑞丰纸业有限公司★
满城印象纸业有限公司★
保定华康纸业有限公司★
保定明月纸业北厂有限公司★
保定市满城富达造纸有限责任公司★
满城吉多多纸制品厂
保定市恒升卫生用品有限公司
保定神荣卫生用品制造有限公司
满城县恒信纸业有限公司★
保定合众卫生用品制造公司★
满城县卓强纸制品厂
保定市九斗金卫生用品有限公司★
保定市流云卫生用品有限公司
满城县花海纸制品加工厂
保定市恒发纸业
保定市满城一易纸业
满城县永诚纸业
满城县幸福洁纸业有限公司
满城县鑫航有限公司
保定君悦卫生用品有限公司
满城悦利达纸品厂
保定市成峰纸业有限公司
雪森卫生用品有限公司
保定市金能卫生用品有限公司★
徐水县龙源纸业有限公司★
保定市东方造纸有限公司★
柔伊纸制品厂
河北大发纸品有限公司★
易县天成纸业有限公司
保定达亿纸业有限公司★
雄县家乐纸塑制品有限公司
保定市利昌纸制品有限公司★
欣源纸业
保定市慕伦纸业★
保定市满城晨风纸制品有限公司
保定市景天纸业有限公司
保定亿佳纸业有限公司
长兴纸业
保定恒清柔卫生用品有限公司
保定瑞克纸制品制造有限公司
保定市德澜纸制品制造有限公司
保定贝石卫生用品有限公司
保定物诚卫生用品有限公司
金顺纸业
东港卫生用品有限公司
满城县爱博瑞卫生用品有限公司
保定市昌业卫生用品有限公司
保定市富民纸业有限公司★
河北华邦卫生用品有限公司★
保定市满城利达纸业有限公司★
满城天天纸业有限公司★
香河岸芷汀兰纸业有限公司
河北恒源实业集团
景县连镇宏达造纸厂

● 山西 Shanxi

太原市晋美纸制品厂
太原五羊生活用纸厂
山西云冈纸业有限公司
运城市心心纸巾有限责任公司
山西省临猗县力达纸业有限公司★
新绛县惠安纸业有限责任公司
山西运城大众纸品厂

● 内蒙古 Inner Mongolia

呼和浩特市八神纸业有限责任公司
呼和浩特市三鑫纸业有限公司
内蒙古凯世嘉纸业科技有限公司
通辽市科尔沁区同仁合纸厂
内蒙古根河市鹏宇纸品厂
内蒙古集宁区双宝纸业有限公司

● 辽宁 Liaoning

沈阳美商卫生保健用品有限公司
沈阳跃然纸制品有限公司
沈阳女儿河纸业有限公司
沈阳市腾源纸业加工厂
沈阳展春工贸有限公司
辽宁金叶纸业有限公司★
大连铭宸国际贸易有限公司
大连圣泰纸业有限公司
大连市高洁纸制品厂
大连雅洁纸业有限公司
大连业茂塑料制品有限公司★
大连圣耀科技有限公司
鞍山德洁卫生用品有限公司
鞍山绿纳纸业有限公司
抚顺市东洲圣佳民用纸厂
抚顺市好运纸业有限公司
琥珀纸业有限责任公司★
抚顺市利嘉卫生用品有限公司
本溪众和纸业有限公司
辽宁森林木纸业有限公司★
锦州女儿河纸业有限责任公司★
锦州东方卫生用品有限公司
锦州市太和区女儿河茂阳纸制品厂
凌海市金城秋实纸业有限公司★
锦州金月亮纸业有限公司★
营口洁海资源有限责任公司★
阜新天合纸业有限公司★
辽阳市兴隆纸制品制造有限公司
辽阳恒升实业有限公司
辽阳兴启纸业有限公司★
辽宁博隆纸业有限公司★
辽宁银河纸业制造有限公司
辽宁尚阳纸业有限公司★
辽宁和合卫生用品有限公司
辽宁省铁岭市清河区福兴纸业有限公司★
清河区隆福纸业有限责任公司★
辽宁豪唐纸业股份有限公司★

● 吉林 Jilin

吉林省长春市智强纸业有限公司
长春市达驰物资经贸有限公司
长春市二道雪婷纸制品厂
长春市天丽洁面巾厂
吉林泉德秸秆综合利用有限公司★
吉林吉岩实业有限公司
白山市金辉福利纸业有限责任公司
松原市明鑫佰顺纸制品厂
镇赉新盛纸业有限公司★
延边美人松纸业
延边韩吉制纸有限公司★

● 黑龙江 Heilongjiang

哈尔滨女儿河纸制品有限公司
哈尔滨市顺发餐巾纸厂
哈尔滨金北方旅游用品有限公司
哈尔滨曙光纸业加工厂
哈尔滨鑫禾纸业有限责任公司
大庆市新庆馨纸业有限公司
牡丹江市三都特种纸业有限公司★
牡丹江市龙升纸制品厂
黑龙江泉林生态农业有限公司★
七台河市康辉纸业有限责任公司★
肇东东顺纸业有限公司★
黑龙江省肇东市康嘉纸业有限公司
黑龙江省福庆纸业有限责任公司

● 上海 Shanghai

达伯埃(江苏)纸业有限公司
上海东冠健康用品股份有限公司
上海乐采卫生用品有限公司
金佰利(中国)有限公司
上海荷风环保科技有限公司
王子制纸妮飘(苏州)有限公司上海分公司
金红叶纸业集团有限公司
上海泰盛制浆(集团)有限公司
日纸国际贸易(上海)有限公司
上海慕逸适纸业有限公司
上海悦佳生物科技有限公司
永丰余投资有限公司
上海惟能贸易有限公司
上海远翔清洁用品有限公司
爱生雅(中国)投资有限公司
乐怡纸业
上海舒恩纸塑卫生用品厂
上海安兴汇东纸业有限公司
上海爱妮梦纸业有限公司
上海柚家科技有限公司
上海香化工贸有限公司
上海存楷纸业有限公司
上海绿鸥日用品有限公司
上海城峰纸业有限公司
上海沁柔实业有限公司
上海申馨纸业有限公司
上海京品纸业有限公司
沁柔(上海)有限公司
上海豪仕发纸业有限公司
上海轩洁卫生用品有限公司
上海雅臣纸业有限公司
上海南源永芳纸品有限公司
上海正应纸业有限公司
上海若云纸业有限公司
上海汉生豪斯实业有限公司
上海若缘纸业有限公司
上海明佳卫生用品有限公司
上海舒康实业有限公司
上海亚聚纸业有限公司★
上海继海工贸有限公司
诺实纸业(上海)有限公司
上海东冠集团★
上海金佰利纸业有限公司★
上海佳利佳日用品有限公司
上海汉合纸业有限公司
上海曜颖餐饮用品有限公司
上海誉森纸制品有限公司
上海红洁纸业有限公司
上海香诗伊卫生用品有限公司
上海臻文卫生用品有限公司
上海馨茜卫生用品有限公司
上海市互润网络科技有限公司
上海亚日工贸有限公司
上海唯尔福集团股份有限公司
上海玉洁纸业有限公司
上海取晨纸业有限公司
上海峰阔纸业有限公司
上海可林纸业有限公司
上海斐庭日用品有限公司

● 江苏 Jiangsu

南京洁友纸业有限公司
南京市中天纸业
江苏清沐纸业有限公司
南京宁洁生活用纸厂
南京霞飞纸业有限公司
南京洁诺纸业有限公司
南京万佰润贸易有限公司
南京博洁卫生用品厂
南京市江宁区万家福纸业
南京远阔科技实业有限公司★
南京美家欣纸业有限公司
南京舒洁雅卫生用品有限公司
好心情纸业有限公司
江苏敖广日化集团股份有限公司
无锡市爱得华商贸有限公司
好想纸业有限公司
无锡市利健纸质餐具厂
无锡怡美纸塑有限公司
无锡金旺坊前商贸市场管理有限公司
无锡市海岛纸业有限公司

宝立纸制品厂
江阴市凯特隆纸业有限公司
江阴市洁光纸制品有限公司
江阴市恒大纸业有限公司
江阴联航科技有限公司
无锡市一正纸业限公司
上海斐庭日用品有限公司(徐州分公司)
徐州市黑马纸业有限公司
徐州市忠良纸塑制品有限公司
徐州玉兰纸业有限责任公司
耀泰纸业(徐州)发展有限公司
徐州市林菲纸业有限公司
徐州天强纸业有限公司
徐州金维特纸业有限公司
百诚纸业有限公司
徐州艾雅制纸有限公司
徐州圣鑫纸业有限公司
沛县昌伟纸制品厂
徐州熙源纸业有限公司
新沂市欣悦五洲生活用纸有限公司
江苏新港纸业有限公司
新沂市华洁纸业有限公司
新沂市腾远纸品有限公司
徐州玉洁纸业有限公司★
邳州恒美纸业有限公司★
徐州市清新纸制品有限公司
邳州市飞扬纸业有限公司
徐州洁宝纸业
徐州市菲凡纸业有限公司
江苏丰县鑫盛纸品加工厂
常州泉港纸业制品厂
常州赛欧特造纸科技有限公司★
常州美康纸塑制品有限公司
振兴宾馆用品有限公司
江苏省常州市皇纲生活用品有限公司
常州雨迪纸业有限公司
常州市佳美卫生用品有限公司
常州市伊恋卫生用品厂
常州米乐蒂孕婴用品有限公司
溧阳市天宇纸业有限公司
江苏省金坛市兴瑞酒店用品有限公司
苏州源欏包装有限公司
王子制纸妮飘(苏州)有限公司
苏州金天宇卫生用品有限公司
苏州爱维诺纸业有限公司
亚青永葆生活用纸(苏州)有限公司
苏州东洋铝爱科日用品制造有限公司
APP(中国)生活用纸事业部★
苏州市吉利雅纸业有限公司
苏州维柔纸业有限公司★
苏州市秀美纸业有限公司
苏州雅洁纸业有限公司
苏州三和金酒店卫生用品有限公司
常熟市尚潮镇富达卫生用品厂
常熟市可达纸业有限公司
康盛纸业
上海亚芳实业有限公司
昆山市伊恩日用品有限公司
永丰余家品(昆山)有限公司★
苏州洁蔓纸业有限公司
苏州天秀纸业有限公司
太仓佩博实业有限公司★
太仓市天顺纸业有限公司
南通洁顺工贸发展有限公司
南通市港闸区舒馨生活用纸厂
南通炎华经贸有限公司
南通丰亨纸业有限公司
南通安柏工贸有限公司
南通市大众纸品有限公司
南通市万利纸业有限公司
一龙纸业有限公司
江苏省南通市海安鸿海纸制品厂
江苏南通润缘纸制品有限公司
南通千木贸易有限公司
南通华瑞纸业有限公司
启东市天意纸业有限公司
江苏妙卫纸业有限公司
兴旺纸业
海门市恩惠纸品厂
木之源纸业有限公司
南通馨风纸业有限公司
南通市宾王纸品有限公司
江苏连云港市面对面纸制品厂
江苏森欧纸业有限公司
连云港市鲲鹏纸业有限公司
连云港市苏云纸业有限公司

天缘纸业
淮安市源美纸业有限公司
淮安市姿俐工贸有限公司
洪泽金百德纸业有限公司
江苏洪泽湖纸业有限公司★
洪泽县黄集镇詹氏日用品厂
盱眙县洁玉卫生纸巾厂
江苏金莲纸业有限公司★
江苏金湖鑫胜纸业有限公司
盐城市红喜纸品加工厂
盐城万喜源商贸有限公司
盐城迎树纸塑制品有限公司
江苏美灯纸业有限公司
康宁纸品经销部
胜达集团江苏双灯纸业有限公司★
盐城市妙悦纸业有限公司
江苏好洁纸业有限公司
建湖县美德卫生用品厂
盐城市洁雅卫生纸品有限公司
达伯埃(江苏)纸业有限公司★
汇利纸业
扬州柔欣纸业有限公司
扬州海星纸业有限公司
永丰余生活用纸(扬州)有限公司★
扬州博友高档纸品有限公司
扬州市鹊桥仙纸业有限公司
扬州市维达卫生用品厂
江苏千泽健康科技有限公司
江苏高邮市日日顺纸业
扬州市鸿润酒店用品厂
镇江闽镇纸业有限公司
镇江新区丁卯风影纸品厂
镇江好想纸业有限公司
镇江苏南商贸有限公司
丹阳市开发区恒瑞纸品厂
句容市晶王纸品厂
镇江健之源生活用品有限公司
姜堰市时代卫生用品有限公司
泰州市姜堰枫叶纸业制品厂
泰州市大福纸制品商贸有限公司
宿迁市楚柔纸业有限公司
宿迁市清茹纸业有限公司
江苏海纳纸业有限责任公司
宿迁创达纸业有限公司

● 浙江 Zhejiang

汕头市金平区飘合纸业有限公司(杭州办)
杭州百信工贸有限公司
杭州相宜纸业有限公司
杭州朗悦实业有限公司
杭州萧山千叶红纸品厂
杭州嵩阳印刷实业有限公司
杭州萧山新河纸业有限公司
万佳纸业用品有限公司
杭州品悦纸塑品有限公司
杭州德信纸业有限公司
杭州大久纸业有限公司
杭州工匠之技贸易有限公司
杭州科博纸业有限责任公司
杭州淳安尧伊达商贸有限公司
杭州森鑫旅游卫生用品有限公司
杭州富阳市天裕纸制品有限公司
富阳市艺顺纸塑有限公司
杭州富阳登月纸业有限公司★
杭州快乐女孩卫生用品有限公司
富阳市华威纸业有限公司★
杭州富阳大华造纸有限公司★
富阳顶点纸业有限公司★
富阳诚合昌纸业
富阳铭晨纸业有限公司
富阳联伊纸业有限公司
杭州名轩卫生用品有限公司
杭州竹恒国际贸易有限公司
宁波科斯达纸制品有限公司
宁波市佰福纸业有限公司
宁波市鄞州伴好家纸制品厂
宁波鄞州姜山万家和日用品厂
浙江广博集团股份有限公司
宁波弘康环保科技有限公司
丽水纸业
奉化市清风日用品厂
奉化市欣禾纸制品有限公司
三垟富豪剪纸加工厂
温州香约纸业有限公司

温州市瓯海娄桥罗一纸塑厂
温州一品纸业有限公司
温州市新羽纸品有限公司
永嘉县楠溪江纸品厂
温州市平阳洁达纸业有限公司
温州市平阳县洁芸纸制品厂
平阳县品福纸制品厂
温州市清福纸业有限公司
温州宝洁纸业有限公司
温州冠尚纸业有限公司
温州市一佳卫生用品有限公司
温州爱佳纸巾厂
温州苍南新达纸品厂
苍南县优信纸业有限公司
苍南县凯胜纸业有限公司
温州市亿富纸业有限公司
苍南洁萱纸业有限公司
苍南县尚洁纸制品厂
温州洁缘纸业有限公司
浙江亚天纸塑包装有限公司
苍南县龙港雅鼎纸塑制品厂
温州纸路者纸业有限公司
温州市雅亿纸制品有限公司
苍南淘淘纸业有限公司
瑞安市瑞毅日用纸品厂
温州永顺纸业有限公司
温州益康纸业有限公司
嘉兴宝洁纸业有限公司
嘉兴丽菲纸业有限公司
浙江弘安纸业有限公司★
嘉善永泉纸业有限公司★
嘉兴福鑫纸业有限公司
浙江正华纸业有限公司★
浙江创洁纸业有限公司
上海统包实业有限公司
嘉兴金佰德日用品有限公司
海宁清风纸业有限公司
海宁市许村镇大斌纸制品厂
浙江中顺纸业有限公司★
浙江景兴纸业股份有限公司★
桐乡市黛风纸业有限公司
森立纸业集团有限公司
嘉兴汇森医用材料科技有限公司
嘉兴市萱雨婷日用品有限公司
浙江德清县卡卡伊纸业公司
浙江优全护理用品科技有限公司
安吉华盈泰实业有限公司
安吉县华宇纸品有限公司★
绍兴柔洁生活用品有限公司★
浙江唯尔福纸业有限公司★
恒安浙江纸业有限公司
新昌县舒洁美卫生用品有限公司
天洁集团有限公司
浙江诸暨造纸厂★
诸暨市叶蕾卫生用品有限公司
浙江锦悦纸业有限公司
绍兴玛雅家庭用品有限公司
浙江金通纸业有限公司★
金华永安纸业有限公司
森源纸品厂
浙江磐安天娇纸品厂
浙江省义乌市安兰清洁用品厂
义乌市微尚纸业有限公司
义乌市新地文具用品有限公司
浙江义乌阳阳纸业有限公司
康盛纸制品公司
东阳王氏纸品厂
凯博纸业有限公司
衢州远成纸业有限公司
衢州双熊猫纸业有限公司★
浙江龙游南洋纸业有限公司
维达纸业(浙江)有限公司★
龙游旭荣纸业有限公司★
浙江华凯纸业有限公司
台州市椒江森堡生活用品厂
八零纸业
浙江瑞康日用品有限公司
玉环威斯达纸业有限公司
森茂纸业有限公司
台州市娅洁舒纸品有限公司
舒达纸业有限公司
温岭市以便以谢卫生纸分切加工厂
临海市鹏远卫生用品厂
临海市永丰纸品厂
临海市恒联纸业有限公司
浙江省台州永腾纸业有限公司

丽水市洁美纸业制品厂
丽水市华威纸业有限公司
缙云吉利纸业有限公司
龙泉鸿利日用品有限公司

● 安徽 Anhui

安徽汇诚集团依依妇幼用品有限公司
合肥冠群纸制品有限公司
合肥盛平纸业
雅丽洁(合肥)卫生用品有限公司
合肥顺丰纸业有限公司
合肥康乐纸业有限公司
合肥洁宏卫生用品有限公司
合肥市安信纸业
合肥金红叶纸业有限公司
安徽精诚纸业有限公司
合肥立新纸品厂
庐江康洁纸品有限公司
安徽明秀纸业有限公司
安徽花帜纸品有限公司
芜湖市唯意酒店用品有限公司
安徽金环宾馆酒店配套用品有限公司
恒安(芜湖)纸业有限公司★
芜湖市定发纸业有限公司
芜湖博舒洁品有限公司
蚌埠市思羽纸业
安徽开来纸业有限公司★
安徽省五河县银河纸厂
蚌埠市固镇县杨庙乡美伦生活用纸厂
淮南市星空商贸有限公司
安徽比伦生活用纸有限公司★
安徽泰盛纸业有限公司
淮北圣仁生活用品有限公司
濉溪县唯鹏娜纸业有限公司
铜陵天天纸品科技有限公司
安庆市新宜造纸业有限公司★
安徽高洁纸业有限公司
安徽美妮纸业有限责任公司★
安徽省潜山县华丰纸业纸业有限公司
太湖县宜瑞达纸业有限责任公司
千里香纸业有限责任公司
安徽省欣秀纸业有限公司
安徽兴达集团有限公司
滁州欧怡纸业有限公司
安徽荣盛纸品有限公司
天长市徽风纸业有限公司
蓝朵本色纸业
安徽阜阳盛鼎纸制品有限公司
安徽高洁卫生用品有限公司
太和县恒福纸品有限责任公司
安徽清荷纸业有限公司
安徽舒源妇幼用品有限公司
安徽吉美生活用品有限公司
宿州市兴业商贸
灵璧县楚汉风纸业有限公司
安徽嘉能利华实业有限公司
砀山县圣洁梨花纸业
玉洁宾馆酒店用品有限公司
安徽格义循环经济产业园有限公司★
安徽宏泰纸业有限公司
安徽省六安市华誉纸制品有限公司
朝阳纸业有限公司
亳州市涡阳爱家纸业
东至县东尧纸品有限公司
青阳县健民纸业有限公司
安徽合顺纸业有限公司
安徽省广德县宏程纸业有限公司
万方日用品有限公司
宁国市兆丰纸业有限公司★

● 福建 Fujian

福州市榕丰纸品厂
康美(福建)生物科技有限公司
福州市意洁纸制品有限公司
福州洁乐妇幼卫生用品有限公司
福州融达纸业有限公司
恒程纸业有限公司
福州市柯妮尔生活用纸有限公司
福州榕丰纸品厂
福州市仓山区顺丰纸品厂
福州捷洁纸业有限公司
福州市仓山区兴恒星纸品厂

福州保税区全顺泰纸制品有限公司
金红叶纸业(福州)有限公司
歌芬卫生用品(福州)有限公司
福建潇远生活用品有限公司
喜运来(福州)纸制礼品有限公司
亿柔纸业(福州)有限公司★
福建帝辉纸业有限公司
福建省闽侯榕星纸品厂
福州唯美纸业有限公司
福建省恒兴纸业有限公司★
福清市华丰纸业有限公司
福清恩达卫生用品有限公司
长乐市宏一达纸业有限公司
厦门鑫旺中商贸有限公司
厦门瑞丰纸业有限公司
厦门舒琦纸业有限公司
月恒(厦门)纸业有限公司
厦门新阳纸业有限公司★
厦门力丽纸制品有限公司
厦门耀健纸品有限公司
厦门航空用品有限公司
厦门伟盟环保材料有限公司
厦门金舒心工贸有限公司
厦门鑫厦洁工贸有限公司
莆田市东南艺术纸品股份有限公司
福建新亿发集团有限公司★
华港纸品厂
丰悦纸业有限公司
莆田市涵江区福海纸品厂
莆田市涵江区朗格纸业有限公司
莆田凤翔纸品精制有限公司
泰盛科技股份有限公司
莆田荣世纸品厂
莆田市清清纸业有限公司
三明市廷荣生活用品有限公司
福建省三明市宏源卫生用品有限公司
三明市鑫峰纸业有限公司★
三明市明溪县唯雅纸品加工厂
福建省华闽纸业有限公司★
福建省大田县众成纸制品有限公司
尤溪县城关蓬莱纸制品厂
三明市康尔佳卫生用品有限公司
泉州市华龙纸品实业有限公司
泉州恒通纸业有限公司
福建泉州梦丽雅纸业有限公司
希斯顿国际专营有限责任公司中国代表处
福建康臣日用品有限责任公司
福建省泉州市盛峰卫生用品有限公司
泉州市汇丰妇幼用品有限公司
创佳(福建)卫生用品科技有限公司
泉州市恒源纸业有限公司
泉州市君子兰日用品有限公司
惠安和成日用品有限公司
福建凤新纸业制品有限公司
雀氏(福建)实业发展有限公司
福建晖英纸业有限公司
泉州来亚丝卫生用品有限公司
石狮市大宇纸塑制品有限公司
豪友纸品有限公司
福建省石狮市港塘富成纸制品厂
石狮市宝骊珑日用品有限公司
晋江市益源卫生用品有限公司
美力艾佳(中国)生活用纸有限公司
福建晋江凤竹纸品实业有限公司★
福建省晋江市舒乐妇幼用品有限公司
泉州市宏信伊风纸制品有限公司
福建优兰发集团
晋江中荣纸业有限公司
晋江德信纸业有限公司
福建省晋江市安海镇新安纸巾厂
恒转纸业有限公司
晋江市美家兴纸制品有限公司
晋江恒泰纸品有限公司
恒安国际集团有限公司★
晋江市绿之乡纸业有限公司
雅典娜(福建)日用品科技有限公司
福建省晋江市莲屿纸业
晋江市哆哆岛纸业有限公司
泉州佰卓纸制品有限责任公司
晋江市恒质纸品有限公司
晋江泽特纸业有限公司
福建莱昂纸制品有限公司
广东省东莞市华彩纸业有限公司
德国和润卫生用品国际贸易有限公司
福建南安市杰宝纸业有限公司
泉州尧盛纸品有限公司

福建恒利集团有限公司★
演园纸品厂
南安市码头飘雪纸巾厂
福建省南安市天天妇幼用品有限公司
福建省天龙纸业有限公司
福建泉州市南安市绿达纸业有限公司
泉州市彩丰行卫生用品有限公司
福建省时代天和实业有限公司
南安市润心纸业有限公司
南安环宇纸品有限公司
南安市乐帮家纸制品厂
多宝莉(泉州)纸业有限公司
泉州洪濑爱美纸品厂
福建省南安市天天纸业有限公司
南安市佳龙纸业
泉州仁和速柒通卫生用品有限公司
漳州市芗城晓莉卫生用品有限公司
漳州市联安纸业有限公司
中南纸业(福建)有限公司
福建省漳州市信义纸业有限公司
福建福益卫生用品有限公司
漳州市鑫鑫纸业有限公司
漳州隆盛纸品有限公司
长泰县金明鑫纸品厂★
福建省佳亿(漳州)纸业有限公司★
凤竹(漳州)纸业有限公司★
龙海市真宝纸业有限公司
龙海市诚龙纸业有限公司
福建省龙海市倍亲纸品有限公司
龙岩市群龙日用制品有限公司
家家旺纸业有限公司
永定县海莲纸业有限公司
龙岩市汇辉纸业
福安市辉鸿纸业有限公司
建萍贸易有限公司

● 江西 Jiangxi

南昌市永发纸业有限公司
南昌青山湖区向阳纸品厂
南昌市恒昌百货有限公司
南昌市展翅纸品公司
南昌市好美家纸业有限公司★
江西省南昌市友爱纸品厂
南昌鑫隆达纸业有限公司★
南昌媄姐纸业有限公司
南昌市新源纸业有限公司
南昌万家洁卫生制品厂
南昌金红叶纸业有限公司
南昌市欣荣纸业有限公司
南昌富森实业有限公司
南昌市恒盛纸品厂
南昌长荣纸业有限公司
江西省南昌钰洁纸品厂
江西众友纸业有限公司
景德镇市瓷都纸业有限公司
九江市白洁卫生用品有限公司
九江钱村新材料科技有限公司
九江华沃纸健品有限公司
江西泰盛纸业有限公司★
江西华旺纸业有限公司★
江西晨阳纸业有限公司★
江西绮玉纸业有限公司
江西鹿鸣纸业有限公司
江西理文卫生用纸制造有限公司★
辉煌纸业有限公司
江西贵溪市忆风纸制品厂
赣州华劲纸业有限公司★
赣州市崇星实业有限公司
赣州华鑫卫生用品有限公司
赣州市章贡区洁丽纸品厂
章贡区金岚卫生用品厂
赣州市香乃尔纸品有限公司
江西宽竹纸业有限公司
大余县金丰纸巾厂
燕紫纸品有限公司
瑞金市嘉利发纸品有限公司★
吉安旺达纸品厂
吉安市丽洁纸品有限公司
吉安洁美纸业
吉安县爱家纸业有限公司
江西白士洁纸业有限公司
峡江县金元纸业有限公司(原刘氏、旭亮造纸)★
万安县荣辉纸品有限公司
江西省优久实业有限公司

宜品纸业有限公司
浙江楠溪江纸业有限公司(江西厂)
仁和药业有限公司
江西京品纸业有限公司
江西省高安市安隆纸品厂
抚州市兴业实业有限公司
抚州天新环保纸业有限公司★
江西南鑫纸业有限公司
上饶市玉丰纸业有限公司
上饶市惠好纸业有限公司
江西黛安娜卫生用品有限公司
江西省华丽达实业有限公司
江西省彩姿实业有限公司

● 山东 Shandong

济南德航纸业有限公司
济南泉林纸制品有限公司
济南雅纯酒店用品有限公司
济南恒安纸业有限公司
济南新易特种纸业有限公司
山东八方成纸业有限公司
济南润泽纸业有限公司★
济南亿华纸制品有限公司
济南鑫瑞纸容器有限责任公司
济南市历城区翰林纸品厂
济南锦佳利纸制品有限公司
山东省济南市平阴县红艳纸业有限公司
山东省济南君悦纸业有限公司★
济南市商河县宏达纸制品厂
济南梅笛卫生用品有限公司
济南玉琳纸品厂
金红叶纸业集团有限公司青岛分公司
青岛洁尔康卫生用品厂
青岛和利帝诺国际贸易有限公司
青岛海澄纸业有限公司
青岛美西南科技发展有限公司
青岛贝里塑料有限公司
青岛格润纸业有限公司
青岛经济技术开发区洁仙纸制品厂
青岛柳燕环保科技有限公司★
青岛舒洁纸制品有限公司
青岛柔白纳纸品有限公司
青岛正利纸业有限公司★
青岛兄弟纸业有限公司
青岛雪利川卫生制品有限公司
青岛明宇卫生制品有限公司
青岛北瑞纸制品有限公司
青岛青山纸业有限公司
青岛顺洁纸业有限公司
青岛太阳花纸业有限公司
青岛海诺生物工程有限公司
山东淄博泓凯纸制品有限公司
淄博新洁卫生用品厂
淄博金宝利纸业有限公司
淄博沣泰纸业有限公司
淄博华品纸业有限公司
淄博旭日纸业有限公司
淄博吉祥纸业
淄博市桓台康荣纸制品厂
淄博亿佳缘纸业有限公司
山东赛特新材料股份有限公司
山东晨晓纸业科技有限公司
恒柔纸业有限公司
枣庄嘉誉纸品厂
枣庄市和佳生活用品有限公司
东营区茂源纸业制品厂
东营市富兴纸品有限责任公司
山东省东营市万鑫纸业有限公司
山东华泰纸业集团股份有限公司★
东营市舒馨纸业有限公司
烟台福临门纸业有限责任公司
烟台万睿纸制品有限公司
烟台晟源纸业有限公司
烟台彩星纸制品有限公司
龙口市明洁纸塑制品有限公司
烟台市恒达纸业有限公司
莱州市凯达利纸业有限公司
海阳市永平纸业有限公司★
潍坊雨洁消毒用品有限公司
潍坊市坤峰纸品厂
潍坊恒联美林生活用纸有限公司★
潍坊福山纸业有限公司
潍坊新铭纸制品有限公司
山东恒安纸业有限公司★

潍坊格瑞特纸业有限公司
山东玖盛纸业有限公司
潍坊格瑞特有限公司
潍坊利达纸业有限公司
潍坊马利尔纸业有限公司
山东万豪集团临朐纸制品厂
潍坊临朐华美纸制品有限公司
临朐玉龙造纸有限公司★
山东云豪卫生用品股份有限公司
山东含羞草卫生科技股份有限公司★
潍坊乐福纸业有限公司
昌乐县成龙纸品厂
山东青州顺意纸品厂
青州市汇鑫纸业有限公司★
诸城市昊阳纸业有限公司★
山东省诸城市金惠元贸易有限公司
诸城市运生纸业股份有限公司
诸城市东方奥诺工贸有限公司
山东科林恩厨房用纸科技有限公司
诸城市利丰纸业有限公司★
诸城市中顺工贸有限公司★
山东诸城市七仙子纸制品有限公司
诸城市博浩工贸有限公司★
诸城市元顺工贸有限公司★
诸城市格林纸业有限公司★
诸城市鑫旺纸制品厂
诸城市丽洲纸业有限公司
诸城市润芳纸制品有限公司
山东晨鸣纸业集团股份有限公司★
寿光市惟施卫生用品中心
山东百合卫生用品有限公司
潍坊寿光瑞祥纸业有限公司
山东腾森纸业有限公司
山东洁丰实业股份有限公司
山东高密银鹰化纤有限公司★
山东晴格纸品有限公司
恒信纸品加工厂
山东华汶实业股份有限公司
山东省济宁市中区东红晨源纸业有限公司★
济宁广丰纸业有限公司
济宁欣康纸业有限公司
济宁沣泰纸业有限公司
山东济宁恒达纸业有限公司
爱他美(山东)日用品有限公司
山东太阳生活用纸有限公司★
济宁恒安纸业有限公司
山东泗水天缘纸业有限公司
泰安黎明纸制品厂
东顺集团股份有限公司★
泰安乐潮纸业有限公司
肥城市东升纸业有限公司
肥城佳洁美纸制品有限公司
威海宏大卫生纸塑制品厂
日照八方纸业有限公司★
日照三奇医保用品(集团)有限公司
日照市华菱纸制品厂
山东省日照市好乐星纸业有限公司
维达纸业(山东)有限公司★
莱芜市恒顺纸制品厂
莱芜市莱城区鑫宇纸制品厂
莱芜市荣和纸业有限公司★
山东怡家家纸业有限公司
临沂市超柔生活用纸有限公司
临沂市虎歌卫生用品厂
临沂市好景贸易有限公司★
临沂市华鲁家佳美纸制品有限公司★
山东临沂凯贝尔纸业有限公司
临沂兆亿卫生用品有限公司
临沂硕菲雅纸制品有限公司
山东罗庄阳光卫生纸厂
临沂金红叶纸业有限公司
山东浩洁卫生用品有限公司
临沂市河东区相公白雪纸品厂
沂南琨悦纸制品厂
山东鑫盟纸品有限公司
山东欣洁月舒宝纸品有限公司
山东顺霸有限公司
玉兰花生活用纸厂
临沂宏基纸业有限公司
山东雅润生物科技有限公司
临沂新盛豪纸业有限公司
山东临沂明恩卫生用品厂
宁津力百合纸品厂★
山东临邑三维纸业有限公司
临邑雅洁纸业制品厂
山东省禹城市盛裕纸制品厂

山东聊城市东昌府区盛雪纸品分装厂
聊城市聊威纸业有限公司★
山东韶韵本色纸业有限公司★
山东昌源商贸有限公司
山东阳谷阳光纸业有限公司
山东信成纸业有限公司
冠县劳武造纸有限责任公司
聊城市坤昇环保科技股份有限公司★
山东高唐鸿运纸制品厂
山东泉林纸业有限责任公司★
高唐县嘉美纸业有限公司
山东高唐人和纸业有限公司
滨城区平安一次性卫生用品厂
山东省滨州市康洁纸业有限公司
博兴圣昊纸制品厂
滨州冰洁纸业有限公司
山东省邹平县黄山仁和造纸厂★
山东宏伟纸业有限公司★
山东依派卫生用品有限公司
菏泽鲁西南纸业有限公司★
菏泽市喜群纸业有限公司★
山东省菏泽市圣达纸业有限公司
菏泽奇雪纸业有限公司
菏泽牡丹纸业有限公司★
山东巨野舒欣纸品有限公司
山东省巨野县恒瑞纸品厂
东明柔美纸品有限公司

● 河南 Henan

郑州洁良纸业有限公司
郑州嘉和纸业有限公司★
郑州缇舒纸业有限公司
郑州婷风纸制品有限公司
郑州正德元纸业有限公司★
郑州万戈免洗用品工贸有限公司
郑州盛云酒店用品有限公司
河南美馨纸业有限公司
郑州绿洁纸业有限公司
河南微笑纸业有限公司
郑州万家易购商贸有限公司
郑州玖龙纸业有限公司
河南洁之净纸业有限公司
郑州正青纸业有限公司
中灵山纸制品厂
开封美莎纸业有限公司
开封金红叶纸业有限公司
开封一晨纸业有限公司
恒源纸业有限公司
河南省洛阳市涧西华丰纸巾厂
洛阳尚恩纸业有限公司
洛阳市洛南昌祥纸制品厂
洛阳市松竹纸制品厂
洛阳康煊纸品有限公司
洛阳市洁达纸业有限公司★
平顶山市林达纸业有限公司
安阳市汇丰卫生用品有限责任公司
安阳小鱼儿卫生用品有限公司
益家缘纸业
安阳市森源纸业有限责任公司
安阳市滑县青年广告抽纸火柴厂
鹤壁瑞洲纸业有限公司
玉刚纸批
卫洁纸业
新乡市云龙纸业有限公司
河南省奥博纸业有限公司★
焦作幸福人家日用品有限公司
河南潇康卫生用品有限公司
河南省林泰卫生用品有限公司
焦作卫花纸业
河南华丰纸业有限公司★
沁阳市宏涛纸业有限公司★
沁美纸业有限公司
沁阳市苏洋纸业有限公司
河南阳光卫生用品有限公司
濮阳市三友纸业有限公司★
河南省濮阳市祥隆纸制品厂
濮阳县民兴纸业
濮阳县耀阳纸业有限公司
濮阳紫宸纸业有限公司
许昌芳飞纸业有限公司★
许昌浩森纸制品有限公司
河南许昌宏业纸品有限公司
许昌浩元纸制品有限公司
许昌市佳洁纸业有限公司

许昌兴隆纸业有限公司★
许昌市丽妃纸业有限公司
许昌天力丰生态材料有限公司★
许昌林风纸业有限公司
许昌完美纸业有限公司
许昌雍和工贸有限责任公司
和平纸制品加工厂
许昌新元纸制品有限公司
漯河市诗美格纸业有限公司
漯河市聚源纸业有限公司★
漯河银鸽生活纸产有限公司★
漯河洁达纸品有限公司
漯河玉帛纸业有限公司
鸿鑫纸业有限公司
漯河临颍恒祥卫生用品有限公司
十美纸制品有限公司
河南漯河金博达纸业有限公司
河南省南阳市洋帆纸业
南阳市怡蘭纸品厂
河南南阳鸿森纸业有限公司
西峡县春风实业有限责任公司
唐河县民康纸塑业精制厂
河南新野方正纸业有限公司★
雨晴纸业酒店用品销售部
河南商丘强达纸业有限公司
河南涵玉纸品有限公司
虞城县玖玖纸厂
森茂纸业有限公司
河南永城市达龙纸业有限公司
万嘉宾馆酒店用品有限公司
三明宾馆酒店洗浴用品一站式采购中心
倾国倾城纸业有限公司
淮阳颐莲坊纸制品厂
河南恒宝纸业有限公司
河南护理佳纸业有限公司★
河南花知花语纸业有限公司
鹿邑县伊百氏纸业有限公司
驻马店市金汇来纸业
驻马店市伟恒纸业有限公司
河南西平新蕾纸业有限公司
河南省西平县超群纸业有限公司★
河南华兴纸业有限公司★
恒利生活用纸制品厂
河南省西平县兴银纸品厂
平舆中南纸业有限公司★
河南洁红纸业有限公司
济源市松树广告抽纸

● 湖北 Hubei

湖北武汉利发纸业有限公司
武汉杰臣环保清洁用品有限公司
武汉市豪佳缘纸品厂
武汉瑾泉纸业有限公司
武汉新宜人纸业有限公司
武汉圣世联盟纸业有限公司
金红叶纸业集团有限公司商用消费部
武汉市硚口区布莱特纸品厂
武汉贝思特纸业有限公司
武汉巧客利商贸有限公司
尚美生活用品厂
武汉市神龙纸业★
武汉市天天纸业有限公司
晶兰雅品牌管理机构
武汉市盛世明星纸品厂
武汉市新宝丰纸业
湖北金安格医疗用品有限公司
武汉市秀秀纸品厂
武汉市汉阳区兴华纸品厂
武汉市鑫丽源生活用品厂
武汉鑫群芳纸业有限公司
蜀竹竹浆生活用纸湖北武汉运营中心
黎世生活用品有限责任公司
武汉天翔纸业有限公司
武汉统奕包装有限公司
武汉市菲雅达纸业有限公司
三木纸品厂
武汉意鑫合包装有限公司
武汉市达力纸业有限公司★
武汉市蔡甸区红明纸品厂
春晖生活用纸厂
武汉孟伟纸业有限公司
武汉市江夏铭鑫纸品厂
武汉万德福纸业有限公司
武汉市清晨纸业有限公司

武汉市百康纸业有限公司
武汉吉美纸业有限责任公司
武汉市凝点纸制品工贸有限公司
湖北武汉利发诚品纸业有限公司
武汉市卫洁纸品厂
武汉市华洁联优纸业有限公司
武汉乐福祥纸品商贸公司
武汉华正双超纸业有限公司
武汉市雅家达纸业有限公司
雅洁纸品厂
武汉盛世曙光纸业有限公司
武汉市康佳顺瓦楞杯套有限公司
柏树纸业有限公司
十堰市向阳花开工贸有限公司
十堰成美工贸有限公司
十堰家佳纸品厂
湖北增泰纸业有限公司
湖北世纪雅瑞纸业有限公司★
荆州开发区舒美纸品厂
湖北真诚纸业有限公司★
荆州市启晨纸业有限公司
松滋市特丽丝纸业有限公司
松滋市雅欣纸品厂
荆州福音纸业有限公司
宜都市雷迪森纸业有限公司
民生纸业
鸿富祥纸业
湖北舒云纸业有限公司★
宜昌弘洋集团纸业有限公司
当阳市金典纸塑制品有限公司
枝江市云丽纸业制造厂
湖北省枝江市永和昌纸业
恒兴纸业有限公司
襄阳原竹纸业有限公司
腾飞纸业
湖北舒柔纸业有限公司
湖北襄阳宏福纸业有限公司★
湖北宜城市长风纸业有限公司
宜城市三月草纸厂
湖北顺心纸业有限公司
京山逸宝纸业有限公司
中顺洁柔(湖北)纸业有限公司★
恒安(湖北)心相印纸制品有限公司
金红叶纸业(湖北)有限公司★
欧尚纸业有限公司
维达纸业(湖北)有限公司★
孝感市世丰纸业有限公司
孝感市峰源纸业有限责任公司
湖北嘉美纸业有限公司
黄冈伊奈纸业
兴华纸业
湖北汇康纸业有限公司
湖北省武穴市疏朗朗卫生用品有限公司
蕲春县鑫安纸品厂
罗田县福盈门纸业厂
咸宁云尚纸业有限公司
湖北省恩施锦华纸业有限责任公司★
湖北维洁纸业有限公司
湖北楚焱纸业有限公司
湖北立欣纸业有限公司
湖北汉康工贸有限公司
湖北安心纸业有限公司
春雨纸业

● 湖南 Hunan

长沙市雨花区庐景纸品厂
长沙美时洁纸业有限公司
长沙市雨花区高锋纸业公司
长沙丰之裕纸业有限责任公司
湖南合泰纸业有限公司
长沙晨建纸业有限公司
湖南省顺清扬纸业有限公司
长沙金红叶纸业有限公司
长沙德之馨纸制品厂
长沙市恒辰纸业有限公司
湖南荣耀纸业有限公司
浏阳市幸福纸品有限公司
浏阳市向阳卫生纸用品厂
湖南健兰纸业有限公司
长沙伊人纸品厂
长沙市飘扬纸业有限公司
长沙华宇纸业有限公司

长沙建益纸业有限公司
株洲市林一纸制品厂
湖南株洲慧峰纸品厂
华兴纸业有限公司
醴陵市多美洁生活用纸有限公司
湖南壹帆纸业有限公司★
衡阳市润康纸业有限公司
衡阳市洁净纸制品有限公司
衡阳市馨洁实业有限公司
耒阳市开心纸业
金诺纸业有限公司
湖南省邵东县亚迪纸品厂
新邵县富源造纸厂
宏源生活用品纸厂
邵阳市陈氏纸业用品厂
岳阳市岳阳楼区金鹰纸业公司
岳阳雅格纸业有限公司
湖南岳阳市君山优柔卫生纸厂
岳阳丰利纸业有限公司★
湖南省岳阳县洞庭纸厂
绿茵时时美有限公司
平江丽丽纸业有限公司
湖南省家乐福纸业有限公司
汨罗市端华纸业公司
岳阳市维丰纸业有限公司
岳阳市岳阳楼区华维纸品厂
鑫威纸品厂
圣卓纸业有限公司
湖南盛顺纸业有限公司
湖南恒安纸业有限公司★
益阳市赛维纸业有限公司★
益阳碧云风纸业有限公司
沅江市金太阳纸业有限公司★
郴州唯美纸业有限公司
永州市家鑫纸制品有限公司
永州市大生林纸业有限责任公司
新田柔美纸业有限公司
怀化大湘西纸业有限公司
怀化洁净纸业
湖南永鑫纸业有限公司
吉首市鹏程纸巾厂
鹏春纸业有限公司
湖南东顺纸业有限公司★

● 广东 Guangdong

广州纵横纸业有限公司★
广州市森浦纸业有限公司★
广州中嘉进出口贸易有限公司
金佰利(中国)有限公司广州办事处
广东泽田纸塑实业有限公司
广州有全纸业有限公司
广州市鑫源纸业有限公司
广州韶能本色纸品有限公司
广州市馨悦纸业有限公司
广州天美联盟个人用品有限公司
广州添进纸品制造有限公司
广州龙派纸业有限公司
广州市阳兴纸业有限公司★
广州洁达纸业有限公司
广州市洁莲纸品有限公司
广州市恒轩纸业有限公司
广州舒馨纸业有限公司
广州市钟信餐具厂
美景纸制品厂
广州市洁雅纸制品有限公司
广州市文定纸业有限公司
广州品维纸业有限公司
广州市宏杰达纸业有限公司★
广州市森枫纸业有限公司
德国宇森浆纸有限公司★
亿景纸业
广州市盈辉纸业有限公司
广州市威奇纸品厂
广州市怡欣纸业有限公司
广东邦洁日用品有限公司
金隆纸业
广州市启鸣纸业有限公司★
广州华程纸业有限公司★
广州荣隆纸业有限公司★
广州天兴行生活用纸有限公司★
香港顺威纸业有限公司★
广州永泰保健品有限公司
广州京明家居用品有限公司
广西贵糖(集团)股份有限公司深圳分公司
深圳市博奥实业发展有限公司

深圳市恒圳实业有限公司
深圳市特利洁环保科技有限公司
深圳市佳萱纸业有限公司
深圳市泽田贸易有限公司
深圳市安美瑞纸业有限公司
深圳市柔洁康生态科技有限公司
深圳市宝盛纸业有限公司
深圳特立生活用品有限公司
深圳市富新隆日用品有限公司
深圳市俊洁纸业有限公司
深圳中益源纸业有限公司
深圳市舒尔雅纸品有限公司
深圳市御品坊日用品有限公司
深圳市金宝利实业有限公司
深圳市鹏达纸业有限公司
深圳市美鸿纸业有限公司
深圳市广田纸业有限公司
深圳市水润儿婴童用品有限公司
深圳市联合好柔日用品有限公司
深圳市三友纸业有限公司
深圳市牡丹纸品厂
深圳市安健达实业发展有限公司★
深圳鑫亚华纸业有限公司
深圳市荆江纸制品有限公司
深圳市宝德鸿纸业有限公司
深圳市洁雅丽纸品有限公司
深圳市新达纸品厂
深圳市南龙源纸品有限公司
西朗纸业(深圳)有限公司
深圳市龙新纸业有限公司
心丽卫生用品(深圳)有限公司
深圳市欧雅纸业有限公司
深圳亿宝纸业有限公司
鑫丽发纸品厂
深圳市蓝月亮纸业有限公司
深圳市南龙城纸品有限公司
深圳市宝卓纸业有限公司
深圳前海安兴实业有限公司
珠海市佳尔美有限公司
珠海清岚纸业有限公司
汕头金誉工艺纸业有限公司
汕头市英才纸制品厂
汕头市大方纸业有限公司
汕头市致远日用品有限公司
汕头市仁达纸业实业有限公司
汕头市中洁纸业有限公司
汕头市金平区飘合纸业有限公司★
广东省万安纸业有限公司
汕头市豪发纸业制品厂
汕头市恒康纸业有限公司
汕头市澄海区佳楠纸类制品厂
汕头市创达纸品厂
汕头市达明纸制品厂
韶关市康达纸业
韶关市联进纸业有限公司★
韶能集团广东绿洲生态科技有限公司韶能本色分公司★
天宝阳光生活用纸
广东省南海康洁香巾厂
佛山市安倍爽卫生用品有限公司
佛山市兴肤洁卫生用品厂
佛山洁达纸业有限公司
佛山创佳纸业
佛山市南海大沥宏达纸品厂
佛山市南海区桂城德恒餐饮用品厂
佛山市南海塔吉美纸业有限公司
南海平洲新奇丽日用品有限公司
佛山市南海区平洲夏西雅佳酒店用品厂
佛山市卓岳纸业有限公司
佛山欧班卫生用品有限公司
彩逸纸类制品有限公司
佛山市维森纸业有限公司★
佛山顺德区荟晟贸易有限公司
广州市珑取创纸业有限公司
江门市天宝纸业有限公司
江门市贝丽纸业有限公司
江门市晨采实业有限公司
江门日佳纸业有限公司★
江门市蓬江区云鸥纸业有限公司★
江门市平福商贸有限公司
江门市建华纸业有限公司
江门市明兴保洁纸品厂
江门市纯美纸业有限公司
江门旺佳纸业有限公司★
江门市雅枫纸业有限公司
江门市加多福纸业有限公司

维达纸业(中国)有限公司★
江门市鸿祥纸业有限公司★
江门市新龙纸业有限公司★
江门仁科绿洲纸业有限公司★
江门中顺纸业有限公司★
江门新腾纸业有限公司
江门市新会区大泽天恒纸品厂
江门市新会区宝达造纸实业有限公司★
翔达纸业制品有限公司
开平市顺锋纸品厂
湛江市宝盈纸业有限公司
湛江雅泰造纸有限公司
家莅纸品厂
东莞市恒太纸业
吴川市明兴日用品厂
茂名市家和纸业有限公司
茂名市维美纸业有限公司
肇庆鼎纯卫生用品厂
肇庆市兴健卫生纸厂
广宁县南宝纸业有限公司
广东鼎丰纸业有限公司★
肇庆万隆纸业有限公司★
惠州市惠达纸品厂
深圳市嘉盛纸巾厂
惠州市惠城区惠润特纸厂
通用纸业有限公司
惠州市浩德实业有限公司
惠阳金鑫纸业有限公司
广东省惠州市博罗县凤达纸业有限公司★
惠州钟氏联发纸业
博罗县石湖卫生纸厂
惠州泰美纸业有限公司
惠州福新纸业有限公司★
惠州市洁一雅实业有限公司
梅州市明达纸业
梅州市鼎丰纸品有限公司
梅州市梅江区恒富纸制品厂
富和纸品厂
龙臻日用纸品厂
海丰县康太纸业有限公司
金钰(清远)卫生纸有限公司
东莞市名品威纸业
东莞市胜和酒店用品有限公司
芬洁国际纸业★
东莞市雅舒达纸品厂
东莞市三星纸业有限公司
东莞市万江洁雅特纸类制品加工厂
东莞市腾威纸业有限公司
东莞鑫宝纸品厂
广东比伦生活用纸有限公司★
东莞市万江惠兴纸品厂
东莞市万景纸品厂
东莞市德亨纸业有限公司★
东莞市白天鹅纸业有限公司★
东莞市高韶商务用纸有限公司
东莞市万江宝柔纸品厂
东莞市冠森纸业有限公司
东莞市宜乐纸品厂
东莞市幸运星纸业有限公司
爱家纸品厂
东莞市万江郑威纸品厂
东莞市昭日纸巾有限公司
东莞市万江万宝纸品厂
东莞市添柔纸巾厂
东莞市润来纸业有限公司
东莞市博都纸业有限公司
东莞市湘丽纸业有限公司★
东莞市十六花纸业有限公司
东莞市滇丰纸品有限公司
国昌纸品厂
东莞市强宏纸业有限公司
东莞市天亨美实业有限公司
东莞市天正纸业有限公司
东莞市时和利造纸有限公司
东莞市美华纸业有限公司
茂盛纸业有限公司
东莞市中桥纸业有限公司★
东莞中堂新星纸巾厂
东莞市达林纸业有限公司★
东莞市健兰纸业有限公司
东莞市天勤纸业有限公司
东莞市常平雪宝纸巾厂
东莞利良纸巾制品有限公司
东莞光华纸制品有限公司
东莞市旭利日用品有限公司
东莞市绿方实业投资有限公司

东莞市金亨纸业有限公司
东莞市雅洁纸品有限公司
东莞市金慧纸业有限公司
东莞龙田纸业有限公司
东莞东慧纸业有限公司
东莞市骋德纸业有限公司
东莞市明月纸业有限公司★
东莞市黄江骏鑫纸品厂
东莞市东达纸品有限公司
东莞市博大纸业制品厂
东莞市俊腾纸业有限公司
东莞市厚街华宝纸品厂
广东理文造纸有限公司★
东莞市恒杰纸品有限公司
东莞市唯得纸业有限公司
东莞市伯美实业有限公司
东莞诗华纸业有限公司
香港四加国际有限公司
东莞市多林纸业有限公司★
东莞市久凤纸制品厂
东莞市众信纸业有限公司
涛宏纸品包装有限公司
东莞市思博纸业有限公司
东莞市大枫纸业有限公司
东莞市庆丰纸业有限公司
品润纸业有限公司
东莞市大莞家纸品有限公司
广东省东莞市旺发纸业有限公司
东莞市斯卓纸制品厂
东莞市鑫浩纸业有限公司
东莞市荣丽纸业有限公司
东莞市大岭山俊业纸业制品厂
东莞市华大纸品厂
东莞市朗诣纸业有限公司
东莞市蓝纯纸业有限公司
东莞市宝荣纸业有限公司★
宝易洁纸品厂
程门纸品厂
东莞市源梓纸业有限公司★
中山市桦达纸品厂
中美纸业实业有限公司
中顺洁柔纸业股份有限公司★
中山市小榄镇远翔纸制品厂★
中山市腾达纸品有限公司
中山市森宝纸业有限公司
森河日用品(中山)有限公司
广星纸业有限公司
饶平兰奇纸品厂
饶平国新纸品厂
潮州市新合纸艺厂
潮州市潮安区东升纸厂
揭阳市明发纸品有限公司
广东信达纸业有限公司★
揭阳诚源纸品厂
揭东县顺成纸品厂
龙新纸品有限公司
揭东县新亨镇柏达纸制品厂★
广东蓓尔丽实业有限公司
揭阳市维康达纸业有限公司
汕头市卡洛姿纸业有限公司
中顺洁柔(云浮)纸业有限公司★

● 广西 Guangxi

南宁市迪雅日用纸品厂
广西南宁金木瓜纸业有限公司
广西东糖投资有限责任公司★
广西洁宝纸业有限公司★
南宁市沙龙纸业有限责任公司
广西华欣纸业集团有限公司★
广西华劲集团股份有限公司★
广西东昇纸业集团有限公司★
广西田东南华纸业有限公司★
南宁市乖仔工贸有限责任公司
广西南宁恒业纸业有限责任公司★
南宁市蒲糖纸业有限公司★
南宁市嘉宝纸业有限公司★
南宁梦来圆纸制品有限责任公司
南宁市金彩桐木瓜纸业有限公司
广西新佳士卫生用品有限公司
南宁市万达纸品厂
南宁糖业股份有限公司糖纸加工分公司
南宁美纳纸业有限公司★
南宁市柔润纸业有限公司
南宁市好印象纸品厂

南宁市盛成纸品厂
南宁市优点纸制品厂
广西南宁市玉云纸制品有限公司
南宁清柔纸业有限公司
南宁彩帕纸品制造有限公司
广西舒雅护理用品有限公司
金红叶纸业（南宁）有限公司
马山和发强纸业有限公司
南宁市佳达纸业有限责任公司★
宾阳县江南纸业有限公司★
广西南宁市兴宇纸品厂
广西宾阳县雪洁纸业有限公司
南宁市圣大纸业有限公司★
横县不一样纸品厂
广西欣瑞纸业有限公司★
广西南宁香兰纸业有限责任公司★
广西横县华宇工贸有限公司★
广西天力丰生态材料有限公司★
广西横县江南纸业有限公司★
广西浩林纸业有限公司★
南宁凤派纸业有限公司
广西横县和顺纸业有限公司
广西嵘兴中科发展有限公司★
柳州迎丽纸业有限公司
柳州市恒升纸制品厂
柳州美伊美纸业有限公司
柳州市芳泰纸业有限公司
广西省柳州市五牛纸业制造有限公司★
柳州两面针纸业有限公司★
郑发纸业有限责任公司★
柳江县枫叶卫生用品厂
柳江县桂龙纸品厂
欧业纸品印务有限公司
柳州市柳林纸业有限公司★
鹿寨佳利造纸厂★
柳州中迪纸业有限公司★
桂林市宝丽鑫纸业有限公司
桂林钦点纸业有限责任公司
桂林喜夫人纸业有限公司
桂林市一生竹业有限责任公司
桂林市佳丽纸业有限公司
桂林福桂纸业有限公司
桂林市实为添卫生用品有限责任公司
广西桂海金浦纸业有限公司★
广西东南光纸业有限公司
广西钦州叶诚纸业有限公司
广西贵港市华欣纸业有限公司
贵港市三葉纸业有限公司
广西华怡纸业有限公司★
贵港市金成纸业有限公司★
广西贵糖（集团）股份有限公司★
广西瑞彩纸业有限公司★
广西金百洁纸业有限公司
玉林市亲点纸业有限公司
陆川鑫龙纸业有限公司
百色市合众纸业有限责任公司★
百色瑞达纸业有限公司
广西达力纸业有限公司
广西金荣纸业有限公司★
广西芯飞扬纸业有限公司
广西来宾金润纸业有限公司
来宾市华欣纸业有限公司★
广西象州莲桂纸业有限公司★
象州龙腾纸业有限公司★
广西崇左市大明纸业有限公司★
龙州曙辉纸业有限公司★

● 海南 Hainan

海南威成生活用品有限公司
海口秀英昌达纸业制品有限公司
海口秀英万利纸业制品厂
三亚靓绿纸巾厂
海南嘉宝纸业有限公司
儋州那大豪冠纸品厂
海南金红叶纸业有限公司★

● 重庆 Chongqing

重庆博蔚纸业有限公司
重庆市光承纸业有限公司★
重庆飞顺纸业有限公司
重庆平雅纸业有限公司★
重庆升瑞纸品有限公司

重庆耀发纸业
重庆星月纸业有限公司
重庆良川纸业有限责任公司
沙坪坝区奥康奇纸制品厂
重庆阔天纸业有限公司
重庆香柔纸业有限公司
丰丰纸制品厂
重庆百强纸制品有限公司
重庆广泰纸业有限公司
重庆汇广纸业有限公司
吉田纸业★
重庆特丽洁生活用纸有限责任公司
重庆纯点纸业有限公司
重庆洁博纸制品厂
重庆恒立纸业有限公司
重庆东实纸业有限责任公司
恒安(重庆)纸制品有限公司★
重庆恒安心相印纸制品有限公司
浩源纸业
重庆盛丰纸业有限公司
重庆恒动纸业
重庆真妮丝纸业有限公司
重庆远帆纸业有限公司
重庆黔江区黔正纸业发展有限公司★
重庆紫阳纸业有限公司
重庆三好纸业有限公司
重庆玉红生活用纸有限公司★
重庆理文卫生用纸制造有限公司★
重庆渝成纸业有限公司
重庆市飞龙纸业有限公司★
维尔美纸业(重庆)有限公司★
潼南县合家欢纸业有限公司
重庆龙璟纸业有限公司★
重庆富宝洁纸业公司
重庆云海纸业有限公司
重庆博大纸业★
奉节枫叶纸制品有限公司

● 四川 Sichuan

四川红富士纸业有限公司
四川永丰纸业股份有限公司★
四川竹元素卫生用品有限公司
四川中轻纸业有限公司
四川环龙新材料有限公司★
成都鑫一达纸业有限公司
四川百乐生活用品有限公司
四川奢呈质品贸易有限公司
成都市武侯区康洁酒店用品厂
重庆东实纸业有限责任公司(成都办事处)
四川康启生物科技有限公司
四川怡君康福生物科技有限公司
四川蓝漂日用品有限公司
成都百信纸业有限公司
成都市永顺卫生用品厂
成都兴荣纸业有限公司
成都市青柠檬纸业有限公司
成都彼特福纸品工艺有限公司
成都市在水一方纸业有限公司
成都市新都爱洁生活用品厂
成都安舒实业有限公司
成都金香城纸业有限公司
成都市新都区吕氏纸制品厂
成都顶洁纸业有限公司
四川兴睿龙实业有限公司
成都市红牛实业有限责任公司
四川福华竹浆纸业有限公司★
四川成都好柔洁纸业有限公司
成都发利纸业有限公司
四川康利斯纸业有限公司★
成都安洁儿商贸有限责任公司
四川迪邦卫生用品有限公司★
成都卫洁纸业有限公司
成都市丰裕纸业制造有限公司
四川若禺卫生用品有限责任公司
成都郫县康辉纸业有限公司
成都成良纸业有限责任公司
成都顺久柯帮纸业有限责任公司
成都市天垚纸业有限公司
成都市康乐纸业有限公司
四川欣适运纸品有限责任公司
成都市金碧纸业有限公司
成都市豪盛华达纸业有限公司
成都精华纸业有限公司★
成都纤姿纸业有限公司

成都天姿纸业有限公司
成都志豪纸业有限责任公司★
成都市国敏纸品厂
成都市大邑西红叶纸业有限公司
成都市苏氏兄弟纸业有限公司
成都市天娇纸业有限公司
四川石化雅诗纸业有限公司
四川省津诚纸业有限公司★
都江堰市海腾纸业有限责任公司★
成都百丽纸业有限责任公司★
都江堰市能兴纸业有限公司★
都江堰市龙安纸品厂
四川海腾纸业有限公司
四川竹巾环能新材料有限公司
成都市芳菲乐纸业有限公司
中顺洁柔(四川)纸业有限公司★
成都百顺纸业有限公司
彭州市大良造纸有限公司★
四川森之佳纸业有限公司
成都景山纸业有限责任公司★
四川蜀邦实业有限责任公司★
彭州市万兴纸业★
成都洁仕生活用品有限公司
成都市星友纸业制品有限公司
成都市阿尔纸业有限责任公司★
成都市佳乐纸业有限公司★
彭州市五一纸业有限责任公司★
彭州市阳阳纸业有限公司
成都绿洲纸业有限公司★
四川省崇州市上元纸业有限公司★
成都竹缘纸业有限公司
成都市鑫海峰纸业有限公司
成都鑫宏乙纸品厂
成都市家家洁纸业有限公司
成都鑫宏纸品厂★
崇州市天美纸业加工厂
崇州市倪氏纸业有限公司★
白江纸业
成都居家生活造纸有限责任公司★
四川芝宝堂工艺纸品有限公司
成都彩虹纸业制品厂
成都市仲君纸业
恒安(四川)生活用品有限公司
成都红娇妇幼卫生用品有限公司
四川心语卫生用品有限公司
自贡市荣县洁美康纸制品厂
四川省富顺县诚邦纸业
四川艾尔纸业有限公司★
成都舒美姿卫生用品有限公司
德阳市锦上花纸业
维达纸业(四川)有限公司★
四川友邦纸业有限公司★
四川纸老虎有限公司
四川省天耀纸业有限公司
成都市砂之船纸业有限公司
四川望风青苹果纸业有限公司
四川诺邦纸业有限公司
四川翠竹纸业有限公司
成都来一卷纸业有限公司
四川圆周实业有限公司★
四川清爽纸业有限公司
四川什邡市恒达纸品厂
德阳美妆庭纸业有限公司
四川盛世龙华纸业有限责任公司
绵阳均鸿纸业有限公司
四川三台三角生活用纸制造有限公司★
四川美姿彩纸业有限公司
四川纤纸洁纸业有限公司
环龙集团安县纸业★
四川玉龙纸业有限公司
四川省绵阳超兰卫生用品有限公司★
四川亿达纸业有限公司★
旺苍县兴凤卫生用品厂
遂宁金红叶纸业有限公司★
四川省内江市绿源纸制品厂
威远诚峰纸业有限公司
四川省资中县白云纸品厂
乐山新达佳纸业有限公司★
犍为县三环纸业有限公司★
四川省犍为凤生纸业有限责任公司★
四川省夹江县雅洁纸厂
夹江心愿纸业
四川省夹江县欣意纸业★
四川夹江汇丰纸业有限公司★
夹江正方纸业
夹江县金达纸业有限公司

万安纸业有限责任公司★
夹江县联兴纸厂
沐川禾丰纸业有限责任公司★
南充市开发区永成纸品厂
南充市达江卫生用品厂
眉山先锋纸品厂
仁寿青青草纸制品有限公司
四川佳益卫生用品有限公司★
四川省龙野日用品有限公司
眉山贝艾佳纸业有限责任公司★
四川丹妮生态生活护理用品有限公司★
宏达纸业
宜宾纸业股份有限公司★
达州市通川区玉洁纸业有限公司
达州市浩然旅游用品有限公司
开江阳光纸品厂
欣鑫纸业有限责任公司
四川云翔纸业有限公司★
芦山县兴业纸业有限公司★

● 贵州 Guizhou

贵阳阳光生活用纸厂
彩华恒丰纸业有限公司
贵阳市环球卫生制品厂
贵州山河森纸业有限公司
贵阳顺兴纸品有限公司
贵阳雨娇纸制品有限公司
贵州玉祥纸业有限公司
遵义鼎尚广告有限公司
遵义恒风纸业有限责任公司
贵州彩阳纸业股份有限公司
贵州赤河纸业有限公司★
贵州赤天化纸业股份有限公司★
赤水市鑫明洁明亮纸业有限责任公司
遵义食尚广告纸业
贵州汇景纸业有限公司★
毕节富达纸业有限公司
贵州中柔纸业有限公司
贵州黔西南州伙儿晃日化有限公司
贵州凯里经济开发区冠凯纸业有限公司
贵州倍特纸业有限公司
贵州万华纸业有限公司
惠水县佳宇造纸厂★

● 云南 Yunnan

云南兴亮实业有限公司
昆明春城纸巾厂
昆明市胜达生活用纸厂
昆明华安美洁卫生用品有限公司
昆明爱华卫生制品有限责任公司
昆明紫锦欣商贸有限公司
云南昆和纸业有限公司
昆明蓝欧纸业有限公司
昆明市丰达生活用纸厂
昆明家之品纸业有限责任公司
昆明南兴纸业有限公司
昆明绿基纸业有限公司
云南龙银纸业有限公司
云南可靠商贸有限公司
昆明恒诺商贸有限公司
昆明卡拉丁纸业有限公司
昆明市威宝纸制品厂★
昆明市港舒卫生用品厂
云南嘉信和纸业有限公司
云南万达纸业有限公司
宣威市康乐纸业有限公司
云南汉光纸业有限公司★
云南金晨纸业有限公司★
云南南恩糖纸有限公司★
云南云景林纸股份有限公司★

● 西藏 Tibet

西藏远征纸业有限公司

● 陕西 Shaanxi

西安博凯卫生用品有限公司
陕西凯瑞达科贸有限公司
西安华源纸业卫生保健用品有限公司

西安天娇纸品有限公司
西安福瑞德纸业有限责任公司
西安香泽工贸有限公司
西安清清纸制品有限公司
西安市丰悦纸品厂
西安涌泉纸质容器有限公司
西安多彩纸业
西安市未央区家合纸品厂
婉丝纸业有限公司
陕西洁美佳纸制品有限公司
善行商贸纸业有限公司
中涵酒店用品商行
陕西大拇指实业有限公司
西安森雅纸业有限责任公司
陕西爱洁纸业有限公司
西安林悦源商贸有限公司
陕西宜佳纸业有限公司
陕西欣瑞晨工贸有限公司
西安市洁雅酒店用品有限责任公司
宝鸡市海洋之恋酒店用品有限公司
陕西法门寺纸业有限责任公司★
陕西旭昱纸业有限公司
恒安(陕西)纸业有限公司
陕西欣雅纸业有限公司★
日鑫商贸中心
延安市姿爽纸制品有限公司
榆林市诚源纸品加工有限公司

● 甘肃 Gansu

四川若禺卫生用品有限责任公司甘肃分公司
兰州市添添纸制品厂
兰州奇洁纸业有限公司
靖远银莲纸品厂★
甘肃古浪惠思洁纸业有限公司
平凉市宝马纸业有限责任公司★
庆阳光中纸厂
陇南市宏盛纸业有限责任公司

● 青海 Qinghai

西宁城东隆盛达纸品厂
青海若禺卫生用品有限责任公司
西宁花梦诗纸业有限公司

● 宁夏 Ningxia

贺兰县百隆纸制品厂
宁夏紫荆花纸业有限公司★
宁夏永宁沁梦缘纸制品厂(原金山纸业)
宁夏牵手缘纸业有限公司
宁夏吴忠市永伟纸品包装厂
吴忠市智鑫纸业有限公司
宁夏佳美精细纸制品有限公司
吴忠市佳佳纸制品厂
宁夏吴忠健洁纸业
宁夏吴忠市兴安商贸有限公司
宁夏固原嘉通(纸业)工贸有限公司

● 新疆 Xinjiang

新疆芳菲达卫生用品有限公司★
乌鲁木齐市佳赫纸业有限公司
新疆宝康纸业
新疆乌鲁木齐市鑫之顺纸业
乌鲁木齐市展银纸制品厂
新疆君和纸业有限公司
新疆特顺康纸业有限公司
石河子鑫天宏工贸有限公司
五家渠市卫康纸业有限公司★
巴州名星纸业有限责任公司★
库尔勒张氏纸业有限责任公司
龙云飞纸业公司
新疆石河子市净美佳纸厂
石河子市惠尔美纸业有限公司★

分地区卫生用品生产企业数(2017年)
Number of disposable hygiene products manufacturers by region (2017)

地区	Region	企业数(家) Number of manufacturers					
		女性卫生用品 Feminine hygiene products	婴儿纸尿裤/片 Baby diapers/diaper pads	成人失禁用品 Adult incontinent products	宠物卫生用品 Hygiene products for pets	擦拭巾 Wipes	一次性医用非织造布制品 Disposable hygiene medical nonwoven products
总计	Total	624	663	422	66	728	232
北京	Beijing	11	9	11	1	30	11
天津	Tianjin	39	15	30	4	15	1
河北	Hebei	30	20	30	2	28	5
山西	Shanxi	0	0	0	0	2	0
内蒙古	Inner Mongolia	0	1	1	0	2	0
辽宁	Liaoning	9	3	12	4	32	1
吉林	Jilin	1	0	0	0	11	0
黑龙江	Heilongjiang	3	3	1	0	6	0
上海	Shanghai	41	37	30	5	50	15
江苏	Jiangsu	36	30	50	18	60	33
浙江	Zhejiang	47	40	22	8	98	19
安徽	Anhui	7	6	8	4	18	18
福建	Fujian	136	188	68	4	63	5
江西	Jiangxi	8	17	4	1	21	6
山东	Shandong	56	34	53	7	68	15
河南	Henan	24	13	13	2	28	17
湖北	Hubei	17	13	9	0	27	60
湖南	Hunan	10	36	4	0	17	0
广东	Guangdong	125	168	68	6	98	22
广西	Guangxi	7	8	1	0	10	0
海南	Hainan	0	0	1	0	3	1
重庆	Chongqing	4	6	2	0	14	0
四川	Sichuan	7	5	1	0	8	2
贵州	Guizhou	2	7	1	0	3	0
云南	Yunnan	3	2	1	0	6	0
西藏	Tibet	0	0	0	0	1	0
陕西	Shaanxi	1	2	1	0	7	1
甘肃	Gansu	0	0	0	0	0	0
青海	Qinghai	0	0	0	0	1	0
宁夏	Ningxia	0	0	0	0	0	0
新疆	Xinjiang	0	0	0	0	1	0

女性卫生用品
Feminine hygiene products

● 北京 Beijing

北京百乐天科技发展有限公司
北京众生平安科技发展有限公司
北京想象无限科技有限公司
北京家婷卫生用品有限公司
金河泰科(北京)科技有限公司
北京舒美卫生用品有限公司
北京爱华中兴纸业有限公司
北京舒尔雅妇婴卫生用品有限公司
北京金佰利个人卫生用品有限公司
北京恒源鸿业贸易有限公司
北京倍舒特妇幼用品有限公司

● 天津 Tianjin

天津金鸿达服饰有限公司
天津迅腾恒业生物科技有限公司
天津市英华妇幼用品有限公司
天津市美商卫生用品有限公司
天津洁尔卫生用品有限公司
天津市依依卫生用品股份有限公司
天津宝洁工业有限公司
天津百邦卫生用品有限公司
天津市森洁卫生用品有限公司
天津盛汇纸制品有限公司
天津市恒新纸业有限公司
天津市韩东纸业有限公司
小护士(天津)实业发展股份有限公司
天津市先鹏纸业有限公司
大势东联(天津)科技发展有限公司
权健自然医学科技发展有限公司
天津市亿利来科技卫生用品厂
天津市康乃馨卫生用品厂
天津武清区东生卫生制品有限公司
天津市武清区誉康卫生用品厂
天津忘忧草纸制品有限公司
天津市虹怡纸业有限公司
天津骏发森达卫生用品有限公司
利发卫生用品(天津)有限公司
天津市洁维卫生制品有限公司
天津市舒爽卫生制品有限公司
天津市洁雅妇女卫生保健制品有限公司
天津市瑞达卫生用品厂
天津市娇柔卫生纸品有限公司
天津市宝坻区美洁卫生制品有限公司
天津市安琪尔纸业有限公司
天津大雅卫生制品有限公司
天津市蔓莉卫生制品有限公司
沃德(天津)营养保健品有限公司
天津市唯洁丝科技发展有限公司
天津市康宝妇幼保健卫生制品有限公司
天津海华卫生制品有限公司
天津市妮娅卫生用品有限公司
天津市康怡生纸业有限公司

● 河北 Hebei

石家庄小布头儿纸业有限公司
石家庄爱佳卫生用品有限公司
石家庄市顺美生活用纸科技有限公司
石家庄宝洁卫生用品有限公司
石家庄美洁卫生用品有限公司
金雷卫生用品厂
河北东泽卫生用品有限公司
石家庄市宏大卫生用品厂
石家庄夏兰纸业有限公司
石家庄市贻成卫生用品有限公司
石家庄市嘉赐福卫生用品有限公司
石家庄三合利卫生用品有限公司
石家庄梦洁实业有限公司
唐山市美洁卫生用品厂
唐山市玲达卫生用品厂
河北邯郸天宇卫生用品厂
内丘舒美乐卫生用品有限责任公司
邢台市好美时卫生用品有限公司
邢台玉洁卫生用品有限公司
河北绿洁纸业有限公司
河北熙格日化用品销售有限公司
满城县美华卫生用品厂
保定市港兴纸业有限公司
河北义厚成日用品有限公司
保定市完美卫生用品有限公司
保定正大阳光日用品有限公司
香河天兴纸制品有限公司
安特卫生用品有限公司
衡水亿佳医疗卫生用品有限公司
河北宏达卫生用品有限公司

● 辽宁 Liaoning

沈阳美商卫生保健用品有限公司

沈阳恒泽卫生用品有限公司
沈阳东联日用品有限公司
丹东北方卫生用品有限公司
锦州市维珍护理用品有限公司
锦州东方卫生用品有限公司
辽宁和合卫生用品有限公司
铁岭小秘密卫生用品有限公司
葫芦岛舒康卫生用品有限公司

● 吉林 Jilin

修正健康集团电子商务部

● 黑龙江 Heilongjiang

哈尔滨市棉本贸易有限责任公司
哈尔滨医丰卫生用品技术开发有限公司
哈尔滨市大世昌经济贸易有限公司

● 上海 Shanghai

上海东冠健康用品股份有限公司
金佰利(中国)有限公司
贝亲管理(上海)有限公司
脱普(中国)企业集团
尤妮佳生活用品(中国)有限公司上海分公司
上海花王有限公司
上海悦佳生物科技有限公司
上海喜康盈母婴用品有限公司
爱生雅(中国)投资有限公司
上海同杰良生物材料有限公司
上海贝睿斯生物科技有限公司
强生(中国)有限公司
上海优生婴儿用品有限公司
上海胜孚美卫生用品有限公司
上海申欧企业发展有限公司
上海衣奇实业有限公司
上海歌宏工贸发展有限公司
上海了解科技发展有限公司
上海弘生医疗科技有限公司
上海迪硕母婴用品有限公司
亨蚨源(上海)实业有限公司
上海兰曼生物科技有限公司
上海东冠集团
上海舒晓实业有限公司
上海鑫贝源母婴用品有限公司
上海利迪实业有限公司
上海惠雅医疗科技有限公司
上海白玉兰卫生洁品有限公司
上海益母妇女用品有限公司
上海月月舒妇女用品有限公司
上海美馨卫生用品有限公司
上海亿维实业有限公司
上海菲伶卫生用品有限公司
上海馨茜卫生用品有限公司
上海亚日工贸有限公司
上海马拉宝商贸有限公司
上海唯尔福集团股份有限公司
康那香企业(上海)有限公司
上海护理佳实业有限公司
安旭冠实业(上海)有限公司
上海惠生护理用品有限公司

● 江苏 Jiangsu

艾馨(南京)婴儿用品有限公司
金佰利(南京)个人卫生用品有限公司
南京安琪尔卫生用品有限公司
江苏有爱科技有限责任公司
无锡市爱得华商贸有限公司
徐州市舒润日用品有限公司
江苏丝芙生物科技有限公司
必康新医药产业综合体投资有限公司
常州快高儿童卫生用品有限公司
常州百仕嘉护理用品有限公司
常州德利斯护理用品有限公司
上海润逸日化科技有限公司
贝亲母婴用品(常州)有限公司
常州家康纸业有限公司
常州斯纳琪护理用品有限公司
常州护佳卫生用品有限公司
常州市梦爽卫生用品有限公司
常州市武进亚星卫生用品有限公司
常州市伊恋卫生用品厂
常州康尔美护理用品有限公司
金王(苏州工业园区)卫生用品有限公司
苏州蚕姿润日用品科技有限公司
张家港市亿晟卫生用品有限公司
上海亚芳实业有限公司
龙帛生物科技有限公司
启东市花仙子卫生用品有限公司
连云港市东海彩虹卫生用品厂
连云港市东海云林卫生用品厂
江苏宝姿实业有限公司
心悦卫生用品有限公司
江苏三笑集团有限公司
安泰士卫生用品(扬州)有限公司
扬州启宸卫生用品有限公司
丹阳市金晶卫生用品有限公司
泰州远东纸业有限公司

江苏豪悦实业有限公司

● 浙江 Zhejiang

杭州施俞儿电子商务有限公司
杭州舒心商贸有限公司
浙江紫佰诺卫生用品股份有限公司
浙江她说生物科技有限公司
杭州哲恩科技有限公司
浙江晶岛实业有限公司
杭州念众基日用品有限公司
杭州比因美特孕婴童用品有限公司
杭州小姐妹卫生用品有限公司
杭州可悦卫生用品有限公司
杭州诗蝶卫生用品有限公司
杭州新翔工贸有限公司
杭州淑洁卫生用品有限公司
杭州豪悦护理用品股份有限公司
杭州余宏卫生用品有限公司
杭州滕野生物科技有限公司
杭州快乐女孩卫生用品有限公司
杭州珍琦卫生用品有限公司
东方洁昕(杭州)卫生用品有限公司
宁波菲特医疗器械有限公司
芳柔卫生用品有限公司
上海喜康盈母婴用品有限公司瑞安分公司
川田卫生用品(浙江)有限公司
浙江好时加卫生用品有限公司
浙江千柔凡护理用品有限公司
湖州丝之物语蚕丝科技有限公司
浙江优全护理用品科技有限公司
绍兴唯尔福妇幼用品有限公司
浙江竹丽卫生用品有限公司
恒安(上虞)卫生用品有限公司
新昌县舒洁美卫生用品有限公司
金华市米宝电子商务有限公司
浙江中美日化有限公司
浙江锦芳卫生用品有限公司
金华市贝昵母婴用品有限公司
义乌市优诺日用品有限公司
浙江安柔卫生用品有限公司
浙江辰玮日化科技有限公司
浙江惠好日用品有限公司
浙江红雨医药用品有限公司
日商卫生保健用品有限公司
金华市爱的日化用品有限公司
衢州市舒雅卫生用品有限公司
台州市娅洁舒纸品有限公司
伊利安卫生用品有限公司
临海市满爽卫生用品有限公司
浙江厉麦网络科技有限公司

● 安徽 Anhui

恒安(合肥)生活用品有限公司
安徽汇诚集团依依妇幼用品有限公司
安徽兴达集团有限公司
天长市康辉防护用品工贸有限公司
天长市康特美防护用品有限公司
安徽舒源妇幼用品有限公司
安徽井中集团梦幻樱花卫生用品有限公司

● 福建 Fujian

福建天源卫生用品有限公司
爹地宝贝股份有限公司
福清恩达卫生用品有限公司
益兴堂卫生制品有限公司
厦门亚隆日用品有限公司
厦门悠派无纺布制品有限公司
福建省荔城纸业有限公司
荷明斯卫生制品有限公司
福建省莆田市恒盛卫生用品有限公司
福建新亿发集团有限公司
福建莆田佳通纸制品有限公司
福建省三明市宏源卫生用品有限公司
三明市康尔佳卫生用品有限公司
泉州市采尔纸业有限公司
泉州市华龙纸品实业有限公司
泉州市恒发妇幼用品有限公司
泉州市玖安卫生用品有限公司
泉州市新丰纸业用品有限公司
泉州市金多利卫生用品有限公司
泉州市金汉妇幼卫生用品有限公司
福建康臣日用品有限责任公司
泉州卓悦纸业有限公司
泉州简洁纸业有限公司
泉州市盛鸿达卫生用品有限公司
泉州市恒亿卫生用品有限公司
泉州市创利卫生用品有限公司
泉州市宝利来卫生用品有限公司
泉州天娇妇幼卫生用品有限公司
福建省泉州市盛峰卫生用品有限公司
泉州市恒毅卫生用品有限公司
泉州市汇丰妇幼用品有限公司
泉州市爱丽诗卫生用品有限公司
泉州市祥禾卫生用品有限公司
福建蓝蜻蜓护理用品股份有限公司
益佰堂(泉州)卫生用品有限公司

创佳(福建)卫生用品科技有限公司
泉州市华利卫生用品有限公司
福建省冬青日化工贸有限公司
泉州市大华卫生用品有限公司
福建省泉州恒康妇幼卫生用品有限公司
泉州市南方卫生用品有限公司
泉州洛江兴利卫生用品有限公司
泉州市嘉华卫生用品有限公司
泉州市爱之道日用品有限公司
泉州市新联卫生用品有限公司
泉州康丽卫生用品有限公司
泉州市洛江金利达卫生用品厂
泉州市中恒卫生用品有限公司
惠安和成日用品有限公司
泉州丰华卫生用品有限公司
福建凤新纸业制品有限公司
雀氏(福建)实业发展有限公司
泉州市安美舒卫生用品有限公司
福建晖英纸业有限公司
泉州来亚丝卫生用品有限公司
福建省泉州双恒集团有限公司
石狮市绿色空间卫生用品有限公司
美佳爽(中国)有限公司
顺源妇幼用品有限公司
晋江市益源卫生用品有限公司
福建雅丽莎生活用品股份有限公司
盛华(中国)发展有限公司
泉州市婷爽卫生用品有限公司
福建晋江荣安生活用品有限公司
晋江恒隆卫生用品有限公司
荣鑫妇幼用品有限公司
晋江市清利卫生用品有限公司
欧贝嘉卫生用品有限公司
泉州联合纸业有限公司
晋江市佳月卫生用品有限公司
晋江市凤源卫生用品有限公司
福建省晋江市圣安娜妇幼用品有限公司
泉州市白天鹅卫生用品有限公司
晋江安婷妇幼用品有限公司
华亿(福建)妇幼用品有限公司
晋江市安雅卫生用品有限公司
晋江市大自然卫生用品有限公司
福建泉州顺安卫生用品有限公司
泉州锦源妇幼用品有限公司
恒金妇幼用品有限公司
盛鑫卫生用品有限公司
福建晋江凤竹纸品实业有限公司
晋江安宜卫生用品有限公司
福建省晋江市舒乐妇幼用品有限公司
晋江市雅诗兰妇幼用品有限公司
晋江市金安纸业用品有限公司
舒月妇幼卫生用品有限公司
晋江市磁灶镇舒安卫生巾厂
福建省晋江市圣洁卫生用品有限公司
怡佳(福建)卫生用品有限公司
晋江市万成达妇幼卫生用品有限公司
泉州贝佳妇幼卫生用品有限公司
恒安国际集团有限公司
福建省诺美护理用品有限公司
晋江恒基妇幼卫生用品有限公司
晋江市安信妇幼用品有限公司
百川卫生用品有限公司
祥发(福建)卫生用品有限公司
福建省明大卫生用品有限公司
雅典娜(福建)日用品科技有限公司
恒烨(福建)卫生用品有限公司
恒意卫生用品有限公司
晋江市美特妇幼用品有限公司
福建省晋江市盛华纸品有限公司
福建娃娃爽生活用品有限公司
南安市娇妮生活用品有限公司
南安市远大卫生用品厂
福建省南安明乐卫生用品有限公司
福建省南安市恒丰纸品有限公司
福建恒利集团有限公司
泉州市现代卫生用品有限公司
福建蓓乐纸业有限公司
福建省南安市天天妇幼用品有限公司
泉州市彩丰行卫生用品有限公司
福建省时代天和实业有限公司
中天(中国)工业有限公司
南安市恒源妇幼用品有限公司
泉州美丽岛生活用品有限公司
利洁(福建)卫生用品科技有限公司
洁婷卫生用品有限公司
福建南安市泉发纸品有限公司
福建省南安市悦达纸品有限公司
泉州仁和速柒通卫生用品有限公司
福建省可爱多实业发展有限公司
福建省信合纸业有限公司
漳州市芗城晓莉卫生用品有限公司
福建省漳州市智光纸业有限公司
福建省天之然卫生用品有限公司
福建诚信纸品有限公司
凤竹(漳州)纸业有限公司
福建妙雅卫生用品有限公司

漳州市富强卫生用品有限公司
雅芬(福建)卫生用品有限公司
福建蓝雁卫生科技有限公司
天乐卫生用品有限公司
福建省娭洁日用品有限公司

● 江西 Jiangxi

南昌康妮保健品厂
九江市白洁卫生用品有限公司
赣州华龙实业有限公司
赣州港都卫生制品有限公司
瑞金市嘉利发纸品有限公司
仁和药业有限公司
江西省清宝日用品有限公司
江西黛安娜卫生用品有限公司

● 山东 Shandong

济南月舒宝纸业有限责任公司
山东益汇卫生用品有限公司
济南蓝秀卫生用品有限公司
济南商河好娃娃母婴用品有限公司
济南金佰利纸业有限公司
青岛美西南科技发展有限公司
青岛秀尔母婴用品有限公司
青岛优佳卫生科技有限公司
青岛艾美母婴用品有限公司
青岛竹原爱贸易有限公司
青岛新生活生物科技有限公司
青岛诗丽洁卫生用品有限公司
青岛奈琦尔生物科技有限公司
太阳谷孕婴用品(青岛)有限公司
山东青岛宝乐得卫生用品有限公司
青岛诺琪生物工程有限公司
山东赛特新材料股份有限公司
山东晨晓纸业科技有限公司
山东益母妇女用品有限公司
滕州华宝卫生制品有限公司
东营市德瑞卫生用品有限公司
山东莱州市益康卫生用品厂
潍坊荣福堂卫生制品有限公司
山东云豪卫生用品股份有限公司
山东含羞草卫生科技股份有限公司
山东华汶实业股份有限公司
爱他美(山东)日用品有限公司
山东婷好卫生制品有限公司
威海颐和成人护理用品有限公司
山东爱贝儿卫生用品有限公司
临沂天润妇女卫生用品有限公司
山东浩洁卫生用品有限公司
安洁卫生用品有限公司
山东金得利卫生用品有限公司
山东尚婷卫生用品有限公司
郯城县恒顺卫生用品有限公司
鲁南康之恋妇幼用品有限公司
山东省郯城县康丽尔卫生用品厂
临沂市舒洁卫生用品有限公司
山东省郯城县鑫源卫生用品厂
山东鑫盟纸品有限公司
山东省郯城县玉洁卫生用品厂
山东欣洁月舒宝纸品有限公司
山东顺霸有限公司
山东省郯城县瑞恒卫生用品厂
山东光明实业有限公司
山东郯城安顺卫生用品厂
聊城市超群纸业有限公司
山东韶韵本色纸业有限公司
莘县康洁纸业有限公司
冠县竹雨纸制品有限公司
山东省恒发卫生用品有限公司
滨洁卫生用品有限公司
山东艾丝妮乐卫生用品有限公司
山东依派卫生用品有限公司
上海苏朵母婴用品有限公司(郓城分公司)

● 河南 Henan

郑州市二七永洁卫生用品厂
郑州星原卫生用品有限公司
郑州永欣卫生用品有限公司
河南百乐适卫生用品有限公司
新郑恒鑫卫生用品厂
开封市美誉实业有限公司
瑞帮(开封)卫生材料有限公司
河南丝绸之宝卫生用品有限公司
安阳市汇丰卫生用品有限责任公司
新乡市长生卫生用品有限公司
新乡市康鑫卫生用品有限公司
河南潇康卫生用品有限公司
河南省林泰卫生用品有限公司
河南省孟州市洁美卫生用品厂
河南雨菲纸业有限公司
河南舒莱卫生用品有限公司
长葛市维斯康卫生用品厂
河南芯依卫生用品有限公司
漯河临颍恒祥卫生用品有限公司
恒安(河南)卫生用品有限公司
三门峡市蓝雪卫生用品有限公司

河南省永城市好理想卫生用品有限公司
河南恒宝纸业有限公司
河南善待卫生用品有限公司

● 湖北 Hubei

湖北丝宝股份有限公司
湖北艾舒宝生活用品有限公司
武汉市美雅卫生用品有限公司
武汉圣洁卫生用品有限公司
湖北青山青实业有限公司
宜昌弘洋集团纸业有限公司
腾飞纸业
湖北盈乐卫生用品有限公司
湖北襄阳宏福纸业有限公司
荆门市蓝晶纸品有限公司
恒安(孝感)卫生用品有限公司
维达护理用品(中国)有限公司
湖北省武穴市恒美实业有限公司
湖北省武穴市疏朗朗卫生用品有限公司
湖北九朵护理用品有限公司
湖北佰斯特卫生用品有限公司
武汉市川田卫生用品有限公司

● 湖南 Hunan

湖南舒比奇生活用品有限公司
湖南湘雅制药有限公司
湖南乐适日用品有限公司
湖南益百年健康科技有限公司
湖南千金卫生用品股份有限公司
湖南花香实业有限公司
湖南福爱卫生用品有限公司
湖南省家乐福纸业有限公司
湖南信孚贸易有限公司
湖南林科龙脑科技有限责任公司

● 广东 Guangdong

广州中嘉进出口贸易有限公司
Hygienix Ltd
广州宝洁有限公司
广州市永麟卫生用品有限公司
广州开丽科技有限公司
广州市樱格生物科技有限公司
广州市欧朵日用品有限公司
广州护立婷妇幼卫生用品有限公司
广州汇朵卫生用品有限公司
广州全护卫生用品有限公司
广州艾妮丝日用品有限公司
广州比优母婴用品有限公司
广东邦洁日用品有限公司
广州恒朗日用品有限公司
广州市汉氏卫生用品有限公司
广东邦洁日用品有限公司
樱宝纸业
广州新佳卫生用品有限公司
广州聚臣贸易有限公司
香港多多爽集团有限公司
广州培茵贸易有限公司
广州市非一般日用品有限公司
宝洁(广州)日用品有限公司
深圳市丽的日用品有限公司
深圳市缇芙妮生物科技有限公司
诗乐氏实业(深圳)有限公司
熙烨日用品有限公司
深圳市金凯迪进出口有限公司
源之初生物科技(深圳)有限公司
奥美医疗用品有限公司
深圳市美丰源日用品有限公司
深圳市创腾飞纸业有限公司
深圳市洁邦日用品有限公司
深圳市巾帼丽人卫生用品有限公司
快宝婴儿用品(深圳)有限公司
深圳全棉时代科技有限公司
深圳天意宝婴儿用品有限公司
深圳市金顺来实业有限公司
广东珠海市金能纸品有限公司
珠海市健朗生活用品有限公司
汕头市通达保健用品厂
广东伊美洁生物科技有限公司
广东艾丁香科技股份有限公司
佛山市美适卫生用品有限公司
佛山市超爽纸品有限公司
广东贝加美卫生用品有限公司
广东省佛山市康沃日用品有限公司
佛山市怡爽卫生用品有限公司
佛山市啟盛卫生用品有限公司
佛山市亿越日用品有限公司
佛山市佩安婷卫生用品实业有限公司
广东景兴健康护理实业股份有限公司
佛山市邦宝卫生用品有限公司
佛山市百诺卫生用品有限公司
佛山市宝爱卫生用品有限公司
佛山市南海区佳朗卫生用品有限公司
佛山市卓维思卫生用品有限公司
佛山市南海区倩而宝卫生用品有限公司
佛山创佳纸业
佛山市南海钜鸿服饰有限公司

佛山市中道纸业有限公司
广东妇健企业有限公司
利众基股份有限公司
佛山纳尼凯尔卫生用品有限公司
佛山爱佳护理用品有限公司
佛山市誉润卫生用品有限公司
佛山市爽洁卫生用品有限公司
汉方萃取卫生用品有限公司
佛山市三邦纸制品有限公司
佛山市优美尔婴儿日用品有限公司
顺德乐从其乐卫生用品有限公司
广东美洁卫生用品有限公司
广东康怡卫生用品有限公司
新感觉卫生用品有限公司
佛山市顺德区舒乐卫生用品有限公司
佛山市金妇康卫生用品有限公司
佛山顺德区荟晟贸易有限公司
佛山市洁邦卫生用品有限公司
广东惠生科技有限公司
佛山市志达实业有限公司
江门市逸安洁卫生用品有限公司
江门市互信纸业有限公司
江门市江海区康怡卫生用品有限公司
江门康而健纸业保洁用品厂
江门市江海区信盈纸业保洁用品厂
江门市江海区礼乐舒芬纸业用品厂
江门市强的卫生用品有限公司
新会群达纸业有限公司
江门市新会区凯乐纸品有限公司
江门市新会区爱尔保洁用品有限公司
江门市新会区完美生活用品有限公司
富乐保洁用品厂
开平新宝卫生用品有限公司
广东省鹤山市嘉美诗保健用品有限公司
肇庆市锦晟纸业有限公司
英国爱孚个人护理(香港)有限公司
肇庆爱康妇婴用品科技有限公司
惠州市汇德宝护理用品有限公司
惠州市宝尔洁卫生用品有限公司
德升纸业(惠州)有限公司
惠州泰美纸业有限公司
惠东县新丽实业有限公司
广东娜菲实业股份有限公司
为民日用品有限公司
东莞市白天鹅纸业有限公司
东莞市雅酷妇幼用品有限公司
东莞市天正纸业有限公司
东莞市兆豪纸品有限公司
舒而安纸业
东莞嘉米敦婴儿护理用品有限公司
广东茵茵股份有限公司
东莞市宝盈妇幼用品有限公司
金保利卫生用品有限公司
深圳市倍安芬日用品有限公司
东莞市润葆纸业有限公司
中山市盛华卫生用品有限公司
中山集美黄圃卫生用品分公司
中山佳健生活用品有限公司
广东川田卫生用品有限公司
中山市宜姿卫生制品有限公司
中山市星华纸业发展有限公司
中山市傲辉卫生用品有限公司
中山市龙发卫生用品有限公司
中山市恒升卫生用品有限公司
广东省潮州市格丽雅卫生用品有限公司

● 广西 Guangxi

南宁市爱新卫生用品厂
南宁洁伶卫生用品有限公司
广西新佳士卫生用品有限公司
广西舒雅护理用品有限公司
柳州惠好卫生用品有限公司
桂林市独秀纸品有限公司
桂林洁伶工业有限公司

● 重庆 Chongqing

重庆百亚卫生用品股份有限公司
重庆草清坊日用品有限责任公司
重庆启颖美卫生用品有限公司
重庆可宜卫生用品有限公司

● 四川 Sichuan

四川康启生物科技有限公司
成都安舒实业有限公司
四川迪邦卫生用品有限公司
成都康那香科技材料有限公司
恒安(四川)家庭用品有限公司
成都红娇妇幼卫生用品有限公司
四川省龙野日用品有限公司

● 贵州 Guizhou

彩华恒丰纸业有限公司
遵义恒风纸业有限责任公司

● 云南 Yunnan

昆明美丽好妇幼卫生用品有限公司
昆明市港舒卫生用品厂
云南白药清逸堂实业有限公司

● 陕西 Shaanxi

陕西魔妮卫生用品有限责任公司

婴儿纸尿裤/片
Baby diapers/diper pads

● 北京 Beijing
百乐颂(中国)
淘小资贸易有限公司
北京爸爸的选择科技有限公司
伊恩(北京)生物科技有限公司
北京舒洋恒达卫生用品有限公司
北京太和儿医坊科技有限公司
圣元国际集团
北京舒尔雅妇婴卫生用品有限公司
北京倍舒特妇幼用品有限公司

● 天津 Tianjin
天津迅腾恒业生物科技有限公司
天津德发妇幼保健用品厂
天津市英华妇幼用品有限公司
天津市美商卫生用品有限公司
天津洁尔卫生用品有限公司
天津市逸飞卫生用品有限公司
天津宝洁工业有限公司
天津盛汇纸制品有限公司
天津露乐国际贸易有限公司
天津骏发森达卫生用品有限公司
利发卫生用品(天津)有限公司
天津市舒爽卫生制品有限公司
天津市洁雅妇女卫生保健制品有限公司
天津市安琪尔纸业有限公司
沃德(天津)营养保健品有限公司

● 河北 Hebei
石家庄小布头儿纸业有限公司
石家庄爱佳卫生用品有限公司
石家庄宝洁卫生用品有限公司
金雷卫生用品厂
石家庄市贻成卫生用品有限公司
石家庄市嘉赐福卫生用品有限公司
石家庄三合利卫生用品有限公司
唐山市宏阔科技有限公司
恩邦生活用品有限公司
秦皇岛舒康卫生用品有限公司
河北邯郸天宇卫生用品厂
邢台市好美时卫生用品有限公司
河北绿洁纸业有限公司
保定市炫昊母婴用品制造有限公司
保定奥博纸业品有限公司
河北义厚成日用品有限公司
沧州五华卫生用品有限公司
沧州市德发妇幼卫生用品有限责任公司
廊坊市祥顺卫生用品有限公司
河北宏达卫生用品有限公司

● 内蒙古 Inner Mongolia
呼和浩特市八神纸业有限责任公司

● 辽宁 Liaoning
辽宁汇英般舟医用材料有限公司
瓦房店市同创卫生用品制造厂
锦州市维珍护理用品有限公司

● 黑龙江 Heilongjiang
黑龙江卉丹科技发展有限公司
哈尔滨贝贝凯尔科技发展有限公司
肇东东顺纸业有限公司

● 上海 Shanghai
金佰利(中国)有限公司
贝亲管理(上海)有限公司
王子制纸妮飘(苏州)有限公司上海分公司
阿蓓纳(上海)贸易有限公司
大王(南通)生活用品有限公司上海分公司
尤妮佳生活用品(中国)有限公司上海分公司
上海喜康盈母婴用品有限公司
爱生雅(中国)投资有限公司
上海同杰良生物材料有限公司
花王(中国)研究开发中心有限公司
上海爱朵品牌管理集团
上海绿洲智健智能科技有限公司
上海秋欣实业有限公司
上海申欧企业发展有限公司
上海衣奇实业有限公司
上海舒而爽卫生用品有限公司
上海歌宏工贸发展有限公司
上海维亲婴儿用品有限公司
上海升帆信息技术有限公司
上海卡布国际贸易有限公司
桦川(上海)商贸有限公司
上海东冠集团
上海舒晓实业有限公司
上海百桀国际贸易有限公司
上海鲁旺日用品有限公司
上海白玉兰卫生洁品有限公司

上海益母妇女用品有限公司
上海美馨卫生用品有限公司
上海亿维实业有限公司
上海菲伶卫生用品有限公司
上海叶思蔓卫生用品有限公司
上海富继民商贸有限公司
上海亚日工贸有限公司
上海马拉宝商贸有限公司
上海唯尔福集团股份有限公司
上海护理佳实业有限公司
安旭冠实业(上海)有限公司

● 江苏 Jiangsu

江苏大美健康科技股份有限公司
南京宝泽百货有限公司
南京母婴坊婴童用品有限公司
艾馨(南京)婴儿用品有限公司
金佰利(南京)护理用品有限公司
南京安琪尔卫生用品有限公司
南京远阔科技实业有限公司
江苏米咔婴童用品有限公司
无锡鸿泰卫生用品有限公司
必康新医药产业综合体投资有限公司
常州德利斯护理用品有限公司
贝亲母婴用品(常州)有限公司
常州护佳卫生用品有限公司
常州市梦爽卫生用品有限公司
常州锐联卫生用品有限公司
好孩子百瑞康卫生用品有限公司
苏州阿卡褔卫生用品有限公司
龙帛生物科技有限公司
大王(南通)生活用品有限公司
江苏德邦卫生用品有限公司
江苏宝姿实业有限公司
心悦卫生用品有限公司
江苏汇永生物科技有限公司
盐城市吖吖商贸有限公司
江苏天宝卫生用品有限公司
江苏桓华婴儿用品有限公司
盐城智秀纸业科技有限公司
江苏三笑集团有限公司
安泰士卫生用品(扬州)有限公司
江苏豪悦实业有限公司

● 浙江 Zhejiang

杭州舒心商贸有限公司
杭州比因美特孕婴童用品有限公司
杭州辉煌卫生用品有限公司
杭州贝之语婴童用品有限公司
杭州兰泽护理用品有限公司
杭州新翔工贸有限公司
杭州盛恩卫生用品有限公司
杭州淑洁卫生用品有限公司
杭州嘉杰实业有限公司
杭州豪悦护理用品股份有限公司
杭州滕野生物科技有限公司
杭州千芝雅卫生用品有限公司
杭州舒泰卫生用品有限公司
浙江英凯莫实业有限公司
杭州珍琦卫生用品有限公司
杭州布玛商贸有限公司
杭州临安华晨卫生用品有限公司
杭州可靠护理用品股份有限公司
英国伊斯舒尔有限公司中国运营中心
宁波乐诺国际贸易有限公司
贝斯特企业
上海喜康盈母婴用品有限公司瑞安分公司
香港丽欧国际纸业有限公司
浙江优全护理用品科技有限公司
淘小资贸易有限公司
绍兴唯尔福妇幼用品有限公司
绍兴市荣晅卫生用品有限公司
浙江中美日化有限公司
浙江锦芳卫生用品有限公司
金华市贝昵母婴用品有限公司
上海婴秀婴儿用品有限公司
浙江代喜卫生用品有限公司
义乌市优诺日用品有限公司
浙江安柔卫生用品有限公司
浙江辰玮日化科技有限公司
浙江惠好日用品有限公司
金华市爱的日化用品有限公司
台州市娅洁舒纸品有限公司
临海市满爽卫生用品有限公司
杭州欧果科技有限公司

● 安徽 Anhui

恒安(合肥)生活用品有限公司
安徽汇诚集团依依妇幼用品有限公司
悦尚儿童用品(中国)有限公司
花王(合肥)有限公司
婴舒宝(滁州)婴童用品有限公司
安徽舒源妇幼用品有限公司

● 福建 Fujian

康美(福建)生物科技有限公司
福建天源卫生用品有限公司
厦门蓓护护理用品有限公司
爹地宝贝股份有限公司
福清恩达卫生用品有限公司
福建安宝乐日用品有限公司
益兴堂卫生制品有限公司

厦门亚隆日用品有限公司
厦门帝尔特企业有限公司
厦门沃克威母婴用品有限公司
厦门安奇儿日用品有限公司
灏霖国际(香港)有限公司
韩顺(厦门)卫生用品有限公司
福建省荔城纸业有限公司
新宠儿(美国)国际控股有限公司
荷明斯卫生制品有限公司
福建省莆田市恒盛卫生用品有限公司
福建新亿发集团有限公司
福建莆田佳通纸制品有限公司
乐澄(中国)生活用品有限公司
福建省三明市宏源卫生用品有限公司
三明市康尔佳卫生用品有限公司
泉州市群英妇幼用品有限公司
明芳卫生用品(中国)有限公司
泉州市华龙纸品实业有限公司
泉州优贝尔卫生用品有限公司
泉州市乐宝氏卫生用品有限公司
泉州市蓓宝纸业有限公司
希斯顿国际专营有限责任公司中国代表处
泉州市玖安卫生用品有限公司
泉州市金多利卫生用品有限公司
福建省乖巧母婴用品有限公司
泉州市金汉妇幼卫生用品有限公司
泉州曦日艺品有限公司
泉州稚茁日用品有限公司
泉州市焦点卫生用品有限公司
泉州市优可迪卫生用品有限公司
联盛妇幼
泉州卓悦纸业有限公司
泉州市盛鸿达卫生用品有限公司
泉州市恒亿卫生用品有限公司
泉州市创利卫生用品有限公司
泉州市宝利来卫生用品有限公司
泉州天娇妇幼卫生用品有限公司
福建省泉州市盛峰卫生用品有限公司
泉州市恒毅卫生用品有限公司
泉州市汇丰妇幼用品有限公司
泉州市爱丽诗卫生用品有限公司
泉州市祥禾卫生用品有限公司
福建蓝蜻蜓护理用品股份有限公司
益佰堂(泉州)卫生用品有限公司
泉州市新世纪卫生用品有限公司
创佳(福建)卫生用品科技有限公司
泉州市华利卫生用品有限公司
福建省冬青日化工贸有限公司
泉州市大华卫生用品有限公司
福建省泉州恒康妇幼卫生用品有限公司
泉州市南方卫生用品有限公司
福建省汉和护理用品有限公司
泉州市嘉华卫生用品有限公司
泉州市爱之道日用品有限公司
泉州市新联卫生用品有限公司
泉州市怡爽卫生用品有限公司
泉州市中恒卫生用品有限公司
泉州市美奇宝卫生用品有限公司
雀儿喜生活用品有限公司
泉州市优联卫生用品有限公司
泉州市利友实业有限公司
福建省金凯利生活用品有限公司
婴氏(福建)纸业有限公司
百润(中国)有限公司
福建美可纸业有限公司
惠安和成日用品有限公司
泉州丰华卫生用品有限公司
泉州恒业纸品科技有限公司
福建凤新纸业制品有限公司
雀氏(福建)实业发展有限公司
泉州市安美舒卫生用品有限公司
福建大山纸业有限公司
福建晖英纸业有限公司
元龙(福建)日用品有限公司
泉州来亚丝卫生用品有限公司
福建省泉州双恒集团有限公司
石狮市绿色空间卫生用品有限公司
美佳爽(中国)有限公司
晋江市益源卫生用品有限公司
福建利澳纸业有限公司
福建雅丽莎生活用品股份有限公司
泉州市婷爽卫生用品有限公司
福建晋江荣安生活用品有限公司
晋江恒隆卫生用品有限公司
荣鑫妇幼用品有限公司
婴舒宝(中国)有限公司
欧贝嘉卫生用品有限公司
泉州联合纸业有限公司
美力艾佳(中国)生活用纸有限公司
福建省晋江市圣安娜妇幼用品有限公司
泉州市白天鹅卫生用品有限公司
晋江安婷妇幼用品有限公司
晋江市源泰鑫卫生用品有限公司
华亿(福建)妇幼用品有限公司
晋江市大自然卫生用品有限公司
晋江泰成贸易有限公司
泉州锦源妇幼用品有限公司
恒金妇幼用品有限公司
福建晋江凤竹纸品实业有限公司
福建安琪儿卫生用品有限公司
晋江安宜卫生用品有限公司
福建省晋江市舒乐妇幼用品有限公司

晋江市雅诗兰妇幼用品有限公司
舒月妇幼卫生用品有限公司
福建省晋江市圣洁卫生用品有限公司
鸣宝生活用品(福建)有限公司
怡佳(福建)卫生用品有限公司
晋江市婴凡蒂诺卫生用品有限公司
恒安国际集团有限公司
福建省诺美护理用品有限公司
晋江市安信妇幼用品有限公司
百川卫生用品有限公司
祥发(福建)卫生用品有限公司
福建省明大卫生用品有限公司
雅典娜(福建)日用品科技有限公司
恒烨(福建)卫生用品有限公司
泉州安好生活用品有限公司
福建艾佳纸制品有限责任公司
福建柔酷纸业有限公司
晋江市美特妇幼用品有限公司
晋江市爱舒宝妇幼用品有限公司
呼噜宝贝股份有限公司
福建省邦洁卫生用品有限公司
泉州鑫邦纸业有限公司
福建如绮雅卫生用品有限公司
福建省亲亲宝贝股份有限公司
福建省晋江市晋果进出口贸易有限公司
法国爱一贝姿国际集团有限公司
德国和润卫生用品国际贸易有限公司
福建省晋江市盛华纸品有限公司
泉州市多瑞宝卫生用品有限公司
福建娃娃爽生活用品有限公司
南安市娇妮生活用品有限公司
南安市远大卫生用品厂
福建省三盛卫生用品有限公司
泉州市爱乐卫生用品有限公司
福建省南安市恒丰纸品有限公司
福建恒利集团有限公司
泉州市现代卫生用品有限公司
福建蓓乐纸业有限公司
超乐(泉州)生活用品有限公司
福建省南安市天天妇幼用品有限公司
泉州市彩丰行卫生用品有限公司
福建省时代天和实业有限公司
中天(中国)工业有限公司
南安市恒源妇幼用品有限公司
泉州美丽岛生活用品有限公司
利洁(福建)卫生用品科技有限公司
德茂纸品实业有限公司
洁婷卫生用品有限公司
南安市老有福卫生用品厂
福建南安市泉发纸品有限公司
好乐(福建)卫生用品有限公司
福建和富纸业股份有限公司
福建省南安市悦达纸品有限公司
福建省百顺卫生用品有限公司
福建省好邦家卫生用品有限公司
泉州仁和速柒通卫生用品有限公司
福建省信合纸业有限公司
福建盛大纸业有限公司
福建省可爱多实业发展有限公司
英国中兴发展有限公司
漳州市芗城晓莉卫生用品有限公司
漳州市奇力纸品有限公司
中南纸业(福建)有限公司
福建省漳州市智光纸业有限公司
青蛙王子(中国)日化有限公司
福建柏尼丹顿母婴用品有限公司
福建舒而美卫生用品有限公司
福建省天之然卫生用品有限公司
协丰(福建)卫生用品有限公司
福建诚信纸品有限公司
福建妙雅卫生用品有限公司
漳州市富强卫生用品有限公司
福建省梦娇兰日用化学品有限公司
雅芬(福建)卫生用品有限公司
福建蓝雁卫生科技有限公司
天乐卫生用品有限公司
法国实尚国际控股集团有限公司
福建省媄洁日用品有限公司
福建优佳爽纸品科技有限公司

● 江西 Jiangxi

江西哈尼小象实业有限公司
南昌安秀科技发展有限公司
南昌巨森实业发展有限公司
江西绿园卫生用品有限公司
南昌市喜婴卫生用品有限公司
南昌爱乐科技发展有限公司
九江全棉华达科技有限公司
赣州华龙实业有限公司
赣州港都卫生制品有限公司
江西省美满生活用品有限公司
江西康雅医疗用品有限公司
江西美恒卫生用品有限公司
江西睡怡日化有限公司
江西明婴实业有限公司
江西省清宝日用品有限公司
江西欣旺卫生用品有限公司
江西黛安娜卫生用品有限公司

● 山东 Shandong

济南蓝秀卫生用品有限公司
济南商河好娃娃母婴用品有限公司

米洛(青岛)母婴用品有限公司
青岛美西南科技发展有限公司
太阳谷孕婴用品(青岛)有限公司
山东青岛宝乐得卫生用品有限公司
山东绿之星日用品有限公司
山东赛特新材料股份有限公司
山东益母妇女用品有限公司
滕州华宝卫生制品有限公司
山东省招远市温泉无纺布制品厂
烟台美真卫生用品有限公司
潍坊荣福堂卫生制品有限公司
潍坊福山纸业有限公司
爱他美(山东)日用品有限公司
东顺集团股份有限公司
威海威高医用材料有限公司
山东爱贝儿卫生用品有限公司
临沂天润妇女卫生用品有限公司
山东鑫乐护理用品有限公司
山东金得利卫生用品有限公司
郯城县恒顺卫生用品有限公司
山东鑫盟纸品有限公司
山东省郯城县玉洁卫生用品厂
山东欣洁月舒宝纸品有限公司
山东省郯城县瑞恒卫生用品厂
山东日康卫生用品有限公司
莘县康洁纸业有限公司
山东省恒发卫生用品有限公司
山东艾丝妮乐卫生用品有限公司
山东依派卫生用品有限公司
菏泽奇雪纸业有限公司
上海苏朵母婴用品有限公司(郓城分公司)
山东优可卫生用品有限公司

● 河南 Henan

河南百蓓儿童用品有限公司
郑州永欣卫生用品有限公司
河南恒泰卫生用品有限公司
河南丝绸之宝卫生用品有限公司
河南潇康卫生用品有限公司
漯河银鸽生活纸产有限公司
河南美伴卫生用品有限公司
漯河临颍恒祥卫生用品有限公司
恒安(河南)卫生用品有限公司
MG Green Resources Ltd. 驻中国办事处
河南省永城市好理想卫生用品有限公司
河南恒舒卫生用品有限公司
河南恒宝纸业有限公司

● 湖北 Hubei

武汉市美雅卫生用品有限公司
武汉永怡纸业有限公司
湖北马应龙护理品有限公司
北京爸爸的选择科技有限公司湖北分公司
洪湖市宝灿卫生用品有限公司
腾飞纸业
湖北盈乐卫生用品有限公司
恒安(孝感)卫生用品有限公司
维达护理用品(中国)有限公司
湖北省武穴市恒美实业有限公司
湖北省武穴市疏朗朗卫生用品有限公司
湖北佰斯特卫生用品有限公司
仙桃市文洁婴儿织带用品有限公司

● 湖南 Hunan

湖南舒比奇生活用品有限公司
长沙蕾康日用品有限公司
湖南贝友科技发展有限公司
湖南小贝婴童用品有限公司
湖南洁韵生活用品有限公司
长沙优婴婴儿用品有限公司
湖南索菲卫生用品有限公司
湖南康臣日用品有限公司
湖南倍思特婴童纸品有限公司
湖南贝恩叮当猫婴童用品有限公司
湖南宏鼎卫生用品有限公司
长沙创一日用品有限公司
湖南省安迪尔卫生用品有限公司
湖南爽洁卫生用品有限公司
湖南先华生活用品有限公司
湖南康氏卫生用品有限公司
长沙康威日用品有限公司
长沙喜士多日用品有限公司
湖南舒恋卫生用品有限公司
大黄鸭(长沙)母婴用品有限公司
长沙星仔宝孕婴用品有限责任公司
湖南康程护理用品有限公司
湖南乐适日用品有限公司
湖南一朵生活用品有限公司
湖南省金广源科技股份有限公司
长沙宣彩程卫生用品有限公司
长沙市我是小时代日用品贸易有限公司
可可环球实业有限公司
湖南花香实业有限公司
湖南省倍茵卫生用品有限公司
湖南省九宜日用品有限公司
湖南省迈宝乐卫生用品有限公司
邵东县卓如商贸有限公司
沅江市豪宇卫生用品有限公司
湖南小布林卫生用品有限公司
湖南吉泰卫生用品有限公司

● 广东 Guangdong

广州中嘉进出口贸易有限公司
广州丽信化妆品有限公司
广州市富樱日用品有限公司
广东宝儿实业有限公司
广州康柔卫生用品有限公司
Hygienix Ltd
广州宝洁有限公司
广州市添禧母婴用品有限公司
合生元集团
广州五羊化妆品有限公司
广州蓓爱婴童用品有限公司
广州灰树熊生物科技有限公司
广州市欧朵日用品有限公司
广州护立婷妇幼卫生用品有限公司
广州爱茵母婴用品有限公司
佛山市恒汇卫生用品有限公司
广州粤丰飞跃集团(香港)有限公司
广州至上护优生物科技有限公司
广州博润生物科技有限公司
广州彩舟婴儿用品有限公司
广州艾妮丝日用品有限公司
广州花花卫生用品有限公司
广州市乐贝施贸易有限公司
广州市贝乐熊婴幼儿用品有限公司
广州梦凌母婴用品有限公司
广州爽来适卫生用品有限公司
广州穗德日用品有限公司
广州市汉氏卫生用品有限公司
樱宝纸业
广州聚臣贸易有限公司
爱得利(广州)婴儿用品有限公司
香港多多爽集团有限公司
广州永泰保健品有限公司
宝洁(广州)日用品有限公司
深圳市丽的日用品有限公司
深圳市缇芙妮生物科技有限公司
深圳宏灏婴童产业发展有限公司
熙烨日用品有限公司
百润(中国)有限公司深圳分公司
深圳市洁邦日用品有限公司
快宝婴儿用品(深圳)有限公司
稳健医疗用品股份有限公司
深圳市金顺来实业有限公司
深圳露羽安妮日用品有限公司
澳门盈家卫生用品有限公司
珠海市健朗生活用品有限公司
汕头市满满爱纸品有限公司
汕头市集诚妇幼用品厂有限公司
瑞士康婴宝护理用品(国际)有限公司
广东凯迪服饰有限公司
顶真实业有限公司
汕头市通达保健用品厂
联丰医用卫生材料(始兴)有限公司
佛山市美适卫生用品有限公司
佛山市樱黛妇婴用品有限公司
佛山市艾利丹尼贸易有限公司
佛山市超爽纸品有限公司
佛山市康诺尔妇婴用品有限公司
广东贝加美卫生用品有限公司
佛山市朵爱日用品有限公司
广东省南海康洁香巾厂
广东省佛山市康沃日用品有限公司
广东康得卫生用品有限公司
佛山市安倍爽卫生用品有限公司
佛山市啟盛卫生用品有限公司
佛山市佩安婷卫生用品实业有限公司
佛山市婴众幼儿用品有限公司
佛山市南海吉爽卫生用品有限公司
广东景兴健康护理实业股份有限公司
佛山市邦宝卫生用品有限公司
佛山妈之贝卫生用品有限公司
佛山市贝奇妇婴用品有限公司
佛山市泰康卫生用品有限公司
广东昱升个人护理用品股份有限公司
百洁(广东)卫生用品有限公司
佛山市宝爱卫生用品有限公司
佛山市南海区佳朗卫生用品有限公司
佛山洁达纸业有限公司
佛山市绿之洲日用品有限公司
广东欧比个人护理用品有限公司
香港曼可国际纸业有限公司
佛山汇康纸业有限公司
佛山市南海区倩而宝卫生用品有限公司
佛山市南海康索卫生用品有限公司
佛山创佳纸业
佛山合润卫生用品有限公司
佛山市舒冠贸易有限公司
佛山市卫婴康卫生用品有限公司
佛山市中道纸业有限公司
广东妇健企业有限公司
佛山市合生卫生用品有限公司
佛山纳尼凯尔卫生用品有限公司
佛山市盈家母婴卫生用品有限公司
佛山爱佳护理用品有限公司
佛山市奇乐熊卫生用品有限公司
佛山市南海区佳尔贝卫生用品有限公司
广东贝禧护理用品有限公司
佛山欧班卫生用品有限公司
佛山锦龙医药用品实业有限公司
佛山市誉润卫生用品有限公司
盈家母婴卫生用品品有限公司
广东省佛山市贝比小宝贝卫生用品有限公司
佛山市惠婴乐卫生用品有限公司

佛山市爽洁卫生用品有限公司
佛山市三邦纸制品有限公司
佛山市优美尔婴儿日用品有限公司
广东佰分爱卫生用品有限公司
顺德乐从其乐卫生用品有限公司
广东美洁卫生用品有限公司
佛山市顺德区乐从护康卫生用品厂
广东康怡卫生用品有限公司
新感觉卫生用品有限公司
佛山市顺德区舒乐卫生用品有限公司
佛山顺德区荟晟贸易有限公司
香港中远科技·广州舒乐卫生用品有限公司
佛山市德莎生物科技有限公司
佛山市顺德区睿之楠母婴用品有限公司
佛山市豪利家卫生用品有限公司
佛山市志达实业有限公司
佛山市硕氏日用品有限公司
佛山巴利卫生用品有限公司
佛山市乐臣卫生用品有限公司
佛山市高明怡健卫生用品有限公司
江门市互信纸业有限公司
江门市江海区康怡卫生用品有限公司
江门市江海区信盈纸业保洁用品厂
江门市江海区礼乐舒芬纸业用品厂
全日美实业(福建)有限公司
江门市新会区凯乐纸品有限公司
江门市新会区爱尔保洁用品有限公司
江门市新会区完美生活用品有限公司
江门市乐怡美卫生用品有限公司
开平新宝卫生用品有限公司
广东省鹤山市嘉美诗保健用品有限公司
肇庆市锦晟纸业有限公司
肇庆爱康妇婴用品科技有限公司
惠州市汇德宝护理用品有限公司
惠阳金鑫纸业有限公司
惠州市宝尔洁卫生用品有限公司
广东恒一实业有限公司
广东娜菲实业股份有限公司
为民日用品有限公司
东莞市白天鹅纸业有限公司
东莞市雅酷妇幼用品有限公司
东莞市天正纸业有限公司
舒而安纸业
东莞瑞麒婴儿用品有限公司
东莞市常兴纸业有限公司
东莞嘉米敦婴儿护理用品有限公司
广东茵茵股份有限公司
东莞市宝盈妇幼用品有限公司
东莞苏氏卫生用品有限公司
深圳市倍安芬日用品有限公司
东莞市宝适卫生用品有限公司
东莞市思缔贝纳妇幼用品有限公司
东莞市润葆纸业有限公司
东莞市博都护理卫生用品有限公司
中山瑞德卫生纸品有限公司
中山市盛华卫生用品有限公司
中德有限公司
中山英格美乐商贸有限公司
广东川田卫生用品有限公司
中山市宜姿卫生制品有限公司
中山市星华纸业发展有限公司
中山市龙发卫生用品有限公司
中山市华宝乐工贸发展有限公司
中山市恒升卫生用品有限公司
广东省潮州市格丽雅卫生用品有限公司

● 广西 Guangxi

南宁市爱新卫生用品厂
广西卡吉氏卫生用品有限责任公司
南宁洁伶卫生用品有限公司
广西舒雅护理用品有限公司
广西欧比瑞卫生用品有限公司
桂林市独秀纸品有限公司
桂林洁伶工业有限公司
桂林吉臣氏卫生用品有限公司

● 重庆 Chongqing

重庆抒乐工贸有限公司
重庆百亚卫生用品股份有限公司
重庆艾蓓乐医药科技有限责任公司
重庆草清坊日用品有限责任公司
重庆启颖美卫生用品有限公司
重庆市福莱尔卫生用品有限公司

● 四川 Sichuan

成都安舒实业有限公司
恒安(四川)家庭用品有限公司
成都红娇妇幼卫生用品有限公司
合江金田生活用品有限公司
香港聪博国际有限公司

● 贵州 Guizhou

彩华恒丰纸业有限公司
遵义恒风纸业有限责任公司
贵州汇景纸业有限公司
贵州中柔纸业有限公司
贵州骄子纸业有限公司
贵州贝奇乐卫生用品有限公司
贵州卡布国际卫生用品有限公司

● 云南 Yunnan

云南可靠商贸有限公司
昆明市港舒卫生用品厂

● 陕西 Shaanxi

西安中商资源开发有限公司
陕西魔妮卫生用品有限责任公司

成人失禁用品
Adult incontinent products

● 北京 Beijing

北京百乐天科技发展有限公司
北京舒洋恒达卫生用品有限公司
北京安宜卫生用品有限公司
北京市通州区利康卫生材料制品厂
北京九佳兴卫生用品有限公司
北京通州鑫宝卫生材料厂
北京吉力妇幼卫生用品有限公司
北京爱华中兴纸业有限公司
北京舒尔雅妇婴卫生用品有限公司
北京倍舒特妇幼用品有限公司
北京益康卫生材料厂

● 天津 Tianjin

天津迅腾恒业生物科技有限公司
天津德发妇幼保健用品厂
天津市仕诚科技研发中心
天津市英华妇幼用品有限公司
天津市美商卫生用品有限公司
天津洁尔卫生用品有限公司
天津市依依卫生用品有限公司
天津市逸飞卫生用品有限公司
天津杏林白十字(中日合资)医疗卫生材料用品有限公司
天津盛汇纸制品有限公司
天津市恒新纸业有限公司
天津市韩东纸业有限公司
小护士(天津)实业发展股份有限公司
天津市明辉卫生用品有限公司
天津市康乃馨卫生用品厂
天津忘忧草纸制品有限公司
天津市虹怡纸业有限公司
天津骏发森达卫生用品有限公司
利发卫生用品(天津)有限公司
天津市洁维卫生制品有限公司
天津市舒爽卫生制品有限公司
天津市洁雅妇女卫生保健制品有限公司
天津市娇柔卫生纸品有限公司
天津市蔓莉卫生制品有限公司
天津市唯洁丝科技发展有限公司
天津市康宝妇幼保健卫生制品有限公司
天津市实骁伟业纸制品有限公司
天津市妮娅卫生用品有限公司
天津市康怡生纸业有限公司
天津和顺达塑料制品有限公司

● 河北 Hebei

石家庄康安医疗有限公司
石家庄小布头儿纸业有限公司
石家庄爱佳卫生用品有限公司
石家庄市顺美生活用纸科技有限公司
石家庄宝洁卫生用品有限公司
石家庄美洁卫生用品有限公司
石家庄宜尔家卫生用品有限公司
金雷卫生用品厂
石家庄市宏大卫生用品厂
石家庄夏兰纸业有限公司
石家庄市贻成卫生用品有限公司
石家庄市嘉赐福卫生用品有限公司
石家庄三合利卫生用品有限公司
河北嘉弘纸业有限公司
唐山市宏阔科技有限公司
小陀螺(中国)品牌运营管理机构
秦皇岛舒康卫生用品有限公司
河北邯郸天宇卫生用品厂
邢台市好美时卫生用品有限公司
保定市炫昊母婴用品制造有限公司
保定林海纸业有限公司
北京福运源长纸制品有限公司
河北义厚成日用品有限公司
徐水县名人卫生巾厂
唐县京旺卫生用品有限公司
沧州五华卫生用品有限公司
沧州市德发妇幼卫生用品有限责任公司
廊坊市祥顺卫生用品有限公司
廊坊金洁卫生科技有限公司
河北宏达卫生用品有限公司

● 内蒙古 Inner Mongolia

呼和浩特市八神纸业有限责任公司

● 辽宁 Liaoning

沈阳美商卫生保健用品有限公司
沈阳市宝洁纸业有限责任公司
沈阳市金利达卫生制品厂
辽宁汇英般舟医用材料有限公司
大连雄伟保健品有限公司
大连善德来生活用品有限公司
瓦房店市同创卫生用品制造厂
丹东北方卫生用品有限公司
锦州市维珍护理用品有限公司
锦州东方卫生用品有限公司
辽宁和合卫生用品有限公司

葫芦岛舒康卫生用品有限公司

● 黑龙江 Heilongjiang

黑龙江卉丹科技发展有限公司

● 上海 Shanghai

上海自珍贸易有限公司
金佰利(中国)有限公司
阿蓓纳(上海)贸易有限公司
尤妮佳生活用品(中国)有限公司上海分公司
爱生雅(中国)投资有限公司
乐怡纸业
上海彤琪母婴用品有限公司
上海胜孚美卫生用品有限公司
上海秋欣实业有限公司
上海圆昌复合材料科技有限公司
上海衣奇实业有限公司
上海冬欣实业有限公司
上海南源永芳纸品有限公司
上海必有福生活用品有限公司
上海舒而爽卫生用品有限公司
上海洁安实业有限公司
上海舒晓实业有限公司
上海护的康卫生用品有限公司
上海白玉兰卫生洁品有限公司
上海亿维实业有限公司
上海润辉实业有限公司
上海菲伶卫生用品有限公司
上海叶思蔓卫生用品有限公司
上海富继民商贸有限公司
上海马拉宝商贸有限公司
上海唯尔福集团股份有限公司
上海护理佳实业有限公司
上海奉影医用卫生用品厂
上海斐庭日用品有限公司
国适健康科技(上海)有限公司

● 江苏 Jiangsu

艾馨(南京)婴儿用品有限公司
南京安琪尔卫生用品有限公司
南京远阔科技实业有限公司
无锡市爱得华商贸有限公司
江阴茂华复合材料有限公司
无锡市一正纸业限公司
上海斐庭日用品有限公司(徐州分公司)
徐州市舒润日用品有限公司
常州快高儿童卫生用品有限公司
常州宝云卫生用品有限公司
常州好消息生活用品有限公司
常州市宏泰纸膜有限公司
常州市莱洁卫生材料有限公司
常州家康纸业有限公司
常州市梦爽卫生用品有限公司
常州市武进亚星卫生用品有限公司
常州柯恒卫生用品有限公司
常州百德林卫生材料有限公司
苏州市苏宁床垫有限公司
苏州惠康护理用品有限公司
苏州市泰升床垫有限公司
吴江市亿成医疗器械有限公司
苏州艾美医疗用品有限公司
张家港市亿晟卫生用品有限公司
苏州维凯医用纺织品有限公司
太仓天茂健康护理用品有限公司
太仓市宝儿乐卫生用品厂
南通开发区女爱卫生用品厂
江苏南通益民劳护用品有限公司
南通锦晟卫生用品有限公司
南通永兴纸业有限公司
南通开发区豪杰纸业有限公司
南通钧儒卫生用品有限公司
南通市华鑫卫生用品有限公司
启东市花仙子卫生用品有限公司
启东市天成日用品有限公司
南通锦程护理垫有限公司
南通曼仙妮纺织品有限公司
连云港市东海云林卫生用品厂
江苏德邦卫生用品有限公司
江苏宝姿实业有限公司
江苏凯尔卫生用品有限公司
心悦卫生用品有限公司
盐城市天盛卫生用品有限公司
江苏柯莱斯克新型医疗用品有限公司
扬州新迪日用品经营部
丹阳市金晶卫生用品有限公司
泰州远东纸业有限公司
江苏豪悦实业有限公司
江苏省沭阳县协恒卫生用品有限公司

● 浙江 Zhejiang

杭州辉煌卫生用品有限公司
杭州淑洁卫生用品有限公司
杭州豪悦实业有限公司
杭州余宏卫生用品有限公司
杭州乐护宜卫生用品有限公司
杭州千芝雅卫生用品有限公司
杭州舒泰卫生用品有限公司
浙江英凯莫实业有限公司
杭州珍琦卫生用品有限公司
杭州临安聚丰康卫生用品有限公司
杭州中迅实业有限公司
杭州可靠护理用品股份有限公司

杭州跃鼎实业有限公司
乐侍护理用品有限公司
绍兴唯尔福妇幼用品有限公司
金华市米宝电子商务有限公司
浙江中美日化有限公司
浙江锦芳卫生用品有限公司
金华市贝昵母婴用品有限公司
义乌市优诺日用品有限公司
浙江安柔卫生用品有限公司
浙江惠好日用品有限公司

● 安徽 Anhui

合肥洁家卫生材料有限公司
合肥双成非织造布有限公司
合肥特丽洁卫生材料有限公司
合肥嘉斯曼无纺布制品有限公司
安徽精诚纸业有限公司
芜湖悠派卫生用品有限公司
天长市康特美防护用品有限公司
安徽舒源妇幼用品有限公司

● 福建 Fujian

爹地宝贝股份有限公司
厦门亚隆日用品有限公司
厦门帝尔特企业有限公司
厦门悠派无纺布制品有限公司
韩顺(厦门)卫生用品有限公司
爱得龙(厦门)高分子科技有限公司
福建省荔城纸业有限公司
福建新亿发集团有限公司
福建莆田佳通纸制品有限公司
明芳卫生用品(中国)有限公司
泉州市采尔纸业有限公司
泉州市乐宝氏卫生用品有限公司
希斯顿国际专营有限责任公司中国代表处
泉州市玖安卫生用品有限公司
泉州市金多利卫生用品有限公司
泉州市金汉妇幼卫生用品有限公司
福建康臣日用品有限责任公司
泉州市盛鸿达卫生用品有限公司
泉州天娇妇幼卫生用品有限公司
福建省泉州市盛峰卫生用品有限公司
泉州市汇丰妇幼用品有限公司
泉州市爱丽诗卫生用品有限公司
福建蓝蜻蜓护理用品股份有限公司
创佳(福建)卫生用品科技有限公司
泉州市华利卫生用品有限公司
泉州市大华卫生用品有限公司
泉州市爱之道日用品有限公司
泉州市中恒卫生用品有限公司
惠安和成日用品有限公司
雀氏(福建)实业发展有限公司
福建大山纸业有限公司
福建晖英纸业有限公司
美佳爽(中国)有限公司
晋江市益源卫生用品有限公司
福建利澳纸业有限公司
泉州市婷爽卫生用品有限公司
福建晋江荣安生活用品有限公司
荣鑫妇幼用品有限公司
欧贝嘉卫生用品有限公司
泉州联合纸业有限公司
恒金妇幼用品有限公司
晋江安宜卫生用品有限公司
晋江市雅诗兰妇幼用品有限公司
鸣宝生活用品(福建)有限公司
怡佳(福建)卫生用品有限公司
福建省明大卫生用品有限公司
雅典娜(福建)日用品科技有限公司
恒烨(福建)卫生用品有限公司
呼噜宝贝股份有限公司
福建娃娃爽生活用品有限公司
南安市远大卫生用品厂
福建省三盛卫生用品有限公司
泉州市爱乐卫生用品有限公司
福建省南安市恒丰纸品有限公司
福建恒利集团有限公司
福建蓓乐纸业有限公司
福建省时代天和实业有限公司
中天(中国)工业有限公司
南安市恒源妇幼用品有限公司
南安市老有福卫生用品厂
福建南安市泉发纸品有限公司
福建省信合纸业有限公司
漳州市芗城晓莉卫生用品有限公司
福建省漳州市智光纸业有限公司
福建省天之然卫生用品有限公司
雅芬(福建)卫生用品有限公司
福建蓝雁卫生科技有限公司
天乐卫生用品有限公司

● 江西 Jiangxi

江西易通医疗器械有限公司
赣州华龙实业有限公司
赣州港都卫生制品有限公司
江西睡怡日化有限公司

● 山东 Shandong

济南蓝秀卫生用品有限公司
济南康舜日用品有限公司
济南金佰利纸业有限公司
青岛圣雅恒实业有限公司

青岛美西南科技发展有限公司
青岛诗丽洁卫生用品有限公司
青岛嘉尚卫生用品有限公司
青岛丁安卫生用品有限公司
青岛金泰通用医疗器材有限公司
太阳谷孕婴用品(青岛)有限公司
青岛喜爱妇幼用品有限公司
山东青岛宝乐得卫生用品有限公司
山东淄博光大医疗用品有限公司
滕州华宝卫生制品有限公司
山东省招远市温泉无纺布制品厂
潍坊鑫鸿达卫生科技有限公司
潍坊荣福堂卫生制品有限公司
山东盼达卫生用品有限公司
山东潍坊卫生用品有限公司
山东云豪卫生用品股份有限公司
山东含羞草卫生科技股份有限公司
爱他美(山东)日用品有限公司
美洛雅(国际)有限公司
威海颐和成人护理用品有限公司
威海威高医用材料有限公司
威海鸿宇医疗器械有限公司
文登沁源卫生用品有限公司
日照三奇医保用品(集团)有限公司
临沂兆亿卫生用品有限公司
山东临沂图艾丘护理用品有限公司
山东爱舒乐卫生用品有限公司
山东晶鑫无纺布制品有限公司
山东鑫乐护理用品有限公司
山东浩洁卫生用品有限公司
安洁卫生用品有限公司
山东金得利卫生用品有限公司
山东尚婷卫生用品有限公司
郯城县恒顺卫生用品有限公司
临沂市舒洁卫生用品有限公司
山东鑫盟纸品有限公司
山东省郯城县玉洁卫生用品厂
山东欣洁月舒宝纸品有限公司
山东顺霸有限公司
郯城得伴卫生用品有限公司
山东日康卫生用品有限公司
聊城市超群纸业有限公司
山东省恒发卫生用品有限公司
山东康百卫生用品有限公司
滨洁卫生用品有限公司
聊城市经济开发区嘉乐宝日化厂
山东艾丝妮乐卫生用品有限公司
菏泽奇雪纸业有限公司
山东优可卫生用品有限公司

● 河南 Henan

郑州永欣卫生用品有限公司
郑州啓福卫生用品有限公司
河南百乐适卫生用品有限公司
河南恒泰卫生用品有限公司
安阳市汇丰卫生用品有限责任公司
滑县平安福卫生用品制造有限公司
新乡市好媚卫生用品有限公司
新乡市康鑫卫生用品有限公司
河南省爱尔康卫生用品有限公司
河南潇康卫生用品有限公司
漯河银鸽生活纸产有限公司
河南美伴卫生用品有限公司
河南省永城市好理想卫生用品有限公司

● 湖北 Hubei

武汉三伊宁贸易有限公司
武汉美赫可科技有限公司
武汉市美雅卫生用品有限公司
武汉永怡纸业有限公司
湖北马应龙护理品有限公司
湖北盈乐卫生用品有限公司
湖北省武穴市疏朗朗卫生用品有限公司
湖北九朵护理用品有限公司
湖北佰斯特卫生用品有限公司

● 湖南 Hunan

湖南索菲卫生用品有限公司
湖南省安迪尔卫生用品有限公司
长沙万美卫生用品有限公司
长沙市我是小时代日用品贸易有限公司

● 广东 Guangdong

广州中嘉进出口贸易有限公司
Hygienix Ltd
广州开丽科技有限公司
广州市洪威医疗器械有限公司
广州艾妮丝日用品有限公司
广州爽来适卫生用品有限公司
樱宝纸业
广州健朗医用科技有限公司
爱得利(广州)婴儿用品有限公司
熙烨日用品有限公司
深圳市惠康安卫生用品有限公司
深圳市洁邦日用品有限公司
同高纺织化纤(深圳)有限公司
深圳全棉时代科技有限公司
心丽卫生用品(深圳)有限公司
珠海市健朗生活用品有限公司
汕头市润物护垫制品有限公司
佛山市艾利丹尼贸易有限公司
佛山市超爽纸品有限公司

广东康得卫生用品有限公司
佛山市安倍爽卫生用品有限公司
佛山市佩安婷卫生用品实业有限公司
佛山市南海吉爽卫生用品有限公司
佛山市邦宝卫生用品有限公司
佛山市南海必得福无纺布有限公司
佛山市泰康卫生用品有限公司
广东昱升卫生用品实业有限公司
百洁(广东)卫生用品有限公司
佛山市宝爱卫生用品有限公司
佛山市南海区佳朗卫生用品有限公司
香港曼可国际纸业有限公司
佛山市南海康索卫生用品有限公司
佛山创佳纸业
佛山市洁的护理用品有限公司
佛山市中道纸业有限公司
佛山锦龙医药用品实业有限公司
佛山市爽洁卫生用品有限公司
佛山市优美尔婴儿日用品有限公司
广东美洁卫生用品有限公司
佛山市顺德区乐从护康卫生用品厂
广东康怡卫生用品有限公司
新感觉卫生用品有限公司
佛山顺德区荟晟贸易有限公司
佛山市志达实业有限公司
佛山市硕氏日用品有限公司
佛山市三水区永宏纸业有限公司
江门市互信纸业有限公司
江门市江海区康怡卫生用品有限公司
江门市新会区凯乐纸品有限公司
江门市乐怡美卫生用品有限公司
江门市新优达卫生用品有限公司
开平新宝卫生用品有限公司
广东省鹤山市嘉美诗保健用品有限公司
英国爱孚个人护理(香港)有限公司
肇庆爱康妇婴用品科技有限公司
惠州市宝尔洁卫生用品有限公司
惠东县长荣实业有限公司
广东娜菲实业股份有限公司
为民日用品有限公司
东莞市天正纸业有限公司
东莞瑞麒婴儿用品有限公司
东莞市常兴纸业有限公司
东莞嘉米敦婴儿护理用品有限公司
广东茵茵股份有限公司
东莞苏氏卫生用品有限公司
东莞市宝适卫生用品有限公司
东莞市润葆纸业有限公司
中山市宜姿卫生制品有限公司

● 广西 Guangxi

桂林吉臣氏卫生用品有限公司

● 海南 Hainan

海南聚神科技有限公司

● 重庆 Chongqing

重庆抒乐工贸有限公司
重庆启颖美卫生用品有限公司

● 四川 Sichuan

恒安(四川)家庭用品有限公司

● 贵州 Guizhou

贵州中柔纸业有限公司

● 云南 Yunnan

云南可靠商贸有限公司

● 陕西 Shaanxi

西安佳邦无纺布制品有限公司

宠物卫生用品
Hygiene products for pets

● 北京 Beijing

北京百乐天科技发展有限公司

● 天津 Tianjin

天津市英华妇幼用品有限公司
天津市依依卫生用品有限公司
天津市舒爽卫生制品有限公司
天津和顺达塑料制品有限公司

● 河北 Hebei

河北嘉弘纸业有限公司
唐县京旺卫生用品有限公司

● 辽宁 Liaoning

大连爱丽思生活用品有限公司
大连善德来生活用品有限公司
丹东北方卫生用品有限公司
锦州市维珍护理用品有限公司

● 上海 Shanghai

阿蓓纳(上海)贸易有限公司
上海元闲宠物用品有限公司
上海护的康卫生用品有限公司
上海润辉实业有限公司
上海唯尔福集团股份有限公司

● 江苏 Jiangsu

常州市宏泰纸膜有限公司
常州德利斯护理用品有限公司
常州市武进亚星卫生用品有限公司
常州柯恒卫生用品有限公司
苏州市苏宁床垫有限公司
苏州惠康护理用品有限公司
苏州市泰升床垫有限公司
苏州艾美医疗用品有限公司
好孩子百瑞康卫生用品有限公司
太仓天茂健康护理用品有限公司
爱丽思(中国)集团
南通锦晟卫生用品有限公司
南通锦程护理垫有限公司
江苏宝姿实业有限公司
江苏凯尔卫生用品有限公司
江苏中恒宠物用品股份有限公司
丹阳市金晶卫生用品有限公司
江苏省沭阳县协恒卫生用品有限公司

● 浙江 Zhejiang

杭州辉煌卫生用品有限公司
杭州新翔工贸有限公司
杭州豪悦护理用品股份有限公司
浙江英凯莫实业有限公司
杭州珍琦卫生用品有限公司
杭州可靠护理用品股份有限公司
绍兴唯尔福妇幼用品有限公司
浙江安柔卫生用品有限公司

● 安徽 Anhui

合肥洁家卫生材料有限公司
合肥嘉斯曼无纺布制品有限公司
芜湖悠派护理用品科技股份有限公司
滁州俣之昊工贸有限公司

● 福建 Fujian

韩顺(厦门)卫生用品有限公司
福建省荔城纸业有限公司
泉州市婷爽卫生用品有限公司
福建南安市泉发纸品有限公司

● 江西 Jiangxi

江西百伊宠物用品有限公司

● 山东 Shandong

青岛正利纸业有限公司
青岛德荣卫生用品有限公司
威海威高医用材料有限公司
威海今朝卫生用品有限公司
文登沁源卫生用品有限公司
山东爱舒乐卫生用品有限公司
山东晶鑫无纺布制品有限公司

● 河南 Henan

河南百乐适卫生用品有限公司
新乡市康鑫卫生用品有限公司

● 广东 Guangdong

深圳天意宝婴儿用品有限公司
珠海市健朗生活用品有限公司
汕头市润物护垫制品有限公司
广东川田卫生用品有限公司
中山市宜姿卫生制品有限公司
中山市星华纸业发展有限公司

擦拭巾
Wipes

● 北京 Beijing
百乐颂(中国)
淘小资贸易有限公司
北京爸爸的选择科技有限公司
北京信隆无纺布有限公司
北京北方开来纸品有限公司
北京宝润通科技开发有限责任公司
北京永舒生物科技有限公司
北京家婷卫生用品有限公司
贝护科技发展(北京)有限公司
北京太和儿医坊科技有限公司
北京九佳兴卫生用品有限公司
北京舒美卫生用品有限公司
北京下一站酒店用品有限责任公司
北京良明腾达商贸有限公司
北京鼎鑫航空用品有限公司
北京爱华中兴纸业有限公司
北京舒尔雅妇婴卫生用品有限公司
北京派尼尔纸业有限公司
北京蓝天碧水纸制品有限责任公司
北京爱多洁商贸有限公司
北京众诚天通商贸有限公司
北京创利达纸制品有限公司
北京清源无纺布制品厂
北京净尔雅卫生用品有限公司
北京新芮汇众科技有限公司
北京恒源鸿业贸易有限公司
瑞普安医疗器械(北京)有限公司
北京博裕隆纸业有限公司
北京一帆清洁用品有限公司
创意欧派

● 天津 Tianjin
天津泽君国际贸易有限公司
天津康森生物科技有限公司
天津市森洁卫生用品有限公司
天津盛汇纸制品有限公司
天津市艳胜工贸有限公司
天津舒柔卫生用品有限公司
天津科力宏科技发展有限公司
天津忘忧草纸制品有限公司
天津金秋丽之雨商贸有限公司
天津骏发森达卫生用品有限公司
天津市娇柔卫生纸品有限公司
天津市蔓莉卫生制品有限公司
天津木兰巾纸制品有限公司
瑞安森(天津)医疗器械有限公司
天津盛世永业科技发展有限公司

● 河北 Hebei
河北金凯来卫生用品有限责任公司
石家庄东胜纸业有限公司
石家庄小布头儿纸业有限公司
石家庄和柔卫生用品有限公司
石家庄爱佳卫生用品有限公司
河北汀兰心卫生用品有限公司
石家庄市嘉赐福卫生用品有限公司
河北氏氏美卫生用品有限责任公司
唐山市宏阔科技有限公司
小陀螺(中国)品牌运营管理机构
白之韵纸制品厂
恩邦生活用品有限公司
秦皇岛凡南纸业有限公司
邢台市好美时卫生用品有限公司
保定林海纸业有限公司
保定川江卫生用品有限公司
保定市奥达卫生用品有限公司
保定市碧柔卫生用品有限公司
保定市满城豪峰纸业
保定市满城县美缘纸品有限公司
保定市东升卫生用品有限公司
保定洁中洁卫生用品有限公司
保定市港兴纸业有限公司
河北义厚成日用品有限公司
保定市蓝猫卫生用品有限公司
保定神荣卫生用品制造有限公司
茹达卫生用品有限公司
河北省迈特卫生用品有限公司

● 山西 Shanxi
山西森达医疗器械有限责任公司
山西中德宝力日化有限公司

● 内蒙古 Inner Mongolia
呼和浩特市八神纸业有限责任公司
内蒙古集宁区双宝纸业有限公司

● 辽宁 Liaoning
沈阳物诚卫生用品有限公司
沈阳天翌纸制品制造有限公司

通化沃德卫生用品有限公司
沈阳雨春日用品有限公司
沈阳市腾源纸业加工厂
沈阳达仕卫生用品有限公司
沈阳纳尔实业有限责任公司
凌海市展望生物科技有限公司
大连雄伟保健品有限公司
大连雅洁纸业有限公司
大连乐安卫生用品有限公司
大连宇翔家庭用品有限公司
大连邦琪卫生用品有限公司
大连桑拓生物新技术有限公司
宇和特纸有限公司
大连欧派科技有限公司
大连爱洁卫生用品有限公司
大连圣耀科技有限公司
大连大鑫卫生护理用品有限公司
大连万利洁生活用品有限公司
鞍山靓倩卫生用品有限公司
鞍山市迪奥尼卫生用品有限公司
鞍山德洁卫生用品有限公司
抚顺市利嘉卫生用品有限公司
丹东欣时代生物医药科技有限公司
锦州东洋松蒲卫生用品有限公司
锦州东方卫生用品有限公司
锦州市雨润保健品有限公司
辽阳恒升实业有限公司
辽宁尚阳纸业有限公司
辽宁和合卫生用品有限公司
葫芦岛舒康卫生用品有限公司

● 吉林 Jilin

长春福康医疗保健品有限责任公司
吉林省鸿威生物科技有限公司
长春市达驰物资经贸有限公司
长春市二道雪婷纸制品厂
长春市龙洋日用品有限责任公司
长春华清清洁用品有限责任公司
吉林市蕙洁宣卫生用品厂
四平圣雅卫生用品有限公司
四平佳尔生活用品有限公司
吉林贝洁卫生用品有限公司
吉林省科瑞恩卫生用品有限公司

● 黑龙江 Heilongjiang

哈尔滨市运明实业有限公司
哈药集团制药总厂制剂厂
哈尔滨市大世昌经济贸易有限公司
哈尔滨康安卫生用品有限公司
哈尔滨金宵医疗卫生用品厂
哈尔滨鑫禾纸业有限责任公司

● 上海 Shanghai

康贝(上海)有限公司
金佰利(中国)有限公司
贝亲管理(上海)有限公司
上海荷风环保科技有限公司
上海新领域国际贸易有限公司
王子制纸妮飘(苏州)有限公司上海分公司
创艺卫生用品(苏州)有限公司上海分公司
上海基高贸易有限公司
王子奇能纸业(上海)有限公司
APP(中国)生活用纸
上海洁来利纸业有限公司
上海灿之贸易有限公司
强生(中国)有限公司
上海嗳呵母婴用品国际贸易有限公司
上海优生婴儿用品有限公司
哥旅思(上海)日用品有限公司
上海绿洲智健智能科技有限公司
上海奇丽纸业有限公司
上海康奇实业有限公司
上海铃兰卫生用品有限公司
上海海拉斯实业有限公司
上海城峰纸业有限公司
上海贝聪婴儿用品有限公司
上海同高实业有限公司
上海秋欣实业有限公司
上海独一实业有限公司
上海三君生活用品有限公司
上海美若化妆品有限公司
上海雅臣纸业有限公司
上海新络滤材有限公司
上海若云纸业有限公司
上海唯爱纸业有限公司
银京医疗科技(上海)股份有限公司
上海维亲婴儿用品有限公司
上海升帆信息技术有限公司
茗燕生物科技(上海)有限公司
上海东冠集团
上海欣莹卫生用品有限公司
上海御信堂母婴用品有限公司
上海诗美生物科技有限公司
上海美馨卫生用品有限公司
上海曜颖餐饮用品有限公司
上海叶思蔓卫生用品有限公司
上海香诗伊卫生用品有限公司
上海馨臣家化有限公司
上海大昭和有限公司
上海亚日工贸有限公司
上海唯尔福集团股份有限公司
康那香企业(上海)有限公司
上海斐庭日用品有限公司

● 江苏 Jiangsu
南京市中天纸业
南京博洁卫生用品厂
江苏有爱科技有限责任公司
南京特纳斯生物技术开发有限公司
江苏米咔婴童用品有限公司
无锡市凯源家庭用品有限公司
无锡市伙伴日化科技有限公司
江阴健发特种纺织品有限公司
江阴金凤特种纺织品有限公司
上海斐庭日用品有限公司(徐州分公司)
徐州市舒润日用品有限公司
耀泰纸业(徐州)发展有限公司
徐州威尔乐卫生材料有限公司
徐州洁仕佳卫生用品有限公司
徐州欧尚卫生用品有限公司
常州铃兰卫生用品有限公司
江苏东方洁妮尔水刺无纺布有限公司
常州华纳非织造布有限公司
贝亲母婴用品(常州)有限公司
常州护佳卫生用品有限公司
常州市鑫宏阳卫生用品有限公司
溧阳市天宇纸业有限公司
常州锐联卫生用品有限公司
王子制纸妮飘(苏州)有限公司
苏州恒星医用材料有限公司
苏州佳和无纺制品有限公司
苏州宝丽洁日化有限公司
APP(中国)生活用纸事业部
苏州欧德无尘材料有限公司
苏州创佳纸业有限公司
苏州三和金酒店卫生用品有限公司
苏州逸云卫生用品有限公司
苏州冠洁生活制品有限公司
张家港亚太生活用品有限公司
张家港市金港镇德积宏亮卫生用品厂
昆山丝倍奇纸业有限公司
昆山华玮净化实业有限公司
格洁无纺布制品(昆山)有限公司
龙帛生物科技有限公司
奈森克林(苏州)日用品有限公司
苏州铃兰卫生用品有限公司
创艺卫生用品(苏州)有限公司
苏州德尔赛电子有限公司
江苏丽洋新材料股份有限公司
南通中纸纸浆有限公司
南通市万利纸业有限公司
江苏天佑医用科技有限公司
南通佳爱纺织品有限公司
心悦卫生用品有限公司
盐城市天盛卫生用品有限公司
盐城市吖吖商贸有限公司
扬州时新旅游用品有限公司
扬州倍加洁日化有限公司
扬州市鸿润酒店用品厂
江苏宜合日用品有限公司
句容东发生活用品有限公司
江苏康隆工贸有限公司
姜堰市时代卫生用品有限公司
江苏沭阳辰宇无纺布制品厂
宿迁市清茹纸业有限公司

● 浙江 Zhejiang
浙江省纺织品进出口集团有限公司
杭州好特路卫生制品有限公司
杭州国光旅游用品有限公司
杭州比因美特孕婴童用品有限公司
杭州幼柔贸易有限公司
杭州洁诺清洁用品股份有限公司
杭州小姐妹卫生用品有限公司
杭州波一清卫生用品有限公司
杭州妙洁旅游用品厂
杭州瑞邦医疗用品有限公司
浙江中姿纺织有限公司
杭州兰泽护理用品有限公司
杭州思进无纺布有限公司
杭州申皇无纺布用品有限公司
杭州嘉杰实业有限公司
杭州德信纸业有限公司
浙江颐优贸易有限公司
杭州复生科技有限公司
浙江绿飞诗日用品有限公司
杭州国臻实业有限公司
杭州临安诗洁日化有限公司
浙江华顺科技股份有限公司
杭州升博清洁用品有限公司
临安三鑫清洁用品有限公司
临安威亚无纺布制品厂
临安盈丰清洁用品有限公司
临安市家美汇清洁用品有限公司
杭州临安天福无纺布制品厂
临安大拇指清洁用品有限公司
杭州临安海元无纺制品有限公司
临安广源无纺制品有限公司
杭州临安华晟日用品有限公司
杭州海际进出口有限公司
杭州可利尔清洁用品有限公司
临安市中元无纺制品厂
杭州邦怡日用品科技有限公司
宁波上德之家家居用品有限公司
宁波市鄞州艾科日用品有限公司
宁波炜业科技有限公司

宁波市鄞州清河家居用品厂
宁海县西店辉腾日用品
贝斯特企业
奉化区鑫地无纺布制品有限公司
温州市鹿城希伯仑实业公司
温州市瓯海娄桥罗一纸塑厂
温州市平阳县洁芸纸制品厂
温州冠尚纸业有限公司
温州市一佳卫生用品有限公司
平阳舒尔康卫生用品有限公司
温州纸路者纸业有限公司
浙江富瑞森水刺无纺布有限公司
嘉兴市绎新日用品有限公司
嘉兴市秀洲区舒香无纺布湿巾厂
浙江弘扬无纺新材料有限公司
嘉兴德里克思医疗用品有限公司
浙江荣鑫纤维有限公司
浙江启美日用品有限公司
南六企业(平湖)有限公司
平湖市瑞恩健康护理卫生用品有限公司
湖州练市益达日用品有限公司
杭州冰儿无纺布有限公司
湖州欧宝卫生用品有限公司
浙江优全护理用品科技有限公司
浙江蒂斯波斯卫生用品有限公司
浙江优贝思日化科技有限公司
浙江众仁电子科技有限公司
长兴恒月无纺布有限公司
绍兴海之萱卫生用品有限公司
绍兴唯尔福妇幼用品有限公司
绍兴红与黑贸易有限公司
绍兴市恒盛新材料技术发展有限公司
绍兴市袍江家洁生活用品厂
绍兴格美卫生用品有限公司
绍兴欧尔派卫生用品有限公司
绍兴市雅康无纺布制品有限公司
浙江和中非织造股份有限公司
绍兴乐洁氏生活用品有限公司
绍兴佰迅卫生用品有限公司
浙江绍兴民康消毒用品有限公司
浙江诸暨造纸厂
金华市辉煌无纺用品有限公司
浦江县清乐之雅工贸有限公司
浙江省义乌市安兰清洁用品厂
义乌市妙洁日用品厂
玉洁卫生用品有限公司
浙江宝加日用品有限公司
义乌市嘉华日化有限公司
浙江佳燕日用品有限公司
义乌市优诺日用品有限公司
浙江安柔卫生用品有限公司
浙江辰玮日化科技有限公司
义乌安朵日用品厂
义乌市润洁日用品有限公司
浙江惠好日用品有限公司
义乌市奥洁日用品厂
义乌市巧洁日用品有限公司
金华市爱的日化用品有限公司
新亚控股集团有限公司

● 安徽 Anhui

合肥冠群纸制品有限公司
合肥市美瑞酒店用品有限公司
合肥市华润非织造布制品有限公司
合肥双成非织造布有限公司
合肥欣诺无纺制品有限公司
合肥特丽洁卫生材料有限公司
合肥立新纸品厂
合肥洁尔卫生新材料有限公司
合肥文琦工贸有限责任公司
芜湖市唯意酒店用品有限公司
芜湖悠派卫生用品有限公司
铜陵麟安生物科技有限公司
铜陵洁雅生物科技股份有限公司
婴舒宝(滁州)婴童用品有限公司
安徽阳阳酒店用品有限公司
安徽嘉洁雅湿巾有限公司
安徽洁来利擦拭用品有限公司
安徽汉邦集团(汉邦日化有限公司)

● 福建 Fujian

康美(福建)生物科技有限公司
福州市意洁纸制品有限公司
福州洁乐妇幼卫生用品有限公司
恒程纸业有限公司
福州市柯妮尔生活用纸有限公司
福州澜湃日用品有限公司
益兴堂卫生制品有限公司
厦门鑫旺中商贸有限公司
厦门开润工贸有限公司
厦门亚隆日用品有限公司
厦门帝尔特企业有限公司
厦门坤诚贸易有限公司
厦门沃克威母婴用品有限公司
厦门大辰生物科技有限公司
福建省大禹水贸易有限公司
花之町(厦门)日用品有限公司
福建省荔城纸业有限公司
福建新亿发集团有限公司
泉州市华龙纸品实业有限公司
福建康臣日用品有限责任公司
泉州市玺耀日用化工品有限公司

福建省泉州市盛峰卫生用品有限公司
泉州市汇丰妇幼用品有限公司
泉州市爱之道日用品有限公司
泉州市奥洁卫生用品有限公司
雀氏(福建)实业发展有限公司
福建晖英纸业有限公司
豪友纸品有限公司
康洁卫生用品有限公司
婴舒宝(中国)有限公司
欧贝嘉卫生用品有限公司
美力艾佳(中国)生活用纸有限公司
晋江安婷妇幼用品有限公司
晋江泰成贸易有限公司
康洁湿巾用品有限公司
晋江市老君日化有限责任公司
泉州市宏信伊风纸制品有限公司
晋江德信纸业有限公司
晋江恒安家庭生活用纸有限公司
晋江市台洋卫生用品有限公司
晋江市绿之乡纸业有限公司
晋江市洁语卫生用品有限公司
福建省明大卫生用品有限公司
雅典娜(福建)日用品科技有限公司
恒烨(福建)卫生用品有限公司
福建省晋江市莲屿纸业
呼噜宝贝股份有限公司
鼻涕虫婴儿用品(香港)有限公司
泉州鑫邦纸业有限公司
福建省亲亲宝贝股份有限公司
福建娃娃爽生活用品有限公司
福建省时代天和实业有限公司
福建省南安市悦达纸品有限公司
福建省信合纸业有限公司
漳州市芗城晓莉卫生用品有限公司
中南纸业(福建)有限公司
福建健怡母婴用品有限公司
漳州市康贝卫生用品有限公司
福建舒而美卫生用品有限公司
福建省天之然卫生用品有限公司
福建百合堂家庭用品有限公司
福建诚信纸品有限公司
福鼎市恒润清洁用品有限公司

● 江西 Jiangxi

江西孚润佰年实业发展有限公司
科奇高新技术产品实业有限公司
南昌鑫隆达纸业有限公司
南昌娭姐纸业有限公司
南昌万家洁卫生制品厂
江西省康美洁卫生用品有限公司
江西宗远贸易有限公司
九江市白洁卫生用品有限公司
江西生成卫生用品有限公司
江西百伊宠物用品有限公司
九江全棉华达科技有限公司
新余三义纺织品开发有限公司
鹰潭市创一卫生用品有限公司
吉安市三江超纤无纺有限公司
江西康雅医疗用品有限公司
宜品纸业有限公司
仁和药业有限公司
江西安顺堂生物科技有限公司
江西小顽皮健康产业有限公司
江西欣旺卫生用品有限公司
上饶市玉丰纸业有限公司

● 山东 Shandong

济南雅纯酒店用品有限公司
济南恒安纸业有限公司
济南卡尼尔科技有限公司
济南美芙特生物科技有限公司
济南尤爱生物技术有限公司
济南金明发纸业有限公司
济南锦佳利纸制品有限公司
山东省润荷卫生材料有限公司
青岛洁尔康卫生用品厂
青岛美西南科技发展有限公司
青岛克大克生化科技有限公司
青岛雪利川卫生制品有限公司
青岛明宇卫生制品有限公司
淄博新洁卫生用品厂
淄博金宝利纸业有限公司
淄博旭日纸业有限公司
山东赛特新材料股份有限公司
山东晨晓纸业科技有限公司
淄博恒润航空巾被有限公司
山东益母妇女用品有限公司
枣庄嘉誉纸品厂
东营市德瑞卫生用品有限公司
潍坊雨洁消毒用品有限公司
潍坊乐臣卫生用品有限公司
潍坊市金宵医疗卫生用品有限公司
潍坊恒联美林生活用纸有限公司
潍坊福山纸业有限公司
潍坊马利尔纸业有限公司
潍坊临朐华美纸制品有限公司
山东云豪卫生用品股份有限公司
诸城市鑫旺纸制品厂
寿光市惟施卫生用品中心
山东百合卫生用品有限公司
山东腾森纸业有限公司
山东洁丰实业股份有限公司

济宁广丰纸业有限公司
爱他美(山东)日用品有限公司
山东太阳生活用纸有限公司
济宁恒安纸业有限公司
邹城市福满天生活用品有限公司
东顺集团股份有限公司
威海亿露飞卫生用品有限公司
日照三奇医保用品(集团)有限公司
临沂市超柔生活用纸有限公司
临沂市虎歌卫生用品厂
临沂市好景贸易有限公司
山东临沂凯贝尔纸业有限公司
山东荣红生物科技有限公司
山东临沂图艾丘护理用品有限公司
临沂金红叶纸业有限公司
山东鑫乐护理用品有限公司
山东金得利卫生用品有限公司
沂水鲁东航空用品有限公司
山东昌诺新材料科技有限公司
山东雅润生物科技有限公司
山东名茜生物科技有限公司
山东临沂明恩卫生用品厂
山东利尔康医疗科技股份有限公司
聊城超越日用品有限公司
聊城市超群纸业有限公司
聊城市聊威纸业有限公司
山东阳谷童泰(湿巾厂)日用品有限公司
山东信成纸业有限公司
冠县尚德卫生用品有限公司
聊城市经济开发区嘉乐宝日化厂
滨城区平安一次性卫生用品厂
山东省滨州市康洁纸业有限公司
山东艾丝妮乐卫生用品有限公司

● 河南 Henan

郑州洁良纸业有限公司
郑州承启科技有限公司
郑州无纺生活用品有限公司
郑州大拇指日用品有限公司
郑州洁之美无纺新材料有限公司
郑州万家易购商贸有限公司
郑州玖龙纸业有限公司
河南洁之净纸业有限公司
郑州枫林无纺科技有限公司
恒胜卫生用品有限公司
河南百乐适卫生用品有限公司
河南恒泰卫生用品有限公司
尉氏县宝缘纸巾厂
河南省洛阳市涧西华丰纸巾厂
平顶山正植科技有限公司
新乡市凤泉区华美无纺布制品厂
新乡市申氏卫生用品有限公司
延津县安康卫生用品有限公司
新乡市洁士康卫生用品有限公司
河南昱霖日用品有限公司
河南伟帆卫生用品有限公司
沁美纸业有限公司
河南阳光卫生用品有限公司
许昌市丽妃纸业有限公司
漯河玉帛纸业有限公司
河南恒舒卫生用品有限公司
三明宾馆酒店洗浴用品一站式采购中心
河南全棉工坊卫生用品有限公司

● 湖北 Hubei

湖北武汉利发纸业有限公司
武汉裕民贸易有限公司
武汉新宜人纸业有限公司
仙桃百草堂药业有限公司
武汉市硚口区布莱特纸品厂
武汉贝思特纸业有限公司
湖北高德急救防护用品有限公司
湖北金安格医疗用品有限公司
黎世生活用品有限责任公司
武汉兴灿湿巾制品有限公司
武汉市江夏铭鑫纸品厂
武汉市百康纸业有限公司
武汉市凝点纸制品工贸有限公司
湖北武汉利发诚品纸业有限公司
武汉马赛营造日用品有限公司
宜都市雷迪森纸业有限公司
民生纸业
鸿富祥纸业
恒兴纸业有限公司
湖北襄阳宏福纸业有限公司
武汉创新欧派科技有限公司
孝感市峰源纸业有限责任公司
湖北省武穴市疏朗朗卫生用品有限公司
咸宁仓禾日用品有限公司
湖北怡和亚太卫生用品有限公司
威乐士医疗卫生用品(湖北)有限公司
宝姿日化(湖北)有限公司

● 湖南 Hunan

湖南舒比奇生活用品有限公司
湖南湘雅制药有限公司
长沙市雨花区高锋纸业公司
长沙丰之裕纸业有限责任公司
长沙喜士多日用品有限公司
长沙科阳工贸有限公司
湖南一朵生活用品有限公司
湖南株洲慧峰纸品厂

湘潭金诚纸业有限公司
湖南冰纯式纸业有限公司
湖南雪松纸制品有限责任公司
邵阳市陈氏纸业用品厂
湖南福爱卫生用品有限公司
平江丽丽纸业有限公司
湖南福尔康医用卫生材料股份有限公司
常德恒安纸业有限公司
益阳碧云风纸业有限公司

● 广东 Guangdong

广州丽信化妆品有限公司
广东泽田纸塑实业有限公司
广州市科纶实业有限公司
广州市高登保健制品厂
合生元集团
广州五羊化妆品有限公司
广州天美联盟个人用品有限公司
广州蓓爱婴童用品有限公司
广州久神商贸有限公司
广州开丽科技有限公司
广州灰树熊生物科技有限公司
广州康尔美理容用品厂
广州大荣日用化工制品有限公司
广州市白桦日用品有限公司
广州至上护优生物科技有限公司
百草堂医药股份有限公司
广州博润生物科技有限公司
广州艾妮丝日用品有限公司
广州市钟信餐具厂
广州品维纸业有限公司
棉都亚太有限公司
广州富海川卫生用品有限公司
爱得利(广州)婴儿用品有限公司
诗乐氏实业(深圳)有限公司
深圳市恒圳实业有限公司
深圳市泽田贸易有限公司
深圳市康雅实业有限公司
深圳市柔洁康生态科技有限公司
百润(中国)有限公司深圳分公司
深圳市新纶科技股份有限公司
深圳中益源纸业有限公司
深圳市御品坊日用品有限公司
金旭环保制品(深圳)有限公司
同高纺织化纤(深圳)有限公司
深圳市维尼健康用品有限公司
深圳全棉时代科技有限公司
稳健医疗集团有限公司
深圳市广田纸业有限公司
深圳市水润儿婴童用品有限公司
稳健医疗用品股份有限公司
深圳市施尔洁生物工程有限公司
深圳市荆江纸制品有限公司
深圳市洁雅丽纸品有限公司
心丽卫生用品(深圳)有限公司
澳门盈家卫生用品有限公司
珠海松锦企业发展有限公司
珠海市健朗生活用品有限公司
广东骏宝实业有限公司
汕头市潮阳科星卫生用品厂
老蜂农化妆品(汕头)有限公司
联丰医用卫生材料(始兴)有限公司
佛山市朵爱日用品有限公司
广东省南海康洁香巾厂
佛山市亿越日用品有限公司
佛山市佩安婷卫生用品实业有限公司
佛山市婴众幼儿用品有限公司
广东景兴健康护理实业股份有限公司
佛山市邦宝卫生用品有限公司
佛山市兴肤洁卫生用品厂
广东欧比个人护理用品有限公司
香港曼可国际纸业有限公司
佛山创佳纸业
佛山市南海区桂城德恒餐饮用品厂
佛山市中道纸业有限公司
佛山市南海区平洲夏西雅佳酒店用品厂
佛山爱佳护理用品有限公司
佛山欧班卫生用品有限公司
盈家母婴卫生用品有限公司
佛山市德玛母婴用品有限公司
佛山市顺德区大良富利日用品厂
佛山市顺德区崇大湿纸巾有限公司
佛山市优美尔婴儿日用品有限公司
佛山市顺德区睿之楠母婴用品有限公司
佛山市硕氏日用品有限公司
江门市贝丽纸业有限公司
江门市晨采实业有限公司
江门市水滋润卫生用品有限公司
江门市新龙纸业有限公司
江门市乐怡美卫生用品有限公司
广东省恩平市稳洁无纺布有限公司
润之雅实业有限公司
惠州市宝尔洁卫生用品有限公司
惠州泰美纸业有限公司
利洁时家化(中国)有限公司
东莞市天正纸业有限公司
东莞市宝盈妇幼用品有限公司
星灏日用制品有限公司
东莞市东达纸品有限公司
涛宏纸品包装有限公司
深圳市诺诚达清洁用品有限公司
东莞市大枫纸业有限公司

东莞市大岭山俊业纸业制品厂
中山市爱护日用品有限公司
诺斯贝尔化妆品股份有限公司
中山市德乐生物科技有限公司
中山市华宝乐工贸发展有限公司
广东省潮州市航空用品实业有限公司
汕头市金龙日化实业有限公司

● 广西 Guangxi
广西卡吉氏卫生用品有限责任公司
广西南宁甘霖工贸有限责任公司
南宁市柔润纸业有限公司
南宁市好印象纸品厂
广西南宁市玉云纸制品有限公司
广西舒雅护理用品有限公司
桂林雅湿洁卫生用品有限公司
桂林市实为添卫生用品有限责任公司
广西钦州叶诚纸业有限公司
广西芯飞扬纸业有限公司

● 海南 Hainan
海口秀英万利纸业制品厂
海南聚神科技有限公司
海南欣龙无纺科技制品有限公司

● 重庆 Chongqing
重庆珍爱卫生用品有限责任公司
重庆升瑞纸品有限公司
重庆海明卫生用品有限公司
重庆振汉卫生用品有限公司
重庆百亚卫生用品股份有限公司
重庆市海洁消毒卫生用品有限责任公司
重庆恒立纸业有限公司
重庆东实纸业有限责任公司
重庆真妮丝纸业有限公司
重庆市福莱尔卫生用品有限公司
重庆市雅洁纸业有限公司
重庆市雅思卫生用品有限公司
维尔美纸业(重庆)有限公司
重庆龙璟纸业有限公司

● 四川 Sichuan
四川竹元素卫生用品有限公司
四川康启生物科技有限公司
四川蓝漂日用品有限公司
成都彼特福纸品工艺有限公司
成都金香城纸业有限公司
成都市豪盛华达纸业有限公司
四川友邦纸业有限公司
四川清爽纸业有限公司

● 贵州 Guizhou
贵阳阳光生活用纸厂
遵义恒风纸业有限责任公司
贵州凯里经济开发区冠凯纸业有限公司

● 云南 Yunnan
云南兴亮实业有限公司
云南可靠商贸有限公司
昆明卡拉丁纸业有限公司
昆明市威宝纸制品厂
昆明市港舒卫生用品厂
昆明安生工贸有限公司

● 西藏 Tibet
西藏坎巴嘎布卫生用品有限公司

● 陕西 Shaanxi
西安华源纸业卫生保健用品有限公司
西安福瑞德纸业有限责任公司
西安市丰悦纸品厂
陕西雅润生活用品有限公司
西安佳邦无纺布制品有限公司
西安亮剑科技有限公司
西安市洁雅酒店用品有限责任公司

● 青海 Qinghai
西宁花梦诗纸业有限公司

● 新疆 Xinjiang
新疆乌鲁木齐市鑫之顺纸业

一次性医用非织造布制品
Disposable hygiene medical nonwoven products

● 北京 Beijing
北京圣美洁无纺布制品有限公司
北京创发卫生用品有限公司
北京安宜卫生用品有限公司
北京康宇医疗器材有限公司
北京市通州区利康卫生材料制品厂
北京通州鑫宝卫生材料厂
北京舒尔雅妇婴卫生用品有限公司
中驭(北京)生物工程有限公司
新时代健康产业(集团)有限公司
北京康必盛科技发展有限公司
北京益康卫生材料厂

● 天津 Tianjin
瑞安森(天津)医疗器械有限公司

● 河北 Hebei
石家庄康安医疗有限公司
河北红欣医疗器械科技有限公司
石家庄千汇医用品有限公司
邯郸市恒永防护洁净用品有限公司
雄县家乐纸塑制品有限公司

● 辽宁 Liaoning
丹东市天和纸制品有限公司

● 上海 Shanghai
上海新领域国际贸易有限公司
上海航利实业有限公司
麦迪康医疗用品贸易(上海)有限公司
上海立南商贸有限公司
上海满福纸业包装有限公司
上海英科医疗用品有限公司
上海姝馨无纺布有限公司
上海百府康卫生材料有限公司
银京医疗科技(上海)股份有限公司
上海舒康实业有限公司
上海洁安实业有限公司
上海润辉实业有限公司
上海好贴卫生用品有限公司
上海骏河日用品有限公司
上海华新医材有限公司

● 江苏 Jiangsu
南京依朋纺织品实业有限公司
无锡市恒通医药卫生用品有限公司
江阴健发特种纺织品有限公司
江阴金凤特种纺织品有限公司
江阴茂华复合材料有限公司
常州美康纸塑制品有限公司
常州市宏泰纸膜有限公司
常州市戴溪医疗用品厂
华联保健敷料有限公司
常州市莱洁卫生材料有限公司
常州好利医用品有限公司
常州凯尔德有限公司
常州市圣康医疗器械有限公司
溧阳好利医疗用品有限公司
苏州市奥健医卫用品有限公司
苏州恒星医用材料有限公司
苏州市格瑞美医用材料有限公司
吴江市亿成医疗器械有限公司
苏州杜康宁医疗用品有限公司
张家港志益医材有限公司
苏州维凯医用纺织品有限公司
太仓汉光实业有限公司
南通中纸纸浆有限公司
江苏广达医用材料有限公司
盐城市天盛卫生用品有限公司
江苏柯莱斯克新型医疗用品有限公司
江苏长城医疗器械有限公司
广陵区杭集飞达旅游用品厂
丹阳市金晶卫生用品有限公司
泰州市华芳医用品有限公司
江苏瑞宇医疗用品有限公司
江苏爱曼妮卫生用品有限公司
江苏稳德福无纺科技有限公司

● 浙江 Zhejiang
杭州津诚医用纺织有限公司
杭州欧莱塑料有限公司
杭州临安天福无纺布制品厂
杭州玛姬儿科技有限公司
杭州临安海元无纺制品有限公司
杭州临安华晟日用品有限公司
临安市中元无纺制品厂
宁波华欣医疗器械有限公司
浙江富瑞森水刺无纺布有限公司
世源科技(嘉兴)医疗电子有限公司
浙江弘扬无纺新材料有限公司

浙江嘉鸿非织造布有限公司
长兴恒月无纺布有限公司
绍兴福清卫生用品有限公司
绍兴易邦医用品有限公司
绍兴振德医用敷料有限公司
绍兴市恒盛新材料技术发展有限公司
绍兴市雅康无纺布制品有限公司
浙江和中非织造股份有限公司

● 安徽 Anhui

合肥卫材医疗器械有限公司
合肥普尔德医疗用品有限公司
合肥特丽洁包装技术有限公司
安徽国泓工贸有限公司
合肥法斯特无纺布制品有限公司
安徽万朗医疗科技有限公司
合肥市华润非织造布制品有限公司
合肥欣诺无纺制品有限公司
合肥特丽洁卫生材料有限公司
合肥洁诺无纺布制品有限公司
安徽精诚纸业有限公司
合肥洁尔卫生新材料有限公司
安庆市嘉欣医用材料有限公司(分公司)
安徽省安庆市大鹏卫生材料厂
天长市东安防护用品有限公司
天长市康辉防护用品工贸有限公司
天长市康特美防护用品有限公司
阜阳市捷东塑料制品有限公司

● 福建 Fujian

厦门飘安医疗器械有限公司
麦克罗加(厦门)防护用品有限公司
厦门悠派无纺布制品有限公司
福建康臣日用品有限责任公司
新源(福建)塑胶有限公司

● 江西 Jiangxi

3L 医用制品有限公司
江西易通医疗器械有限公司
江西海福特卫生用品有限公司
南昌卫材医疗器械有限公司
江西昊瑞工业材料有限公司
江西美宝利医用敷料有限公司

● 山东 Shandong

济南美康医疗卫生用品有限公司
青岛信中海国际贸易有限公司
青岛不漂不色健康纺织品有限公司
青岛市哈尼笑笑护理用品科技有限公司
青岛太阳路卫生防护用品有限公司
青岛金泰通用医疗器材有限公司
山东淄博光大医疗用品有限公司
淄博兴华医用器材有限公司
山东省招远市温泉无纺布制品厂
潍坊福山纸业有限公司
山东瑞亿医疗用品有限公司
潍坊裕泰医用品有限公司
威海鸿宇医疗器械有限公司
文登沁源卫生用品有限公司
日照三奇医保用品(集团)有限公司

● 河南 Henan

郑州无纺生活用品有限公司
河南省蓝天医疗器械有限公司
郑州洁之美无纺新材料有限公司
郑州枫林无纺科技有限公司
圣光医用制品股份有限公司
新乡市天虹医疗器械有限公司
新乡市中原卫生材料厂有限责任公司
新乡市好媚卫生用品有限公司
亿信医疗器械股份有限公司
河南省华裕医疗器械有限公司
河南飘安集团有限公司
新乡市华西卫材有限公司
河南省健琪医疗器械有限公司
河南省豫北卫材有限公司
河南亚都实业有限公司
许昌正德医疗用品有限公司
信阳颐和非织布有限责任公司

● 湖北 Hubei

武汉裕民贸易有限公司
仙桃市瑞锋卫生防护用品有限公司
武汉尚美莱贸易有限公司
武汉鼎鑫祥医疗实业有限公司
武汉海斯康防护用品有限公司
东元国贸
湖北省潜江市江赫医用材料有限公司
湖北美德林医疗用品有限公司
武汉美赫可科技有限公司
六连环足疗洗浴用品商行
武汉兰园防护用品有限公司
湖北高德急救防护用品有限公司
武汉金瑞达医疗用品有限公司
仙桃市富实防护用品有限公司
湖北集品防护用品有限公司
湖北金安格医疗用品有限公司
武汉市海瑞康科贸有限公司
武汉鼎伟鸿贸易有限公司
武汉晓行天下商贸有限公司
武汉华天创新工贸有限公司
赛吉特无纺制品(武汉)有限公司

W&K Group
武汉华世达防护用品有限公司
武汉华鑫无纺布有限公司
枝江奥美医疗用品有限公司
汉川市复膜塑料有限责任公司
湖北君言医疗科技有限公司
黄冈市维科曼医用材料有限责任公司
咸宁爱科医疗用品有限公司
咸宁仓禾日用品有限公司
湖北五湖医疗器械有限公司
咸宁市金宏城吸塑包装有限公司
嘉鱼稳健医用纺织品有限公司
湖北中健医疗用品有限公司
仙桃市隽雅防护用品有限公司
仙桃市科诺尔防护用品有限公司
仙桃市天红卫生用品有限责任公司
湖北亿美达实业有限公司
仙桃瑞鑫防护用品有限公司
仙桃市兴荣防护制品有限公司
仙桃特斯威防护用品有限公司
仙桃市通达无纺布制品有限公司
湖北裕民防护用品有限公司
湖北欣意无纺布特种制品有限公司
盛美工贸有限公司
湖北众一塑料制品有限公司
联赛医用产品(湖北)有限公司
仙桃晨光防护用品有限公司
湖北卓美卫生防护用品有限公司
仙桃市剑锋防护用品有限公司
湖北宏宇医用制品有限公司
湖北真诚无纺布制品有限公司
仙桃永利医疗用品有限公司
仙桃市三智无纺布制品有限公司
湖北万里防护用品有限公司
仙桃市鼎成无纺布制品有限公司
仙桃市德明卫生用品有限公司
湖北康成非织造布股份有限公司
今御龙现代科技(湖北)有限公司
湖北健颐卫生用品有限公司

● 广东 Guangdong

金佰利(中国)有限公司广州办事处
广州天美联盟个人用品有限公司
广州市绿芳洲纺织制品厂
广州千子医疗科技有限公司
广州市洪威医疗器械有限公司
广州富海川卫生用品有限公司
广州奥奇无纺布有限公司
广州市金浪星非织造布有限公司
广州健朗医用科技有限公司
深圳市新纶科技股份有限公司
奥美医疗用品有限公司
同高纺织化纤(深圳)有限公司
稳健医疗集团有限公司
国桥实业深圳有限公司
深圳天意宝婴儿用品有限公司
心丽卫生用品(深圳)有限公司
珠海洁新无纺布有限公司
佛山市南海康得福医疗用品有限公司
佛山市南海必得福无纺布有限公司
美亚无纺布科技(东莞)有限公司
东莞市海纳森非织造科技有限公司
东莞市特利丰无纺布有限公司

● 海南 Hainan

海南欣龙无纺科技制品有限公司

● 四川 Sichuan

成都明森医疗器械有限责任公司
四川友邦纸业有限公司

● 陕西 Shaanxi

西安佳邦无纺布制品有限公司

生活用纸相关企业名录

（原辅材料及设备器材采购指南）
（按产品类别分列）

DIRECTORY OF SUPPLIERS RELATED TO TISSUE PAPER & DISPOSABLE PRODUCTS INDUSTRY

（The purchasing guide of equipment and raw/auxiliary materials for tissue paper & disposable products industry）
（sorted by product category）

[5]

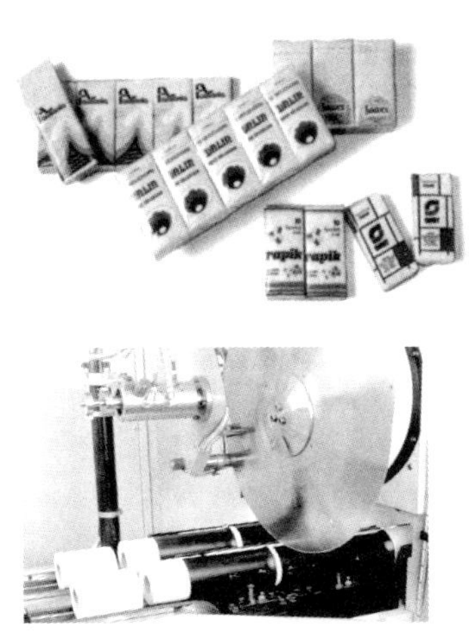

原辅材料生产或供应

Manufacturers and suppliers of raw/auxiliary materials

● 纸浆 Pulp

北京汤丽纸业贸易有限责任公司
北京中基明星纸业有限公司
北京五洲林海贸易有限公司
北京中基亚太贸易有限公司
北京科拉博贸易有限公司
北京瑞文华信贸易有限公司
瑞典艾克曼中国公司北京联络处
日奔纸张纸浆商贸(上海)有限公司北京分公司
丸红(北京)商业贸易有限公司
北京嘉阳创业经贸有限公司
思智浆纸贸易(北京)有限公司
加拿大中加浆纸有限公司北京代表处
中国纸张纸浆进出口公司
加拿大北缘浆纸公司北京代表处
芬欧汇川(中国)有限公司
加拿大天柏浆纸公司北京代表处
中轻物产公司
金光纸业(中国)投资有限公司
北京嘉丰益经贸有限公司
中普科贸有限责任公司
中国纸业投资有限公司
北京韶能本色科技有限公司
北京木村纸业有限公司
新月(天津)纸业有限公司
中轻物产股份有限公司天津分公司
天津市中澳纸业有限公司
天津建发纸业有限公司
天津天立华控股有限公司
天津楠华伟业商贸有限公司
天津港保税区曼特国际贸易有限公司
天津盛汇纸制品有限公司
北纤纸浆(天津)国际贸易有限公司
山西众聚通贸易有限公司
沈阳建发纸业有限公司
辽宁嘉力经贸有限公司
锦州金日纸业有限责任公司
营口洁海资源有限责任公司
绥芬河市三都纸业有限责任公司
华彩印务有限公司
智利阿茹库亚洲代表处
上海中轻纸业有限公司
芬欧汇川(中国)有限公司
美国维博森国际公司上海代表处
英特奈国际纸业投资(上海)有限公司
加笙国际贸易(上海)有限公司
上海森鑫浆纸有限公司
思智浆纸贸易(北京)有限公司上海代表处
瑞典赛尔玛有限公司上海代表处
上海呈泽贸易有限公司
金风车(天津)国际贸易有限公司上海办事处
欧洲港口亚洲有限公司
王子制纸国际贸易(上海)有限公司
上海泰盛制浆(集团)有限公司
上海灏融供应链管理有限公司
巴西金鱼浆纸公司上海代表处
瑞典伊洛夫汉森公司上海代表处
上海东展国际贸易有限公司纸浆部
上海凯昌国际贸易有限公司
丸红(上海)有限公司
上海召锋国际贸易有限公司
上海汇鸿浆纸有限公司
上海道来国际贸易有限公司
中煤金石(上海)能源有限公司
爱生雅(中国)投资有限公司
江苏汇鸿国际集团股份有限公司上海分公司
中基亚太上海办事处
上海汉川纸业有限公司
上海永结浆纸贸易有限公司
上海怡括贸易有限公司
上海楚霖贸易有限公司
上海尹飞祥商贸有限公司
上海峰联浆纸有限公司
芬兰芬宝有限公司上海代表处
三井物产(上海)贸易有限公司
厦门国贸集团股份有限公司上海办事处
上海伊藤忠商事有限公司
山东加林国际贸易发展有限公司上海代表处
上海谦逊贸易有限公司
上海建发纸业有限公司
上海惟海实业有限公司
上海明阳佳木国际贸易有限公司
上海安帝化工有限公司
上海翌虹实业发展有限公司
上海置敦国际贸易有限公司
西班牙阿拉拉纸业上海代表处
上海东轻纸业有限公司
江苏汇鸿国际集团中天控股有限公司
江苏凤凰文化贸易集团有限公司-纸浆分公司
江苏金利达纸业有限公司

苏州艾森纸业有限公司
芬欧汇川(中国)有限公司
镇江市金纸物资有限公司
浙江万邦浆纸集团有限公司
浙江省轻纺供销有限公司
浙江东方纸业有限公司
杭州兆鑫贸易有限公司
浙江省化工进出口有限公司
杭州德逊商贸有限公司
杭州亚灿浆纸有限公司
浙江莱仕浆纸有限公司
嘉兴索博纸业有限公司
天洁集团有限公司
安徽安联浆纸有限公司
金诺纸业(福建)有限公司
福建晋江木浆棉有限公司
九江钱村新材料科技有限公司
江西泰盛纸业有限公司
济南弘安纸业有限公司
山东省轻工业供销有限公司
山东加林国际贸易发展有限公司
山东鼎维浆纸国际贸易有限公司
济南润林浆纸有限公司
山东八方成纸业有限公司
山东巴普贝博浆纸有限公司
山东东昊纸业有限公司
山东枫叶国际贸易发展有限公司
济南玉琳纸品厂
青岛盛达浆纸有限公司
中轻物产股份有限公司青岛分公司
厦门国贸集团股份有限公司
青岛源茂纸业有限公司
山东省轻工业供销有限公司青岛分公司
上海万邦浆纸集团青岛办事处
青岛中易国际贸易有限公司
青岛新锐实业有限公司
浙江万邦浆纸集团有限公司
青岛旭林国际贸易有限公司
远通纸业(山东)有限公司
烟台市供销合作社对外经济贸易有限公司
亚太森博(山东)浆纸有限公司
山东星光木棉纸浆再生资源有限公司
郑州广润纸浆有限公司
河南新华物资集团浆纸中心
厦门建发纸业有限公司纸浆事业部
郑州青云商贸有限公司
河南欣豫国际浆纸有限公司
河南省兆嵘纸业有限公司
河南天维纸业有限公司
洛阳市强胜实业有限公司
焦作瑞丰纸业有限公司
上海泰盛制浆(集团)有限公司
北京中基亚太贸易有限公司武汉办事处
三井物产(上海)贸易有限公司武汉分公司
湖北德有贸易有限公司
赤壁晨力纸业有限公司
湖南林诺工贸发展有限公司
湖南新时代财富投资实业有限公司纸张纸浆部
湖南绿洲浆纸有限公司
广州市永沛贸易有限公司
金风车(天津)国际贸易有限公司广州办事处
亚太森博(广东)纸业有限公司
广东中轻糖业集团有限公司
广州珠江特种纸有限公司
广州市晨辉纸业有限公司
广州建发纸业有限公司
广州隽永发展有限公司
广州瑞盈浆纸有限公司
北京中基亚太贸易有限公司华南市场
珠海市佳尔美有限公司
东莞市天高纸业有限公司
东莞腾冀翔纸业有限公司
东莞市渊俊贸易有限公司
东莞市东建浆纸有限公司
东莞市黄江骏鑫纸品厂
广西东糖投资有限责任公司
广西桂海林浆纸有限公司
广西洋浦南华糖业集团股份有限公司
广西联拓贸易有限公司
贺州市中盛浆纸有限公司
广西农垦集团华垦纸业有限公司
海南金海浆纸业有限公司
重庆倍宜贸易有限公司
四川永丰纸业股份有限公司
成都清雅纸业有限公司
四川省广利贸易有限公司
成都建发纸业有限公司
四川天海煤炭能源有限公司
成都浩骅经济贸易有限公司
四川夹江汇丰纸业有限公司
四川永丰浆纸股份有限公司
四川西龙生物质材料科技有限公司
宜宾纸业股份有限公司
昆明睡美人纸业有限公司
云南云景林纸股份有限公司
宁夏吴忠市兴安商贸有限公司
灯塔亚洲有限公司

● 绒毛浆 Fluff pulp

北京科拉博贸易有限公司
浙江中包浆纸进出口有限公司北京办事处
中化塑料有限公司
金风车(天津)国际贸易有限公司北京办事处
天津市卓越商贸有限公司
中化塑料有限公司(天津办)
天津市中澳纸业有限公司
天津天立华控股有限公司
天津港保税区曼特国际贸易有限公司
斯道拉恩索中国销售部上海办事处
乔治亚大平洋纤维(上海)贸易有限公司
英特奈国际纸业投资(上海)有限公司
瑞典赛尔玛有限公司上海代表处
上海泰盛制浆(集团)有限公司
美国瑞安先进材料中国有限公司上海代表处
瑞典伊洛夫汉森公司上海代表处
上海凯昌国际贸易有限公司
丸红(上海)有限公司
博发浆纸亚洲公司
上海伊藤忠商事有限公司
上海集润贸易有限公司
杭州经安实业投资有限公司
浙江中包浆纸进出口有限公司
浙江省轻纺供销有限公司
浙江省化工进出口有限公司
浙江晶岛实业有限公司
杭州翰永物资有限公司
杭州至正纸业有限公司
厦门东泽工贸有限公司
福建腾荣达制浆有限公司
恒信纸品卫生材料经销部
江西泰盛纸业有限公司
青岛星桥实业有限公司
青岛中易国际贸易有限公司
一诺商贸进出口有限公司
红玫瑰卫生材料有限公司
湖南博弘卫生材料有限公司
湖南翱天进出口有限公司
英特奈国际纸业贸易(上海)有限公司广州分公司
广东中粤进出口有限公司
兴业集团长粤浆纸有限公司
广州建发纸业有限公司
广州诚科贸易有限公司
成都建发纸业有限公司
斯道拉恩索中国销售部(香港办事处)
国际纸业
灯塔亚洲有限公司

● 非织造布 Nonwovens

——热轧、热风、纺粘
Thermalbond，airthrough，spunbonded

北京苏纳可科技有限公司
埃克森美孚(中国)投资有限公司北京分公司
北京信隆无纺布有限公司
柯恩纤维(德国)北京办事处
北京北创无纺布股份有限公司
北京创发卫生用品有限公司
北京清河三羊毛纺织集团有限公司
北京大源非织造股份有限公司
中石化北京燕山分公司树脂应用研究所
中国纺织科学技术有限公司
北京康必盛科技发展有限公司
北京京兰非织造布有限公司
北京兰海汇丰科技有限责任公司
仁通实业有限公司天津代表处
天津市荣唐科技发展有限公司
善野商贸(天津)有限公司
天津市泰和无纺布有限公司
天津市依依卫生用品有限公司
天津齐邦新材料有限公司
三井化学无纺布(天津)有限公司
天津友泰无纺布有限公司
博爱(中国)膨化芯材有限公司(飞特适(天津)无纺布有限公司)
天津市德利塑料制品有限公司
天津和顺达塑料制品有限公司
河北维嘉无纺布有限公司
河北华睿无纺布有限公司
河北天康卫生材料有限公司
河北恒茂非织造布有限公司
河北创发无纺布有限公司
邢台华邦非织造布有限公司
雄县日基包装材料有限公司
河北威廉无纺制品有限公司
河北安国中建无纺布有限公司
沧州三和无纺布有限公司
廊坊中纺新元无纺材料有限公司
香河华鑫非织造布有限公司
大连富源纤维制品有限公司
大连富源纤维贸易有限公司

大连德冠非织造布有限公司
海南欣龙无纺股份有限公司(东北区域销售中心)
辽宁森林木纸业有限公司
锦州利好实业有限公司
兰精纤维(上海)有限公司
可乐丽贸易(上海)有限公司
旭化成国际贸易(上海)有限公司
捷恩智纤维贸易(上海)有限公司
科德宝无纺布公司上海代表处
日本长安贸易株式会社上海代表处
韩国汇维仕(株)上海代表处
伊藤忠纤维贸易(中国)有限公司
蝶理(中国)商业有限公司
上海远景胶粘材料有限公司
东洋纺高机能制品贸易(上海)有限公司
东玺科贸易(上海)有限公司
尤尼吉可(上海)贸易有限公司
帝人商事(上海)有限公司
胜特龙无纺布(上海)有限公司
美国奥克斯科公司
上海波茵达电子商务有限公司
丸红(上海)有限公司
德国司马化学(香港)有限公司上海代表处
上海紫通无纺布有限公司
上海丝瑞丁工贸有限公司
上海汉川纸业有限公司
上海剑良无纺布制品有限公司
黄星贸易(上海)有限公司
上海欣颢贸易有限公司
上海日阳实业有限公司
上海丰格无纺布有限公司
赛得利
上海伊士通新材料发展有限公司
远纺工业(上海)有限公司
上海百府康卫生材料有限公司
塞拉尼斯(中国)投资有限公司
上海润逸纺织科技有限公司
上海枫围服装辅料有限公司
上海精发实业股份有限公司
上海增清非织造布有限公司
上海洁丝纺织科技有限公司
上海盈兹无纺布有限公司
上海西田企业发展有限公司
上海清雅无纺布有限公司
上海洁润丝新材料股份有限公司
康那香企业(上海)有限公司
上海美坚无纺布有限公司
上海意东无纺布制造有限公司
上海官奇纺织品有限公司
上海易迈纤维有限公司
上海西田企业发展有限公司
上海意东无纺布制造有限公司
南京海容包装制品有限公司
南京久盛纸业有限公司
南京锦琪昶新材料有限公司
兰精(南京)纤维有限公司
南京和兴不织布制品有限公司
无锡市正龙无纺布有限公司
致优无纺布(无锡)有限公司
江苏华西村股份有限公司特种化纤厂
江阴健发特种纺织品有限公司
江阴市联盛卫生材料有限公司
江阴市雅立服装衬布有限公司
江阴开源非织造布制品有限公司
江阴市红卫青山纺织有限公司
江阴恒和无纺布制品有限公司
江阴市鑫茂无纺布有限公司
江阴联航科技有限公司
无锡联合包装有限公司
常州益朗国际贸易有限公司
常州市富邦无纺布有限公司
常州市汇利卫生材料有限公司
常州市正杨非织造布有限公司
常州铭然特种纤维有限公司
江苏常州汇盛卫生材料有限公司
常州市三邦卫生材料有限公司
常州市同和塑料制品有限公司
常州亨利无纺布有限公司
常州市洁润无纺布厂
常州维盛无纺科技有限公司
常州市友恒无纺布有限公司
常州市盈瀚无纺布有限公司
常州海蓝无纺科技有限公司
常州新安无纺布有限公司
江苏超月无纺布有限公司
常州汉科无纺布有限公司
常州市锦益机械有限公司
常州锦欣达纤维新材料有限公司
常州市乾顺包装新材料有限公司
常州樱静无纺布有限公司
常州群达纺织原料有限公司
常州凯尔德有限公司
常州市佳敏护理材料有限公司
常州欣希尔涞贸易有限公司
常州市化工轻工材料总公司
维顺(中国)无纺制品有限公司

贝里国际集团
苏州维邦科贸易有限公司
江苏江南高纤股份有限公司
苏州庭美卫材有限公司
苏州新诺斯新材料科技有限公司
常熟市何市星晨纱厂(无纺)
苏州鑫茂无纺材料有限公司
恒天长江生物材料有限公司
常熟市立新无纺布织造有限公司
苏州依朋衬布织造有限公司
苏州长晟无纺科技有限公司
张家港骏马无纺布有限公司
苏州铭辰无纺布有限公司
张家港市新正源特种纤维有限公司
张家港荣运进出口贸易有限公司
张家港市优洁无纺布有限公司
昆山纬安丰合成新材料有限公司
昆山胜昱无纺布有限公司
昆山真善诚无纺布制品厂有限公司
昆山建全防水透气材料有限公司
江苏盛纺纳米材料科技股份有限公司
汇维新材料(昆山)有限公司
昆山市三羊无纺布有限公司
松本图层科技(昆山)有限公司
太仓富鋆化纤有限公司
南通江潮纤维制品有限公司
东丽高新聚化(南通)有限公司
江苏丽洋新材料股份有限公司
南通和硕塑胶制品有限公司
南通汇优洁医用材料有限公司
南通金威复合材料有限公司
南通康盛无纺布有限公司
连云港柏德实业有限公司
江苏华龙无纺布有限公司
江苏树林无纺布有限公司
盐城鼎棉非织造材料有限公司
盐城纺织进出口有限公司
江苏中石纤维股份有限公司
盐城申安无纺布工贸有限公司
盐城美然无纺布有限公司
盐城恒天无纺布科技有限公司
扬州奥特隆无纺布有限公司
扬州吉欧派克实业有限公司
扬州石油化工有限责任公司
扬州石化有限责任公司化纤分厂
丹阳市恒辉纤维材料有限公司
午和(江苏)差别化纤维有限公司
江苏稳德福无纺科技有限公司
杭州万峰纺织原料有限公司
德沃尔无纺布(杭州)有限公司
浙江华银非织造布有限公司
杭州华晨非织造布有限公司
杭州奥荣科技有限公司
杭州诚进贸易有限公司
杭州萧山航民非织造布有限公司
浙江金亿乐无纺布科技有限公司
杭州森润无纺布科技有限公司
杭州金百合非织造布有限公司
杭州易东纸制品有限公司
杭州雷龙无纺布有限公司
杭州升博清洁用品有限公司
杭州临安欣顺无纺制品有限公司
杭州宸达新材料有限公司
浙江安顺化纤有限公司
宁波拓普集团股份有限公司
宁波艾凯逊包装有限公司
宁波天诚化纤有限公司
慈溪金轮复合纤维有限公司
宁波市菲斯特化纤有限公司
慈溪市逸红无纺布有限公司
宁波大发化纤有限公司
宁波东誉无纺布有限公司
宁波海诚复合材料有限公司
温州宏欣非织布科技有限公司
温州海柔进出口有限公司
温州市瓯海合利塑纸厂
温州昌隆纺织科技有限公司
温州永宏化纤有限公司
温州恒基包装有限公司
华昊无纺布有限公司
浙江开杰无纺布有限公司
温州市诚亿化纤有限公司
瑞安市伶峰纸业有限公司
温州朝隆纺织机械有限公司
嘉兴市惠丰化纤厂
浙江新维狮合纤股份有限公司
嘉兴市新丰特种纤维有限公司
嘉兴市申新无纺布厂
嘉兴市星星化纤制品厂
嘉兴诗洁无纺布制品有限公司
浙江聚优非织造材料科技有限公司
浙江华泰非织造布有限公司
浙江嘉鸿非织造布有限公司
浙江诺莱博新材料科技有限公司
海宁市美迪康非织造新材料有限公司
浙江麦普拉新材料有限公司

海宁新能纺织有限公司
海宁市威灵顿新材料有限公司
南六企业(平湖)有限公司
嘉兴金旭医用科技有限公司
浙江永光无纺衬业有限公司
嘉兴市中超无纺布有限公司
湖州唯可新材料科技有限公司
湖州欧丽卫生材料有限公司
长兴金科进出口有限公司
金三发集团·优全护理
湖州吉豪非织造布有限公司
长兴天川非织造布有限公司
长兴润兴无纺布厂
长兴昊达无纺布有限公司
湖州冠晟进出口有限公司
绍兴市天桑科技材料有限公司
绍兴汉升塑料制品有限公司
浙江佳宝新纤维集团有限公司
绍兴泽楷卫生用品有限公司
绍兴市耀龙纺粘科技有限公司
浙江耐特过滤技术有限公司
绍兴庄洁无纺材料有限公司
浙江吉麻良丝新材料股份有限公司
浙江乐芙技术纺织品有限公司
绍兴聚能新材料科技有限公司
绍兴普乐新材料科技有限公司
兰溪市兴汉塑料材料有限公司
金华市隆发无纺布有限公司
浙江三象新材料科技有限公司
兰溪市华塑无纺布有限公司
浙江广鸿无纺布有限公司
浙江东阳市三星实业有限公司
浙江远帆无纺布有限公司
浙江冠诚科技有限公司
合肥永恒包装材料有限公司
合肥市华润非织造布制品有限公司
合肥双成非织造布有限公司
合肥欣诺无纺制品有限公司
合肥华为无纺科技有限公司
安徽盛华纺织有限责任公司
马鞍山同杰良生物材料有限公司
安徽华茂纺织股份有限公司
安徽康弘医疗器械股份有限公司
界首市圣通无纺布有限公司
厦门象屿上扬贸易有限公司
厦门双键贸易有限公司
厦门市纳丝达无纺布有限公司
厦门恒大工业有限公司
厦门创业人环保科技有限公司
厦门美润无纺布股份有限公司
福绵(厦门)无纺布制品有限公司
三明市康尔佳卫生用品有限公司
泉州市汉卓卫生材料科技有限责任公司
泉州妮彩卫生材料科技有限公司
福建省泉州慧利新材料科技有限公司
泉州怡鑫新材料科技有限公司
泉州华诺无纺布有限责任公司
泉州金博信无纺布科技发展有限公司
石狮市新祥华染整发展有限公司
兴顺卫生材料用品有限公司
泉州华利塑胶有限公司
威利达(福建)轻纺发展有限公司
晋江育灯纺织有限公司
福建省腾邦纸业有限公司
晋江市百丝达无纺布有限公司
福建鑫华股份有限公司
福建冠泓工业有限公司
晋江市兴泰无纺制品有限公司
福建石狮市坚创塑胶有限公司
晋江万景新材料科技有限公司
泉州韩联塑料制品有限公司
晋江恒利达无纺布有限公司
福建省南安市恒丰纸品有限公司
福建恒利集团有限公司
福建省创美无纺布制品有限公司
福建省乔东新型材料有限公司
福建金坛实业有限公司
泉州市诚泰卫生材料有限公司
江西国桥实业有限公司
江西省南昌市恒丰卫材料科技有限公司
进贤益成实业有限公司
江西东钜实业有限公司
江西昊瑞工业材料有限公司
吉安市三江超纤无纺有限公司
山东康洁非织造布有限公司
济南市开扬塑业有限公司
青岛盛盈新纺织品有限公司
日本蝶理株式会社青岛代表处
青岛市凯美特化工科技有限公司
青岛信义元工贸有限公司
青岛海富通无纺布有限公司
青岛惠润包装有限公司
青岛颐和无纺布有限公司
青岛聚福祥塑业有限公司
山东久和无纺布有限公司
山东华业无纺布有限公司

淄博美思邦工贸有限公司
淄博瑞泽非织造布有限公司
山东华强无纺布有限公司
淄博德坤薄膜有限公司
淄博鑫峰纤维材料有限公司
滕州永喜无纺布有限公司
山东俊富无纺布有限公司
东营市神州非织造材料有限公司
山东海威卫生新材料有限公司
山东荣泰新材料科技有限公司
东营海容新材料有限公司
莱州玉盛非织布有限公司
山东俊富非织造材料有限公司
潍坊志和无纺布有限公司
潍坊金科卫生材料科技有限公司
潍坊市海王新型防水材料有限公司
寿光金汇昇无纺布有限公司
山东高密银鹰化纤进出口有限公司
潍坊市琨福无纺布有限公司
山东星地新材料有限公司
海斯摩尔生物科技有限公司
山东泰鹏环保材料股份有限公司
威海市茂盛卫生材料厂
威海市翰迪新材料有限公司
日照三银纺织有限公司无纺布厂
临沂天坤无坊布有限公司
山东晶鑫无纺布制品有限公司
达利源卫生材料用品有限公司
山东名茜生物科技有限公司
山东金信无纺布有限公司
山东丽洁无纺布科技有限公司
青岛百草新材料股份有限公司
潍坊杰高长纤维制品科技有限公司
郑州豫力新材料科技有限公司
长垣虎泰无纺布有限公司
河南飘安集团有限公司
德威布业有限公司
邓州市龙泰无纺布科技有限公司
信阳颐和非织布有限责任公司
武汉永强化纤有限公司
武汉远纺新材料有限公司
武汉协卓卫生用品有限公司
荆州市平云卫生用品有限公司
宜昌市欣龙卫生材料有限公司
宜昌市欣龙熔纺新材料有限公司
湖北博韬合纤有限公司
湖北金龙非织造布有限公司
稳健医疗(黄冈)有限公司
湖北三羊塑料制品有限责任公司
湖北佰斯特卫生用品有限公司
仙桃瑞鑫防护用品有限公司
仙桃市德兴塑料制品有限公司
恒天嘉华非织造有限公司
湖北永灿新材料有限公司
湖北光大新材料股份有限公司
湖北康成非织造布股份有限公司
长沙市艾芯卫生材料有限公司
宁乡五鑫无纺布有限公司
长顺新材料(长沙)有限公司
湖南博弘卫生材料有限公司
长沙腾鑫商贸有限公司
长沙建益新材料有限公司
湖南盛锦新材料有限公司
湖南欣龙非织造材料有限公司
长沙丰润卫生用品有限公司
科凯精细化工(上海)有限公司广州办事处
SAAF 无纺布公司广州代表处
广州常明拓展贸易有限公司
广州泰跃贸易有限公司
广州泰瑞无纺布有限公司
广州欣龙联合营销有限公司
韩国大林公司广州办事处
中海壳牌石油化工有限公司
埃克森美孚(中国)投资有限公司广州分公司
俊富集团无纺布事业部
广州市绿芳洲纺织制品厂
广州汀兰无纺布制品厂
广州诺胜无纺制品有限公司
广州逸朗生物科技有限公司
广州慧名纤维制品有限公司
广州全永不织布有限公司
广州海鑫无纺布实业有限公司
广州市花都区新华三胜机械设备厂
广东一洲新材料科技有限公司
广州富海川卫生用品有限公司
广州市锦盛辉煌无纺布有限公司
广州市新辉联无纺布有限公司
广州华昊无纺布有限公司
广州裕康无纺科技有限公司
广州艺爱丝纤维有限公司
广州俊麒无纺布企业有限公司
广州市金浪星非织造布有限公司
广州市东州无纺布有限公司
杜邦中国集团有限公司
深圳市东纺无纺布有限公司
金旭环保制品(深圳)有限公司

同高纺织化纤(深圳)有限公司
深圳市宜丽健康科技发展有限公司
国桥实业深圳有限公司
深圳市新中洁无纺布有限公司
深圳市志润达实业有限公司
深圳市彩虹无纺布有限公司
信友宏业贸易(深圳)有限公司
珠海市华纶无纺布有限公司
科龙达无纺布厂
汕头市迷歌织造实业有限公司
佛山市格菲林卫材科技有限公司
佛山市南海凯旭无纺布科技有限公司
南海南新无纺布有限公司
佛山市裕丰无纺布有限公司
佛山市南海必得福无纺布有限公司
南海樵和无纺布有限公司
佛山市南海福莱轩无纺布有限公司
佛山市南海区常润无纺布加工厂
佛山市天骅科技有限公司
佛山市花皇无纺布有限公司
佛山市厚海复合材料有限公司
佛山市昌伟非织造材料有限公司
佛山市景淇商贸有限公司
佛山市瑞信无纺布有限公司
佛山市南海佳缎无纺布有限公司
佛山市拓盈无纺布有限公司
广东赛凌贸易集团有限公司
佛山市三水通兴无纺布有限公司
佛山市佳纬无纺布有限公司
江门市纺兴无纺布厂
江门市鸿远纤维制品有限公司
江门市科盈无纺布有限公司
江门市月盛无纺布有限公司
江门市永晋源无纺布有限公司
江门市多美无纺布有限公司
广东恒通无纺布有限公司
肇庆市特纺化纤科技有限公司
惠州市金豪成无纺布有限公司
东莞市永源工贸无纺布制品有限公司
美亚无纺布科技(东莞)有限公司
东莞市科环机械设备有限公司
东莞市威骏不织布有限公司
东莞市信远无纺布有限公司
东莞市恒达布业有限公司
东莞市锦晨无纺布厂
东莞市康晟纺织有限公司
中山市德伦包装材料有限公司
广东秋盛资源股份有限公司
南宁同厚贸易有限责任公司
欣龙控股(集团)股份有限公司
海南欣龙无纺股份有限公司
重庆森步复合材料有限责任公司
重庆艾高日用品有限公司
四川汇维仕化纤有限公司
成都铂昊新材料科技有限公司
成都昊达卫生材料有限公司
成都益华塑料包装有限公司
成都鑫昇利无纺布有限公司
宜宾丝丽雅股份有限公司
西安瑞亿无纺布有限公司
康那香企业股份有限公司
富登股份有限公司
南六企业股份有限公司
上登实业有限公司
兰精(香港)有限公司
艺爱丝维顺香港有限公司
益成无纺布有限公司
美亚无纺布工业有限公司

——水刺 Spunlaced

北京苏纳可科技有限公司
北京信隆无纺布有限公司
北京北创无纺布股份有限公司
贝护科技发展(北京)有限公司
北京大源非织造股份有限公司
天津市荣唐科技发展有限公司
东纶科技实业有限公司
大连瑞光非织造布集团有限公司
海南欣龙无纺股份有限公司(东北区域销售中心)
上海德雁无纺布有限公司
伊藤忠纤维贸易(中国)有限公司
尤尼吉可(上海)贸易有限公司
上海波茵达电子商务有限公司
上海紫通无纺布有限公司
上海赤马拓道实业有限公司
欣龙控股(集团)股份有限公司上海分公司
上海日阳实业有限公司
上海麦世科无纺布集团有限公司
上海百府康卫生材料有限公司
上海增清非织造布有限公司
江阴市双源非织造布有限公司
江阴顺浩针纺织有限公司
常州亨利无纺布有限公司
常州维盛无纺科技有限公司
江苏东方洁妮尔水刺无纺布有限公司

常州华纳非织造布有限公司
常州市乾顺包装新材料有限公司
江苏江南化纤集团有限公司
苏州三和金酒店卫生用品有限公司
苏州先蚕化妆品有限公司
苏州美森无纺科技有限公司
常熟市永得利水刺无纺布有限公司
苏州舜杰水刺复合新材料有限公司
常熟市亿美达无纺科技有限公司
常熟市恒运无纺制品有限公司
森拓非织造布有限公司
常熟市百利弗无纺制品有限公司
苏州艾美医疗用品有限公司
昆山丝倍奇纸业有限公司
昆山真善诚无纺布制品厂有限公司
龙帛生物科技有限公司
台新纤维制品(苏州)有限公司
江苏丽洋新材料股份有限公司
南通康盛无纺布有限公司
南通康吉无纺布有限公司
中国石化仪征化纤股份有限责任公司
江苏瑞宇医疗用品有限公司
杭州创蓝无纺布有限公司
杭州路先非织造股份有限公司
杭州萧山凤凰纺织有限公司
杭州杭纺科技有限公司
杭州盛欣纺织有限公司
杭州兴农纺织有限公司
杭州萧山航民非织造布有限公司
杭州四茂无纺布有限公司
杭州超友无纺布有限公司
杭州新福华无纺布有限公司
杭州思进无纺布有限公司
杭州诚品实业有限公司
杭州森润无纺布科技有限公司
杭州新兴无纺布有限公司
杭州国臻实业有限公司
杭州科美非织造布有限公司
浙江华顺科技股份有限公司
杭州升博清洁用品有限公司
杭州临安天福无纺布制品厂
杭州优标纺织有限公司
宁波拓普集团股份有限公司
宁波炜业科技有限公司
温州新宇无纺布有限公司
温州市鹿城希伯仑实业公司
浙江本源水刺布有限公司
浙江富瑞森水刺无纺布有限公司
浙江弘扬无纺新材料有限公司
浙江互生非织造布有限公司
海宁市美迪康非织造新材料有限公司
南六企业(平湖)有限公司
嘉兴南华无纺材料有限公司
嘉兴金旭医用科技有限公司
杭州冰儿无纺布有限公司
湖州欧丽卫生材料有限公司
长兴金科进出口有限公司
金三发集团·优全护理
浙江王金非织造布有限公司
绍兴市恒盛新材料技术发展有限公司
绍兴市爱健卫生用品有限公司
绍兴舒洁雅无纺材料有限公司
浙江和中非织造股份有限公司
绍兴庄洁无纺材料有限公司
绍兴万皇美无纺布有限公司
浙江乐芙技术纺织品有限公司
恒昌集团有限公司
合肥普尔德医疗用品有限公司
合肥双成非织造布有限公司
马鞍山同杰良生物材料有限公司
安庆市嘉欣医疗用品科技有限公司
安庆华欣产业用布有限公司
安庆市嘉欣医用材料有限公司(分公司)
安庆华维产业用布有限公司
安庆市景皇护理用品有限公司
晋江市百丝达无纺布有限公司
晋江市兴泰无纺制品有限公司
福建南纺股份有限公司
江西东钜实业有限公司
江西昊瑞工业材料有限公司
吉安市三江超纤无纺有限公司
山东省永信非织造材料有限公司
滕州市宏拓工贸有限公司
山东锦腾弘达水刺无纺布有限责任公司
潍坊三维非织造材料有限公司
潍坊恒锦无纺材料有限公司
青州东鑫纸业有限公司
寿光金汇昇无纺布有限公司
山东贝护纺织科技有限公司
山东新光股份有限公司
山东冠骏清洁材料科技有限公司
山东昌诺新材料科技有限公司
山东好家庭日用品有限公司
山东德润新材料科技有限公司
郑州枫林无纺科技有限公司
长垣虎泰无纺布有限公司

玉洁无纺新材料有限公司
新乡市启迪无纺材料有限公司
河南省润玉无纺布有限公司
河南省盈博生物科技有限公司
河南飘康吉安卫材有限公司
信阳颐和非织布有限责任公司
济源市小浪底无纺布有限公司
宜昌市欣龙熔纺新材料有限公司
湖北源美无纺布有限公司
湖北欣柔科技有限公司
赤壁恒瑞非织造材料有限公司
岳阳福华水刺无纺布有限公司
湖南福尔康医用卫生材料股份有限公司
湖南欣龙非织造材料有限公司
广州市科纶实业有限公司
广州欣龙联合营销有限公司
广州市绿芳洲纺织制品厂
广州康尔美理容用品厂
广州荣力无纺布有限公司
稳健医疗集团有限公司
稳健医疗用品股份有限公司
佛山市南海塔吉美纸业有限公司
东莞市海纳森非织造科技有限公司
东莞市威骏不织布有限公司
东莞市恒达布业有限公司
东莞市多利无纺布有限公司
东莞市章达化纤纺织品有限公司
欣龙控股(集团)股份有限公司
海南欣龙无纺股份有限公司
重庆康美无纺布有限公司
成都益华塑料包装有限公司
新疆盛泰纺织有限公司
卫普实业股份有限公司
南六企业股份有限公司
新丽企业股份有限公司

——干法纸　Airlaid

北京瑞森纸业有限公司
圣路律通(北京)科技有限公司
博爱(中国)膨化芯材有限公司(飞特适(天津)无纺布有限公司)
天津德安纸业有限公司
保定市雄鹏纸制品有限公司
廊坊本色芯材制品有限公司
王子奇能纸业(上海)有限公司
上海凯昌国际贸易有限公司
上海诺惟雅实业有限公司
上海奇丽纸业有限公司
上海协润贸易有限公司
上海通贝吸水材料有限公司
Technical Absorbents Ltd. 中国办事处
中丝(上海)新材料科技有限公司
上海森绒纸业有限公司
旭耀纸业(上海)有限公司
亿利德纸业(上海)有限公司
江阴联航科技有限公司
苏州欧德无尘材料有限公司
嘉斐特贸易(苏州)有限公司
苏州德尔赛电子有限公司
南通中纸纸浆有限公司
旭耀新材料(淮安)科技有限公司
盐城纺织进出口有限公司
临安市振宇吸水材料有限公司
慈溪市逸红无纺布有限公司
宁波东誉无纺布有限公司
嘉兴市申新无纺布厂
嘉兴市诚家辉纸业有限公司
浙江王金非织造布有限公司
浙江晶鑫特种纸业有限公司
泉州长荣纸品有限公司
泉州恒润纸业有限公司
福建晋江木浆棉有限公司
恒信纸品卫生材料经销部
博源纸制品有限公司
南安市万成纸业公司
福建省洁诚卫生用品有限公司
江西昊瑞工业材料有限公司
济南华奥无纺科技有限公司
威海精诚进出口有限公司
郯城县银河吸水材料有限公司
山东信成纸业有限公司
红玫瑰卫生材料有限公司
平顶山市乾丰纸制品有限公司
河南鹤壁中原纸业有限公司
湖南省宁乡县博源纸业有限公司
广东一洲新材料科技有限公司
科德利净化科技有限公司
深圳市美芳雅无纺布有限公司
深圳市康业科技有限公司
佛山市益贝达卫生材料有限公司
佛山市格菲林卫材科技有限公司
佛山华亨卫生材料有限公司
金冠神州纸业有限公司
江门市润丰纸业有限公司
惠州泰美纸业有限公司

东莞市渊俊贸易有限公司
东莞市润佳无纺布制品厂
东莞市佰捷电子科技有限公司
东莞市普林思顿净化用品有限公司
洁新纸业股份有限公司
南宁侨虹新材料有限责任公司
重庆陶氏纸业有限公司

——导流层材料
Acquisition distribution layer (ADL)

上海丰格无纺布有限公司
苏州新诺斯新材料科技有限公司
苏州鑫茂无纺材料有限公司
杭州唯可卫生材料有限公司
杭州欣富实业有限公司
宁波格创无纺科技有限公司
长兴润兴无纺布厂
厦门掀科商贸有限公司
福建冠泓工业有限公司
晋江恒利达无纺布有限公司
福建省南安市欢益塑胶制品有限公司
科龙达无纺布厂
江门市永晋源无纺布有限公司

● 打孔膜及打孔非织造布
Apertured film and apertured nonwovens

北京创发卫生用品有限公司
天津市德利塑料制品有限公司
天津和顺达塑料制品有限公司
河北精诚新材料科技有限公司
雄县顺天鑫工贸有限公司
伊藤忠纤维贸易(中国)有限公司
上海柔亚尔卫生材料有限公司
上海锦盛卫生材料发展有限公司
卓德嘉薄膜(上海)有限公司
江阴开源非织造布制品有限公司
常州市中阳塑料制品厂
常州新安无纺布有限公司
常州市美蝶薄膜有限公司
杰翔塑胶工业(苏州)有限公司
苏州荷洛裴塑胶制品有限公司
苏州鑫茂无纺材料有限公司
盐城申安无纺布工贸有限公司
江苏豪悦实业有限公司
杭州唯可卫生材料有限公司
杭州欣富实业有限公司
杭州全兴塑业有限公司
杭州丰正新材料科技有限公司
温州市瓯海合利塑纸厂
嘉兴众立塑胶有限公司
厦门玖州工贸有限公司
厦门新旺新材料科技有限公司
厦门延江新材料股份有限公司
泉州妮彩卫生材料科技有限公司
福建省泉州慧利新材料科技有限公司
泉州市露泉卫生用品有限公司
泉州耳东纸业有限公司
兴顺卫生材料用品有限公司
晋江源美塑料制品科技有限公司
福建石狮市坚创塑胶有限公司
福建省南安市欢益塑胶制品有限公司
达利源卫生材料用品有限公司
山东宝利卫生用品厂
山东郯城宏达流延膜厂
临沂益兴纸品有限公司
焦作艾德嘉工贸有限公司
长沙市艾芯卫生材料有限公司
长顺新材料(长沙)有限公司
广州卓德嘉薄膜有限公司
深圳市金顺来实业有限公司
佛山市嘉海科技有限公司
佛山市腾华塑胶有限公司
佛山市南海康利卫生材料有限公司
佛山市南海凯旭无纺布科技有限公司
佛山市强的无纺布材料有限公司
佛山市南海必得福无纺布有限公司
佛山市顺德区北滘森丰源纸品厂
广东省江门市瑞兴卫材无纺布有限公司
中山市德伦包装材料有限公司
中山市小榄镇中南塑料皮件厂
中山市利宏包装印刷有限公司
重庆和泰润佳股份有限公司
重庆怡洁科技发展有限公司

● 流延膜及塑料母粒
PE film and plastic masterbatch

杜邦中国集团有限公司北京分公司
北京众信鼎诚科技有限公司

北京创发卫生用品有限公司
北京大正伟业塑料助剂有限公司
中石化北京燕山分公司树脂应用研究所
北京燕山和成橡塑新材料有限公司
亚孚广源国际贸易(北京)有限公司
北京世纪新飞卫生材料有限公司
北京康必盛科技发展有限公司
天津集虹塑料科技有限公司
天津登峰卫生用品材料有限公司
天津市尚好卫生材料有限公司
天津友泰无纺布有限公司
天津市德利塑料制品有限公司
天津和顺达塑料制品有限公司
新乐华宝塑料薄膜有限公司
雄县日基包装材料有限公司
雄县开元包装材料有限公司
雄县东升塑业有限公司
雄县顺天鑫工贸有限公司
沧州三和无纺布有限公司
沧州市亚泰塑胶有限公司
沧州市泰昌流延膜有限责任公司
沧州兆鑫塑业有限公司
沈阳市东星塑料制品有限公司
大连金州鑫林工贸有限公司
大连瑞光非织造布集团有限公司
大连品冠环保包装科技有限公司
可乐丽贸易(上海)有限公司
上海迪爱生贸易有限公司
韩国大林有限公司上海代表处
可隆工业株式会社
上海四合贸易有限公司
上海德天企业有限公司
江苏精良高分子材料有限公司
上海诺惟雅实业有限公司
三井塑料贸易(上海)有限公司
上海尚瑞格塑胶有限公司
上海同杰良生物材料有限公司
埃克森美孚化工商务(上海)有限公司
上海紫华企业有限公司
上海嘉澜科贸有限公司
上海凌顶贸易有限公司
上海永邦科盛贸易有限公司
上海百府康卫生材料有限公司
沙特基础工业公司
上海炫弋新材料有限公司
上海鲁聚聚合物技术有限公司
上海金住色母料有限公司
上海卢啸新材料科技有限公司
上海慕色新材料科技有限公司
上海葳易化工科技有限公司
上海维纳尔塑胶母粒有限公司
上海羽迪新材料科技有限公司
上海庄生实业有限公司
上海三承高分子材料科技有限公司
卓德嘉薄膜(上海)有限公司
上海优珀斯材料科技有限公司
上海德山塑料有限公司
上海颜专塑料贸易有限公司
住化塑料化工贸易(上海)有限公司
南京普莱克贸易有限公司
南京锦天塑胶有限公司
比澳格(南京)环保材料有限公司
南京旺福包装制品实业有限公司
南京三华纸业有限公司
南京陶吴天赐塑料厂
无锡华亭塑料薄膜有限公司
江阴天畅塑料科技有限公司
江阴市凯凯纸塑制品有限公司
江阴开源非织造布制品有限公司
江阴市得宝新材料科技有限公司
常州(美孚森)贸易有限公司
常州高创塑业有限公司
常州市彩丽塑料色母料有限公司
常州市西牛塑料实业有限公司
加洲塑料制品(常州)有限公司
常州市中天塑母粒有限公司
常州市宏泰纸膜有限公司
常州市戚墅堰宏发五金塑料厂
常州盖亚材料科技有限公司
江苏普莱克红梅色母料股份有限公司
常州市精创塑料科技有限公司
常州市润洁塑料制品有限公司
江苏常州汇盛卫生材料有限公司
常州市腾亿塑料制品厂
常州市同和塑料制品有限公司
常州唯尔福卫生用品有限公司
常州市洁润无纺布厂
常州市中阳塑料制品厂
常州市润舒塑料制品有限公司
常州振扬塑料制品有限公司
常州市欧诺塑业有限公司
常州市恒惠纸业有限公司
常州市美蝶薄膜有限公司
常州市天王塑业有限公司
常州市万美植绒饰品有限公司
常州圣雅塑母粒有限公司

常州市剑鹏塑料制品厂
常州凯尔德有限公司
常州市双成塑母料有限公司
常州市佳敏护理材料有限公司
苏州竹本贸易有限公司
苏州市格瑞美医用材料有限公司
苏州森源塑料制品有限公司
杰翔塑胶工业(苏州)有限公司
安庆市兴中包装有限公司
大盈塑料(苏州工业园区)有限公司
苏州荷洛裴塑胶制品有限公司
诚石塑料包装
张家港市九洲塑料母粒制造有限公司
苏州铭辰无纺布有限公司
张家港市昕光塑胶制品有限公司
苏州瑞泰包装材料有限公司
顺昶塑胶(昆山)有限公司
昆山建全防水透气材料有限公司
苏州豪诺塑胶制品有限公司
斯坦德瑞琪色彩(苏州)有限公司
住化佳良精细材料(南通)有限公司
南通万叠塑胶有限公司
南通棉盛家用纺织品有限公司
南通金威复合材料有限公司
华通联合(南通)塑胶工业有限公司
盐城昌源塑料制品厂
盐城瑞泽色母粒有限公司
盐城悦源塑料制品厂
盐城恒源卫生材料有限公司
江苏宇东塑业有限公司
丹阳市金达流延膜厂
江苏向东塑料科技有限公司
江苏兰金科技发展有限公司
江苏允友成生物环保材料有限公司
杭州玉杰化工有限公司
杭州彩源材料科技有限公司
杭州奥风科技有限公司
杭州集成复合材料有限公司
杭州新光塑料有限公司
杭州全兴塑业有限公司
杭州理康塑料薄膜有限公司
富阳天纬塑胶有限公司
浙江金淳高分子材料有限公司
浙江沪盛能源有限公司
宁波市宁扬国际贸易有限公司
宁波新天美塑业有限公司
温州市瓯海合利塑纸厂
温州弘达塑料制品有限公司
嘉兴市惠丰化纤厂
浙江麦普拉新材料有限公司
浙江戴乐新材料有限公司
浙江德清金乾新材料有限公司
绍兴市天燊科技材料有限公司
绍兴汉升塑料制品有限公司
绍兴泽楷卫生用品有限公司
兰溪市兴汉塑料材料有限公司
浙江百浩工贸有限公司
浙江三象新材料科技有限公司
台州市明大卫生材料有限公司
浙江明日控股集团股份有限公司
龙泉鸿业塑料有限公司
合肥开宇塑料制品有限公司
合肥美邦新材料科技有限公司
马鞍山市康洁流延膜有限公司
安徽缤飞塑胶科技有限公司
永新股份(黄山)包装有限公司
六安青松色母粒有限公司
安徽双津实业有限公司
福建惠亿美环保材料科技有限公司
厦门太润商贸有限公司
厦门海源亿鑫投资有限公司
厦门海牧进出口有限公司
厦门上登进出口有限公司
厦门正林化工进出口有限公司
厦门元泓工贸有限公司
厦门塑化贸易有限公司
厦门塑友化工科技有限公司
厦门鹭海通贸易有限公司
广州和氏璧化工材料有限公司厦门办事处
厦门玖州工贸有限公司
厦门市阳光海峡科技发展有限公司
厦门冠颜塑化科技有限公司
厦门汉润工程塑料有限公司
厦门聚富塑胶制品有限公司
厦门毅兴行塑料原料有限公司
厦门市馥荣塑料制品有限公司
厦门燕达斯工贸有限公司
厦门鑫万彩塑胶染料工贸有限公司
厦门市海得堡工贸公司
福建省三明市永安市三源丰水溶膜有限公司
泉州恒嘉塑料有限公司
新飞卫生材料有限公司
泉州市汉卓卫生材料科技有限责任公司
泉州市金顺盛胶片科技有限公司
泉州市露泉卫生用品有限公司

泉州市宏昌顺卫生用品有限公司
泉州怡鑫新材料科技有限公司
泉州环球塑胶有限公司
福建琦峰科技有限公司
泉州联盛新材料科技有限公司
石狮市炎英塑胶制品有限公司
泉州市佳盛卫生材料有限公司
福达利彩印有限公司
晋江市石达塑胶精细有限公司
泉州豪昌塑料制品科技有限公司
铭佳流延膜有限公司
晋江万源制膜有限公司
晋江恒新纸业有限公司
泉州华乐塑胶科技有限公司
晋江市恒联塑料制品有限公司
泉州市三维塑胶发展有限公司
恒信纸品卫生材料经销部
福建石狮市坚创塑胶有限公司
晋江环驰进出口贸易有限公司
晋江市月光塑料制品有限公司
晋江市精诚塑胶制品有限公司
恒强卫生用品材料有限公司
泉州韩联塑料制品有限公司
晋江月光塑料薄膜有限公司
泉州爱丽卡新材料科技有限公司
泉州盈润新材料科技有限公司
南安市玉和塑胶有限公司
泉州彩虹塑胶有限公司
福建南安实达塑料色母有限公司
南安长利塑胶有限公司
福建翱翔工贸有限公司
晋江月光塑料薄膜有限公司
轩品塑胶制品有限公司
江西广源新材料有限责任公司
青岛天塑国际贸易有限公司
淄博德坤薄膜有限公司
山东恒源新材料有限公司东营开发区恒基化工原料销售中心
山东道恩高分子材料股份有限公司
山东联众包装科技有限公司
济宁得亚利聚合体有限公司
威海德翔新材料科技有限公司
达利源卫生材料用品有限公司
山东宝利卫生用品厂
山东郯城宏达流延膜厂
临沂益兴纸品有限公司
山东郯城新东风塑料包装制品有限公司
山东诺诚包装科技有限公司
郑州裕德兴新材料有限公司
焦作艾德嘉工贸有限公司
许昌嘉立包装材料有限公司
武汉市国升塑化实业有限公司
武汉欣联创塑化有限公司
湖北永泰塑胶有限公司
武汉晶鸿兴塑业有限公司
武汉普莱克红梅色母料有限公司
陶氏化学(中国)投资有限公司武汉分公司
武汉金广大包装用品有限公司
包大师(上海)材料科技有限公司武汉办事处
武汉领航塑胶有限公司
武汉一新中大塑业有限公司
武汉金发科技有限公司
武汉卓凡中天包装材料有限公司
武汉新中德塑机股份有限公司
荆门市三旺塑业有限公司
湖北三羊塑料制品有限责任公司
湖北佰斯特卫生用品有限公司
湖北慧狮塑业股份有限公司
仙桃市德兴塑料制品有限公司
湖北华飞新材料有限公司
长沙市艾芯卫生材料有限公司
湖南佳润塑料制品有限公司
湖南贺兰新材料科技有限公司
长沙合兴卫生用品材料有限公司
聚石化学(长沙)有限公司
福建豪生亿塑胶科技有限公司广东办事处
金发科技股份有限公司
中海壳牌石油化工有限公司
广州银顺环保塑料实业有限公司
广州爱科琪盛塑料有限公司
广州保亮得塑料科技有限公司
广州卓德嘉薄膜有限公司
深圳市致新包装有限公司
深圳市富利豪科技有限公司
深圳建彩科技发展有限公司
峰盟塑胶(深圳)有限公司
深圳市金顺来实业有限公司
汕头市江宏包装材料有限公司
广东美联新材料股份有限公司
汕头市德福包装材料有限公司
佛山华韩卫生材料有限公司
佛山市益昌塑料有限公司
佛山市腾华塑胶有限公司
佛山市格菲林卫材科技有限公司
佛山市南海一龙塑料科技有限公司
佛山市南海区运通晨塑料助剂有限公司

佛山市兰笛胶粘材料有限公司
佛山市联塑万嘉新卫材有限公司
佛山市新飞卫生材料有限公司
佛山市南海区科思瑞迪材料科技有限公司
佛山市天骅科技有限公司
佛山市轻飞卫生材料有限公司
佛山市塑兴母料有限公司
佛山市厚海复合材料有限公司
佛山市浩的塑料有限公司
佛山市美诺卫生材料科技有限公司
佛山市新三合塑料薄膜制造有限公司
佛山市奇毅龙塑料制品有限公司
佛山市安乐利包装材料有限公司
佛山市顺德区恒达美塑料制品有限公司
力美实业有限公司
佛山市顺德区基联五金塑料厂
佛山市兆唐复合材料有限公司
佛山市禄兴贸易有限公司
佛山市建诚包装材料有限公司
佛山市宇柏塑胶贸易有限公司
广东德冠薄膜新材料股份有限公司
佛山市顺德区梅林化工有限公司
佛山市怡昌塑胶有限公司
佛山市亮航五金塑料有限公司
江门市蓬江区华龙包装材料有限公司
江门市元茂塑料制品厂
江门市金士达复合材料有限公司
广东花坪卫生材料工业有限公司
高要市业成塑料有限公司
汕尾东旭卫生材料有限公司
海丰县同翔纸制品有限公司
阳山荣达粉体有限公司
雅科薄膜(东莞)有限公司
东莞联兴塑印制品厂
同舟化工有限公司
东莞市高源塑胶有限公司
东莞市荣晟颜料有限公司
东莞迪彩塑胶色母有限公司
东莞市赛美塑胶制品有限公司
东莞市恒彩塑胶颜料有限公司
东莞市华宏创薄膜制品有限公司
东莞毅兴塑胶原料有限公司
舒尔曼塑料(东莞)有限公司
东莞市创一塑化有限公司
东莞瑞安高分子树脂有限公司
东莞市永轩塑胶材料有限公司
东莞市建龙新材料有限公司
中山市古镇聚丰塑胶制品厂
启华工业股份有限公司
真彩塑料色母有限公司
中山市辉丰塑胶科技有限公司
重庆众辉塑胶有限公司
重庆琪乐化工有限公司
重庆和泰润佳股份有限公司
重庆工友塑料有限公司
重庆壮大包装材料有限公司
成都川绿塑胶有限公司
成都益华塑料包装有限公司
成都市迅驰塑料包装有限公司
成都菲斯特化工有限公司
云南嘉信塑业有限公司
台湾塑胶工业股份有限公司
卫普实业股份有限公司
启华工业股份有限公司
金鳞颜料有限公司
厦门中纺大化纤材料有限公司

● 高吸收性树脂 Super absorbent polymer (SAP)

北京希涛技术开发有限公司
北京科拉博贸易有限公司
上海和氏璧化工有限公司北京办事处
中化塑料有限公司
伊藤忠(中国)集团有限公司
北京华瑞祥科技有限公司
北京东方石油化工有限公司东方化工厂
LG 化学(中国)投资有限公司
丰田通商(天津)有限公司
中化塑料有限公司(天津办)
天津市中澳纸业有限公司
天津环亚吸水材料有限公司
天津盛汇纸制品有限公司
唐山博亚树脂有限公司
河北海明生态科技有限公司
河北金丰新材料科技有限公司
任丘市泉兴化工有限公司
大连闻达化工股份有限公司
住友精化贸易(上海)有限公司徐汇分公司
住友精化贸易(上海)有限公司
一艾(上海)商贸有限公司
香港仁通实业有限公司(上海)
丰田通商(上海)有限公司
上海凯昌国际贸易有限公司

上海召锋国际贸易有限公司
阿科玛(泰兴)化学有限公司
西陇科学股份有限公司
乐金化学(中国)投资有限公司上海分公司
上海汉川纸业有限公司
上海索保新材料有限公司
上海欣颢贸易有限公司
上海协润贸易有限公司
上海伊藤忠商事有限公司
巴斯夫(中国)有限公司
万华化学集团股份有限公司
Technical Absorbents Ltd. 中国办事处
沙多玛(广州)化学有限公司
南京和会源国际贸易有限公司
江苏中汇进出口有限公司
南京东正化轻有限公司
南京诺人科技有限公司
江苏盈丰高分子科技有限公司
无锡市联合恒洲化工有限公司
宜兴丹森科技有限公司
宜兴市汇诚化工科技有限公司
江苏裕廊化工有限公司
无锡市恒懋科贸有限公司
苏州龙邦贸易有限公司
日触化工(张家港)有限公司
张家港东亚迪爱生化学有限公司
昆山石梅精细化工有限公司
太仓欣鸿化工科技有限公司
三大雅精细化学品(南通)有限公司
江苏虹创新材料有限公司
兴化市祥昀高分子材料有限公司
杭州东皇化工有限公司
临安市振宇吸水材料有限公司
台塑工业(宁波)有限公司
浙江卫星新材料科技有限公司
浙江威龙高分子材料有限公司
安徽朗腾进出口有限公司
合肥聚合辐化技术有限公司
安徽龙晶生物科技有限公司
东莞华港国际贸易有限公司厦门分公司
厦门东泽工贸有限公司
厦门汇富源贸易有限公司
LG 化学(中国)投资有限公司
厦门聚优化学品有限公司
利达士(福建)纸制品厂
福建晋江木浆棉有限公司
恒信纸品卫生材料经销部
泉州博今卫生材料有限公司
邦丽达(福建)新材料股份有限公司
德茂纸品实业有限公司
福建天昱新型材料有限公司
山东昊月新材料股份有限公司
青岛圣阿纳进出口有限公司
山东邹平新昊高分子材料有限公司
山东诺尔生物科技有限公司
山东中科博源新材料科技有限公司
万华化学集团股份有限公司
泰安市众乐高分子材料有限责任公司
一诺商贸进出口有限公司
郯城县银河吸水材料有限公司
山东星光木棉纸浆再生资源有限公司
武汉拓旭化工有限公司
上海沂庆贸易有限公司
湖北乾峰新材料科技有限公司
湖南博弘卫生材料有限公司
湖南翱天进出口有限公司
长沙腾鑫商贸有限公司
长沙水能量新材料有限公司
巴斯夫(中国)有限公司广州分公司
赢创德固赛(中国)投资有限公司广州分公司
广州市嘉玥贸易有限公司
丰田通商(广州)有限公司
兴业集团长粤浆纸有限公司
广州伊藤忠商事有限公司
广州市仁辉贸易发展有限公司
广州银森企业有限公司
广州凯阳商贸有限公司
广州诚科贸易有限公司
广州市西陇化工有限公司
深圳市华苏科技发展有限公司
深圳市鸿华威科技有限公司
珠海得米新材料有限公司
佛山市美登纸制品有限公司
佛山市春满贸易有限公司
惠州海量吸水树脂有限公司
惠州织信实业发展有限公司
中海油能源发展股份有限公司石化分公司
广东艾伯森聚合物技术有限公司
东莞市永源工贸无纺布制品有限公司
东莞市统硕进出口贸易有限公司
同舟化工有限公司
中山市恒广源吸水材料有限公司
南宁同厚贸易有限责任公司
伊藤忠(重庆)贸易有限公司
丰田通商(上海)有限公司重庆分公司
伊藤忠(中国)集团有限公司四川分公司

丰田通商(上海)有限公司成都分公司
西安乐佰德进出口贸易有限公司
台湾塑胶工业股份有限公司
巴斯夫东亚地区总部有限公司

● 吸水衬纸和复合吸水纸 Liner tissue and laminated absorbent paper

天津市中科健新材料技术有限公司
天津市尚好卫生材料有限公司
辽宁森林木纸业有限公司
锦州女儿河纸业有限责任公司
伊藤忠纤维贸易(中国)有限公司
王子奇能纸业(上海)有限公司
上海协润贸易有限公司
三井物产(上海)贸易有限公司
上海衡元高分子材料有限公司
上海特林纸制品有限公司
上海百府康卫生材料有限公司
上海通贝吸水材料有限公司
Technical Absorbents Ltd. 中国办事处
上海美芬娜卫生用品有限公司
南京腾纳新材料有限公司
无锡优佳无纺科技有限公司
盐城申安无纺布工贸有限公司
杭州相宜纸业有限公司
杭州博家五金机械有限公司
杭州润佳吸水材料有限公司
临安市振宇吸水材料有限公司
嘉兴福鑫纸业有限公司
嘉善庆华卫生复合材料有限公司
浙江唯尔福纸业有限公司
厦门东泽工贸有限公司
爱得龙(厦门)高分子科技有限公司
厦门曦泰工贸有限公司
泉州长荣纸品有限公司
泉州恒润纸业有限公司
泉州耳东纸业有限公司
泉州久恒卫材有限公司
泉州博今卫生材料有限公司
泉州鑫邦纸业有限公司
风竹(漳州)纸业有限公司
潍坊恒联美林生活用纸有限公司
山东高密银鹰化纤进出口有限公司
郯城县银河吸水材料有限公司
平顶山市乾丰纸制品有限公司
漯河舒尔莱纸品有限公司
漯河银鸽生活纸产有限公司
三井物产(上海)贸易有限公司武汉分公司
加宝复合材料(武汉)有限公司
兴业集团长粤浆纸有限公司
广州洁露华生物科技有限公司
广州诚科贸易有限公司
珠海市益宝生活用品有限公司
佛山市达观贸易有限公司
佛山市格菲林卫材科技有限公司
佛山市嘉邦纸品有限公司
安可瑞纸业
佛山市美登纸制品有限公司
佛山市康竣沣卫生用品有限公司
佛山市三邦纸制品有限公司
佛山市洛诚纸品有限公司
佛山市顺德区勒流镇龙盈纸类制品厂
金冠神州纸业有限公司
广东省恩平市稳洁无纺布有限公司
广东省东莞市万江东升纸品厂
东莞市永惠卫生材料科技有限公司

● 离型纸、离型膜 Release paper and release film

金风车(天津)国际贸易有限公司北京办事处
圣路律通(北京)科技有限公司
北京世纪新飞卫生材料有限公司
天津市尚好卫生材料有限公司
天津膜天膜科技股份有限公司
天津宁河雨花纸业有限公司
大连九龙包装材料有限公司
上海远景胶粘材料有限公司
艾离澳纸业(上海)有限公司
南京久盛纸业有限公司
江苏陶氏纸业有限公司
南京奥环包装制品有限公司
南京源顺纸业有限公司
南京恒易纸业有限公司
南京华松纸业有限公司
南京斯克尔卫生制品有限公司
南京宝龙纸业有限公司
南京顺天纸业有限公司
南京朗克纸业有限公司
南京森和纸业有限公司
南京汉江造纸技术有限公司
无锡华亭塑料薄膜有限公司

顺安涂布科技(昆山)有限公司
顺昶塑胶(昆山)有限公司
昆山福泰涂布科技有限公司
昆山中大天宝辅料有限公司
昆山华满仓离型材料有限公司
上海吉翔宝实业有限公司
盟迪(中国)薄膜科技有限公司
温州新丰复合材料有限公司
嘉兴市丰莱桑达贝纸业有限公司
嘉兴市民和工贸有限公司
嘉兴兆弘科技有限公司
上虞市特力纸业有限公司
浙江仙鹤特种纸有限公司
浙江凯丰新材料股份有限公司
浙江新亚伦纸业有限公司
浙江池河科技有限公司
厦门长天企业有限公司
厦门新旺新材料科技有限公司
建亚保达(厦门)卫生器材有限公司
永安市嘉泰包装材料有限公司
新飞卫生材料有限公司
泉州市新天卫生材料有限公司
晋江安海协和兴纸品有限公司
恒信纸品卫生材料经销部
晋江市顺丰纸品有限公司
福建三维利纸业有限公司
江西运宏特种纸业有限公司
烟台隆祥纸业有限公司
寿光市金正纸业有限公司
达利源卫生材料用品有限公司
山东宝利卫生用品厂
临沂益兴纸品有限公司
崇越(广州)贸易有限公司
耐恒(广州)纸品有限公司
广州汇豪纸业有限公司
佛山市新飞卫生材料有限公司
佛山市浩的塑料有限公司
佛山市圣锦兰纸业有限公司
汕尾东旭卫生材料有限公司
海丰县同翔纸制品有限公司
东莞市永源工贸无纺布制品有限公司
广东天元印刷有限公司
东莞市旺力胶贴科技有限公司
重庆陶氏纸业有限公司

● 热熔胶 Hot melt adhesive

罗门哈斯国际贸易(上海)有限公司(陶氏化学成员企业)
广州市合诚化学有限公司北京分公司
盛铭博通科技(北京)有限公司
北京鼎钧科技有限公司
北京光辉世纪工贸有限公司
天津莫莱斯柯科技有限公司
天津市茂林热熔胶有限公司
天津登峰卫生用品材料有限公司
保定富美制胶有限公司
恒华胶业(大连)有限公司
富星和宝黏胶工业有限公司上海办事处
瑞翁贸易(上海)有限公司
广州市合诚化学有限公司上海代表处
上海远景胶粘材料有限公司
亚利桑那化学产品(上海)有限公司
科腾聚合物贸易(上海)有限公司
上海富江科技有限公司
波士胶(上海)管理有限公司
上海汉司实业有限公司
沙提(上海)热熔胶有限公司
上海久庆实业有限公司
上海嘉好热熔胶有限公司
伊士曼(中国)投资管理有限公司
汉高(中国)投资有限公司
迈图高新材料集团
塞拉尼斯(中国)投资有限公司
上海玛元热熔胶有限公司
上海汉高向华粘合剂有限公司
上海正野热熔胶有限公司
上海盛茗热熔胶有限公司
上海诺森粘合材料有限公司
上海康达化工新材料股份有限公司
富乐胶投资管理(上海)有限公司
华威粘结材料(上海)股份有限公司
北京光辉世纪工贸有限公司上海销售中心
上海北岗实业有限公司
上海十盛科技有限公司
上海路嘉胶粘剂有限公司
百色源树脂有限公司
上海方田粘合剂技术有限公司
韩华化学(上海)有限公司
南京扬子伊士曼化工有限公司
南京双优医用材料有限公司
无锡市联合恒洲化工有限公司
日邦树脂(无锡)有限公司
松川化学贸易无锡有限公司
无锡德渊国际贸易有限公司
无锡市万力粘合材料股份有限公司
天津莫莱斯柯科技有限公司无锡营业处
无锡市恒懋科贸有限公司

常州益朗国际贸易有限公司
苏州百得宝塑胶有限公司
海南欣涛实业有限公司苏州办事处
高鼎精细化工(昆山)有限公司
江苏盐城腾达胶粘剂有限公司
浙江精华科技有限公司
浙江鑫松树脂有限公司杭州营销服务中心
杭州天创化学技术有限公司
宁波聚云化工材料有限公司
浙江前程石化股份有限公司
宁波力华胶粘制品有限公司
恒河材料科技股份有限公司
宁波金海晨光化学股份有限公司
瑞安市联大热熔胶有限公司
兰溪市包润昌粘合剂有限公司
富星和宝黏胶工业有限公司
安徽同心化工有限公司
福清南宝树脂有限公司
厦门祺星塑胶科技有限责任公司
福建省昌德胶业科技有限公司
上海嘉好胶粘制品有限公司福建办事处
泉州市东琅粘合技术有限公司
长城崛起(福建)新材料科技股份公司
晋江市联邦凯林贸易有限公司
晋江市聚邦胶粘剂有限责任公司
福建嘉德新材料科技有限公司
福建鸿鑫胶业有限公司
厦门聚优化学品有限公司
青岛森泰国际商贸有限公司
青岛贝特化工有限公司
上海和氏璧化工有限公司青岛办事处
淄博鲁华泓锦新材料股份有限公司
山东圣光化工集团有限公司
山东聚圣科技有限公司
海阳方田新材料有限公司
山东诺森粘合材料有限公司
达利源卫生材料用品有限公司
富尔康(山东)粘合剂有限公司
合美胶粘剂有限公司
青岛东丽塑业有限公司
富瑞迪化工有限公司
红玫瑰卫生材料有限公司
商丘海克胶业有限公司
中山诚泰化工科技有限公司武汉公司
武汉麦诚鑫贸易有限公司
武汉迪诚粘合剂有限公司
武汉晨矽新材料有限公司
武汉市华林粘合剂有限公司
湖北汉达新材料有限公司
湖南鑫湘环保胶业科技有限公司
湖南博弘卫生材料有限公司
广州市科邦达塑胶有限公司
广州艾科普化工有限公司
广州泰跃贸易有限公司
广州市珅亚贸易有限公司
中海壳牌石油化工有限公司
广州颁德化工科技有限公司
广州市增城施瑞包装材料厂
广州市永特耐化工有限公司
广州旭川合成材料有限公司
广州市番禺大兴热熔胶有限公司
广州松宁生物科技有限公司
广州市勒斯胶粘技术有限公司
汉高胶粘剂技术(广东)有限公司广州办事处
广州正邦化工有限公司
富乐(中国)粘合剂有限公司
广州易嘉粘合剂有限公司
广州德渊精细化工有限公司
上海方田粘合剂技术有限公司
广东聚胶粘合剂有限公司
深圳市同德热熔胶制品有限公司
珠海市联合托普粘合剂有限公司
佛山市富立纸业科技有限公司
佛山市南海友晟粘合剂有限公司
广东荣嘉新材料科技有限公司
广东凯林科技股份有限公司
佛山市顺德区北滘森丰源纸品厂
巴德富实业有限公司
广东银洋树脂有限公司
佛山南宝高盛高新材料有限公司
广东欣涛新材料科技股份有限公司
惠州市能辉化工有限公司
东莞市成泰化工有限公司
东莞市众森环保包装材料有限公司
东莞市成铭胶粘剂有限公司
东莞市昕桦热熔胶有限公司
汉高胶粘剂技术(广东)有限公司
汉高(中国)投资有限公司(生产厂)
东莞市友信塑料有限公司
东莞市易得邦塑胶原料有限公司
中山市东朋化工有限公司
金诚胶业
中山诚泰化工科技有限公司
佛山联控新材料有限公司
梧州市飞卓林产品实业有限公司
海南欣涛实业有限公司
重庆固特胶业有限公司
重庆艾高日用品有限公司

成都优力赛科技有限公司
成都川绿塑胶有限公司
成都新源久科技有限公司
台湾日邦树脂股份有限公司
李长荣化学工业股份有限公司

● 胶带、胶贴、魔术贴、标签 Adhesive tape, adhesive label, magic tape, label

北京凯迅惠商防伪技术有限责任公司
日东(中国)新材料有限公司北京分公司
北京英格条码技术发展有限公司
天津市臣功印刷有限公司
天津市安德诺德印刷有限公司
天津爱德威胶粘纸业有限公司
凯斯特(天津)胶粘材料有限公司
沧州宏伟商标印刷有限公司
山西臣功印刷包装有限公司
大连远通机械制造有限公司
维克罗(中国)搭扣系统有限公司
芬欧汇川(中国)有限公司
上海航利实业有限公司
日东电工(中国)新材料有限公司(上海分公司)
3M 中国有限公司
上海沛龙特种胶粘材料有限公司
媛贝新材料科技(上海)有限公司
上海丝瑞丁工贸有限公司
上海任翔实业发展有限公司
上海缘源印刷有限公司
上海紫泉标签有限公司
上海雷柏印刷有限公司
上海亿龙涂布有限公司
上海华舟压敏胶制品有限公司
上海珩强工贸有限公司
上海市松江印刷厂
上海倚灵塑胶科技有限公司
上海以琳印务有限公司
上海比利迦环保粘胶制品有限公司
上海铂克曼印刷有限公司
上海多吉胶粘制品有限公司
上海和辉包装材料有限公司
上海三天印刷有限公司
雅柏利(上海)粘扣带有限公司
上海明利包装印刷有限公司
上海晶悟包装科技有限公司
溧阳金利宝胶粘制品有限公司上海分公司
上海紫江企业集团股份有限公司
宾德粘扣带有限公司
南京格润标签印刷有限公司
南京苏新印务有限公司
无锡市万海包装材料有限公司
常州市中天卫生材料有限公司
常州源来胶粘制品有限公司
常州市恒成达印刷有限公司
吴江启航印刷有限公司
苏州婴爱宝胶粘材料科技有限公司
常熟市新华化工有限公司
维克罗(中国)搭扣系统有限公司
艾利(昆山)有限公司
上海紫锦印刷材料有限公司
苏州韵泰新材料科技有限公司
盟迪(中国)薄膜科技有限公司
3M 中国有限公司苏州办事处
苏州工业园区汇统科技有限公司
南通市福瑞达包装有限公司
南通立恒包装印刷有限公司
杭州三信织造有限公司(江苏)办事处
杭州博家五金机械有限公司
杭州南方尼龙粘扣有限公司
杭州新兴无纺布有限公司
宁波明和特种印刷有限公司
宁波宁辰粘胶有限公司
温州市特康弹力科技股份有限公司
温州市瓯海合利塑纸厂
温州市宏科印业有限公司
温州新美印业有限公司
苍南县万泰印业有限公司
浙江天霸印业有限公司
温州而立包装制品有限公司
温州伟宇印业有限公司
新利达卷筒印务
温州市宝驰印业有限公司
温州新丰复合材料有限公司
瑞安市华升塑料织带有限公司
嘉兴市恒益包装有限公司
上海桑丽印务科技有限公司
浙江永和胶粘制品股份有限公司
金华市海洋包装有限公司
浙江仙鹤特种纸有限公司
安徽嘉美包装有限公司
安徽荣泽科技有限公司
3M 中国有限公司厦门办事处
厦门翋科商贸有限公司
厦门利鸿贸易有限公司
厦门长天企业有限公司

厦门高发工贸有限公司
厦门福雅工贸有限公司
厦门美润合悦卫生材料有限公司
厦门大予工贸有限公司
建亚保达(厦门)卫生器材有限公司
厦门安德立科技有限公司
厦门合高工贸有限公司
厦门和洁无纺布制品有限公司
广东晶华科技有限公司厦门办事处
厦门世洁塑料制品有限公司
泉州新威达粘胶制品有限公司
泉州鸿涛轻纺织造有限公司
晋江市瑞德胶粘制品有限公司
晋江恒友胶粘制品有限公司
东绿达胶粘制品有限公司
泉州兴裕新材料科技有限公司
晋江市精诚塑胶制品有限公司
厦门和洁无纺布制品有限公司
江西百得标签印刷有限公司
济南嘉印标签有限公司
青岛富瑞沃新材料有限公司
青岛泓仕标识有限公司
青岛瑞发包装有限公司
威海德翔新材料科技有限公司
临沂润旺复合材料有限公司
山东省阳谷县景阳岗卫生材料厂
包大师(上海)材料科技有限公司武汉办事处
3M 中国有限公司广州办事处
广州市立研田电子科技有限公司
广州市金万正印刷材料有限公司
广州市宇翰印刷包装有限公司
耐恒(广州)纸品有限公司
艾利(广州)有限公司
广州汇豪纸业有限公司
广州满虹化工有限公司
3M 中国有限公司华南技术中心
深圳市申峰盛世科技有限公司
深圳市康业科技有限公司
深圳市秀顺不干胶制品有限公司
深圳市缔成特材料科技有限公司
深圳市华阳微电子股份有限公司
深圳爱尔科技实业有限公司
深圳市健力纺织品有限公司
广东利农印刷包装有限公司
佛山瑞鑫塑胶制品有限公司
佛山市艾利丹尼贸易有限公司
广东烨信胶贴有限公司
佛山市联塑万嘉新卫材有限公司
佛山市天骅科技有限公司
佛山市科派克印刷有限公司
佛山市景淇商贸有限公司
佛山市顺德区思信纸类制品有限公司
佛山艾美印刷有限公司
佛山市顺德区优美印刷有限公司
广东省江门市瑞兴卫材无纺布有限公司
江门新时代胶粘科技有限公司
腾晖胶粘制品有限公司
东莞市旺力胶贴科技有限公司
东莞市智力胶带有限公司
东莞百宏实业有限公司
东莞市百合粘扣带制品有限公司
启华工业股份有限公司
中山绿云化工有限公司
中山市利宏包装印刷有限公司
中山市华丽宝纸塑制品有限公司
广东多田印务有限公司
广州市世赞彩印有限公司
佛山市运豪印刷有限公司
重庆智威纸容器有限公司
艾利(中国)有限公司成都分公司
成都市瑞玛自动标贴印制有限公司
全程兴业股份有限公司
六和化工股份有限公司
冠杰胶带实业有限公司
邦泰远东股份有限公司
台湾百和工业股份有限公司
雅柏利香港有限公司

● 弹性非织造布材料、松紧带 Elastic nonwovens, elastic band

丰田通商(天津)有限公司
厦门象屿上扬贸易有限公司天津办事处
天津市紫峰卫生用品有限公司
英威达纺织品经营服务(上海)有限公司
英威达管理(上海)有限公司
上海井上高分子制品有限公司
晓星国际贸易(嘉兴)有限公司上海分公司
上海帕郑国际贸易有限公司
泰光化纤(常熟)有限公司上海分公司
上海锦盛卫生材料发展有限公司
上海碧嘉实业有限公司
卓德嘉薄膜(上海)有限公司
雅柏利(上海)粘扣带有限公司
上海集溪纺织原料销售中心
江阴昶森无纺科技有限公司
苏州龙邦贸易有限公司

泰光化纤(常熟)有限公司
江苏新翰磊进出口有限公司
厦门象屿上扬贸易有限公司昆山办事处
盟迪(中国)薄膜科技有限公司
连云港杜钟新奥神氨纶有限公司
杭州旭化成氨纶有限公司
杭州丛迪纤维有限公司
杭州舒尔姿氨纶有限公司
杭州唯可卫生材料有限公司
杭州欣富实业有限公司
杭州益邦氨纶有限公司
温州市特康弹力科技股份有限公司
浙江华峰氨纶股份有限公司
晓星国际贸易(嘉兴)有限公司
海宁市威灵顿新材料有限公司
绍兴汉升塑料制品有限公司
厦门兰海贸易有限公司
厦门象屿上扬贸易有限公司
厦门市福尔德科技有限公司
厦门骏利德贸易有限公司
厦门笋语工贸有限公司
厦门力隆氨纶有限公司
厦门燕达斯工贸有限公司
莆田市中康中泰商贸有限公司
泉州创美贸易有限公司
泉州市鸿瑞卫生材料有限公司
福建省泉州市优加化学材料有限公司
泉州优美加新材料科技有限公司
泉州市正合卫生材料有限公司
青岛海枫之源工贸有限公司
烟台泰和新材料股份有限公司
济宁如意高新纤维材料有限公司
湖北兴邦氨纶有限公司
长沙腾鑫商贸有限公司
丰田通商(广州)有限公司
3M 中国有限公司广州办事处
广州市斐莱世材料科技有限公司
广州卓德嘉薄膜有限公司
深圳市鸿华威科技有限公司
佛山市景淇商贸有限公司
佛山市普惠纺织有限公司
佛山市顺德区祈泽贸易有限公司
江门市华程化工材料有限公司
江门新时代胶粘科技有限公司
狮特龙橡胶企业集团有限公司
厦门象屿上扬贸易有限公司东莞办事处
东莞市优卓新材料科技有限公司
启华工业股份有限公司
中山市小榄镇中南塑料皮件厂
全程兴业股份有限公司
英威达有限公司台湾分公司
丽茂股份有限公司

● 造纸化学品 Paper chemical

北京希涛技术开发有限公司
罗盖特
北京施澳德瑞科技有限公司
迈图高新材料集团
北京华瑞祥科技有限公司
北京恒泰宏昌科技有限公司
德国希纶赛勒赫公司北京代表处
瓦克化学贸易(上海)有限公司北京分公司
广州市合诚化学有限公司北京分公司
诺维信(中国)投资有限公司
北京天擎京源环保技术有限公司
北京木村纸业有限公司
北京天擎化工有限公司
北京阿斯凯莫化学品有限公司
北京精博雅科技发展有限公司
天津市英赛特商贸有限公司
新月(天津)纸业有限公司
天津市合成材料工业研究所有限公司
天津亚东隆兴国际贸易有限公司
石家庄市通力化学品有限公司
保定市阳光精细化工有限公司
廊坊市盛源化工有限责任公司
山西三水银河科技有限公司
凤城市众合纸业有限公司(沈阳办事处)
沈阳感光化工研究院有限公司
凤城市众合纸业有限公司
营口康如科技有限公司
吉林省环球精细化工有限公司
吉林坤刚化学有限公司
吉化集团吉林市星云化工有限公司
日本明成化学工业株式会社上海代表处
上海华杰精细化工制造有限公司
浪速包装(上海)有限公司
禾大化学品(上海)有限公司
上海湛和实业有限公司
上海国峥贸易有限公司
罗盖特管理(上海)有限公司
名远化工贸易(上海)有限公司
欧诺法功能化学品贸易(上海)有限公司
信越有机硅国际贸易(上海)有限公司
广州市合诚化学有限公司上海代表处
邱博投资(中国)有限公司

瓦克化学(中国)有限公司
上海东升新材料有限公司
上海兖华新材料科技有限公司
上海巴迪实业有限公司
卡马斯化工(上海)有限公司
Chemigate Ltd.
上海凯霖国际贸易有限公司
明答克商贸(上海)有限公司
化联精聚化学(上海)有限公司
科莱恩化工(中国)有限公司造纸化学品部
昂高化工(中国)有限公司
东邦化学工业株式会社上海代表处
上海聚渊化工有限公司
益瑞石
上海固德化工有限公司
星悦精细化工商贸(上海)有限公司
阿科玛(泰兴)化学有限公司
纳尔科(中国)环保技术服务有限公司
新润国际企业有限公司上海代表处
有料信息科技(上海)有限公司
APC 上海代表处
凯米拉(上海)管理有限公司
上海宏度精细化工有限公司
上海望界贸易有限公司
远拓化工国际贸易(上海)有限公司
索理思(上海)化工有限公司
蓝星有机硅(上海)有限公司
上海潇雷国际贸易有限公司
上海尚擎实业有限公司
上海慧鸣商贸有限公司
上海赫达富实业有限公司
三博生化科技(上海)有限公司
旭莲助剂(上海)有限公司
伊士曼(中国)投资管理有限公司
上海聚源造纸技术有限公司
上海马中国际贸易有限公司
上海衡元高分子材料有限公司
欧米亚(上海)投资有限公司
上海臣卢贸易有限公司
三菱商事(上海)有限公司
上海德润宝特种润滑剂有限公司
陶氏化学(中国)投资有限公司
杜邦中国集团有限公司上海分公司
上海吉臣化工有限公司
上海联胜化工有限公司
上海康地恩生物科技有限公司
上海先拓精细化工有限公司
上海豪胜化工科技有限公司
宜瑞安食品配料有限公司
德谦(上海)化学有限公司
巴克曼实验室化工(上海)有限公司
上海颜钛实业有限公司
上海天坛助剂有限公司
上海元晖生物科技有限公司
立明集团中国上海市公司
亚马逊化工有限公司上海办事处
南京四诺精细化学品有限公司
南京东正化轻有限公司
南京赛普高分子材料有限公司
南京迈达新材料科技有限公司
南京佰星联新材料科技有限公司
无锡市联合恒洲化工有限公司
常州市武进运波化工有限公司
天禾化学品(苏州)有限公司
苏州市恒康造纸助剂技术有限公司
聚益(苏州)精细化工有限公司
九洲生物技术(苏州)有限公司
苏州凯莱德化学品有限公司
欧米亚中国区造纸业务部
江苏富淼科技股份有限公司
苏州宝时凯门精细化工有限公司
苏州市绿微康生物科技有限公司
江苏正晟生化有限公司
扬州科宇化工有限公司
威灵施(镇江)精细化工有限公司
杭州绿兴环保材料有限公司
杭州市化工研究院有限公司
杭州诚进贸易有限公司
浙江传化股份有限公司
建德市新裕塑胶材料(杭州)有限公司
杭州奥通化工有限公司
浙江辉凯新材料科技有限公司
杭州杭化哈利玛化工有限公司
宁波贝阳化工有限公司
浙江鑫甬生物化工有限公司
嘉兴卓盛生物科技有限公司
合肥新万成环保科技有限公司
英格瓷(芜湖)有限公司
晋江市银响精细化工科技开发有限公司
晋江市万兴塑料造粒厂
福建翱翔工贸有限公司
丰田通商(广州)有限公司厦门分公司
江西威科油脂化学有限公司
山东环发科技开发有限公司
上海和氏璧化工有限公司青岛办事处
青岛立洲化工有限公司
远通纸业(山东)有限公司
青岛恒泉通国际贸易有限公司

山东鹏飞集团潍坊沃尔特化学有限公司
山东苏柯汉生物工程股份有限公司
山东星美新材料股份有限公司
泰安市泰山区鑫泉造纸助剂厂
泰安市东岳助剂厂
河南省道纯化工技术有限公司
郑州中吉精细化工有限公司
武汉市山青化工有限公司
湖北德有贸易有限公司
武汉汇曼联合科技有限公司
武汉市精宏达化工科技有限公司
武汉市勤力宇化工有限公司
倍益化学(武汉)有限公司
云梦嘉邦斯新型材料有限公司
嘉鱼县中天化工有限责任公司
利川市点石化工科技有限公司
湖北嘉韵化工科技有限公司
广州汇蓝环保科技有限公司
广州市睿漫化工有限公司
广州宇洁化工有限公司
广东省造纸研究所
广州伟道商贸有限公司
广州迈伦化工有限公司
荒川化学合成(上海)有限公司广州分公司
迈图高新材料集团
广州赛锐化工有限公司
广州淳星化工科技有限公司
广州宏协贸易有限公司
广州合润贸易有限公司
广州明日化工有限公司
广东金天擎化工科技有限公司
广州市合诚化学有限公司
上海德润宝特种润滑剂有限公司深圳办事处
深圳市康达特科技发展有限公司
深圳市华苏科技发展有限公司
深圳市永联丰化工科技有限公司
恩希艾生物化学(深圳)有限公司
佛山市禅城区下朗雄耀塑料厂
佛山市骏能造纸材料厂
佛山市南海今佳贸易有限公司
佛山市顺德区梅林化工有限公司
江门市利丰化工科技有限公司
安德宝特种润滑剂有限公司
江门市南化实业有限公司
广东省江门市亿辉化工有限公司
广东良仕工业材料有限公司
连州东南新材料有限公司
东莞市粤星纸业助染有限公司
东莞市澳达化工有限公司
东莞市欧保化工科技有限公司
东莞市精科化工有限公司
东莞市东美食品有限公司
东莞市领会进出口有限公司
东莞市嘉悦涂料有限公司
广西南宁市振欣化工科技有限公司
南宁飞日润滑科技股份有限公司
海南威珑工业科技有限公司
重庆宇坤新材料科技有限公司
上海德润宝特种润滑剂有限公司成都办事处
成都鑫蓝卡科技有限公司
成都万瑞德科技有限公司
上海海逸科贸有限公司成都代表处
成都云耀环保科技有限公司
成都锦竹科技发展有限公司
四川天鸿科技发展有限公司
成都高材化工技术有限公司
德阳市双江塑料厂
德阳市高盛商贸有限公司
昆明南滇工贸有限责任公司
西安吉利电子化工有限公司
陕西邦希化工有限公司
西安三业精细化工有限责任公司
上海德润宝特种润滑剂有限公司
石河子市惠尔美纸业有限公司
亚马逊化工有限公司
香港森鑫国际集团

● 香精、表面处理剂及添加剂 Balm, surfactant, additive

威来惠南集团(中国)有限公司
亚仕兰化学贸易(上海)有限公司北京办事处
同铭佳业(北京)经贸有限公司
北京杰华泰和科技有限责任公司
北京洁尔爽高科技有限公司
北京神舟晟华技贸有限公司
北京雄鹰彩虹油墨有限公司
北京天擎化工有限公司
威尔芬(北京)科技发展有限公司
鼎吉星生物科技(北京)有限公司
北京桑普生物化学技术有限公司
北京日光精细(集团)公司
瑞普安医疗器械(北京)有限公司
天津美商捷美科技有限公司
天津一商化工贸易有限公司
天津市中科健新材料技术有限公司
天津唐朝食品工业有限公司

天津市双马香精香料新技术有限公司
天津中澳嘉喜诺生物科技有限公司
泰伦特化学有限公司
盘锦佳合晟世医药科技有限公司
上海方登化工有限公司
禾大化学品(上海)有限公司
亚什兰(中国)投资有限公司
上海轻工业研究所有限公司
上海荷风环保科技有限公司
上海乾一化学品有限公司
上海世展环保新材料科技有限公司
德国舒美有限公司亚太区技术中心
Micro Science Tech Co., Ltd.
龙沙(中国)投资有限公司
德国舒美有限公司上海代表处
科腾聚合物贸易(上海)有限公司
爱普香料集团股份有限公司
阿科玛(泰兴)化学有限公司
上海艾高日化有限公司
日光化学贸易(上海)有限公司
上海松亚化工有限公司
上海申伦科技发展有限公司
上海宏度精细化工有限公司
北京桑普生物化学技术有限公司上海办事处
古沙贸易(上海)有限公司
赢创特种化学(上海)有限公司
上海高聚生物科技有限公司
倍莎生物科技(上海)有限公司
阿索泰珂干燥剂(上海)有限公司
哥旅思(上海)日用品有限公司
三博生化科技(上海)有限公司
上海坤晟贸易有限公司
上海彩帮包装材料有限公司
德之馨(上海)有限公司
迈图高新材料集团
奇华顿日用香精香料(上海)有限公司
道康宁(上海)有限公司
帝化国际贸易(上海)有限公司
上海朗枫香料有限公司
阿泽雷斯国际贸易(上海)有限公司
上海佳森科技有限公司
维沙思(上海)香精有限公司
海客迈斯生物科技(上海)有限公司
上海田盈印刷器材有限公司
谊展(上海)化学品有限公司
上海意安实业有限公司
上海隆琦生物科技有限公司
上海劳格贸易有限公司
林帕香料(上海)有限公司
上海锴铠科贸易有限公司
上海黛龙生物工程科技有限公司
旭硝子化工贸易(上海)有限公司
上海汇友精密化学品有限公司
上海宇昂水性新材料科技股份有限公司
南京古田化工有限公司
南京远东香精香料有限公司
南京欧亚香精香料有限公司
江苏和创化学有限公司
常州市灵达化学品有限公司
苏州市必拓化工科技有限公司
苏州市永安微生物控制有限公司
昆山市华新日用化学品有限公司
昆山市双友日用化工有限公司
昆山威胜干燥剂研发中心有限公司
昆山润阳化工有限公司
太仓市荣德生物技术研究所
太仓市丽源化工有限公司
苏州宝时凯门精细化工有限公司
南通博大生化有限公司
南通东柔工贸有限公司
盐城纺织进出口有限公司
托尔专用化学品(镇江)有限公司
范县科诺新材料有限公司
浙江传化华洋化工有限公司
杭州希安达抗菌技术研究所有限公司
杭州高琦香精化妆品有限公司
杭州优米化工有限公司
马立可(德国)化学有限公司
宁波曼尼可生物科技有限公司
海宁中联化学有限公司
浙江天宝利新材料有限公司
湖州佳美生物化学制品有限公司
浙江新和成股份有限公司
上海蜜雪儿进口香料公司义乌办事处
义乌市圣普日化有限公司
浙江玉智德新材料科技有限公司
安徽普乐化工有限责任公司
安徽阜阳市天然香料厂
福建圣德实业有限公司
厦门市庆霖香精香料有限公司
泓鹏(厦门)贸易有限公司
厦门牡丹香化实业有限公司
厦门金泰生物科技有限公司
广州和氏璧化工材料有限公司厦门办事处
北京桑普生物化学技术有限公司厦门办事处
厦门金帝龙香精香料有限公司
厦门琥珀香料有限公司
晋大纳米科技(厦门)有限公司

厦门馨米兰香精香料有限公司
南安市嘉盛香精香料有限公司
南昌市龙然实业有限公司
江西威科油脂化学有限公司
江西福达香料化工有限公司
青岛方达化工有限公司
淄博高维生物技术有限公司
东营市海科新源化工有限责任公司
济宁南天农科化工有限公司
山东润鑫精细化工有限公司
山东成武易信环保科技有限公司
郑州大河食品科技有限公司
武汉市帝科化工有限公司
武汉中科光谷绿色生物技术有限公司
黑飞马化工
荆门市鸿昌有限公司
广州市桑格喷涂设备有限公司
广州中大药物开发有限公司
领先特品(香港)有限公司广州办事处
金发科技股份有限公司
禾大中国广州分公司
美国乔治亚太平洋集团公司广州代表处
广州市志贺化工有限公司
广州西克化工技术有限公司
广州塑宝材料科技有限公司
广州绣黛生物科技有限公司
北京桑普生物化学技术有限公司广州办事处
广州申悦贸易有限公司
广州逸朗生物科技有限公司
广州市宏义丰环保科技有限公司
广州幻木科技有限公司
龙沙(中国)投资有限公司
广州市拓瑞科技有限公司
杜邦中国集团有限公司
深圳波顿香料有限公司
贝壳派创新科技(深圳)有限公司
佛山市天恩造纸材料有限公司
佛山市南海区运通晨塑料助剂有限公司
佛山澳依隆香精香料有限公司
博罗县上禾水墨有限公司
惠州织信实业发展有限公司
汉高(中国)投资有限公司(生产厂)
广州洁露华生物科技有限公司
海南南洋芦荟生物工程(美国)有限公司
成都川绿塑胶有限公司
陕西华润实业公司
西安吉利电子化工有限公司
西安亮剑科技有限公司
西安康旺抗菌科技股份有限公司
陕西省石油化工研究设计院
西安三业精细化工有限责任公司
亚马逊化工有限公司

● 包装及印刷 Packing and printing

北京蓝惠森商贸有限公司
北京罗塞尔科技有限公司
上海迪爱生贸易有限公司北京分公司
天津天行远恒精密材料包装科技有限公司
天津开发区金衫包装制品有限公司
天津市侨阳印刷有限公司
天津宏观纸制品有限公司
天津安顺工贸有限公司
天津市尚好卫生材料有限公司
天津鲲鹏包装材料有限公司
华飞塑业有限公司
石家庄宸美包装印刷有限公司
石家庄市东华制版印刷有限公司
石家庄华纳塑料包装有限公司
邢台北人印刷有限公司
保定市保运制版有限公司
保定市鹏达彩印有限公司
保定市诚信彩印有限公司
河北省保定万军彩印有限公司
保定市恒远塑料印刷厂
保定金泰彩印有限公司
保定市奥达制版有限公司
保定龙翔彩印有限公司
保定市嘉轩彩印有限公司
旗洋彩印有限公司
保定市蓝图彩印包装有限公司
满城县方达彩印厂
金华彩印
保定市富泰彩印有限公司
保定市泰达彩印有限公司
保定市建美彩印有限公司
盛源塑印制品
鹏飞彩印
满城县祥永彩印有限公司
保定琳悦彩印有限公司
(保定)龙跃彩印有限公司
安新县佳泰包装材料有限公司
雄县向阳制版有限公司
河北志腾彩印有限公司
双龙塑业包装有限公司
雄县利峰塑业有限公司
雄县华旭纸塑包装制品有限公司

盛世佳运塑料包装有限公司
雄县鹏程彩印有限公司
雄县旺达塑料包装制品有限公司
河北领成包装材料科技有限公司
雄县孟氏制版有限公司
雄县全利纸塑包装有限公司
河北同益包装制品有限公司
雄县新亚包装材料有限公司
凯宇塑料包装有限公司
河北永生塑料制品有限公司
河北大成商贸有限公司
聚聚升纸塑包装制品有限公司
保定市宏信彩印有限公司
保定华恒彩印有限公司
保定宝理塑研塑料有限公司
沧州顺天塑业有限公司
河北沧县恒信塑料包装材料厂
沧州亚宏塑业有限公司
沧州中天塑料制品有限公司
东光县前生塑料彩印厂
东光县佳禾塑料厂
沧州永超塑料包装有限公司
衡水林明数码彩印有限公司
嘉煜隆塑胶科技有限公司
石家庄市恒日化工有限公司
雄县鑫广源包装材料有限公司
凤城市众合纸业有限公司(沈阳办事处)
大连建峰印业有限公司
大连荣华彩印包装有限公司
大连金州鑫林工贸有限公司
大连黑马塑料彩印包装有限公司
大连九龙包装材料有限公司
凤城市众合纸业有限公司
锦州金日纸业有限责任公司
辽宁省辽阳市太子河区澳企塑料制品厂
辽宁银河纸业制造有限公司
辽宁省开原市北方塑料制品厂
光复路宏伟塑料厂
黑龙江瀚图印刷有限公司
哈尔滨博泰包装有限公司
华彩印务有限公司
英特奈国际纸业投资(上海)有限公司
济丰包装(上海)有限公司
大亚科技股份有限公司上海印务分公司
新会新利达薄膜有限公司上海办事处
知为(上海)实业有限公司
上海英耀激光数字制版有限公司
北京联宾塑胶印刷有限公司上海分公司
上海紫泉标签有限公司
上海中浩激光制版有限公司
上海品卉贸易有限公司
上海紫丹印务有限公司
上海溢俐印刷材料有限公司
上海五条特殊纸业有限公司
上海臻胜包装材料有限公司
柯达(中国)投资有限公司
上海凯建实业有限公司
上海劲光无纺布制品有限公司
上海福助工业有限公司
上海市松江印刷厂
上海东洋油墨制造有限公司
上海红洁纸业有限公司
信华柔印科技
上海以琳印务有限公司
上海毅勤包装材料有限公司
上海芳辉印刷有限公司
上海金硕包装有限公司
上海灵博塑料包装有限公司
阪田油墨(上海)有限公司
上海合和纸业有限公司
上海奕博包装材料有限公司
美迪科(上海)包装材料有限公司
上海众美包装有限公司
上海创众包装有限公司
上海华悦包装制品有限公司
上海辉帆包装材料有限公司
富林特油墨(上海)有限公司
南京海容包装制品有限公司
南京运城制版有限公司
南京邦诚科技有限公司
比澳格(南京)环保材料有限公司
南京旺福包装制品实业有限公司
南京君子风包装制品有限公司
南京晟博新材料科技有限公司
江苏利特尔绿色包装股份有限公司
无锡市金广顺包装有限公司
无锡海之源彩印包装有限公司
江阴宫元塑料有限公司
无锡市通和包装材料有限公司
江阴宝柏包装有限公司
江阴利邦印刷有限公司
江阴市兴隆特种油墨有限公司
无锡联合包装有限公司
徐州市万兴塑料包装有限公司
常州豪润包装材料股份有限公司
苏州源欐包装有限公司
苏州三瑞医用材料有限公司
苏州宏昌包装材料有限公司

苏州志成印刷包装有限公司
苏州龙轩包装有限公司
HUDSON-SHARP
诚石塑料包装
常熟富士包装有限公司
江苏众和软包装技术有限公司
苏州德莱美包装材料有限公司
圣琼斯包装(昆山)有限公司
昆山福泰涂布科技有限公司
昆山晶世通纸业有限公司
昆山科世茂包装材料有限公司
昆山华满仓离型材料有限公司
苏州金治胜包装材料有限公司
苏州工业园区汇统科技有限公司
南通市崇川区传浩塑料制品商行
南通华瑞纸业有限公司
江苏华龙无纺布有限公司
盱眙洁风纸制品有限公司
金湖县昱荣塑业有限公司
扬州市华裕包装有限公司
扬州新迪日用品经营部
扬州市浩越塑料包装彩印有限公司
丹阳富丽彩印包装有限公司
江苏中彩印务有限公司
江苏金宇彩印包装有限公司
泰兴市申泰塑业有限公司
杭州哲涛印刷有限公司
杭州嵩阳印刷实业有限公司
杭州新光塑料有限公司
杭州蓝景包装技术开发有限公司
俐特尔(杭州)包装材料有限公司
杭州粤盛包装有限公司
杭州晟晖包装材料有限公司
杭州临安美文彩印包装有限公司
宁海久业包装材料有限公司
宁波全成包装有限公司
宁波华丰包装有限公司
宁波新天美塑业有限公司
温州富嘉包装有限公司
温州市成宇包装有限公司
温州永信印业有限公司
温州加峰彩印有限公司
超运控股有限公司
温州深蓝印刷有限公司
温州市宏科印业有限公司
苍南县万泰印业有限公司
温州腓比实业有限公司
温州华南印业有限公司
温州宝丰印业有限公司
温州亚庆印业有限公司
温州恒毅印业有限公司
浙江远大塑胶有限公司
佳成制袋厂
苍南县龙港提都塑料制品厂
浙江金石包装有限公司
嘉兴市旺盛印业有限公司
嘉兴市恒益包装有限公司
嘉兴市月河纸业有限公司
嘉善康弘激光制版有限公司
浙江长海包装集团有限公司
海宁市鑫盛包装有限责任公司
浙江天润包装印刷有限公司
海宁粤海彩印有限公司
浙江新长海新材料股份有限公司
海宁运城制版有限公司
新合发包装集团
浙江戴乐新材料有限公司
洋紫荆油墨(浙江)有限公司
长兴添辰模具有限公司
湖州润泰塑业科技有限公司
湖州刻强制版有限公司
湖州杭华油墨科技有限公司
湖州众恒包装有限公司
湖州立丰纸业有限公司
绍兴市华富彩印厂
绍兴华泰印刷有限公司
浙江汇华包装有限公司
金华市新天地塑料包装有限公司
义乌市恒星塑料制品有限公司
金华市海洋包装有限公司
浙江虎跃包装材料有限公司
兰溪市嘉华塑业有限公司
浙江义乌神星塑料制品有限公司
义乌市七彩塑料包装有限公司
金华忠信塑胶印刷有限公司
诚德科技股份有限公司
金华市伸华包装材料有限公司
浙江佳尔彩包装有限公司
台州市路桥富达彩印包装厂
温岭市威克特塑料薄膜有限公司
浙江诚远包装印刷有限公司
浙江明伟油墨有限公司
诚德科技股份有限公司
合肥永恒包装材料有限公司
安徽博美浆纸有限公司
芜湖市惠强包装有限公司
芜湖市国俊塑业有限公司
安徽和县伟玲塑业有限公司

安徽金科印务有限责任公司
安徽国泰印务有限公司
安徽桐城市天鹏塑胶有限公司
安徽嘉美包装有限公司
黄山永新股份有限公司
黄山徽冠包装材料有限公司
来安县金晨包装实业有限公司
福建省兴春包装印刷有限公司
长乐市九洲包装有限公司
福州新发隆针织印染有限公司
德彦纸业(厦门)有限公司
厦门高发工贸有限公司
厦门三印彩色印刷有限公司
厦门市新江峰包装有限公司
厦门市杏林意美包装有限公司
厦门顺峰包装材料有限公司
厦门市晋元包装彩印有限公司
厦门申达塑料彩印包装有限公司
厦门德开欣包装有限公司
厦门金德威包装有限公司
瀚铖包装器械(厦门)有限公司
莆田市涵兴区兴源塑料制品有限公司
泉州鲤城五星日用品有限公司
泉州市七彩虹塑料彩印有限公司
泉州市晖达彩印有限公司
泉州市中信电脑彩印薄膜制袋厂
金光彩印
怡和(石狮)化纤商标织造有限公司
泉州市哲鑫彩色包装用品工贸有限公司
福达利彩印有限公司
恒信塑料彩印有限公司
泉塑包装印刷有限公司
晋江市绿色印业有限公司
宏冠印务包装有限公司
晋江市新合发塑胶印刷有限公司
福建凯达集团有限公司
塘塑软包装有限公司
泉州煌祺彩印有限公司
晋江市贤德印刷有限公司
晋江豪兴彩印有限公司
晋江市华荣印刷有限公司
晋江环驰进出口贸易有限公司
福建省优源包装用品有限公司
晋江宗源彩印有限公司
晋江和嘉彩印有限公司
泉州市玮鹏包装制品有限公司
福建宏泰塑胶有限公司
南安市南洋纸塑彩印有限公司
福建省南盛彩印有限公司
南安市霞美镇仙海纸塑彩印厂
南安市满山红纸塑彩印有限公司
福建满山红包装股份有限公司
南安市俊红纸塑包装有限公司
福建省满利红包装彩印有限公司
龙海市侨发彩印包装有限公司
龙海市明发塑料制品有限公司
福建明禾新材料科技有限公司
福建省格林春天科技有限公司
厦门同安新光贸易有限公司
泉州市金泉油墨有限责任公司
亚化(福建)油墨科技有限公司
南昌诚鑫包装有限公司
南昌彩彪印务有限公司
江西金海环保包装有限公司
南昌蓝域包装有限公司
南昌市辉达塑料彩印厂
南昌康宏彩印包装有限公司
江西汇明塑料彩印包装有限公司
江西生成卫生用品有限公司
江西理文卫生用纸制造有限公司
山东承相印刷有限公司
青岛美亚包装有限公司
青岛市贤俊龙彩印有限公司
青岛欧亚包装有限公司
青岛浩宇包装有限公司
青岛信盛塑料彩印有限公司
青岛红金星包装印刷有限公司
青岛瑞发包装有限公司
青岛南荣包装印刷有限公司
山东联华印刷包装有限公司
广饶县正泰复合包装彩印公司
龙口市印刷物资有限公司
山东多利达印务有限公司
潍坊市天辰彩印有限公司
山东润佳包装材料有限公司
山东铭达包装制品股份有限公司
青州博睿包装印务有限公司
现代包装有限公司
安丘市翔宇包装彩印有限公司
山东永祥彩印包装有限公司
济宁创美彩印包装有限公司
宁阳县大地印刷有限公司
肥城市鸿泰纸塑包装有限公司
临沂永祥塑料包装有限公司
临沂明正彩印有限公司
郯城鹏程印务有限公司
山东郯城富乐吹塑彩印厂
山东郯城金鑫复合彩印厂

郯城县冬晓塑料印刷厂
山东诺诚包装科技有限公司
山东禹城盛达塑料厂
山东邹平豪泽包装有限公司
群芳彩印厂
龙口市印刷物资有限公司
郑州鹏达塑业有限公司
郑州市天地彩印有限公司
豫祥彩印包装有限公司
河南海宁彩印有限公司
夏华塑料彩色印刷厂
新乡市欧凯彩印包装有限公司
河南龙飞彩印有限公司
濮阳市诚丰塑料包装有限公司
许昌家兴软包装彩印有限公司
文峰塑料彩色印刷厂
漯河市瑞博塑胶(彩印)有限公司
南阳市宛美彩印包装有限公司
武汉万洁环保纸塑包装有限公司
武汉奥辉印务有限公司
武汉红然包装有限责任公司
武汉恒大四方彩印有限公司
湖北中雅新材料股份有限公司
武汉市九益包装制品有限责任公司
阳光印刷(武汉)有限公司
武汉奔阳新材料科技有限公司
武汉天璇商贸有限公司
武汉市天虹纸塑彩印有限公司
陶氏化学(中国)投资有限公司武汉分公司
武汉市恒鑫包装塑料制品有限公司
武汉市松永茂包装材料有限公司
武汉市建桥印务有限公司
马特瑞尔(湖北)印刷科技有限公司
武汉金广大包装用品有限公司
包大师(上海)材料科技有限公司武汉办事处
湖北彩虹纸制品有限公司
湖北仙福纸业有限公司
武汉东劲捷包装科技有限公司
武汉千艺塑料包装有限公司
武汉大业印刷有限公司
惠州市舜丰印材科技有限公司武汉办事处
武汉市蔡甸区鑫鸿海纸箱厂
武汉华丽生物股份有限公司
盛达纸业制品有限公司
武汉盛世曙光纸业有限公司
荆州市恒昌塑料有限公司
雅仕油墨有限公司
襄阳南洁高分子新型材料有限公司
湖北新合发印刷包装有限公司
湖北金德包装有限公司
武汉环泰包装印务有限公司
富思特集团
湖北德威包装科技有限公司
汉川市益铭包装材料有限公司
上海英耀激光数字制版有限公司武汉分公司
云梦县恒兴纸品有限公司
湖北恒德贾隆塑业有限公司
湖北中雅包装有限公司
湖北省随州市中信印务有限责任公司
随州运城制版科技有限公司
湖北巴楚风印务有限公司
武汉英科水墨有限公司
湖南媲美印刷有限公司
长沙华茂彩印包装有限公司
长沙银腾塑印包装有限公司
长沙市湘粤盛包装有限公司
岳阳市九一环保塑料制品厂
常德市鸿康塑料彩印厂
广州八途包装材料有限公司
广州市滴丽日用品有限公司
广州市鑫源印刷有限公司
广州新文塑料有限公司
广州奇川包装制品有限公司
广州市粤盛工贸有限公司
广州爱科琪盛塑料有限公司
广东省韶关市翁源县岭南纸业有限公司广州办事处
深圳市佳润隆印刷有限公司
深圳市英杰激光数字制版有限公司
深圳市众力恒塑胶有限公司
超然塑胶包装制品(深圳)有限公司
深圳友邦塑料印刷包装有限公司
深圳市迪莱特实业有限公司
深圳市嘉丰印刷包装有限公司
深圳市奥丽彩包装制品厂
深圳市思孚纸品包装有限公司
深圳科宏健科技有限公司
深圳豪艺塑料有限公司
鸿兴印刷(中国)有限公司
深圳锦龙源印刷材料有限公司
深圳市森广源实业发展有限公司
深圳市微微数码有限公司
东莞市天姿彩印刷有限公司
深圳市咏胜印刷有限公司
深圳市天际伟业包装制品有限公司
新协力包装制品有限公司
深圳爱尔科技实业有限公司
深圳市明艺达塑胶制品有限公司
珠海市宝轩印刷有限公司

珠海市嘉德强包装有限公司
珠海市柏洋塑料包装印刷厂
汕头市蓬丰纸品包装有限公司
汕头市博彩塑料薄膜印刷厂
广东省汕头市科焕制版有限公司
汕头市志成塑料有限公司
广东利农印刷包装有限公司
佛山华韩卫生材料有限公司
佛山市南海区科能达包装彩印有限公司
佛山市南海港明彩印有限公司
佛山市南海区星格彩印包装厂
信诚塑料印刷厂
佛山市伯仲印刷厂
广东金威达彩印有限公司
佛山市彩一杰印务有限公司
佛山市南海中彩制版有限公司
南方包装有限公司
佛山市东茂模具版有限公司
佛山市南海恒晋彩印有限公司
佛山市冠贤彩印有限公司
佛山市奥达尼印刷包装有限公司
广信塑料吹膜制品有限公司
顺德金粤盛塑胶彩印有限公司
佛山艾美印刷有限公司
冠发印刷包装有限公司
佛山市长丰塑胶有限公司
佛山市正道中印包装印刷有限公司
佛山市高明大昌环保材料有限公司
江门市华威塑印有限公司
江门市天晨印刷厂
江门市广威胶袋印制企业有限公司
江门市新会区精美彩塑料包装厂
江门市致新包装材料有限公司
鹤山市创杰印刷有限公司
惠州宝柏包装有限公司
惠州市中之星色彩科技有限公司
惠阳洪发胶袋彩印有限公司
惠州华渊印刷有限公司
东莞联兴塑印制品厂
东莞市双龙塑胶制品有限公司
东莞市海丰塑料包装有限公司
东莞市绿彩包装材料厂
东莞市佰源包装有限公司
东莞市智盈包装制品有限公司
东莞市科艺塑料制品厂
东莞市万江建昌包装制品厂
东莞市万江拓洋塑料制品厂
东莞市拓鑫包装印刷制品厂
添彩塑胶包装有限公司
正艺高端柔版科技有限公司
东莞市泳星塑胶包装材料有限公司
东莞市华彩包装纸品有限公司
东莞市铭业包装制品有限公司
东莞市名顺凹版包装制品有限公司
东莞市源丰印刷材料科技有限公司
东莞市晓铭实业有限公司
东莞市虎门联友包装印刷有限公司
东莞市虎门富恒胶袋制品厂
东莞市致利包装印刷有限公司
东莞市金色包装制品有限公司
东莞市隆皇纸品有限公司
东莞市虎门联友包装印刷有限公司
安姆科软包装(中山)有限公司
朗科包装有限公司
中山市永宁包装印刷有限公司
中山市佳威塑料制品有限公司
洲恒塑料五金制品厂
广东光阳制版科技股份有限公司
广东省潮安区春辉彩印实业有限公司
潮安县庵埠兴隆纸塑包装厂
奇川彩印有限公司
潮安县丰辉印务有限公司
广东揭阳榕城雄发塑料薄膜印刷厂
揭阳市榕城区雅图印刷包装厂
广东罗定市华圣塑料包装有限公司
广州市三国水性油墨有限公司
迪爱生(广州)油墨有限公司
世合化工(深圳)有限公司
深圳市万佳原化工实业有限公司
希友达油墨涂料有限公司
江门市蓬江区天铭油墨有限公司
博罗县竣成涂料有限公司
新欣和油墨涂料有限公司
东莞市成泰化工有限公司
东莞市润丽华实业有限公司
东莞市锐达涂料有限公司
佛山美嘉油墨涂料有限公司
中山市东朋化工有限公司
中山市辉荣化工有限公司
洋紫荆油墨(中山)有限公司
中山创美涂料有限公司
广东锦龙源印刷材料有限公司
成都托展新材料有限公司
广西南宁金木瓜纸业有限公司
中山能合环保包装科技有限公司
南宁市金彩桐木瓜纸业有限公司
南宁市宾阳县富丽塑料包装彩印厂
广西南宁强康塑料彩印包装有限公司

欧业纸品印务有限公司
玉林市玉州区美印通印刷包装制品厂
广西容县宇光彩色印刷厂
广西容县风采印业有限公司
广西品田包装有限公司
重庆四平塑料包装股份有限公司
重庆市金非凡塑料包装有限公司
重庆嘉峰彩印有限公司
重庆华安包装装潢印务有限公司
重庆维华包装印务有限公司
成都市越骐印务有限责任公司
四川省成都市雄州彩印有限责任公司
成都金东方制版有限公司
成都光阳凹版有限公司
成都郫县永盛印务有限公司
成都市迅驰塑料包装有限公司
成都五牛壮达新材料有限公司
成都市星海峰包装有限公司
成都东顺塑胶有限公司
四川源亨印刷包装有限公司
成都市先平包装印务有限公司
四川新华盛包装印务有限公司
成都彩虹纸业制品厂
贵州金彩包装制品有限公司
云南泰誉实业有限公司
昆明市泽华工贸有限公司
昆明华安印务有限公司
云南嘉泰实业有限公司
昆明金津塑料包装印刷有限公司
西安兰韵印务有限公司
兰州万鑫彩印有限公司
宁夏腾飞塑料包装有限公司
中盐宁夏金科达印务有限公司
库尔勒东昇塑料彩印包装厂
台湾联宾塑胶印刷股份有限公司
永太和印刷(集团)实业有限公司
光华纸业(香港)有限公司

设备器材生产或供应
Manufacturers and suppliers of equipment

● 卫生纸机 Tissue machine

安德里茨(中国)有限公司北京分公司
维美德(中国)有限公司
天津天轻造纸机械有限公司
保定市晨光造纸机械有限公司
保定市创新造纸机械有限公司
满城县昌达造纸机械有限公司
满城恒通造纸机械有限公司
沈阳春光造纸机械有限公司
丹东正益机械制造有限公司
辽阳造纸机械股份有限公司
辽阳慧丰造纸技术研究所
白城福佳科技有限公司
黑龙江鑫源达国际贸易有限公司
辽阳川佳制浆造纸机械有限公司上海分公司
川佳机械集团
上海守谷国际贸易有限公司
上海盛达科技开发有限公司
盖康贸易(上海)有限公司
维美德(中国)有限公司
拓斯克造纸机械(上海)有限公司
切利(上海)机械设备有限公司
上海轻良实业有限公司
南京松林刮刀锯有限公司
江阴市鼎昌造纸机械有限公司
安德里茨(中国)有限公司无锡代表处
徐州市东杰造纸机械有限公司
艾博(常州)机械科技有限公司
欧米特(苏州)机械有限公司
福伊特造纸(中国)有限公司
江苏华东造纸机械有限公司
盐城市金本机械设备有限公司
盐城市荣创自动化设备有限公司
金顺重机(江苏)有限公司
杭州大路装备有限公司
富阳市小王纸机配件经营部
安德里茨(中国)有限公司
浙江鼎业机械设备有限公司
川之江造纸机械(嘉兴)有限公司
义乌市久业机械设备有限公司
ABK(意大利)有限公司中国代表处
山东金拓亨机械有限公司
山东伊斯泰造纸机械有限公司
青岛运卓国际贸易有限公司
淄博全通机械有限公司
山东海天造纸机械有限公司
山东鲁台造纸机械集团有限公司
潍坊正业机械制造有限公司
潍坊东英精工机械有限公司
潍坊凯信机械有限公司
青州永正造纸机械有限公司
诸城市增益环保设备有限公司
诸城市鲁东造纸机械有限公司
诸城市亿升机械有限公司
诸城市新日东机械厂
山东汉通奥特机械有限公司
诸城市大正机械有限公司
诸城市明大机械有限公司
诸城市永利达机械有限公司
山东华林机械有限公司
山东福华造纸装备有限公司
山东信和造纸工程股份有限公司
邹平县北方造纸机械厂
郑州市光茂机械制造有限公司
沁阳市金德隆造纸机械有限公司
沁阳市第一造纸机械有限公司
沁阳市顺合机械厂
广州市香化科技有限公司
维美德造纸机械技术(广州)有限公司
广州市番禺区金晖造纸机械设备厂
和耀企业有限公司
汕头市德宝利机械制造有限公司
安德里茨(中国)有限公司
佛山市南海区宝拓造纸设备有限公司
江门欧佩德晶华轻工机械有限公司
广东省江门市新会区睦洲机械有限公司
东莞市新易恒机械有限公司
东莞美捷造纸技术有限公司
绵阳同成智能装备股份有限公司
四川省井研轻工机械厂
乐山飞鸿机械有限责任公司
四川省宜宾市联盛进出口有限公司
中国联合装备集团宜宾机械有限公司
贵州恒瑞辰机械制造有限公司
西安炳智机械有限公司
清来机械有限公司

● 废纸脱墨设备 Deinking machine

安德里茨(中国)有限公司北京分公司
凯登百利可乐生公司北京代表处
宁波市联成机械有限责任公司
福建省轻工机械设备有限公司
青岛美光机械有限公司
诸城市增益环保设备有限公司
诸城市新日东机械厂
诸城市华瑞造纸机械厂
诸城市大正机械有限公司
山东惠祥专利造纸机械有限公司
诸城市明大机械有限公司
诸城市永利达机械有限公司
山东省诸城市利丰机械有限公司
安丘科扬机械有限公司
普瑞特机械制造股份有限公司
郑州运达造纸设备有限公司
广州市番禺区金晖造纸机械设备厂

● 造纸烘缸、网笼 Cylinder and wire mould

保定市金福机械有限公司
丹东新兴造纸机械有限公司
丹东市盛兴造纸机械有限公司
丹东烘缸制造厂
拓斯克造纸机械(上海)有限公司
溧阳市江南烘缸制造有限公司
溧阳市兴达机械有限公司
福伊特造纸(中国)有限公司
江苏华东造纸机械有限公司
金顺重机(江苏)有限公司
富阳市小王纸机配件经营部
济南东昇造纸机械有限公司
济南市长清区育才机械厂
山东恒星股份有限公司
山东鲁台造纸机械集团有限公司
山东信和造纸工程股份有限公司
安德里茨(中国)有限公司
广东省江门市新会区睦洲机械有限公司
元帅金属企业行

● 造纸毛毯、造纸网 Felt and wire cloth

河北饶阳县亨利网厂
日本辉尔康株式会社上海代表处
日本惠尔得商事株式会社上海代表处
日惠得造纸器材(上海)贸易有限公司
上海新台硕金属网有限公司
维美德织物(中国)有限公司
上海弘纶工业用呢有限公司
上海金熊造纸网毯有限公司
上海博格工业用布有限公司
徐州工业用呢厂
徐州三环工业用呢科技有限责任公司
阿斯顿强生技纺(苏州)有限公司
吴江凯富纺织工业有限公司
苏州嫦娥造纸网毯有限公司
南通市加目思铜网有限公司
海门市工业用呢厂
江苏金呢工程织物股份有限公司
江都新风网业有限公司
浙江华顶网业有限公司
安徽华辰造纸网股份有限公司
安徽荣辉造纸网有限公司
安徽太平洋特种网业有限公司
江西双环造纸网毯实业有限公司
潍坊振兴天马工业用呢有限公司
山东鑫祥网毯织造有限公司
潍坊市银龙工业用呢有限公司
郑州非尔特网毯有限公司
新乡市高正过滤设备制造有限公司
博爱县博瑞特钢制品有限公司
河南沈丘县汇丰网业有限公司
华丰集团-沈丘诺信织造有限公司
仙桃市永兴造纸网有限公司
东莞市道滘经纬不锈钢网厂
东莞市中堂亨利飞造纸机械厂
东莞市业兴网毯有限公司
广东省揭东荣立工业用呢厂
重庆倍宜贸易有限公司
西安兴晟造纸不锈钢网有限公司成都办事处
四川环龙技术织物有限公司
四川省乐山市金福呢业有限公司
四川邦尼德织物有限公司
西安兴晟造纸不锈钢网有限公司
西安祺沣网业股份有限公司

● 生活用纸加工设备 Converting machinery for tissue products

美国纸产品加工机器公司(远东股份有限公司北京办事处)
保定市三莱特纸品机械制造有限公司

保定市晨光造纸机械有限公司
保定卓润造纸机械厂
江苏连云港市纸品机械制造厂驻大册营
华信造纸机械厂
保定市金福机械有限公司
满城县全新机械厂
保定润达机械有限公司
创新纸品机械有限公司
满城县昌达造纸机械有限公司
大连明珠机械有限公司
长春市利达造纸机械有限公司
泛欧国际发展公司
辽阳川佳制浆造纸机械有限公司上海分公司
川佳机械集团
特艺佳贸易(上海)有限公司
上海萝镉国际贸易有限公司
法比奥百利怡机械设备(上海)有限公司
互赢有限公司
江阴市科盛机械有限公司
常州永盛新材料装备股份有限公司
太仓市兴良造纸制浆成套设备有限公司
苏州工业园区汇统科技有限公司
海门市刀片有限公司
连云港佳盟机械有限公司
连云港鹏程机械有限公司
连云港市向阳机械有限公司
江苏省连云港市新星纸品加工设备厂
连云港赣榆县恒宇天纺机械有限公司
盐城市金本机械设备有限公司
金顺重机(江苏)有限公司
瑞安市毅美机械有限公司
温州国宏机械有限公司
瑞安市天成包装机械有限公司
嘉兴绿信机械设备有限公司
嘉兴市锐星无纺布机械设备有限公司
义乌市久业机械设备有限公司
舟山中邦节能科技有限公司
黄山三夏精密机械有限公司
厦门湘恒盛机械设备有限公司
厦门市北霖机械有限公司
泉州市汉辉纸品机械厂
福建鑫运机械发展有限公司
泉州恒新纸品机械制造有限公司
泉州长洲机械制造有限公司
泉州华讯机械制造有限公司
泉州鑫达机械有限公司
汉伟集团有限公司
泉州特睿机械制造厂
福建培新机械制造实业有限公司
福建泉州明辉轻工机械有限公司
海创机械制造有限公司
福建通美信机械制造有限公司
晋江齐瑞机械制造有限公司
江西欧克科技有限公司
新余市屹鑫机械制造有限公司
青岛三安国际贸易有限公司
青岛赛尔富包装机械有限公司
淄博大进造纸设备有限公司
潍坊精诺机械有限公司
潍坊中顺机械科技有限公司
潍坊市坊子区升阳机械厂
潍坊市同邦自动化设备有限公司
山东旭日东机械有限公司
诸城市亿升机械有限公司
诸城市德润机械加工厂
山东银光机械制造有限公司
费县海驰机械有限公司
郑州科宇机械设备有限公司
河南品优纸品设备有限公司
河南大指造纸装备集成工程有限公司
河南省德凯隆纸品机械制造有限公司
许昌兄弟机械制造有限公司
河南恒源纸品机械有限公司
许昌市东城区长风纸品机械加工厂
河南金运纸品机械有限公司
荆门市意祥机械有限公司
广州市四维印刷有限公司
广州翰源自动化技术有限公司
深圳市瑞广自动化设备有限公司
深圳市元隆德科技有限公司
汕头市腾国自动化设备有限公司
汕头市金平区红福机械厂
佛山市金穗昌机械设备有限公司
佛山市鹏轩机械制造有限公司
实宜机械设备(佛山)有限公司
佛山市欧创源机械制造有限公司
德虎纸巾机械
佛山市南海区弘睿兴机械制造有限公司
佛山市鑫志成科技有限公司
佛山市置恩机械制造有限公司
佛山市南海区贝泰机械制造有限公司
佛山市科牛机械有限公司
佛山市南海毅创设备有限公司
佛山市邦贝机械制造有限公司
佛山市川科创机械设备有限公司
佛山市兆广机械制造有限公司

佛山市南海区德昌誉机械制造有限公司
佛山市南海美璟机械制造有限公司
佛山市南海区铭阳机械制造有限公司
佛山市嘉和机械制造有限公司
佛山市宝索机械制造有限公司
佛山市顺德区飞友自动化技术有限公司
佛山市思普莱机械制造有限公司
佛山市蔡工工业机器人有限公司
江门市蓬江区杜阮栢延五金机械厂
东莞市志鸿机械制造有限公司
东莞市万江德宝机械厂
东莞市鸿创造纸机械有限公司
东莞市佳鸣机械制造有限公司
东莞安其五金机械厂
东莞市维和科技有限公司
柳州市维特印刷机械制造有限公司
四川精虹机电设备有限公司
四川省宜宾市联盛进出口有限公司
捷贸企业有限公司
恒克企业有限公司
和耀企业有限公司
侨邦机械有限公司
百弘机械有限公司
钜研精密机械有限公司
全利机械股份有限公司
特艺佳国际有限公司
韩国东洋机械

● 卫生纸机和加工设备的其他相关器材配件 Other related apparatus and fittings of tissue machine and converting machinery

莱克勒
凯登百利可乐生公司北京代表处
北京威瑞亚太科技有限公司
北京万丰力技术有限公司
北京欧华金桥科技发展有限公司
北京恒捷科技有限公司
北京优派特科技发展有限公司
北京巨鑫华瑞纸业机械制造厂
北京双易盛科技发展有限公司
依博罗阀门(北京)有限公司
北京圣德安信科技发展有限公司
北京高中压阀门有限责任公司
天津市博业工贸有限公司
天津市兆川机电制造厂
天津市邦特斯激光制辊有限公司
石家庄诚信中轻机械设备有限公司
唐山天兴环保机械有限公司
保定市中通泵业有限公司
保定市三兴辊业机械有限公司
河北智乐水处理技术有限公司
保定市晨光造纸机械有限公司
保定宏联机械制辊有限公司
保定卓润造纸机械厂
华信造纸机械厂
满城县全新机械厂
保定市创新造纸机械有限公司
创新纸品机械有限公司
满城县昌达造纸机械有限公司
满城恒通造纸机械有限公司
河北鸿达泵业有限公司
信达制辊厂
沧州市通用造纸机械有限责任公司
固安安腾精密筛分设备制造有限公司
河北亚圣实业有限公司
河北枣强鼎好玻璃钢有限公司
沈阳市永达有色铸造厂
沈阳春光造纸机械有限公司
大连宝锋机器制造有限公司
大连明珠机械有限公司
丹东鸭绿江磨片有限公司
丹东新兴造纸机械有限公司
吉林市诚信实业有限责任公司
白城福佳科技有限公司
德国 TKM 集团
德旁亭(上海)贸易有限公司
康拓国际贸易(上海)有限公司
上海国昱贸易有限公司
美国 J&L 制浆服务有限公司上海代表处
上海国峥贸易有限公司
川佳机械集团
基越工业设备有限公司
上海思百吉仪器系统有限公司
斯普瑞喷雾系统(上海)有限公司
菲锐西(上海)贸易有限公司
山洋电气(上海)贸易有限公司
日惠得造纸器材(上海)贸易有限公司
上海瑞治贸易有限公司
嘉兴埃富得机械有限公司
杜博林(大连)精密旋接器有限公司上海代表处
Mtorres

上海诺川泵业有限公司
展东国际贸易(上海)有限公司
上海盛达科技开发有限公司
博路威(上海)机械科技股份有限公司
上海洗霸科技股份有限公司
上海费奥多仪器仪表有限公司
上海汇越印刷包装技术有限公司
上海联净电子科技有限公司
上海纳维加特机电科技有限公司
上海森明工业设备有限公司
上海圣智机械设备有限公司
上海晓国刀片有限公司
美睿(上海)工程制品有限公司
上海天竺机械刀片有限公司
上海展高电器有限公司
友聚(上海)精工机具有限公司上海分公司
上海迁川制版模具有限公司
上海金旋旋转接头制造有限公司
上海荣毅华表面热喷涂工程有限公司
大连苏尔寿泵及压缩机有限公司上海分公司
麦格思维特(上海)流体工程有限公司
芬澜造纸技术(上海)有限公司
上海茂控机电设备有限公司
上海斐卓喷雾净化设备有限公司
西尔伍德机械贸易(上海)有限公司
泽积(上海)实业有限公司
上海恩策机械设备有限公司
上海力林造纸真空机械有限公司
上海大晃泵业有限公司
布鲁奇维尔(上海)通风技术有限责任公司
环境保护部南京环境科学研究所
南京安森机电设备有限公司
南京犇达机电科技有限公司
川源(中国)机械有限公司苏州分公司
南京宏兴机械刀模集团
无锡市俊宝华蓝科技有限公司
无锡西尔武德机械有限公司
无锡市海燕高压泵阀厂
维美德造纸机械技术(中国)有限公司
凯登约翰逊(无锡)技术有限公司
江苏腾旋科技股份有限公司
无锡鸿华造纸机械有限公司
无锡维科通风机械有限公司
无锡正杨造纸机械有限公司
无锡尚川机械有限公司
无锡沪东麦斯特环境科技股份有限公司
无锡市洪成造纸机械有限公司
无锡爱德旺斯科技有限公司
江阴市正中机械制造有限公司
江阴市明达胶辊有限公司
江阴市申龙制版有限公司
江阴市利伟轧辊印染机械有限公司
江阴市纸粕纺织机械有限公司
博路威机械(江苏)有限公司
江阴北濉兴鑫包装机械厂
江阴市旭剑辊业科技有限公司
江阴市正阳机械有限公司
江阴市百合机械有限公司
宜兴申联机械制造有限公司
大明国际控股有限公司
无锡市永昇轴承有限公司
无锡市万邦机械制造厂
徐州亚特花辊制造有限公司
徐州市世安制辊模具厂
徐州光环皮带机托辊有限公司
徐州市东杰造纸机械有限公司
徐州三象(制辊)机械有限公司
常州市坚力橡胶有限公司
常州市高娟机械有限公司
斯通伍德(常州)辊子技术有限公司
常州航林人造板机械制造有限公司
常州市武进广宇花辊机械有限公司
常州卡瑞斯特花辊机械有限公司
常州市荣誉制辊有限公司
常州市颛顼精密机械有限公司
江苏保龙机电制造有限公司
溧阳市江南烘缸制造有限公司
常州耐立德机械有限公司
常州新中田花辊机械有限公司
苏州科特环保股份有限公司
苏州嘉研橡胶工业科技有限公司
深圳市哈德胜精密科技有限公司苏州分公司
诺博造纸技术中国代表处
模德模具(苏州工业园区)有限公司
博星印刷器材(苏州)有限公司
常熟市奥欣复合材料有限公司
张家港市新精工轴承机电有限公司
精佑恒岳机器(昆山)有限公司
上海擎邦机电设备有限公司
昆山亚欧梭耶机械设备有限公司
昆山盛晖机械科技有限公司
昆山龙腾跃达机械设备有限公司
昆山亚培德造纸技术设备有限公司
昆山陆联力华胶辊有限公司
苏州力华米泰克斯胶辊制造有限公司
上海冬慧辊筒机械有限公司

昆山市永丰水处理流体机械有限公司
昆山鑫帝科胶辊有限公司
上海旭欧轴承有限公司昆山办事处
昆山生活用纸刀具有限公司
太仓龙铁机械有限公司
奥胜制造(太仓)有限公司
江苏绿叶净化科技有限公司
海门市海南带刀厂
南通市巨龙流体机械有限公司
南通荣恒环保设备有限公司
连云港华露机械有限公司
盐城市顺驰机械科技有限公司
江苏信诺轨道科技有限公司
江苏正伟机械有限公司
江苏腾飞数控机械有限公司
江苏贝斯特数控机械有限公司
江苏中福玛数控机械科技有限公司
尚宝罗(江苏)节能科技股份有限公司
江苏麒浩精密机械股份有限公司
镇江市丹徒区德龙花辊厂
江苏大唐机械有限公司
江苏宏强电气集团有限公司
江苏金利马重工机械制造有限公司
江苏飞跃机泵集团有限公司
江苏仕宁机械有限公司
江苏泰兴市造纸机械配件厂
杭州华加造纸机械技术有限公司
杭州美辰纸业技术有限公司
杭州奥荣科技有限公司
杭州大路装备有限公司
杭州萧山美特轻工机械有限公司
杭州智玲无纺布机械设备有限公司
杭州锐斯刀具有限公司
杭州顺隆胶辊有限公司
杭州天创环境科技股份有限公司
杭州俊雄机械制造有限公司
杭州玖点轻工机械有限公司
宁波市联成机械有限责任公司
浙江利普自控设备有限公司
温州兴达印刷物资有限公司
温州诺盟科技有限公司
温州市华威机械有限公司
浙江海盾特种阀门有限公司
瑞安市登峰喷淋技术有限公司
温州市天铭印刷机械有限公司
金斯顿喷淋机械有限公司
瑞安市金邦喷淋技术有限公司
浙江省瑞萌控制阀有限公司
浙江力诺流体控制科技股份有限公司
瑞安市德信机械厂
嘉兴埃富得机械有限公司
川之江造纸机械(嘉兴)有限公司
慈溪天翼碳纤维科技有限公司
嘉善晋信自润滑轴承有限公司
海宁於氏龙激光制辊有限公司
浙江峥嵘瑞达辊业有限公司
浙江升祥辊业制造有限公司
德清勤龙磨床制造有限公司
浙江省绍兴市诸暨市中太造纸机械有限公司
浙江杰能环保科技设备有限公司
台州兴达隆润滑设备有限公司
瑞晶机电有限公司
亿民机械配件中心
厦门广业轴承有限公司
瑞硕(厦门)商贸有限公司
厦门市艾迪姆机械有限公司
厦门厦迪亚斯环保过滤技术有限公司
德普惠(福建)自动化设备有限公司
晋江市昊强机电科技有限公司
泉州优特机电设备有限公司
晋江顺应机电有限公司
江西洪都精工机械有限公司
新余市屹鑫机械制造有限公司
江西金力永磁科技股份有限公司
湖北首普机电有限公司(江西工厂)
江西昌大三机科技有限公司
济南华章实业有限公司
济南奥凯机械制造有限公司
山东山大华特科技股份有限公司
济南东昇造纸机械有限公司
济南市长清区育才机械厂
山东华东风机有限公司
山东三牛机械有限公司
济南诺恩机械有限公司
章丘市大星造纸机械有限公司
青岛运卓国际贸易有限公司
青岛恩斯凯精工轴承有限公司
青岛永创精密机械有限公司
青岛栗林机械设备有限公司
青岛永泰锅炉有限公司
淄博朗达复合材料有限公司
山东精工泵业有限公司
淄博水环真空泵厂有限公司
山东晨钟机械股份有限公司
淄博国信机电科技有限公司
山东中力高压阀门股份有限公司

滕州力华米泰克斯胶辊有限公司
滕州市德源高新辊业有限公司
烟台华日造纸机械有限公司
山东四海水处理设备有限公司
山东旭日东机械有限公司
诸城市鲁东造纸机械有限公司
潍坊日东环保装备有限公司
诸城市聚福源环保设备有限公司
诸城市亿升机械有限公司
诸城市新日东机械厂
诸城泽亿机械有限公司
诸城盛峰传动机械有限公司
山东汉通奥特机械有限公司
诸城市大正机械有限公司
诸城市金隆机械制造有限责任公司
诸城宇丰工贸有限公司
诸城市明大机械有限公司
诸城市永利达机械有限公司
山东省诸城市利丰机械有限公司
诸城市运通机械有限公司
潍坊双银环保科技有限公司
山东潍坊景芝腾飞机械厂
汶瑞机械(山东)有限公司
潍坊科创浆纸工程有限公司
山东济宁恒通纸管制品有限公司
山东华屹重工有限公司
济宁华隆机械制造有限公司
普瑞特机械制造股份有限公司
宏忻环保科技有限公司
山东宇恒造纸机械有限公司
山东银光机械制造有限公司
费县海驰机械有限公司
山东省金信纺织风机空调设备有限公司
山东福华造纸装备有限公司
山东聊城华诺机械设备有限公司
聊城华信造纸机械有限公司
山东丰信通风设备有限公司
滨州东瑞机械有限公司
山东杰锋机械制造有限公司
山东顺通科技有限公司
郑州特凯商贸有限公司
巩义市曙光两相流泵厂
郑州永锐利机械刀具有限公司
郑州磊展科技造纸机械有限公司
郑州运达造纸设备有限公司
蓝海环境工程有限公司
新乡市高服机械股份有限公司
河南大指造纸装备集成工程有限公司
温县欣悦刀锯厂
焦作市中联轻工机械厂
河南省德沁高新辊业有限公司
许昌兴之胜商贸有限公司
西安泰富西玛电机有限公司武汉办事处
武汉法科瑞系统技术有限公司
武汉卓源(轴承)贸易有限公司
上海新日升传动科技股份有限公司武汉分公司
武汉海讯高新技术股份有限公司
武汉赛迪特机电科技有限公司
武汉华拓机电设备有限公司
广州机械科学研究院有限公司驻武汉办事处
武汉欣力特自动化工程有限公司
固力空压机华中办事处
黄石市艾维橡塑科技有限公司
湖北博英精工科技有限公司
襄阳市誉达利精密机械有限公司
湖北京阳橡胶制品有限公司
湖北省风机厂有限公司
长沙鼎联热能技术有限公司
航天凯天环保科技有限公司
湖南正大轻科机械有限公司
长沙正达轻科纸业设备有限公司
湖南正勤智能科技有限公司
德国 GOCKEL 机械制造有限公司/高克尔国际技术(香港)有限公司
川源(中国)机械有限公司广州分公司
广东大华创展传动科技有限公司
广州凯和科技有限公司
华南理工大学轻工与食品学院造纸与污染控制国家工程研究中心
粤有研材料表面科技有限公司
广州嘉琦印刷器材有限公司
广州热尔热工设备有限公司
广州科毅工艺有限公司
广州市琅刻制版科技有限公司
广东光泰激光科技有限公司
广州市龙铁机械有限公司
上海旭欧轴承有限公司广州办事处
维美德造纸机械(广州)有限公司
广州市南沙区兆丰制辊有限公司
广州市泓智机械有限公司
广州龙钱机械有限公司
广州市优能燃烧系统有限公司
斯凯孚(中国)销售有限公司
日贸机电有限公司深圳办事处
深圳圣运激光制版有限公司
深圳市哈德胜精密科技有限公司

深圳市德伦金科技有限公司
珠海市德莱环保科技有限公司
广东省汕头市节能环保科技有限公司
佛山市珠江风机有限公司
佛山市禅城区真达轮同步带轮厂
佛山市南海晟心胶辊制造有限公司
佛山市柯锐机械制造有限公司
佛山运城压纹制版有限公司
佛山市南海区键铧风机有限公司
连冠金属塑料制品有限公司
志胜激光制辊有限公司
鹏森机械厂-工必利刀片
佛山市腾立科技有限公司
伟泓机械有限公司
昌盛刀具
佛山市九韵机械有限公司
佛山贝格尔制版厂
江门市恒通橡塑制品有限公司
广东创源节能环保有限公司
江门市新会区园达工具有限公司
广东省江门市双辉科技有限公司
开平市水口宏兴造纸机械厂
鹤山市同舟压花模具有限公司
广东廉江市莲达机械设备厂
东莞市科能保温技术有限公司
瑞安市金邦喷淋技术有限公司东莞直营店
东莞市长盛刀锯有限公司
东莞市三峰刀具有限公司
东莞市惠得机械制造有限公司
苏州静冈刀具有限公司东莞分公司
东莞市科顺机电设备有限公司
东莞市华星胶辊有限公司
东莞市绿慧环保设备有限公司
东莞市粤丰废水处理有限公司
东莞市铁盟机械制造有限公司
宏昌荣机械有限公司
东莞市沙田宏丰机电厂
东莞市鸿创造纸机械有限公司
东莞市云峰机电科技有限公司
东莞市贝乐机电科技有限公司
中山市东成制辊有限公司
中山市黄圃镇建业机械铸造厂
柳州市立安联合刀片有限公司
三菱电机产品重庆技术服务中心
南方泵业股份有限公司
东莞市凌圣五金机电有限公司(成都办)
都江堰市智德机械厂
都江堰华西轻工机械有限责任公司
德阳市双江塑料厂
杭州神龙工业泵驻川办事处
四川三台剑门泵业有限公司
乐山飞鸿机械有限责任公司
贵州恒瑞辰机械制造有限公司
上海力顺燃机科技有限公司
西安维亚造纸机械有限公司(原西安市未央机械厂)
西安吉天机械制造有限公司
西安亿帆动力科技有限公司
陕西欧润造纸机械有限公司
西安迈拓机械制造有限公司
西安芬润造纸设备有限公司
西安市英隆超硬材料厂
西安户县蓬勃橡胶制品有限公司
捷贸企业有限公司
元帅金属企业行
和耀企业有限公司

● 吸收性卫生用品生产设备 Machinery for absorbent hygiene products

河北省新乐市三瑞塑胶机械有限公司
保定格润工贸有限公司
丹东北方机械有限公司
黑龙江鑫源达国际贸易有限公司
上海兴源东安电气有限公司
上海守谷国际贸易有限公司
楹勐(上海)贸易有限公司
法麦凯尼柯机械(上海)有限公司
瑞光(上海)电气设备有限公司
特艺佳贸易(上海)有限公司
上海智联精工机械有限公司
意大利吉地美公司苏州工厂
欧米特(苏州)机械有限公司
西瑞斯包装机械(苏州)有限公司
张家港市阿莱特机械有限公司
张家港市久屹机械制造有限公司
金湖中卫机械有限公司
金湖宏大卫生用品设备有限公司
江苏金卫机械设备有限公司
金湖三木机械制造实业有限公司
金湖县芳平卫生用品设备厂
江苏金华卫生用品设备有限公司
安徽珂力智能电气有限公司
杭州智玲无纺布机械设备有限公司
杭州新余宏智能装备有限公司
杭州博奕金拓机械有限公司

杭州珂瑞特机械制造有限公司
杭州东巨实业有限公司
杭州铭瑞佳机械科技有限公司
瑞安市瑞乐卫生巾设备有限公司
浙江省瑞安市瑞丰机械厂
义乌市久业机械设备有限公司
恒昌机械制造有限责任公司
黄山富田精工制造有限公司
厦门市格林特维无纺布复合材料有限公司
泉州市汉辉纸品机械厂
泉州华讯机械制造有限公司
泉州鑫达机械有限公司
泉州市汉威机械制造有限公司
福建省泉州市智高机械制造有限公司
汉伟集团有限公司
聚宝科技机械有限公司
泉州特睿机械制造厂
福建培新机械制造实业有限公司
松嘉(泉州)机械有限公司
泉州新恒昌机械设备有限公司
福建泉州明辉轻工机械有限公司
晋江市五里古月机械厂
泉州智造者机械设备有限公司
晋江海纳机械股份有限公司
晋江市顺昌机械制造有限公司
晋江市东南机械制造有限公司
泉州军威机械设备有限公司
泉州市明工机械制造有限公司
泉州市玉峰机械制造有限公司
泉州创达实业有限公司
泉州市德诺威精工机械有限公司
福建溢泰科技有限公司
河南省邦恩机械制造有限公司
西瑞斯包装机械(苏州)有限公司
广州市兴世机械制造有限公司
广州天续机械设备有限公司
佛山市南海安隆机械设备有限公司
佛山市顺德区智敏自动化设备有限公司
佛山市顺德区精卫科技有限公司
广东省江门市汇科机械设备有限公司
东莞市林威机械设备有限公司
信隆无纺布机械设备有限公司
东莞市新盛机械设备有限公司
东莞市鼎胜包装机械有限公司
东莞快裕达自动化设备有限公司
力铖机械
中山市建通机械有限公司
阿利法国际贸易有限公司
屋信机械有限公司
特艺佳国际有限公司

● 热熔胶机 Hot melt adhesive machine

诺信(中国)有限公司北京办事处
北京鑫威诺和热熔喷涂科技有限公司
北京市信义惠达机电设备有限公司
北京三土伟业科技发展有限公司
上海善实机械有限公司
法远建机械设备(上海)有限公司
广州市乐佰得喷涂设备有限公司
善持乐喷涂设备(上海)有限公司
上海国堂机械制造有限公司
诺信(中国)有限公司
上海协熔科技有限公司
上海华迪机械有限公司
深圳金皇尚热熔胶喷涂设备有限公司上海办事处
无锡冉信热熔胶机械设备有限公司
无锡吉睦泰克机械厂
无锡市浩帆涂布设备有限公司
常州永盛新材料装备股份有限公司
苏州博伦热熔胶机械有限公司
依工玳纳特胶粘设备(苏州)有限公司
苏州欧仕达热熔胶机械设备有限公司
金湖中卫机械有限公司
金湖县赫尔顿热熔胶设备有限公司
杭州朗奇科技有限公司
浙江华安机械有限公司
瑞安市佳源机械有限公司
温州星达机械制造有限公司
福州市安捷机电技术有限公司
美国阀科集团中国销售服务中心
泉州新日成热熔胶设备有限公司
泉州市新威喷涂设备有限公司
泉州市贝特机械制造有限公司
科乐机械有限公司
泉州万鸿机械制造有限公司
东莞皇尚实业有限公司泉州办事处
福建省精泰设备制造有限公司
泉州市永泰机械设备有限公司
泉州德宏鑫热熔胶设备有限公司
上海善实机械(湖北)有限公司
诺信(中国)有限公司广州分公司
广州市瑞双明自动化科技有限公司
广州市乐佰得喷涂设备有限公司
深圳市柏顿堤科技有限公司

深圳佳德力流体控制设备有限公司
深圳博天浩业技术有限公司
深圳市班驰机械设备有限公司
深圳市嘉美斯机电科技有限公司
深圳市嘉美高科系统技术有限公司
深圳市皇信精密机械有限公司
深圳市迈拓精工有限公司
深圳诺胜技术发展有限公司
深圳市爱普克流体技术有限公司
深圳市鑫冠臣机电有限公司
轩泰机械设备有限公司
深圳市伊诺威机电有限公司
深圳市鑫煌尚自动化科技有限公司
深圳金皇尚热熔胶喷涂设备有限公司
佛山市诺成机械有限公司
跨海工贸有限公司
江门市维立奥流体机械设备有限公司
众鑫氟塑工业有限公司
腾科系统技术有限公司
亿赫热熔胶机制造工业有限公司
久骥化工机械有限公司东莞办事处
东莞市立乐热熔胶机械有限公司
东莞市诺达商贸有限公司
宏特胶机设备有限公司
东莞皇尚实业有限公司
中山晶诚机电设备有限公司
台湾皇尚企业股份有限公司

● 配套刀具 Blade

山特维克硬质材料(上海)有限公司北京办事处
武汉五岳科技发展有限公司北京办事处
北京伟伯康科技发展有限公司
北京优派特科技发展有限公司
迪能科技(北京)有限公司
北京华恩表面工程技术有限公司
北京金彩精机科技发展有限责任公司
伯尼蒂中国
上海永信模具材料有限公司
上海汇越印刷包装技术有限公司
上海镭茂精密机械设备有限公司
上海恩悌三义实业发展有限公司
山特维克国际贸易(上海)有限公司
上海弘道五金机械制造有限公司
博乐特殊钢(上海)有限公司
南京松林刮刀锯有限公司
南京贝恒精密刀具有限公司
南京雷德机械有限公司
山特维克合锐(无锡)有限公司
常州(美孚森)贸易有限公司
苏州力刀精密机械制造有限公司
代尔蒙特(苏州)刀具有限公司
昆山德凯盛刃模有限公司
昆山新锐利制刀有限公司
坂崎雕刻模具(昆山)有限公司
昆山鑫陆达精密模具科技有限公司
昆山生活用纸刀具有限公司
昆山隆新弘精密模具有限公司
苏州静冈刀具有限公司
江苏金湖华丰模具厂
扬州裕龙砂轮有限公司
江苏麒浩精密机械股份有限公司
丹阳优玛机械设备有限公司
靖江洛克威尔机械制造有限公司
杭州萧山皓和科技有限公司
杭州博家五金机械有限公司
浙江嘉兴金耘特殊金属有限公司
马鞍山市国锋机械刀片厂
马鞍山市天元机械制造有限公司
马鞍山市沪云机械刀片有限公司
马鞍山市恒利达机械刀片有限公司
马鞍山市华美机械刀片有限公司
马鞍山市一诺机械刀具有限公司
马鞍山市飞华机械模具刀片有限公司
安徽嘉龙锋钢刀具有限公司
马鞍山市富源机械制造有限公司
马鞍山市飞鹰刀片有限公司
威马机械设备有限责任公司
马鞍山市智新纳米材料有限公司
马鞍山市利成刀片制造厂
安徽锋利锐刀片制造有限公司
马鞍山市锋尔利机械刀片科技有限公司
马鞍山市金彩机械厂
马鞍山市海格曼机械设备有限公司
马鞍山市万鼎冶金机械刀片厂
马鞍山中捷锻压机床有限公司
马鞍山市新兴数控刃模有限公司
马鞍山市铠莱锐机械设备有限公司
安徽金凯机械刃模具制造有限公司
马鞍山市旭光精密模具制造有限公司
马鞍山市中亨机械有限公司
安徽华天机械股份有限公司
马鞍山远洲工业刀片制造有限公司
田岛机械
马鞍山市连杰机械刀片有限公司

三峰机械制造有限公司
马鞍山市正吉机械科技有限公司
马鞍山市杭氏精密机械刀模有限公司
三明市普诺维机械有限公司
三明市宏立机械制造有限公司
三明市锐格模切科技有限公司
泉州市龙泰机械公司
恒超机械制造有限公司
福建晋江特锐模具有限公司
晋江市明海精工机械有限公司
晋江翔锐精工机械有限公司
泉州恒锐机械制造有限公司
斯达五金商行
龙山轻工机械有限公司
武汉五岳科技发展有限公司
襄阳市誉达利精密机械有限公司
湖北华鑫科技股份有限公司
湖北三盛刀锯有限公司
武汉鲁班带钢有限公司
坂崎雕刻模具(深圳)有限公司
广州市哥哈德贸易有限公司
佛山市嘉明工业设备有限公司
佛山市禅城区青山精密模具厂
东莞市世腾花辊模具机械厂
希普思数控刀具有限公司
柳州市恒丰利刀具有限公司
重庆斯凯力科技有限公司
叡亿机械股份有限公司

● 吸收性卫生用品生产设备的其他配件
Other fittings of machinery for absorbent hygiene products

新乐华宝塑料机械有限公司
大连品冠环保包装科技有限公司
丹东北方机械有限公司
上海伏龙同步带有限公司
日志动力传送系统(上海)有限公司
斯托克网笼
上海凌盛商贸有限公司
上海誉辉化工有限公司
上海艾利特工业皮带有限公司
上海杰伟机械制造有限公司
上海罗利格莱实业有限公司
德国奥布里希公司上海代表处
埃维恩(上海)机械有限公司
意大利友宁股份公司南京办事处
南京安运机电有限公司
南京安顺自动化装备有限公司
南京永腾化工装备有限公司
无锡吉睦泰克机械厂
无锡新欣真空设备有限公司
无锡市金澳硅氟橡胶厂
济南天齐特种平带有限公司无锡分公司
博路威机械(江苏)有限公司
江阴市腾宇金属制品有限公司
宜兴申联机械制造有限公司
徐州光环皮带机托辊有限公司
常州东风卫生机械设备制造厂
常州市达力塑料机械有限公司
常州益朗国际贸易有限公司
常州云峰信达机械有限公司
常州市凌马机械有限公司
常州市红忠机械厂
常州万超机械有限公司
常州新中田花辊机械有限公司
常州澳顿花辊机械有限公司
苏州金纬精密机械有限公司
苏州木易精密模具有限公司
江苏张家港市飞江塑料包装机械有限公司
张家港市锦冠机械有限公司
昆山新百刃精密模具有限公司
太仓市广盛机械有限公司
南通图海机械有限公司
连云港华露机械有限公司
连云港市盛洁无纺布设备厂
金湖中卫机械有限公司
杭州博奕金拓机械有限公司
杭州金昇自动化科技有限公司
杭州格科机械有限公司
宁波汤浅系道纺织化纤技术有限公司
德清创智热喷涂科技有限公司
湖州东日环保科技有限公司
浙江精诚模具机械有限公司
台州精岳模具机械有限公司
福建俊威净化科技有限公司
厦门鑫港鸿五金工业有限公司
厦门佳创科技股份有限公司
三明市普诺维机械有限公司
泉州威特机械有限公司
泉州市聚源塑胶机械有限公司
晋江市启力机械配件有限公司
泉州智造者机械设备有限公司
恒超机械制造有限公司

晋江市明海精工机械有限公司
晋江市德豪机械有限公司
晋江翔锐精工机械有限公司
泉州银桥机械设备有限公司
福兴塑胶机械制造厂
山东省压缩机设备总公司
山东深蓝机器股份有限公司
济南华奥无纺科技有限公司
青岛青塑时代机械有限公司
滕州市润升辊业有限公司
宏忻环保科技有限公司
山东恒悦模具有限公司
西安泰富西玛电机有限公司武汉办事处
武汉法科瑞系统技术有限公司
武汉卓源(轴承)贸易有限公司
上海新日升传动科技股份有限公司武汉分公司
武汉海讯高新技术股份有限公司
武汉赛迪特机电科技有限公司
武汉华拓机电设备有限公司
广州机械科学研究院有限公司驻武汉办事处
武汉欣力特自动化工程有限公司
固力空压机华中办事处
黄石市艾维橡塑科技有限公司
湖北博英精工科技有限公司
襄阳市誉达利精密机械有限公司
湖北京阳橡胶制品有限公司
厦门希贝克工贸有限公司广州办事处
深圳市凯石精密模具有限公司
WEKO/德保国际贸易有限公司
佛山市俊嘉机械制造有限公司
成鑫五金机械厂
广东联塑机器制造有限公司
佛山市恒辉隆机械有限公司
佛山市泰达机械制造有限公司
佛山市顺德区智敏自动化设备有限公司
佛山市顺德区嘉旺鑫机械有限公司
猎豹带业(江门)有限公司
中山市富田机械有限公司
台湾智琦机械工业股份有限公司

● 包装设备、裹包设备及配件 Packaging and wrapping equipment & supplies

伟迪捷(上海)标识技术有限公司北京分公司
科尼希鲍尔印刷机械(上海)有限公司北京分公司
北京旭腾达自动化设备有限公司
美国纸产品加工机器公司(远东股份有限公司北京办事处)
中建材通用机械有限公司
北京中科汇百标识技术有限公司
北京大森包装机械有限公司
北京金诺时代科技发展有限公司
科诺华麦修斯电子技术(北京)有限公司
北京圣德安信科技发展有限公司
北京赛唯斯特科技有限公司
致博希迈工程包装机械(北京)有限公司
天津惠坤诺信包装设备有限公司
天津赛达执信科技有限公司
天津天辉机械有限公司
石家庄索亿泽机械设备有限公司
保定市三莱特纸品机械制造有限公司
东光县凯达包装机械厂
北京中科汇百标识技术有限公司(沈阳分公司)
大连华胜包装设备有限公司
大连佳林设备制造有限公司
北京中科汇百标识技术有限公司哈尔滨分公司
马肯依玛士(上海)标码科技有限公司
马肯依玛士(上海)标码有限公司
伟迪捷(上海)标识技术有限公司
上海祥和印刷技术有限公司
领新傲科(上海)有限公司
上海守谷国际贸易有限公司
德国布鲁克纳纺织机械技术有限公司上海代表处
上海镭德杰喷码技术有限公司
雅晟实业(上海)有限公司
上海美捷伦工业标识科技有限公司
北京大森包装机械有限公司上海办公室
库伯勒(北京)自动化设备贸易有限公司
上海丰得盛实业有限公司
上海永熠进出口有限公司
上海迪凯标识科技有限公司
上海骄成机电设备有限公司
上海研捷机电设备限公司
齐笙机械(上海)有限公司
上海路歌信息技术有限公司
上海意纳自动化科技有限公司
上海得尼机械有限公司
上海深蓝包装机械有限公司
上海星昆自动化设备有限公司
奥普蒂玛包装机械(上海)有限公司
上海波兴机械设备有限公司
上海满鑫机械有限公司
上海金旋旋转接头制造有限公司

上海普睿洋国际贸易有限公司
盟立自动化科技(上海)有限公司
上海麦格机械设备有限公司
上海阿仁科机械有限公司
多米诺标识科技有限公司
上海神派机械有限公司
荷探自动化系统(上海)有限公司
上海万申包装机械有限公司
上海欢盛贸易有限公司
上海全易电子科技有限公司
上海会岚包装科技有限公司
包利思特机械(上海)有限公司
纪州喷码技术(上海)有限公司
上海迅腾机械制造有限公司
上海杰驰标识设备有限公司
上海理贝包装机械有限公司
上海波峰电子有限公司
上海墨克商贸有限公司
上海瀚幽传动机械有限公司
上海问多机械有限公司
上海乾承机械设备有限公司
上海旭节自动化设备有限公司
上海赫宇印刷有限公司
上海松川远亿机械设备有限公司
上海适友机械设备有限公司
上海御流包装机械有限公司
上海丽索机械有限公司
上海三渠智能科技有限公司
上海富永纸品包装有限公司
岑明包装机械上海有限公司
南京正华应用科技有限公司
南京飒姿机械科技有限公司
南京德汇光电科技有限公司
南京依仕杰电子有限公司
北京拓维电子科技有限公司南京办事处
南京茂雷标识有限公司
南京恒威标识科技有限公司
南京成灿科技有限公司
南京佛尔科技有限公司
上海美创力罗特维尔电子机械科技有限公司无锡办事处
无锡市佳通包装机械厂
知锐智能装备无锡有限公司
无锡市邦信标识科技有限公司
无锡中鼎物流设备有限公司
无锡同联机电工程有限公司
江阴市北国包装设备有限公司
江阴市首信印刷包装机械有限公司
江阴市汇通印刷包装机械有限公司
江阴市鑫磊包装机械厂
江阴市华丰印刷机械有限公司
江阴市嘉铭印刷包装机械有限公司
江阴鼎铭机械科技有限公司
江阴市汇昌包装机械有限公司
江阴北澗兴鑫包装机械厂
江阴市江南轻工机械有限公司
江阴汇特力机械科技有限公司
无锡亚中自动化设备有限公司
常州钰锦金属科技有限公司
苏州市盛百威包装设备有限公司
苏州超群塑胶机械设备有限公司
苏州铨吉传动贸易有限公司
苏州威尔高科精密模具有限公司
苏州英多机械有限公司
科美西集团
欧米特(苏州)机械有限公司
奥利安机械工业(常熟)有限公司
常熟长友机械有限公司
江苏张家港市飞江塑料包装机械有限公司
张家港市春秋科技发展有限公司
昆山尚威包装科技有限公司
昆山海滨机械有限公司
江苏江鹤包装机械有限公司
昆山朋合机械设备有限公司
威德霍尔机械(太仓)有限公司
苏州誉科机械设备有限公司
深圳市英威腾电气股份有限公司
南通通机股份有限公司
连云港市乐鹏纸巾机械厂
盐城市荣创自动化设备有限公司
扬州泰瑞包装机械科技有限公司
扬州市霈哲机械有限公司
北京中科汇百标识技术有限公司杭州分公司
杭州杰特电子科技有限公司
杭州威克达机电设备有限公司
杭州永创智能设备股份有限公司
浙江国自机器人技术有限公司
杭州光库科技有限公司
杭州智玲无纺布机械设备有限公司
杭州博奕金拓机械有限公司
杭州金昇自动化科技有限公司
杭州铭瑞佳机械科技有限公司
杭州景灿科技有限公司
上海迪凯标识科技有限公司浙江办事处
杭州捷码标识设备有限公司
宁波欣达印刷机器有限公司
宁波菲仕运动控制技术有限公司

温州市南华喷码设备有限公司
温州市胜龙包装机械有限公司
温州市鼎盛包装机械厂
温州市新达包装机械厂
浙江兄弟包装机械有限公司
浙江鼎业机械设备有限公司
温州市飞煌机械设备有限公司
温州市伟牌机械有限公司
温州胜泰机械有限公司
温州市王派机械科技有限公司
温州众望包装机械有限公司
温州海航机械有限公司
温州创先机械科技有限公司
瑞安市正东包装机械有限公司
瑞安市华源包装机械厂
瑞安市长城印刷包装机械有限公司
瑞安凯祥包装机械有限公司
温州启扬机械有限公司
瑞安市宏泰包装机械有限公司
浙江新新包装机械有限公司
瑞安华能机械科技有限公司
瑞安市海诚机械有限公司
瑞安市天成包装机械有限公司
瑞安市华东包装机械有限公司
海宁人民机械有限公司
绍兴华华包装机械有限公司
浙江武义浩伟机械有限公司
中国义乌军文机械设备有限公司
义乌市久业机械设备有限公司
舟山中邦节能科技有限公司
安徽正远包装科技有限公司
合肥市春晖机械制造有限公司
合肥友高包装工程有限公司
上海迪凯标识科技有限公司
合肥博玛机械自动化有限公司
安徽海思达机器人有限公司
恒昌机械制造有限责任公司
安徽天恒包装机械有限公司
安徽桐城市富盛包装有限公司
福州华兴喷码自动化设备有限公司
福州迅捷喷码科技有限公司
亿民机械配件中心
福州达益丰机械制造有限公司
上海美创力华栋电子机械科技有限公司厦门办事处
多米诺标识科技有限公司厦门分公司
科诺华麦修斯电子技术(北京)有限公司厦门分公司
金泰喷码科技(厦门)有限公司
伟迪捷(上海)标识技术有限公司厦门分公司
厦门市神舟包装工贸有限公司
德瑞雅喷码科技有限公司
欣旺捷标识设备(厦门)有限公司
厦门睿恒达方科技有限公司
厦门真鸣科技有限公司
厦门雷拓机电科技有限公司
北京中科汇百标识技术有限公司厦门分公司
厦门联泰标识信息科技有限公司
厦门博瑞达机电工程有限公司
厦门华鹭自动化设备有限公司
厦门鑫德豪机械有限公司
厦门津龙机械有限公司
厦门恒达锋机械有限公司
天津市华春机械制造有限公司福建办事处
厦门佳创科技股份有限公司
利达机械有限公司
泉州市四雄机械设备有限公司
泉州市汉威机械制造有限公司
泉州市益达机械制造有限公司
泉州市科盛包装机械有限公司
泉州市肯能自动化机械有限公司
泉州市信昌精密机械有限公司
晋江海纳机械股份有限公司
福建省南云包装设备有限公司
北京中科汇百标识技术有限公司南昌分公司
南昌标玛设备技术有限公司(上海迪凯江西办)
江西欧克科技有限公司
新余市屹鑫机械制造有限公司
江西万申机械有限责任公司
山东大宏智能设备股份有限公司
济南恒品机电技术有限公司
山东深蓝机器股份有限公司
山东深泰智能设备有限公司
山东精玖智能设备有限公司
纪州喷码技术(上海)有限公司青岛办事处
青岛佳捷包装标识设备有限公司
青岛丰业自动化设备有限公司
上海镭德杰喷码技术有限公司青岛办事处
青岛铭腾工贸有限公司
青岛众和机械制造有限公司
青岛日清食品机械有限公司
青岛金派克包装机械有限公司
多米诺标识科技有限公司青岛分公司
青岛迅源通标识设备有限公司
青岛锐驰标识设备有限公司
青岛三维合机械制造有限公司
青岛非凡包装机械有限公司
青岛赛尔富包装机械有限公司

青岛赛达执信科技有限公司
青岛瑞利达机械制造有限公司
青岛富士达机器有限公司
青岛拓派包装机械有限公司
领达电子(中国)有限公司—山东营销中心
青岛博世达包装机械有限公司
潍坊永顺包装机械有限公司
潍坊精诺机械有限公司
潍坊中顺机械科技有限公司
潍坊市坊子区升阳机械厂
潍坊晟源包装机械有限公司
潍坊市堂堂纸品设备有限公司
潍坊昊荣精工设备有限公司
诸城市华弘机械有限公司
潍坊东航印刷科技股份有限公司
曲阜滔达喷码机标识设备有限公司
陆丰机械(郑州)有限公司
河南省德凯隆纸品机械制造有限公司
许昌兄弟机械制造有限公司
许昌九州纸品机械
河南腾国机械设备有限公司
南京成灿科技有限公司武汉办事处
武汉易码包装设备有限公司
武汉友联包装食品机械有限公司
湖北金利兴机械有限公司
武汉中纪喷码科技有限公司
上海美创力罗特维尔电子机械科技有限公司
武汉镭诺捷喷码设备有限公司
申瓯通信设备有限公司
武汉科迈捷标识系统有限公司
科诺华麦修斯电子技术(北京)有限公司武汉分公司
武汉市英多利科技发展有限公司
武汉龙瑞山捷标识科技有限公司
纪州喷码技术(上海)有限公司武汉办事处
武汉先同科技有限公司
镭德杰标识科技武汉有限公司
武汉欧创精控包装设备有限公司
武汉意洋机械设备有限公司
湖北领嘉华石科技有限公司
武汉易瑞德标识设备有限公司
武汉宇宏兴包装有限公司
武汉市美奇斯机械设备有限公司
宜昌麦迪科机电设备有限公司
长沙长泰智能装备有限公司
常德金叶机械有限责任公司
广州荣裕包装机械有限公司
北京大森长空包装机械有限公司广州办事处
多米诺标识科技有限公司广州分公司
马肯依玛士(上海)标识科技有限公司广州分公司
上海迪凯喷码技术有限公司广州分公司
纪州喷码技术(上海)有限公司广州办事处
广州多美诺喷码技术有限公司
广州市辉泉喷码设备有限公司
北京中科汇百标识技术有限公司广州分公司
广州崇普智能科技有限公司
广州市力辰工业包装有限公司
广州瑞润机电设备有限公司
广州尚乘包装设备有限公司
广州艾泽尔机械设备有限公司
广州中科智领包装设备有限公司
盟立自动化科技(上海)有限公司广州分公司
山东精玖智能设备有限公司广州分公司
广州市博瑞输送设备有限公司
广州市兴世机械制造有限公司
广州易靓包装器材有限公司
广州市宏江自动化设备有限公司
广州市富尔菱自动化系统有限公司
广州市恒烽自动化设备有限公司
广州叁立机械设备有限公司
慧翼科技
诺派热封控制有限公司
深圳市邦钰机电设备有限公司
奥克梅包装设备(嘉兴)有限公司
深圳市启迪东业科技有限公司
深圳市惠歌包装设备有限公司
深圳市锦盛誉工业设备销售部
深圳市京码标识有限公司
深圳晓辉包装技术有限公司
深圳市永佳喷码设备有限公司
深圳市申峰盛世科技有限公司
深圳固尔琦包装机械有限公司
深圳市深诺标识设备有限公司
深圳市胜安包装印刷有限公司
威猛巴顿菲尔机械设备(上海)有限公司
广州市哥哈德贸易有限公司
深圳市瑞广自动化设备有限公司
玛萨标识技术(深圳)有限公司
深圳市鸿鹭工业设备有限公司
珠海浩星精密科技有限公司
爱美高自动化设备有限公司
福建省南云包装设备有限公司汕头办事处
汕头市腾国自动化设备有限公司
汕头市金平区红福机械厂
汕头市汇鑫机械有限公司
汕头市欧格包装机械有限公司
汕头市广汕模具厂

佛山市新科力包装机械设备厂
佛山市兴琅机械有限公司
佛山市邦誉机械制造有限公司
佛山市金穗昌机械设备有限公司
佛山市广力万丰自动化设备有限公司
佛山市南海区迪凯机械设备有限公司
佛山市远发包装机械设备有限公司
佛山市捷奥包装机械有限公司
佛山市大川机械有限公司
佛山创享自动化设备有限公司
佛山市南海区德利劲包装机械制造有限公司
佛山市今飞机械制造有限公司
佛山市超亿机械厂
佛山市南海区弘睿兴机械制造有限公司
佛山市协合成机械设备有限公司
佛山市奥崎精密机械有限公司
佛山市鑫志成科技有限公司
佛山市南海邦得机械设备有限公司
佛山市科牛机械有限公司
佛山市捷力宝包装机械有限公司
佛山市索玛机械有限公司
佛山市嘉和机械制造有限公司
佛山市南海区威森机械制造有限公司
佛山市圣永机械设备有限公司
鑫星机器人科技有限公司
佛山市川松机械有限公司
佛山市德翔机械有限公司
佛山市聚元机械厂
佛山市南海区德力机械有限公司
佛山德圣鑫包装机械有限公司
佛山市奥索包装机械有限公司
佛山市乐九机械制造有限公司
广州泊顺贸易有限公司
佛山市精拓机械设备有限公司
佛山市顺德区智敏自动化设备有限公司
佛山市松川机械设备有限公司
广东鑫雁科技有限公司
佛山市托肯印象机械实业有限公司
佛山市顺德区胜图机械有限公司
江门市精新机械设备有限公司
惠州市德钢机械有限公司
东莞市智赢智能装备有限公司
东莞市欧立包装设备有限公司
李群自动化有限公司
东莞市万江德宝机械厂
东莞市惠得机械制造有限公司
东莞市泳亚包装设备有限公司
东莞市自成机械设备有限公司
东莞市申创自动化机械设备有限公司
东莞市铭业包装制品有限公司
东莞市程富实业有限公司
广东阿诺捷喷墨科技有限公司
中山市金力打印机设备有限公司
柳州市卓德机械科技有限公司
柳州市维特印刷机械制造有限公司
北京中科汇百标识技术有限公司重庆分公司
上海迪凯标识科技有限公司成都办事处
Macsaid 西部总代理
中科汇百标识技术有限公司成都分公司
四川省立华信科技有限公司
成都易捷科技有限公司
成都源码标识技术有限公司
北京中科汇百标识技术有限公司西安分公司
多米诺标识科技有限公司西安分公司
西安航天华阳机电装备有限公司
西安海焱机械有限公司
渭南市欧泰印刷机械有限公司
陕西北人印刷机械有限责任公司
渭南科赛机电设备有限责任公司
渭南臻诚科技有限责任公司
捷贸企业有限公司
创宝特殊精密工业有限公司
信敏有限公司

● 湿巾设备 Wet wipes machine

美国纸产品加工机器公司(远东股份有限公司北京办事处)
天津比朗德机械制造有限公司
丹东北方机械有限公司
特艺佳贸易(上海)有限公司
上海克拉方今环保科技有限公司
连云港市恒信无纺布湿巾机械有限公司
连云港市乐鹏纸巾机械厂
金湖县芳平卫生用品设备厂
温州市伟牌机械有限公司
瑞安市三鑫包装机械有限公司
嘉兴市锐星无纺布机械设备有限公司
厦门诺派包装机械制造有限公司
泉州大昌纸品机械制造有限公司
泉州市创达机械制造有限公司
泉州长洲机械制造有限公司
泉州市华扬机械制造有限公司
福建培新机械制造实业有限公司
泉州市东工机械制造有限公司

汉马(福建)机械有限公司
晋江海纳机械股份有限公司
漳州瑞易博达包装机械有限公司
青岛三安国际贸易有限公司
河南宝汇机械设备有限公司
郑州智联机械设备有限公司
陆丰机械(郑州)有限公司
新郑市亚丰机械厂
郑州陆创机械设备有限公司
武汉道生道商贸有限公司
广州市镇钿机械设备有限公司
佛山市南海美璟机械制造有限公司
台湾智琦机械工业股份有限公司
九亿兴业有限公司
特艺佳国际有限公司

● 干法纸设备 Airlaid machine

丹东市丰蕴机械厂
丹东北方机械有限公司
丹东市振安区金久机械制造厂
芬兰康克公司上海代表处
上海嘉翰轻工机械有限公司
上海大昭和有限公司
特吕茨勒无纺集团中国代表处
博源纸制品有限公司
佛山市奥崎精密机械有限公司
金冠神州纸业有限公司
广东洁新卫生材料有限公司
陕西理工机电科技有限公司

● 非织造布设备 Nonwovens machine

意大利高玛特斯公司北京联络处
北京威瑞亚太科技有限公司
北京量子金舟无纺技术有限公司
北京见奇电子机械有限公司
中国纺织科学技术有限公司
大连华阳新材料科技股份有限公司
安德里兹(上海)贸易有限公司
伟尚国际贸易(上海)有限公司
卓郎(上海)纺织机械科技有限公司
上海优恪机械科技有限公司
上海意迈机械有限公司
上海精发实业股份有限公司
上海依肯机械设备有限公司
特吕茨施勒纺织机械(上海)有限公司
格罗茨贝克特针布(无锡)有限公司
奥特发非织造机械科技(无锡)有限公司
宜兴市鸿大高创科技有限公司
无锡敬申热能机械厂
徐州亚特花辊制造有限公司
常州市达力塑料机械有限公司
常州聚武机械有限公司
常州德众精密机械有限公司
常州阿尔丰机械有限公司
常州市晨光机械制造有限公司
常州尚易生活用品有限公司
常州市照新无纺制品设备有限公司
常州市卓祺机械制造有限公司
常州惠武精密机械有限公司
常州乔德机械有限公司
常州市豪峰机械有限公司
常州市锦益机械有限公司
常州市亿宏无纺布机械设备厂
常州市武进华鹰纺机配件厂
常州惠明精密机械有限公司
常州金博兴机械有限公司
常州升创纺织机械有限公司
常州广运精密机械有限公司
瑞法诺(苏州)机械科技有限公司
莱芬豪舍塑料机械(苏州)有限公司
苏州湖水清贸易有限公司
江苏迎阳无纺机械有限公司
常熟市天力无纺设备有限公司
常熟市飞龙机械有限公司
常熟市伟成非织造成套设备有限公司
张家港市阿莱特机械有限公司
张家港嘉恒超声电器有限公司
昆山市三羊纺织机械有限公司
连云港佳盟机械有限公司
连云港华露机械有限公司
江苏省连云港市新星纸品加工设备厂
连云港赣榆县恒宇天纺机械有限公司
连云港市盛洁无纺布设备厂
连云港市恒信无纺布湿巾机械有限公司
盐城鼎棉非织造材料有限公司
盐城市顺驰机械科技有限公司
江苏省仪征市海润纺织机械有限公司
杭州湿法无纺设备有限公司
杭州奥荣科技有限公司
杭州智玲无纺布机械设备有限公司
温州鑫发无纺布设备有限公司
温州永宏化纤有限公司

嘉兴市锐星无纺布机械设备有限公司
嘉善辉煌机械设备有限公司
义乌市久业机械设备有限公司
厦门泰诚祥业精密机械制造有限公司
青岛纺织机械股份有限公司
青岛润聚祥机械有限公司
淄博美思邦工贸有限公司
郑州纺机工程技术有限公司
郑州华志非织造设备技术有限公司
郑州市安吉化工塑料机械厂
邓州市龙奕机械设备有限公司
河南省沈丘县银鹰网业有限公司
立信染整机械(深圳)有限公司
湖北昌瑞机械设备有限公司
武汉新港格机械科技有限公司
邵阳纺织机械有限责任公司
信维机械(广州)有限公司
广州市纤维产品检测院
广州盛鹏纺织业专用设备有限公司
奥伯尼国际(中国)有限责任公司
广州市花都区新华三胜机械设备厂
深圳市新天地机械设备有限公司
深圳首恩科技有限公司
汕头市汇鑫机械有限公司
佛山市欧创源机械制造有限公司
佛山市奥崎精密机械有限公司
佛山市南海区联盟精密机械有限公司
佛山市乐九机械制造有限公司
佛山市诺成机械有限公司
江门市蓬江区东洋机械有限公司
东莞市爱克斯曼机械有限公司
东莞市自成机械设备有限公司
东莞市科环机械设备有限公司
日惟不织布机械股份有限公司

● 打孔膜机 Apertured film machine

常州科宇塑料机械有限公司
常州市铸龙机械有限公司
常州市中阳塑料制品厂
张家港市阿莱特机械有限公司
张家港先锋自动化机械设备股份有限公司
苏州誉科机械设备有限公司
南通三信塑胶装备科技股份有限公司
杭州腾鼎科技有限公司
浙江欧力机械有限公司
绍兴博瑞挤出设备有限公司
舟山市丰潭塑料机械厂
美迪安有限公司中国事务所
泉州市露泉卫生用品有限公司
泉州市东方机械有限公司
泉州诺达机械有限公司
南通三信塑胶装备科技有限公司广州办
广东仕诚塑料机械有限公司
佛山市洪峰机械有限公司
添威塑料机械有限公司
佛山市顺德区飞友自动化技术有限公司
东莞市鸿宇塑机械有限公司
松德机械股份有限公司

● 自动化及控制系统 Automation and control system

三菱电机自动化(中国)有限公司华北区分公司
派克汉尼汾流体传动产品(上海)有限公司北京分公司
ABB(中国)有限公司
西门子(中国)有限公司
德国西博思电动执行机构有限公司北京代表处
库伯勒(北京)自动化设备贸易有限公司
万可电子(天津)有限公司北京分公司
北京高威洋海电气技术有限公司
北京伟伯康科技发展有限公司
北京优派特科技发展有限公司
凌云光技术集团有限责任公司
北京星科嘉锐自动化技术有限公司
北京中油瑞飞信息技术有限责任公司
北京双易盛科技发展有限公司
钛玛科(北京)工业科技有限公司
中国纺织科学技术有限公司
史陶比尔(杭州)精密机械电子有限公司天津办事处
天津慧斯顿科技有限公司
保定入微能源科技有限责任公司
威腾斯坦(杭州)实业有限公司沈阳办事处
丹东山河技术有限公司
安川电机(中国)有限公司
安川通商(上海)实业有限公司
中达电通股份有限公司
广州贝晓德传动配套有限公司上海办事处
上海颖轩电气有限公司
上海开通数控有限公司
罗克韦尔自动化(中国)有限公司
贝加莱工业自动化(中国)有限公司
爱电精(上海)商贸有限公司
上海西菱自动化系统有限公司

上海鑫金科贸有限公司
上海泛彩图像设备有限公司
照业好贸易(上海)有限公司
博世力士乐中国
罗爱德(上海)贸易有限公司
东芝三菱电机工业系统(中国)有限公司
菱商电子(上海)有限公司
东电化(上海)国际贸易有限公司
日静贸易(上海)有限公司
上海综元电子科技有限公司
施耐德电气(中国)有限公司上海分公司
上海会通自动化科技发展有限公司
瑞史博(上海)贸易有限公司
上海高威科电气技术有限公司
上海丰得盛实业有限公司
西门子(中国)有限公司上海分公司
上海天览机电科技有限公司
上海鑫遂达自动化科技有限公司
比勒(上海)自动化技术有限公司
上海台壹传动机械有限公司
上海鸣志自动控制设备有限公司
上海柄泰信息科技有限公司
上海常良智能科技有限公司
易图视影像设备(上海)有限公司
广州市西克传感器有限公司上海分公司
上海佰希凌电气股份有限公司
宁波中大力德智能传动设备有限公司上海办
富耐连自动化系统(上海)有限公司
艾查工业自动化产品(上海)有限公司
SMC(中国)有限公司
上海展高电器有限公司
上海茂智自动化设备贸易有限公司
上海涟恒精密机械有限公司
锋桦传动设备(上海)有限公司
上海卓大精密减速机有限公司
上海道仁输送机械有限公司
欧姆龙自动化(中国)有限公司
伦茨(上海)传动系统有限公司
美卓流体控制(上海)有限公司
康耐视中国
上海弗伦自动化科技有限公司
上海灵动微电子股份有限公司
上海易初电线电缆有限公司
施迈茨(上海)真空科技有限公司
上海阔然自动化科技有限公司
法国瑞德克斯上海代表处
上海钧能机电有限公司
上海宏元电气科技有限公司
上海凯多机电设备有限公司
上海天鸟自动化科技有限公司
上海兰宝传感科技股份有限公司
圣坦撒罗齿轮箱(苏州)有限公司南京办事处
南京瀚州科技有限公司
南京耀航电气设备有限公司
慧桥电气技术(上海)有限公司南京办事处
南京和远电气技术有限公司
南京东友自动化科技有限公司
南京邦涵自动化科技有限公司
南京容迈机电设备有限公司
厦门宇电自动化科技有限公司南京办事处
南京斯丹达自动化科技有限公司
南京中海机械制造厂
南京龙浩祥自动化设备有限公司
南京东赛机电设备有限公司
东莞市卓蓝自动化设备有限公司(苏沪办)
费斯托(中国)有限公司
无锡市晨飞自动化设备有限公司
宁波中大力德传动设备有限公司无锡办事处
无锡博言传动机械有限公司
江苏中大恒天电机有限公司
江苏和亿机电科技有限公司
无锡市迅成控制技术有限公司
无锡精控光电科技有限公司
安德里茨(中国)有限公司无锡代表处
常州市伟通机电制造有限公司
雷勃电气(常州)有限公司
苏州通锦精密工业股份有限公司
苏州超群塑胶机械设备有限公司
苏州铨吉传动贸易有限公司
苏州汇川技术有限公司
苏州联合大众自动化科技有限公司
上海森明工业设备有限公司
苏州鑫达新控自动化设备有限公司
江苏欧菱自动化系统有限公司
上海擎邦机电设备有限公司
武汉楚鹰科技开发有限公司上海办事处
帝悦精密科技(苏州)有限公司
淮安市楚淮电机股份制造有限公司
金湖衡凯控制系统有限公司
扬州协创工贸有限公司
扬州市需哲机械有限公司
浙江海利普电子科技有限公司
杭州和利时自动化有限公司
莱默尔(浙江)自动化控制技术有限公司
杭州千和精密机械有限公司
杭州美川电气科技有限公司

罗克韦尔自动化(中国)有限公司
浙江华章科技有限公司
欧姆龙自动化系统(杭州)有限公司
浙江东华信息控制技术有限公司
杭州和华电气工程有限公司
西门子工厂自动化工程有限公司
杭州佳可自动化工程有限公司
杭州泰旸电气有限公司
杭州道盛机电科技有限公司
浙江中控技术股份有限公司
杭州驰宏科技有限公司
杭州摩恩电机有限公司
杰牌传动(杭州)销售服务中心
建德市新丰粉末冶金厂
史陶比尔(杭州)精密机械电子有限公司
宁波市北郊机械变速器厂
宁波东泰机械有限公司
宁波中大力德传动设备有限公司
宁波菲仕运动控制技术有限公司
温州泰河电机有限公司
浙江恒齿传动机械有限公司
浙江通力重型齿轮股份有限公司
温州恒望电气有限公司
东菱技术有限公司
日本电产新宝(浙江)有限公司
浙江德玛电气有限公司
浙江三凯机电有限公司
西门子(中国)有限公司
合肥中鼎信息科技股份有限公司
安徽伍川自动化控制有限公司
慧桥电气技术(上海)有限公司安徽办事处
福州华菱机电有限公司
福州运立机电技术有限公司
福州科恒自动化设备有限公司
福建新大陆自动识别技术有限公司
厦门凡其贸易有限公司
厦门海正自动化科技有限公司
欧姆龙自动化(中国)有限公司
立克传动科技有限公司
厦门宇电自动化科技有限公司
厦门嘉国自动化设备有限公司
厦门市卓欣中贸易有限公司
厦门奥通力工业自动化有限公司
厦门聚锐机电科技有限公司
厦门中技创机电技术有限公司
厦门迈通科技有限公司
施耐德电气(中国)有限公司厦门办事处
厦门星凯驰工贸有限公司
厦门盛电科技发展有限公司
厦门凯奥特自动化系统有限公司
广州市美高工业器材有限公司厦门办事处
厦门飞美泰自动化科技有限公司
厦门新路嘉工业自动化有限公司
厦门诺博视科技有限公司
厦门普特电气技术有限公司
福州福大自动化科技有限公司
厦门众搏自动化机械有限公司
厦门辰信通自动化科技有限公司
厦门奥托威工贸有限公司
西门子(中国)有限公司厦门办事处
泉州市茂源石油机械设备制造有限公司
泉州沃斯杰自动化设备有限公司
雷腾传动科技有限公司
厦门欣起点工控技术有限公司
泉州鸿云电子科技有限公司
福州华拓自动化技术有限公司
泉州精锐自动化科技有限公司
台鑫机电有限公司
泉州东汇电子科技有限公司
泉州市创亿自动化设备有限公司
泉州市微柏工业机器人研究院有限公司
泉州合利贸易有限公司
泉州市业新福自动化成套设备有限公司
福州瑞控自动化科技有限公司
厦门中海拓自动化设备有限公司
泉州斯罗德自动化科技有限公司
福建育兴机电有限公司
欧姆龙自动化(中国)有限公司(江西办事处)
江西科宇机电有限公司
济南世耕贸易有限公司
济南翼菲自动化科技有限公司
艾威德(上海)电气传动科技有限公司山东办事处
西门子(中国)有限公司青岛办事处
淄博瀚海电气设备有限公司
纽氏达特行星减速机有限公司
淄博迈特汽轮机有限公司
大连邦飞利传动科技有限公司
博世力士乐(西安)电子传动与控制有限公司郑州办事处
漯河汇泽自动化工程设备有限公司
武汉得中机电有限公司
武汉凯瑞格机电有限公司
武汉特美科自动化电器设备有限责任公司
湖北西浦电机科技有限责任公司
上海麦孚电器有限公司武汉办事处
武汉五色建隆电子有限公司
武汉天勤瑞普科技有限公司

西克中国有限公司武汉办事处
罗克韦尔自动化(中国)有限公司武汉分公司
武汉惠佳精密机械有限公司
杭州新松机器人自动化有限公司武汉分公司
武汉麦诚鑫贸易有限公司
武汉赛迪特机电科技有限公司
ABB(中国)有限公司武汉分公司
武汉迈维鑫系统工程有限公司
费斯托(中国)有限公司
路斯特运动控制技术(上海)有限公司武汉分公司
西马克集团
广州慧翼智能科技有限公司湖北办事处
深圳市吉威新科技有限公司湖北办事处
武汉天畅弘达科技有限公司
武汉川河技术有限责任公司
武汉金义信科技有限公司
苏州钧信自动控制有限公司武汉办事处
武汉欣茂包装自动化技术有限公司
斯普瑞喷雾系统(上海)有限公司武汉办事处
广州市玄武无线科技股份有限公司武汉分公司
北京九思易自动化软件有限公司武汉办事处
上海会通自动化科技发展有限公司武汉办事处
上海气立可气动设备有限公司武汉办事处
湖北铭科达自动化设备有限公司
凯特恩(武汉)自动化设备有限公司
武汉菲仕运动控制系统有限公司
武汉意普科技有限责任公司
武汉友道自动化控制有限公司
新洋(台湾)工业有限公司
武汉信轴机电有限公司
武汉韦德机械设备有限公司
广东拓斯达科技股份有限公司
博德尔(武汉)实业有限公司
上海奥佳传动设备股份有限公司武汉分公司
武汉宏诺盛科技发展有限公司
武汉人天包装自动化技术股份有限公司
武汉科赛智能电子有限公司
武汉市巧匠工程技术有限公司
湖北襄阳诚展机械制造有限公司
襄阳天宇朗通航天科技有限公司
湖北首普机电有限公司
湖北行星传动设备有限公司
湖北科峰传动设备有限公司
湖南万德机电科技有限公司
长沙贝士德电气科技有限公司
广州市海培自动化设备有限公司
广州市康尼斯自动化有限公司
路斯特传动系统(上海)有限公司广州分公司
松下电器(中国)有限公司元器件公司
费斯托(中国)有限公司
艾默生 CT
广州贝晓德传动配套有限公司
广州市西克传感器有限公司
广州市圣高测控科技有限公司
广州市海珠区中南机电设备供应部
广州高威科电气技术有限公司
广州市德森机电设备有限公司
三菱电机自动化(上海)有限公司广州分公司
广州市兰诺自动化设备有限公司
伦茨(上海)传动系统有限公司广州办事处
西门子工厂自动化工程有限公司
西门子(中国)有限公司华南大区
施耐德电气(中国)有限公司广州分公司
乐星产电(无锡)有限公司广州总部
广州市衡达机电设备有限公司
广东苏美达国际贸易有限公司
湖北行星传动设备有限公司广州分公司
广州博途信息科技有限公司
广州嘉普信息科技有限公司
广州市川信自动化科技有限公司
广州奥泰斯工业自动化控制设备有限公司
康拓国际贸易(上海)有限公司广州办事处
博世力士乐中国
深圳市森玛特机电设备有限公司
深圳市钧诚科技有限公司
深圳市诺达自动化技术有限公司
奥海自动化系统(深圳)有限公司工程事业部
罗克韦尔自动化(中国)有限公司
威海麦科电气技术有限公司
济南翼菲自动化科技有限公司深圳分公司
深圳市雷赛智能控制股份有限公司
深圳市亿如自动化设备有限公司
深圳市英威腾电气股份有限公司
深圳市蓝海华腾技术股份有限公司
深圳市合信自动化技术有限公司
深圳市蒲江机电有限公司
精量电子(深圳)有限公司
深圳东马机电有限公司
深圳市施迈特电气有限公司
深圳市威鹏自动化设备有限公司
深圳市泰格运控科技有限公司
深圳市北机减速机有限公司
深圳市鹏辉科技有限公司
深圳市粤鸿远科技有限公司
深圳市纽氏达特精密传动有限公司
深圳市东宸机械设备有限公司

深圳市兴丰元机电有限公司
深圳市恒瑞通机电有限公司
深圳市松幸科技有限公司
深圳市立宜佳自控设备有限公司
深圳市兴兴柯传动设备有限公司
深圳市众誉科技有限公司
威茂电子(深圳)有限公司
深圳市安托山特种机电有限公司
深圳博锐精密机械有限公司
深圳市梯比艾科技有限公司
深圳市恒源机电设备有限公司
佛山市西岭机电设备有限公司
深圳市欧瑞自动化有限公司
深圳市利新祥电机有限公司
深圳派诺自动化系统工程有限公司
深圳市大成机电技术有限公司
深圳市伟凯达电气设备有限公司
深圳市杰美康机电有限公司
深圳市永坤机电有限公司
深圳市海科塑胶电子有限公司
深圳市渝鹏科技有限公司
深圳智慧能源技术有限公司
深圳市汇川技术股份有限公司
深圳市迈拓精工有限公司
深圳市国方科技有限公司
三菱电机自动化(中国)有限公司华南区分公司
深圳市华科星电气有限公司佛山办事处
深圳市汇禾春天物流技术有限公司
深圳市赛远自动化系统有限公司
深圳市迅科自动化设备有限公司
深圳市元隆德科技有限公司
深圳市雅腾电机有限公司
深圳市金洋宏业科技有限公司
珠海市入江机电设备有限公司
美塞斯(珠海)工业自动化设备有限公司
汕头市博远自动化电气有限公司
贝加莱工业自动化(中国)有限公司汕头分公司
汕头市信宏自动化控制设备
汕头市利华杰机械实业有限公司
汕头市金平区新华机电公司
佛山市洛德机械设备有限公司
佛山市奥迪斯机电设备有限公司
佛山市西岭机电设备有限公司
佛山市荟诚贸易有限公司
佛山市嘉明工业设备有限公司
莱默尔(杭州)机电设备有限公司佛山分公司
佛山市宏正自动识别技术有限公司
佛山市星光传动机械有限公司
佛山市万润自动化设备有限公司
佛山市广力机电成套安装有限公司
科能机电
佛山康博联合机电有限公司
佛山市合盈科技有限公司
佛山市力星机电设备有限公司
佛山市智泷机电设备有限公司
佛山市南海区劲星机电设备有限公司
佛山市众铿金属硬面有限公司
佛山市德恩普自动化设备科技有限公司
佛山市顺德东叶机电有限公司
迪佳电气有限公司
欧佩德伺服电机节能系统有限公司
江门市路思拓电机电器有限公司
惠州市爱博智控设备有限公司
旭辉磁石制造(惠州)有限公司
深圳市威科达科技有限公司
东莞市辰宇电器有限公司
东莞市科伟自动化设备有限公司
东莞市天一电机有限公司
东莞市兆通机电设备有限公司
东莞市健科自动化设备有限公司
东莞市东然电气技术有限公司
东莞市创丰科技发展有限公司
东莞市凯洲自动化科技有限公司
东莞市天杰传动设备有限公司
立顶昌贸易(深圳)有限公司
东莞中顺自动化器材有限公司
新洋(台湾)工业股份有限公司广东分公司
东莞市路尔特机械设备有限公司
飞腾电机有限公司
广东川铭精工科技有限公司
纽格尔行星传动设备有限公司
东莞市都邦机电设备有限公司
东莞市搏信机电设备有限公司
东莞市沙田宏丰机电厂
东莞市威政机械配件有限公司
金和通机电有限公司
凯福电机有限公司
中山市莱科自动化设备有限公司
中山市诺仕森机械设备有限公司
重庆编福科技有限公司
罗克韦尔自动化(中国)有限公司成都办事处
日贸机电有限公司成都办事处
日东电工(中国)投资有限公司成都分公司
武汉得中机电有限公司成都办事处
成都中瑞德贸易有限公司
四川艾尔孚德贸易有限公司

西门子(中国)有限公司成都办事处
成都巨力实业有限公司
东莞市凌圣五金机电有限公司(成都办)
成都倍博特科技有限公司
安川电机(中国)有限公司成都分公司
成都世通达科技有限公司
绵阳拓峰科技有限公司
绵阳市伟翔科技有限公司
绵阳同成智能装备股份有限公司
四川高达科技有限公司
陕西盈俊科技发展有限公司
西安得鑫光电科技有限公司
陕西西微测控工程有限公司

● 检测仪器 Detecting instrument

乌斯特技术(苏州)有限公司北京分公司
天津杰科同创科技发展有限公司
天津慧斯顿科技有限公司
石家庄诚信中轻机械设备有限公司
河北赛高波特流体控制有限公司
普利赛斯国际贸易(上海)有限公司
上海思百吉仪器系统有限公司
微觉视检测技术上海分公司
苏州丰宝新材料系统科技有限公司
上海太易检测技术有限公司
美国微视觉检测技术公司上海代表处
优视科(上海)商贸有限公司
安苙鑫科技股份有限公司
上海守谷国际贸易有限公司
AVT
上海林纸科学仪器有限公司
上海高晶检测科技股份有限公司
上海太弘威视安防设备有限公司
上海骄成机电设备有限公司
久贸贸易(上海)有限公司
上海川陆量具有限公司
广州思肯德电子测量设备有限公司
Loma Systems/Lock Inspection 中国区总部
上海索莱坦电子机械设备科技有限公司
基恩士(中国)有限公司
上海多科电子科技有限公司
上海信克机械设备销售有限公司
伊斯拉视像设备制造(上海)有限公司
上海恒意得信息科技有限公司
上海 ABB 工程有限公司
厦门力和行光电技术有限公司
上海理贝包装机械有限公司
上海波峰电子有限公司
上海森屹量具有限公司
上鹤自动化仪器设备(上海)有限公司
南京亿佰泰科技有限公司
无锡动视弓元科技有限公司
无锡埃姆维工业控制设备有限公司
无锡赛默斐视科技有限公司
机器视觉瑕疵检测仪
微觉视检测技术(苏州)有限公司
苏州康孚智能科技有限公司
杭州品享科技有限公司
浙江双元科技开发有限公司
杭州赤霄科技有限公司
杭州纸邦自动化技术有限公司
中建材轻工业自动化研究所有限公司(杭州轻通博科自动化技术有限公司)
宁波纺织仪器厂
杭州研特科技有限公司
杭州利珀科技有限公司
嘉兴市和意自动化控制有限公司
厦门康润科技有限公司
厦门力和行光电技术有限公司
泉州特睿机械制造厂
博格森机械科技有限公司
福建省麦雅数控科技有限公司
泉州市美邦仪器有限公司
济南三泉中石实验仪器有限公司
济南恒品机电技术有限公司
济南兰光机电技术有限公司
济南德瑞克仪器有限公司
青岛百精金检技术有限公司
河南大指造纸装备集成工程有限公司
武汉麦诚鑫贸易有限公司
梅特勒-托利多
武汉国量仪器有限公司
广州市顶丰自动化设备有限公司
广州思肯德电子测量设备有限公司
广州亚多检测技术有限公司
上海太易检测技术有限公司广州分公司
梅特勒-托利多
深圳市冠亚水分仪仪器有限公司
深圳蓝博检测仪器有限公司
深圳市正控科技有限公司
深圳市佳康捷科技有限公司
深圳市阳光视觉科技有限公司
佛山英斯派克自动化工程有限公司
东莞市立一试验设备有限公司

东莞市科建检测仪器有限公司
东莞市连之新金属检测设备有限公司
东莞市恒科自动化设备有限公司
东莞市太崎检测仪器有限公司
奥普特自动化科技有限公司
均准视觉(东莞)科技有限公司
梅特勒托利多
台湾源浩科技(影像检测)股份有限公司

● 工业皮带 Industrial belt

北京雅玛华美贸易有限公司
利莱诺(北京)传动设备有限公司
天津科顺隆传输设备有限公司
福尔波西格林传送系统(中国)有限公司
营口辽河药机制造有限公司
上海旭昕机电有限公司
霓达(上海)企业管理有限公司
上海高知尾崎贸易有限公司
惠和贸易(上海)有限公司
上海诺琪斯经贸有限公司
西日本贸易(上海)有限公司
英特乐传送带(上海)有限公司
上海禾川实业有限公司
上海紫象机械设备有限公司
上海得森传动设备有限公司
上海欧舟工业皮带有限公司
汉唐传动设备有限公司
上海爱贝特工业皮带有限公司
上海蓉瑞机电设备有限公司
麦高迪亚太传动系统有限公司上海分公司
上海东谊工业皮带有限公司
上海颖盛机械有限公司
泫泽工业传动系统(上海)有限公司
福尔波西格林公司亚太区加工及物流中心
上海亦杰传动机械有限公司
科达器材(中国)有限公司
上海凯耀工业皮带有限公司
上海达机皮带有限公司
哈柏司工业传动设备(上海)有限公司
上海采恩机械科技有限公司
上海晓全机械自动化有限公司
上海爱西奥工业皮带有限公司
上海贝滋工贸有限公司
上海永利带业股份有限公司
上海易溱工业皮带有限公司
南京安运机电有限公司
南京犇达机电科技有限公司
江阴市南闸特种胶带有限公司
江阴天广科技有限公司
江阴市斯强传动科技有限公司
常州梵高机电有限公司
信捷工业皮带(苏州)有限公司
东莞市三马工业皮带有限公司昆山分公司
昆山司毛特工业皮带有限公司
上海旭欧轴承有限公司昆山办事处
澳森传动系统(昆山)有限公司
德企同步带轮制造(昆山)有限公司
苏州宏信兴业传动系统有限公司
苏州梓瑞鑫传动机械有限公司
泰州市金科带业有限公司
泰州市天力传动带有限公司
泰州市泰丰胶带有限公司
泰州市欧泰带业有限公司
奥特传动带(泰州)有限公司
泰州市锐驰工业皮带有限公司
泰州市日兴高分子材料有限公司
泰州市环球特种绳带有限公司
江苏永盛氟塑新材料有限公司
泰州瑞斯特带业制品有限公司
杭州永创智能设备股份有限公司
杭州合利机械设备有限公司
宁波凯嘉传动带有限公司
余姚市伟业带传动轮有限公司
宁波伏龙同步带有限公司
温州盛磊传动设备有限公司
济南天齐特种平带有限公司绍兴分公司
绍兴凯一同步带有限公司
台州市路桥翔宇仪表机床制造厂
浙江三维橡胶制品股份有限公司
浙江天台益达工业用网厂
黄山美澳复合材料有限公司
顺意隆(福州)工业皮带有限公司
上海达机皮带有限公司
厦门敏硕机械配件有限公司
厦门冠重机械设备有限公司
厦门希尔顿工业皮带有限公司
厦门艺顺机械设备有限公司
厦门欧派科技有限公司
厦门希贝克工业皮带有限公司
鑫捷达传动设备有限公司
泉州市明鑫工业皮带有限公司
泉州市振荣机械配件有限公司
福建信捷工业传动皮带有限公司
宏信(福建)工业皮带有限责任公司

宏祥工业配件有限公司
晋江市博尔达商贸有限公司
南平市南象胶带有限公司
山东美邦传动设备有限公司
上海科达传动系统有限公司青岛办事处
青岛汉唐传动系统有限公司
青岛艾利特机电设备有限公司
郑州杰通工业皮带有限公司
申瓯通信设备有限公司
武汉百力特达机械设备有限公司
武汉科盛工业器材有限公司
上海新日升传动科技股份有限公司武汉分公司
武汉方圆鑫科技有限公司
厦门兴润峰贸易有限公司武汉办事处
武汉锐茨科技有限公司
长沙瑞中自动化设备有限公司
长沙市星沣传动机械有限公司
广州市一晋贸易有限公司
广州晟方一机电设备有限公司
铁姆肯(中国)投资有限公司
广州亿信达工业配件有限公司
广州宇泽盟贸易有限公司
霓达(上海)企业管理有限公司广州分公司
广州科弘机械设备有限公司
广州市翔拓工业器材有限公司
广州市艾姆特工业皮带有限公司
上海旭欧轴承有限公司广州办事处
广州力博工业皮带有限公司
广州市科达机械有限公司
广州翊力传动科技有限公司
广州格仪朗通用设备有限公司
深圳贸通机电有限公司
深圳市联安机电设备有限公司
深圳市捷保顺工业器材有限公司
深圳市星超工业器材有限公司
深圳市瑞阳成科技发展有限公司
深圳市三木传动带有限公司
深圳市华南新海传动机械有限公司
汕头市利华杰机械实业有限公司
艾斯普尔传动设备有限公司
利思达工业皮带有限公司
科达机械有限公司佛山分公司
麦高迪亚太传动系统有限公司(佛山分公司)
汉唐(广东)传动设备有限公司
佛山市利普达工业皮带有限公司
佛山市陈氏文信工业皮带有限公司
宏信(福建)工业皮带有限责任公司佛山办事处
佛山市山浦名工业皮带有限公司
佛山市加德纳机械配件有限公司
上海永利工业制带有限公司广东分公司
东莞市鑫成工业皮带有限公司
上海达机皮带东莞分公司
东莞市司毛特工业皮带有限公司
中山市固莱尔机电设备有限公司
重庆合耀贸易有限公司
欧皮特传动系统(上海)有限公司成都办事处
东莞市凌圣五金机电有限公司(成都办)
成都林力涵科技有限公司
成都蜀金蓝机械设备有限公司
云南万峰物资贸易有限公司
爱西贝特传输系统(云南)有限公司
陕西兴元传动系统有限公司

● 其他相关设备 Other related equipment

北京中纺瑞海化纤技术有限公司
起兴机械设备有限公司
奥地利 SML 兰精机械有限公司北京代表处
北京世宏顺达科技有限公司
北京恒泰宏昌科技有限公司
申克(天津)工业技术有限公司北京分公司
索拉透平(北京)贸易服务有限公司
北京万德捷膜设备有限公司
北京倍杰特国际环境技术股份有限公司
北京奇利远泰环保科技有限公司
北京金峡超滤设备有限责任公司
昊达戴格(天津)机械有限公司
唐山天易机电设备制造有限公司
保定宏润环境科技有限公司
飞凌嵌入式技术有限公司
运城制版有限公司
辽宁迈克集团股份有限公司
道达尔润滑油(中国)有限公司
上海商都贸易有限公司
上海德保工业设备技术有限公司
赛鲁迪中国有限公司
上海必洁卫生洁具有限公司
上海晓乐东潮生物技术开发有限公司
博泰印刷设备有限公司
上海冈川实业有限公司
上海祥和印刷技术有限公司
上海勤美自动化设备有限公司
上海协升商贸有限公司
贝卡尔特管理(上海)有限公司
凌云光技术集团有限责任公司

艾森博格轴承(上海)有限公司
佛山市嘉明工业设备有限公司上海分公司
UTECO GROUP
上海沃克通用设备有限公司
上海兹安经贸发展有限公司
卡勒克密封技术(上海)有限公司
伊莉莎冈特贸易(上海)有限公司
上海常良智能科技有限公司
黄星贸易(上海)有限公司
复盛实业(上海)有限公司
上海翌星电气设备有限公司
上海可莱特电子有限公司
广州机械科学研究院有限公司
上海艾克森新技术有限公司
丰泰过滤系统(上海)有限公司
上海树志机械设备有限公司
上海高辉机械设备有限公司
上海运城制版有限公司
恩玛机械(上海)有限公司
上海善格机电设备有限公司
克拉克过滤器(中国)有限公司
香港得利捷亚州有限公司上海代表处
斯凯孚(上海)轴承有限公司
上海力顺燃机科技有限公司
史丹利百得
费斯托(中国)有限公司
上海立智粉体设备制造有限公司
上海江浪流体机械制造有限公司
上海派瑞特塑业有限公司
必能信超声(上海)有限公司
博斯特(上海)有限公司
上海气达自动化设备有限公司
上海韩东机械科技有限公司
上海申贝泵业制造有限公司
上海沐畅传动设备有限公司
上海佩驭机电科技有限公司
上海阿通裁断机械有限公司
南京贝奇尔机械有限公司
南京广达化工装备有限公司
南京宁塑挤出机械有限公司
南京卓越挤出装备有限公司
南京博锻数控机床有限公司
南京祜亨机械设备有限公司
南京杰亚挤出装备有限公司
无锡中大橡塑科技有限公司
无锡市同康机电有限公司
江阴市军明药化机械制造有限公司
江苏光阳动力环保设备有限公司
江苏宜兴鸿锦水处理设备有限公司
常州高领塑料机械有限公司
常州市万事达自动化设备有限公司
常州快利特机械有限公司
常州市麦兴尼机电有限公司
溧阳市顺超风机厂
苏州中迪净化科技有限公司
海尔曼超声波技术(太仓)有限公司
盐城市巨益机电有限公司
射阳万丰机械制造有限公司
扬州市瀚文精密机械有限公司
靖江市凯宇空调设备厂
江苏博瑞诺环保科技有限公司
浙江中源电气有限公司
杭州洁肤宝电器有限公司
杭州金钥匙科技有限公司
杭州迈飞精密机械有限公司
杭州新珂机电设备有限公司
杭州励仁贸易有限公司
恒星科技控股集团有限公司
伦博格中国办事处
宁波得利时泵业有限公司
台邦电机工业集团有限公司
浙江锐步流体控制设备有限公司
浙江新德宝机械有限公司
瑞安市瑞庆电器有限公司
温州市亿润机械有限公司
川源(中国)机械有限公司
浙江天泉表面技术有限公司
德奥热喷涂有限公司
浙江颐顿机电有限公司
丽水市同步轴承有限公司
芜湖锋正实业有限公司
安徽赛福电子有限公司
福州市宝源风机有限公司
厦门环创股份科技有限公司
佰仕德(厦门)机电科技有限公司
厦门佳杏机电设备有限公司
厦门市耀诚工贸有限公司
厦门高科防静电装备有限公司
厦门品行机电设备有限公司
厦门三维丝环保股份有限公司
泉州市源兴机械制造有限公司
泉州高意机械设备有限公司
泉州腾达精铸有限公司
三尔梯(泉州)电气制造有限公司
晋江鑫达精工机械有限公司
晋江市兰欣新材料科技有限公司

泉州鑫磊节能科技有限公司
晋江华卫模具有限公司
三浦工业(中国)有限公司(南昌办事处)
江西汇明塑料彩印包装有限公司
湖北首普机电有限公司(江西工厂)
山东成志环境科技有限公司
山东长青金属表面工程有限公司
章丘市奥鼓机械有限公司
山东济南风机制造厂
青岛京东电子有限公司
诸城稻金精工机械有限公司
诸城市东阳机械有限公司
诸城市科威机械有限公司
山东华屹环境科技工程有限公司
济宁晨星机械修理有限公司
盛达轴承商贸有限公司
河南众仁机械设备有限公司
新乡市伟良筛分机械有限公司
河南乾元过滤设备有限公司
武汉法科瑞系统技术有限公司
武汉杰牌传动科技有限公司
武汉中大丰源机电设备有限公司
武汉东运制版有限公司
武汉思蒙特科技有限公司
三浦工业设备(苏州)有限公司武汉办事处
武汉海达尔机电设备工程有限公司
武汉凯迈特精密机械有限公司
武汉沐澜环保科技有限公司
武汉金义信科技有限公司
斯普瑞喷雾系统(上海)有限公司武汉办事处
武汉现代精工机械股份有限公司
武汉巨宝莱传动设备有限公司
湖北龙骊机械设备销售有限公司
武汉旭达兴五金机械有限公司
武汉同创塑料机械有限公司
湖北神海机械科技有限公司
湖北利茗威尔传动设备有限公司
武汉达盛兴净化设备工程有限公司
湖北迪峰船舶技术有限公司
中研技术有限公司华南销售事业部
武汉久胜塑机有限公司
武汉银丰塑机有限公司
武汉盛彩源科技有限公司
武汉市东进印刷机械有限公司
武汉昌信塑机有限责任公司
浙江艾克森传动机械有限公司武汉办事处
湖北浩轩工业设备有限公司
宜昌麦迪科机电设备有限公司
湖北襄阳诚展机械制造有限公司
湖北首普机电有限公司
东莞市恒钜机械设备有限公司华中办事处
孝感市精衡机械设备有限公司
湖北省仙桃市清园机械有限公司
湖北昌瑞机械设备有限公司
长沙长泰智能装备有限公司
广州市桑格喷涂设备有限公司
珑鼎机械工业股份有限公司广州公司
德马吉森精机中国
天龙制锯(中国)有限公司广州办事处
北京大恒创新技术有限公司广州分公司
广州市白云科茂印务设备厂
广州福田澳森空气净化设备有限公司
广州宇旋机械设备有限公司
广州市番禺区富达机电总汇
广州岱洲机械设备有限公司
广州亿立升机械有限公司
深圳市特利洁环保科技有限公司
永雄机械有限公司
深圳市桑泰尼科精密模具有限公司
深圳市超旭电子科技有限公司
深圳市德航智能技术有限公司
深圳市欧利斯仓储设备有限公司
深圳市擎天达科技有限公司
深圳市塑宝科技有限公司
深圳市深杰皓科技有限公司
南京微盟电子有限公司深圳分公司
深圳市山口轴承机电有限公司
深圳市金华成机电科技有限公司
深圳市鑫鹏展科技有限公司
深圳市莱斯美灵机械有限公司
深圳市奥德机械有限公司
深圳市三鑫维科技有限公司
深圳市峰洁卫浴有限公司
深圳市兴昊荣五金设备有限公司
佛山市三柯金属制品有限公司
佛山市天乐机械设备有限公司
佛山市依恳丰机电设备有限公司
佛山市进博科技有限公司
佛山市顺德区飞友自动化技术有限公司
佛山市顺德区劲源机械设备有限公司
雄峰特殊钢总公司
广东雄峰特殊钢有限公司
东莞市佛而盛智能机电股份有限公司
东莞市伟东机电有限公司
东莞市顺力工业设备有限公司
东莞市卓蓝自动化设备有限公司

东莞市钛格精密五金有限公司
东莞市华采塑胶五金制品有限公司
创点中国有限公司
东莞市三众机械有限公司
东莞市鼎盛特殊铜有限公司
东莞市长原科技实业有限公司
东莞市虎门河记机电配机商店
东莞市润洋电子有限公司
东莞市凌圣五金机电有限公司(成都办)
成都大光热喷涂材料有限公司
陕西新兴热喷涂技术有限责任公司
和散那有限公司

生活用纸和卫生用品经销商和零售商

Distributors and retailers of tissue paper and disposable hygiene products

◆北京 Beijing

北京泰双英商贸有限公司
北京华盛信诚商贸有限公司
中粮海优(北京)有限公司
北京鹤逸慈康复护理用品有限公司
北京杰华致信商贸有限责任公司
北京航天爱特科技有限公司
北京三友义经贸发展公司
北京博亚唯佳商贸有限公司
北京鑫龙源科技有限公司
北京中侨华茂商贸有限公司
北京京东世纪信息技术有限公司
北京市峰都广源商贸有限公司
北京富通兴达商贸有限公司
北京环鹰国际贸易有限公司
北京小鹿科技有限公司
合肥洁尔卫生新材料有限公司驻京代表处
北京鸣晨生物科技发展有限公司
北京创辉源商贸有限公司
乐天玛特
纯粹生活(北京)国际贸易有限公司
中农信供应链管理有限公司
北京中俄金桥国际贸易有限公司
北京鹏伟家宜纸业有限公司
北京文雅商贸有限公司
昊御鼎鑫科技发展(北京)有限公司
北京世佳美乐贸易有限公司
北京清柔纸业有限公司
北京世纪乐杰百货经营部
北京雅天宝杰商贸发展有限公司
北京诚信纸业配送中心
北京温哥华纸业有限公司
北京博源康商贸有限公司
北京美阳鸿泰商贸有限公司
北京卫多多电子商务有限公司
泓泗集团有限公司北京办事处
圣路律通(北京)科技有限公司
北京钧博阶点商贸有限公司
北京五永发商贸有限公司
北京超市发连锁股份有限公司
北京泉林本色纸业有限公司
城市纸品批发部
北京兆红利商贸有限公司
北京悦逸投资有限公司
北京五永发雪白金卫生用品有限公司
上海尚为贸易有限公司
博纳丰业(北京)科技发展有限公司
北京金宇瑞欣贸易有限公司
北京叶家纸业配送中心
北京韶能本色科技有限公司
北京良明腾达商贸有限公司
北京汇丰顺发科技有限公司
北京祥源泰盛商贸有限公司
北京兴翰商贸有限公司
北京德润鑫发商贸有限公司
北京金明发生物科技有限公司
北京汐佐佳洁卫生用品有限公司
北京京东世纪贸易有限公司
北京金顺圣景纸业
北京金鼎恒昌纸业有限公司

◆天津 Tianjin

天津市隆生伟达进出口有限公司
布朗博士(天津)婴幼儿用品有限公司
大江(天津)国际贸易有限公司
天津市芳羽纸浆贸易有限公司
天津时捷尚品贸易有限公司
天津嘉诚品诺商贸有限公司
天津市实岛科贸有限公司
天津正州商贸有限公司
天津市白雪纸业发展有限公司
天津市汇鑫森潮国际贸易有限公司
天津市河北区天福纸制品厂
天津市先鹏纸业有限公司
天津市安洁纸业有限公司
永旺纸业批发部

◆河北 Hebei

河北往来商贸有限公司
东方圣帝商贸有限公司
石家庄市东盛日用百货有限公司
石家庄市艺林礼都商贸有限公司
石家庄爱朦商贸有限公司
华北妇幼用品总公司
桥西区互惠纸业经销处
石家庄福兴纸业有限公司

石家庄市爱可商贸有限公司
石家庄美商日化有限公司
众诚纸业
永超商贸
萍萍纸巾经销处
唐山百货大楼集团八方购物广场有限责任公司
唐山市宏阔商贸有限公司
唐山宝龄纸业商行
庆红卫生用品商行
厚义丰商贸有限公司
秦皇岛众盈商贸有限公司
秦皇岛风帆日用品公司
秦皇岛市永乐经贸有限公司
秦皇岛兴龙广缘商业连锁有限公司
秦皇岛市顺乾商贸有限公司
诚信纸业
凯达纸业
朋朋纸业
邯郸市白福康纸业批发部
付好纸业批发部
邯郸市启晨商贸有限公司
邯郸市阳光超市有限公司
邢台新岭商贸有限公司
邢台市恒力纸业
邢台家和纸业
邢台市玉达商贸有限公司
家乐园集团
邢台市强隆商贸有限公司
金荣纸业
沙河市鑫源纸业
保定英城商贸有限公司
保定市奥林圣达商贸有限公司
保定宏果树孕婴用品有限公司
保定市双赢商贸行
河北保定同鑫商贸
兴发纸业有限公司
保定和信纸品有限公司
保定卫生用品厂
京英日化用品商店
秦皇岛天信国际贸易有限公司
华贵纸业批发
保定市捌号商贸有限公司
张家口润东源商贸有限公司
沧州市宇庆商贸有限公司
明冉纸业
沧州市远洋纸业有限公司
沧州市隆元日化有限公司纸品经营部
鑫祥泰百货综合批发商店
斯特隆商店
泊头永新商贸
泊头市红旗商店
任丘市鸿浩纸业
任丘市汇丰纸业有限公司
信誉楼百货集团有限公司
河北劲草商贸有限公司
洁尔康保健品有限公司
大龙纸业有限公司
霸州市春利纸业批发部
鑫鑫卫生纸业用品销售部
衡水安安孕婴
乐享商贸有限公司
衡水惠洁商贸有限公司

◆山西 Shanxi

太原圣尼尔科贸有限公司
万全融通商贸有限责任公司
太原市七日花溪日化经营部
山西亚强妇婴用品有限公司
华宇购物中心有限公司
太原市义亨商贸有限公司
山西省太原市稳和源贸易商行
山西泰宝婴幼服饰配货中心
山西省太原市金能日用品配送中心
百惠通商贸
山西云帆达商贸有限公司
山西春晖实业有限公司
太原市尖草坪区鸿飞纸业
尖草坪经营部
腾飞宾馆酒店客房桑拿足疗用品
太原市三毛百货经销部
健利达酒店一次性用品配货公司
山西吉龙贸易有限公司
山西帆翔卫生用品有限公司
山西美特好连锁超市股份有限公司
山西晋北地区纸品配货公司(应思纸业)
福来卫生保健用品采供站
大同市城区金利纸业
长治市城区恒利日杂用品批发部
新新纸巾
华美纸业商贸有限公司
云竹商贸有限公司
壶关县晨记商贸有限公司
晋城市日康商贸有限公司
晋城市云翔科贸有限公司
晋城市茂盛卫生用品公司
家家乐纸品经销部

高平市鑫隆商贸有限公司
海城批发部
山西晋中明辉纸业经销部
晋中市源丽印刷物资有限公司
山西省平遥县三庆纸业
平遥县万福隆商贸有限公司
小曹妇婴用品
日化纸品批发部
团民纸业
运城经济开发区岩军纸业
月月舒卫生用品经营部
千百惠纸业

◆内蒙古 Inner Mongolia

内蒙古赵存飞商贸有限责任公司
内蒙古顶新纸业有限责任公司
呼和浩特市老地方卫生用品厂
呼浩特市丽妃特商贸有限公司
呼和浩特市八神纸业有限责任公司
呼和浩特市梦莱商贸有限公司
包头麻氏商贸有限公司
包头市鸣祥物贸有限责任公司
家美纸业
冠文斗纸业
小秋林商贸有限责任公司
利达亿洗化
长恒孕婴用品
赤峰市鼎益源商贸有限公司
通辽市明旺纸业
内蒙古通辽市大有纸业
通辽市科尔沁区金达来纸业
阿荣旗金桥纸业
海拉尔龙源纸品商店
长宏纸业
鸿雁纸业有限责任公司
内蒙扎兰屯市美惠妇女儿童用品商行
荣祥卫生纸业
乌兰察布市紫业商贸有限公司
内蒙古国峰商贸有限公司
女人纸巾
景辉批发商行

◆辽宁 Liaoning

沈阳九天商贸有限公司
沈阳有明贸易有限公司
辽宁嘉力经贸有限公司
沈阳嘉博商贸有限公司
沈阳璞源贸易有限公司
深圳市欧雅纸业有限公司(沈阳办事处)
沈阳市好嘉服饰有限公司
沈阳市大东区汇缘兴日用百货批发部
沈阳美洁日用品商行
沈阳品诚商贸有限公司
沈阳舒洁商贸有限公司
顺达兴百货批发部
沈阳后顺商贸有限公司
大连万霖贸易有限公司沈阳办事处
沈阳物诚卫生用品有限公司
沈阳小熊布丁儿童用品有限公司
上海维亲婴儿用品有限公司(沈阳分公司)
沈阳市奇美卫生用品有限公司
新联盛商行
大连万霖贸易有限公司
大连驰聘商贸有限公司
大连文欣商贸有限公司
大连嘉仁商贸有限公司
大连鸿轩行生活用品有限公司
大连市沙河口区锦荣恒泰商行
大连誉扬商贸有限公司
大连千顺荔洁国际贸易有限责任公司
大连雅洁纸业有限公司
大连德禄商贸有限公司
大连市昊缘商贸有限公司
大连粤龙国际物流有限公司
大连舜氏生活用品有限公司
大连盛世源商贸有限公司
北乐商城 81 号商铺
大连市永盛商贸
大连宗霖商贸有限公司
大连日之宝商贸有限公司
瓦房店市文兰街道馨亿达日用品批发商行
辽宁成大国际贸易有限公司
大连普兰店市广利纸业
大连开元商贸行
庄河市薪盛纸业
邦济纸业
鞍山禹胜商贸有限公司
海城时代商行
海城新东方纸业
鼎信商贸
虹捷纸业有限公司
本溪众和纸业有限公司
本溪尚琳纸业有限公司
丹东市日康贸易有限公司
丹东晶峰糖业有限公司

丹东市振兴区久谊纸业
锦州市欣诺邦百货商行
锦州市凌河区福贵百货批发部
锦州兴隆纸品经销处
营口经济开发区鑫鑫永发百货批发站
大石桥真实惠百货有限公司
辽宁省大石桥市天兴卫生用品批发部
辽宁金美达贸易有限公司
阜新市金凯悦商贸有限公司
阜新市金星纸业有限公司
阜新市博乐商行
辽阳昌盛纸业有限公司
辽阳市百顺荣新酒店用品有限公司
盘锦市双台子区众鑫卫生用品经销处
盘锦万发商贸有限公司
盘锦兴隆台昕洁日用品经销部
铁岭日商卫生用品批发商行
辽宁开原一鑫纸业批发
开原市正丰纸业商行
朝阳市东方纸业贸易中心
恒利百货
朝阳市万之源商贸有限公司
辽宁省朝阳市建平县金达批发部
凌源市东方纸张批发
葫芦岛市华军商贸有限公司
葫芦岛市笑爽商贸行
东方日用品商行
宝山批发部
玉皇商城忠发批发部

◆吉林 Jilin

吉林省渝吉商贸有限公司
长春市恒信纸业
吉顺纸业
吉林省琦鑫卫生用品有限公司
鑫桐纸业批发
长春市光复路神狼纸业
吉林省吉岩妇幼用品有限责任公司
爱铭商贸
吉林市吉华纸业
吉林市昌宇纸业
吉林益源纸业
舒兰市万佳纸业商店
四平市八旗纸业批发
百帮纸业
鸿利卫生用品有限公司
四平乐信商贸有限公司
吉林省梨树县汉邦纸业
辽源凯玛商贸有限公司
通化市佳汇卫生用品销售有限公司
梅河口市多多商贸有限公司
松原市秋硕经贸有限公司
吉林省长岭县苗鑫纸业
白城广信纸业
茂源百货商贸公司

◆黑龙江 Heilongjiang

哈尔滨中顺商贸科技发展有限公司
哈尔滨阳瑞商贸有限公司
黑龙江省新北方浆纸贸易有限公司
绥芬河市三都纸业有限责任公司
成伟商贸有限公司
哈尔滨北鑫纸业
傻丫头纸业
金长城纸业销售部
哈尔滨盛强伟业商贸有限公司
哈尔滨市鑫乐日用杂品经销部
哈尔滨金三江商贸有限公司
腾飞纸业
宏泰百货批发
天源纸业
哈尔滨市海洋风商贸有限公司
顺鑫宾馆酒店用品总汇
哈尔滨格玺经贸有限公司
哈尔滨市正大纸业
龙凤纸业
哈尔滨博楠经贸有限公司
哈尔滨三辰商贸有限公司
哈尔滨市怡洁纸业
腾飞纸制品有限公司
黑龙江双城鑫丰纸业
齐齐哈尔市本色纸业有限公司
齐齐哈尔市煜鑫商贸有限公司
朝阳纸业
联华日用品商店
齐齐哈尔市昊天日用百货商店
齐齐哈尔市文齐文化百货商店
黑龙江省齐市锋华正茂纸品
小燕子纸业
黑龙江省鸡西市东升纸业商行
达利隆纸业商行
密山市宏大纸业
牡丹江东顺贸易有限公司
佳木斯市阳光商贸有限公司
佳木斯市雨豪经贸有限公司
佳木斯市楚丰卫生用品有限公司

佳木斯市伦伯商贸有限公司
黑龙江省北安市宝洁日用品商店
绥化市花香纸业经销部
绥化铭远经贸有限公司
安达市大鹏纸业公司
黑龙江省肇东市舒阳纸业
加格达奇钰渤纸巾专卖店

◆上海 Shanghai

台湾鸿光贸易有限公司上海办事处
上海万道禾经贸有限公司
上海怡茵家商贸有限公司
上海普进贸易有限公司
日奔纸张纸浆商贸(上海)有限公司
上海怡科实业有限公司
丸红(上海)有限公司
永辉超市股份有限公司
上海智泰商贸有限公司
维达商贸有限公司上海分公司
朴靓(上海)国际贸易有限公司
麦朗(上海)医疗器材贸易有限公司
康成投资(中国)有限公司杂货商品部
上海众炼国际贸易有限公司
上海元闲宠物用品有限公司
上海邦固贸易有限公司
抱朴(上海)进出口有限公司
上海恒洁纸业有限公司
上海富安德堡贸易有限公司
上海挚爱婴童用品有限公司
上海灏倍贸易有限公司
上海泰园贸易发展有限公司
上海慧鸣商贸有限公司
上海扶摇进出口贸易有限公司
上海畅展商贸有限公司
上海思沅日用品百货有限公司
实盟贸易(上海)有限公司
喜倍喜贸易(上海)有限公司
上海建发纸业有限公司
上海新彦纸业有限公司
永和食品(中国)有限公司
上海百德家庭用品有限公司
笛柯商贸(上海)有限公司
上海明阳佳木国际贸易有限公司
上海锐利贸易有限公司
上海置敦国际贸易有限公司
上海弘升纸业有限公司
上海越力酒店生活用品有限公司
上海同力商贸有限公司
红洁纸业有限公司
上海平伸商贸发展有限公司
得顺护理用品(上海)有限公司
上海东启纸业有限公司
上海承益商贸有限公司
厚合贸易(上海)有限公司
上海丽洁工贸有限公司
上海真诚纸业
上海奉发贸易有限公司
苏州市旨品贸易有限公司
上海任翔实业发展有限公司

◆江苏 Jiangsu

南京众鼎酒店用品销售中心
南京祥柏林贸易有限公司
江苏汇鸿国际集团医药保健品进出口有限公司
苏果超市有限公司
南京绿翔环保科技有限公司
南京福康通健康产业有限公司
江苏汇鸿国际集团
南京正觉生活用品有限公司
南京名道酒店用品有限公司
宁夏美洁纸业股份有限公司南京分公司
南京翱翔贸易有限公司
南京爱婴岛儿童百货有限公司
我爱我购烟酒超市
南京市鼓楼区同仁洗涤化妆品经营部
南京聚首经贸有限公司
南京高富林酒店用品有限公司
南京润秸纸品贸易有限公司
南京嘉赞集国际贸易有限公司
南京洁诺纸业
南京财润商贸有限公司
南京苏兴医疗器械有限公司
舜宇贸易有限公司
南京华普商贸百货
南京绿牌贸易有限公司
中天纸业
南京中天百货配送中心
南京凌云商贸有限责任公司
南京香洋百货贸易有限公司
南京斯卡兰德经贸实业有限公司
南京旺之发贸易有限公司
南京凯瑞百货贸易有限公司
南京荣诚商贸有限公司
南京永嘉商贸有限公司
名昂百货
南京生祥美贸易有限公司

无锡嘉年百货商行
无锡市广源纸品经营部
无锡市茂和信科商贸有限公司
无锡虞枫百货经营部
无锡招商城君涵日用小商品商行
全迎纸业有限公司
无锡旭梓鑫商贸有限公司
无锡德信峰商贸有限公司
无锡市丰涛商贸有限公司
无锡市正和纸塑有限公司
天津博真无锡代理商
无锡奇宝星网络科技股份有限公司
江苏大统华购物中心有限公司
无锡一零二零贸易有限公司
无锡市利贝乐贸易有限公司
江阴市乐茵儿童用品有限公司
聚成商行
无锡环能百货有限公司
江阴市伟盛贸易有限公司利益纸品厂
丰源百货
无锡市好店家百货有限公司
宜兴市一辉百货
徐州宏图商贸有限公司
徐州市鑫彤商贸有限公司
徐州市联诚经贸有限公司
徐州市荣杰商贸有限公司
徐州市诚裕贸易商行
徐州市金华欣商贸有限公司
徐州晨旭商贸有限公司
山东省菏泽市圣达纸业有限公司驻徐州办事处
徐州市翔羽商贸
徐州市金朋洋商贸有限公司
徐州陈刚纸业
徐州恒发纸业
徐州鑫兴纸业
徐州永森纸业
徐州鑫城纸品有限公司
徐州君悦商贸有限公司
徐州雅兔纸制品商贸行
徐州恩美商贸有限公司
徐州涵宇商贸有限公司
徐州蓝霸百货商贸行
徐州永强纸业有限公司
徐州百迪纸业
徐州市轩轩卫生用品
徐州市荣惠纸业有限公司
徐州格丽花香日化有限公司
徐州市冰婷商贸有限公司
江苏省徐州市盛佳纸业经营部
徐州宝悦丽卫生用品有限公司
徐州市松枝绿商贸
展鸿商贸
徐州伟诚商贸公司
顺安有限公司
徐州常迎商贸有限公司
宏利妇幼用品批发中心
恒利妇幼用品批发中心
康雷妇幼用品
舒鑫妇幼用品
沛县俊宇商贸有限公司
江苏省徐州市益家益卫生用品有限公司
江苏省新沂市诚利商贸
江苏新沂妇幼生活用品配送
新沂市老李纸业
新沂市万德福商贸有限公司
新沂市泰恒商贸有限公司
京鸽百货
徐州文欣晟实业有限公司
徐州美狮宝婴儿用品有限公司
盛兴旺商贸有限公司
徐州晓晓制品
淘小资贸易有限公司
徐州市翔宇新家园商贸
徐州市比特商贸有限公司
常州洁尔丝工贸有限公司
常州厚博贸易有限公司
常州益朗国际贸易有限公司
常州天名百货
小周一次性用品批发
溧阳市风云百货
金坛市亚太纸业有限公司
常州丁琳凡客商贸有限公司
乐易纸品配送中心
苏州市德康医疗器械有限公司
新鑫一次性用品配送中心
苏州市九重天贸易有限公司
苏州德泽贸易有限公司
苏州童玥生物科技有限公司
新亚百货
苏州裕丰百货
苏州维美德纸品有限公司
苏州笑眯眯贸易有限公司
浙江省丽水市千金小姐卫生用品苏州总经销
苏州涵耀润商贸有限公司
苏州昌满吉贸易有限公司
顶尖贸易

苏州市百鼎千宏商贸有限公司
苏州市吉捷顺商贸有限公司
苏州苏婴商贸有限公司
苏州美迪凯尔国际贸易有限公司
苏州市方中商贸有限公司
苏州德洋商贸有限公司
苏州市道宽日用品商贸有限公司
福友一次性日用品经营部
苏州海硕贸易有限公司
苏州东华铝箔制品有限公司
纤丽洗化
吴江东升百货商行
苏州市亚杨商贸有限公司
常熟标王日化商行
银龙百货供配中心
常熟市支塘伟明百货站
常熟市双惠贸易有限公司
常熟银鹰百货
常熟市顺源百货纸业
江苏常熟市东海酒业东海商贸
常熟市虞山镇优旺贸易商行
中浙百货有限公司
苏州市舍得国际贸易有限公司
常熟市晨风商贸有限公司
张家港亚太生活用品有限公司
张家港市乐余舒润纸制品商行
张家港市馨可佳商贸有限公司
宝贝之家母婴幼用品有限公司
昆山市环亚物资贸易有限公司
昆山市友善贸易有限公司
昆山荣星百货配销中心
一鸣百货纸品配销中心
昆山真善诚无纺布制品厂有限公司
京美公司
福建泉州晶美卫生用品有限公司
江苏红果果日用品有限公司
上海骏孟电子商务有限公司
苏和纸业百货
大宝日化百货批发部
张家港市馨可佳商贸有限公司
苏州市秋硕日用品有限公司
苏州工业园区优诺塑业有限公司
南通玉梅卫生用品厂
南通恒拓进出口贸易有限公司
南通开发区福泰经贸有限公司
南通炎华经贸有限公司
南通旺恒贸易有限公司
南通誉洋纸业有限公司
江苏南通市盛军经贸有限公司
如皋柔舒纸品商行
如皋捷佳纸业
如皋薛佳纸业批发商行
如皋市嘉健卫生用品经营部
南通洁爽贸易有限公司
如皋市永发纸业批发部
连云港市恒昌酒店用品有限公司
连云港市程爱纸品批发部
顺洁纸业
连云港汇得贸易有限公司
连云港市海州学华纸业批发部
连云港贝康贸易有限公司
连云港市金佰禾商贸有限公司
连云港荣功贸易有限公司
连云港市湘畔纸业有限公司
连云港优纸源商贸有限公司
申达经营部
顺瑞纸业
丽珍纸业
东海县简雅商贸有限公司
东方纸品
杨涛经营部
佳美商贸有限公司
辉煌纸业
灌南双灯纸品经营部
侯氏(裕红)纸品
连云港市双锦工贸有限公司
淮安市名品洗化
恒丰纸业
东风泗洲商贸有限公司
淮安市鑫源商贸
淮安市海森商贸有限公司
淮安市惠洁日用品经营部
淮安市明星纸业
淮安好美童商贸有限公司
淮安市创新纸业有限公司
淮安心茹纸业商行
淮安和之润商贸有限公司
淮安市金悦商贸有限公司
江苏省淮安市荧屏洗化
淮安市淮安区糖业烟酒总公司
淮安市万福纸业
江苏省淮安市正大纸业
创惠母婴卫生用品商行
淮安市海泓贸易有限公司
今相印卫生纸品有限公司
梦从缘纸业

远东纸业
盱润商贸有限公司
全达纸业
金湖县创达商贸
盐城市亭湖区荣昊纸品商行
盐城招商场店小二纸业
盐城市心连心商贸有限公司
盐城佳百利商贸有限公司
盐城金邦商贸有限公司
盐城永洁纸业
盐城市富楷纸业有限公司
盐城迎树纸塑制品有限公司
盐城市吖吖商贸有限公司
响水县兴顺商贸有限公司
盐城市引述纸业有限公司
双雄纸业
半边天关爱纸业
滨海海东纸业
晓雨纸品批发
治刚纸品
蓝天洗化批发部
秀芹纸品批发部
响水县君松酒业商行
扬州蓬升商贸有限公司
扬州泰美旅游用品厂
天天纸品
扬州喜相逢家居用品有限公司
扬州市宝蝶纸品配送中心
谢记南北货
扬州市广陵区明飞纸业商行
江苏商贸城志强卫生用品商行
石桥吉祥商行
高邮市三欣商贸有限公司
高邮市沈诚(小宝贝)洗化
镇江市润州区华源纸行
镇江苏南商贸有限公司
泰州市德汇商贸有限公司
泰兴市大地商贸易有限公司
兴化市恒泰纸业有限公司
靖江百合日用杂品有限公司
宜家达商贸有限公司
杨晓武纸品经营部
宿迁市巨辉商贸有限公司
宿迁经济开发区一涵百货商行
宿迁市中苏润风商贸公司
宿迁君晟母婴用品有限公司
沭阳小唐纸品
海兵纸业
沭阳县钱四纸品行
惠达百货销售部
宿迁金福信息科技有限公司
宿迁思宝商贸有限公司
江苏沭阳金福卫生用品经营部
宿迁凯依卫生用品有限公司
个体商户
江苏省宿迁市天奕纸品有限公司
金裕纸业
江苏省宿迁市理想纸业有限公司
创博纸业

◆浙江 Zhejiang

杭州市鼻涕虫母婴用品有限公司
浙中投资有限公司
杭州钱康贸易有限公司
杭州联华华商集团有限公司
美国美奇控股有限公司
杭州市海满云贸易有限公司
美国纳奇科日用品公司
鸣佰企业有限公司
杭州水户进出口贸易有限公司
杭州驰非科技有限公司
杭州爱优加满生物科技有限公司
浙江元千贸易有限公司
妈妈去哪儿
超超百货
杭州德章贸易有限公司
旺达日用百货商行
杭州白雪商贸有限公司
杭州正哲进出口有限公司
海宁市新惠纸品有限公司
杭州市余杭区可爱可亲孕婴童连锁旗舰店
杭州望青网络科技有限公司
桐庐发林百货批发配送中心
富阳展飞百货有限公司
蓝馨电子商务有限公司
三江购物俱乐部股份有限公司
宁波市笑笑百货
宁波市诚盛致远商贸有限公司
光明纸品经营部
宁波宝乐贝尔国际贸易有限公司
宁波源福祥纸业有限公司
宁波江东奇恺欣贸易有限公司
宁波淳俊晖贸易有限公司(宁波满盈丰百货商行)
宁波鄞州红杉树商贸有限公司
宁波新江厦连锁超市有限公司
宁波市鄞州恋亦菲卫生用品有限公司

宁波伊普西龙进出口有限公司
宁波米贝国际贸易有限公司
宁海县金氏百货经营部
小何百货商行
华玲纸品贸易有限公司
余姚市俊鸿工贸有限公司
慈溪市奇杰商贸有限公司
慈溪晨阳宠物用品有限公司
建明百货
宁波市余姚市鸿达纸业贸易有限公司
慈溪周巷食品城雨田纸业
宁波吉润百货
温州市鹿虹日用品有限公司
温州洁达日用品有限公司
温州奇才百货有限公司
温州小天使妇幼用品商行
温州市旺盛商业有限公司
温州洁康贸易有限公司
广泰百货
温州市满爽日用品商行
温州市龙兴百货有限公司
温州市益母百货有限公司
瞿溪日用百货批发部
温州市康达百货
温州仁昊纸巾厂
温州乌牛新兴日用百货公司
浙江清萱纸业有限公司
温州国涵纸业有限公司
温州生命树贸易有限公司
苍南继完日用品经营部
苍南县家佳日用品经营部
苍南爱佳百货商贸有限公司
浙江苍南新星百货商贸有限公司
苍南县明一百货有限公司
苍南县丰源纸业有限公司
瑞安瑞翔商贸有限公司
瑞安市金丰生活用品经营部
温州市旺盛日用百货有限公司瑞安分公司
瑞安市祥旺日用品商行
乐清市博晖贸易有限公司
惠兴百货
圣洁卫生用品有限公司驻浙江省办事处
嘉兴市中冠商贸有限公司
嘉兴市新年华生活用品有限公司
嘉兴市程文虎纸业
嘉善新中日用品配送中心
嘉善商城鹏大洗涤用品经营部
嘉善商城三妙纸品经营部
海宁市生生百货商行
浙江嘉兴市清典商贸有限公司
长虹纸业有限公司
桐乡市美好纸业有限公司
舒心纸业
桐乡市沈氏百货
长兴瑞元百货商行
绍兴柯桥爱酷贸易有限公司
绍兴县阿卜贸易商行
绍兴多珍进出口有限公司
上虞市好格贸易有限公司
杭州梁丽百货有限公司
诸暨市阳阳卫生用品经营部
金华市安琪日用百货批发部
金华市新大家商贸有限公司
金华市红远百货商行
金华康贝聪商贸有限公司
金华市盈和百货有限公司
恒通百货商行
王军批发部
厦门源福祥卫生用品有限公司义乌办事处
义乌市逐阔贸易商行
快乐贝贝婴儿用品
义乌市中南卫生用品商行
义乌市楼凯纸品商行
义乌商城母婴日用品
时来日用百货贸易有限公司
义乌市联洲进出口有限公司
义乌捷鹿日化有限公司
楼阳亮卫生巾、纸等配送
义乌市高希贸易有限公司
义乌市莱雅日化
哈梨扎德贸易有限公司
义乌市鑫发妇幼用品批发商行
义乌尼凯国际有限公司
洋什铺(上海)国际贸易有限公司
浙江省晨炫日用品商行
衢州市东和百货有限公司
衢州市好利商贸有限公司
浙江衢州市春秋百货有限公司
衢州飞凡商贸有限公司
开化县纸行
易家宝贝母婴连锁机构
舟山晟丰商贸有限公司
台州万联日用有限公司
台州市宏成化妆品有限公司
台州精杰婴儿用品有限公司
台州市鑫之歌生活用品有限公司

优点贸易有限公司
台州市鸿迪贸易有限公司
台州潇伟日用百货商行
浙江省台州市路桥卫平日用品商行
台州市路桥亿鼎卫生制品有限公司
台州相约日用品商行
天启纸业
临海市春天百货批发部
丽水市盛东百货经营部
丽水市环球纸业发展有限公司
丽水市晨晨纸业有限公司
上海东冠华洁纸业有限公司富阳总代理
杭州惠丽纸业有限公司

◆安徽 Anhui

合肥汇淼商贸有限公司
合肥邦利商贸有限公司
合肥美迪普医疗卫生用品有限公司
安徽月月舒营销有限公司
合肥市荣荣纸品有限公司
酷笑娃孕婴连锁
合肥新岳百货配送中心
合肥恒泰百货经营部
合肥凯凯纸业
合肥宝元纸品商贸公司
合肥市华俊日化配送中心
迎枝纸业
合肥祥和纸业
合肥市胡峰商贸有限公司
合肥金家豪商贸有限公司
安徽婴泓母婴用品有限公司
安徽沅芷贸易有限公司
合肥亚通贸易有限责任公司
安徽怡成深度供应链管理有限公司
安徽华文国际经贸股份有限公司
合肥尔唯国际贸易有限公司
合肥顺柔商贸有限公司
安徽安粮国际发展有限公司
合肥市晨风纸品有限责任公司
巢湖市微风纸品有限公司
安徽安德利百货股份有限公司
芜湖恒企商贸有限公司
芜湖市飞华商贸有限公司
芜湖市鑫蕾商贸有限责任公司
芜湖市旺达纸业
芜湖市磊鑫日化
希尔卫生用品有限公司
恒发纸业经营部
蚌埠市中顺纸品商行
蚌埠市清新商贸有限公司
蚌埠市荣盛昌贸易商行
美好纸业
蚌埠市雅佳丽百货有限责任公司
安徽淮风生活用品有限公司
蚌埠南山纸业
怀远向阳百货商贸
五河县新兴纸品商行
安徽淮南利发商贸公司
淮南市芳洁百货经营部
淮南市士磊商贸有限责任公司
淮北市振泽商贸有限公司
万佳妇幼卫生用品商行
淮北康友商贸有限公司
吉顺纸业
铜陵市光照商贸
合肥锦杰纸业有限公司
中瑞商贸
安庆市金德利商贸有限责任公司
黄山兴旺商行
黄山市旺丰商贸有限公司
黄山市百乐纸业批发商店
章健百货批发部
明光市兴利达商贸公司
明光市长江商贸有限公司
阜阳市三和百货有限公司
阜阳市华兴商贸有限公司
阜阳市林敏纸业有限公司
阜阳富实商贸有限公司
阜阳市盛世金兰商贸有限公司
阜阳市恒盛百货
安徽省涡阳青苹果纸业
阜阳市骏马纸业
安徽阜阳市中利百货有限责任公司
阜阳同立商贸有限责任公司
温馨纸业
宝顺商贸有限公司
临泉三星纸行
太和县恒福纸品有限责任公司
安徽省阜阳市阜南县周智纸品物流
界首市华瑞百货
阜阳市恒择商贸
宿州市新媛纸业
宿州盛大纸业有限公司
宿州市达庆纸品有限责任公司
宿州市晨欣东源商贸有限公司
安徽砀山佳馨纸业

嘉辉纸业有限公司
李娟日化商贸有限公司
泗县舒怡纸品有限公司
六安市佳隆工贸有限公司
六安市云庭商贸有限公司
六安五月花酒店用品总汇
六安市新睿龙商贸有限公司
六安市弘鑫源商贸有限公司
张园纸品批发部
亳州市太阳纸业
亳州金色华联超市有限责任公司
亳州市众一纸业有限公司
金源百货
爱国纸业
蒙城县天悦商贸有限公司
曹云纸业批发部
汇鑫纸业
宣城市殷氏纸业有限公司
泾县荣盛工贸有限责任公司

◆福建 Fujian

福州琦玮贸易有限公司
力儿国际
永翔纸品
福州品之王商贸有限公司
福州锦华和黄贸易有限公司
福州骏汇商贸有限公司
福州鹏裕贸易有限公司
福州融商贸易有限公司
厦门伍德进出口有限公司
厦门市吉之源贸易有限公司
厦门市祎恒商贸有限公司
厦门欣万兴商贸有限公司
厦门高博商贸有限公司
厦门夏商贸易有限公司
厦门鼎诚进出口有限公司
宇翔进出口有限公司
厦门国贸集团股份有限公司
荷威国际贸易有限公司
厦门建发纸业有限公司
厦门特莱德进出口贸易有限公司
厦门荣安集团有限公司
厦门翰尔思贸易有限公司
厦门市健悦商贸有限公司
厦门懋拓电子有限公司
厦门星熙尔进出口贸易有限公司
厦门爱萌国际贸易有限公司
厦门市恒顺商贸有限公司
厦门卫材贸易有限公司
荣维有限公司中国办事处
厦门恒兴纸品
厦门市喜乐乐商贸有限公司
厦门荣维进出口贸易有限公司
熊猫传奇(中国)有限公司
厦门康伯乐日用品有限公司
厦门市豪迎酒店用品有限公司
厦门亿仕诚贸易有限公司
厦门市宏德兴胶业有限公司
闽中兴商贸有限公司
厦门鑫名作机电设备有限公司
讴歌(香港)国际有限公司厦门代表处
厦门龙兴泰商贸有限公司
爱宝宝妇幼用品连锁
厦门建宏商贸有限公司
厦门永联丰贸易有限公司
厦门意龙进出口有限公司
宁波捷创技术股份有限公司厦门办
辉泉机电设备(厦门)有限公司
厦门泓澄贸易有限公司
厦门中核工贸发展有限公司
厦门大势电子商务有限公司
厦门来阳进出口有限公司
厦门比领电子商务有限公司
厦门杰尔特喷码标识有限公司
厦门市恒天元商贸有限公司
厦门欣柔纸制品经营部
厦门敬诚工贸有限公司
昇恒华贸易有限公司
厦门兴吉恒工贸有限公司
莆田市舒米克贸易有限公司
鸿冠贸易有限公司
莆田市晟鸿贸易有限公司
泉州丽玉纸巾批发
泉州恒兴贸易有限公司
福建省泉州旺吉贸易有限公司
泉州华龙纸品实业有限公司
义乌市麦奥贸易商行
泉州科创进出口贸易有限公司
泉州市天恒贸易有限公司
泉州市丰泽兴隆百货行
泉州鸿灿贸易有限公司
泉州骏恒贸易有限公司
泉州乔林可进出口贸易有限公司
福建一块圆梦网络科技有限公司
安溪县城关英林纸业商行
永春城南街纸品经营部

盛鑫纸品批发
恒彩纸品商贸有限公司
东升纸品
福建通港贸易有限公司
晋江市东荣兴日用品贸易有限公司
泉州市共赢进出口有限责任公司
晋江市徽龙商贸有限公司
泉州世茂威腾进出口贸易有限责任公司
百达塑料贸易有限公司
爱购电商
晋江冠品进出口贸易有限公司
泉州市博登商贸有限公司
泉利百货
南安科盛贸易有限公司
泉州梓澜贸易发展有限公司
福建省金鹿日化股份有限公司
福建南安恒利商贸有限公司
漳州市颖清贸易有限公司
漳州市骏捷纸业
漳州市祺华商贸有限公司
漳州恒晟商贸发展有限公司
龙腾贸易
南平市森辉商贸有限公司
浦城县天一百货贸易商行
千纸店
福建省龙岩灿锋纸业
龙岩市隆方纸业经营部
萱薇纸业
海莲纸业有限公司
永昌纸品
福安市国源贸易有限公司
宁德市小贝乐商贸有限公司
灏霖国际(香港)有限公司
福建柏尼丹顿母婴用品有限公司
福建省石狮市荣昌贸易有限公司

◆江西 Jiangxi

南昌元亨贸易有限公司
南昌市幸福小屋母婴用品有限公司
南昌市方大纸业有限公司
真豪纸品批发部
来利纸品批发部
南昌市秦朝纸品经营部
曙光贸易有限公司
南昌景荣贸易有限公司
南昌市佳裕有限公司
南昌市恒丽纸业洪城批发部
月月红妇幼卫生商行
南昌永兴贸易有限公司
南昌市兴旺奶粉婴儿用品商行
南昌市慧民纸业有限公司
南昌百世隆实业有限公司
诚达洗涤化妆行
江西省旺中旺实业有限公司(食百采购部)
南昌市清洁酒店宾馆用品厂
江西国光商业连锁有限责任公司
南昌市群隆贸易有限公司
江西元得亨实业有限公司
建萍贸易有限公司
南昌星辰纸业有限公司
江西省鸿锦商贸有限公司
南昌佳优宝生态科技有限公司
南昌聚通合商贸有限公司
江西昕迪文化用品
江西省乐平市菊香纸业
江西赣西美洁纸品销售有限公司
宇鑫纸品批发
九江市兴旺纸业有限公司
九江市红霞纸品行
联盛商业连锁股份有限公司
都昌县蔡岭镇万丰百货
新余市恒安商贸有限责任公司
鹰潭利群纸行
鹰潭市天亮纸行
鹰潭市双娥纸品批发商行
江西省鹰潭市桂云海纸品商行
亚鹏商行
赣州嘉良商贸有限公司
江西省鸿康百货商行
赣州嘉华卫生用品有限公司
赣州市信韵商贸有限公司
赣州市现代百货经营部
赣州裕杰贸易有限公司
赣州金佳卫生用品有限公司
崇义县同利商行
兴国县福信纸品商行
会昌聪聪百货商行
恒发商行
吉安市兄弟食品商行
吉安江英纸业百货贸易商行
福兴百货贸易商行
吉安鸿鑫商行
江西白士洁纸业有限公司
宜春市群海实业有限公司森工纸品经营部
宜春洁盛纸品商行
新时代商行

万载鑫龙腾纸品
盛兴纸品
江西康之初实业有限公司
百汇贸易商行
新大元百货商行
广发纸巾行
江西省上饶市神连纸业
玉兴批发部
江西省上饶市杨氏纸品行
江西横峰金盛纸品商行
敏敏纸品
江西余干三德利百货有限公司
江西省万年县娟娟经营部
江西宗远贸易有限公司

◆山东 Shandong

济南刘刚商贸有限公司
山东金盛进出口有限公司
中井日化
维达商贸有限公司济南分公司
德鑫纸业
济南华联超市有限公司
济南展业商贸有限公司
济南春美商贸有限公司
天津市依依卫生用品有限公司济南办事处
济南玲宣孕婴用品有限公司
济南康泺源商贸有限公司
济南永盈商贸有限公司
济南丰硕妇幼用品配送中心
济南梦坤商贸有限公司
济南美玥达商贸有限公司
济南市商河县天地缘商贸有限公司
商河天地缘诚信纸业
济南舒惠商贸有限公司
瑞福康百货公司
济南百慧卫生用品有限公司
济南慧琳商贸有限公司
济南华天新光商贸有限公司
青岛泛恩思国际贸易有限公司
维客采购中心有限公司洗化分公司
青岛北瑞贸易有限公司
青岛同盈进出口有限公司
青岛锦悦国际贸易有限公司
青岛金顺豪商贸有限公司
青岛美洁美工贸有限公司
云之梦商贸
青岛广通宇商贸有限公司
青岛泰昌恒商贸有限公司
青岛亿生堂工贸有限公司
青岛郎仕达国际贸易有限公司
青岛国运泰商贸有限公司
青岛高新众大工贸有限公司
青岛可信百货有限公司
宏成达商贸公司
青岛世纪千钧经贸有限公司
青岛利俊佳商贸有限公司
青岛元迪贸易有限公司
市北区医生关爱商行
青岛荣利鑫商贸有限公司
青岛欧曼工贸有限公司
青岛荣升源商贸有限公司
青岛蒲丽托商贸有限公司
青岛关爱一生尿不湿批发站
青岛福兴祥物流有限公司
青岛昌恒达卫生用品经营部
青岛竹妈妈日用品有限公司
青岛市汇隆鑫源商贸有限公司
广宏妇幼有限公司
青岛青顺商贸有限公司
胶南市糖酒副食品总公司
青岛派可乐宠物用品有限公司
青岛中德生态实业发展有限公司
香港丰贝婴童用品集团有限公司内地办公室
青岛华伟恒瑞健康用品有限公司
长江金源工贸有限公司
青岛椰树商贸有限公司
青岛福耕商贸有限公司
青岛东方嘉睿国际贸易有限公司
北方国贸集团超市事业部
美加丽专业批发卫生纸
青岛北方超市有限公司
利客来采购物流中心
青岛汇鑫永泰贸易有限公司
青岛福友娃商贸有限公司
青岛城阳鑫辉纸业
青岛国货江海丽达购物中心
青岛金达亿百货配送中心
青岛连超纸业有限公司
胶州惠尔美商贸有限公司
美妆商贸有限公司
青岛三湾卫生用品有限公司
青岛市即墨恒新妇幼卫生用品经营部
大伟火机商行
即墨阳光辉源百货商店
青岛冉冉商贸有限公司
鑫悦佳贸易有限公司

人之初孕婴用品配货中心
青岛吉顺达商贸有限公司
青岛福顺兴商贸有限公司
青岛恒福鑫日用品有限公司
华辰纸业批发部
青岛惠尔特商贸有限公司
惠普纸业
山东新星集团
博山心连心纸业公司
淄博天都商贸有限公司
淄博群兴百货有限公司
淄博正友商贸有限公司
淄博川田商贸有限公司
天诚纸业
淄博步路商贸有限公司
诚信纸品批发部
淄博向华商贸有限公司
桓台县联华超市有限公司
淄博格林雅商贸有限公司(总代理)
山东枣庄满益生活用品配送中心
枣庄市华亿日用品有限公司
枣庄双宝纸业
盛鑫源纸品批发部
枣庄市瑞远纸品经营部
枣庄天氏商贸有限公司
山东贵诚集团超市分公司
锦宝纸品批发有限公司
枣庄安特纸业
山东枣庄翔顺纸品有限公司
滕州天宇日化
洁爽公司
滕州市超越纸业商贸公司
山东省滕州市东升纸业
滕州市宏河纸业
爱护宝贝婴幼儿用品连锁超市
滕州市百信兄弟商贸有限公司
滕州市正大美罗商贸有限公司
万家宝纸业
滕州市力发工贸公司
滕州豪迈纸业批发中心
恒鑫卫生纸批发
滕州市淦铖商贸有限公司
滕州市凡睿纸业销售部
东营市成龙纸业
震东毛巾纸品批发
东营市新美纸业
金田阳光投资集团
山东省广饶县丽明百纺批发部
李霞商贸有限公司
烟台恒创商贸有限公司
烟台美利商贸有限公司
烟台同力酒店设备用品有限公司
烟台盛兴纸业批发
烟台振华量贩超市有限公司
烟台晋亿销售有限公司
烟台市港城纸业
烟台双和工贸有限公司
烟台市德华商贸有限公司
海星纸业
烟台市祁氏商贸有限公司
烟台开发区宏宝纸品有限公司
烟台市大山纸业
爱熙医疗科技(烟台)有限公司
烟台晓红纸业
烟台国弟商贸有限公司
烟台金都纸业直销部
烟台和裕商贸有限公司
烟台等等商贸有限公司
烟台一川电子商务有限公司
龙口大唐经贸有限公司
佳良百货批发
龙口市星邦经贸有限公司
莱阳市和平批发部
莱阳市维达卫生用品
莱阳建发纸品经营处
山东省莱州市秋霞纸业
莱州市信达纸业
招远市恒丰商贸有限公司
招远市金都百货有限公司
建峰纸品批发
山东潍坊百货集团股份有限公司超市事业部
潍坊旭捷贸易有限公司
潍坊木犀商贸有限公司
潍坊心意达生活用品有限公司
山东卫易购生活用品有限公司
潍坊海生源商贸有限公司
美国 ABSORLUTION LLC 公司驻东亚代表处
山东临朐红唇洗化配货中心纸业配送中心
山东林朐华兴商贸有限公司
峻林纸业
诸城市龙城万利达批发部
诸城信合纸业
诸城市峻林商贸有限公司
个体
山东省全福元商业集团(配送中心)
山东晨鸣纸业销售有限公司

张庆中(个体)
聚鑫纸品批发
高密天源纸业经销店
正航纸业有限公司
昌邑市振昌物资有限公司
山东济宁妇婴纸品商贸
济宁长瑞商贸有限公司
济宁奎文商贸有限公司
山东省济宁纸业商贸有限公司
济宁市珊峰纸品销售中心
济宁良奥经贸有限公司
山东济宁酷牛商贸有限公司
济宁宇航商贸有限公司
兖州合作百意商贸有限公司
兖州华强贸易有限公司
济宁科贝佳商贸有限公司
微山县永洁纸业
微山永鑫纸业
华名生活用纸
宏兴纸业
雨辰纸业
山东金乡长荣商贸
露全纸业
金乡县和睦情纸品厂
嘉祥县汇鑫澳琦商贸公司
连杰纸业
济宁市佳欣纸业有限公司
黎明纸业
曲阜市爱心日化商贸公司
曲阜市中正商贸有限公司
富强纸业
山东怡亚通邹城分公司
山东省邹城市开发区林丰商店
邹城市胜诺商贸有限公司
邹城市益民纸业
山东省邹城市润联商贸有限公司
邹城市新丽雪商贸有限公司
梁山嘉诚纸品
山东文溪商贸有限公司
济宁市蕴开商贸有限公司
山东爱客多商贸有限公司
鑫福洗化
泰安宏源商贸有限公司
泰安市佳瑞商贸有限公司
泰安市鑫泰岳商贸有限公司
山东泰安鲁泰纸业
泰安云兴纸业
新泰爱洁纸业
肥城东盛工贸有限公司
泰安润丰生活用纸销售中心
威海市草木香纸业
威海威鑫商行
好孩子母婴用品配货中心
威海开一贸易有限公司
威海市韩味源贸易有限公司
妈恩堡韩国母婴名品
鸿翔卫生用品批发
文登市恒源配送中心
宏利纸业批发
乳山市润龙糖酒副食品有限公司
威海佰恩国际贸易有限公司
家家悦集团股份有限公司
日照百丝洁纸品批发
乐尔佳商贸有限公司
新时代好日子纸业
日照日百商业有限公司
日照市辰祥纸业有限公司
莱芜市澳新商贸有限公司
莱芜市金泰纸业有限公司
临沂景江百货
厚旺贸易有限公司
临沂嘉华商贸
森森纸品/鲁洁纸品
临沂市源泉婴妇用品有限公司
妇婴用品配送
临沂同安母婴用品有限公司
临沂云舟商贸有限公司
山东临沂东泰纸业
山东省临沂市馨远商贸
临沂康洁纸品
临沂相约纸业
顺成商贸
瑞东商行
山东永利商贸商场超市配送中心
临沂广源纸业有限公司
临沂荣江商贸有限公司
临沂坤裕纸品
临沂市志浩纸品商行
佳豪纸品/宏普商贸
临沂市卫生用品营销有限公司
山东临沂青苹果纸业
山东临沂市大迪商贸有限公司
临沂佳周商贸有限公司
恒利商贸
山东省临沂市全康餐具用品厂
临沂中宁商贸有限公司

临沂市永正大纸业
山东省临沂市供销合作社
临沂东兴商贸有限公司
临沂亿豪纸品物流配送中心
临沂市富强纸业销售中心
沂南玉洁纸业
郯城福源超市
山东昌顺纸品有限公司
金港纸业有限公司(鲁南经销)
山东省郯城县以琳纸业有限公司
郯城马头明磊纸品销售部
临沂市郯城县恒大纸品有限公司
光洁纸制品厂
临沂市宝丽洁纸业有限公司
山东临沂焌豪纸业有限公司
苍山县鲁桂纸业销售有限公司
临沂康贝尔医药有限公司
临沂洁达纸业有限公司
纸品老店
费县顺发商贸
品牌卫生用品代理商
临沂福临纸业有限公司/临沂华润纸品有限公司
临沂大德纸品商行
蒙阴县旺盛生活用纸销售中心
泉州市创利卫生用品临沂办事处
山东大型孕婴产品配送中心
临沂润泽洗化
山东临沂明恩卫生用品厂
德州立扬商贸有限公司
德州腾越纸业
金仓商贸有限公司
山东德百集团超市有限公司
德州商储超市有限公司
赵庆国(个体)
德州铭峰商贸有限公司
诚信纸品日化批发部
庆云副食城万众纸巾批发
精精日化有限公司
天翔纸业批发
唯爱商贸有限公司
莱阳市天地缘卫生纸批发部
花园纸制品批发
龙华纸业
齐河县恒安卫生纸销售代理
德州永发商贸有限公司
山东省乐陵市正大纸制品厂
乐陵市金星婴儿生活供应站
丽缘纸业
禹城市星硕纸业
肖峰百货
聊城市洪林洗涤用品有限公司
聊城市超强物资有限公司
文彤洗化纸业
聊城水城卫生用品批发中心
聊城市和永盛商贸有限公司
家必备纸业
汇通商贸有限公司
可心纸业
聊城市恒美百货有限公司
聊城市完美纸业商贸中心
山东昌源商贸有限公司
牡丹纸品
金泽商贸有限公司
山东鑫星纸业有限公司
高唐县鑫驰纸业
山东泉林纸业有限责任公司销售分公司
山东省临清市红霞纸巾商贸
山东省聊城市超伟卫生用品有限公司
利人商贸有限公司
山东省滨州市金城纸业
山东滨州春颖纸业有限公司
山东好客贸易有限公司
滨州市相君纸业
滨州市根旺商贸有限公司
阳信玲玲纸业
梁邹纸业批发部
菏泽隆昌妇幼用品配送中心
宏泰卫生用品
菏泽市惠好商贸有限公司
雅雨纸业
成威纸业
山东菏泽海滨妇婴纸品
华康纸业
远景纸业
山东庄婷日用品有限公司
开心妇婴用品批发中心
菏泽华晨纸业
菏泽可信纸业
开心婴幼儿用品批发中心
中顺纸业
良缘纸业
腾萱纸业
菏泽市牡丹区良缘纸业
菏泽市顺柔日用品经营部
菏泽雪柔纸业有限公司
鹏飞纸业

刘全明(个体)
山东省菏泽市牡丹区富康纸品厂
菏泽市聚源纸业有限公司
山东省单县商贸城
山东菏泽吉祥妇幼用品商行
山东单县张兵纸业
成武纸厂
山东郓城明大纸业
郓城县翔达商贸有限公司
晨光高级生活用纸
菏泽银港百货商贸有限公司
菏泽汇馨纸品有限公司
张艳香菏泽总代理
康雅商贸有限公司

◆河南 Henan

浩赛纸业有限公司
郑州新宇纸业总经销
郑州新峰纸业
融鑫妇幼用品公司
兴隆纸业
博大纸业
长兴纸品商行
郑州市二七区新大新纸业批发商行
大伟纸业
精华纸业
河南木瓜纸业有限公司
茵子品牌授权营销中心
博豪洗化纸品百货
郑州弘丰纸业商贸
郑州友禾商贸有限公司
郑州哆咪乐孕婴童用品有限公司
郑州朵唯欣贸易有限公司
郑州裕泉纸业商贸有限公司
郑州鑫溪源日化有限公司
郑州海达洗化有限公司
郑州紫金花纸业商贸有限公司
河南护理佳商贸有限公司
文超纸行
郑州峰茂纸业
郑州正植科技有限公司
郑州市金水区馨悦纸业
郑州雅润商贸有限公司
河南豫商纸业有限公司
豫绿综合商行
郑州玖龙纸业有限公司
河南众聚纸业商贸有限公司
开封市碧源纸业
开封华美正美纸行
宏正纸业
国强纸业
刘杰纸行
天玉纸业
开封佳禾纸品配送中心
大花园纸行
洛阳艺萌纸业有限公司
色彩化妆品有限公司
洛阳双吉医疗器械有限公司
蓝宏商贸有限公司
洛阳一衡商贸有限公司
吉氏商贸有限公司
洛阳远大纸业
恒信纸行
艳艳纸行
平顶山市昊顺工贸有限公司
凌海贸易有限公司
上海护理佳卫生巾平顶山经销处
河南平顶山志新纸业
平顶山骄阳纸业
竹叶青纸行
汝州市小州商行
小天使孕婴用品批发
安阳部统金邦商务有限公司
安阳市华利商贸有限公司
日欣纸业
安阳市洁义诚商贸有限公司
滑县众恒商贸
内黄保健护理用品
云天百货
满意卫生用品供应站
新乡市立航商贸有限公司
玉刚纸批
联合纸业
韩五纸行销售中心
传轩纸业百货批发
万兴日化
河南潇康卫生用品有限公司
轩轩纸业批发部
老胡纸业
焦作市恒发纸业
昕烨纸尿裤批发
超亮纸业
靓丽纸业
柳燕纸业
许昌红光纸业有限公司
许昌鑫盟纸品商贸有限公司

许昌曼迪纸业商贸有限公司
许昌瑞升源商贸有限公司
许昌优杰纸制品配送处
许昌融金商贸有限公司
许昌红英商贸有限公司
老三纸业
长葛市保健纸行
河南省长葛市翎翔商贸有限公司
河南一峰实业有限公司
许昌鑫美源百货有限公司
光辉纸业
双喜纸行
漯河市盛洁纸业
河南银鸽实业投资股份有限公司
天平纸行
白雪百货有限公司
光明纸业
海昌纸品
南阳美洁纸业配货中心
老郭卫生纸
南阳市千岁兰百货有限公司
鹏诚商贸有限公司
商丘市景雅纸业
全为爱专业孕婴童成长机构
商丘市白云副食城红梅纸业
华诚纸行
民权县东方超市有限公司
冉氏纸业
红梅纸业
金云纸行
汇鑫纸业
永城市宏发纸行
孟氏纸业
冰旋纸业
信阳市顺荣纸业商行
西安汉兴纸业信阳地区总经销
河南省信阳市东丽百货有限公司
信阳百家商业股份有限公司
明港定远纸品营销公司
周口冰雪纸业
恒安纸业
驻马店市金汇来纸业

◆湖北 Hubei

武汉维信宝泰商贸有限公司
鑫惠然纸业
武汉华商盛世商业发展有限公司
武汉鑫利来卫生用品有限公司
山东晨鸣纸业销售有限公司武汉办事处
宁波广达盛贸易有限公司武汉办事处
武汉市天鑫正华商贸有限公司
湖北鑫鼎茂实业有限公司
武汉兴盛地进出口贸易有限公司
福建恒安集团纸业发展部市场执行分部
武汉华莱雅经贸有限责任公司
中百超市有限公司
维达商贸有限公司武汉分公司
武汉市百顺纸业有限公司
武汉金中超市配送中心
武汉美雅婷商贸有限公司
武汉伽宝婴童用品有限公司
武汉见钟情商贸有限公司
武汉恒安铭流商贸有限公司
武汉世纪佳酒店用品有限公司
靓缘纸品批发部
亲子派孕婴童用品专营店
武汉华隆贸易
武汉创洁工贸洗化股份有限公司
维邦纸品
武汉恒源日用品有限公司
武汉健之星商贸有限公司
襄阳乐菲雅商贸有限公司武汉办事处
武汉鑫汉糖纸业销售有限公司
湖北康优宝母婴用品有限公司
武汉华生创展贸易有限公司
武汉雨后荷商贸有限公司
武汉尚康奇方生物科技有限公司
圣洁卫生用品
武汉市兆为兴商贸有限公司
武汉华胜特色纸塑制品批发部
武汉润成纸业
武汉每天景鹏商贸有限公司
武汉优品美惠商贸有限公司
武汉中侨科技发展有限公司
艾斯贝尔(香港)有限公司
武汉中商平价超市连锁有限责任公司
广州小李白广告策划有限公司武汉办事处
卷皮
上海翌虹实业发展有限公司武汉办事处
东西湖百信纸业
武汉国兴永泰商贸有限公司
武汉志诚祥和商贸有限公司
武汉市海派纸业有限公司
武汉恒信万和商贸有限公司
武汉市富盟商贸有限公司
湖北省法纳斯贸易有限公司

圣群卫生用品经营部
武汉贝满多商贸有限公司
武汉合祥美贸易有限公司
国药控股湖北有限公司
中正纸业(生活用纸)湖北运营商
武汉联兴丰纸品
卓尔购电子商务(武汉)有限公司
武汉盛世逸凡纸业有限公司
武汉良月至信商贸有限公司
黄石市安泰纸业公司
黄石平星纸业有限公司
恒信商行
十堰天美工贸有限公司
丹丹纸业批发
十堰市舟城贸易有限公司
恒安国际集团厦门商贸有限公司十堰宝洁纸品批发部总代理
晓琴纸业
十堰市京华超市有限公司
十堰市雅家美雅工贸有限公司
育红母婴纸业总会
荆州市康洁酒店用品批发部
泰康纸品日用百货
荆州市达美酒店用品公司
湖北骏马纸业销售公司
公安县盛腾商贸有限公司
名人宝宝母婴生活馆
宜昌圣昌酒店用品商城
宜昌市西陵区佳源日用品经营部
吉利纸品
宜昌市伍家岗区金师惠日用品商行
金昌商贸
宜昌舒畅商贸有限公司
宜昌宇旋百货商贸有限责任公司
晶之楚商贸有限公司
襄阳市恒和日用百货有限公司
襄阳市志敏纸业批发部
襄阳市裕兴百货有限公司
襄阳母爱之选母婴用品配送中心
襄阳威力纸业经营部
襄阳市红生卫生用品有限公司
襄阳市恒泰纸业
襄阳市永源纸业
惠盈纸品
襄阳原竹纸业有限公司
襄阳市天发纸业
湖北谷城任氏纸业
绿宝纸品商行
枣阳市共富商贸有限公司
鄂州至德商贸有限公司
一佳商行
湖北省鄂州市益康餐塑制品有限公司
荆门市恒达纸业
湖北省钟祥市华润纸业经营部
孝感华强商贸
孝感开发区吉兴纸品经营部
孝感市锡钊商贸有限公司
富明纸业
汉川市瑞佳商贸
可可爱孕婴童连锁
黄冈军英商贸有限公司
黄冈市益浩商贸有限公司
黄冈市琪恒卫生用品有限公司
红安钧宇纸业有限公司
咸宁市天洁酒店用品
宋氏纸业
赤壁市永兴纸业
俊杰一次性用品商行
随州市曾都区昕航商贸
恩施官坡知音纸品批发部
来凤县金凤纸业
喜洋洋商贸有限责任公司
仙桃郑记纸业
仙桃市天润商贸
新星商贸
于氏纸业
潜江市铖熙商行
华荣百货

◆湖南 Hunan

长沙宜贝乐日用品贸易有限公司
长沙中桥纸业有限公司
湖南宝彩贸易有限公司
湖南萌洁商贸有限公司
长沙迪开纸业有限公司
长沙客诚百货有限公司
世纪联华连锁有限公司
长沙万玺纸业有限公司
长沙市瑞瑜纸业有限公司
长沙东建纸业有限公司
长沙瑞瑜百货贸易有限公司
维达商贸有限公司长沙分公司
美丽岛纸业公司
友缘一次性兼纸品批发部
湖南中顺商贸有限公司
宏泰百货品牌运营中心

志成卫生用品有限公司
长沙百祺日用品有限公司
长沙你我他日用品有限公司
纸霸王经营部
湖南高桥大市场三元纸业批发公司
长沙市文辉纸业
深圳威科纸业
长沙市康洁纸业有限公司
湖南长沙洁达纸业有限公司
湖南千和商贸有限公司
顺发纸业公司
永惠纸业公司
东莞市品润纸业有限公司
株洲泰德贸易有限公司
株洲市诚志贸易有限公司
维达家美联合经营部
可可国际控股
湘潭市鑫之晨贸易有限公司
湘潭顺家贸易有限公司
进社纸品批发部
老黄纸业
湖南壹帆纸业有限公司
衡阳市杰瑞森纸业有限公司
煜兴纸业
邵阳友洁商贸有限公司
邵阳丰源商贸有限公司
康达莱宾馆用品配套中心
邵阳市湘运市场志红纸业公司
湖南湘阴福源商贸
玉恒百货
湖南岳阳市健铭经贸有限公司
恒盛纸业有限公司
岳阳富强商贸有限公司
广盈商贸
岳阳市创越商贸
同鑫纸业
南北纸业公司
兄弟纸业公司
喜清纸业公司
张家界一华商贸有限公司
益阳市赫山区鑫一商行(原鑫宇商行)
桂东县家家红商行
天富勤商行
郴州盛悦纸品商行
天成贸易商行
维乐纸业公司
宁远县卢小英纸巾批发零售
乐丰商行江华总经销
怀化华明纸业商行
雅洁纸业
龙洁纸业
金三笑商贸
怀化市天峰纸业有限公司
怀化市曙光商贸有限公司
魏旺纸业
怀化振华(智宇)商贸有限公司
海滨纸品店
绍发纸业公司
怀化欣盛日用商贸有限公司
娄底市万客来百货经营部
新化众乐纸业
涟源市鸿鑫贸易商行
长发纸业有限公司

◆广东 Guangdong

广州市彩柔贸易有限公司
广州市海珠区丰得龙贸易商行
广州御高贸易有限公司
广东轻出百货有限公司
广州市忠顺贸易有限公司
珠江贸易发展有限公司
广州市拓瑞贸易有限公司
广州市兆诚贸易有限公司
广州市联生贸易有限公司
广州建发纸业有限公司
广州金桉林纸业有限公司
广州市乐弘商务信息咨询有限公司
韩国汉江株式会社(中国分社)
广州市森大贸易有限公司
广州金柔贸易有限公司
广州基业青商贸有限公司
广州市白云区志达商行
润兴纸品商行
广州易初莲花连锁超市有限公司
广州昌正贸易有限公司
瀚海妇婴纸业贸易商行
广州旺勇酒店用品有限公司
广州市泰迪熊婴幼儿用品有限公司
广州华玥商贸有限公司
广州市增城禾力创(洁培)商行
广州市乳品谷母婴用品有限公司
深圳市贝贝阁母婴用品贸易有限公司
深圳市金慧洁商贸有限公司
深圳市宏亮威贸易有限公司
深圳市坤泽城实业有限公司
深圳市新瑞时实业有限公司

深圳市美惠乐商业有限公司
深圳岁宝百货有限公司
永旺特慧优国际贸易(上海)有限公司深圳分公司
深圳市金御阳进出口有限公司
深圳健安医药公司
深圳市一帆日用品有限公司
英特来国际贸易(深圳)有限公司
人人乐连锁商业集团股份有限公司
深圳绿色优品实业发展有限公司
深圳市舒洁纸品商行
深圳市鹏腾实业有限公司
辰安贸易批发商行
深圳市珠光贸易有限公司
深圳市盛大隆商贸有限公司
深圳市鼎盛天贸易有限公司
深圳市雅洁纸业商行
深圳市博都实业发展有限公司
深圳市昌盛广丰柔贸易有限公司
深圳市海雅商业有限公司
深圳市惠乐宝商贸有限公司
深圳市松岗心连心纸品商行
深圳市美美家纸业有限公司
深圳市夏瑞贸易发展有限公司
兴湘邵百货批发部
福建省娕洁日用品有限公司深圳业务部
深圳恒星纸业
深圳市兴万隆纸业有限公司牡丹纸品厂
深圳市恒盛盈贸易行
深圳华地利纸品商行
深圳市洁尔雅卫生用品有限公司
深圳市利安生活用品公司
深圳市金美贸易有限公司
深圳市新钜实业有限公司
深圳市英利拓商业有限公司
深圳市顺昌隆贸易有限公司
深圳市瑞克美泰实业有限公司
富士达纸品(深圳)有限公司
深圳市敬和瑞商贸有限公司
深圳市兴泰鸿贸易有限公司
深圳市聚福堂医药科技有限公司
明辉实业(深圳)有限公司
深圳通淘国际贸易有限公司
珠海市伴球有限公司
珠海市志得纸业有限公司
珠海市振弘商贸有限公司
珠海永庆贸易有限公司
珠海市普圣经贸有限公司
汕头市正良贸易有限公司
汕头金信商行
汕头市金胜达百货有限公司
汕头市昌盛百货
经隆百货商行
澄海区诚和百货贸易行
韶关市盛基贸易有限公司
南乐纸品购销部
陆邦百货
佛山市陇宇经贸有限公司
创想纸业
佛山市中孟进出口有限公司
佛山市丰利纸业
佛山市传承妇婴用品有限公司
立信纸业
佛山市保乐进出口贸易有限公司
佛山市南海汇首贸易公司
BBU 婴儿用品佛山(中国)办事处
广东佛山泽本贸易有限公司
元亨利正国际有限公司
佛山市婴友百货有限公司
佛山市意洁通贸易有限公司
佛山市千竹贸易有限公司
佛山市顺德区大良扬友纸品商行
盈峰投资控股集团有限公司
龙江山庄
佛山市顺德区骊琅贸易有限公司
江门市千生批发
江门市华塘贸易有限公司
维达商贸有限公司
开平市惠泽贸易有限公司
开平市卫翔商贸有限公司
开平市腾晖贸易商行
湛江市瑞鸿贸易商行
广东省廉江市创豪百货(批发部)
亲亲我母婴生活馆
盛时商行
雷州市爱莲纸品批发部
雷州市利华纸业经销部
雷州市信一日用品商行
天美商贸
茂名和润贸易商行
广东省茂名市德福林贸易商行
同门婴之都妇婴用品
茂名市顺景绿洲商行
和熙商行
东信制品
茂名爱婴世界百货商行
茂名嘉达日用品有限公司

茂名市滋彩贸易商行
广东省锦源有限公司
荣健百货商行
四会市合兴纸业经营部
惠州市华福兴实业有限公司
小金花姿纸业
维达纸业(广东)有限公司惠州总代理
惠州市爱婴堡母婴用品有限公司
惠州市鑫朗商贸有限公司
惠州市创源百货公司
惠州市华都贸易有限公司
惠州市泰润桦商业有限公司
惠州市鑫億方贸易行
兴宁市兴旺贸易商行
海丰县城中恒商行
广东海丰冠成贸易有限公司
百利源贸易有限公司
嘉叶商行
陆丰市百盛百货
河源市源城区广兴百货有限公司
钟顺纸业贸易商行
广顺发百货有限公司
阳江市汇诚纸业商行
阳江市中商贸易有限公司
阳江市华业贸易有限公司
清远市天恩大名贸易有限公司
东莞环保贸易公司
东莞市恒诚纸品有限公司
好利来贸易(东莞)有限公司
隆兴纸业
万佳贸易商行
东莞市惠康贸易公司
东莞市德隆商贸有限公司
同辉贸易商行
东莞市天纬百货有限公司
东莞市广利进出口有限公司
东莞市伟盛饮料有限公司哈维奇纸尿裤事业部
东莞市展涛纸业有限公司
东莞市迦美商行
晟辉纸业
东莞市一辉纸品商行
东莞市舒华生活用品有限公司
东莞市塘厦镇建发日用品贸易
东莞市盛创百货商行
长成纸张有限公司
东莞市奈初尔贸易有限公司
东莞市好誉商贸有限公司
东莞博都如春供应链管理有限公司
中山市万通商贸有限公司
中山市正日生活用品有限公司
中山市康婴健商贸有限公司
中山市远生贸易有限公司
中山市永德纸业商行
腾飞纸业
中山市天高商贸有限公司
云兴百货
花王乐霸家居用品经营部
潮州市聚丰百货
伟兴百货
新新百货商贸行
榕江纸业
揭阳市榕兴百货商行
和润商行
揭阳市裕兴纸业有限公司
健发百货
丹丽雅百货
普宁丰方纸业
广东省普宁市文顺纸品公司
普宁市顺兴纸品贸易商行
广东普宁龙峰贸易商行
普宁市荣焱百货商贸行
益茂百货
普宁亿达商贸有限公司
普宁安然百货
永诚兴百货商行
广东舒柔纸业有限公司

◆广西 Guangxi

广西中欣纸业有限公司
南宁泓昱商贸有限公司
广西南宁爱业新商贸有限公司
南宁市先辉商贸有限公司
南宁杰魁商贸有限公司
广西南宁市沙皇纸品厂经营部
南宁市万益百货销售有限责任公司
南宁超雪百货
南宁市中运百货
南宁世顺百货经营部
南宁市俊泽贸易有限公司
广西安宁纸业有限公司
柳州市兴联百货经营部
柳州市南北贸易有限责任公司
柳州市斯博林贸易有限公司
福娃纸品经营部
柳州市同喜贸易有限责任公司
黛得乐批发中心

柳州福昌贸易有限公司
桂林天力丰商贸有限公司
诗琪日用百货
广西大百德商贸有限公司
广西桂林兴安龙氏纸业有限公司
梧州晋亿百货商行
名伶纸业
广西梧州市好靓纸业经营部
广西北部湾孕婴童产品营销中心
贵港市恒文百货
贵港市海良纸业制品厂
宏奇百货
广西玉林亚旺纸业
凯源百货
广西览众商贸有限公司
玉林铭佳百货副食(原创展百货)
陆川家兴商贸有限公司
北流市丰盛商贸有限公司
贺州市晓姿日化经营部
慧美贸易有限公司
广西凭祥宏伟进出口有限公司

◆海南 Hainan

海口龙华为大商行
海南隆晋利贸易有限公司
海南省三沙市天缘日用百货贸易公司
万家惠连锁超市
海南省陵水百佳汇商贸有限公司

◆重庆 Chongqing

婴泰母婴用品中心
杨氏一次性用品配送中心
重庆玛琳玛可营销中心
重庆速弓科技发展有限公司
金红叶纸业集团有限公司重庆分公司
重庆嘉贝怡商贸有限公司
重庆市安臣母婴用品有限公司
重庆爽爽日用品经营部
忠明纸业
思创商贸
重庆涵寻商贸有限公司
重庆优福酒店用品销售中心
重庆华奥卫生用品有限公司
颐佳超市
重庆大足区刘成纸杯厂
重庆善待卫生用品有限公司
重庆倍宜贸易有限公司
福建恒安集团厦门商贸有限公司特通部
渝津佳洁纸业
重庆市望海纸业
重庆万恒日用品有限公司
合川新新超市
重庆市佳佳纸业有限责任公司
泰盛贸易股份有限公司
荣昌县万发经营部
梁平县渝馨商贸有限公司
重庆爱车营商贸有限公司
惠通配送

◆四川 Sichuan

四川红富士纸业有限公司
维达商贸有限公司成都分公司
成都益仕达商贸有限公司
金红叶纸业集团有限公司成都分公司
四川艾尔孚德贸易有限公司
成都鑫源日用品销售中心
善渔(成都)贸易有限公司
博爱孕婴
成都发婴母婴用品有限公司
四川大德商贸
栢悦(四川)孕婴用品有限公司
成都聚鹏商贸有限公司
成都金福洋贸易有限公司
四川省蓉盛达商贸有限公司
锦程锦绣孕婴童有限公司
四川吉选商业投资有限公司
佳士多(中国)便利连锁
成都欧环鑫科技有限公司
成都万帆商贸有限公司
成都靖鑫商贸有限公司
成都科里恩商贸有限公司
成都映山红商贸有限公司
成都福六商贸有限责任公司
四川盛泰合益贸易有限公司
成都蜀秀商贸有限公司
成都久美纸品商贸
成都蓉腾母婴用品有限公司
丽华纸品配送中心
成都顺隆号贸易有限公司
成都市蜀蓉纸业
成都亿卓商贸有限公司
一洲商贸
成都鸿运来商贸有限公司
成都洁美达贸易有限公司
成都惠悦商贸有限责任公司

利群纸业
广汉市彪升商贸
福春纸品配送中心
四川镇华浆纸贸易有限公司
自贡洁康商贸
云翔纸业自贡总经销
铮铮商贸有限公司
佳升商贸有限公司
亿爱宝贝孕婴连锁
什邡市宏盛商贸有限公司
德阳市苏钶贸易有限公司
绵阳怡嵘商贸
绵阳炆希商贸有限公司
峨眉山市妍馨卫生用品有限公司
犍为俊利纸品经营部
惜缘纸业
夹江安然洗化
四川省南充市鹏辉商贸公司
四川阆中美之家精细化工有限公司
三鑫商行
宏发日化配送中心
宜宾红火日杂
宜宾市联发日杂用品经营部
家佳福配送中心
宜宾市桦林日化美容用品公司
裕兴纸业
平昌县馨爱商贸有限公司
智顺经营部
白杨洗化经营部
越西县众鑫商贸

◆贵州 Guizhou

贵州志泽天鸿商贸有限公司纸品经营部
贵州合源贸易有限公司
贵州金和成贸易有限公司
贵阳睿盈欣欣商贸有限公司
大发纸业
贵阳华龙商贸有限公司
贵阳新大纸业有限公司
贵州麦特婴幼用品有限公司
贵州弘鑫源贸易有限公司
海洋纸品
贵州中道联合商贸有限公司
贵阳市怡创酒店用品配送中心
六盘水花香健康纸品商行
遵义市恒风纸业有限公司
习水春蓝百货
金都商贸有限公司
汇德丰商贸
旺达副食纸业批发部
都匀市皓翔商贸有限责任公司
湘东百货
兴义鸿盛商贸有限公司

◆云南 Yunnan

文雅纸巾配送中心
重庆东实纸业有限责任公司昆明办事处
云南中嘉商贸有限公司
云南汉光纸业有限公司驻昆办
昆明市大手纸业有限公司
昆明奥琪乐比商贸有限公司
大裔贸易有限公司
和兴顺商贸有限公司
铭赛商贸有限公司
昆明市旭业商贸有限责任公司
云宝纸业经营部
顺源妇幼用品有限公司
昆明市齐派商贸有限公司
圣顺源妇幼用品有限公司
昆明海福特医疗用品工贸有限公司
四川若禺卫生用品有限责任公司昆明分公司
好通达纸品厂
锦恒纸巾配送
保山风竹商贸有限责任公司
大理好生活纸业有限责任公司
万民商贸
瑞丽亮丽百货
瑞丽盈睿贸易有限公司

◆西藏 Tibet

勤祥纸业
辉林纸业

◆陕西 Shaanxi

西安盛源商贸
西安吴王商贸有限公司纸品经营部
陕西思铭商贸有限公司
金红叶纸业集团有限公司西安分公司
西安智联商贸有限公司
西安市金源纸品批发部
西安鑫鑫商贸有限公司
西安芭蕾商贸有限公司
西安市三兴百货纸品经营部
西安市康达商贸有限公司
西安顺铮商贸有限公司

陕西福润阁商贸有限公司
西安樱彩商贸有限公司
西安市岁岁纸业
友情纸业
万天纸品经营部
百隆国亨日化
西安永佳纸品商行
崎峰纸业有限公司
西安昱润工贸有限公司
诚信纸品配送中心
淘小资贸易有限公司
通达纸品
西安雨诺商贸有限公司
西安虹馨商贸有限公司
凯程纸业
西安爱达商贸有限公司
西安市草清坊孕婴用品有限公司
陕西洁康日用保健品有限公司
陕西鑫锐捷工贸有限责任公司
王老大日用百货配送部
四川省万安纸业有限公司
西安唯易购百货批发中心
陕西彩凤凰商贸有限公司
陕西魔妮卫生用品商贸公司
美好纸品批发
西安美好卫生用品
西安喜润商贸有限公司
陕西邦希化工有限公司
西安泽芝商贸有限公司
陕西宜佳纸业有限公司
西安市佳美纸品贸易商行
宝鸡市海洋纸品有限公司
新雅贸易有限公司
怡安卫生用品有限责任公司
世纪金花咸阳购物中心
紫优纸业有限公司
日鑫商贸中心
善友纸品商贸
延安玉猫商贸有限公司
博洲生活用纸
聚贤日化产品商贸有限公司
汉中恒源纸品商贸
陕西榆林市大拇指商贸有限公司
卫华纸业
二平纸品大全
海程纸业
佳美纸品
安康市佰荣商贸
安康市意繁商贸有限公司
氏美营销服务中心

◆甘肃 Gansu

兰州汇宝商贸有限责任公司
兰州优兰纸业有限公司
兰州市效红纸业
兰州百惠纸品商社
兰州嘉华纸品批发商行
甘肃心灵商贸有限公司
兰州宜家天星商贸有限公司
兰州万成达卫生用品批发部
兰州星顺源纸业
兰州吉时达商贸有限公司
兰州三合纸业
兰州正翔纸业
兰州金佰商贸有限公司
甘肃盛世龙华商贸有限公司
兰州贵和成商贸有限责任公司
兰州黎荣纸业营销中心
兰州市七里河区新风纸业厂
甘肃洁欣纸业有限责任公司
天水雄飞商贸有限公司
光辉日化批发部
平凉市崆峒区红运纸品销售部
庆阳市舒馨纸业商贸有限公司
庆阳泓萱商贸有限公司
阿尔纸业代销

◆青海 Qinghai

西宁城东中顺纸业经销部
西宁城东怡佳纸业
青海杰铭纸业有限公司
西宁元升商贸有限公司
青海腾硕商贸有限公司
兰州金佰商贸有限公司(西宁办事处)
西宁海莹商贸有限公司
青海若禺卫生用品有限责任公司
西宁花梦诗纸业有限公司
西宁芳茵商贸有限公司
西宁华松商贸有限公司
西宁佳颖商贸有限公司
格尔木嘉华伟业生活纸品销售部

◆宁夏 Ningxia

宁夏盛世奥凯商贸有限公司
宁夏彦顺兴商贸有限公司

银川洁宝商贸有限公司
宁夏巅峰纸业有限公司
吴忠梦巧纸业
宁夏牵手缘纸业有限公司经销公司

◆新疆 Xinjiang

乌鲁木齐永嘉洁纸业
新疆乌鲁木齐市沙区奋进百货
彩云生活日用品批发中心
沙依巴克区王彦华商行
子林商行
玄武工贸公司
舒伴卫生用品专卖店
永发纸品商行
新疆洁盛文雅商贸有限责任公司
新疆品众进出口贸易有限公司
新疆乌鲁木齐欧玛克卫生用品运营中心
乌鲁木齐市嘉益康商贸有限公司
西部国明商贸有限公司
新疆阿克苏市华荣卫生巾总汇

◆香港 Hong Kong

陈汉深有限公司

其　　他

Others

新生代市场监测机构
全国工商联纸业商会
中国连锁经营协会
博闻锐思商务咨询(北京)有限公司
纸浆纸张产品理事会北京代表处
中国中轻国际工程有限公司
北京孕婴童用品行业协会
中国制浆造纸研究院有限公司
中国产业用纺织品行业协会
中国国际贸易促进委员会纺织行业分会
北京零度阳光广告有限公司
美信威尔市场营销服务机构
深圳山成丰盈企业管理咨询有限公司北京分公司
中纺资产管理有限公司
中卫安(北京)认证中心
北京海畴企业管理顾问有限公司
北京大成新华认证咨询有限公司
天津科技大学
山西省生活用纸协会
沈阳汉迪广告有限公司
欧睿信息咨询(上海)有限公司
尼尔森
中国海诚工程科技股份有限公司
梅高(中国)公司
上海希达科技有限公司
中国产业用纺织品行业协会纺粘法非织造布分会
通标标准技术服务(上海)有限公司
映桥咨询(上海)有限公司
贝励(北京)工程设计咨询有限公司上海分公司
易贸资讯(上海)有限公司
上海长江汇英投资管理有限公司
新生代市场监测机构
上海市纸业行业协会
博闻锐思商务咨询北京有限公司上海分公司
荣格工业传媒有限公司上海分公司
上海玖悦传播股份文化有限公司
上海婴宝文化传播有限公司
上海山成品牌策划有限公司
上海家麒品牌管理有限公司
上海市纺织科学研究院有限公司非织造布研究室
远东国际租赁有限公司
上海奥古特品牌营销策划设计有限公司
迈迪品牌咨询
上海亚化咨询有限公司
东华大学纺织学院
子幽(上海)企业管理咨询有限公司
谦度广告(上海)有限公司
大唐注意力广告有限公司
中国纸业网
中纸在线(苏州)电子商务股份有限公司
浙江省卫生用品商会
杭州原创广告设计有限公司
浙江微一案信息科技有限公司
浙江省婴童商贸协会
浙江省造纸行业协会/浙江省造纸学会
义乌原色调设计有限公司
合肥友高网络科技有限公司
福建省卫生用品商会
厦门市边界广告有限公司
厦门星原融资租赁有限公司
福建博卫传媒有限公司
厦门众智广告设计有限公司
泉州恩加品牌策划有限公司
泉州理工职业学院
江西省生活用纸专业委员会
山东省轻工业设计院设计二分院
中华纸业杂志社
山东卓创资讯股份有限公司
日照经济技术开发区(国家级)浆纸印刷包装产业园管理委员会
郑州圣火广告策划有限公司
武汉博宇认证咨询有限公司
华夏邓白氏中国
千江月广告
德璐(中国)传媒
天昊传媒
湖北省轻工业科学研究设计院
武汉市无纺纤维行业协会
中国轻工业武汉设计工程有限责任公司
湖北亿通文化传媒有限公司
武汉洞见文化传媒有限公司
赛诺贝斯(北京)营销技术股份有限公司武汉办事处
永业行咨询评估集团
城市光影(武汉)数字科技有限公司
武汉纺织大学纺织科学与工程学院
淄博市临淄区人民政府华中区联络处
武汉东湖新技术开发区管理委员会
湖北极奕企业征信有限公司

武汉拜占庭空间广告有限公司
新谊图文广告
湖北省孝感市孝南区招商局
孝南区肖港镇人民政府
湖北省仙桃市招商局
中国轻工业长沙工程有限公司
财富纸业
海岸明灯广告有限公司
广州优识资讯系统有限公司
广东省新材料研究所
中国轻工业广州设计工程有限公司
在水一方品牌策划有限公司(深圳事业部)
广东奥思集美品牌设计有限公司
汕头奥博设计有限公司
汕头市优格诺森品牌提升机构
佛山市南海区医卫用产品行业协会
佛山市南海区九江镇人民政府
佛山市爱派网络科技有限公司
佛山市南海区九江镇招商统筹局
中国轻工业南宁设计工程有限公司
重庆市母婴用品销售协会
四川省造纸行业协会生活用纸分会
中国轻工业西安设计工程有限责任公司
台湾区不织布工业同业公会

中国生活用纸和卫生用品生产设备进出口情况（2016—2017年）

IMPORT & EXPORT OF EQUIPMENT IN CHINA TISSUE PAPER & DISPOSABLE HYGIENE PRODUCTS INDUSTRY (2016-2017)

[6]

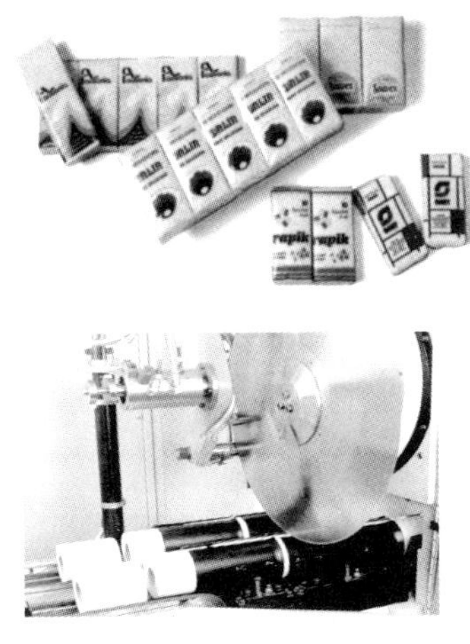

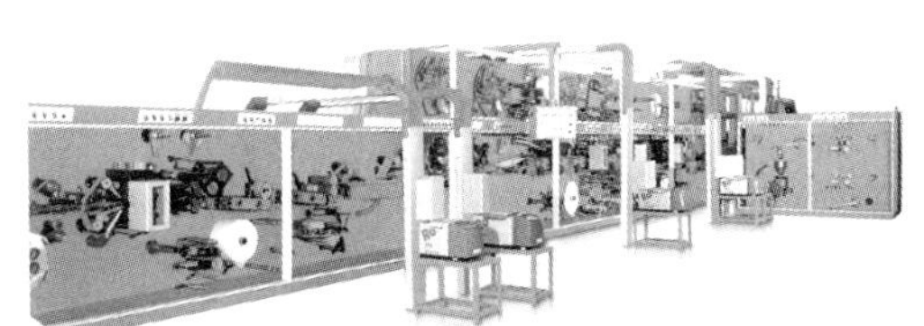

【编者按】中国的生活用纸和卫生用品生产设备行业在引进、吸收国外先进技术的基础上再创新，制造技术和制造水平不断提高；国产设备在每年新投产设备中的占比逐年增加，部分设备已大规模替代进口；同时国产设备的技术进步和优良的性价比也推动了设备出口业务的增长。因此本卷年鉴在刊登引进设备的同时，首次汇总了生活用纸和卫生用品设备的出口情况，供企业参考。

进口设备
Import equipment

一、卫生纸机

1. BF 型卫生纸机

地区	企业名称	型号	数量(台)	幅宽(mm)	车速(m/min)	投产时间	引进国(地区)及公司
河北省	保定市港兴纸业有限公司	BF-1000S	1	2760	1100	2016年10月	日本川之江
浙江省	浙江唯尔福纸业有限公司	BF-W10S	1	2760	850	2016年10月	
广东省	中顺洁柔纸业(云浮)	真空圆网型	2			2017年	
广西	广西桂海金浦纸业有限公司	BF-1000S	2	2760	1050	2016年2月	
四川省	四川环龙新材料股份有限公司	BF-10EX	2	2760	770	2017年6月(环龙2016年收购安县纸业，安县纸业原计划2013年4月投产该2台纸机)	
云南省	云南金晨纸业有限公司	BF-12	1	3400	1000	2017年6月(东莞永昶转让纸机)	

2. 新月型卫生纸机

地区	企业名称	型号	数量(台)	幅宽(mm)	车速(m/min)	投产时间	引进国(地区)及公司
河北省	河北雪松纸业有限公司	Intelli-Tissue® EcoEc 1200	1	2850	1200	2016年1月(原计划2015年底投产)	波兰PMP集团
	河北义厚成日用品有限公司	12英尺钢制烘缸	1	2850	1650	2017年5月	安德里茨
	河北金博士集团	Intelli-Tissue® Eco-Ec1200，钢制烘缸	2	3650	1200	分别于2017年6月、9月	波兰PMP集团
	保定市港兴纸业有限公司	DCT60	1	2760	1300	2017年11月	日本川之江与维美德合作

续表

地区	企业名称	型号	数量(台)	幅宽(mm)	车速(m/min)	投产时间	引进国(地区)及公司
上海市	赤天化纸业(泰盛集团)	PrimeLineST，20 英尺钢制烘缸	2	5600	1900	分别于 2017 年 8 月、10 月	安德里茨
江苏省	永丰余家品投资有限公司(肇庆)	Intelli-Tissue ® Advanced 1600	1	2800	1600	2016 年 1 月(原计划 2014 年投产)	波兰 PMP 集团
	APP(中国)生活用纸(遂宁)		1	5630	2000	2016 年 4 月(原计划 2014 年投产)	意大利亚赛利
福建省	芜湖恒安纸业有限公司	DCT200	2	5600	2000	2016 年 8 月(原计划 2015 年投产)	维美德
福建省	新疆恒安纸业有限公司		2	2800	1600	2017 年 11 月	意大利拓斯克
	重庆恒安纸业有限公司	18 英尺钢制烘缸	2	5600	2000	分别于 2017 年 3 月、5 月	安德里茨
广东省	广东韶能集团南雄珠玑纸业有限公司	12 英尺钢制烘缸	1	2850	1600	2016 年 6 月(原计划 2015 年投产)	安德里茨
			1	2850	1600	2017 年 10 月	意大利亚赛利
	香港理文集团(重庆)	DCT200HS，软靴压	4	5600	2000	分别于 2016 年 9 月、10 月、11 月、12 月	维美德
	香港理文集团(九江)		2	5600	2000	分别于 2017 年 5 月、6 月	福伊特
	香港理文集团(东莞)		2	5600	2000	分别于 2017 年 11 月、12 月	
	维达纸业(山东莱芜)	AHEAD 1.5M	1	3400	1500	2016 年	意大利拓斯克
	维达纸业(新会三江)	AHEAD 2.0M	2	3400	1600	2016 年 9 月	
	维达纸业(浙江龙游)	AHEAD 2.0M	2	保密	保密	2017 年 7 月	
	中顺洁柔纸业(唐山)	新月型	1			2017 年 11 月	波兰 PMP 集团
	中顺洁柔纸业(云浮)	新月型	2			分别于 2018 年 1 月、2 月	

二、生活用纸加工设备

地区	企业名称	设备名称	型式	型号	数量（台）	幅宽（mm）	车速（m/min）	投产时间	引进国(地区)及公司
上海市	贵州赤天化纸业(上海泰盛集团)	复卷机		AC882	3	5600	1000	2017年1月	意大利亚赛利
	江西泰盛纸业(九江)			AC882	4	5600	1000	2018年7月	
福建省	福建恒利集团		Reelite	20 ENS	1	2800	1600	2005	维美德(Valmet)
山东省	晨鸣纸业(湖北)		Reelite	20 HSL	2	5600	1200	2013	
河南省	漯河银鸽生活纸产有限公司		Reelite	25 ENS	1	5600	1600	2011	
重庆市	重庆理文纸业有限公司		Reelite	20 HSL	1	5600	1100	2013	
			Reelite	20 HSL	1	5600	1200	2016	
	重庆理文纸业有限公司(TM4，TM6)			AC882	2	5620	1000	2015年9月，2016年12月	意大利亚赛利
	重庆理文纸业有限公司(TM8)			AC882 shafted	1	5620	1000	2017年2月	
	理文纸业(江西)(TM9-TM10)			AC882	2	5620	1000	2018年3月	
	理文纸业(广东)(TM11-TM12)			AC882	2	5620	1000	2018年3月	
四川省	金红叶纸业(四川)			AC882	1		1500	2016年3月	
云南省	云南云景林纸股份有限公司		Reelite	15 HSD	1	2800	1500	2014	维美德(Valmet)
	福建	X7后加工生产线			3			2012	百利怡
	河北，湖南				10			2013	
	山东，湖南，四川，山西，江苏				12			2014	
	黑龙江，吉林				14			2015	
	山东，辽宁，浙江，四川，江西，安徽，天津，河南				12			2016	
	山东，天津，重庆				14			2017	

三、卫生用品设备

地区	企业名称	设备名称	数量	投产时间	引进国(地区)及公司
江苏省	金佰利(中国)有限公司	高速纸尿裤堆垛装袋机	9	2017年之前	OPTIMA
		高速卫生巾堆垛装袋机	2		
		高速纸尿裤堆垛装袋机	5	2017-2018	
浙江省	杭州豪悦护理用品股份有限公司	成人拉拉裤生产线	1	2016.10	瑞光(上海)
		婴儿纸尿裤生产线	1	2017.11	
			2	2017.12	
		妇女经期裤生产线	1	2017.07	
		DS1婴儿纸尿裤及拉拉裤堆垛装袋机	4	2017-2018	OPTIMA
		DS1拉拉裤堆垛装袋机	2	2018-2019	
		Luck高速拉拉裤堆垛装袋一体机	1		
浙江省	杭州千芝雅卫生用品有限公司	婴儿纸尿裤生产线	2	2017.10	瑞光(上海)
		DS1婴儿纸尿裤堆垛装袋机	1	2017	OPTIMA
		DS1拉拉裤堆垛装袋机	3	2018	
	杭州比因美特孕婴童用品有限公司	婴儿纸尿裤生产线	2	2016.12	日本瑞光
		婴儿拉拉裤生产线	1		
	杭州珍琦卫生用品有限公司	DS1婴儿纸尿裤及拉拉裤堆垛装袋一体机	4	2016-2017	OPTIMA
湖南省	湖南爽洁卫生用品有限公司	婴儿纸尿裤生产线	1	2016.09	瑞光(上海)
	湖南康程护理用品有限公司	婴儿纸尿裤生产线	1	2016.12	意大利GDM
	湖南舒比奇生活用品有限公司	婴儿拉拉裤生产线	1	2016.06	瑞光(上海)
		婴儿拉拉裤生产线	1	2017.01	
		DS1拉拉裤堆垛装袋机	1	2018年底	OPTIMA
广东省	广东昱升个人护理用品股份有限公司	婴儿纸尿裤生产线	1	2016.01	瑞光(上海)
			4	2017.04	
	宝洁(中国)有限公司	纸尿裤和卫生巾装袋机	10多台	2017年之前	OPTIMA
	维达纸业(中国)有限公司	IS67成人纸尿裤堆垛装袋机	4	2016	OPTIMA
		成人纸尿裤堆垛装袋机	1	2018	
		卫生巾高速堆垛装袋机	1		
云南省	云南白药清逸堂实业有限公司	卫生巾装袋机	2	2017年之前	OPTIMA
		中速卫生巾堆垛装袋机	1	2018	

四、湿巾设备

地区	企业名称	设备名称	数量	投产时间	引进国(地区)及公司
辽宁	大连欧派科技有限公司	桶装湿巾生产线	3	2012年初	日本

出口设备
Export equipment

一、卫生纸机

2013—2018年签约的出口卫生纸机项目

出口地区	项目地点	企业名称	阶段	规模（万吨/年）	型式	型号	数量（台）	幅宽（mm）	车速（m/min）	签约时间	投产时间	供应商	备注
非洲	埃塞俄比亚	新光集团	新建	1	真空圆网型		1	2860	800	2016年12月	2017年12月	宝拓	中外合作
亚洲	越南	金中公司	新建	1	真空圆网型		1	2860	800	2017年3月	2018年及以后	宝拓	中外合作
亚洲	哈萨克斯坦		扩建	1	真空圆网型		1	2860	800	2017年3月	2018年及以后	宝拓	中外合作
非洲	南非	PROXIMO LTD	新建	1.2	真空圆网型		1	2860	900	2017年11月	2018年9月	宝拓	中外合作
亚洲	印尼	PT SUN PAPER SOURCE	新增	3	新月型		1		1500	2017年7月	2018年10月	华林	国产
欧洲	英国	英国fourstones造纸有限公司	新建	2	新月型	HC-1200/2760	1	2760	1200	2015年3月	2016年2月	凯信	国产
亚洲	伊朗	Arya Sivan JAM Co.		1	新月型		1	2850	600	2013年11月	2017年6月	山东信和	国产
亚洲	乌兹别克斯坦	International Paper LLC		1	新月型		1	2850	600	2014年4月	2016年8月	山东信和	国产
非洲	阿尔及利亚	Sarl Cherifi Ouate Industrie		1	新月型		1	2850	600	2014年4月	2017年8月	山东信和	国产
亚洲	马来西亚	启顺造纸业有限公司 Nibong Tebal Paper Mills Sdn. Bhd.	新增	2.5	新月型		1	2850	1500	2017年3月	2018年	山东信和	国产
亚洲	越南	启顺造纸业（越南）有限公司 NTPM（Vietnam）	新增	2.5	新月型		2	2850	1500	2017年3月	2018年	山东信和	国产
亚洲	乌兹别克斯坦	International Paper LLC		2	新月型		1	2850	1200	2018年5月	2019年	山东信和	国产
亚洲	越南	越南湘江纸业有限公司 Vietnam Xiang Jiang Paper Co., Ltd.	新增	2	新月型		1	2850	1200	2017年	2018年	山东信和	国产
亚洲	缅甸	桂希纸业	新增	1	新月型	BZ2850-II	1	2850	700	2017年6月	2018年3月	陕西炳智	国产
亚洲	印尼	sun paper	新增	8	新月型		4	2850	1500	2017年5月	2018年5月	诸城大正	国产
总计				30.2			19						

二、卫生用品设备

出口国家	设备名称	数量	出口时间	设备制造商
阿尔及利亚	婴儿纸尿裤生产线	2	2016年-2017年	杭州新余宏智能装备
	单片湿巾生产线	1	2017年12月	泉州市创达机械
	5-30片湿巾生产线	1	2017年12月	
	80片湿巾生产线	1	2017年12月	
	80片湿巾生产线	1	2017年2月	
	80片湿巾生产线	1	2017年12月	
	湿巾粘盖生产线	2	2017年12月	
阿根廷	卫生巾生产线	3	2016年-2017年	安庆市恒昌机械
	婴儿纸尿裤生产线	2	2016年-2017年	
埃及	婴儿纸尿裤生产线	2	2016年-2017年	
安哥拉	湿巾生产线	1	2017年	郑州智联机械
	湿巾粘盖生产线	1	2017年	
巴基斯坦	全伺服环腰尿裤生产线	1	2018年7月	福建泉州明辉轻工机械
	全伺服环腰尿裤生产线	1	2018年8月	
	全伺服尿裤生产线	1	2018年11月	
	80片湿巾生产线	1	2017年5月	泉州市创达机械
巴西	卫生巾生产线	3	2016年-2017年	安庆市恒昌机械
	婴儿纸尿裤生产线	2	2016年-2017年	
	成人纸尿裤生产线	2	2016年-2017年	
	湿巾生产线	1	2017年	郑州智联机械
	80片湿巾生产线	1	2017年10月	泉州市创达机械
	湿巾粘盖生产线	1	2016年	郑州智联机械
	湿巾粘盖生产线	2	2017年	
	湿巾粘盖生产线	1	2017年10月	泉州市创达机械
德国	单片湿巾生产线	1	2017年8月	
	单卷湿巾生产线	1	2017年8月	
	四边封机生产线	1	2017年8月	
	湿巾粘盖生产线	1	2017年8月	
东南亚	卫生巾生产线	3	2016年-2017年	安庆市恒昌机械
	卫生巾生产线	4	2016年-2017年	泉州市汉威机械
	婴儿纸尿裤生产线	2	2016年-2017年	
	成人纸尿裤生产线	1	2016年-2017年	
多米尼加	湿巾生产线	1	2016年	郑州智联机械
俄罗斯	卫生巾生产线	1	2016年-2017年	杭州新余宏智能装备
	卫生护垫生产线	1	2016年-2017年	
	婴儿拉拉裤生产线	1	2017年1月	广州市兴世机械
	成人纸尿裤生产线	1	2018年1月	
	床垫生产线	1	2016年-2017年	杭州新余宏智能装备
	单片湿巾生产线	1	2017年1月	泉州市创达机械
	5-30片湿巾生产线	1	2017年1月	
厄瓜多尔	卷筒湿巾生产线	1	2017年5月	

续表

出口国家	设备名称	数量	出口时间	设备制造商
非洲	卫生巾生产线	2	2016年-2017年	泉州市汉威机械
	婴儿纸尿裤生产线	3	2016年-2017年	
非洲加纳	全伺服环腰尿裤生产线	2	2018年5月	福建泉州明辉轻工机械
	全伺服环腰尿裤生产线	1	2018年6月	
哥伦比亚	80片湿巾生产线	1	2017年1月	泉州市创达机械
韩国	卫生护垫生产线	1	2016年-2017年	杭州新余宏智能装备
	湿巾生产线	1	2017年	郑州智联机械
	单片湿巾生产线	2	2017年6月	泉州市创达机械
	80片湿巾生产线	1	2017年3月	
	装箱码垛生产线	3	2017年	郑州智联机械
捷克	婴儿纸尿裤生产线	1	2016年-2017年	安庆市恒昌机械
马来西亚	婴儿纸尿裤生产线	1	2016年-2017年	杭州新余宏智能装备
	5-30片湿巾生产线	1	2017年5月	泉州市创达机械
美国	床垫生产线	3	2016年-2017年	泉州市汉威机械
	单片湿巾生产线	1	2017年1月	泉州市创达机械
孟加拉	卫生巾生产线	3	2016年-2017年	杭州新余宏智能装备
	婴儿纸尿裤生产线	1	2016年-2017年	
	卷筒湿巾生产线	1	2017年1月	泉州市创达机械
	80片湿巾生产线	1	2017年1月	
秘鲁	婴儿纸尿裤生产线	2	2016年-2017年	安庆市恒昌机械
摩洛哥	5-30片湿巾生产线	2	2017年9月	泉州市创达机械
	5-30片湿巾生产线	1	2017年6月	
	80片湿巾生产线	1	2017年6月	
墨西哥	婴儿纸尿裤生产线	1	2016年-2017年	安庆市恒昌机械
	婴儿纸尿裤生产线	1	2016年-2017年	杭州新余宏智能装备
南非	婴儿纸尿裤生产线	1	2016年-2017年	安庆市恒昌机械
南美	卫生巾生产线	3	2016年-2017年	泉州市汉威机械
	卫生护垫生产线	2	2016年-2017年	
	婴儿纸尿裤生产线	1	2016年-2017年	
	成人纸尿裤生产线	2	2016年-2017年	
欧洲	卫生巾生产线	1	2016年-2017年	
	婴儿纸尿裤生产线	2	2016年-2017年	
	床垫生产线	2	2016年-2017年	
日本	湿巾生产线	1	2016年	郑州智联机械
	湿巾生产线	3	2017年	
塞舌尔	单片湿巾生产线	1	2017年7月	泉州市创达机械
	5-30片湿巾生产线	1	2017年7月	
沙特阿拉伯	床垫生产线	1	2016年-2017年	杭州新余宏智能装备
斯里兰卡	卫生巾生产线	1	2017年6月	广州市兴世机械

续表

出口国家	设备名称	数量	出口时间	设备制造商
台湾	成人纸尿片生产线	2	2016年-2017年	杭州新余宏智能装备
台湾	床垫生产线	1	2016年-2017年	杭州新余宏智能装备
泰国	湿巾生产线	1	2016年	郑州智联机械
突尼斯	全伺服环腰尿裤生产线	1	2018年8月	福建泉州明辉轻工机械
土耳其	卫生巾生产线	4	2016年-2017年	安庆市恒昌机械
土耳其	婴儿纸尿裤生产线	1	2017年12月	广州市兴世机械
土耳其	婴儿拉拉裤生产线	1	2018年5月	广州市兴世机械
土耳其	婴儿纸尿裤生产线	6	2016年-2017年	安庆市恒昌机械
土耳其	成人纸尿裤生产线	3	2016年-2017年	安庆市恒昌机械
土库曼斯坦	80片湿巾生产线	1	2017年1月	泉州市创达机械
乌拉圭	婴儿纸尿裤生产线	1	2016年-2017年	安庆市恒昌机械
乌兹别克斯坦	卫生巾生产线	1	2017年12月	广州市兴世机械
乌兹别克斯坦	全伺服尿裤生产线	1	2018年7月	福建泉州明辉轻工机械
乌兹别克斯坦	5-30片湿巾生产线	1	2017年2月	泉州市创达机械
西班牙	80片湿巾生产线	1	2017年12月	泉州市创达机械
伊朗	卫生巾生产线	1	2016年-2017年	杭州新余宏智能装备
以色列	湿巾生产线	1	2017年	郑州智联机械
以色列	卷筒湿巾生产线	1	2017年4月	泉州市创达机械
以色列	5-30片湿巾生产线	1	2017年2月	泉州市创达机械
以色列	80片湿巾生产线	1	2017年2月	泉州市创达机械
以色列	湿巾粘盖生产线	1	2017年	郑州智联机械
以色列	湿巾装箱生产线	3	2017年	郑州智联机械
印度	卫生巾生产线	2	2016年-2017年	安庆市恒昌机械
印度	卫生巾生产线	6	2016年-2017年	泉州市汉威机械
印度	卫生巾生产线	1	2017年4月	广州市兴世机械
印度	卫生巾生产线	1	2017年9月	广州市兴世机械
印度	卫生巾生产线	1	2017年10月	广州市兴世机械
印度	卫生巾生产线	2	2016年-2017年	杭州新余宏智能装备
印度	婴儿拉拉裤生产线	2	2016年-2017年	泉州市汉威机械
印度	成人纸尿裤生产线	1	2016年-2017年	泉州市汉威机械
印度	成人纸尿裤生产线	1	2016年-2017年	杭州新余宏智能装备
印度	床垫生产线	1	2016年-2017年	杭州新余宏智能装备
印度	单片湿巾生产线	1	2017年2月	泉州市创达机械
印度	5-30片湿巾生产线	1	2017年2月	泉州市创达机械
印度尼西亚	乳垫生产线(FBM-A1)	1	2017年11月	黄山富田精工制造
印度尼西亚	婴儿拉拉裤生产线	1	2018年3月	广州市兴世机械
印度尼西亚	婴儿拉拉裤生产线	1	2018年4月	广州市兴世机械
印度尼西亚	床垫生产线	2	2016年-2017年	杭州新余宏智能装备
印度尼西亚	5-30片湿巾生产线	1	2017年8月	泉州市创达机械
印度尼西亚	80片湿巾生产线	1	2017年12月	泉州市创达机械

续表

出口国家	设备名称	数量	出口时间	设备制造商
越南	卫生巾生产线	2	2016年-2017年	杭州新余宏智能装备
	卫生护垫生产线	1	2018年6月	福建泉州明辉轻工机械
	卫生护垫生产线	1	2016年-2017年	杭州新余宏智能装备
	婴儿纸尿裤生产线	1	2016年-2017年	
	半伺服大耳朵尿裤生产线	1	2018年6月	福建泉州明辉轻工机械
	成人纸尿裤生产线	1	2016年-2017年	杭州新余宏智能装备
	尿片生产线	1	2016年-2017年	
	拉拉裤生产线	1	2016年-2017年	
	湿巾生产线	2	2017年	郑州智联机械
	80片湿巾生产线	1	2017年3月	泉州市创达机械
	湿巾包装生产线	1	2017年3月	
智利	婴儿纸尿裤生产线	2	2016年-2017年	安庆市恒昌机械
	成人纸尿裤生产线	1	2016年-2017年	
	湿巾生产线	1	2016年	郑州智联机械
中东	婴儿纸尿裤生产线	1	2016年-2017年	泉州市汉威机械
	婴儿拉拉裤生产线	2	2016年-2017年	
	成人纸尿裤生产线	1	2016年-2017年	

注：本章节表格中，集团企业在不同地区有生产厂的，该集团的所有生产厂列在总部所在省份。

产品标准和其他相关标准

THE CHINESE STANDARDS OF TISSUE PAPER & DISPOSABLE PRODUCTS AND OTHER RELATED STANDARDS

[7]

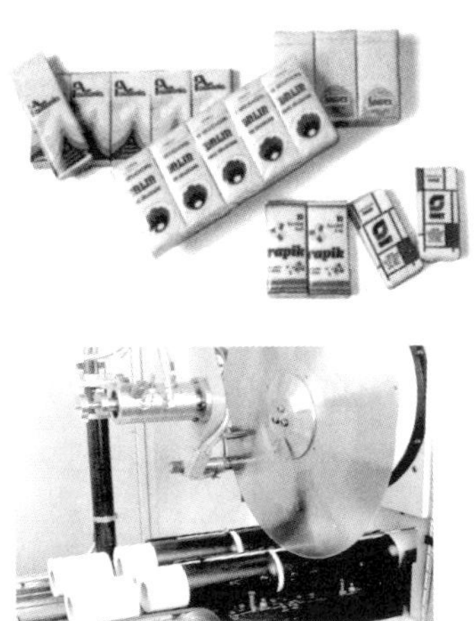

卫生纸(含卫生纸原纸)(GB 20810—2006)

2007-06-01 实施

1 范围

本标准规定了卫生纸的分类、要求、抽样、试验方法及标志、包装、运输和贮存等。

本标准主要适用于人们日常生活用的厕用卫生纸，不包括擦手纸、厨房用纸等擦拭纸。

本标准还适用于对外销售的用于加工卫生纸的卫生纸原纸。

本标准的 4.2 和 4.7 为强制性条款，其余为推荐性条款。

本标准的附录 A 为规范性附录。

2 规范性引用文件

下列文件中的条款通过本标准的引用而成为本标准的条款。凡是注明日期的引用文件，其随后所有的修改单(不包括勘误的内容)或修订版均不适用本标准，然而，鼓励根据本标准达成协议的各方研究是否可使用这些文件的最新版本。凡是不注明日期的引用文件，其最新版本适用于本标准。

GB/T 450　纸和纸板试样的采取(GB/T 450—2002，eqv ISO 186:1994)

GB/T 451.1　纸和纸板尺寸及偏斜度的测定

GB/T 451.2　纸和纸板定量的测定(GB/T 451.2—2002，eqv ISO 536:1995)

GB/T 453　纸和纸板抗张强度的测定(恒速加荷法)(GB/T 453—2002，ISO 1924-1：1992，IDT)

GB/T 461.1　纸和纸板毛细吸收高度的测定(克列姆法)(GB/T 461.1—2002，eqv ISO 8787：1989)

GB/T 462　纸和纸板水分的测定(GB/T 462—2003，ISO 287：1991 MOD)

GB/T 1541　纸和纸板尘埃度的测定法(GB/T 1541—1989，neq TAPPI T 437om-85)

GB/T 2828.1　计数抽样检验程序　第 1 部分：按接收质量限(AQL)检索的逐批检验抽样计划(GB/T 2828.1—2003，ISO 2859-1：1999，IDT)

GB/T 7974　纸、纸板和纸浆亮度(白度)的测定　漫射/垂直法 GB/T 7974—2002，neq ISO 2470：1999)

GB/T 8940.1　纸和纸板白度测定法(45/0 定向反射法)

GB/T 8942　纸柔软度的测定

GB/T 10739　纸、纸板和纸浆试样处理和试验的标准大气条件(GB/T 10739—2002，eqv ISO 187：1990)

GB/T 12914　纸和纸板抗张强度的测定法(恒速拉伸法)(GB/T 12914—1991，eqv ISO 1924-2：1985)

《一次性生活用纸生产加工企业监督整治规定》(国质检执[2003]289 号)

3 分类

3.1　卫生纸分为卷纸、盘纸、平切纸和抽取式卫生纸等，卫生纸原纸为卷筒纸。

3.2　卫生纸和卫生纸原纸按质量分为优等品、一等品、合格品三个等级。

3.3　卫生纸和卫生纸原纸可分为单层、双层、三层等多种形式。

3.4　卫生纸和卫生纸原纸可分为压花、印花、不压花、不印花等类型。

4 要求

4.1　卫生纸技术指标应符合表 1 要求，卫生纸原纸技术指标应符合表 2 要求，或符合合同要求。

4.2　卫生纸和卫生纸原纸微生物指标应符合表 3 要求。

4.3　卷纸和盘纸的宽度、卷重(或节数)，平切纸的长、宽、包装质量(或张数)，抽取式卫生纸的规格尺寸、抽数应按合同要求生产。卷纸和盘纸的宽度、节距尺寸偏差应不超过±2mm，偏斜度应不超过2mm；卷重(或节数)负偏差应不大于4.5%。平切纸和抽取式的规格尺寸偏差应不超过±3mm，偏斜度应不超过3mm；平切纸的包装质量(或张数)和抽取式的抽数负偏差应不大于4.5%。卷纸、盘纸的卷重，平切纸的包装质量均为去皮、去芯后净重。

表1 卫生纸技术指标

指标名称		单位	规定		
			优等品	一等品	合格品
定量		g/m^2	12.0±1.0 14.0±1.0 16.0±1.0 18.0±1.0 20.0±1.0 22.0±1.0 24.0±2.0 28.0±2.0 33.0±3.0 39.0±3.0 45.0±3.0 52.0±4.0		
亮度(白度)	≥	%	83.0	75.0	60.0
横向吸液高度(成品层)	≥	mm/100s	40	30	20
抗张指数(纵横平均)	≥	N·m/g	3.5	3.0	2.0
柔软度(成品层纵横平均)	≤	mN	180	250	450
洞眼 ≤	总数	个/m^2	6	20	40
	2mm~5mm		6	20	40
	>5mm~8mm		2	2	4
	>8mm		不应有		
尘埃度 ≤	总数	个/m^2	20	50	200
	0.2mm^2~1.0mm^2		20	50	200
	>1.0 mm^2~2.0 mm^2		4	10	20
	>2.0 mm^2		不应有		2
交货水分	≤	%	10.0		

注：印花纸和色纸不测亮度(白度)。

表2 卫生纸原纸技术指标

指标名称		单位	规定		
			优等品	一等品	合格品
定量		g/m^2	12.0±1.0 14.0±1.0 16.0±1.0 18.0±1.0 20.0±1.0 22.0±1.0 24.0±2.0 28.0±2.0 33.0±3.0 39.0±3.0 45.0±3.0 52.0±4.0		
亮度(白度)	≥	%	83.0	75.0	60.0
横向吸液高度(成品层)	≥	mm/100s	40	30	20
抗张指数(纵横平均)	≥	N·m/g	4.0	3.5	2.5
柔软度(成品层纵横平均)	≤	mN	150	220	420
洞眼 ≤	总数	个/m^2	6	20	40
	2mm~5mm		6	20	40
	>5mm~8mm		2	2	4
	>8mm		不应有		
尘埃度 ≤	总数	个/m^2	20	50	200
	0.2mm^2~1.0mm^2		20	50	200
	>1.0mm^2~2.0mm^2		4	10	20
	>2.0mm^2		不应有		2
交货水分	≤	%	10.0		

表 3　卫生纸和卫生纸原纸微生物指标

指标名称		单　位	规　定	
			卫生纸	卫生纸原纸
微生物	细菌菌落总数≤	CFU/g	600	500
	大肠菌群	—	不应检出	
	金黄色葡萄球菌	—	不应检出	
	溶血性链球菌	—	不应检出	

4.4　可生产各种颜色的卫生纸，同批产品色泽应基本一致。

4.5　纸张起皱后皱纹应均匀，优等品和一等品纸幅内纵向不应有条形粗纹。

4.6　纸面应洁净，不应有明显的死褶、残缺、破损、硬质块、生草筋、浆团等纸病和杂质，不应有明显的掉粉、掉毛现象。

4.7　原料按《一次性生活用纸生产加工企业监督整治规定》(国质检执[2003]289号)监督执行。

5　抽样

5.1　生产企业应保证所生产的卫生纸或卫生纸原纸符合本标准的要求，以一次交货数量为一批，每批产品应附有产品合格证明。

5.2　批卫生纸或卫生纸原纸的微生物指标或原料不合格，则判定该批是不可接收的。

5.3　计数抽样检验程序按 GB/T 2828.1 规定进行。卫生纸样本单位为件，卫生纸原纸样本单位为卷。接收质量限(AQL)：横向吸液高度、抗张指数、柔软度 AQL=4.0，定量、亮度(白度)、洞眼、尘埃度、交货水分、偏差、外观质量 AQL=6.5。抽样方案采用正常检验二次抽样方案，检查水平为特殊检查水平 S-3。见表 4。

表 4　抽　样　方　案

批量/件或卷	正常检验二次抽样方案　特殊检查水平 S-3				
	样本量	AQL=4.0		AQL=6.5	
		Ac	Re	Ac	Re
≤50	3	0	1	0	1
51~150	3	0	1	—	—
	5	—	—	0	2
	5(10)	—	—	1	2
151~3 200	8	0	2	0	3
	8(16)	1	2	3	4
3 201~35 000	13	0	3	1	3
	13(26)	3	4	4	5

5.4　可接收性的确定：第一次检验的样品数量应等于该方案给出的第一样本量。如果第一样本中发现的不合格品数小于或等于第一接收数，应认为该批是可接收的；如果第一样本中发现的不合格品数大于或等于第一拒收数，应认为该批是不可接收的。如果第一样本中发现的不合格品数介于第一接收数与第一拒收数之间，应检验由方案给出样本量的第二样本并累计在第一样本和第二样本中发现的不合格品数。如果不合格品累计数小于或等于第二接收数，则判定该批是可接收的；如果不合格品累计数大于或等于第二拒收数，则判定该批是不可接收的。

5.5　需方若对产品质量持有异议，可在到货后三个月内通知供方共同复验或委托共同商定的检验部门进行复验。复验结果若不符合本标准的规定，则判定为批不可接收的，由供方负责处理；若符合本标准的规定，则判定为批可接收的，由需方负责处理。

6 试验方法

制备吸液高度、抗张指数、柔软度三个指标的试样时，为避免损坏试样，裁样时可在样品之间夹上一张薄纸。测试时如果与标准规定的方法有偏差，应在试验报告中注明。

6.1 试样的采取按 GB/T 450 进行，试样的大气处理按 GB/T 10739 规定进行。

6.2 定量按 GB/T 451.2 测定，按成品层数取样，根据成品层数的不同，取样总数至少应在 10 层~12 层，并以单层平均值表示测试结果。

6.3 亮度(白度)按 GB/T 7974 或 GB/T 8940.1 测定，仲裁时按 GB/T 7974 测定。

6.4 横向吸液高度按 GB/T 461.1 测定。定量>18.0g/m^2 的单层卫生纸原纸按单层进行测定，定量≤18.0g/m^2 的单层卫生纸原纸按双层进行测定，其他均按成品层进行测定。

6.5 抗张指数按 GB/T 453 或 GB/T 12914 测定，仲裁时按 GB/T 12914 测定。按成品层数测试，采用 50mm 试验夹距。以单层纵横向平均值换算为抗张指数报出测试结果。

6.6 柔软度按 GB/T 8942 测定。夹缝宽度为 5mm，试样尺寸为 100mm×100mm，如果试样尺寸未达到 100mm，应换算成 100mm 报出结果。根据成品层数测定柔软度。对于压花和折叠的卫生纸，取样和测试时应尽量避开压花或已折叠部位，并且凹凸花纹各 3 张朝上进行测试，分别以纵横向平均值报出测试结果。

6.7 洞眼的测定：取上下表层纸样分别迎光观测，从大于 2mm 的洞眼开始计数，小于 4mm 的半透明洞眼(洞眼间有纤维连接)不予计数，上下表层试样的试验面积合计应不少于 0.5m^2(测试大洞眼时试验面积合计应不少于 1m^2)，测试结果取整数，如果个位数后有数字，均应进 1。

6.8 尘埃度的测定按 GB/T 1541 进行，双层或多层的只测上下表层朝外的一面，每个样品的测试面积应不少于 0.5m^2。

6.9 交货水分按 GB/T 462 测定。

6.10 微生物指标按附录 A 测定。

6.11 偏斜度按 GB/T 451.1 测定。

6.12 尺寸偏差、卷宽、张数、抽数的计算：每个样品取 3 个试样测定，并按式(1)计算，结果修约至 1%。

$$\text{偏差}=\frac{\text{平均值}-\text{标称值}}{\text{标称值}}\times 100\% \quad \cdots\cdots (1)$$

7 标志、包装、运输和贮存

7.1 卫生纸产品的销售包装标志，应包括：

——产品名称、商标；

——产品的执行标准编号；

——生产日期或批号；

——失效(或有效)日期及保质期或生产批号及限用日期；

——产品的规格：卷筒纸和盘纸应标注宽度和节距，平切纸和抽取式卫生纸应标注长和宽、层数等；

——产品的数量：卷筒纸和盘纸应标注卷重或节数，平切纸应标注包装质量或张数，抽取式卫生纸应标注抽数等；

——产品质量等级；

——生产企业(或代理商)名称、企业地址等；

——其他需要标注的事项。

7.2 卫生纸产品的运输包装标志，应包括：

——产品名称、商标；

——生产企业(或代理商)名称、地址等；

——内包装数量；

——包装储运图形标志；

——其他标志。

7.3 卫生纸和卫生纸原纸的运输应采用洁净的运输工具，防止产品污染，搬运时不应将纸件从高处扔下，以避免损坏外包装。

7.4 卫生纸和卫生纸原纸应存放在干燥、通风、洁净的地方并妥善保管，防止雨、雪及潮气浸入产品，影响质量。

7.5 卫生纸和卫生纸原纸因运输、保管不妥善造成产品损坏或变质的，应由造成损失的一方赔偿损失，变质的卫生纸和卫生纸原纸不应出售。

附录A

（规范性附录）

微生物指标的测定

A1 培养基与试剂的制备

A1.1 营养琼脂培养基

制法：称取33g营养琼脂，溶于1L蒸馏水中，加热煮沸至完全溶解，分装，经过121℃高压灭菌15min后备用。

A1.2 乳糖胆盐发酵管

制法：称取35g乳糖胆盐发酵培养基，溶于1L蒸馏水中，待完全溶解后分装每管50mL，并放入一个倒管，115℃高压灭菌15min即得。

注：制双料乳糖胆盐发酵管时，除蒸馏水外，其他成分加倍。

A1.3 伊红美蓝琼脂培养基

制法：称取36g伊红美蓝琼脂培养基，溶于1L蒸馏水中，浸泡15min，加热煮至完全溶解后，经115℃高压灭菌15min，冷却至50℃～60℃，振摇培养基倾注灭菌平皿备用。

A1.4 乳糖发酵管

制法：称取25.3g乳糖发酵培养基，溶于1L蒸馏水中，浸泡5min，加热至完全溶解后，分装于有倒管的试管内，115℃高压灭菌15min即得。

A1.5 血琼脂培养基

制法：将灭菌后的营养琼脂加热溶化，待凉至约50℃，即在无菌操作下按营养琼脂：脱纤维血为10：1的比例加入脱纤维血，摇匀，倒入灭菌平皿，置冰箱备用。

A1.6 兔血浆

制法：取灭菌3.8%柠檬酸钠1份，加兔全血4份摇匀静置，3000r/min离心5min，取上清液，弃血球。

A1.7 革兰氏染色液

结晶紫染色液：

结晶紫	1g
95%酒精	20mL
1%革酸胺水溶液	80mL

将结晶紫溶解于酒精中，然后与革酸胺溶液混合。

革兰氏碘液：

碘	1g
碘化钾	2g
蒸馏水	300mL

将碘与碘化钾混合，加入蒸馏水少许充分振摇，待完全溶解后再加蒸馏水至 300 mL。

沙黄复染液：

沙黄	0.25g
95%酒精	10mL
蒸馏水	90mL

将沙黄溶解于酒精之中，然后用蒸馏水稀释。

A1.8 甘露醇发酵培养基

制法：称取 30g 甘露醇发酵培养基溶于 1L 蒸馏水中，加热煮沸至完全溶解，分装，115℃高压灭菌 20min 备用。

A1.9 7.5%氯化钠肉汤培养基

制法：称取 88g7.5%氯化钠肉汤培养基溶于 1L 蒸馏水中，加热煮沸至完全溶解，分装后于 121℃高压灭菌 15min 备用。

A1.10 营养肉汤培养基

制法：称取 76g 营养肉汤培养基溶于 1L 蒸馏水中，加热煮沸至完全溶解，分装后于 115℃高压灭菌 20min 备用。

A1.11 革酸钾血浆

制法：在 5mL 兔血浆中加入 0.01g 革酸钾，充分混合摇匀，经离心沉淀，吸取上清液，即得。

注：以上各培养基均为成品，采用量可依据产品的说明书而定。

A2 产品采集与样品处理

于同一批号的三个大包装中至少随机抽取 12 个最小销售包装样品。三分之一样品用于测试，三分之一样品留样，另外三分之一样品(可就地封存)必要时用于复检。样品最小销售包装不得有破损，检测前不得开启。

在超静工作台上用无菌方法至少开启 4 个小包装，从中称量样品 10g±1g，剪碎后加入到 200mL 灭菌生理盐水中，充分混匀，得到一个生理盐水样液。

A3 细菌菌落总数的检测

A3.1 操作步骤

待上述样液自然沉降后取上清液做菌落计数。共接种 5 个平皿，每个平皿中加入 1mL 样液，然后用冷却至 45℃左右熔化的营养琼脂 15mL~20mL，倒入平皿内，充分混匀。待琼脂凝固后翻转平皿，置 35℃±2℃培养 48h，然后计算平板上的细菌数(当平板上菌落数超过 200 时应稀释后再计数)。

A3.2 结果报告

菌落呈片状生长的平板不宜采用，计数符合要求的平板上的菌落，按式(A.1)计算结果：

$$X = A \times K/5 \qquad (A.1)$$

式中 X——细菌菌落总数，单位为菌落形成单位每克(CFU/g)；

A——5 块营养琼脂培养基平板上的细菌菌落总数，单位为菌落形成单位每克(CFU/g)；

K——稀释度。

当菌落数在 100 以内时，按实有数报告；大于 100 时，采用两位有效数字。

如果样品菌落总数超过标准规定的 10%，按 A.3.3 进行复检和结果报告。

A3.3 复检

将保存的复检样品依前法复测两次，两次结果平均值都达到标准的规定，则判定被检样品合格，其中有任何一次结果平均值超过标准规定，则判被检样品不合格。

A4 大肠菌群的检测

A4.1 操作步骤

取样液5mL接种于50mL乳糖胆盐发酵管，置35℃±2℃培养24h，如不产酸也不产气，则报告为大肠菌落阴性。

如果产酸产气，则划线接种伊红美蓝琼脂平板，置35℃±2℃培养18h~24h，观察平板上菌落形态典型的大肠菌落为黑紫色或红紫色，圆形，边缘整齐，表面光滑湿润，常具有金属光泽，也有的呈紫黑色，不带或略带金属光泽，或粉红色，中心较深的菌落。

挑取疑似菌落1个~2个作为革兰氏染色镜检，同时接种乳糖发酵管，置35℃±2℃培养24h，观察产气情况。

A4.2 结果报告

凡乳糖胆盐发酵管产酸产气，乳糖发酵管产气，在伊红美蓝平板上有典型大肠菌落，革兰氏染色为阴性无芽胞杆菌，可报告被检样品检出大肠杆菌。

A5 金黄色葡萄球菌的检测

A5.1 操作步骤

取样液5mL加入到50mL 7.5%氯化钠肉汤培养液中，充分混匀，35℃±2℃培养24h。

自上述增菌液中取1~2接种环，划线接种在血琼脂培养基上35℃±2℃培养24h~48h。在血琼脂平板上该菌落呈金黄色，大而突起，圆形，表面光滑，周围有溶血圈。

挑取典型菌落，涂片作革兰氏染色镜检，如见排列成葡萄状，无芽胞与荚膜，应进行下列试验：

A5.1.1 甘露醇发酵管试验

取上述菌落接种到甘露醇培养基中，置35℃±2℃培养24h，发酵甘露醇产酸者为阳性。

A5.1.2 血浆凝固酶试验

玻片法：取清洁干燥载玻片→于两端分别滴加1滴生理盐水、1滴兔血浆→挑取菌落分别与两者混合5min。

如两者均无凝固则为阴性；如血浆内出现团块或颗粒状凝固，而生理盐水仍呈均匀浑浊无凝固，则为阳性。凡两者均有凝固现象，再进行试管凝固酶试验。

试管法：吸取1∶4新鲜血浆0.5mL，置灭菌小试管中→加入等量待检菌24h，肉汤培养物0.5mL，混匀→置35℃±2℃温箱或水浴中→每0.5h观察一次→24h之内呈现凝块即为阳性。

同时以已知血浆凝固酶阳性和阴性菌株肉汤培养物各0.5mL作阳性和阴性对照。

A5.2 结果报告

凡在琼脂平板上有可疑菌落生长，镜检为革兰氏阳性葡萄球菌，并能发酵甘露醇产酸、血浆凝固酶阳性者，可报告被检样品检出金黄色葡萄球菌。

A6 溶血性链球菌的检测

A6.1 操作步骤

取样液5mL加入到50mL营养肉汤中，35℃±2℃培养24h。

将培养物划线接种血琼脂平板，置35℃±2℃中培养24h，观察菌落特征。溶血性链球菌在血平板上为灰白色，半透明或不透明，针尖状突起，表面光滑，边缘整齐，周围有无色透明溶血圈。

取典型菌落作涂片革兰氏染色镜检，应为革兰氏阳性，呈链状排列的球菌。镜检符合上述情况，应进行下列试验：

A6.1.1 链激酶试验

吸取草酸钾血浆0.2mL→加入0.8mL灭菌生理盐水混匀→加入待检菌24h肉汤培养物0.5mL和0.25%氯化钙溶液0.25mL混匀→置35℃±2℃水浴中，2 min查看一次(一般10 min内可凝固)→待血浆凝固后继续观察并记录溶化时间→如 2 h 内不溶化，继续放置 24h，观察。如果凝块全部溶化为阳性，24h 仍不溶化为阴性。

A6.1.2　杆菌肽敏感试验

将被检菌菌液涂于血平板上→用灭菌镊子取每片含 0.04 单位杆菌肽的纸片放在平板上，同时以已知阳性菌株作对照→置 35℃±2℃下放置 18h～24h→有抑菌带者为阳性。

A6.2　结果报告

镜检革兰氏阳性链状排列球菌，血平板上呈现溶血圈，链激酶和杆菌肽试验阳性，可报告被检样品检出溶血性链球菌。

纸巾纸(GB/T 20808—2011)

2012-07-01 实施

1　范围

本标准规定了纸巾纸的分类、要求、试验方法、检验规则、标志、包装、运输和贮存。

本标准适用于日常生活所用的各种纸面巾、纸餐巾、纸手帕等，不适用于湿巾、擦手纸、厨房纸巾。

2　规范性引用文件

下列文件对于本文件的应用是必不可少的。凡是注日期的引用文件，仅注日期的版本适用于本文件。凡是不注日期的引用文件，其最新版本(包括所有的修改单)适用于本文件。

GB/T 450　纸和纸板　试样的采取及试样纵横向、正反面的测定

GB/T 451.1　纸和纸板尺寸及偏斜度的测定

GB/T 461.1　纸和纸板毛细吸液高度的测定(克列姆法)

GB/T 462　纸、纸板和纸浆　分析试样水分的测定

GB/T 465.2　纸和纸板　浸水后抗张强度的测定

GB/T 742　造纸原料、纸浆、纸和纸板　灰分的测定

GB/T 1541—1989　纸和纸板尘埃度的测定法

GB/T 2828.1　计数抽样检验程序　第 1 部分：按接收质量限(AQL)检索的逐批检验抽样计划

GB/T 7974　纸、纸板和纸浆亮度(白度)测定　漫射/垂直法

GB/T 8942　纸柔软度的测定

GB/T 10739　纸、纸板和纸浆试样处理和试验的标准大气条件

GB/T 12914—2008　纸和纸板　抗张强度的测定

GB 15979　一次性使用卫生用品卫生标准

GB/T 24328.5　卫生纸及其制品　第 5 部分：定量的测定

GB/T 27741—2011　纸和纸板　可迁移性荧光增白剂的测定

JJF 1070—2005　定量包装商品净含量计量检验规则

3　分类

3.1　纸巾纸分为纸面巾、纸餐巾、纸手帕等。

3.2　纸巾纸按质量分为优等品和合格品两个等级。

3.3　纸巾纸可分为超柔型、普通型。

3.4　纸巾纸可为单层、双层或多层。

4 要求

4.1 纸巾纸技术指标应符合表 1 或合同规定。

表 1

指标名称		单位	规定		
			优等品		合格品
			超柔型	普通型	
定量		g/m^2	10.0±1.0　12.0±1.0　14.0±1.0　16.0±1.0　18.0±1.0　20.0±1.0　23.0±2.0　27.0±2.0　31.0±2.0		
亮度(白度)[a]　≤		%	90.0		
可迁移性荧光增白剂		—	无		
灰分　≤	木纤维	%	1.0		
	含非木纤维		4.0		
横向吸液高度　≥	单层	mm/100s	20		15
	双层或多层		40		30
横向抗张指数　≥		N·m/g	1.00	2.10	1.50
纵向湿抗张强度　≥		N/m	10.0	14.0	10.0
柔软度[b]纵横向平均　≤	单层或双层	mN	40	85	160
	多层		80	150	220
洞眼	总数　≤	个/m^2	6		40
	2mm~5mm　≤		6		40
	>5mm，≤8mm　≤		不应有		2
	>8mm		不应有		
尘埃度	总数　≤	个/m^2	20		50
	0.2mm^2~1.0mm^2　≤		20		50
	>1.0mm^2，≤2.0mm^2　≤		1		4
	>2.0mm^2		不应有		
交货水分　≤		%	9.0		

[a]印花、彩色和本色纸巾纸不考核亮度(白度)。

[b]纸餐巾不考核柔软度。

4.2 纸巾纸内装量应符合 JJF 1070—2005 中表 3 计数定量包装商品标注净含量的规定。当内装量 Q_n 小于等于 50 时，不允许出现短缺量；当 Q_n 大于 50 时，短缺量应小于 $Q_n \times 1\%$，结果取整数，如果出现小数，就将该小数进位到下一紧邻的整数。

4.3 纸巾纸一般为平板或平切折叠。其规格应符合合同规定，规格尺寸偏差应不超过标称值 ±5mm，偏斜度应不超过 3mm，或符合合同规定。

4.4 纸巾纸可压花、印花，也可生产各种颜色的纸巾纸，但不应使用有害染料。

4.5 纸巾纸应洁净，皱纹应均匀细腻。不应有明显的死褶、残缺、破损、沙子、硬质块、生浆团等纸病。

4.6 纸巾纸不应有掉粉、掉毛现象，彩色纸巾纸浸水后不应有脱色现象。

4.7 纸巾纸不得使用有毒有害原料。纸巾纸应使用木材、草类、竹子等原生纤维原料，不得使用任何回收纸、纸张印刷品、纸制品及其他回收纤维状物质作原料，不得使用脱墨剂。

4.8 纸巾纸卫生指标应符合 GB 15979 的规定。

5 试验方法

5.1 试样的采取和处理

试样的采取按 GB/T 450 进行，试样的处理和试验的标准大气条件按 GB/T 10739 进行。

5.2 定量

定量按 GB/T 24328.5 测定，以单层表示结果。

5.3 亮度(白度)

亮度(白度)按 GB/T 7974 测定。

5.4 可迁移性荧光增白剂

将试样置于紫外灯下，在波长 254nm 和 365nm 的紫外光下检测是否有荧光现象。若试样在紫外灯下无荧光现象，则判定无可迁移性荧光增白剂。若试样有荧光现象，则按 GB/T 27741—2011 中第 5 章进行可迁移性荧光增白剂测定。

5.5 灰分

灰分按 GB/T 742 测定，灼烧温度为 575℃。

5.6 横向吸液高度

横向吸液高度按 GB/T 461.1 测定，测定时间为 100s，按成品层数测定。

5.7 横向抗张指数

横向抗张指数按 GB/T 12914—2008 中恒速拉伸法测定。试样宽度为 15mm，夹距为 100mm，单层、双层或多层试样按成品层数测定，然后换算成单层测定值。

5.8 纵向湿抗张强度

纵向湿抗张强度按 GB/T 12914—2008 中恒速拉伸法和 GB/T 465.2 测定。试样宽度为 15mm，夹距为 100mm，按成品层数测定。测定前应先进行预处理，将试样放在(105±2)℃烘箱中烘 15min，取出后在 GB/T 10739 规定的大气条件下平衡至少 1h 再进行测定。测定时将试样夹于卧式拉力机上，使试样保持伸直但不受力。用胶头滴管向试样中心位置连续滴加两滴水(约 0.1mL)，胶头滴管的出水口与试样垂直距离约 1cm，滴水的同时开始计时，5s 后用三层 102 型-中速定性滤纸(单层试样应使用四层定性滤纸)轻触试样下方 3s~4s，以吸除试样表面多余水分，定性滤纸不可重复使用。吸干后立即启动拉力机，整个操作(滴水至拉伸试验结束)宜在 35s(其中拉伸时间应不少于 5s)内完成。取 10 个有效测定值，计算其平均值，结果以单层测定值表示。

5.9 柔软度

柔软度按 GB/T 8942 测定，狭缝宽 5mm，试样裁切成 100mm×100mm，如果试样尺寸未达到 100mm，应换算成 100mm 报出结果。纸巾纸应按成品层进行测定，无论是压花或未压花的试样，都应揭开分层后再重叠进行测定，同一样品纵横向各测定至少 6 个试样，以纵横向平均值报出测定结果。对于压花或折叠的样品，切样及测定时应尽量避开压花或已折叠部位，但如果保证试样尺寸和避开压花或折痕两者存在冲突时，应优先考虑保证试样尺寸。

注 1：如果试样尺寸未达到 100mm，则柔软度换算方法如下：

纵向柔软度=实测纵向柔软度×100mm/试样横向尺寸；

横向柔软度=实测横向柔软度×100mm/试样纵向尺寸。

注 2：纵向柔软度测定时试样的纵向与狭缝的方向垂直，横向柔软度测定时试样的纵向与狭缝的方向平行。

5.10 洞眼

用双手拿住单层试样的两角迎光观测，数取规定范围内的洞眼个数，双层或多层试样每层均测。每个试样的测定面积应不少于 0.5m²，然后换算成每平方米的洞眼数。如果出现大于 5mm 的洞眼，测定面积应不小于 1m²。

5.11 尘埃度

尘埃度按 GB/T 1541—1989 测定，只测上下表面层朝外的一面。

5.12 交货水分

交货水分按 GB/T 462 测定。

5.13 内装量

内装量按 JJF 1070—2005 附录 G 中 G.4 进行测定。测定时应去除外包装，目测计数。

5.14 尺寸及偏斜度

尺寸及偏斜度按 GB/T 451.1。

5.15 外观质量

外观质量采用目测。

5.16 卫生指标

卫生指标按 GB 15979 测定。

6 检验规则

6.1 生产厂应保证所生产的产品符合本标准或合同规定，相同原料、相同工艺、相同规格的同类产品一次交货数量为一批，每批产品应附产品合格证。

6.2 卫生指标不合格，则判定该批是不可接收的。

6.3 计数抽样检验程序按 GB/T 2828.1 规定进行。纸巾纸样本单位为箱或件。接收质量限(AQL)：可迁移性荧光增白剂、灰分、横向吸液高度、横向抗张指数、纵向湿抗张强度、柔软度 AQL=4.0，定量、亮度(白度)、洞眼、尘埃度、交货水分、内装量、尺寸及偏斜度、外观质量 AQL=6.5。抽样方案采用正常检验二次抽样方案，检查水平为特殊检查水平 S-3，见表 2。

表 2

批量/箱或件	正常检验二次抽样方案 特殊检查水平 S-3				
	样本量	AQL=4.0		AQL=6.5	
		Ac	Re	Ac	Re
2~50	2	—	—	0	1
	3	0	1	—	—
51~150	3	0	1	—	—
	5	—	—	0	2
	5(10)	—	—	1	2
151~500	5	—	—	0	2
	5(10)	—	—	1	2
	8	0	2	—	—
	8(16)	1	2	—	—
501~3 200	8	0	2	0	3
	8(16)	1	2	3	4
3 201~35 000	13	0	3	1	3
	13(26)	3	4	4	5

6.4 可接收性的确定：第一次检验的样品数量应等于该方案给出的第一样本量。如果第一样本中发现的不合格品数小于或等于第一接收数，应认为该批是可接收的；如果第一样本中发现的不合格品数大于或等于第一拒收数，应认为该批是不可接收的。如果第一样本中发现的不合格品数介于第一接收数与第一拒收数之间，应检验由方案给出样本量的第二样本并累计在第一样本和第二样本中发现的不合格品数。如果不合格品累计数小于或等于第二接收数，则判定该批是可接收的；如果不合格品累计数

大于或等于第二拒收数，则判定该批是不可接收的。

6.5 需方若对产品质量持有异议，应在到货后三个月内通知供方共同复验，或委托共同商定的检验机构进行复验。复验结果若不符合本标准或合同的规定，则判为该批不可接收，由供方负责处理；若符合本标准或合同的规定，则判为该批可接收，由需方负责处理。

7 标志、包装

7.1 产品销售包装标识

产品标识至少应包括以下内容：

——产品名称、商标；

——产品标准编号；

——产品主要原料；

——生产日期(或编号)和保质期，或生产批号和限用日期；

——超柔型产品应标明产品类型，普通型产品可不标明产品类型；

——产品规格；

——产品数量(片数或组数或抽数或张数)；

——产品质量等级和产品合格标识；

——生产企业(或产品责任单位)名称、详细地址等。

7.2 产品运输包装标识

运输包装标识应至少包括以下内容：

——产品名称、商标；

——生产企业(或产品责任单位)名称、地址等；

——产品数量；

——包装储运图形标志。

7.3 包装

7.3.1 纸巾纸包装应防尘、防潮和防霉等。

7.3.2 直接与产品接触的包装材料应无毒、无害、清洁。产品包装应完好，包装材料应具有足够的密封性和牢固性，以达到保证产品在正常的运输与贮存条件下不受污染的目的。

8 运输和贮存

8.1 运输时应采用洁净的运输工具，防止成品污染。

8.2 应存放于干燥、通风、洁净的地方妥善保管，防止雨、雪及潮湿侵入产品，影响质量。

8.3 搬运时应注意包装完整，不应从高处抛下，以防损坏外包装。

8.4 凡出厂的产品因运输、保管不妥造成产品损坏或变质的，应由责任方负责。损坏或变质的纸巾纸不应出售。

本色生活用纸(QB/T 4509—2013)

2013-12-01 实施

1 范围

本标准规定了本色生活用纸的术语和定义、分类、要求、试验方法、检验规则和标志、包装、运输、贮存。

本标准适用于日常生活所用的由100%本色原生纤维浆生产的各种生活用纸，如本色卫生纸、本色纸巾纸、本色擦手纸等。

2 规范性引用文件

下列文件对于本文件的应用是必不可少的。凡是注日期的引用文件，仅注日期的版本适用于本文件。凡是不注日期的引用文件，其最新版本(包括所有的修改单)适用于本文件。

GB/T 450 纸和纸板 试样的采取及试样纵横向、正反面的测定(GB/T 450—2008，ISO 186：2002，MOD)

GB/T 451.1 纸和纸板尺寸及偏斜度的测定

GB/T 461.1 纸和纸板毛细吸液高度的测定(克列姆法)(GB/T 461.1—2002，ISO 8787：1989，IDT)

GB/T 462 纸、纸板和纸浆 分析试样水分的测定(GB/T 462—2008，ISO 287：1985，ISO 683：1987，MOD)

GB/T 465.2 纸和纸板 浸水后抗张强度的测定（GB/T 465.2—2008，ISO 3781：1983，MOD)

GB/T 742 造纸原料、纸浆、纸和纸板 灰分的测定(GB/T 742—2008，ISO 2144：1997，MOD)

GB/T 1541—2007 纸和纸板尘埃度的测定法

GB/T 2828.1 计数抽样检验程序 第1部分：按接收质量限(AQL)检索的逐批检验抽样计划(GB/T 2828.1—2012，ISO 2859-1：1999，IDT)

GB/T 7974 纸、纸板和纸浆亮度(白度)测定 漫射/垂直法

GB/T 8942 纸柔软度的测定

GB/T 10739 纸、纸板和纸浆试样处理和试验的标准大气条件

GB/T 12914—2008 纸和纸板 抗张强度的测定(ISO 1924-1：1992，ISO 1924-2：1994，MOD)

GB 15979 一次性使用卫生用品卫生标准

GB 20810 卫生纸(含卫生纸原纸)

GB/T 24328.5 卫生纸及其制品 第5部分：定量的测定(GB/T 24328.5—2009，ISO 12625-6：2005，MOD)

GB/T 24455 擦手纸

JJF 1070—2005 定量包装商品净含量计量检验规则

3 术语和定义

下列术语和定义适用于本文件。

3.1 本色原生纤维浆 natural color native fiber pulp

由100%植物原生纤维作原料，通过制浆过程生产出来的本色纸浆。

3.2 本色生活用纸 natural color tissue paper

由100%本色原生纤维浆生产的日常生活所用的各种生活用纸。

4 分类

4.1 本色生活用纸分为本色卫生纸、本色纸巾纸、本色擦手纸等。

4.2 本色生活用纸可为卷纸、盘纸、平板纸、平切折叠或抽取式本色生活用纸。

4.3 本色生活用纸可为单层、双层或多层。

5 要求

5.1 技术指标

本色卫生纸、本色纸巾纸、本色擦手纸的技术指标应符合表1或合同规定。

表 1

指标		单位	要求		
			本色卫生纸	本色纸巾纸	本色擦手纸
定量		g/m^2	12.0±1.0 14.0±1.0 16.0±1.0 18.0±1.0 20.0±1.0 22.0±1.0 24.0±2.0 28.0±2.0 33.0±3.0 39.0±3.0 45.0±3.0	10.0±1.0 12.0±1.0 14.0±1.0 16.0±1.0 18.0±1.0 20.0±1.0 23.0±2.0 27.0±2.0 31.0±2.0	16.0±1.0 18.0±1.0 22.0±2.0 26.0±2.0 30.0±2.0 35.0±3.0 41.0±3.0 47.0±3.0 53.0±3.0
亮度 ≤		%	55.0		
荧光性物质		—	合格		
灰分 ≤		%	6.0		
横向吸液高度 ≥	单层	mm/100s	20	15	
	双层或多层		30		
抗张指数 ≥	纵向	N·m/g	4.50	—	—
	横向	N·m/g	2.00	1.50	3.00
纵向湿抗张强度 ≥		N/m	—	10.0	60.0
柔软度(纵横向平均/成品层) ≤		mN	450	220	—
洞眼	总数 ≤	个/m^2	20	20	10
	2mm~5mm ≤		20	20	10
	5mm~8mm ≤		2	2	1
	>8mm		不应有		
尘埃度	总数 ≤	个/m^2	100	50	100
	0.2mm^2~1.0mm^2 ≤		100	50	100
	1.0mm^2~2.0mm^2 ≤		20	4	2
	>2.0mm^2		不应有		
交货水分 ≤		%	9.0		

5.2 规格

5.2.1 卷纸和盘纸的宽度、卷重(或节数),平板纸、平切折叠纸的长、宽、包装质量(或张数),抽取式本色生活用纸的规格尺寸、抽数应按合同要求生产或符合明示要求。

5.2.2 卷纸和盘纸的宽度偏差应不超过±3mm,节距尺寸偏差不应超过±5mm,偏斜度不应超过 3mm;平切纸、平切折叠纸和抽取式纸的规格尺寸偏差不应超过±5mm,偏斜度不应超过 3mm。

5.2.3 以质量定量包装的产品,允许短缺量应符合 JJF 1070—2005 中表 3 质量或体积定量包装商品标注净含量的规定。

5.2.4 以计数定量包装的产品,允许短缺量应符合 JJF 1070—2005 中表 3 计数定量包装商品标注净含量的规定。

5.3 外观

本色生活用纸纸面应洁净,皱纹应均匀。不应有明显的死褶、残缺、破损、沙子、硬质块、生浆团等纸病。不应有明显掉粉、掉毛现象。同批本色生活用纸色泽应基本一致,不应有明显色差。

5.4 原材料

本色生活用纸应 100%使用本色原生纤维浆,生产过程不应添加染料、颜料,不应使用有毒有害原料。

5.5 卫生指标

本色纸巾纸卫生指标应符合 GB 15979 的相关规定；本色卫生纸微生物指标应符合 GB 20810 相关规定；本色擦手纸微生物指标应符合 GB/T 24455 相关规定。

6 试验方法

6.1 试样的采取和处理

试样的采取按 GB/T 450 进行，试样的处理和试验的标准大气条件按 GB/T 10739 进行。

6.2 定量

定量按 GB/T 24328.5 进行测定，以单层表示结果。

6.3 亮度

亮度按 GB/T 7974 进行测定。

6.4 荧光性物质

任取一叠试样，置于波长 365nm 和 254nm 紫外灯下，观察试样表面是否有荧光现象。若试样无荧光现象，则判为荧光性物质合格，否则判为不合格。

注 1：从不同部位取样，保证所取试样具有代表性。

注 2：孤立、单个荧光点不作为判定依据。

6.5 灰分

灰分按 GB/T 742 进行测定，灼烧温度为 575℃。

6.6 横向吸液高度

横向吸液高度按 GB/T 461.1 进行测定，测定时间为 100s，按成品层数测定。

6.7 纵、横向抗张指数

纵、横向抗张指数按 GB/T 12914—2008 中恒速拉伸法进行测定。试样宽度为 15mm，夹距为 50mm（本色卫生纸）或 100mm（本色纸巾纸、本色擦手纸），单层、双层或多层试样按成品层数测定，然后换算成单层测定值。

6.8 纵向湿抗张强度

纵向湿抗张强度按 GB/T 12914—2008 中恒速拉伸法和 GB/T 465.2 进行测定。试样宽度为 15mm，夹距为 100mm，按成品层数测定。测定前应先进行预处理，将试样放在（105±2）℃烘箱中烘 15min，取出后在 GB/T 10739 规定的大气条件下平衡至少 1h 再进行测定。测定时将试样夹于卧式拉力机上，使试样保持伸直但不受力。用胶头滴管向试样中心位置连续滴加两滴水（约 0.1mL），胶头滴管的出水口与试样垂直距离约 1cm，滴水的同时开始计时，5s 后用三层 102 型-中速定性滤纸（单层试样应使用 4 层定性滤纸）轻触试样下方 3s~4s，以吸除试样表面多余水分，定性滤纸不可重复使用。吸干后立即启动拉力机，整个操作（滴水至拉伸试验结束）宜在 35s（其中拉伸时间应不少于 5s）内完成。取 10 个有效测定值，计算其平均值，结果以单层测定值表示。

6.9 柔软度

柔软度按 GB/T 8942 进行测定，狭缝宽 5mm，试样裁切成 100mm×100mm，如果试样尺寸未达到 100mm，应换算成 100mm 报出结果。本色生活用纸应按成品层进行测定，无论是压花或未压花的试样，都应揭开分层后再重叠进行测定，同一样品纵横向各测定至少 6 个试样，以纵横向平均值报出测定结果。对于压花或折叠的样品，切样及测定时应尽量避开压花或已折叠部位，但如果保证试样尺寸和避开压花或折痕两者存在冲突，本色纸巾纸优先考虑保证试样尺寸，本色卫生纸优先考虑避开压花或折痕。

注 1：如果试样尺寸未达到 100mm，则柔软度换算方法如下：

纵向柔软度=实测纵向柔软度×100mm/试样横向尺寸；

横向柔软度=实测横向柔软度×100mm/试样纵向尺寸。

注 2：纵向柔软度测定时试样的纵向与狭缝的方向垂直，横向柔软度测定时试样的纵向与狭缝的方向平行。

6.10 洞眼

用双手拿住单层试样的两角迎光观测，数取规定范围内的洞眼个数，对于双层或多层试样，本色卫生纸只测上下表层，本色纸巾纸和本色擦手纸每层均测。每个试样的测定面积不应少于 0.5m^2，然后换算成每平方米的洞眼数。如果出现大于 5mm 的洞眼，测定面积不应小于 1m^2。

6.11 尘埃度

尘埃度的测定按 GB/T 1541—2007 进行，双层或多层的只测上下表层朝外的一面，每个样品的测试面积不应少于 0.5m^2。纤维性杂质不作为尘埃计数。

6.12 交货水分

交货水分按 GB/T 462 进行测定。

6.13 净含量

以质量单位标注净含量的产品按 JJF 1070—2005 附录 C 中 C.1 进行测定，测定时去皮、去芯；以计数标注净含量的产品按 JJF 1070—2005 附录 G 中 G.4 进行测定，测定时去除外包装，目测计数。

6.14 尺寸偏差及偏斜度

6.14.1 尺寸偏差

6.14.1.1 平切纸和抽取式纸尺寸偏差的计算：从任一包装中取 10 张试样，测量每张试样的长度和宽度，并分别计算平均值，以平均值减去标称值来表示尺寸偏差，结果修约至整数。

6.14.1.2 卷纸和盘纸宽度偏差的计算：每个样品取 3 个试样测定，以 3 个试样的平均宽度值减去标称值来表示宽度偏差，结果修约至整数。

6.14.1.3 卷纸和盘纸节距偏差的计算：任取 1 卷(盘)试样，去除前 15 节后，连续取 10 节，测定每节的尺寸，用 10 节的平均值减去标称值来表示该试样节距偏差，结果修约至整数。

6.14.2 偏斜度

偏斜度按 GB/T 451.1 进行测定。

6.15 外观质量

外观质量采用目测检查。

6.16 卫生指标

本色纸巾纸卫生指标按 GB 15979 进行测定；本色卫生纸微生物指标按 GB 20810 相关方法进行测定；本色擦手纸微生物指标按 GB/T 24455 相关方法进行测定。

7 检验规则

7.1 生产厂应保证所生产的产品符合本标准或合同规定，相同原料、相同工艺、相同规格的同类产品一次交货数量为一批，每批产品应附产品合格证。

7.2 卫生指标不合格，则判定该批是不可接收的。

7.3 计数抽样检验程序按 GB/T 2828.1 的规定进行。本色生活用纸样本单位为箱或件。接收质量限(AQL)：荧光性物质、亮度、灰分、横向吸液高度、纵横向抗张指数、纵向湿抗张强度、柔软度的 AQL 为 4.0，定量、洞眼、尘埃度、交货水分、规格、尺寸及偏斜度、外观质量 AQL 为 6.5。抽样方案采用正常检验二次抽样方案，检验水平为特殊检验水平 S-3。见表 2。

表 2

批量/(箱或件)	抽样方案				
	正常检验二次抽样方案　特殊检验水平 S-3				
	样本量	AQL=4.0		AQL=6.5	
		Ac	Re	Ac	Re
2~50	2	—	—	0	1
	3	0	1	—	—

续表

批量/(箱或件)	抽样方案				
	正常检验二次抽样方案　特殊检验水平 S-3				
	样本量	AQL=4.0		AQL=6.5	
		Ac	Re	Ac	Re
51~150	3	0	1	—	—
	5 5(10)	— —	— —	0 1	2 2
151~500	5 5(10)	— —	— —	0 1	2 2
	8 8(16)	0 1	2 2	— —	— —
501~3 200	8 8(16)	0 1	2 2	0 3	3 4
3 201~35 000	13 13(26)	0 3	3 4	1 4	3 5

7.4　可接收性的确定：第一次检验的样品数量应等于该方案给出的第一样本量。如果第一样本中发现的不合格品数小于或等于第一接收数，应认为该批是可接收的；如果第一样本中发现的不合格品数大于或等于第一拒收数，应认为该批是不可接收的。如果第一样本中发现的不合格品数介于第一接收数与第一拒收数之间，应检验由方案给出样本量的第二样本并累计在第一样本和第二样本中发现的不合格品数。如果不合格品累计数小于或等于第二接收数，则判定批是可接收的；如果不合格品累计数大于或等于第二拒收数，则判定该批是不可接收的。

7.5　需方若对产品质量持有异议，应在到货后 3 个月内通知供方共同复验，或委托共同商定的检验机构进行复验。复验结果若不符合本标准或合同的规定，则判为该批不可接收，由供方负责处理；若符合本标准或合同的规定，则判为该批可接收，由需方负责处理。

8　标志、包装、运输、贮存

8.1　标志

8.1.1　产品运输包装标志

至少应包括以下内容：

——产品名称、商标；

——生产企业(或产品责任单位)名称、地址等；

——产品数量；

——包装储运图形标志。

8.1.2　产品销售包装标志

至少应包括以下内容：

——产品名称、商标；

——产品标准编号；

——产品主要原料；

——生产日期(或编号)和保质期，或生产批号和限用日期；

——产品规格；

——产品数(质)量；

——产品合格标识；

——生产企业(或产品责任单位)名称、详细地址等。

8.3 包装

8.3.1 本色生活用纸包装应防尘、防潮和防霉等。

8.3.2 直接与产品接触的包装材料应无毒、无害、清洁。产品包装应完好，包装材料应具有足够的密封性和牢固性，以达到保证产品在正常的运输与贮存条件下不受污染的目的。

8.4 运输

8.4.1 搬运时应注意包装完整，不应从高处抛下，以防损坏外包装。

8.4.2 运输时应采用洁净的运输工具，防止成品污染。

8.5 贮存

8.5.1 应存放于干燥、通风、洁净的地方，妥善保管，防止雨、雪及潮湿侵入产品，影响质量。

8.5.2 凡出厂的产品因运输、保管不妥造成产品损坏或变质的，应由责任方负责。损坏或变质的本色生活用纸不应出售。

擦手纸(GB/T 24455—2009)

2010-03-01 实施

1 范围

本标准规定了擦手纸的产品分类、技术要求、试验方法、检验规则及标志、包装、运输、贮存。

本标准适用于人们日常生活使用的擦手纸。

2 规范性引用文件

下列文件中的条款通过本标准的引用而成为本标准的条款。凡是注日期的引用文件，其随后所有的修改单(不包括勘误的内容)或修订版均不适用于本标准，然而，鼓励根据本标准达成协议的各方研究是否可使用这些文件的最新版本。凡是不注日期的引用文件，其最新版本适用于本标准。

GB/T 450 纸和纸板 试样的采取及试样纵横向、正反面的测定(GB/T 450—2008，ISO 186：2002，MOD)

GB/T 451.2 纸和纸板定量的测定(GB/T 451.2—2002，eqv ISO 536：1995)

GB/T 461.1 纸和纸板毛细吸液高度的测定(克列姆法)(GB/T 461.1—2002，idt ISO 8787：1986)

GB/T 462 纸、纸板和纸浆 分析试样水分的测定(GB/T 462—2008；ISO 287：1985，MOD；ISO 638：1978，MOD)

GB/T 465.2 纸和纸板 浸水后抗张强度的测定(GB/T 465.2—2008，ISO 3781：1983，MOD)

GB/T 1541 纸和纸板 尘埃度的测定

GB/T 2828.1 计数抽样检验程序 第1部分：按接收质量限(AQL)检索的逐批检验抽样计划(GB/T 2828.1—2003，ISO 2859-1：1999，IDT)

GB/T 7974 纸、纸板和纸浆亮度(白度)的测定 漫射/垂直法(GB/T 7974—2002，neq ISO 2470：1999)

GB/T 10739 纸、纸板和纸浆试样处理和试验的标准大气条件(GB/T 10739—2002，eqv ISO 187：1990)

GB/T 12914 纸和纸板 抗张强度的测定(GB/T 12914—2008，ISO 1924-1：1992，MOD；ISO 1924-2：1992，MOD)

3 产品分类

3.1 擦手纸可分为卷纸、盘纸、平切纸和抽取纸。

3.2 擦手纸可分为压花、印花、不压花、不印花。

3.3 擦手纸可分为单层、双层或多层。

4 技术要求

4.1 擦手纸技术指标应符合表1或订货合同的规定。

表1 擦手纸技术指标

指标名称			单位	规定
定量			g/m^2	22.0±2.0　26.0±2.0　30.0±2.0　35.0±3.0 41.0±3.0　47.0±3.0　53.0±3.0
亮度(白度)		≤	%	88.0
横向吸液高度(成品层)		≥	mm/100s	15/单层，30/双层或多层
横向抗张指数 ≥	≤40.0g/m^2		N·m/g	3.0
	>40.0g/m^2			5.0
纵向湿抗张指数 ≥	≤40.0g/m^2		N·m/g	1.5
	>40.0g/m^2			3.0
洞眼	总数	≤	个/m^2	10
	2mm~5mm	≤		10
	>5mm，≤8mm	≤		1
	>8mm			不应有
尘埃度	总数	≤	个/m^2	100
	0.2mm^2~1.0mm^2	≤		100
	>1.0mm^2，≤2.0mm^2	≤		2
	>2.0mm^2			不应有
交货水分		≤	%	10.0

注：印花擦手纸不考核亮度指标。

4.2 擦手纸微生物指标应符合表2的规定。

表2 擦手纸微生物指标

指标名称	单 位	规 定
细菌菌落总数	CFU/g	≤600
大肠菌群	—	不得检出
金黄色葡萄球菌	—	不得检出
溶血性链球菌	—	不得检出

4.3 擦手纸的卷纸和盘纸的宽度、节距、卷重(长度或节数)，平切纸的长、宽、包装质量(或张数)，抽取纸的规格尺寸、抽数等应按合同规定生产。卷纸和盘纸的宽度、节距尺寸偏差应不超过±5mm；平切纸和抽取纸的规格尺寸偏差应不超过±5mm，偏斜度应不超过3mm；卷纸、盘纸、平切纸、抽取纸的包装数量(长度、节数、张数或抽数)偏差应不小于-2.0%。

4.4 擦手纸起皱后的皱纹应均匀，纸面应洁净，不应有明显的死褶、残缺、破损、沙子、硬质块、生浆团等纸病。

4.5 擦手纸不应含有毒有害物质。

4.6 擦手纸不应有掉粉、掉毛现象，印花擦手纸浸水后不应有掉色现象。

5 试验方法

5.1 试样的采取和处理

试样的采取和处理按 GB/T 450 和 GB/T 10739 的规定进行。

5.2 定量

定量按 GB/T 451.2 测定，以单层表示结果。

5.3 亮度(白度)

亮度(白度)按 GB/T 7974 测定。

5.4 横向吸液高度

横向吸液高度按 GB/T 461.1 测定，按成品层数测定。

5.5 横向抗张指数

横向抗张指数按 GB/T 12914 测定，仲裁时按恒速拉伸法测定。夹距为 100mm，双层或多层试样，按成品层数测定，然后换算成单层的测定值。

5.6 湿抗张强度

纵向湿抗张强度按 GB/T 12914 和 GB/T 465.2 测定，仲裁时按 GB/T 12914 中恒速拉伸法和 GB/T 465.2 测定。夹距为 100mm，按成品层数测定，测定前应先进行预处理，将试样放在(105±2)℃烘箱中烘 15min。测定时将处理过的试样平放在滤纸上，用滴管在试样中间部位滴一滴水，水滴应扩散到试样的全宽，然后立即进行测定，以实测值换算成单层的测定值，取 10 个有效测定值，以纵向湿抗张强度的平均值表示结果。

5.7 洞眼

用双手持单层试样的两角，用肉眼迎光观测，按标准规定数出洞眼个数。双层或多层试样应每层都测，每个样品的测定面积应不少于 0.5m^2，然后换算成每平方米的洞眼数。如果出现大于 5mm 的洞眼，则应至少测定 1m^2 的试样。

5.8 尘埃度

尘埃度按 GB/T 1541 测定，双层或多层试样只测定上下表面层朝外的一面。

5.9 交货水分

交货水分按 GB/T 462 测定。

5.10 内装量偏差

取 1 个完整包装样品，数其实际数量，以实际数量与包装标志的数量之差占包装标志数量的百分比表示。同规格样品分别测定 3 个完整包装，以实际数量的最小值计算结果，准确至 0.1%。计算方法见式(1)。

$$\text{内装量偏差}=\frac{\text{实际数量}-\text{包装标志的数量}}{\text{包装标志的数量}}\times 100\% \qquad (1)$$

5.11 微生物指标

微生物指标按附录 A 测定。

5.12 外观

外观采用目测。

6 检验规则

6.1 擦手纸以一次交货的同一规格为一批，样本单位为箱。

6.2 擦手纸微生物指标不合格，则判定该批是不可接收的。

6.3 计数抽样检验程序按 GB/T 2828.1 规定进行。接收质量限(AQL)：横向吸液高度、横向抗张指数、纵向湿抗张强度为 4.0，定量、亮度(白度)、洞眼、尘埃度、交货水分、尺寸及偏斜度、外观为 6.5。采用正常检验二次抽样，检验水平为特殊检验水平 S-3，其抽样方案见表 3。

表 3　抽样方案

批量/箱	正常检验二次抽样方案　特殊检查水平 S-3				
	样本量	AQL=4.0		AQL=6.5	
		Ac	Re	Ac	Re
2~50	2	—	—	0	1
	3	0	1	—	—
51~150	3	0	1	—	—
	5	—	—	0	2
	5(10)	—	—	1	2
151~500	8	0	2	—	—
	8(16)	1	2	—	—
	5	—	—	0	2
	5(10)	—	—	1	2
501~3 200	8	0	2	0	3
	8(16)	1	2	3	4

6.4　可接收性的确定：第一次检验的样品数量应等于该方案给出的第一样本量。如果第一样本中发现的不合格品数小于或等于第一接收数，应认为该批是可接收的；如果第一样本中发现的不合格品数大于或等于第一拒收数，应认为该批是不可接收的。如果第一样本中发现的不合格品数介于第一接收数与第一拒收数之间，应检验由方案给出样本量的第二样本并累计在第一样本和第二样本中发现的不合格品数。如果不合格品累计数小于或等于第二接收数，则判定批是可接收的；如果不合格品累计数大于或等于第二拒收数，则判定该批是不可接收的。

6.5　需方若对产品质量持有异议，应在到货后三个月内通知供方共同复验，或委托共同商定的检验部门进行复验。复验结果若不符合本标准或订货合同的规定，则判为该批不可接收，由供方负责处理；若符合本标准或订货合同的规定，则判为该批可接收，由需方负责处理。

7　标志、包装

7.1　产品销售包装标志

产品销售包装标志至少应包括以下内容：

——产品名称、商标；

——产品标准编号；

——生产日期和保质期，或生产批号和限用日期；

——产品的规格；

——产品数量（平切纸应标注包装质量或张数，抽取纸应标注张数或抽数，卷纸、盘纸应标注卷重或节数或长度）；

——产品合格标志（进口产品除外）；

——生产企业（或产品责任单位）名称、详细地址等。

7.2　产品运输包装标志

运输包装标志至少应包括以下内容：

——产品名称、商标；

——生产企业（或产品责任单位）名称、地址等；

——产品数量；

——包装储运图形标志。

7.3 包装

直接与产品接触的包装材料应无毒、无害、清洁。产品包装应完好，包装材料应具有足够的密封性以保证产品在正常的运输与贮存条件下不受污染。

8 运输、贮存

8.1 擦手纸运输时应采用洁净的运输工具，以防止产品受到污染。

8.2 擦手纸应存放于干燥、通风、洁净的地方并妥善保管，防止雨、雪及潮气侵入产品，影响质量。

8.3 搬运时应注意包装完整，不应将纸件从高处扔下，以防损坏外包装。

8.4 凡出厂的产品因运输、保管不善造成产品损坏或变质的，应由造成损失的一方赔偿损失，变质的擦手纸不应出售。

厨房纸巾(GB/T 26174—2010)

2011-06-01 实施

1 范围

本标准规定了厨房纸巾的产品分类、技术要求、试验方法、检验规则及标志和包装、运输和贮存。

本标准适用于清洁用的厨房纸巾。

2 规范性引用文件

下列文件中的条款通过本标准的引用而成为本标准的条款。凡是注日期的引用文件，其随后所有的修改单(不包括勘误的内容)或修订版均不适用于本标准，然而，鼓励根据本标准达成协议的各方研究是否可使用这些文件的最新版本。凡是不注日期的引用文件，其最新版本适用于本标准。

GB/T 450 纸和纸板 试样的采取及试样纵横向、正反面的测定(GB/T 450—2008，ISO 186：2002，MOD)

GB/T 451.1 纸和纸板尺寸及偏斜度的测定

GB/T 451.2 纸和纸板定量的测定(GB/T 451.2—2002，eqv ISO 536：1995)

GB/T 461.1 纸和纸板毛细吸液高度的测定(克列姆法)(GB/T 461.1—2002，idt ISO 8787：1986)

GB/T 462 纸、纸板和纸浆 分析试样水分的测定(GB/T 462—2008；ISO 287：1985，MOD；ISO 638：1978，MOD)

GB/T 465.2 纸和纸板 浸水后抗张强度的测定(GB/T 465.2—2008，ISO 3781：1983，MOD)

GB/T 1541 纸和纸板 尘埃度的测定

GB/T 2828.1 计数抽样检验程序 第1部分：按接收质量限(AQL)检索的逐批检验抽样计划(GB/T 2828.1—2003，ISO 2859-1：1999，IDT)

GB/T 7974 纸、纸板和纸浆亮度(白度)的测定 漫射/垂直法(GB/T 7974—2002，neq ISO 2470：1999)

GB/T 8942 纸柔软度的测定

GB/T 10739 纸、纸板和纸浆试样处理和试验的标准大气条件(GB/T 10739—2002，eqv ISO 187：1990)

GB/T 12914 纸和纸板 抗张强度的测定(GB/T 12914—2008；ISO 1924-1：1992，MOD；ISO 1924-2：1994，MOD)

3 产品分类

3.1 厨房纸巾可分为卷纸、盘纸、平切纸和抽取纸。

3.2 厨房纸巾可分为压花、印花、不压花、不印花。

3.3 厨房纸巾可分为单层、双层或多层。

4 技术要求

4.1 厨房纸巾的技术指标应符合表1或订货合同的规定。

表1 厨房纸巾技术指标

<table>
<tr><th colspan="2">指标名称</th><th>单 位</th><th>规 定</th></tr>
<tr><td colspan="2">定量</td><td>g/m^2</td><td>16.0±1.0 18.0±1.0 20.0±1.0 23.0±2.0 27.0±2.0
31.0±2.0 35.0±2.0 39.0±2.0 44.0±3.0 50.0±3.0</td></tr>
<tr><td colspan="2">亮度(白度)</td><td>%</td><td>80.0~90.0</td></tr>
<tr><td rowspan="2">横向吸液高度 ≥</td><td>单层产品</td><td rowspan="2">mm/100s</td><td>15</td></tr>
<tr><td>双层、多层产品</td><td>20</td></tr>
<tr><td rowspan="2">横向抗张指数 ≥</td><td>≤40.0g/m^2</td><td rowspan="2">N·m/g</td><td>2.5</td></tr>
<tr><td>>40.0g/m^2</td><td>3.0</td></tr>
<tr><td rowspan="2">纵向湿抗张指数 ≥</td><td>≤40.0g/m^2</td><td rowspan="2">N·m/g</td><td>1.5</td></tr>
<tr><td>>40.0g/m^2</td><td>2.0</td></tr>
<tr><td rowspan="3">洞眼</td><td>总数 ≤</td><td rowspan="3">个/m^2</td><td>6</td></tr>
<tr><td>2mm~5mm ≤</td><td>6</td></tr>
<tr><td>>5mm</td><td>不应有</td></tr>
<tr><td rowspan="4">尘埃度</td><td>总数 ≤</td><td rowspan="4">个/m^2</td><td>20</td></tr>
<tr><td>0.2mm^2~1.0mm^2 ≤</td><td>20</td></tr>
<tr><td>大于1.0mm^2~2.0mm^2 ≤</td><td>1</td></tr>
<tr><td>大于2.0mm^2</td><td>不应有</td></tr>
<tr><td colspan="2">交货水分 ≤</td><td>%</td><td>10.0</td></tr>
</table>

注：印花和本色浆厨房纸巾不考核亮度指标。

4.2 厨房纸巾的微生物指标应符合表2的规定。

表2 厨房纸巾微生物指标

<table>
<tr><th colspan="2">指标名称</th><th>单 位</th><th>规 定</th></tr>
<tr><td colspan="2">细菌菌落总数</td><td>CFU/g</td><td>≤200</td></tr>
<tr><td colspan="2">大肠菌群</td><td>—</td><td>不得检出</td></tr>
<tr><td rowspan="3">致病性化脓菌</td><td>绿脓杆菌</td><td>—</td><td>不得检出</td></tr>
<tr><td>金黄色葡萄球菌</td><td>—</td><td>不得检出</td></tr>
<tr><td>溶血性链球菌</td><td>—</td><td>不得检出</td></tr>
<tr><td colspan="2">真菌菌落总数</td><td>CFU/g</td><td>≤100</td></tr>
</table>

4.3 厨房纸巾的卷纸和盘纸的宽度、节距、卷重(或长度、节数)，平切纸的长、宽、包装质量(或张数)，抽取纸的规格尺寸、抽数等应按合同规定生产。卷纸和盘纸的宽度、节距尺寸偏差应不超过±5mm；平切纸和抽取纸的规格尺寸偏差应不超过±5mm，偏斜度应不超过3mm；厨房纸巾数量(长度、节数、张数或抽数)偏差应不小于-2.0%，质量(卷重)偏差应不小于-4.5%。

注：根据标志内容，数量偏差和质量偏差两者选择其一即可。

4.4 厨房纸巾起皱后的皱纹应均匀，纸面应洁净，不应有明显的死褶、残缺、破损、沙子、硬质块、生浆团等纸病。

4.5 厨房纸巾不应有掉粉、掉毛现象。

4.6 厨房纸巾不应使用任何回收纸、纸张印刷品、纸制品及其他回收纤维状物质作原料。

5 试验方法

5.1 试样的采取和处理

试样的采取和处理按 GB/T 450 和 GB/T 10739 的规定进行。

5.2 定量

定量按 GB/T 451.2 测定，以单层表示结果。

5.3 亮度(白度)

亮度(白度)按 GB/T 7974 测定。

5.4 横向吸液高度

横向吸液高度按 GB/T 461.1 测定，按成品层数测定。

5.5 横向抗张指数

横向抗张指数按 GB/T 12914 测定，仲裁时按 GB/T 12914 中恒速拉伸法测定。夹距为 100mm，双层或多层试样按成品层数测定，然后换算成单层的测定值。

5.6 湿抗张强度

纵向湿抗张强度按 GB/T 465.2 和 GB/T 12914 测定，仲裁时按 GB/T 12914 中恒速拉伸法和 GB/T 465.2 测定。夹距为 100mm，按成品层数测定。测定时，按纵向切样。测定前应先进行预处理，将试样放在(105±2)℃烘箱中烘 15min，测定时将处理过的试样平放在滤纸上，用滴管在试样的中间部位滴一滴水，水滴应扩散到试样的全宽，然后立即进行测定，以实测值换算成单层的测定值，取 10 个有效测定值，以纵向湿抗张强度的平均值表示结果。

5.7 洞眼

用双手持单层试样的两角，用肉眼迎光观测，按标准规定数出洞眼个数。双层或多层试样应每层都测，每个样品的测定面积应不少于 0.5m^2，然后换算成每平方米的洞眼数，如果出现大于 5mm 的洞眼，则应至少测定 1m^2 的试样。

5.8 尘埃度

尘埃度按 GB/T 1541 测定，双层或多层试样只测定上下表面层朝外的一面。

5.9 交货水分

交货水分按 GB/T 462 测定。

5.10 数量(或质量)偏差

取 1 个完整包装，数其实际数量(长度、节数、张数、抽数)或称取质量(卷重)，以实际数量(或质量)与包装标志的数量(或质量)之差占包装标志数量(或质量)的百分比表示。同规格样品分别测定 3 个完整包装，以实际数量(质量)的最小值计算结果，准确至 0.1%。计算方法见式(1)。

$$\text{数量(或质量)偏差} = \frac{\text{实际数量(或质量)} - \text{包装标志的数量(或质量)}}{\text{包装标志的数量(或质量)}} \times 100\% \quad \cdots\cdots\cdots \quad (1)$$

5.11 微生物指标

微生物指标按附录 A 测定。

5.12 外观

外观采用目测。

6 检验规则

6.1 生产厂应保证所生产的厨房纸巾符合本标准或订货合同的规定，以一次交货数量为一批，每批产品应附产品合格证。

6.2 厨房纸巾的微生物指标不合格，则判定该批是不可接收的。

6.3 计数抽样检验程序按 GB/T 2828.1 规定进行，样本单位为箱。接收质量限(AQL)：横向吸液高度、横向抗张指数、纵向湿抗张指数为 4.0，定量、亮度(白度)、洞眼、尘埃度、交货水分、尺寸及偏斜度、外观、数量(或质量)偏差为 6.5。抽样方案采用正常检验二次抽样方案，检验水平为特殊检验水平 S-3。其抽样方案见表 3。

表 3 抽样方案

批量/箱	正常检验二次抽样方案 特殊检查水平 S-3				
	样本量	AQL=4.0		AQL=6.5	
		Ac	Re	Ac	Re
2~50	3	0	1	—	—
	2	—	—	0	1
51~150	3	0	1	—	—
	5	—	—	0	2
	5(10)	—	—	1	2
151~500	8	0	2	—	—
	8(16)	1	2	—	—
	5	—	—	0	2
	5(10)	—	—	1	2
501~3 200	8	0	2	0	3
	8(16)	1	2	3	4

6.4 可接收性的确定：第一次检验的样品数量应等于该方案给出的第一样本量。如果第一样本中发现的不合格品数小于或等于第一接收数，应认为该批是可接收的；如果第一样本中发现的不合格品数大于或等于第一拒收数，应认为该批是不可接收的。如果第一样本中发现的不合格品数介于第一接收数与第一拒收数之间，应检验由方案给出样本量的第二样本并累计在第一样本和第二样本中发现的不合格品数。如果不合格品累计数小于或等于第二接收数，则判定该批是可接收的；如果不合格品累计数大于或等于第二拒收数，则判定该批是不可接收的。

6.5 需方若对产品质量持有异议，应在到货后三个月内通知供方共同复验，或委托共同商定的检验部门进行复验。复验结果若不符合本标准或订货合同的规定，则判为该批不可接收，由供方负责处理；若符合本标准或订货合同的规定，则判为该批可接收，由需方负责处理。

7 标志和包装

7.1 产品销售包装标志

产品销售包装标志至少应包括以下内容：

——产品名称、商标；

——产品标准编号；

——生产日期和保质期，或生产批号和限用日期；

——产品的规格；

——产品数量(平切纸应标注包装质量或张数，抽取纸应标注张数或抽数，卷纸、盘纸应标注卷重或节数或长度)；

——产品合格标志(进口产品除外)；

——生产企业(或产品责任单位)名称、详细地址等。

7.2 产品运输包装标志

运输包装标志至少应包括以下内容：

——产品名称、商标；

——生产企业(或产品责任单位)名称、地址等;
——产品数量;
——包装储运图形标志。

7.3 包装

直接与产品接触的包装材料应无毒、无害、清洁。产品包装应完好，包装材料应具有足够的密封性，以保证产品在正常的运输与贮存条件下不受污染。

8 运输和贮存

8.1 厨房纸巾运输时应采用洁净的运输工具，防止产品受到污染。

8.2 厨房纸巾应存放于干燥、通风、洁净的地方，并妥善保管。应防止雨、雪及潮气侵入产品，影响质量。

8.3 搬运时应注意包装完整，不应将纸件从高处扔下，以防损坏外包装。

8.4 凡出厂的产品因运输、保管不善造成产品损坏或变质的，应由造成损失的一方赔偿损失，变质的厨房纸巾不应出售。

卫生用品用吸水衬纸(QB/T 4508—2013)

2013-12-01 实施

1 范围

本标准规定了卫生用品用吸水衬纸的要求、试验方法、检验规则和标志、包装、运输、贮存。

本标准适用于包覆卫生巾、卫生护垫、纸尿裤、纸尿片等卫生用品中绒毛浆和高分子吸水树脂用的吸水衬纸。

2 规范性引用文件

下列文件对于本文件的应用是必不可少的。凡是注日期的引用文件，仅注日期的版本适用于本文件。凡是不注日期的引用文件，其最新版本(包括所有的修改单)适用于本文件。

GB/T 450 纸和纸板 试样的采取及试样纵横向、正反面的测定(GB/T 450—2008, ISO 186:2002, MOD)

GB/T 451.1 纸和纸板尺寸及偏斜度的测定

GB/T 461.1 纸和纸板毛细吸液高度的测定（克列姆法)(GB/T 461.1—2002, ISO 8787:1989, IDT)

GB/T 462 纸、纸板和纸浆 分析试样水分的测定(GB/T 462—2008, ISO 287:1985, ISO 683:1987, MOD)

GB/T 465.2 纸和纸板 浸水后抗张强度的测定(GB/T 465.2—2008, ISO 3781:1983, MOD)

GB/T 1541—1989 纸和纸板尘埃度的测定

GB/T 1545—2008 纸、纸板和纸浆 水抽提液酸度或碱度的测定

GB/T 2828.1 计数抽样检验程序 第1部分:按接收质量限(AQL)检索的逐批检验抽样计划(GB/T 2828.1—2012, ISO 2859-1:1999, IDT)

GB/T 7974 纸、纸板和纸浆亮度(白度)测定 漫射/垂直法

GB/T 10342 纸张的包装和标志

GB/T 10739 纸、纸板和纸浆试样处理和试验的标准大气条件

GB/T 12914—2008 纸和纸板 抗张强度的测定

GB 15979 一次性使用卫生用品卫生标准

GB/T 24328.5 卫生纸及其制品 第5部分：定量的测定(GB/T 24328.5—2009，ISO 12625-6：2005，MOD)

3 要求

3.1 卫生用品用吸水衬纸技术指标应符合表1或合同规定。

表1

指标			单位	要求					
定量			g/m²	10.0±1.0	12.0±1.0	14.0±1.0	16.0±1.0	18.0±1.0	20.0±1.0
亮度(白度) ≤			%	90.0					
横向吸液高度 ≥			mm/100s	20					
抗张指数 ≥	纵向		N·m/g	12.0					
	横向			3.00					
纵向湿抗张强度 ≥			N/m	25.0					
纵向伸长率 ≥			%	20.0					
洞眼	总数 ≤		个/m²	4					
	1mm~2mm ≤			4					
	>2mm			不应有					
尘埃度	总数 ≤		个/m²	4					
	0.2mm²~1.0mm² ≤			4					
	>1.0mm²			不应有					
pH			—	4.0~8.0					
交货水分 ≤			%	9.0					

3.2 卫生用品用吸水衬纸的微生物指标应符合GB 15979的规定。

3.3 卫生用品用吸水衬纸为卷筒纸。卷筒纸的宽度应符合订货合同的规定，宽度偏差不应超过±2mm。

3.4 卫生用品用吸水衬纸应洁净，皱纹应均匀。不应有明显的死褶、残缺、破损、沙子、硬质块、生浆团等纸病。

3.5 卫生用品用吸水衬纸不应使用任何回收纸、纸张印刷品、纸制品及其他回收纤维状物质作原料。

4 试验方法

4.1 试样的采取和处理

试样的采取按GB/T 450进行，试样的处理和试验的标准大气条件按GB/T 10739进行。

4.2 尺寸偏差

尺寸偏差按GB/T 451.1进行测定。

4.3 定量

定量按GB/T 24328.5进行测定。

4.4 亮度(白度)

亮度(白度)按GB/T 7974进行测定。

4.5 横向吸液高度

横向吸液高度按GB/T 461.1进行测定，测定时间为100s。

4.6 抗张指数

抗张指数按GB/T 12914—2008中恒速拉伸法进行测定，试样宽度为15mm，夹距为100mm。

4.7 纵向湿抗张强度

纵向湿抗张强度按 GB/T 12914—2008 中恒速拉伸法和 GB/T 465.2 进行测定，试样宽度为 15mm，夹距为 100mm。测定前应先进行预处理，将试样放在(105±2)℃烘箱中烘 15min，取出后在 GB/T 10739 规定的大气条件下平衡至少 1h 再进行测定。测定时将试样夹于卧式拉力机上，使试样保持伸直但不受力。用胶头滴管向试样中心位置滴加 1 滴水(约 0.05mL)，胶头滴管的出水口与试样垂直距离约 1cm，滴水的同时开始计时，5s 后用 3 层 102 型-中速定性滤纸(单层试样应使用 4 层定性滤纸)轻触试样下方 3s~4s，以吸除试样表面多余水分，定性滤纸不可重复使用。吸干后立即启动拉力机，整个操作(滴水至拉伸试验结束)宜在 35s(其中拉伸时间应不少于 5s)内完成。取 10 个有效测定值，计算其平均值。

4.8 纵向伸长率

纵向伸长率按 GB/T 12914—2008 中恒速拉伸法进行测定，试样宽度为 15mm，夹距为 100mm。

4.9 洞眼

用双手拿住试样的两角迎光观测，数取规定范围内的洞眼个数。每个试样的测定面积不应少于 0.5m^2，然后换算成每平方米的洞眼数。

4.10 尘埃度

尘埃度按 GB/T 1541—1989 进行测定，每个试样的测定面积不应少于 0.5m^2，然后换算成每平方米的尘埃数。

4.11 pH

pH 按 GB/T 1545—2008 中 pH 计法进行测定，采用冷水抽提。

4.12 交货水分

交货水分按 GB/T 462 进行测定。

4.13 外观质量

外观质量采用目测。

4.14 微生物指标

微生物指标按 GB 15979 进行测定。

5 检验规则

5.1 生产厂应保证所生产的产品符合本标准或合同规定，相同原料、相同工艺、相同规格的同类产品一次交货数量为一批，每批产品应附产品合格证。

5.2 微生物指标不合格，则判定该批是不可接收的。

5.3 计数抽样检验程序按 GB/T 2828.1 规定进行。卫生用品用吸水衬纸样本单位为卷。接收质量限(AQL)：横向吸液高度、抗张指数、纵向伸长率、纵向湿抗张强度、pH 的 AQL 为 4.0，定量、亮度(白度)、洞眼、尘埃度、交货水分、尺寸偏差、外观质量的 AQL 为 6.5。抽样方案采用正常检验二次抽样方案，检验水平为特殊检验水平 S-2。见表 2。

表 2

批 量/卷	正常检验二次抽样方案　特殊检验水平 S-2				
	样本量	AQL=4.0		AQL=6.5	
		Ac	Re	Ac	Re
2~150	3	0	1	—	—
	2	—	—	0	1
151~500	3	0	1	—	—
	5	—	—	0	2
	5(10)	—	—	1	2

5.4 可接收性的确定：第一次检验的样品数量应等于该方案给出的第一样本量。如果第一样本中发现

的不合格品数小于或等于第一接收数，应认为该批是可接收的；如果第一样本中发现的不合格品数大于或等于第一拒收数，应认为该批是不可接收的。如果第一样本中发现的不合格品数介于第一接收数与第一拒收数之间，应检验由方案给出样本量的第二样本并累计在第一样本和第二样本中发现的不合格品数。如果不合格品累计数小于或等于第二接收数，则判定该批是可接收的；如果不合格品累计数大于或等于第二拒收数，则判定该批是不可接收的。

5.5 需方若对产品质量持有异议，应在到货后3个月内通知供方共同复验，或委托共同商定的检验机构进行复验。复验结果若不符合本标准或合同的规定，则判为该批不可接收，由供方负责处理；若符合本标准或合同的规定，则判为该批可接收，由需方负责处理。

6 标志、包装、运输、贮存

6.1 产品的标志和包装按GB/T 10342或订货合同的规定进行。

6.2 产品运输时，应使用具有防护措施的洁净的运输工具，不应与有污染性的物质共同运输。

6.3 产品在搬运过程中，应注意轻放，防雨、防潮，不应抛扔。

6.4 产品应妥善贮存于干燥、清洁、无毒、无异味、无污染的仓库内。

湿巾(GB/T 27728—2011)

2012-07-01 实施

1 范围

本标准规定了湿巾的分类、要求、试验方法、检验规则、标识和包装、运输和贮存等。

本标准适用于日常生活所用的由非织造布、无尘纸或其他原料制造的各种湿巾。

2 规范性引用文件

下列文件对于本文件的应用是必不可少的。凡是注日期的引用文件，仅注日期的版本适用于本文件。凡是不注日期的引用文件，其最新版本(包括所有的修改单)适用于本文件。

GB/T 1541—1989 纸和纸板尘埃度的测定法

GB/T 1545—2008 纸、纸板和纸浆 水抽提液酸度或碱度的测定

GB/T 2828.1 计数抽样检验程序 第1部分：按接收质量限(AQL)检索的逐批检验抽样计划

GB/T 4100—2006 陶瓷砖

GB/T 10739 纸、纸板和纸浆试样处理和试验的标准大气条件

GB/T 12914—2008 纸和纸板 抗张强度的测定

GB/T 15171 软包装件密封性能试验方法

GB 15979 一次性使用卫生用品卫生标准

JJF 1070—2005 定量包装商品净含量计量检验规则

3 术语和定义

下列术语和定义适用于本文件。

3.1 厨具用湿巾 wet wipes for kitchen

用于清洁厨房物体(如燃气灶、油烟机等)的湿巾。

3.2 卫具用湿巾 wet wipes for toilet

用于清洁卫生间物体(如洗手盆、马桶、浴缸等)的湿巾。

4 分类

湿巾分为人体用湿巾和物体用湿巾两大类。人体用湿巾包括普通湿巾和卫生湿巾；物体用湿巾包括厨具用湿巾、卫具用湿巾及其他用途湿巾。

5 要求

5.1 人体用湿巾、厨具用湿巾、卫具用湿巾的技术指标应符合表1或合同规定。

表 1

指标名称		单位	规定		
			人体用湿巾	厨具用湿巾	卫具用湿巾
偏差	长度 ≥	%	-10		
	宽度 ≥		-10		
含液量[a] ≥		倍	1.7		
横向抗张强度[b] ≥		N/m	8.0		
包装密封性能[c]		—	合格		
pH		—	3.5~8.5	—	—
去污力		—	—	合格	—
腐蚀性	金属腐蚀性	—	—	合格	—
	陶瓷腐蚀性	—	—	—	合格
可迁移性荧光增白剂		—	无	—	
尘埃度[b]	总数 ≤	个/m^2	20		
其中：	0.2mm^2~1.0mm^2 ≤		20		
	>1.0mm^2，≤2.0mm^2 ≤		1		
	>2.0mm^2		不应有		

[a]仅非织造布生产的湿巾考核含液量；

[b]非织造布生产的湿巾不考核横向抗张强度和尘埃度；

[c]仅软包装考核包装密封性。

5.2 湿巾内装量应符合 JJF 1070—2005 中表3计数定量包装商品标注净含量的规定。当内装量 Q_n 小于等于50时，不允许出现短缺量；当 Q_n 大于50时，短缺量应小于 $Q_n \times 1\%$，结果取整数，如果出现小数，就将该小数进位到下一紧邻的整数。

5.3 人体用湿巾卫生指标应符合 GB 15979 的规定，物体用湿巾微生物指标应符合 GB 15979 的规定。

5.4 湿巾不应有掉毛、掉屑现象。

5.5 湿巾不得使用有毒有害原料。人体用湿巾只可用原生纤维作原料，不得使用任何回收纤维状物质作原料。

6 试验方法

6.1 试样的处理

试样的处理按 GB/T 10739 进行。

6.2 长度、宽度偏差

6.2.1 长度偏差

将湿巾外包装从端口剪开，去除外包装，在无变形状态下连续取出湿巾，自然平放在玻璃板上，用直尺量取试样的长度，每种同规格的样品量6片，量准至1mm，计算6片试样的平均值与标称值之差与其标称值的百分比，即为该种样品长度偏差的测定结果，精确至1%。

6.2.2 宽度偏差

将湿巾外包装从端口剪开，去除外包装，在无变形状态下连续取出湿巾，自然平放在玻璃板上，用直尺量取试样的宽度，每种同规格的样品量6片，量准至1mm，计算6片试样的平均值与标称值之差与其标称值的百分比，即为该种样品宽度偏差的测定结果，精确至1%。

6.2.3 长度、宽度偏差的计算

湿巾的长度、宽度的偏差按式(1)计算：

$$偏差=\frac{平均值-标称值}{标称值}\times100\% \quad (1)$$

6.3 含液量

用镊子从一个完整湿巾包装的上、中、下3个位置分别取1片湿巾组成一个试样(单包内装量小于3片的样品，以单包实际片数抽取)，取样后立即以感量0.01g的天平称量。然后将试样用蒸馏水或去离子水漂洗至无泡沫后，将其置于(85±2)℃的烘箱内(烘试样时，不应使试样接触烘箱四壁)，烘4h取出，再次进行称量，两次称量值之差除以烘后的质量，即为该试样的含液量，以倍表示，计算方法按式(2)，结果修约保留至一位小数。

$$含液量=\frac{烘前质量-烘后质量}{烘后质量} \quad (2)$$

每个样品做3个试样，3个试样应分别来自不同的完整包装，以3个试样含液量的算术平均值作为该样品的含液量。

6.4 横向抗张强度

湿巾横向抗张强度按GB/T 12914—2008中恒速拉伸法测定，夹距为50mm，切样时应切取未受切刀压过的试样部分，切好试样后应立刻进行测定，取10个有效测定值，以单层横向抗张强度的平均值表示结果。

6.5 包装密封性能

包装密封性能按附录A测定。

6.6 pH

pH按GB/T 1545—2008中pH计法测定。测试液制备方法：戴着干净的塑料手套，将多片试样中的液体挤至50mL玻璃烧杯中，保证测试液体浸润测试电极。

6.7 去污力

去污力按附录B测定。

6.8 腐蚀性

腐蚀性按附录C测定。

6.9 可迁移性荧光增白剂

可迁移性荧光增白剂按附录D测定。

6.10 尘埃度

尘埃度按GB/T 1541—1989测定。

6.11 内装量

内装量按JJF 1070—2005附录G中G.4测定。测定时应去除外包装，目测计数。

6.12 外观质量

外观质量采用目测。

6.13 卫生指标

卫生指标按GB 15979测定。

7 检验规则

7.1 生产厂应保证所生产的产品符合本标准或合同的规定，以相同原料、相同工艺、相同规格的同类产品一次交货数量为一批，每批产品应附产品合格证。

7.2 卫生指标不合格，则判定该批是不可接收的。

7.3 计数抽样检验程序按 GB/T 2828.1 规定进行。湿巾样本单位为箱。接收质量限(AQL)：pH、可迁移性荧光增白剂 AQL=4.0，偏差(长度、宽度)、含液量、横向抗张强度、包装密封性能、去污力、腐蚀性、尘埃度、内装量、外观质量 AQL=6.5。抽样方案采用正常检验二次抽样方案，检查水平为特殊检查水平 S-3。见表 2。

表 2

批量/箱	正常检验二次抽样方案　特殊检查水平 S-3				
	样本量	AQL=4.0		AQL=6.5	
		Ac	Re	Ac	Re
2~50	2	—	—	0	1
	3	0	1	—	—
51~150	3	0	1	—	—
	5	—	—	0	2
	5(10)	—	—	1	2
151~500	5	—	—	0	2
	5(10)	—	—	1	2
	8	0	2	—	—
	8(16)	1	2	—	—
501~3 200	8	0	2	0	3
	8(16)	1	2	3	4
3 201~35 000	13	0	3	1	3
	13(26)	3	4	4	5

7.4 可接收性的确定：第一次检验的样品数量应等于该方案给出的第一样本量。如果第一样本中发现的不合格品数小于或等于第一接收数，应认为该批是可接收的；如果第一样本中发现的不合格品数大于或等于第一拒收数，应认为该批是不可接收的。如果第一样本中发现的不合格品数介于第一接收数与第一拒收数之间，应检验由方案给出样本量的第二样本并累计在第一样本和第二样本中发现的不合格品数。如果不合格品累计数小于或等于第二接收数，则判定批是可接收的；如果不合格品累计数大于或等于第二拒收数，则判定该批是不可接收的。

7.5 需方若对产品质量持有异议，应在到货后三个月内通知供方共同复验，或委托共同商定的检验机构进行复验。复验结果若不符合本标准或合同的规定，则判为该批不可接收，由供方负责处理；若符合本标准或合同的规定，则判为该批可接收，由需方负责处理。

8 标识和包装

8.1 产品销售包装标识

产品标识至少应包括以下内容：

——产品名称、商标；

——产品标准编号；

——主要成分；

——生产日期和保质期，或生产批号和限用日期；

——产品规格；

——产品数量(片数);
——产品合格标识;
——生产企业(或产品责任单位)名称、详细地址等。

8.2 产品运输包装标识

运输包装标识应至少包括以下内容:
——产品名称、商标;
——生产企业(或产品责任单位)名称、地址等;
——产品数量;
——包装储运图形标志。

8.3 包装

8.3.1 湿巾包装应防尘、防潮和防霉等。

8.3.2 直接与产品接触的包装材料应无毒、无害、清洁。产品包装应完好,包装材料应具有足够的密封性和牢固性,以达到保证产品在正常的运输与贮存条件下不受污染的目的。

9 运输和贮存

9.1 运输时应采用洁净的运输工具,防止成品污染。

9.2 应存放于干燥、通风、洁净的地方并妥善保管,防止雨、雪及潮湿侵入产品,影响质量。

9.3 搬运时应注意包装完整,不应从高处扔下,以防损坏外包装。

9.4 凡出厂的产品因运输、保管不妥造成产品损坏或变质的,应由责任方负责。损坏或变质的湿巾不应出售。

附录A
(规范性附录)
包装密封性能的测定

A.1 原理

通过对真空室抽真空,使浸在水中的试样产生内外压差,观测试样内气体外逸或水向内渗入情况,以此判定试样的包装密封性能。

A.2 试验装置

A.2.1 密封试验仪:符合GB/T 15171规定,带一真空罐(见图A.1),真空度可控制在0kPa~90kPa之间,真空精度为1级,真空保持时间在0.1min~60min之内。

A.2.2 压缩机:提供正压空气,气源压力应小于等于0.7MPa。

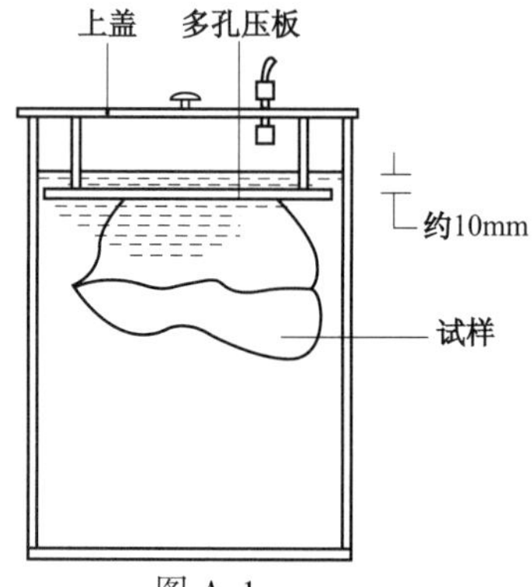

图A.1

A.3 试验样品

A.3.1 试样应是具有代表性的装有实际内装物或其模拟物的软包装件。

A.3.2 同一批(次)试验的样品应不少于3包。

A.4 试验步骤

A.4.1 打开真空罐,注入适量清水,注入量以放入试样扣妥上盖后,罐内水位高于多孔压板上侧10mm左右为宜。

A. 4. 2 打开压缩机和密封试验仪，接通正压空气，设置密封试验仪的试验参数：试验真空度为10kPa ±1kPa，真空保持时间为30s。

A. 4. 3 将试样放入真空罐，盖妥真空罐上盖后进行试验。

A. 4. 4 观测抽真空时和真空保持期间试样的泄漏情况，有无连续的气泡产生。单个孤立气泡不视为试样泄漏，外包装附属部件在试验过程中产生的气泡不视为泄漏。

注：只要能保证在试验期间可观察到所有试样的各个部位的泄漏情况，一次可测定2个或更多的试样。

A. 4. 5 试验停止后，打开密封盖，取出试样，将其表面的水擦净，开封检查试样内部是否有试验用水渗入。

A. 4. 6 重复A. 4. 3~A. 4. 5步骤，每个样品测定3个试样。

A. 5 试验结果评定

3个试样在抽真空和真空保持期间均无连续的气泡产生及开封检查时均无水渗入，则判该项目合格；若3个试样中有2个以上不合格，则判该项目不合格；若3个试样中有1个不合格，则重新测定3个试样，重新测定后，若3个试样均合格，则判该项目合格，否则判为不合格。

附 录 B
(规范性附录)
去污力的测定

B. 1 原理

将标准人工油污均匀附着于不锈钢金属试片上，分别放入湿巾溶液和标准溶液中，在规定条件下进行摆洗试验，测定湿巾溶液的去油率与标准溶液的去油率，然后将两者的去油率进行比较，以判定其去污力。

B. 2 试剂和材料

B. 2. 1 单硬脂酸甘油酯(40%)。

B. 2. 2 牛油。

B. 2. 3 猪油。

B. 2. 4 精制植物油。

B. 2. 5 盐酸溶液：1+6。

B. 2. 6 氢氧化钠溶液：50g/L。

B. 2. 7 丙酮：分析纯。

B. 2. 8 无水乙醇：分析纯。

B. 2. 9 尿素：分析纯。

B. 2. 10 乙氧基化烷基硫酸钠(C_{12}~C_{15})70型。

B. 2. 11 烷基苯磺酸钠，所用烷基苯磺酸应为脱氢法烷基苯经三氧化硫磺化之单体。

B. 3 仪器和设备

B. 3. 1 分析天平，感量0. 1mg。

B. 3. 2 标准摆洗机：摆动频率(40±2)次/min，摆动距离(50±2)mm。

B. 3. 3 温度计：0℃~100℃，0℃~200℃。

B. 3. 4 镊子。

B. 3. 5 金属试片：1Cr18Ni9Ti不锈钢，50mm×25mm×3mm~5mm，具小孔。

B. 3. 6　烧杯：500mL。

B. 3. 7　S 形挂钩，用细的不锈钢丝弯制。

B. 3. 8　恒温水浴。

B. 3. 9　秒表。

B. 3. 10　磁力搅拌器。

B. 3. 11　恒温干燥箱：保持温度(40±2)℃。

B. 3. 12　试片架。

B. 3. 13　砂纸(布)：200#。

B. 3. 14　脱脂棉。

B. 3. 15　干燥器。

B. 3. 16　电热板。

B. 3. 17　容量瓶：500mL。

B. 4　试验步骤

B. 4. 1　金属试片的打磨和清洗

用 200#砂纸(布)(B. 3. 13)将 6 个金属试片(B. 3. 5)打磨光亮，打磨方向如图 B. 1 所示，同时将试片的四边、角和孔打磨光亮。打磨好的试片先用脱脂棉(B. 3. 14)擦净，再用镊子(B. 3. 4)夹取脱脂棉将试片依次在丙酮(B. 2. 7)→无水乙醇(B. 2. 8)→热无水乙醇(50℃~60℃)中擦洗干净，热风吹干，放在干燥器(B. 3. 15)中保存待用。

单位为毫米

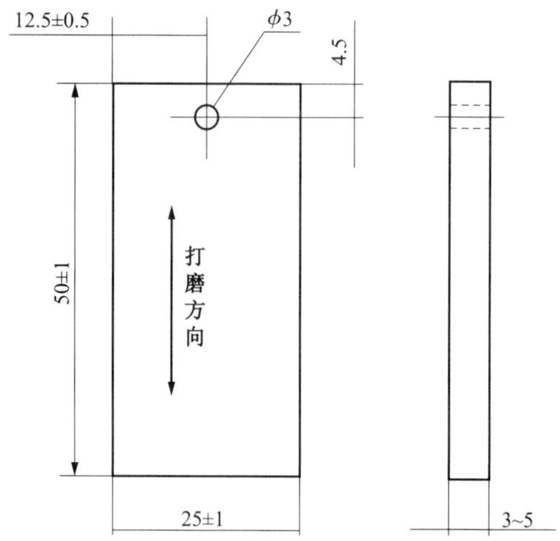

图 B. 1

B. 4. 2　人工油污的制备

以牛油(B. 2. 2)：猪油(B. 2. 3)：精制植物油(B. 2. 4)= 0. 5 ：0. 5 ：1 的比例配制，并加入其总质量 10%的单硬脂酸甘油酯(B. 2. 1)，此即为人工油污(置于冰箱冷藏室中，可保质 6 个月)。将装有人工油污的烧杯放在电热板(B. 3. 16)上加热至 180℃，在此温度下搅拌均匀后，移至磁力搅拌器(B. 3. 10)上搅拌，自然冷却至所需浸油温度(80±2)℃备用。

B. 4. 3　试片的制备

将 6 个打磨清洗好的金属试片(B. 4. 1)用 S 形挂钩(B. 3. 7)挂好，挂在试片架(B. 3. 12)上，连同试片架一起置于(40±2)℃恒温干燥箱中 30min。分别用分析天平(B. 3. 1)称量(准确至 0. 1mg)，计为 m_0。待人工油污(B. 4. 2)温度为(80±2)℃时，戴上洁净的手套，逐一将金属试片连同 S 形挂钩从试片架上取下，手持 S 形挂钩将金属试片浸入油污中约 60s，试片上端约 10mm 的部分不浸油污。然后缓缓取出，待油污下滴速度变慢后，挂回原试片架上 30min。待油污凝固后，将试片取下，然后用脱脂棉将试片底端多余的油污擦掉。再将试片连同 S 形挂钩一起用分析天平精确称量，计为 m_1。此时每组金属试片上油污量应确保为 0. 05g~0. 20g。

注：金属试片浸油时，会导致油温下降，为保证浸油温度，采取保温措施。

B. 4. 4　标准溶液的配制

称取烷基苯磺酸钠(B. 2. 11)14 份(以 100%计)，乙氧基化烷基硫酸钠(B. 2. 10)1 份(以 100%计)，无水乙醇(B. 2. 8)5 份，尿素(B. 2. 9)5 份，加水至 100 份，混匀，用盐酸溶液(B. 2. 5)或氢氧化钠溶液(B. 2. 6)调节 pH 为 7~8。吸取 1mL 溶液到 500mL 容量瓶(B. 3. 17)中，用蒸馏水定容到刻度，备用。

B.4.5 试验溶液的准备

取足够数量的湿巾样品，揭去外包装，戴上洁净的PE(聚乙烯)薄膜手套，将湿巾中的溶液挤入500mL的烧杯(B.3.6)中待用，溶液量约为400mL。

B.4.6 试验步骤

B.4.6.1 将盛有400mL试验溶液(B.4.5)的烧杯(B.3.6)放置于(30±2)℃恒温水浴(B.3.8)中，使溶液温度保持在(30±2)℃。将涂油污的金属试片(B.4.3)夹持在标准摆洗机(B.3.2)的摆架上，使试片表面垂直于摆动方向，试片涂油污部分应全部浸在溶液中，但不可接触烧杯底和壁。在溶液中浸泡3min后，立即开动摆洗机摆洗3min。然后在(30±2)℃的400mL蒸馏水中摆洗30s。摆洗结束后，取出金属试片，连同原S形挂钩挂于试片架上。将试片架放入(40±2)℃的恒温干燥箱(B.3.11)中，烘30min，烘干后冷却至室温，连同原S形挂钩称重为m_2。

B.4.6.2 取400mL标准溶液(B.4.4)放入烧杯(B.3.6)中，将烧杯置于(30±2)℃恒温水浴中，按B.4.6.1进行标准溶液的去污力试验。

B.4.6.3 试验溶液和标准溶液分别测定3片金属试片，按式(B.1)分别计算试验溶液和标准溶液的去油率。

B.5 计算与结果判定

B.5.1 结果计算

去油率X，以%表示，按式(B.1)计算：

$$X = \frac{m_1 - m_2}{m_1 - m_0} \times 100\% \qquad \text{(B.1)}$$

式中 m_0——涂污前金属试片的质量，单位为克(g)；

m_1——涂污后金属试片的质量，单位为克(g)；

m_2——洗涤后金属试片的质量，单位为克(g)。

以3个试片去油率的平均值表示结果。在3个试片的平行试验所得去油率值中，应至少有两个数值之差不超过3%，否则应重新测定。

B.5.2 结果评定

若试验溶液的去油率大于等于标准溶液的去油率，则判该试样的去污力合格，否则判为不合格。

附录C

(规范性附录)

腐蚀性的测定

C.1 金属腐蚀性的测定

C.1.1 原理

将金属试片完全浸于一定温度的厨具用湿巾溶液中，以金属试片的质量变化和表面颜色的变化来评定厨具用湿巾对金属的腐蚀性。

C.1.2 主要仪器及材料

C.1.2.1 分析天平，感量0.1mg。

C.1.2.2 恒温干燥箱：保持温度(40±2)℃。

C.1.2.3 金属试片：45号钢，50mm×25mm×3mm~5mm，具小孔。

C.1.2.4 烧杯，100mL。

C.1.2.5 细尼龙丝，可吊挂金属试片。

C.1.2.6　丙酮：分析纯。

C.1.2.7　无水乙醇：分析纯。

C.1.2.8　广口瓶(带盖)，100mL。

C.1.2.9　砂纸(布)：200#。

C.1.2.10　脱脂棉。

C.1.2.11　镊子。

C.1.2.12　干燥器。

C.1.3　试验步骤

C.1.3.1　试片的打磨和清洗

用200#砂纸(布)(C.1.2.9)将4个金属试片(C.1.2.3)打磨光亮，打磨方向如图C.1所示，同时将试样的四边、角和孔打磨光亮。打磨好的试片先用脱脂棉(C.1.2.10)擦净，再用镊子(C.1.2.11)夹取脱脂棉将试片依次在丙酮(C.1.2.6)→无水乙醇(C.1.2.7)→热无水乙醇(50℃~60℃)中擦洗干净，热风吹干，放在干燥器(C.1.2.12)中保存待用。

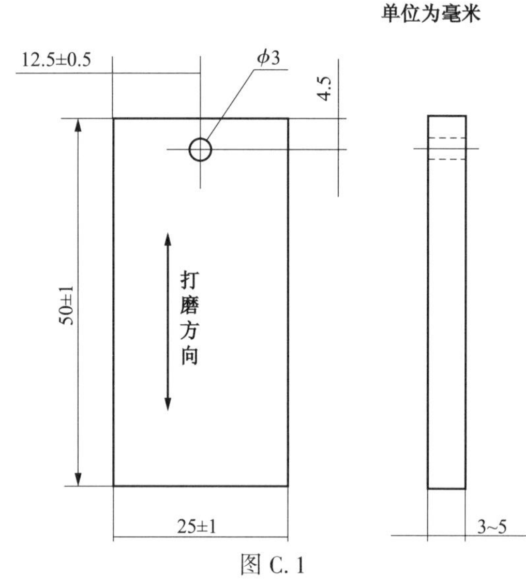

图C.1

C.1.3.2　试验溶液的制备

取足够数量的湿巾样品，揭去外包装，戴上洁净的PE(聚乙烯)薄膜手套，将湿巾中的溶液挤入100mL的烧杯(C.1.2.4)中待用，溶液量约为80mL。

C.1.3.3　金属腐蚀性试验

C.1.3.3.1　将4个新打磨清洗好的金属试片(C.1.3.1)中的3个分别在分析天平(C.1.2.1)上称重，计为m_1(准确至0.1mg)，然后用细尼龙丝(C.1.2.5)扎牢，吊挂于广口瓶(C.1.2.8)中，试片不应互相接触。

C.1.3.3.2　将试样溶液(C.1.3.2)倒入广口瓶中，并保持溶液高于试片顶端约10mm，盖紧瓶口后置于(40±2)℃恒温干燥箱(C.1.2.2)中放置4h。

C.1.3.3.3　试验完成后，取出试片先用蒸馏水漂洗2次，再用无水乙醇清洗2次，立即热风吹干。与另1个打磨清洗好的金属试片(C.1.3.1)对比检查外观，去掉尼龙丝后再次称重，计为m_2。

C.1.4　结果评定

C.1.4.1　金属试片试验前后的质量变化Δm，单位为毫克(mg)，按式(C.1)计算：

$$\Delta m = |m_1 - m_2| \qquad (C.1)$$

式中　m_1——金属腐蚀性试验前金属试片的质量，单位为毫克(mg)；

m_2——金属腐蚀性试验后金属试片的质量，单位为毫克(mg)。

C.1.4.2　若试验前后金属试片的质量变化不大于2.0mg，且试片表面无腐蚀点、无明显变色，则判该试片合格，否则判该试片不合格。

C.1.4.3　若3个试片中有2个以上不合格，则判该项目不合格；若有1片不合格，则重新测定3个试片，重新测定后，若3个试片均合格，则判该项目合格，否则判为不合格。

C.2　陶瓷腐蚀性的测定

C.2.1　原理

将陶瓷试片完全浸于卫具用湿巾溶液中，经一定时间后，观察并确定其受腐蚀的程度。

C.2.2 主要仪器及材料

C.2.2.1 白布：由棉纤维或亚麻纤维纺织而成。

C.2.2.2 铅笔，硬度为HB(或同等硬度)的铅笔。

C.2.2.3 烧杯：100mL。

C.2.2.4 陶瓷试片：应由符合GB/T 4100—2006附录L规定的瓷制成，50mm×25mm×3mm~5mm。

C.2.2.5 陶瓷洗涤剂。

C.2.3 试验步骤

C.2.3.1 陶瓷试片的制备

将3个陶瓷试片(C.2.2.4)用陶瓷洗涤剂(C.2.2.5)清洗干净，风干。

C.2.3.2 试验溶液的制备

取足够数量的湿巾样品，揭去外包装，戴上洁净的PE(聚乙烯)薄膜手套，将湿巾中的溶液挤入100mL的烧杯(C.2.2.3)中待用，溶液量约为80mL。

C.2.3.3 陶瓷腐蚀性试验

C.2.3.3.1 将3个清洗好的陶瓷试片(C.2.3.1)放入盛有试验溶液(C.2.3.2)的100mL的烧杯中，浸泡4h。

C.2.3.3.2 观察试片表面及试验溶液的变色情况。

C.2.3.3.3 用铅笔(C.2.2.2)在试片表面划痕，再用湿白布(C.2.2.1)擦去划痕。

C.2.4 结果评定

C.2.4.1 若无变色情况出现，且划痕可擦去，则判定该试片合格；否则判该试片不合格。

C.2.4.2 若3个试片中有2片以上不合格，则判该项目不合格；若有1片不合格，则重新测定3个试片，重新测定后，若3个试片均合格，则判该项目合格，否则判为不合格。

附录D
(规范性附录)
可迁移性荧光增白剂的测定

D.1 原理

将试样置于波长254nm和365nm紫外灯下观察荧光现象及可迁移性荧光增白剂试验，定性测定试样中是否有可迁移性荧光增白剂。

D.2 试剂及材料

所用仪器和材料在紫外灯下应无荧光现象。

D.2.1 蒸馏水或去离子水。

D.2.2 纱布：100mm×100mm。

D.3 仪器和设备

D.3.1 紫外灯：波长254nm和365nm，具有保护眼睛的装置。

D.3.2 平底重物：质量约1.0kg，底面积约0.01m^2。

D.3.3 玻璃表面皿。

D.3.4 玻璃板：表面平滑，150mm×150mm。

D.4 试验步骤及结果判定

D.4.1 将试样置于紫外灯(D.3.1)下检查是否有荧光现象。若试样在紫外灯下无荧光现象，则判该试样无可迁移性荧光增白剂。若试样有荧光现象，则按 D.4.2 进行可迁移性荧光增白剂试验。

D.4.2　从任一包装中抽取 2 片湿巾(单片包装可从两个包装中抽取)，重叠平铺于玻璃板(D.3.4)上，将一块纱布(D.2.2)置于湿巾上方中心位置，再抽取 2 片湿巾依次盖在纱布上方，确保纱布全部被覆盖即可，然后在湿巾的上方依次放置一块玻璃板(D.3.4)和一个平底重物(D.3.2)，加压 5min 后，取出纱布，将纱布平均折成四层放在玻璃表面皿(D.3.3)上。每个试样进行两次平行试验。

D.4.3　按 D.4.2 进行空白试验，湿巾用 4 块经蒸馏水(D.2.1)完全润湿的纱布代替。

D.4.4　将放置试样纱布(D.4.2)和空白试验纱布(D.4.3)的玻璃表面皿置于紫外灯下约 20cm 处，以空白试验纱布为参照，观察试样纱布的荧光现象，若两个试样纱布没有明显荧光现象，则判该试样无可迁移性荧光增白剂；若均有明显荧光现象，则判该试样有可迁移性荧光增白剂；若只有一个试样纱布有明显荧光现象，则重新进行试验；若两个重新试验的试样纱布均没有明显荧光现象，则判该试样无可迁移性荧光增白剂，否则判该试样有可迁移性荧光增白剂。

卫生巾(含卫生护垫)(GB/T 8939—2008)

2008-09-01 实施

1　范围

本标准规定了卫生巾(含卫生护垫)的技术要求、试验方法、检验规则及标志、包装、运输、贮存等要求。

本标准适用于由面层、内吸收层、防渗底膜等组成，经专用机械成型供妇女经期(卫生巾)、非经期(卫生护垫)使用的外用生理卫生用品。

2　规范性引用文件

下列文件中的条款通过本标准的引用而成为本标准的条款。凡是注日期的引用文件，其随后所有的修改单(不包括勘误的内容)或修订版均不适用于本标准，然而，鼓励根据本标准达成协议的各方研究是否可使用这些文件的最新版本。凡是不注日期的引用文件，其最新版本适用于本标准。

GB/T 462　纸和纸板　水分的测定(GB/T 462—2003，ISO 287：1985，MOD)

GB/T 10739　纸、纸板和纸浆试样处理和试验的标准大气条件(GB/T 10739—2002，eqvISO 187：1990)

GB 15979　一次性使用卫生用品卫生标准

3　产品分类

3.1　按产品面层材料分为棉柔、干爽网面和纯棉三类。棉柔类指面层采用各类非织造布材料制成的产品；干爽网面类指面层采用各种打孔膜为原料制成的产品；纯棉类指面层采用纯棉材料制成的产品。

3.2　按产品功能分为普通型和功能型。普通型指除卫生巾本身的功能外，没有其他功能的产品。功能型指为了达到某种功能，在产品中加入对人体健康有益成分的产品。

3.3　按产品性能分为卫生巾、卫生护垫等。

4　技术要求

4.1　卫生巾技术指标应符合表 1 要求，或按订货合同的规定。

表 1

指 标 名 称			规 定
偏差/%	全 长		±5
	全 宽		±8
	条质量		±12
吸水倍率/倍		≥	7.0
渗入量/g		≥	1.8
pH			4.0~9.0
水分/%		≤	10.0
背胶粘合强度[a]/s		≥	8

a 背胶粘合强度为参考数据，不作为合格与否的判定依据。

4.2 卫生护垫技术指标应符合表 2 要求，或按订货合同的规定。

表 2

指 标 名 称			规 定
偏差/%	全 长		±5
	全 宽		±8
吸水倍率/倍		≥	2.0
pH			4.0~9.0
水分/%		≤	10.0

4.3 卫生巾(含卫生护垫)卫生要求执行 GB 15979 的规定。

4.4 卫生巾(含卫生护垫)不应使用废弃回用的原材料，产品应洁净、无污物、无破损。

4.5 卫生巾(不含卫生护垫)应采用每片独立包装。

4.6 卫生巾(含卫生护垫)两端封口应牢固，在吸水倍率试验时不应破裂。

4.7 卫生巾(含卫生护垫)产品在常规使用时应不产生位移，与内衣剥离时不应损伤衣物，且不应有明显残留。防粘纸不应自行脱落，并能自然完整撕下。

5 试验方法

5.1 预处理

试验前试样的预处理按 GB/T 10739 规定进行。

5.2 全长、全宽、条质量偏差

5.2.1 偏差的测定

5.2.1.1 全长

用直尺测量试样的全长(从试样最长处量取)，量准至 1mm，每种同规格样品测量 10 条试样。取 10 条试样中测量的最大值、最小值和平均值，按式(1)、式(2)计算全长偏差，结果精确至 1%。

5.2.1.2 全宽

用直尺测量试样的全宽(从试样最窄处量取)，量准至 1mm，每种同规格样品测量 10 条试样。取 10 条试样中测量的最大值、最小值和平均值，按式(1)、式(2)计算全宽偏差，结果精确至 1%。

5.2.1.3 条质量

用感量 0.01g 天平分别称量同规格 10 条试样的净重(含离型纸)，取 10 条试样中测量的最大值、最小值和平均值，按式(1)、式(2)计算条质量偏差，结果精确至 1%。

5.2.2 偏差的计算

$$上偏差=\frac{最大值-平均值}{平均值}\times100\% \quad\cdots\cdots(1)$$

$$下偏差=\frac{最小值-平均值}{平均值}\times100\% \quad\cdots\cdots(2)$$

5.3 吸水倍率

取一条试样，撕去离型纸，适当剪去护翼，用感量 0.01g 天平称其质量(吸前质量)。用夹子夹住样品的一端封口，并使夹子夹口与试样纵向处于垂直状态，不应夹住内置吸收层。将试样连同夹子浸入约 10cm 深的(23±1)℃蒸馏水中，试样的使用面朝上。轻轻压住试样，使其完全浸没 60s，然后提起夹子，使试样完全离开水面，垂直悬挂 90s 后，称其质量(吸后质量)，之后按式(3)计算吸水倍率。按同样方法测试 5 条试样，取 5 条试样的平均值作为测定结果，精确至一位小数。

$$吸水倍率=\frac{吸后质量-吸前质量}{吸前质量} \quad\cdots\cdots(3)$$

5.4 渗入量测定

按附录 A 的规定进行。

5.5 pH 测定

按附录 C 的规定进行。

5.6 水分测定

按 GB/T 462 的规定进行。

取样方法：同种样品取 2 条，分别来自 2 个包装，每条取样量为 2g(不应含有背胶及离型纸部分)，将样品剪成块状，并充分混匀，取两组试样做平行试验，两次测定值间的绝对误差应不超过 1.0%，取其算术平均值表示测定结果。应尽量缩短取样时间，一般应不超过 2min。

5.7 卫生指标的测定

按 GB 15979 的规定进行。

5.8 背胶粘合强度的测定

按附录 D 的规定进行。

6 检验规则

6.1 检验批的规定

以一次交货为一批，检验样本单位为箱，每批不超过 5000 箱。

6.2 抽样方法

从一批产品中，随机抽取 3 箱产品。从每箱中抽取 5 包样品，其中 3 包用于微生物检验，6 包用于微生物检验复查，3 包用于存样，3 包(按每包 10 片计)用于其他性能检验。

6.3 判定规则

当偏差、吸水倍率、渗入量、pH、水分及微生物指标全部合格时，则判为批合格；当这些检验项目中任一项出现不合格时，则判为批不合格。

6.4 质量保证

生产厂应保证产品质量符合本标准的要求，产品经检验合格并附质量合格标识方可出厂。

7 标志、包装、运输、贮存

7.1 产品销售标志及包装

7.1.1 产品销售包装上应标明以下内容：

a）产品名称、执行标准编号、商标；

b）企业名称、地址、联系方式；

c) 品种规格、内装数量；

d) 生产日期和保质期或生产批号和限期使用日期；

e) 主要生产原料；

f) 消毒级产品应标明消毒方法与有效期限，并在包装主视面上标注“消毒级”字样。

7.1.2 产品的销售包装应能保证产品不受污染，销售包装上的各种标识信息应清晰且不易褪去。

7.2 产品运输和贮存

7.2.1 已有销售包装的成品放置于包装箱中。包装箱上应标明产品名称、企业(或经销商)名称和地址、内装数量等。包装箱上应标明运输及贮存条件。

7.2.2 产品在运输过程中应使用具有防护措施的洁净的工具，防止重压、尖物碰撞及日晒雨淋。

7.2.3 成品应保存在干燥通风，不受阳光直接照射的室内，防止雨雪淋袭和地面湿气的影响，不应与有污染或有毒化学品共存。

7.2.4 超过保质期的产品，经重新检验合格后方可限期使用。

附录A
(规范性附录)
渗入量的测定

A.1 仪器与测试溶液

A.1.1 仪器

a) 天平，最大量程 200g，感量 0.01g；

b) 卫生巾渗透性能测试仪(以下简称测试仪，见图 A.1)；

c) 60mL 放液漏斗(以下简称漏斗)；

d) 10mL 刻度移液管；

e) 烧杯；

f) 钢板直尺。

A.1.2 测试溶液

测试溶液是渗透性能测试专用的标准合成试液，配方见附录 B，测试时测试溶液的温度应保持在(23±1)℃。仲裁检验时应在标准大气条件，即(23±1)℃、(50±2)%相对湿度下处理试样及进行测试。

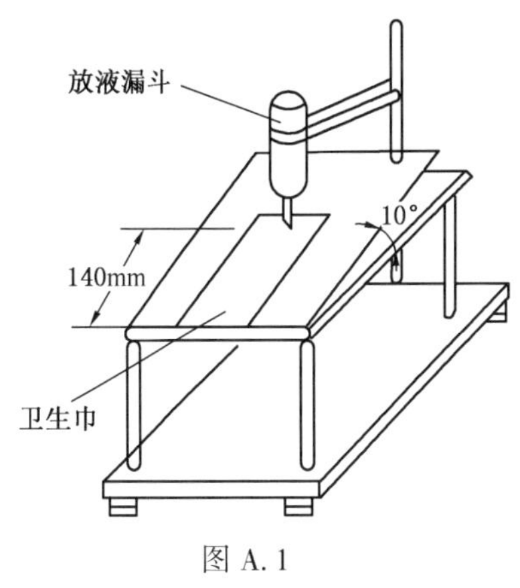

图 A.1

A.2 试验程序

A.2.1 先将测试仪放于水平位置，调节上面板与下面板之间的角度约为 10°，再调节漏斗的下口，使其中心点的投影距测试仪斜面板的下边缘为(140±2)mm；漏斗下口开口面向操作者。将适量的测试溶液倒入漏斗中，使漏斗润湿，并用该溶液洗漏斗两遍，然后放掉漏斗中的溶液。

A.2.2 取待测试样一条，称其质量(g)，揭去其背后的离型纸放在一旁。将试样平整地轻粘于斜面板上，使试样的有效长度(透过卫生巾吸收表面所见的内置吸收层如绒毛浆等的长度)的下边缘与斜面板的下边缘对齐，并将长出的边缘向斜面板的底部折回。调节漏斗高度，使其下口的最下端距试样表面 5mm~10mm，然后在测试仪斜面板的下方放一个烧杯，接经试样渗透后流下的溶液。

A.2.3 用移液管准确移取测试溶液 5mL 于调节好的漏斗中，然后迅速打开漏斗节门至最大，使溶液自由地流到试样的表面上，并沿着斜面往下流动；溶液流完后，将漏斗节门关闭，然后将试样取下，将离型纸贴回，再次放在天平上称量。若试液从试样侧面流走，则该试样作废，另取一条重新测试。若同种样品的 2 个以上试样有此现象时，其结果可以保留，但应在报告中注明。

A.3 试验结果的计算

卫生巾的渗入量以吸收测试溶液的质量(g)来表示，每个样品测8条，分别按式(A.1)计算每条卫生巾的渗入量。

渗入量(g)= 卫生巾吸收后的质量(g)-该条卫生巾吸收前的质量(g) ………… (A.1)

去掉8条测试结果中的最大值和最小值，取其余6条的算术平均值作为其最终测试结果，精确至0.1g。如果5mL的测试溶液全部渗入所测试样中，则不必再称量，可直接记为5.1g。

附 录 B

(规范性附录)

卫生巾渗透性能测试用标准合成试液的配方

B.1 原理

该标准合成试液系根据动物血(猪血)的主要物理性能配制，具有与其相似的流动性及吸收特性。

B.2 配方

a) 蒸馏水或去离子水：860mL；

b) 氯化钠：10.00g；

c) 碳酸钠：40.00g；

d) 丙三醇(甘油)：140mL；

e) 苯甲酸钠：1.00g；

f) 颜色(食用色素)：适量；

g) 羧甲基纤维素钠：约5g；

h) 标准媒剂：1%(体积分数)。

以上试剂均为分析纯。

B.3 标准合成试液的物理性能

在(23±1)℃时，密度为(1.05±0.05)g/cm^3，黏度为(11.9±0.7)s(用4号涂料杯测)，表面张力为(36±4)mN/m。

附 录 C

(规范性附录)

pH的测定

C.1 仪器和试剂

C.1.1 仪器

a) 带复合电极的pH计；

b) 天平，最大量程500g，感量0.1g；

c) 精确度为±0.1℃的水银温度计；

d) 容量为100mL的烧杯；

e) 容量为100mL和50mL的量筒；

f) 1000mL容量瓶；

g) 不锈钢剪刀。

C.1.2 试剂

C.1.2.1 蒸馏水或去离子水，pH 为 6.5~7.2；

C.1.2.2 标准缓冲溶液：25℃时 pH 为 6.86 的缓冲溶液(磷酸二氢钾和磷酸氢二钠混合液)。所用试剂应为分析纯，缓冲溶液至少一个月重新配制一次。

配制方法：称取磷酸二氢钾(KH_2PO_4)3.39g 和磷酸氢二钠(Na_2HPO_4)3.54g，置于 1000mL 容量瓶中，用蒸馏水溶解并稀释至刻度，摇匀即可。

C.2 试验步骤

在常温下，抽取一片试样，剪去不干胶条后从其中部称取 1g 试样，置于一个 100mL 烧杯内，加入去离子水(或蒸馏水)(卫生巾加入 100mL，卫生护垫加入 50mL)，用玻璃棒搅拌，10min 后将复合电极放入烧杯中读取 pH 数值。

C.3 试验结果的计算

每种样品测试两份试样(取自两个包装)，取其算术平均值作为测定结果，准确至 0.1pH 单位。

C.4 注意事项

每次使用 pH 计前均应使用标准缓冲溶液对仪器进行校准，详见仪器使用说明书。每个试样测试完毕后，应立即用去离子水(或蒸馏水)洗净电极。

附 录 D

(规范性附录)

背胶粘合强度的测定方法(180°剥离强度)

D.1 原理

用 180°剥离方法施加一定的应力，使试样背胶与纯棉汗布粘接处剥离，通过计时剥离一定长度所需的时间，反映其粘接强度。

D.2 装置与工具

a) 试验夹：上夹应能悬挂于任一支架上，并保证其夹挂的试样能与水平垂直，夹缝平齐；下夹配重砝码应使其总质量达到 40g，夹缝平齐。
b) 配重砣：面积 62mm×80mm，质量为 500g(可使用相同面积的玻璃配以平衡重量代替)。
c) 秒表。
d) 恒温箱：可保持温度(37±2)℃。
e) 剪刀、直尺、平盘(也可用玻璃代替)。
f) 标准汗布：未漂染色精纺 32 支纱，无后处理 120g/m^2，标准品牌，尺寸为 65mm×80mm。

D.3 操作

D.3.1 取卫生巾一条，使其尽量平整。将正面向下放在平面上，垂直于长度方向相隔 40mm 画两条直线 B 和 C，一侧直线外相隔 10mm 再画一条直线 A，如图 D.1：

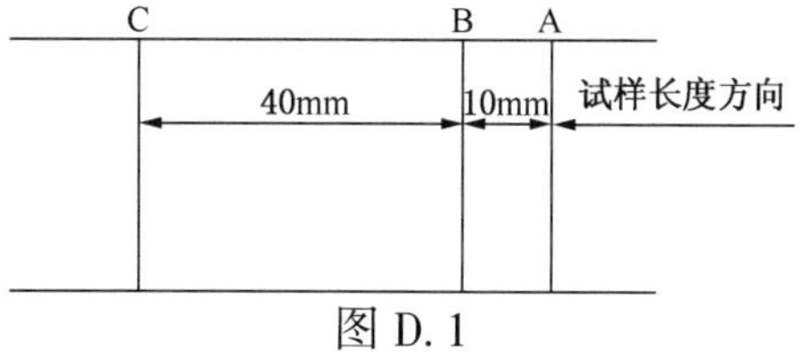

图 D.1

D.3.2 将上述备好的试样放于平盘内，撕去离型纸，将标准汗布对准试样正面向上(即反面对胶)轻轻放置于试样上，不得用手压，然后将配重砣平压于汗布上。

D.3.3 立即将平盘移入恒温箱开始计时，箱内温度

(37±2)℃，1h 后取出于(23±1)℃下放置 20min。

D. 4 测试

取 D. 3. 3 放置后的试样，将汗布与试样底层轻轻剥离一定距离至线 A 处，用试样夹的上夹沿线 A 夹齐，挂起，使试样的长度方向与水平面垂直；下夹平行于上夹夹住汗布，放手，使汗布在下夹的重力下呈与胶面 180°剥离的状态，待剥离点至线 B 处开始计时，剥至线 C 处停止计时，即得到该样品的剥离时间。

D. 5 测试结果

测试结果取 5 个试样测试值的算术平均值，时间数据大于 1h 的精确到分，1min 以内精确到秒。

纸尿裤(片、垫)(GB/T 28004—2011)

2012-02-01 实施

1 范围

本标准规定了婴儿及成人用纸尿裤、纸尿片、纸尿垫(护理垫)的产品分类、技术要求、试验方法、检验规则及标志、包装、运输、贮存。

本标准适用于由外包覆材料、内置吸收层、防漏底膜等制成一次性使用的纸尿裤、纸尿片和纸尿垫(护理垫)。

本标准不适于成人轻度失禁用产品，如呵护巾等。

2 规范性引用文件

下列文件对于本文件的应用是必不可少的。凡是注日期的引用文件，仅注日期的版本适用于本文件。凡是不注日期的引用文件，其最新版本(包括所有的修改单)适用于本文件。

GB/T 462　纸、纸板和纸浆　分析试样水分的测定

GB/T 1914　化学分析滤纸

GB/T 10739　纸、纸板和纸浆试样处理和试验的标准大气条件

GB 15979　一次性使用卫生用品卫生标准

GB/T 21331　绒毛浆

GB/T 22905　纸尿裤高吸收性树脂

3 术语和定义

下列术语和定义适用于本文件。

3. 1 滑渗量　topsheet run-off

一定量的测试溶液流经斜置试样表面时未被吸收的体积。

3. 2 回渗量　rewet

试样吸收一定量的测试溶液后，在一定压力下，返回面层的测试溶液质量。

3. 3 渗漏量　leakage

试样吸收一定量的测试溶液后，在一定压力下，透过防漏底膜的测试溶液质量。

4 产品分类

4.1　按产品结构分为纸尿裤、纸尿片和纸尿垫(护理垫)。

4.2　纸尿裤和纸尿片按产品规格可分为小号(S 型)、中号(M 型)、大号(L 型)等不同型号。

5　技术要求

5.1　纸尿裤、纸尿片和纸尿垫(护理垫)的技术指标应符合表 1 要求，也可按订货合同规定。

表 1

<table>
<tr><th colspan="2">指标名称</th><th>单位</th><th>婴儿纸尿裤</th><th>婴儿纸尿片</th><th>成人纸尿裤、尿片</th><th>纸尿垫(护理垫)</th></tr>
<tr><td rowspan="3">偏差</td><td>全长</td><td rowspan="3">%</td><td colspan="4">±6</td></tr>
<tr><td>全宽</td><td colspan="4">±8</td></tr>
<tr><td>条质量</td><td colspan="4">±10</td></tr>
<tr><td rowspan="3">渗透性能</td><td>滑渗量　　≤</td><td>mL</td><td colspan="2">20</td><td>30</td><td rowspan="3">无渗出，无渗漏</td></tr>
<tr><td>回渗量[a]　　≤</td><td>g</td><td>10.0</td><td>15.0</td><td>20.0</td></tr>
<tr><td>渗漏量　　≤</td><td>g</td><td colspan="3">0.5</td></tr>
<tr><td colspan="2">pH</td><td>—</td><td colspan="4">4.0~8.0</td></tr>
<tr><td colspan="2">交货水分　　≤</td><td>%</td><td colspan="4">10.0</td></tr>
<tr><td colspan="7">[a] 具有特殊功能(如训练如厕等)的产品不考核回渗量。</td></tr>
</table>

5.2　纸尿裤、纸尿片和纸尿垫(护理垫)应洁净，不掉色，防漏底膜完好，无硬质块，无破损等，手感柔软，封口牢固；松紧带粘合均匀，固定贴位置符合使用要求；在渗透性能试验时内置吸收层物质不应大量渗出。

5.3　纸尿裤、纸尿片和纸尿垫(护理垫)的卫生指标执行 GB 15979 的规定。

5.4　纸尿裤、纸尿片和纸尿垫(护理垫)所使用原料：绒毛浆应符合 GB/T 21331 的规定，高吸收性树脂应符合 GB/T 22905 的规定。不应使用回收原料生产纸尿裤、纸尿片和纸尿垫(护理垫)。

6　试验方法

6.1　试样的处理

试样试验前按 GB/T 10739 温湿条件处理至少 2h，并在此温湿条件下进行试验。

6.2　全长、全宽、条质量偏差

6.2.1　全长偏差

用直尺测量试样原长的全长(从试样最长处量取)，每种同规格样品量 6 条，准确至 1mm，分别计算 6 条中长度的最大值、最小值与 6 条的平均值之差和其平均值的百分比，作为该种样品全长偏差的测定结果，精确至 1%。

6.2.2　全宽偏差

用直尺测量试样原宽的全宽(从试样最窄处量取)，每种同规格样品量 6 条，准确至 1mm，分别计算 6 条中宽度的最大值、最小值与 6 条的平均值之差和其平均值的百分比，作为该种样品全宽偏差的测定结果，精确至 1%。

注：对于带有松紧带的试样，先用夹板或胶带等固定试样纵向(或横向)的一端，稍用力将试样拉至原长(或原宽)后再用直尺量。

6.2.3　条质量偏差

用感量为 0.1g 天平分别称量 6 条同规格样品的净重，分别计算 6 条质量的最大值、最小值与 6 条的平均值之差和其平均值的百分比，作为该种样品条质量偏差的测定结果，精确至 1%。

6.2.4　全长、全宽、条质量偏差的计算

全长、全宽、条质量偏差的计算见式(1)和式(2)。

$$上偏差=+\frac{最大值-平均值}{平均值}\times 100\% \cdots\cdots (1)$$

$$下偏差=-\frac{平均值-最小值}{平均值}\times 100\% \cdots\cdots (2)$$

6.3 渗透性能

渗透性能按附录 A 进行测定。

6.4 pH

pH 按附录 B 进行测定。

6.5 交货水分

交货水分按 GB/T 462 进行测定。取样方法为：每种同规格样品任取 2 条试样，剪去试样的边部松紧带，再从每条中间部位取 2g 进行测试，所取试样应确保从面层到底层全部包括。取 2 次测定结果的算术平均值作为样品的测定结果。

注：试样放入容器时，将防漏底膜远离容器壁，以防遇高温后粘连。

6.6 卫生指标

卫生指标按 GB 15979 进行测定。

7 检验规则

7.1 检验批的规定

以相同原料、相同工艺、相同规格的同类产品一次交货数量为一批，交收检验样本单位为件，每批不超过 5 000 件。

7.2 抽样方法

从一批产品中，随机抽取 3 件产品，从每件中抽取 3 包(每包按 10 片计)样品，共计 9 包样品。其中 2 包用于微生物检验，4 包用于微生物检验复查，3 包用于其他性能检验。

7.3 判定规则

当检验产品符合本标准第 5 章全部技术要求时，则判为批合格；当这些检验项目中任一项出现不合格时，则判为批不合格。

7.4 质量保证

产品经检验合格并附质量合格标识方可出厂。

8 标志、包装、运输、贮存

8.1 产品销售标识及包装

8.1.1 产品销售包装上应标明以下内容：

a）产品名称、执行标准编号、商标；

b）企业名称、地址、联系方式；

c）产品规格，内装数量；

d）婴儿产品应标注适用体重，成人产品应标注尺寸或适用腰围；

e）生产日期和保质期或生产批号和限期使用日期；

f）主要生产原料；

g）消毒级产品应标明消毒方法与有效期限，并在包装主视面上标注“消毒级”字样。

8.1.2 产品的销售包装应能保证产品不受污染。销售包装上的各种标识信息清晰且不易褪去。

8.2 产品运输贮存

8.2.1 已有销售包装的成品放于外包装中。外包装上应标明产品名称、企业(或经销商)名称和地址、内装数量等。外包装上应标明运输及贮存条件。

8.2.2 产品在运输过程中应使用具有防护措施的洁净的工具，防止重压、尖物碰撞及日晒雨淋。

8.2.3 成品应保存在干燥通风，不受阳光直接照射的室内，防止雨雪淋袭和地面湿气的影响，不得与有污染或有毒化学品共存。

附录A

（规范性附录）

渗透性能的测定方法

A1 仪器材料与测试溶液

A1.1 仪器材料

A1.1.1 天平：感量为0.01g。

A1.1.2 卫生巾渗透性能测试仪(以下简称“测试仪”，示意图见图A.1)。

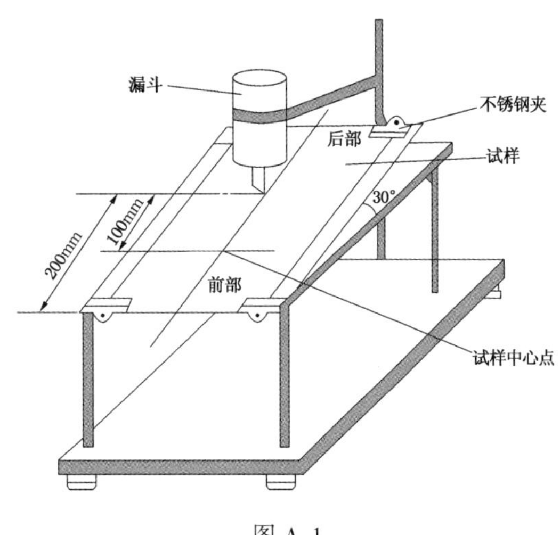

图A.1

A1.1.3 标准放液漏斗(以下简称“漏斗”)：

——婴儿产品专用标准放液漏斗：80mL；

——成人产品专用标准放液漏斗：150mL。

A1.1.4 量筒：100mL和10mL。

A1.1.5 不锈钢夹：夹头宽约65mm。

A1.1.6 烧杯：500mL。

A1.1.7 中速化学定性分析滤纸：符合GB/T 1914要求，以下简称“滤纸”。

A1.1.8 标准压块：ϕ100mm，质量为(1.2±0.002)kg(能够产生1.5kPa的压强)。

A1.1.9 秒表：精确度0.01 s。

A1.2 测试溶液

A1.2.1 0.9%氯化钠溶液：1000mL蒸馏水加入9.0g氯化钠配制成的溶液。

A2 滑渗量的测定

A2.1 试验步骤

A2.1.1 先放好测试仪(A.1.1.2)于水平位置，调节上面板与下面板之间的角度为30°±2°，再调节漏斗(A.1.1.3)的下口，使其中心点的投影距测试仪斜面板下边缘为(200±2)mm，漏斗下口的开口面向操作者。将适量的测试溶液(A.1.2)倒入漏斗中，使漏斗润湿，并用测试溶液润洗漏斗两遍。

A2.1.2 取待测试样一条，将其两边的松紧带(包括立体护边)剪去后，再平整地将试样放在测试仪的斜面板上，使用面朝上，试样后部在斜面板上方，分别距试样内置吸收层的中心点两端各量取100mm作为测试区域，将长出的部分分别向斜面板的上部和底部折回，再用四个不锈钢夹(A.1.1.5)固定试样，不锈钢夹不得妨碍溶液的流动，见图 A.1。调节漏斗高度，使其下口的最下端距试样表面 5mm～10mm，然后在测试仪的下方放一个烧杯(A.1.1.6)，收集经试样渗透后流下的溶液。

A2.1.3 按表 A.1 的规定，用量筒(A.1.1.4)准确量取测试溶液，倒入调节好的漏斗中。然后迅速打开漏斗节门至最大，使溶液自由地流到试样的表面上，并沿斜面往下流动到烧杯中，待溶液流完后，将漏斗节门关闭，并擦拭漏斗下口，使之没有溶液。用量筒量取烧杯中的溶液(量准至 1mL)，作为测试结果。若测试溶液从试样侧面流走，则该试样作废，另取一条重新测试。

表 A.1　　单位：毫升

型号	滑渗试验取液量	回渗试验取液量		
		小号(S)及以下	中号(M)	大号(L)及以上
婴儿纸尿裤	60	40	60	80
婴儿纸尿片	50	30	40	50
成人纸尿裤	150	150		
成人纸尿片		100		

A2.2 滑渗量测试结果的计算

滑渗量以试样未吸收测试溶液的体积(mL)来表示，每个样品测 7 条，去掉 7 条测试结果中的最大值和最小值，取其余 5 条的算术平均值作为其最终测试结果，精确至 1mL。

注：若 7 条试样中有 2 条以上(不含 2 条)发生侧流，其结果可以保留。

A3 回渗量及渗漏量的测定

A3.1 回渗量的测定

A3.1.1 试验步骤

用测试溶液润洗漏斗两遍，将漏斗固定在支架上。

在水平操作台面上放置已知质量的 ϕ230mm 滤纸(A.1.1.7)若干层，将试样展开呈自然状态(直条型试样两头需翘起，使测试区域长度约 200mm)放于滤纸上。

按表 A.1 规定，用量筒准确量取测试溶液，倒入漏斗中。漏斗下开口应朝向操作者，下口的中心点距试样表面的垂直距离为 5mm～10mm，然后迅速打开漏斗节门至最大，使测试溶液自由地流到试样的表面，并同时开始计时(测试时溶液不应从试样两侧溢出)，5min 时，再次用漏斗注入同量的测试溶液，10min 时，迅速将已知质量的 ϕ110mm 滤纸若干层(以最上层滤纸无吸液为止)放到试样表面，同时将标准压块(A.1.1.8)压在滤纸上，重新开始计时，加压 1min 时将标准压块移去，用天平称量试样表面滤纸的质量。

A3.1.2 结果的计算

试样的回渗量以试样表面滤纸试验前后的质量差来表示，按式(A.1)计算：

$$m = m_1 - m_2 \quad \cdots\cdots (A.1)$$

式中 m——回渗量，单位为克(g)；

m_1——试样表面滤纸吸液后的质量，单位为克(g)；

m_2——试样表面滤纸吸液前的质量，单位为克(g)。

取 5 条试样试验结果的算术平均值作为测试结果，精确至 0.1g。

A3.2 渗漏量的测定

如上所述，待测完回渗量后，移去试样，迅速称量放于试样底部滤纸的质量。试样的渗漏量以试样底部滤纸试验前后的质量差来表示。以 5 条试样的算术平均值作为最终测试结果，精确至 0.1g。

A4 纸尿垫(护理垫)渗透性能的测定

打开试样，平铺在水平台面上。用量筒量取 150mL 测试溶液，距试样表面 5mm～10mm，于 5s 内匀速倒入试样中心位置。5min 后观察试样四周有无液体渗出及试样底部有无液体渗漏。随机抽取 3 条试样，任一试样均不应有渗出或渗漏现象。

附 录 B
（规范性附录）
pH 的测定方法

B1 仪器和试剂

B1.1 仪器

B1.1.1 酸度计：精度为 0.01。

B1.1.2 天平：0.01g。

B1.1.3 水银温度计：量程 0℃~100℃。

B1.1.4 烧杯：400mL。

B1.1.5 容量瓶：1000mL。

B1.2 试剂

B1.2.1 蒸馏水或去离子水：pH 为 6.5~7.2。

B1.2.2 标准缓冲溶液：25℃时 pH 为 4.01、6.86、9.18 的标准缓冲溶液。

B2 试验步骤

取 1 条试样，去除底膜，从试样中间部位剪取(1.0±0.1)g，置于烧杯(B1.1.4)内，加入 200mL 蒸馏水，并开始计时，用玻璃棒搅拌，10min 后将电极放入烧杯中测定 pH。

B3 测试结果的计算

每种样品测试两条试样(取自两个包装)，取其算术平均值作为测定结果，精确至 0.1pH 单位。

B4 注意事项

每次使用酸度计前应按仪器使用说明书用标准缓冲溶液(B1.2.2)对仪器进行校准。每条试样测试完毕后应立即用蒸馏水冲洗电极。

纸尿裤规格与尺寸(GB/T 33280—2016)

2017-07-01 实施

1 范围

本标准规定了纸尿裤的分类、规格与尺寸要求、试验方法、检验规则和标识。

本标准适用于各种婴儿纸尿裤和成人纸尿裤，不适用于纸尿片、纸尿垫和护理垫。

2 分类

2.1 纸尿裤按使用对象分为婴儿纸尿裤和成人纸尿裤。

2.2 纸尿裤按穿戴方式分为腰贴型纸尿裤和裤型纸尿裤。

3 规格与尺寸要求

3.1 婴儿纸尿裤

3.1.1　腰贴型婴儿纸尿裤不同规格所对应的适用体重和适用腰围最大值应符合表 1 的规定。
3.1.2　裤型婴儿纸尿裤不同规格所对应的适用体重和适用腰围最大值应符合表 2 的规定。

表 1

规　格	适用体重/kg	适用腰围最大值/cm
初生儿(NB)	≤5	≥42
小号(S)	4~8	≥45
中号(M)	6~11	≥48
大号(L)	9~14	≥51
加大号(XL)	12~17	≥54
特大号(XXL)	≥15	≥57

表 2

规　格	适用体重/kg	适用腰围最大值/cm
中号(M)	6~11	≥50
大号(L)	9~14	≥53
加大号(XL)	12~17	≥56
特大号(XXL)	≥15	≥59

3.1.3　其他特殊规格的婴儿纸尿裤的适用体重和适用腰围最大值可在满足使用的情况下自行规定。
3.2　成人纸尿裤
3.2.1　腰贴型成人纸尿裤、裤型成人纸尿裤不同规格所对应的适用臀围和适用腰围最大值应符合表 3 的规定。

表 3

规格	适用臀围/cm	适用腰围最大值/cm
小号(S)	≤90	≥90
中号(M)	80~105	≥105
大号(L)	95~120	≥120
加大号(XL)	≥110	≥135

3.2.2　其他特殊规格的成人纸尿裤的适用臀围和适用腰围最大值可在满足使用的情况下自行规定。

4　试验方法

4.1　婴儿纸尿裤
4.1.1　适用体重的判定
检查产品外包装所标注的规格与所对应的适用体重与表 1 或表 2 的规定是否一致，如果一致，则判为合格，否则判为不合格。
4.1.2　适用腰围最大值的测量
婴儿纸尿裤适用腰围最大值按附录 A 进行测量。
4.2　成人纸尿裤
4.2.1　适用臀围的判定
检查产品外包装所标注的规格与所对应的适用臀围与表 3 的规定是否一致，如果一致，则判为合格，否则判为不合格。
4.2.2　适用腰围最大值的测量

成人纸尿裤的适用腰围最大值按附录 A 进行测量。

5 检验规则

5.1 检验批的规定

以相同原料、相同工艺、相同规格的同类产品一次交货数量为一批，交收检验样本单位为件，每批不超过 5000 件。

5.2 抽样方法

从一批产品中，随机抽取 3 件产品，从每件产品中抽取 1 包，共计 3 包，组成一个样本。

5.3 判定规则

当检验样本符合第 3 章全部检验项目要求时，则判为批合格；否则判为批不合格。

6 标识

婴儿纸尿裤的销售包装应标注产品规格、适用体重，成人纸尿裤的销售包装应标注产品规格、适用臀围。

附 录 A

（规范性附录）

适用腰围最大值的测量

A.1 概述

适用腰围最大值分为腰贴型纸尿裤适用腰围最大值和裤型纸尿裤适用腰围最大值。腰贴型纸尿裤适用腰围最大值是指纸尿裤后端部承受一定拉力所达到的长度与前腰贴长度之和。裤型纸尿裤适用腰围最大值是指纸尿裤整个腰部承受一定拉力所达到的长度。

A.2 试验装置

A.2.1 钢直尺或卷尺：分度值 0.1cm。

A.2.2 上试样夹：1 个，能悬挂于一固定水平横杆上，夹缝平齐。

A.2.3 下试样夹：1 个，可配重砝码使其总质量达到 750g，夹缝平齐。

A.2.4 上试样钩：1 个，一端设计应确保可悬挂于一固定水平横杆上，另一端悬挂时应保持水平，水平长度为 17.5cm，直径 8mm，结构示意图见图 A.1。

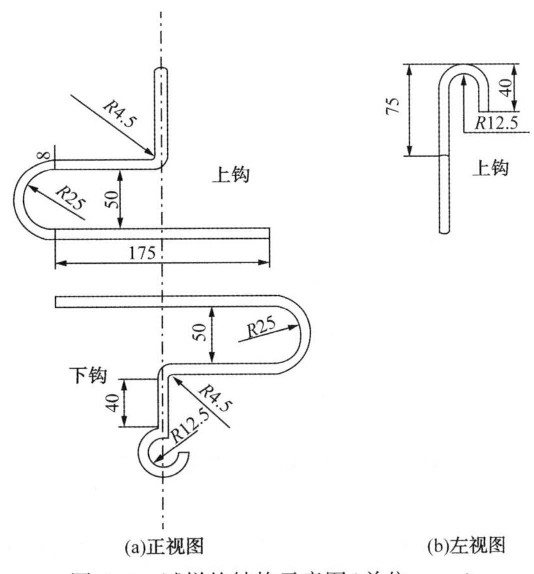

图 A.1 试样钩结构示意图(单位：mm)

A. 2. 5　下试样钩：1 个，一端水平长度为 17. 5cm，另一端可配重砝码，使其总质量达到 1500g 或 2500g，直径 8mm，结构示意图见图 A. 1。

A. 3　测量步骤

A. 3. 1　腰贴型纸尿裤测量方法

A. 3. 1. 1　取一条纸尿裤，将纸尿裤展开后平铺在水平桌面上(使用面朝下)，用钢直尺或卷尺(A. 2. 1)量取尿裤前腰贴的总长度 L_1，准确至 0. 1cm。如果前腰贴由两片或多片组成，测量左侧腰贴最左端至右侧腰贴最右端的距离作为 L_1。测量示意图见图 A. 2。

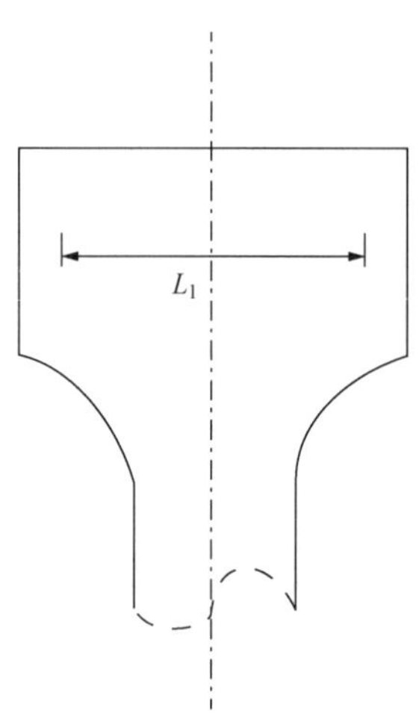

图 A. 2　前腰贴测量示意图

A. 3. 1. 2　将纸尿裤的两个耳贴打开，用上试样夹(A. 2. 2)夹住其中一个耳贴，挂在一固定水平横杆上，然后将带配重砝码的下试样夹(A. 2. 3)夹住另一个耳贴。待纸尿裤后端部拉伸到最大距离且保持平稳后，用钢直尺或卷尺量取两个耳贴粘钩内侧边线之间的长度 L_2，准确至 0. 1cm。测量时，配重砝码与下试样夹总质量为 750g。测量示意图见图 A. 3。

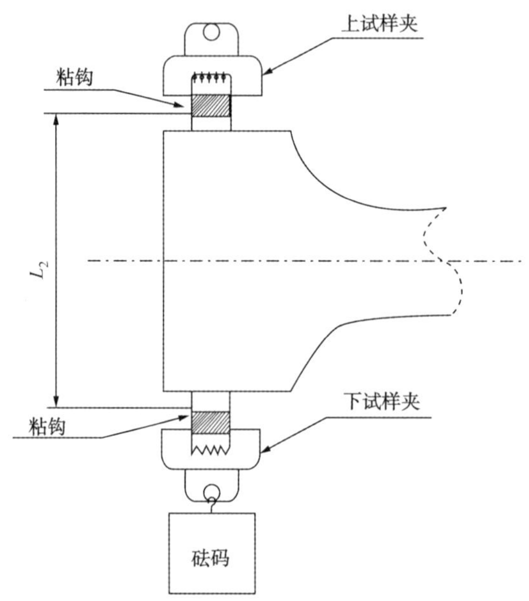

图 A. 3　腰贴型纸尿裤适用腰围最大值测量示意图

A. 3. 2　裤型纸尿裤测量方法

用上试样钩(A. 2. 4)的水平端勾住裤型纸尿裤腰部的一端，上试样钩的挂钩端挂在一固定水平横杆上。下试样钩(A. 2. 5)的水平端勾住裤型纸尿裤腰部的另一端，下试样钩的挂钩端挂上砝码，测量时确保下试样钩与砝码总质量达到 1500g 或 2500g（测量婴儿用裤型纸尿裤选择 1500g，测量成人用裤型纸尿裤选择 2500g）。当裤型纸尿裤腰部拉伸到最大距离且保持平稳后，用钢直尺或卷尺测量裤型纸尿裤腰部两端缝制线（或两端边缘处）之间的长度 K。测量示意图见图 A.4。

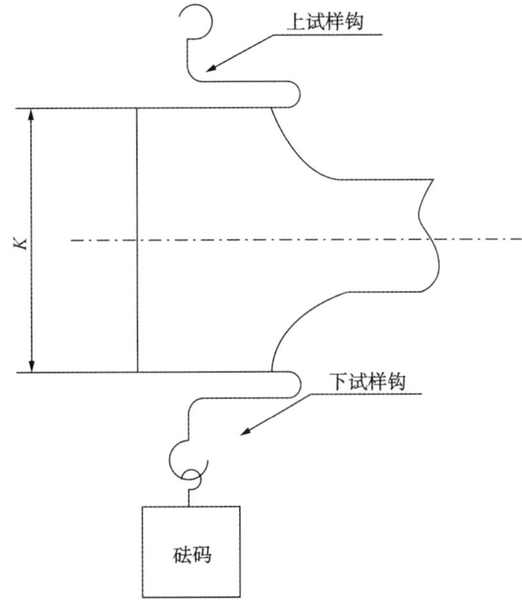

图 A.4　裤型纸尿裤适用腰围最大值测量示意图

A.4　结果表示

A.4.1　腰贴型纸尿裤适用腰围最大值 L_{max} 按式（A.1）计算。

$$L_{max} = L_1 + L_2 \qquad (A.1)$$

A.4.2　裤型纸尿裤适用腰围最大值 K_{max} 按式（A.2）计算。

$$K_{max} = 2K \qquad (A.2)$$

A.4.3　每个样品测量 3 条纸尿裤，3 条纸尿裤应来自 3 个不同包装，以 3 条纸尿裤适用腰围最大值的平均值表示结果，结果修约至整数位。

一次性使用卫生用品卫生标准（GB 15979—2002）

2002-09-01 实施

1　范围

本标准规定了一次性使用卫生用品的产品和生产环境卫生标准、消毒效果生物监测评价标准和相应检验方法，以及原材料与产品生产、消毒、贮存、运输过程卫生要求和产品标识要求。

在本标准中，一次性使用卫生用品是指：

本标准适用于国内从事一次性使用卫生用品的生产与销售的部门、单位或个人，也适用于经销进口一次性使用卫生用品的部门、单位或个人。

2　引用标准

下列标准所包含的条文，通过在本标准中引用而构成为本标准的条文。本标准出版时，所示版本均为有效。所有标准都会被修订，使用本标准的各方应探讨使用下列标准最新版本的可能性。

GB 15981—1995　消毒与灭菌效果的评价方法与标准

3 定义

本标准采用下列定义：

一次性使用卫生用品

使用一次后即丢弃的、与人体直接或间接接触的，并为达到人体生理卫生或卫生保健(抗菌或抑菌)目的而使用的各种日常生活用品，产品性状可以是固体也可以是液体。例如，一次性使用手套或指套(不包括医用手套或指套)、纸巾、湿巾、卫生湿巾、电话膜、帽子、口罩、内裤、妇女经期卫生用品(包括卫生护垫)、尿布等排泄物卫生用品(不包括皱纹卫生纸等厕所用纸)、避孕套等，在本标准中统称为“卫生用品”。

4 产品卫生指标

4.1 外观必须整洁，符合该卫生用品固有性状，不得有异常气味与异物。

4.2 不得对皮肤与黏膜产生不良刺激与过敏反应及其他损害作用。

4.3 产品须符合表1中微生物学指标。

表 1

产品种类	微生物指标				
	初始污染菌[1)] cfu/g	细菌菌落总数 cfu/g 或 cfu/mL	大肠菌群	致病性化脓菌[2)]	真菌菌落总数 cfu/g 或 cfu/mL
手套或指套、纸巾、湿巾、帽子、内裤、电话膜		≤200	不得检出	不得检出	≤100
抗菌(或抑菌)液体产品		≤200	不得检出	不得检出	≤100
卫生湿巾		≤20	不得检出	不得检出	不得检出
口罩					
普通级		≤200	不得检出	不得检出	≤100
消毒级	≤10 000	≤20	不得检出	不得检出	不得检出
妇女经期卫生用品					
普通级		≤200	不得检出	不得检出	≤100
消毒级	≤10 000	≤20	不得检出	不得检出	不得检出
尿布等排泄物卫生用品					
普通级		≤200	不得检出	不得检出	≤100
消毒级	≤10 000	≤20	不得检出	不得检出	不得检出
避孕套		≤20	不得检出	不得检出	不得检出

1）如初始污染菌超过表内数值，应相应提高杀灭指数，使达到本标准规定的细菌与真菌限值。

2）致病性化脓菌指绿脓杆菌、金黄色葡萄球菌与溶血性链球菌。

4.4 卫生湿巾除必须达到表1中的微生物学标准外，对大肠杆菌和金黄色葡萄球菌的杀灭率须≥90%，如需标明对真菌的作用，还须对白色念珠菌的杀灭率≥90%，其杀菌作用在室温下至少须保持1年。

4.5 抗菌(或抑菌)产品除必须达到表1中的同类同级产品微生物学标准外，对大肠杆菌和金黄色葡萄球菌的抑菌率须≥50%(溶出性)或>26%(非溶出性)，如需标明对真菌的作用，还须白色念珠菌的抑菌率≥50%(溶出性)或>26%(非溶出性)，其抑菌作用在室温下至少须保持1年。

4.6 任何经环氧乙烷消毒的卫生用品出厂时，环氧乙烷残留量必须≤250μg/g。

5 生产环境卫生指标

5.1 装配与包装车间空气中细菌菌落总数应≤2 500 cfu/m^3。

5.2 工作台表面细菌菌落总数应≤20 cfu/cm^2。

5.3 工人手表面细菌菌落总数应≤300 cfu/只手，并不得检出致病菌。

6 消毒效果生物监测评价

6.1 环氧乙烷消毒：对枯草杆菌黑色变种芽胞(ATCC 9372)的杀灭指数应≥10^3。

6.2 电离辐射消毒：对短小杆菌芽胞 E6d(ATCC 27142)的杀灭指数应≥10^3。

6.3 压力蒸汽消毒：对嗜热脂肪杆菌芽胞(ATCC 7953)的杀灭指数应≥10^3。

7 测试方法

7.1 产品测试方法

7.1.1 产品外观：目测，应符合本标准 3.1 的规定。

7.1.2 产品毒理学测试方法：见附录 A。

7.1.3 产品微生物检测方法：见附录 B。

7.1.4 产品杀菌性能、抑菌性能与稳定性测试方法：见附录 C。

7.1.5 产品环氧乙烷残留量测试方法：见附录 D。

7.2 生产环境采样与测试方法：见附录 E。

7.3 消毒效果生物监测评价方法：见附录 F。

8 原材料卫生要求

8.1 原材料应无毒、无害、无污染；原材料包装应清洁，清楚标明内含物的名称、生产单位、生产日期或生产批号；影响卫生质量的原材料应不裸露；有特殊要求的原材料应标明保存条件和保质期。

8.2 对影响产品卫生质量的原材料应有相应检验报告或证明材料，必要时需进行微生物监控和采取相应措施。

8.3 禁止使用废弃的卫生用品作原材料或半成品。

9 生产环境与过程卫生要求

9.1 生产区周围环境应整洁，无垃圾，无蚊、蝇等害虫孳生地。

9.2 生产区应有足够空间满足生产需要，布局必须符合生产工艺要求，分隔合理，人、物分流，产品流程中无逆向与交叉。原料进入与成品出去应有防污染措施和严格的操作规程，减少生产环境微生物污染。

9.3 生产区内应配置有效的防尘、防虫、防鼠设施，地面、墙面、工作台面应平整、光滑、不起尘、便于除尘与清洗消毒，有充足的照明与空气消毒或净化措施，以保证生产环境满足本标准第 5 章的规定。

9.4 配置必需的生产和质检设备，有完整的生产和质检记录，切实保证产品卫生质量。

9.5 生产过程中使用易燃、易爆物品或产生有害物质的，必须具备相应安全防护措施，符合国家有关标准或规定。

9.6 原材料和成品应分开堆放，待检、合格、不合格原材料和成品应严格分开堆放并设明显标志。仓库内应干燥、清洁、通风，设防虫、防鼠设施与垫仓板，符合产品保存条件。

9.7 进入生产区要换工作衣和工作鞋，戴工作帽，直接接触裸装产品的人员需戴口罩，清洗和消毒双手或戴手套；生产区前应相应设有更衣室、洗手池、消毒池与缓冲区。

9.8 从事卫生用品生产的人员应保持个人卫生，不得留指甲，工作时不得戴手饰，长发应卷在工作帽内。痢疾、伤寒、病毒性肝炎、活动性肺结核、尖锐湿疣、淋病及化脓性或渗出性皮肤病患者或病原携带者不得参与直接与产品接触的生产活动。

9.9 从事卫生用品生产的人员应在上岗前及定期(每年一次)进行健康检查与卫生知识(包括生产卫

生、个人卫生、有关标准与规范)培训，合格者方可上岗。

10 消毒过程要求

10.1 消毒级产品最终消毒必须采用环氧乙烷、电离辐射或压力蒸汽等有效消毒方法。所用消毒设备必须符合有关卫生标准。

10.2 根据产品卫生标准、初始污染菌与消毒效果生物监测评价标准制定消毒程序、技术参数、工作制度，经验证后严格按照既定的消毒工艺操作。该消毒程序、技术参数或影响消毒效果的原材料或生产工艺发生变化后应重新验证确定消毒工艺。

10.3 每次消毒过程必须进行相应的工艺(物理)和化学指示剂监测，每月用相应的生物指示剂监测，只有当工艺监测、化学监测、生物监测达到规定要求时，被消毒物品才能出厂。

10.4 产品经消毒处理后，外观与性能应与消毒处理前无明显可见的差异。

11 包装、运输与贮存要求

11.1 执行卫生用品运输或贮存的单位或个人，应严格按照生产者提供的运输与贮存要求进行运输或贮存。

11.2 直接与产品接触的包装材料必须无毒、无害、清洁，产品的所有包装材料必须具有足够的密封性和牢固性以达到保证产品在正常的运输与贮存条件下不受污染的目的。

12 产品标识要求

12.1 产品标识应符合《中华人民共和国产品质量法》的规定，并在产品包装上标明执行的卫生标准号以及生产日期和保质期(有效期)或生产批号和限定使用日期。

12.2 消毒级产品还应在销售包装上注明“消毒级”字样以及消毒日期和有效期或消毒批号和限定使用日期，在运输包装上标明“消毒级”字样以及消毒单位与地址、消毒方法、消毒日期和有效期或消毒批号和限定使用日期。

附录A

(标准的附录)

产品毒理学测试方法

A1 各类产品毒理学测试指标

当原材料、生产工艺等发生变化可能影响产品毒性时，应按表A1根据不同产品种类提供有效的(经政府认定的第三方)成品毒理学测试报告。

表A1

产 品 种 类	皮肤刺激试验	阴道粘膜刺激试验	皮肤变态反应试验
手套或指套、内裤	√		√
抗菌(或抑菌)液体产品	√	根据用途选择[1]	√
湿巾、卫生湿巾	√	根据用途选择[1]	根据材料选择
口 罩	√		
妇女经期卫生用品		√	√
尿布等排泄物卫生用品	√		√
避孕套		√	√

1) 用于阴道粘膜的产品须做阴道粘膜刺激试验，但无须做皮肤刺激试验。

A2 试验方法

皮肤刺激试验、阴道粘膜刺激试验和皮肤变态反应试验方法按卫生部《消毒技术规范》(第三版)第一分册《实验技术规范》(1999)中的"消毒剂毒理学实验技术"中相应的试验方法进行。

固体产品的样品制备方法按照 A3 进行。

注：1 用于皮肤刺激试验中的空白对照应为：生理盐水和斑贴纸。

2 在皮肤变态反应中，致敏处理和激发处理所用的剂量保持一致。

A3 样品制备

A3.1 皮肤刺激试验和皮肤变态反应试验

以横断方式剪一块斑贴大小的产品。对于干的产品，如尿布、妇女经期卫生用品，用生理盐水润湿后贴到皮肤上，再用斑贴纸覆盖。湿的产品，如湿巾，则可以按要求裁剪合适的面积，直接贴到皮肤上，再用斑贴纸覆盖。

A3.2 阴道黏膜刺激试验

A3.2.1 干的产品(如妇女经期卫生用品)

以横断方式剪取足够量的产品，按 1g/10mL 的比例加入灭菌生理盐水，密封于萃取容器中搅拌后置于 37℃±1℃下放置 24h。冷却到室温，搅拌后析取样液备检。

A3.2.2 湿的产品(如卫生湿巾)

在进行阴道黏膜刺激试验的当天，挤出湿巾里的添加液作为试样。

A4 判定标准

以卫生部《消毒技术规范》(第三版)第一分册《实验技术规范》(1999)中"毒理学试验结果的最终判定"的相应部分作为试验结果判定原则。

附录 B

(标准的附录)

产品微生物检测方法

B1 产品采集与样品处理

于同一批号的三个运输包装中至少抽取 12 个最小销售包装样品，1/4 样品用于检测，1/4 样品用于留样，另 1/2 样品(可就地封存)必要时用于复检。抽样的最小销售包装不应有破裂，检验前不得启开。

在 100 级净化条件下用无菌方法打开用于检测的至少 3 个包装，从每个包装中取样，准确称取 10g±1g样品，剪碎后加入到 200mL 灭菌生理盐水中，充分混匀，得到一个生理盐水样液。液体产品用原液直接做样液。

如被检样品含有大量吸水树脂材料而导致不能吸出足够样液时，稀释液量可按每次 50mL 递增，直至能吸出足够测试用样液。在计算细菌菌落总数与真菌菌落总数时应调整稀释度。

B2 细菌菌落总数与初始污染菌检测方法

本方法适用于产品初始污染菌与细菌菌落总数(以下统称为细菌菌落总数)检测。

B2.1 操作步骤

待上述生理盐水样液自然沉降后取上清液作菌落计数。共接种 5 个平皿，每个平皿中加入 1mL 样液，然后用冷却至 45℃左右的熔化的营养琼脂培养基 15~20mL 倒入每个平皿内混合均匀。待琼脂凝固后翻转平皿置 35℃±2℃ 培养 48h 后，计算平板上的菌落数。

B2.2 结果报告

菌落呈片状生长的平板不宜采用；计数符合要求的平板上的菌落，按式(B1)计算结果：

$$X_1 = A \times \frac{K}{5} \quad \cdots\cdots (B1)$$

式中 X_1——细菌菌落总数，cfu/g 或 cfu/mL；

A——5 块营养琼脂培养基平板上的细菌菌落总数；

K——稀释度。

当菌落数在 100 以内，按实有数报告，大于 100 时采用二位有效数字。

如果样品菌落总数超过本标准的规定，按 B2.3 进行复检和结果报告。

B2.3 复检方法

将留存的复检样品依前法复测 2 次，2 次结果平均值都达到本标准的规定，则判定被检样品合格；其中有任何 1 次结果平均值超过本标准规定，则判定被检样品不合格。

B3 大肠菌群检测方法

B3.1 操作步骤

取样液 5mL 接种 50mL 乳糖胆盐发酵管，置 35℃±2℃ 培养 24h，如不产酸也不产气，则报告为大肠菌群阴性。

如产酸产气，则划线接种伊红美蓝琼脂平板，置 35℃±2℃ 培养 18~24h，观察平板上菌落形态。典型的大肠菌落为黑紫色或红紫色，圆形，边缘整齐，表面光滑湿润，常具有金属光泽，也有的呈紫黑色，不带或略带金属光泽，或粉红色，中心较深的菌落。

取疑似菌落 1~2 个作革兰氏染色镜检，同时接种乳糖发酵管，置 35℃±2℃培养 24h，观察产气情况。

B3.2 结果报告

凡乳糖胆盐发酵管产酸产气，乳糖发酵管产酸产气，在伊红美蓝平板上有典型大肠菌落，革兰氏染色为阴性无芽胞杆菌，可报告被检样品检出大肠杆菌。

B4 绿脓杆菌检测方法

B4.1 操作步骤

取样液 5mL，加入到 50mL SCDLP 培养液中，充分混匀，置 35℃±2℃培养 18~24h。如有绿脓杆菌生长，培养液表面呈现一层薄菌膜，培养液常呈黄绿色或蓝绿色。从培养液的薄菌膜处挑取培养物，划线接种十六烷三甲基溴化铵琼脂平板，置 35℃±2℃培养 18~24h，观察菌落特征。绿脓杆菌在此培养基上生长良好，菌落扁平，边缘不整，菌落周围培养基略带粉红色，其他菌不长。

取可疑菌落涂片作革兰氏染色，镜检为革兰氏阴性菌者应进行下列试验：

氧化酶试验：取一小块洁净的白色滤纸片放在灭菌平皿内，用无菌玻棒挑取可疑菌落涂在滤纸片上，然后在其上滴加一滴新配制的 1%二甲基对苯二胺试液，30s 内出现粉红色或紫红色，为氧化酶试验阳性，不变色者为阴性。

绿脓菌素试验：取 2~3 个可疑菌落，分别接种在绿脓菌素测定用培养基斜面，35℃±2℃培养24h，加入三氯甲烷 3~5mL，充分振荡使培养物中可能存在的绿脓菌素溶解，待三氯甲烷呈蓝色时，用吸管移到另一试管中并加入 1mol/L 的盐酸 1mL，振荡后静置片刻。如上层出现粉红色或紫红色即为阳性，表示有绿脓菌素存在。

硝酸盐还原产气试验：挑取被检菌落纯培养物接种在硝酸盐胨水培养基中，置 35℃±2℃培养24h，培养基小倒管中有气者即为阳性。

明胶液化试验：取可疑菌落纯培养物，穿刺接种在明胶培养基内，置 35℃±2℃培养 24h，取出放于4~10℃，如仍呈液态为阳性，凝固者为阴性。

42℃生长试验：取可疑培养物，接种在普通琼脂斜面培养基上，置42℃培养24~48h，有绿脓杆菌生长为阳性。

B4.2 结果报告

被检样品经增菌分离培养后，证实为革兰氏阴性杆菌，氧化酶及绿脓杆菌试验均为阳性者，即可报告被检样品中检出绿脓杆菌。如绿脓菌素试验阴性而液化明胶、硝酸盐还原产气和42℃生长试验三者皆为阳性时，仍可报告被检样品中检出绿脓杆菌。

B5 金黄色葡萄球菌检测方法

B5.1 操作步骤

取样液5mL，加入到50mL SCDLP培养液中，充分混匀，置35℃±2℃培养24h。

自上述增菌液中取1~2接种环，划线接种在血琼脂培养基上，置35℃±2℃培养24~48h。在血琼脂平板上该菌菌落呈金黄色，大而突起，圆形，不透明，表面光滑，周围有溶血圈。

挑取典型菌落，涂片作革兰氏染色镜检，金黄色葡萄球菌为革兰氏阳性球菌，排列成葡萄状，无芽胞与荚膜。镜检符合上述情况，应进行下列试验：

甘露醇发酵试验：取上述菌落接种甘露醇培养液，置35℃±2℃培养24h，发酵甘露醇产酸者为阳性。

血浆凝固酶试验：玻片法：取清洁干燥载玻片，一端滴加一滴生理盐水，另一端滴加一滴兔血浆，挑取菌落分别与生理盐水和血浆混合，5min如血浆内出现团块或颗粒状凝块，而盐水滴仍呈均匀混浊无凝固则为阳性，如两者均无凝固则为阴性。凡盐水滴与血浆滴均有凝固现象，再进行试管凝固酶试验；试管法：吸取1∶4新鲜血浆0.5mL，放灭菌小试管中，加入等量待检菌24h肉汤培养物0.5mL。混匀，放35℃±2℃温箱或水浴中，每半小时观察一次，24h之内呈现凝块即为阳性。同时以已知血浆凝固酶阳性和阴性菌株肉汤培养物各0.5mL作阳性与阴性对照。

B5.2 结果报告

凡在琼脂平板上有可疑菌落生长，镜检为革兰氏阳性葡萄球菌，并能发酵甘露醇产酸，血浆凝固酶试验阳性者，可报告被检样品检出金黄色葡萄球菌。

B6 溶血性链球菌检测方法

B6.1 操作步骤

取样液5mL加入到50mL葡萄糖肉汤，35℃±2℃培养24h。

将培养物划线接种血琼脂平板，35℃±2℃培养24h观察菌落特征。溶血性链球菌在血平板上为灰白色，半透明或不透明，针尖状突起，表面光滑，边缘整齐，周围有无色透明溶血圈。

挑取典型菌落作涂片革兰氏染色镜检，应为革兰氏阳性，呈链状排列的球菌。镜检符合上述情况，应进行下列试验：

链激酶试验：吸取草酸钾血浆0.2mL(0.01g草酸钾加5mL兔血浆混匀，经离心沉淀，吸取上清液)，加入0.8mL灭菌生理盐水，混匀后再加入待检菌24h肉汤培养物0.5mL和0.25%氯化钙0.25mL,混匀，放35℃±2℃水浴中，2min观察一次(一般10min内可凝固)，待血浆凝固后继续观察并记录溶化时间。如2h内不溶化，继续放置24h观察，如凝块全部溶化为阳性，24h仍不溶化为阴性。

杆菌肽敏感试验：将被检菌菌液涂于血平板上，用灭菌镊子取每片含0.04单位杆菌肽的纸片放在平板表面上，同时以已知阳性菌株作对照，在35℃±2℃下放置18~24h，有抑菌带者为阳性。

B6.2 结果报告

镜检革兰氏阳性链状排列球菌，血平板上呈现溶血圈，链激酶和杆菌肽试验阳性，可报告被检样品检出溶血性链球菌。

B7 真菌菌落总数检测方法

B7.1 操作步骤

待上述生理盐水样液自然沉降后取上清液作真菌计数，共接种 5 个平皿，每一个平皿中加入 1mL 样液，然后用冷却至 45℃左右的熔化的沙氏琼脂培养基 15~25mL 倒入每个平皿内混合均匀，琼脂凝固后翻转平皿置 25℃±2℃培养 7 天，分别于 3、5、7 天观察，计算平板上的菌落数，如果发现菌落蔓延，以前一次的菌落计数为准。

B7.2 结果报告

菌落呈片状生长的平板不宜采用；计数符合要求的平板上的菌落，按式(B2)计算结果：

$$X_2 = B \times \frac{K}{5} \quad \cdots\cdots (B2)$$

式中 X_2——真菌菌落总数，cfu/g 或 cfu/mL；

B——5 块沙氏琼脂培养基平板上的真菌菌落总数；

K——稀释度。

当菌落数在 100 以内，按实有数报告，大于 100 时采用二位有效数字。

如果样品菌落总数超过本标准的规定，按 B7.3 进行复检和结果报告。

B7.3 复检方法

将留存的复检样品依前法复测 2 次，2 次结果都达到本标准的规定，则判定被检样品合格，其中有任何 1 次结果超过本标准规定，则判定被检样品不合格。

B8 真菌定性检测方法

B8.1 操作步骤

取样液 5mL 加入到 50mL 沙氏培养基中，25℃±2℃培养 7 天，逐日观察有无真菌生长。

B8.2 结果报告

培养管混浊应转种沙氏琼脂培养基，证实有真菌生长，可报告被检样品检出真菌。

附 录 C

（标准的附录）

产品杀菌性能、抑菌性能与稳定性测试方法

C1 样品采集

为使样品具有良好的代表性，应于同一批号三个运输包装中至少随机抽取 20 件最小销售包装样品，其中 5 件留样，5 件做抑菌或杀菌性能测试，10 件做稳定性测试。

C2 试验菌与菌液制备

C2.1 试验菌

C2.1.1 细菌：金黄色葡萄球菌(ATCC 6538)，大肠杆菌(8099 或 ATCC 25922)。

C2.1.2 酵母菌：白色念珠菌(ATCC 10231)。

菌液制备：取菌株第 3~14 代的营养琼脂培养基斜面新鲜培养物(18~24h)，用 5mL 0.03mol/L 磷酸盐缓冲液(以下简称 PBS)洗下菌苔，使菌悬浮均匀后用上述 PBS 稀释至所需浓度。

C3 杀菌性能试验方法

该试验取样部位，根据被试产品生产者的说明而确定。

C3.1 中和剂鉴定试验

进行杀菌性能测试必须通过以下中和剂鉴定试验。

C3.1.1 试验分组

1）染菌样片+5mL PBS。

2）染菌样片+5mL 中和剂。

3）染菌对照片+5mL 中和剂。

4）样片+5mL 中和剂+染菌对照片。

5）染菌对照片+5mL PBS。

6）同批次 PBS。

7）同批次中和剂。

8）同批次培养基。

C3.1.2 评价规定

1）第 1 组无试验菌，或仅有极少数试验菌菌落生长。

2）第 2 组有较第 1 组为多，但较第 3、4、5 组为少的试验菌落生长，并符合要求。

3）第 3、4、5 组有相似量试验菌生长，并在 $1\times10^4\sim9\times10^4$cfu/片之间，其组间菌落数误差率应不超过 15%。

4）第 6~8 组无菌生长。

5）连续 3 次试验取得合格评价。

C3.2 杀菌试验

C3.2.1 操作步骤

将试验菌 24h 斜面培养物用 PBS 洗下，制成菌悬液（要求的浓度为：用 100μL 滴于对照样片上，回收菌数为 $1\times10^4\sim9\times10^4$cfu/片）。

取被试样片（2.0cm×3.0cm）和对照样片（与试样同质材料，同等大小，但不含抗菌材料，且经灭菌处理）各 4 片，分成 4 组置于 4 个灭菌平皿内。

取上述菌悬液，分别在每个被试样片和对照样片上滴加 100μL，均匀涂布，开始计时，作用 2、5、10、20min，用无菌镊分别将样片投入含 5mL 相应中和剂的试管内，充分混匀，作适当稀释，然后取其中 2~3 个稀释度，分别吸取 0.5mL，置于两个平皿，用凉至 40~45℃的营养琼脂培养基（细菌）或沙氏琼脂培养基（酵母菌）15mL 作倾注，转动平皿，使其充分均匀，琼脂凝固后翻转平板，35℃±2℃培养 48h（细菌）或 72h（酵母菌），作活菌菌落计数。

试验重复 3 次，按式（C1）计算杀菌率：

$$X_3 = (A - B)/A \times 100\% \qquad \text{(C1)}$$

式中 X_3——杀菌率，%；

A——对照样品平均菌落数；

B——被试样品平均菌落数。

C3.2.2 评价标准

杀菌率≥90%，产品有杀菌作用。

C4 溶出性抗（抑）菌产品抑菌性能试验方法

C4.1 操作步骤

将试验菌 24h 斜面培养物用 PBS 洗下，制成菌悬液（要求的浓度为：用 100μL 滴于对照样片上或 5mL 样液内，回收菌数为 $1\times10^4\sim9\times10^4$cfu/片或 mL）。

取被试样片（2.0cm×3.0cm）或样液（5mL）和对照样片或样液（与试样同质材料，同等大小，但不含抗菌材料，且经灭菌处理)各4片(置于灭菌平皿内)或4管。

取上述菌悬液，分别在每个被试样片或样液和对照样片或样液上或内滴加100μL，均匀涂布/混合，开始计时，作用2min、5min、10min、20min，用无菌镊分别将样片或样液(0.5mL)投入含5mL PBS的试管内，充分混匀，作适当稀释，然后取其中2~3个稀释度，分别吸取0.5mL，置于两个平皿，用凉至40~45℃的营养琼脂培养基(细菌)或沙氏琼脂培养基(酵母菌)15mL作倾注，转动平皿，使其充分均匀，琼脂凝固后翻转平板，35℃±2℃培养48h(细菌)或72h(酵母菌)，作活菌菌落计数。

试验重复3次，按式(C2)计算抑菌率：

$$X_4 = (A - B)/A \times 100\% \quad \text{(C2)}$$

式中 X_4——抑菌率,%；

A——对照样品平均菌落数；

B——被试样品平均菌落数。

C4.2 评价标准

抑菌率≥50%~90%，产品有抑菌作用，抑菌率≥90%，产品有较强抑菌作用。

C5 非溶出性抗(抑)菌产品抑菌性能试验方法

C5.1 操作步骤

称取被试样片(剪成1.0cm×1.0cm大小)0.75g分装包好。

将0.75g重样片放入一个250mL的三角烧瓶中，分别加入70mL PBS和5mL菌悬液，使菌悬液在PBS中的浓度为1×10^4~9×10^4cfu/mL。

将三角烧瓶固定于振荡摇床上，以300r/min振摇1h。

取0.5mL振摇后的样液，或用PBS做适当稀释后的样液，以琼脂倾注法接种平皿，进行菌落计数。

同时设对照样片组和不加样片组，对照样片组的对照样片与被试样片同样大小，但不含抗菌成分，其他操作程序均与被试样片组相同，不加样片组分别取5mL菌悬液和70mL PBS加入一个250mL三角烧瓶中，混匀，分别于0时间和振荡1h后，各取0.5mL菌悬液与PBS的混合液做适当稀释，然后进行菌落计数。

试验重复3次，按式(C3)计算抑菌率：

$$X_5 = (A - B)/A \times 100\% \quad \text{(C3)}$$

式中 X_5——抑菌率,%；

A——被试样品振荡前平均菌落数；

B——被试样品振荡后平均菌落数。

C5.2 评价标准

不加样片组的菌落数在1×10^4~9×10^4cfu/mL之间，且样品振荡前后平均菌落数差值在10%以内，试验有效；被试样片组抑菌率与对照样片组抑菌率的差值>26%，产品具有抗菌作用。

C6 稳定性测试方法

C6.1 测试条件

C6.1.1 自然留样：将原包装样品置室温下至少1年，每半年进行抑菌或杀菌性能测试。

C6.1.2 加速试验：将原包装样品置54~57℃恒温箱内14天或37~40℃恒温箱内3个月，保持相对湿度>75%，进行抑菌或杀菌性能测试。

C6.2 评价标准

产品经自然留样，其杀菌率或抑菌率达到附录C3或附录C4、附录C5中规定的标准值，产品的杀菌或抑菌作用在室温下的保持时间即为自然留样时间。

产品经54℃加速试验，其杀菌率或抑菌率达到附录C3或附录C4、附录C5中规定的标准值，产品的杀菌或抑菌作用在室温下至少保持一年。

产品经37℃加速试验，其杀菌率或抑菌率达到附录C3或附录C4、附录C5中规定的标准值，产品的杀菌或抑菌作用在室温下至少保持二年。

附 录 D

（标准的附录）

产品环氧乙烷残留量测试方法

D1 测试目的

确定产品消毒后启用时间，当新产品或原材料、消毒工艺改变可能影响产品理化性能时应予测试。

D2 样品采集

环氧乙烷消毒后，立即从同一消毒批号的三个大包装中随机抽取一定量小包装样品，采样量至少应满足规定所需测定次数的量(留一定量在必要时进行复测用)。

分别于环氧乙烷消毒后24h及以后每隔数天进行残留量测定，直至残留量降至本标准4.6所规定的标准值以下。

D3 仪器与操作条件

仪器：气相色谱仪，氢焰检测器(FID)。

柱：Chromosorb 101 HP60~80目；玻璃柱长2m，ϕ3mm。柱温：120℃。

检测器：150℃。

气化器：150℃。

载气量：氮气：35mL/min。

氢气：35mL/min。

空气：350mL/min。

柱前压约为108kPa。

D4 操作步骤

D4.1 标准配制

用100mL玻璃针筒从纯环氧乙烷小钢瓶中抽取环氧乙烷标准气(重复放空二次，以排除原有空气)，塞上橡皮头，用10mL针筒抽取上述100mL针筒中纯环氧乙烷标准气10mL，用氮气稀释到100mL(可将10mL标准气注入到已有90mL氮气的带橡皮塞头的针筒中来完成)。用同样的方法根据需要再逐级稀释2~3次(稀释1000~10000倍)，作三个浓度的标准气体。按环氧乙烷小钢瓶中环氧乙烷的纯度、稀释倍数和室温计算出最后标准气中的环氧乙烷浓度。

计算公式如下：

$$c = \frac{44 \times 10^6}{22.4 \times 10^3 \times k} \times \frac{273}{273 + t} \qquad \text{(D1)}$$

式中 c——标准气体浓度，μg/mL；

k——稀释倍数；

t——室温，℃。

D4.2 样品处理

至少取2个最小包装产品，将其剪碎，随机精确称取2g，放入萃取容器中，加入5mL去离子水，充分摇匀，放置4h或振荡30min待用。如被检样品为吸水树脂材料产品，可适当增加去离子水量，以确保至少可吸出2mL样液。

D4.3 分析

待仪器稳定后，在同样条件下，环氧乙烷标准气体各进样1.0mL，待分析样品（水溶液）各进样2μL，每一样液平行作2次测定。

根据保留时间定性，根据峰面积（或峰高）进行定量计算，取平均值。

D4.4 计算

以所进环氧乙烷标准气的微克（μg）数对所得峰面积（或峰高）作环氧乙烷工作曲线。

以样品中环氧乙烷所对应的峰面积（或峰高）在工作曲线上求得环氧乙烷的量A（μg），并以式（D2）求得产品中环氧乙烷的残留量。

$$X = \frac{A}{\frac{m}{V_{(萃)}} \times V_{(进)}} \quad \cdots\cdots (D2)$$

式中 X——产品中环氧乙烷残留量，μg/g；

A——从工作曲线中所查得环氧乙烷量，μg；

m——所取样品量，g；

$V_{(萃)}$——萃取液体积，mL；

$V_{(进)}$——进样量，mL。

附录E

（标准的附录）

生产环境采样与测试方法

E1 空气采样与测试方法

E1.1 样品采集

在动态下进行。

室内面积不超过$30m^2$，在对角线上设里、中、外三点，里、外点位置距墙1m；室内面积超过$30m^2$，设东、西、南、北、中5点，周围4点距墙1m。

采样时，将含营养琼脂培养基的平板（直径9cm）置采样点（约桌面高度），打开平皿盖，使平板在空气中暴露5min。

E1.2 细菌培养

在采样前将准备好的营养琼脂培养基置35℃±2℃培养24h，取出检查有无污染，将污染培养基剔除。

将已采集的培养基在6h内送实验室，于35℃±2℃培养48h观察结果，计数平板上细菌菌落数。

E1.3 菌落计算

$$y_1 = \frac{A \times 50000}{S_1 \times t} \quad \cdots\cdots (E1)$$

式中 y_1——空气中细菌菌落总数，cfu/m^3；

A——平板上平均细菌菌落数；

S_1——平板面积，cm^2；

t——暴露时间，min。

E2 工作台表面与工人手表面采样与测试方法

E2.1 样品采集

工作台：将经灭菌的内径为5cm×5cm的灭菌规格板放在被检物体表面，用一浸有灭菌生理盐水的棉签在其内涂抹10次，然后剪去手接触部分棉棒，将棉签放入含10mL灭菌生理盐水的采样管内送检。

工人手：被检人五指并拢，用一浸湿生理盐水的棉签在右手指曲面，从指尖到指端来回涂擦10次，然后剪去手接触部分棉棒，将棉签放入含10mL灭菌生理盐水的采样管内送检。

E2.2　细菌菌落总数检测

将已采集的样品在6h内送实验室，每支采样管充分混匀后取1mL样液，放入灭菌平皿内，倾注营养琼脂培养基，每个样品平行接种两块平皿，置35℃±2℃培养48h，计数平板上细菌菌落数。

$$y_2 = \frac{A}{S_2} \times 10 \quad \text{(E2)}$$

$$y_3 = A \times 10 \quad \text{(E3)}$$

式中　y_2——工作台表面细菌菌落总数，cfu/cm²；

A——平板上平均细菌菌落数；

S_2——采样面积，cm²；

y_3——工人手表面细菌菌落总数，cfu/只手。

E2.3　致病菌检测

按本标准附录B进行。

附 录 F

（标准的附录）

消毒效果生物监测评价方法

F1　环氧乙烷消毒

F1.1　环氧乙烷消毒效果评价用生物指示菌为枯草杆菌黑色变种芽胞（ATCC 9372）。在菌量为5×10^5～5×10^6cfu/片，环氧乙烷浓度为600mg/L±30mg/L，作用温度为54℃±2℃，相对湿度为60%±10%条件下，其杀灭90%微生物所需时间D值应为2.5～5.8min，存活时间≥7.5min，杀灭时间≤58min。

F1.2　每次测试至少布放10片生物指示剂，放于最难杀灭处。消毒完毕，取出指示菌片接种营养肉汤培养液作定性检测或接种营养琼脂培养基作定量检测，将未处理阳性对照菌片作相同接种，两者均置35℃±2℃培养。阳性对照应在24h内有菌生长。定性培养样品如连续观察7天全部无菌生长，可报告生物指示剂培养阴性，消毒合格。定量培养样品与阳性对照相比灭活指数达到10^3也可报告消毒合格。

F2　电离辐射消毒

F2.1　电离辐射消毒效果评价用生物指示菌为短小杆菌芽胞E601（ATCC 27142），在菌量为5×10^5～5×10^6cfu/片时，其杀灭90%微生物所需剂量D_{10}值应为1.7kGy。

F2.2　每次测试至少选5箱，每箱产品布放3片生物指示剂，置最小剂量处。消毒完毕，取出指示菌片接种营养肉汤培养液作定性检测或接种营养琼脂培养基作定量检测，将未处理阳性对照菌片作相同接种，两者均置35℃±2℃培养。阳性对照应在24h内有菌生长。定性培养样品如连续观察7天全部无菌生长，可报告生物指示剂培养阴性，消毒合格。定量培养样品与阳性对照相比灭活指数达到10^3也可报告消毒合格。

F3　压力蒸汽消毒

参照GB 15981—1995规定执行。

附录 G
（标准的附录）
培养基与试剂制备

G1 营养琼脂培养基

成分：

蛋白胨	10g
牛肉膏	3g
氯化钠	5g
琼脂	15~20g
蒸馏水	1000mL

制法：除琼脂外其他成分溶解于蒸馏水中，调 pH 至 7.2~7.4，加入琼脂，加热溶解，分装试管，121℃灭菌 15min 后备用。

G2 乳糖胆盐发酵管

成分：

蛋白胨	20g
猪胆盐（或牛、羊胆盐）	5g
乳糖	10g
0.04%溴甲酚紫水溶液	25mL
蒸馏水	加至 1000mL

制法：将蛋白胨、胆盐及乳糖溶于水中，校正 pH 至 7.4，加入指示剂，分装每管 50mL，并放入一个小倒管，115℃灭菌 15min，即得。

G3 乳糖发酵管

成分：

蛋白胨	20g
乳糖	10g
0.04%溴甲酚紫水溶液	25mL
蒸馏水	加至 1000mL

制法：将蛋白胨及乳糖溶于水中，校正 pH 至 7.4，加入指示剂，分装每管 10mL，并放入一个小倒管，115℃灭菌 15min，即得。

G4 伊红美蓝琼脂（EMB）

成分：

蛋白胨	10g
乳糖	10g
磷酸氢二钾	2g
琼脂	17g
2%伊红 Y 溶液	20mL
0.65%美蓝溶液	10mL
蒸馏水	加至 1000mL

制法：将蛋白胨、磷酸盐和琼脂溶解于蒸馏水中，校正 pH 至 7.1，分装于烧瓶内，121℃灭菌

15min备用，临用时加入乳糖并加热溶化琼脂，冷至 55℃，加入伊红和美蓝溶液摇匀，倾注平板。

G5 SCDLP 液体培养基

成分：

酪蛋白胨	17g
大豆蛋白胨	3g
氯化钠	5g
磷酸氢二钾	2.5g
葡萄糖	2.5g
卵磷脂	1g
吐温 80	7g
蒸馏水	1000mL

制法：将各种成分混合(如无酪蛋白胨和大豆蛋白胨可用日本多价胨代替)，加热溶解，调 pH 至 7.2~7.3，分装，121℃灭菌 20min，摇匀，避免吐温 80 沉于底部，冷至 25℃后使用。

G6 十六烷三甲基溴化铵培养液

成分：

牛肉膏	3g
蛋白胨	10g
氯化钠	5g
十六烷三甲基溴铵	0.3g
琼脂	20g
蒸馏水	1000mL

制法：除琼脂外，上述各成分混合加热溶解，调 pH 至 7.4~7.6，然后加入琼脂，115℃灭菌 20min，冷至 55℃左右，倾注平皿。

G7 绿脓菌素测定用培养基斜面

成分：

蛋白胨	20g
氯化镁	1.4g
硫酸钾	10g
琼脂	18g
甘油(化学纯)	10g
蒸馏水	加至 1000mL

制法：将蛋白胨、氯化镁和硫酸钾加到蒸馏水中，加热溶解，调 pH 至 7.4，加入琼脂和甘油，加热溶解，分装试管，115℃灭菌 20min，制成斜面备用。

G8 明胶培养基

成分：

牛肉膏	3g
蛋白胨	5g
明胶	120g
蒸馏水	1000mL

制法：各成分加入蒸馏水中浸泡 20min，加热搅拌溶解，调 pH 至 7.4，5mL 分装于试管中，115℃灭菌 20min，直立制成高层备用。

G9 硝酸盐蛋白胨水培养基

成分：

蛋白胨	10g
酵母浸膏	3g
硝酸钾	2g
亚硝酸钠	0.5g
蒸馏水	1000mL

制法：将蛋白胨与酵母浸膏加到蒸馏水中，加热溶解，调 pH 至 7.2，煮沸过滤后补足液量，加入硝酸钾和亚硝酸钠溶解均匀，分装到加有小倒管的试管中，115℃灭菌 20min 备用。

G10 血琼脂培养基

成分：

营养琼脂	100mL
脱纤维羊血(或兔血)	10mL

制法：将灭菌后的营养琼脂加热溶化，凉至 55℃左右，用无菌方法将 10mL 脱纤维血加入后摇匀，倾注平皿置冰箱备用。

G11 甘露醇发酵培养基

成分：

蛋白胨	10g
牛肉膏	5g
氯化钠	5g
甘露醇	10g
0.2%溴麝香草酚蓝溶液	12mL
蒸馏水	1000mL

制法：将蛋白胨、氯化钠、牛肉膏加到蒸馏水中，加热溶解，调 pH 至 7.4，加入甘露醇和溴麝香草酚蓝混匀后，分装试管，115℃灭菌 20min 备用。

G12 葡萄糖肉汤

成分：

蛋白胨	10g
牛肉膏	5g
氯化钠	5g
葡萄糖	10g
蒸馏水	1000mL

制法：上述成分溶于蒸馏水中，调 pH 至 7.2～7.4，加热溶解，分装试管，121℃灭菌 15min 后备用。

G13 兔血浆

制法：取灭菌 3.8%柠檬酸钠 1 份，兔全血 4 份，混匀静置，3000r/min 离心 5min，取上清，弃血球。

G14 沙氏琼脂培养基

蛋白胨	10g

葡萄糖	40g
琼脂	20g
蒸馏水	1000mL

用 700mL 蒸馏水将琼脂溶解，300mL 蒸馏水将葡萄糖与蛋白胨溶解，混合上述两部分，摇匀后分装，115℃灭菌 15min，即得。使用前，用过滤除菌方法加入 0.1g/L 的氯霉素或者 0.03g/L 的链霉素。

定性试验采用沙氏培养液，除不加琼脂外其他成分与制法同上。

G15 营养肉汤培养液

蛋白胨	10g
氯化钠	5g
牛肉膏	3g
蒸馏水	1000mL

调节 pH 使灭菌后为 7.2~7.4，分装，115℃灭菌 30min，即得。

G16 溴甲酚紫葡萄糖蛋白胨水培养基

蛋白胨	10g
葡萄糖	5g
蒸馏水	1000mL

调节 pH 至 7.0~7.2，加 2%溴甲酚紫酒精溶液 0.6mL，115℃灭菌 30min，即得。

G17 革兰氏染色液

结晶紫染色液：

结晶紫	1g
95%乙醇	20mL
1%草酸铵水溶液	80mL

将结晶紫溶解于乙醇中，然后与草酸铵溶液混合。

革兰氏碘液：

碘	1g
碘化钾	2g
蒸馏水	300mL

脱色剂

95%乙醇

复染液：

(1) 沙黄复染液：

沙黄	0.25g
95%乙醇	10mL
蒸馏水	90mL

将沙黄溶解于乙醇中，然后用蒸馏水稀释。

(2) 稀石炭酸复红液：

称取碱性复红 10g，研细，加 95%乙醇 100mL，放置过夜，滤纸过滤。取该液 10mL，加 5%石炭酸水溶液 90mL 混合，即为石炭酸复红液。再取此液 10mL，加水 90mL，即为稀石炭酸复红液。

G18　0.03mol/L 磷酸盐缓冲液(PBS，pH 7.2)

成分：

磷酸氢二钠	2.83g
磷酸二氢钾	1.36g
蒸馏水	1000mL

绒毛浆(GB/T 21331—2008)

2008-09-01 实施

1　范围

本标准规定了绒毛浆的产品分类、技术要求、试验方法、检验规则及标志、包装、运输、贮存。

本标准适用于生产一次性卫生用品的原料绒毛浆。

2　规范性引用文件

下列文件中的条款通过本标准的引用而成为本标准的条款。凡是注日期的引用文件，其随后所有的修改单(不包括勘误的内容)或修订版均不适用于本标准，然而，鼓励根据本标准达成协议的各方研究是否可使用这些文件的最新版本。凡是不注日期的引用文件，其最新版本适用于本标准。

GB/T 451.2　纸和纸板定量的测定(GB/T 451.2—2002，eqv ISO 536：1995)

GB/T 451.3　纸和纸板厚度的测定(GB/T 451.3—2002，idt ISO 534：1988)

GB/T 462　纸和纸板　水分的测定(GB/T 462—2003，ISO 287：1985，MOD)

GB/T 740　纸浆　试样的采取(GB/T 740—2003，ISO 7213：1991，IDT)

GB/T 1539　纸板耐破度的测定(GB/T 1539—2007，ISO 2759：1983，EQV)

GB/T 2828.1　计数抽样检验程序　第 1 部分：按接收质量限(AQL)检索的逐批检验抽样计划(GB/T 2828.1—2003，ISO 2859-1：1999，IDT)

GB/T 7974　纸、纸板和纸浆亮度(白度)的测定　漫射/垂直法(GB/T 7974—2002，neq ISO 2470：1999)

GB/T 7979　纸浆二氯甲烷抽出物的测定

GB/T 10739　纸、纸板和纸浆试样处理和试验的标准大气条件(GB/T 10739—2002，eqv ISO 187：1990)

GB/T 10740—2002　纸浆尘埃和纤维束的测定(GB/T 10740—2002，eqv ISO 5350：1998)

GB 15979　一次性使用卫生用品卫生标准

3　术语和定义

下列术语和定义适用于本标准。

3.1　全处理浆

经过较强物理或化学处理使浆板的蓬松性显著改善的绒毛浆。

3.2　半处理浆

经过弱的物理或化学处理使浆板的蓬松性有一定改善的绒毛浆。

3.3　未处理浆

未经过改善浆板蓬松性处理的绒毛浆。

4　产品分类和分等

4.1　绒毛浆一般为卷筒浆板。

4.2　绒毛浆产品分为全处理浆、半处理浆和未处理浆。

4.3 绒毛浆按质量分为优等品和合格品。

5 技术要求

5.1 绒毛浆的技术指标应符合表1的要求，或按订货合同的规定。

表1

指标名称			单位	规定					
				全处理浆		半处理浆		未处理浆	
				优等品	合格品	优等品	合格品	优等品	合格品
定量偏差			%	±5		±5		±5	
紧度		≤	g/cm^3	0.60		0.60		0.60	
耐破指数		≤	$kPa\cdot m^2/g$	0.85		1.10		1.50	
亮度		≥	%	83.0	80.0	83.0	80.0	83.0	80.0
二氯甲烷抽出物		≤	%	0.20	0.30	0.12	0.18	0.02	0.08
干蓬松度		≥	cm^3/g	19.0	17.0	20.0	18.0	22.0	20.0
吸水时间		≤	s	6.0	9.5	5.0	7.5	3.0	4.0
吸水量		≥	g/g	9.0	6.0	10.0	7.0	11.0	8.0
尘埃度	$0.3mm^2\sim1.0mm^2$ 尘埃	≤	$mm^2/500g$	25					
	$1.0mm^2\sim5.0mm^2$ 尘埃	≤		10					
	大于 $5.0mm^2$ 尘埃			不应有					
交货水分			%	6~10					

5.2 绒毛浆的卫生要求执行GB 15979。

5.3 绒毛浆板不应有肉眼可见的金属杂质、沙粒等异物，无明显的纤维束和尘埃。

6 试验方法

6.1 试样的采取：按GB/T 740取样，试样处理和试验的标准大气按GB/T 10739进行。

6.2 定量偏差按GB/T 451.2测定。

6.3 紧度按GB/T 451.3测定，应测得厚度后再换算成紧度。

6.4 耐破指数按GB/T 1539测定。

6.5 亮度按GB/T 7974测定。

6.6 二氯甲烷抽出物按GB/T 7979测定。

6.7 尘埃度按GB/T 10740—2002测定，其中有一种方法测定结果合格则判为合格。

6.8 干蓬松度按附录B测定。

6.9 吸水时间和吸水量按附录B测定。

6.10 交货水分按GB/T 462测定。

6.11 卫生指标按GB 15979测定。

6.12 外观质量采用目测检验。

7 检验规则

7.1 生产厂应保证所生产的绒毛浆符合本标准或定货合同的规定，每卷绒毛浆交货时应附有一份产品合格证。

7.2 以一次交货数量为一批，产品交收检验抽样应按GB/T 2828.1的规定进行，样本单位为卷筒

(件)。接收质量限(AQL)：干蓬松度、吸水时间、吸水量为4.0；定量偏差、紧度、二氯甲烷抽出物、尘埃度、耐破指数、交货水分、亮度、外观质量为6.5。采用方案、检验水平为特殊检验水平S-2的正常检验二次抽样，其抽样方案见表2。

表2

批量 卷筒(件)	检查水平S-2的正常检查二次抽样方案				
	样本 大小	B类不合格品 AQL=4.0		C类不合格品 AQL=6.5	
		Ac	Re	Ac	Re
≤50	3	0	1	0	1
51~150	3	0	1	—	—
	5	—	—	0	2
	5(10)	—	—	1	2
151~3200	8	0	2	0	3
	8(16)	1	2	3	4

7.3 在抽样时，应先检查样本外部包装情况，然后从中采取试样进行检验。

7.4 可接收性的确定：第一次检验的样品数量应等于该方案给出的第一样本量。如果第一样本中发现的不合格品数量小于或等于第一接收数，应认为该批是可接收的；如果第一样本中发现的不合格品数大于或等于第一拒收数，应认为该批是不可接收的。如果第一样本中发现的不合格品数介于第一接收数与第一拒收数之间，应检验由方案给出的样本量的第二样本并累计在第一样本和第二样本中发现的不合格品数。如果不合格品数累计数小于或等于第二接收数，则判定该批是可接收的；如果不合格品累计数大于或等于第二拒收数，则判定该批是不可接收的。

7.5 卫生指标GB 15979进行测定，经检测若卫生指标有一项不符合规定，则判为批不合格。

7.6 需方若对产品质量有异议，应将该批产品封存并在到货后三个月内(或按合同规定)通知供方，由供需双方共同对该批产品进行抽样检验。如不符合本标准规定，则判批不合格，由供方负责处理；如符合本标准规定，则判为批合格，由需方负责处理。

8 标志、包装、运输、贮存

8.1 每卷绒毛浆应标明产品名称、产品标准编号、商标、生产企业名称、地址、规格、批号或卷号、定量、风干重、等级、生产日期，并贴上产品合格证。

8.2 每卷产品应用塑料膜包紧。

8.3 产品运输时，应使用具有防护措施的洁净的运输工具，不应和有污染性的物质共同运输。

8.4 产品在搬运过程中，应注意轻放，防雨、防潮，不应抛扔。

8.5 产品应妥善贮存于干燥、清洁、无毒、无异味、无污染的仓库内。

附录A
(规范性附录)
绒毛浆浆板的分散方法

A.1 仪器

a) 切纸刀；

b) 实验室绒毛浆板钉型分散器。

设备结构示意图如图A.1所示，钉型分散器的中心是一个直径为150mm外表镶有约500只钉子的金属鼓，由 6000r/min～8000r/min 的电动马达驱动。鼓的外部由机壳保护，机壳上有纸浆喂料器(速度可在 1cm/s～10cm/s 范围内恒速)和绒毛浆收集装置。

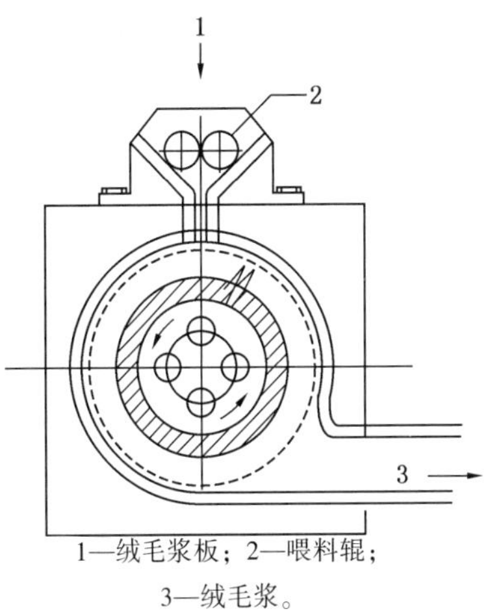

1—绒毛浆板；2—喂料辊；
3—绒毛浆。

图 A.1 绒毛浆分散器原理图

A.2 取样方法

除去绒毛浆表层的 2 层浆板后进行取样，用切纸刀裁成 30mm 宽的纸浆试样。

A.3 分散方法

启动分散器和喂料辊电源，待电机达到额定转数后，将 30mm 宽的纸浆条从两个喂料辊之间进料，分散后的绒毛浆用负压从收集口收集。

附 录 B

（规范性附录）

绒毛浆干蓬松度、吸水时间和吸水量的测定

B.1 仪器

B.1.1 试样成型器

试样成型器是将分散的绒毛浆制备成 3g 直径为 50mm 的圆柱状试样，以供测定吸水性能和蓬松度之用，试样中的纤维应分布均匀一致，其结构示意图如图 B.1 所示。分散后的绒毛浆从入口被吸入，在锥型分散管以内螺旋形分散下降，纸浆可通过试样成型器被收集在一个直径为 50mm 的塑料管中，制成用于测定的试样。在成型管内形成一个浆垫试样用于试验。

B.1.2 干蓬松度及吸水性能测定仪

本仪器主要测定绒毛浆试样的干蓬松高度、蓬松度、吸水速度和吸水量，其结构示意图如图 B.2 所示。由试样成型管制成的试样被放置于底部带孔的盘上，加上 500g 的负荷，可测出其蓬松高度，从而计算出干蓬松性。水从底部带孔的盘被试样吸收，用计时器记录试样的吸水时间，当试样完全吸水后，测出吸水量。

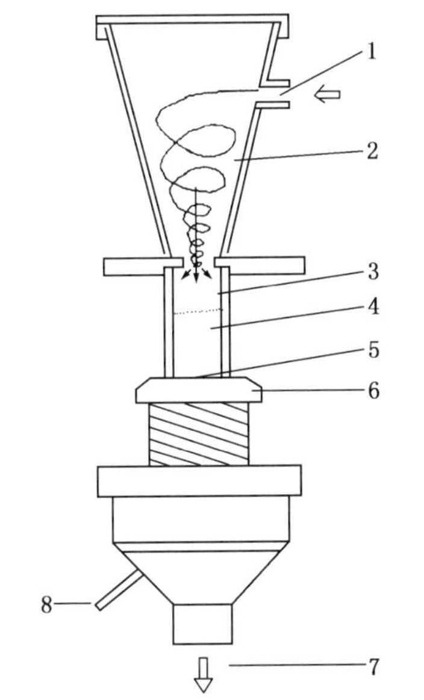

1—绒毛浆进口；2—锥型分散管道；3—成型管；
4—试样；5—金属网；6—成型管件；
7—接真空系统；8—压力计出口。

图 B.1 试样成型器原理示意图

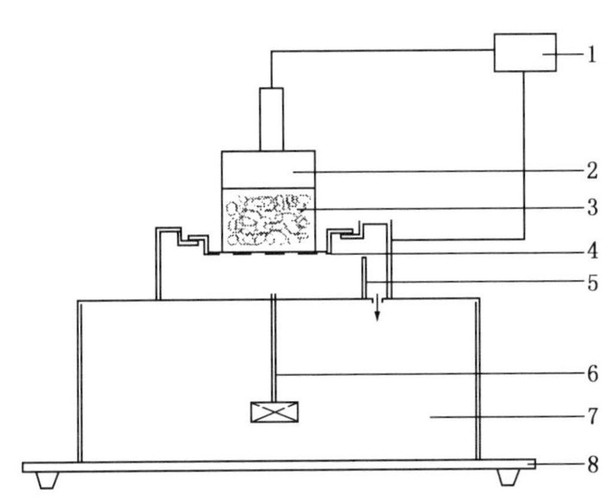

1—自动计时器；2—负荷；3—试样；4—带孔试样盘；
5—溢流板；6—水泵；7—储水箱；8—底座。

图 B.2 干蓬松度及吸水性能测定仪结构示意图

B.2 试验样品的处理

试验用绒毛浆样品应当在 GB/T 10739 规定的标准大气中处理平衡。

B.3 试验步骤

B.3.1 分散样品至绒毛状

用切纸刀将绒毛浆板裁成约 30mm 宽的样品条，启动绒毛浆分散器，从喂料辊加入样品条，分散为绒毛状样品。

B.3.2 绒毛浆干蓬松度、吸水时间和吸水量的测定

取 3g 分散后的绒毛浆，在放入绒毛浆试样成型管中成型。试样保留在成型管中，每种样品至少准备 5 块试样。将试样成型管放置未注水的绒毛浆蓬松度吸水性能测定仪上，轻轻地在绒毛浆上加 500g 负荷。去掉试样成型管，30s 后记录试样高度，即为绒毛浆的蓬松高度，单位为毫米。开动水泵，将 23℃的水注入绒毛浆蓬松度吸水性能测定仪中，启动计时器，当水浸透试样后，记录吸水时间，取两位有效数字。试样吸水应至少 30s 以上，然后降低水位。湿样排水 30s 后，移开负荷，称重湿试样。

至少做三次平行试验，检查每件样品所得结果，舍去极大值，分别计算出干蓬松度、吸水时间及吸水量的平均值。

B.4 结果计算

B.4.1 绒毛浆干蓬松度 X(cm^3/g)按式(B.1)进行计算，精确至 $0.5cm^3/g$。

$$X = S \cdot h/10m_1 = 0.655h \quad \text{(B.1)}$$

式中 S——试样的底面积，单位为平方厘米(cm^2)(底面直径 50mm 的 S 为 $19.64cm^2$)；

h——压缩后试样高度，单位为毫米(mm)；

m_1——标准大气条件下试样的质量，单位为克(g)（此处为 3.0g）。

B.4.2 绒毛浆吸水量 Y(g/g)按式(B.2)进行计算，取小数点后第一位。

$$Y = (m_2 - m_1)/m_1 \quad \text{(B.2)}$$

式中 m_2——吸水后试样的质量，单位为克(g)；

m_1——标准大气条件下试样的质量，单位为克(g)（此处为 3.0g）。

卫生用品用无尘纸(GB/T 24292—2009)

2010-03-01 实施

1 范围

本标准规定了卫生用品用无尘纸(以下简称“无尘纸”)的分类、技术要求、试验方法、检验规则及标志、包装、运输和贮存的要求。

本标准适用于加工一次性使用卫生用品的无尘纸，包括含有高吸收性树脂的合成无尘纸和不含高吸收性树脂的普通无尘纸，不包括由无纺布、PE 膜等材料复合而成的复合无尘纸。

2 规范性引用文件

下列文件中的条款通过本标准的引用而成为本标准的条款。凡是注日期的引用文件，其随后所有的修改单(不包括勘误的内容)或修订版均不适用于本标准，然而，鼓励根据本标准达成协议的各方研究是否可使用这些文件的最新版本。凡是不注明日期的引用文件，其最新版本适用于本标准。

GB/T 450 纸和纸板 试样的采取及试样纵横向、正反面的测定(GB/T 450—2008，ISO 186:

2002，MOD)

GB/T 451.2 纸和纸板定量的测定(GB/T 451.2—2002，eqv ISO 536：1995)

GB/T 462 纸、纸板和纸浆 分析试样水分的测定(GB/T 462—2008；ISO 287：1985，MOD；ISO 638：1978，MOD)

GB/T 1541 纸和纸板尘埃度的测定

GB/T 7974 纸、纸板和纸浆亮度(白度)的测定 漫射/垂直法(GB/T 7974—2002，neq ISO 2470：1999)

GB/T 10739 纸、纸板和纸浆试样处理和试验的标准大气条件(GB/T 10739—2002，eqv ISO 187：1990)

GB/T 12914 纸和纸板 抗张强度的测定(GB/T 12914—2008；ISO 1924-1：1992，MOD；ISO 1924-2:1994，MOD)

GB 15979—2002 一次性使用卫生用品卫生标准

3 分类

3.1 无尘纸按规格分为盘纸、方包纸(平切纸)。

3.2 无尘纸按品种分为普通无尘纸和合成无尘纸。

4 技术要求

4.1 无尘纸技术指标应符合表1或合同的规定。

表1 无尘纸技术指标

<table>
<tr><th colspan="3">指标名称</th><th>单位</th><th>规定</th></tr>
<tr><td colspan="2">定量偏差</td><td></td><td>%</td><td>±10</td></tr>
<tr><td colspan="2">宽度偏差</td><td></td><td>mm</td><td>±3</td></tr>
<tr><td colspan="2">厚度偏差</td><td></td><td>mm</td><td>±0.4</td></tr>
<tr><td colspan="2">纵向抗张指数</td><td>≥</td><td>N·m/g</td><td>1.5</td></tr>
<tr><td colspan="2">亮度(白度)</td><td></td><td>%</td><td>75.0~90.0</td></tr>
<tr><td colspan="2">吸水倍率</td><td>≥</td><td>倍</td><td>2.0</td></tr>
<tr><td colspan="2">pH</td><td></td><td>—</td><td>4.0~9.0</td></tr>
<tr><td colspan="2">交货水分</td><td>≤</td><td>%</td><td>10</td></tr>
<tr><td rowspan="4">尘埃度</td><td>总数</td><td>≤</td><td rowspan="4">个/m^2</td><td>20</td></tr>
<tr><td>0.2mm^2~1.0mm^2</td><td>≤</td><td>20</td></tr>
<tr><td>1.0mm^2~2.0mm^2</td><td>≤</td><td>1</td></tr>
<tr><td>大于2.0mm^2</td><td></td><td>不应有</td></tr>
<tr><td colspan="3">直径允许偏差</td><td>mm</td><td>+50
-100</td></tr>
<tr><td rowspan="2">接头 ≤</td><td>盘纸</td><td></td><td>个/盘</td><td>2</td></tr>
<tr><td>方包纸(平切纸)</td><td></td><td>个/包</td><td>14</td></tr>
</table>

注：含高分子吸收树脂的合成无尘纸不考核吸水倍率。
方包纸(平切纸)不考核直径偏差。

4.2 按合同要求可生产各种规格的无尘纸。

4.3 无尘纸的卫生指标应符合GB 15979—2002中的妇女经期卫生用品要求。

4.4　无尘纸分切端面应平整，不应有明显死折、残缺、破损、透明点、污染物、硬质块、浆团等纸病和杂质。

4.5　无尘纸应无任何异味、无毒、无害。

4.6　无尘纸盘纸单盘水平提起轴芯时，端面变形应不大于3mm。

4.7　无尘纸盘纸的纸芯应无破损、无变形。

4.8　无尘纸的纸面接头应使用与纸面宽度相同、有明显标记、便于识别的胶带进行有效连接。

4.9　废弃的卫生用品不应作为无尘纸的原材料或其半成品。

5　试验方法

5.1　试样的采取和处理

试样的采取按GB/T 450进行，试样的处理和测定按GB/T 10739进行。

5.2　定量偏差

定量按GB/T 451.2测定，定量偏差按式(1)计算，结果修约至1%。

$$定量偏差=\frac{实际定量-标称定量}{标称定量}\times 100\% \qquad (1)$$

5.3　宽度偏差

测量实际宽度，根据标称宽度计算宽度偏差，准确至整数。计算方法见式(2)。

$$宽度偏差=实际宽度-标称宽度 \qquad (2)$$

5.4　厚度偏差

厚度偏差按附录A测定，计算方法见式(3)。

$$厚度偏差=实际厚度-标称厚度 \qquad (3)$$

5.5　纵向抗张指数

纵向抗张指数按GB/T 12914测定，仲裁时按GB/T 12914中恒速拉伸法测定。结果保留至三位有效数字。

5.6　亮度(白度)

亮度(白度)按GB/T 7974测定。

5.7　吸水倍率

取一条试样，称其质量约5g(吸前质量)。用夹子垂直夹住试样的一端(≤2mm)。将试样连同夹子完全浸入约10cm深的(23±1)℃蒸馏水中，轻轻压住试样，使其完全浸没60s，然后提起夹子，使试样完全离开水面。垂直悬挂90s后，称其质量(吸后质量)，按式(4)计算吸水倍率。按同样方法测定5个试样，取5个试样的平均值作为测定结果，准确至一位小数。

$$吸水倍率=\frac{吸后质量-吸前质量}{吸前质量} \qquad (4)$$

5.8　pH

pH按附录B测定。

5.9　交货水分

交货水分按GB/T 462测定。

5.10　尘埃度

尘埃度按GB/T 1541测定。

5.11　直径允许偏差

测量实际盘纸直径，计算方法见式(5)。

$$直径允许偏差=实际直径-标称直径 \qquad (5)$$

5.12　卫生指标

卫生指标按GB 15979—2002中的7.1.3测定。

6 检验规则

6.1 生产企业应保证所生产的无尘纸符合本标准或合同的规定，以一次交货数量为一批，每批产品应附有产品合格证。

6.2 如果无尘纸的微生物指标不合格，则判定该批是不可接收的。

6.3 计数抽样检验程序按 GB/T 2828.1 规定进行。无尘纸样本单位为卷或件。接收质量限(AQL)：厚度偏差、抗张指数、pH、吸水倍率 AQL 为 4.0，定量偏差、宽度偏差、亮度、交货水分、尘埃度、直径允许偏差、接头、端面变形、外观 AQL 为 6.5。采用正常检验二次抽样，检验水平为特殊检验水平 S-3。其抽样方案见表 2。

表 2 抽 样 方 案

<table>
<tr><th rowspan="3">批量/卷(件)</th><th colspan="5">正常检验二次抽样方案　特殊检验水平 S-3</th></tr>
<tr><th rowspan="2">样本量</th><th colspan="2">AQL 值为 4.0</th><th colspan="2">AQL 值为 6.5</th></tr>
<tr><th>Ac</th><th>Re</th><th>Ac</th><th>Re</th></tr>
<tr><td rowspan="2">2~50</td><td>2</td><td>—</td><td>—</td><td>0</td><td>1</td></tr>
<tr><td>3</td><td>0</td><td>1</td><td>—</td><td>—</td></tr>
<tr><td rowspan="3">51~150</td><td>3</td><td>0</td><td>1</td><td>—</td><td>—</td></tr>
<tr><td>5</td><td>—</td><td>—</td><td>0</td><td>2</td></tr>
<tr><td>5(10)</td><td>—</td><td>—</td><td>1</td><td>2</td></tr>
<tr><td rowspan="4">151~500</td><td>5</td><td>—</td><td>—</td><td>0</td><td>2</td></tr>
<tr><td>5(10)</td><td>—</td><td>—</td><td>1</td><td>2</td></tr>
<tr><td>8</td><td>0</td><td>2</td><td>—</td><td>—</td></tr>
<tr><td>8(16)</td><td>1</td><td>2</td><td>—</td><td>—</td></tr>
<tr><td rowspan="2">501~3200</td><td>8</td><td>0</td><td>2</td><td>0</td><td>3</td></tr>
<tr><td>8(16)</td><td>1</td><td>2</td><td>3</td><td>4</td></tr>
</table>

6.4 可接收性的确定：第一次检验的样品数量应等于该方案给出的第一样本量。如果第一样本中发现的不合格品数小于或等于第一接收数，应认为该批是可接收的；如果第一样本中发现的不合格品数大于或等于第一拒收数，应认为该批是不可接收的。如果第一样本中发现的不合格品数介于第一接收数与第一拒收数之间，应检验由方案给出样本量的第二样本并累计在第一样本和第二样本中发现的不合格品数。如果不合格品累计数小于或等于第二接收数，则判定该批是可接收的；如果不合格品累计数大于或等于第二拒收数，则判定该批是不可接收的。

6.5 需方若对产品质量持有异议，可在到货后三个月内通知供方共同复验或委托共同商定的检验部门进行复验。复验结果若不符合本标准或合同的规定，则判定为批不可接收，由供方负责处理；若符合本标准的规定，则判定为批可接收，由需方负责处理。

7 标志、包装、运输和贮存

7.1 产品标志及包装

7.1.1 产品包装上应标明以下内容：

a) 产品名称；

b) 企业名称、地址、联系方式；

c) 定量、规格、数量、净重；

d) 生产日期和保质期或生产批号和限期使用日期。

7.1.2 与无尘纸直接接触的包装材料应清洁、无毒、无害。无尘纸不应裸露，以保证产品不受污染。

7.1.3 每批无尘纸应附产品质量检验报告和合格证。

7.2 产品运输及贮存

7.2.1 包装上应标明运输及贮存条件。

7.2.2 无尘纸在运输过程中应使用具有防护措施的工具，防止重压、尖物碰撞及日晒雨淋。

7.2.3 无尘纸应保存在干燥通风、不受阳光直接照射的室内，防止雨雪淋袭和地面湿气的影响，不应与有污染或有毒化学品一起贮存。

7.2.4 超过保质期的无尘纸，经重新检验合格后方可限期使用。

附 录 A
（规范性附录）
厚度偏差的测定

A.1 厚度仪器

仪器的技术参数如下：

a）测量范围：0~9mm；

b）显示分辨率：0.01mm；

c）测量准确度：0.01mm；

d）测量头下降速度：<3mm/s；

e）接触压力：0.25kPa~0.50kPa；

f）接触面积：（20±0.2）cm^2；

g）测量面平面度误差：≤0.005mm；

h）两测量面间平行度误差：≤0.01mm。

A.2 试验步骤

将测量块置于测量头下方的中间位置，使测量头的触点位于测量块的中心点上，将厚度仪回零。将试样放在测量块下方的居中位置，并将试样和测量块置于测量头下方，使测量头触点位于测量块的中心点上，待3s后立即读数。

A.3 测定

测量实际厚度，每条试样测定三点数据，取其算术平均值作为测定结果。根据标称厚度计算厚度偏差，精确至0.01mm。

附 录 B
（规范性附录）
pH 的测定

B.1 仪器和试剂

B.1.1 仪器

B.1.1.1 带复合电极的pH计。

B.1.1.2 天平，最大量程500g，感量0.1g。

B.1.1.3 温度计，精确度为±0.1℃。

B.1.1.4 烧杯，100mL。

B.1.1.5 量筒，100mL和50mL。

B.1.1.6 容量瓶，1000mL。

B.1.1.7 不锈钢剪刀。

B.1.2 试剂

B.1.2.1 蒸馏水或去离子水，pH 为 6.5~7.2。

B.1.2.2 标准缓冲溶液：25℃时 pH 为 6.86 的缓冲溶液（磷酸二氢钾和磷酸氢二钠混合液）。所用试剂应为分析纯，缓冲溶液至少一个月重新配制一次。

配制方法：称取磷酸二氢钾（KH_2PO_4）3.39g 和磷酸氢二钠（Na_2HPO_4）3.54g，置于 1000mL 容量瓶中，用蒸馏水（或去离子水）刻度，摇匀备用。

B.2 试验步骤

在常温下，称取 1g 试样，置于 100mL 烧杯内。加入蒸馏水（或去离子水）50mL，用玻璃棒搅拌，10min 后将复合电极放入烧杯中读取 pH 数值。

B.3 试验结果的计算

每种样品测定两个试样，取其算术平均值作为测定结果，准确至 0.1pH 单位。

B.4 注意事项

每次使用 pH 计前应用标准缓冲溶液（B.1.2.2）进行校准，校准方法详见仪器使用说明书。每个试样测定完毕后，应立即用蒸馏水（或去离子水）洗净电极。

卫生巾高吸收性树脂（GB/T 22875—2008）

2009-09-01 实施

1 范围

本标准规定了卫生巾（含卫生护垫）聚丙烯酸盐类高吸收性树脂的要求、试验方法、检验规则及标志、包装、运输和贮存。

本标准适用于各类妇女卫生巾（含卫生护垫）用聚丙烯酸盐类高吸收性树脂。

2 要求

2.1 卫生巾高吸收性树脂的技术指标应符合表 1 或合同的规定。

表 1

指标名称			单位	要求
残留单体（丙烯酸）		≤	mg/kg	1800
挥发物含量		≤	%	10.0
pH			—	4.0~8.0
粒度分布	<106μm	≤	%	10.0
	<45μm	≤		1.0
密度			g/cm³	0.3~0.9
吸收速度		≤	s	200
吸收量		≥	g/g	20.0

2.2 产品外观应色泽均一。

3 试验方法

3.1 残留单体（丙烯酸）按附录A测定。

3.2 挥发物含量按附录B测定。

3.3 pH按附录C测定。

3.4 粒度分布按附录D测定。

3.5 密度按附录E测定。

3.6 外观：将试样置于正常光线下目测检验。

3.7 吸收速度：用电子天平称取1.0g待测试样，准确至0.001g，然后倒入100mL的烧杯中。晃动烧杯使试样均匀分散在烧杯底部。用量筒量取23℃的标准合成试液（按附录G配制）5mL，倒入盛有试样的烧杯中，同时开始计时。待稍微倾斜烧杯时杯内液体流动性消失，记录所用时间。吸收速度用秒表示，同时进行两次测定。用两次测定的算术平均值，并修约至整数报告结果。

3.8 吸收量按附录F测定。

4 检验规则

4.1 以一次生产批为一批。

4.2 从同一批且不少于3个包装袋中均匀取样，取样量应为1kg。

4.3 产品出厂前应按本标准或合同规定进行项目检验，若经检验有不合格项，则应加倍抽样对不合格项进行复检，复检结果作为最终检验结果。

4.4 供货单位（以下简称供方）应保证产品质量符合本标准或合同规定，交货时应附产品质量合格证。

4.5 购货单位（以下简称需方）有权按本标准或合同规定检验产品，如对产品质量有异议，应在到货一个月内（或按合同规定）通知供方，供方应及时处理，必要时可由供需双方共同抽样复检。如果复检结果不符合本标准或合同规定，则判为批不合格，由供方负责处理；如果复检结果符合本标准或合同规定，则判为批合格，由需方负责处理。双方对复检结果如仍有争议，应提请双方认可的上一级检测机构进行仲裁，仲裁结果作为最后裁决依据。

5 标志、包装、运输、贮存

5.1 产品的标志、包装应按5.2或合同规定进行。

5.2 产品应使用带有内衬塑料薄膜的包装袋进行包装，包装袋应具有足够的强度，保证使用时不会发生断裂、脱落等现象。每批产品应附一份质量合格证，合格证上应注明生产单位名称、产品名称、商标、生产日期、包装量、检验结果和采用标准编号。

5.3 产品运输时应使用防雨、防潮、洁净的运输工具，不应与有污染的物品共同运输。

5.4 产品在搬运过程中不应从高处扔下或就地翻滚移动。

5.5 产品应贮存于阴凉、通风、干燥的仓库内，严防雨、雪和地面湿气的影响。

附录A

（规范性附录）

残留单体（丙烯酸）的测定

A.1 仪器和试剂

A.1.1 烧杯（带盖），容量300mL左右。

A.1.2 磁力搅拌器及搅拌磁子。

A.1.3 漏斗及滤纸。

A.1.4 高效液相色谱。

A.1.5 UV 检出器。

A.1.6 色谱柱，应选用程序升温时间在 5.5min 以上的色谱柱。

A.1.7 100μL 微量注射器。

A.1.8 滤膜过滤器，孔径规格 0.45μm，水系用。

A.1.9 电子天平，感量为 0.001g。

A.1.10 生理盐水，浓度 0.9%。

A.1.11 丙烯酸，优级纯。

A.1.12 磷酸（H_3PO_4），优级纯。

A.2 测定步骤

A.2.1 残存单体（丙烯酸）的抽出

称取 1g 试样，准确至 0.001g，倒入烧杯中。然后加入 200mL 浓度 0.9%的生理盐水（A.1.10），放入回转子（A.1.2）后加盖，用磁力搅拌器（A.1.2）搅拌 1h。用滤纸（A.1.3）过滤，将滤液作为测试溶液。

A.2.2 标准曲线

测定已知浓度的丙烯酸溶液的峰面积，以丙烯酸浓度为横坐标，以峰面积为纵坐标，绘制标准曲线。

A.2.3 试样的测定

将测试溶液用微量注射器（A.1.7）通过滤膜过滤器（A.1.8）注入到高效液相色谱（A.1.4）中，按以下条件进行测定，并计算出峰面积。

测定条件：

a）流动相：0.1%H_3PO_4 水溶液；

b）流量：1.0mL/min~2.0mL/min；

c）注入量：20μL~100μL；

d）UV 检出器（A.1.5）：检测波长 210nm。

A.3 结果的表示

根据测试溶液的峰面积及标准曲线，按式（A.1）计算试样中残留单体（丙烯酸）的含量，并准确至小数点后第一位。

$$c = \frac{A}{m} \times 200 \qquad \text{(A.1)}$$

式中 c——残留单体（丙烯酸）的含量，单位为毫克每千克（mg/kg）；

A——由标准曲线得出的丙烯酸浓度，单位为毫克每升（mg/L）；

m——称取试样的质量，单位为克（g）；

200——加入生理盐水的体积，单位为毫升（mL）。

附 录 B

（规范性附录）

挥发物含量的测定

B.1 仪器和试剂

B.1.1 烘箱，能使温度保持在 105℃±2℃。

B.1.2 干燥器。

B.1.3 电子天平，感量为 0.001g。

B.1.4 试样容器，用于试样的转移和称量。该容器由能防水蒸气，且在试验条件下不易发生变化的轻质材料制成。

B.2 测定步骤

B.2.1 称取5g试样，准确至0.001g，装入已恒重的容器（B.1.4）中。将装有试样的容器放入温度为（105±2）℃的烘箱（B.1.1），烘干4h。并将称量容器的盖子打开一起烘干。当烘干结束时，应在烘箱内盖上容器的盖子，然后移入干燥器（B.1.2）内冷却，30min后称取容器及试样的质量。

B.2.2 将该称量容器再次移入烘箱中重复上述步骤，两次连续称量间的干燥时间应不少于1h。当两次连续称量间的差值不大于试样原质量的0.2%时，即可确定试样达到恒重。

B.3 结果的表示

B.3.1 挥发物含量的计算

挥发物的含量可按式（B.1）计算：

$$w = \frac{m_1 - m_2}{m_1} \times 100\% \quad \cdots\cdots (B.1)$$

式中 w——挥发物的含量，%；

m_1——烘干前试样的质量，单位为克（g）；

m_2——烘干后试样的质量，单位为克（g）。

B.3.2 结果的表示

同时进行两次测定，取其算术平均值作为测定结果，并修约至整数位。两次测定结果间的误差，应不超过0.2%（绝对值）。

附录C
（规范性附录）
pH 的测定

C.1 仪器和试剂

C.1.1 电子天平，0.001g。

C.1.2 量筒，感量为100mL。

C.1.3 磁力搅拌器。

C.1.4 pH计。

C.1.5 生理盐水，浓度0.9%。

C.2 测定步骤

C.2.1 用量筒（C.1.2）准确量取生理盐水（C.1.5）100mL，倒入150mL烧杯中。并置于磁力搅拌器（C.1.3）上适度搅拌，在搅拌过程中应避免溶液中产生气泡。

C.2.2 用电子天平（C.1.1）称取0.5g试样，准确至0.001g，将称好的试样缓缓加入烧杯中。适度搅拌10min后，将烧杯从磁力搅拌器上移开并停止搅拌，静置8min以使悬浮的树脂沉淀。

C.2.3 根据仪器说明，使用缓冲溶液调整pH计（C.1.4）。然后将pH复合电极慢慢插入沉淀的试样上方的溶液中，2min后读取pH计的数值。为了防止污染电极，电极不应接触到试样。读取示值后，将电极移开并用去离子水彻底清洗，然后浸入电极保护缓冲溶液中。

C.3 测定结果的表示

测定结果直接从pH计上读出，同时进行两次测定，取两次测定的平均值作为测定结果。结果修约至小数点后一位。

附 录 D

（规范性附录）

粒度分布的测定

D.1　仪器和试剂

D.1.1　电子天平，感量为0.01g。

D.1.2　筛网振动器，振幅1mm，频率1400r/min。

D.1.3　筛网，使用网孔为45μm和106μm的标准筛。

D.1.4　接收底盘及盖子。

D.1.5　刷子。

D.2　测定步骤

D.2.1　每次使用前应先清洁筛网（D.1.3），在光源下检查筛网的整个表面，检查每个筛网的损坏情况。如果发现任何破裂或破洞，则丢弃该破损筛网并用新筛网代替。如果筛网不干净，则需清洗。

D.2.2　将筛网叠放在筛网振动器（D.1.2）上，底部放置接收底盘（D.1.4），将筛子按106μm至45μm的顺序自上而下叠放。用250mL的玻璃烧杯称取100g试样，准确至0.01g。将试样轻轻倒入顶部的筛子，加盖（D.1.4）并开动筛网振动器振动10min。然后将筛网小心地取出，分别称量45μm筛网及接收底盘上试样的质量。测定过程中应避免通风气流。用刷子（D.1.5）将筛下部分收集到废物皿中，并清洁筛网。

D.3　测定结果的表示

粒度分布可按式（D.1）和式（D.2）计算：

$$w_1 = \frac{m_2 + m_3}{m_1} \times 100\% \qquad \text{(D.1)}$$

$$w_2 = \frac{m_3}{m_1} \times 100\% \qquad \text{(D.2)}$$

式中 w_1——粒度为106μm以下的含量,%；

w_2——粒度为45μm以下的含量,%；

m_1——试样的总质量，单位为克（g）；

m_2——残留在45μm筛网上试样的质量，单位为克（g）；

m_3——残留在接收底盘上试样的质量，单位为克（g）。

同时进行两次测定，取其算术平均值作为测定结果，结果修约至小数点后一位。

附 录 E

（规范性附录）

密度的测定

E.1　仪器和试剂

E.1.1　密度仪

E.1.2　漏斗，容量大于120mL，且带有孔式节流阻尼或挡板，孔口内径10.00mm±0.01mm。

E.1.3　密度杯，杯筒容量100cm^3±0.5 cm^3。

E.1.4　电子天平，感量为0.01g。

E.2 测定步骤

E.2.1 将密度仪（E.1.1）放在平台上，调节三个脚上的螺钉，使其保持水平状。将洗净烘干的漏斗（E.1.2）垂直放在密度杯（E.1.3）中心上方 40mm±1mm 高度处，确保漏斗水平。称取空密度杯的质量 m_1，准确至 0.01g。然后将已称量的空密度杯放在漏斗的正下方。

E.2.2 称取约 120g 的试样轻轻加入漏斗中，漏斗下方的孔式节流阻尼或挡板处于关闭状态。快速打开漏斗下方的孔式节流阻尼或挡板，让漏斗内的试样自然落下。用玻璃棒刮掉密度杯顶部多余的试样，不应拍打或震动密度杯。称取装有试样的密度杯的质量 m_2，准确至 0.01g。

E.3 测定结果的表示

试样的密度可按式（E.1）计算：

$$\rho = \frac{m_2 - m_1}{V} \qquad \text{(E.1)}$$

式中 ρ——试样的密度，单位为克每立方厘米（g/cm^3）；

m_1——空密度杯的质量，单位为克（g）；

m_2——装有试样的密度杯质量，单位为克（g）；

V——密度杯的体积，单位为立方厘米（cm^3）。

同时进行两次测定，并取其算术平均值作为测定结果，结果修约至小数点后一位。

附 录 F

（规范性附录）

吸收量的测定

F.1 仪器和试剂

F.1.1 电子天平，感量为 0.001g。

F.1.2 纸质茶袋，尺寸为 60mm×85mm，透气性（230±50）L/（min·100cm^2）（压差 124Pa）。

F.1.3 夹子，固定茶袋用。

F.1.4 标准合成试液（见附录 G）。

F.2 测定步骤

F.2.1 称取 0.2g 试样，准确至 0.001g，并将该质量记作 m。将试样全部倒入茶袋（F.1.2）底部，附着在茶袋内侧的试样也应全部倒入茶袋底部。

F.2.2 将茶袋封口，浸泡至装有足够量的标准合成试液（F.1.4）的烧杯中，浸泡时间为 30min。

F.2.3 轻轻地将装有试样的茶袋拎出，用夹子（F.1.3）悬挂起来，静止状态下滴液 10min。多个茶袋同时悬挂时，注意茶袋之间应不互相接触。

F.2.4 10min 后，称量装有试样茶袋的质量 m_1。

F.2.5 使用没有试样的茶袋同时进行空白值测定，称取空白试验茶袋的质量，并将该质量记作 m_2。

F.3 测定结果的表示

试样的吸收量可按式（F.1）计算：

$$w = \frac{m_1 - m_2}{m} \qquad \text{(F.1)}$$

式中 w——试样的吸收量，单位为克每克（g/g）；

m_1——装有试样茶袋的质量，单位为克（g）；
m_2——空白试验茶袋的质量，单位为克（g）；
m——称取试样的质量，单位为克（g）。

同时进行两次测定，并取其算术平均值作为测定结果，结果修约至小数点后一位。

附 录 G
（规范性附录）
标准合成试液

G.1 原理

该标准合成试液系根据动物血（猪血）的主要物理性能配制，具有与其相似的流动及吸收特性，可以很好地模拟人体经血性能。

G.2 配方

以下试剂均为化学纯。

a）蒸馏水或去离子水：860mL；
b）氯化钠：10.00g；
c）碳酸钠：40.00g；
d）丙三醇（甘油）：140mL；
e）苯甲酸钠：1.00g；
f）食用色素：适量；
g）羧甲基纤维素钠：5.00g；
h）标准媒剂：1%（体积分数）。

G.3 标准合成试液的物理性能

在（23±1）℃时，标准合成试液的物理性能如下：

a）密度：（1.05±0.05）g/cm^3；
b）黏度：（11.9±0.7）s（用4号涂料杯测）；
c）表面张力：（36±4）mN/m。

纸尿裤高吸收性树脂（GB/T 22905—2008）

2009-09-01 实施

1 范围

本标准规定了纸尿裤聚丙烯酸盐类高吸收性树脂的要求、试验方法、检验规则及标志、包装、运输、贮存。

本标准适用于各类婴儿纸尿裤（片）、成人失禁用品用聚丙烯酸盐类高吸收性树脂。

2 要求

2.1 纸尿裤高吸收性树脂的技术指标应符合表1或合同的规定。

表 1

指标名称		单位	要求
残留单体（丙烯酸） ≤		mg/kg	1800
挥发物含量 ≤		%	10.0
pH		—	4.0~8.0
粒度分布	<106μm ≤	%	10.0
	其中<45μm ≤		1.0
密度		g/cm^3	0.3~0.9
吸收量 ≥		g/g	40.0
保水量 ≥		g/g	20.0
加压吸收量 ≥		g/g	10.0

2.2 产品外观应色泽均一。

3 试验方法

3.1 残留单体（丙烯酸）按附录 A 测定。
3.2 挥发物含量按附录 B 测定。
3.3 pH 按附录 C 测定。
3.4 粒度分布按附录 D 测定。
3.5 密度按附录 E 测定。
3.6 外观：将试样置于正常光线下目测检验。
3.7 吸收量、保水量按附录 F 测定。
3.8 加压吸收量按附录 G 测定。

4 检验规则

4.1 以一次生产批为一批。
4.2 从同一批且不少于 3 个包装袋中均匀取样，取样量应为 1kg。
4.3 产品出厂前应按本标准或合同规定进行项目检验，若经检验有不合格项，则应加倍抽样对不合格项进行复检，复检结果作为最终检验结果。
4.4 供货单位（以下简称供方）应保证产品质量符合本标准或合同规定，交货时应附产品质量合格证。
4.5 购货单位（以下简称需方）有权按本标准或合同规定检验产品，如对产品质量有异议，应在到货一个月内（或按合同规定）通知供方，供方应及时处理，必要时可由供需双方共同抽样复检。如果复检结果不符合本标准或合同规定，则判为批不合格，由供方负责处理；如果复检结果符合本标准或合同规定，则判为批合格，由需方负责处理。双方对复检结果如仍有争议，应提请双方认可的上一级检测机构进行仲裁，仲裁结果作为最后裁决依据。

5 标志、包装、运输、贮存

5.1 产品的标志、包装应按 5.2 或合同规定进行。
5.2 产品应使用带有内衬塑料薄膜的包装袋进行包装，包装袋应具有足够的强度，保证使用时不会发生断裂、脱落等现象。每批产品应附一份质量合格证，合格证上应注明生产单位名称、产品名称、商标、生产日期、包装量、检验结果和采用标准编号。
5.3 产品运输时应使用防雨、防潮、洁净的运输工具，不应与有污染的物品共同运输。
5.4 产品在搬运过程中不应从高处扔下或就地翻滚移动。

5.5 产品应贮存于阴凉、通风、干燥的仓库内，严防雨、雪和地面湿气的影响。

附 录 A
（规范性附录）
残留单体（丙烯酸）的测定

A.1 仪器和试剂

A.1.1 烧杯（带盖），容量300mL左右。

A.1.2 磁力搅拌器及搅拌磁子。

A.1.3 漏斗及滤纸。

A.1.4 高效液相色谱仪。

A.1.5 UV检出器。

A.1.6 色谱柱，应选用程序升温时间在5.5min以上的色谱柱。

A.1.7 100μL微量注射器。

A.1.8 滤膜过滤器，孔径规格0.45μm，水系用。

A.1.9 电子天平，感量为0.001g。

A.1.10 生理盐水，浓度0.9%。

A.1.11 丙烯酸，优级纯。

A.1.12 磷酸（H_3PO_4），优级纯。

A.2 测定步骤

A.2.1 残留单体（丙烯酸）的抽出

称取1g试样，准确至0.001g，倒入烧杯中。然后加入200mL浓度0.9%的生理盐水（A.1.10），放入回转子后加盖，用磁力搅拌器（A.1.2）搅拌1h。用滤纸（A.1.3）过滤，将滤液作为测试溶液。

A.2.2 标准曲线

测定已知浓度的丙烯酸溶液的峰面积，以丙烯酸浓度为横坐标，以峰面积为纵坐标，绘制标准曲线。

A.2.3 试样的测定

将测试溶液用微量注射器（A.1.7）通过滤膜过滤器（A.1.8）注入到高效液相色谱仪（A.1.4）中，按以下条件进行测定，并计算出峰面积。

测定条件：

流动相：0.1%H_3PO_4水溶液；

流量：1.0mL/min~2.0mL/min；

注入量：20μL~100μL；

UV检出器（A.1.5）：检测波长210nm。

A.3 结果的表示

根据测试溶液的峰面积及标准曲线，按式（A.1）计算试样中残留单体（丙烯酸）含量，并准确至小数点后第一位。

$$X = \frac{c}{m} \times 200 \qquad \text{(A.1)}$$

式中 X——残留单体（丙烯酸）含量，单位为毫克每千克（mg/kg）；

c——由标准曲线得出的丙烯酸浓度，单位为毫克每升（mg/L）；

m——称取试样的质量，单位为克（g）。

附 录 B
（规范性附录）
挥发物含量的测定

B. 1 仪器和试剂

B. 1. 1 烘箱，能使温度保持在105℃±2℃。

B. 1. 2 干燥器。

B. 1. 3 电子天平，感量为0. 001g。

B. 1. 4 试样容器，用于试样的转移和称量。该容器由能防水蒸气，且在试验条件下不易发生变化的轻质材料制成。

B. 2 测定步骤

B. 2. 1 称取5g试样，准确至0. 001g，装入已恒重的容器（B. 1. 4）中。将装有试样的容器放入温度为（105±2）℃的烘箱（B. 1. 1），烘干4h。并将称量容器的盖子打开一起烘干。当烘干结束时，应在烘箱内盖上容器的盖子，然后移入干燥器（B. 1. 2）内冷却，30min后称取容器及试样的质量。

B. 2. 2 将该称量容器再次移入烘箱中重复上述步骤，两次连续称量间的干燥时间应不少于1h。当两次连续称量间的差值不大于试样原质量的0. 2%时，即可确定试样达到恒重。

B. 3 结果的表示

B. 3. 1 挥发物含量的计算

挥发物含量可按式（B. 1）计算：

$$X = \frac{m_1 - m_2}{m_1} \times 200 \qquad \cdots\cdots (B.1)$$

式中 X——挥发物含量,%；

m_1——烘干前试样的质量，单位为克（g）；

m_2——烘干后试样的质量，单位为克（g）。

B. 3. 2 结果的表示

同时进行两次测定，取其算术平均值作为测定结果，并修约至整数位。两次测定结果间的误差，应不超过0. 2%（绝对值）。

附 录 C
（规范性附录）
pH 的 测 定

C. 1 仪器和试剂

C. 1. 1 电子天平，0. 001g。

C. 1. 2 量筒，感量为100mL。

C. 1. 3 磁力搅拌器。

C. 1. 4 pH计。

C. 1. 5 生理盐水，浓度0. 9%。

C. 2 测定步骤

C. 2. 1 用量筒（C. 1. 2）准确量取生理盐水（C. 1. 5）100mL，倒入150mL烧杯中，并置于磁力搅拌器（C.1.3）上适度搅拌，在搅拌过程中应避免溶液中产生气泡。

C.2.2 用电子天平（C.1.1）称取0.5g试样，准确至0.001g，将称好的试样缓缓加入烧杯中。适度搅拌10min后，将烧杯从磁力搅拌器上移开并停止搅拌，静置8min以使悬浮的树脂沉淀。

C.2.3 根据仪器说明，使用缓冲溶液调整pH计（C.1.4）。然后将pH复合电极慢慢插入沉淀的试样上方的溶液中，2min后读取pH计的数值。为了防止污染电极，电极不应接触到试样。读取示值后，将电极移开并用去离子水彻底清洗，然后浸入电极保护缓冲溶液中。

C.3 测定结果的表示

测定结果直接从pH计上读出，同时进行两次测定，取两次测定的平均值作为测定结果。结果修约至小数点后一位。

附录D

（规范性附录）

粒度分布的测定

D.1 仪器和试剂

D.1.1 电子天平，感量为0.01g。

D.1.2 筛网振动器，振幅1mm，频率1400r/min。

D.1.3 筛网，使用网孔为45μm和106μm的标准筛。

D.1.4 接收底盘及盖子。

D.1.5 刷子。

D.2 测定步骤

D.2.1 每次使用前应先清洁筛网（D.1.3），在光源下检查筛网的整个表面，检查每个筛网的损坏情况。如果发现任何破裂或破洞，则丢弃该破损筛网并用新筛网代替。如果筛网不干净，则需清洗。

D.2.2 将筛网叠放在筛网振动器（D.1.2）上，底部放置接收底盘（D.1.4），将筛子按106μm至45μm的顺序自上而下叠放。用250mL的玻璃烧杯称取100g试样，准确至0.01g。将试样轻轻倒入顶部的筛子，加盖（D.1.4）并开动筛网振动器振动10min。然后将筛网小心地取出，分别称量45μm筛网及接收底盘上试样的质量。测定过程中应避免通风气流。用刷子（D.1.5）将筛下部分收集到废物皿中，并清洁筛网。

D.3 测定结果的表示

粒度分布可按式（D.1）和式（D.2）计算：

$$X_1 = \frac{m_2 + m_3}{m_1} \times 100\% \quad \cdots\cdots (D.1)$$

$$X_2 = \frac{m_3}{m_1} \times 100\% \quad \cdots\cdots (D.2)$$

式中 X_1——106μm以下含量,%；

X_2——45μm以下含量,%；

m_1——试样的总质量，单位为克（g）；

m_2——残留在45μm筛网上试样的质量，单位为克（g）；

m_3——残留在接收底盘上试样的质量，单位为克（g）。

同时进行两次测定，取其算术平均值作为测定结果，结果修约至小数点后一位。

附 录 E
（规范性附录）
密度的测定

E.1 仪器和试剂

E.1.1 密度仪。

E.1.2 漏斗，容量大于120mL，且带有孔式节流阻尼或挡板，孔口内径10.00mm±0.01mm。

E.1.3 密度杯，杯筒容量100cm^3±0.5cm^3。

E.1.4 电子天平，感量为0.01g。

E.2 测定步骤

E.2.1 将密度仪（E.1.1）放在平台上，调节三个脚上的螺丝，使其保持水平状。将洗净烘干的漏斗（E.1.2）垂直放在密度杯（E.1.3）中心上方40mm±1mm高度处，确保漏斗水平。称取空密度杯的质量m_1，准确至0.01g。然后将已称量的空密度杯放在漏斗的正下方。

E.2.2 称取约120g的试样轻轻加入漏斗中，漏斗下方的孔式节流阻尼或挡板处于关闭状态。快速打开漏斗下方的孔式节流阻尼或挡板，让漏斗内的试样自然落下。用玻璃棒刮掉密度杯顶部多余的试样，不应拍打或震动密度杯。称取装有试样的密度杯的质量m_2，准确至0.01g。

E.3 测定结果的表示

密度可按式（E.1）计算：

$$\rho = \frac{m_2 - m_1}{V} \qquad \cdots\cdots\cdots (E.1)$$

式中 ρ——密度，单位为克每立方厘米（g/cm^3）；

m_1——空密度杯的质量，单位为克（g）；

m_2——装有试样的密度杯质量，单位为克（g）；

V——密度杯的体积，单位为立方厘米（cm^3）。

同时进行两次测定，并取其算术平均值作为测定结果，结果修约至小数点后一位。

附 录 F
（规范性附录）
吸收量和保水量的测定

F.1 仪器和试剂

F.1.1 电子天平，感量为0.001g。

F.1.2 纸质茶袋，尺寸为60mm×85mm，透气性（230±50）L/（min·100cm^2）（压差124Pa）。

F.1.3 夹子，固定茶袋用。

F.1.4 离心脱水机，直径200mm，转速1500r/min（可产生约250g的离心力）。

F.1.5 生理盐水，浓度0.9%。

F.2 测定步骤

F.2.1 吸收量测定

F.2.1.1 称取0.2g试样，准确至0.001g，并将该质量记作m，将该试样全部倒入茶袋（F.1.2）底部，附着在茶袋内侧的试样也应全部倒入茶袋底部。

F.2.1.2 将茶袋封口，浸泡至装有足够量0.9%生理盐水（F.1.5）的烧杯中，浸泡时间为30min。

F.2.1.3 轻轻地将装有试样的茶袋拎出，用夹子（F.1.3）悬挂起来，静止状态下滴水10min。多个茶袋同时悬挂时，注意茶袋之间应不互相接触。

F.2.1.4 10min后，称量装有试样茶袋的质量 m_1。

F.2.1.5 使用没有试样的茶袋同时进行空白值测定，称取空白试验茶袋的质量，并将该质量记作 m_2。

F.2.2 保水量测定

F.2.2.1 将测定完吸收量的装有试样的茶袋在250g离心力（见F.1.4）条件下离心脱水3min。

F.2.2.2 3min脱水结束后，称量装有试样的茶袋质量，并将该质量记作 m_3。

F.2.2.3 使用没有试样的茶袋同时进行空白值测定，称取空白试验茶袋的质量并将该质量记作 m_4。

F.3 测定结果的表示

吸收量和保水量可按式（F.1）和式（F.2）计算：

$$c_1 = \frac{m_1 - m_2}{m} \qquad \text{(F.1)}$$

$$c_2 = \frac{m_3 - m_4}{m} \qquad \text{(F.2)}$$

式中 c_1——吸收量，单位为克每克（g/g）；

c_2——保水量，单位为克每克（g/g）；

m——称取试样的质量，单位为克（g）；

m_1——装有试样茶袋的质量，单位为克（g）；

m_2——空白试验茶袋的质量，单位为克（g）；

m_3——脱水后装有试样茶袋的质量，单位为克（g）；

m_4——脱水后空白试验茶袋的质量，单位为克（g）。

同时进行两次测定，并取其算术平均值作为测定结果，结果修约至小数点后一位。

附录G

（规范性附录）

加压吸收量的测定

G.1 仪器和试剂

G.1.1 塑料圆桶，内径为25mm、外径为31mm、高为32mm，且底面粘有50μm尼龙网。

G.1.2 粘好砝码的塑料活塞（2068Pa），圆桶型，外径25mm，能与塑料圆桶（G.1.1）紧密连接，且能上下自如活动。

G.1.3 电子天平，感量为0.001g。

G.1.4 浅底盘，内径为85mm，高为20mm，且粘有直径为2mm的金属线，如图G.1所示。

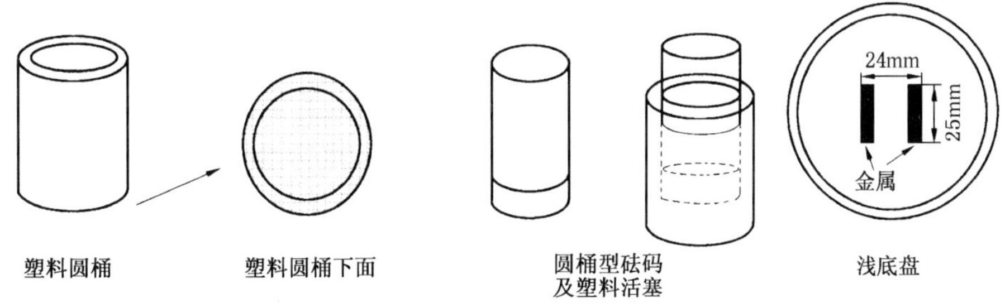

图G.1

G.1.5　生理盐水，浓度0.9%。

G.2　测定步骤

G.2.1　测定应在（23±2）℃的环境下进行。

G.2.2　将温度（23±2）℃的标准生理盐水25g加入到浅底盘（G.1.4）中，将此盘放在平台上。

G.2.3　称取0.160g试样 m_1，准确至0.001g，装入塑料圆桶（G.1.1）中。

G.2.4　将粘好砝码的塑料活塞（G.1.2）装入已经装好测试试样的塑料圆桶（G.1.1）中，称其质量 m_2。

G.2.5　将装入试样的塑料圆桶置于浅底盘的中央。

G.2.6　60min后，将塑料圆桶从浅底盘中提出，称量该圆桶的质量 m_3。

G.3　测定结果的表示

加压吸收量可按式（G.1）计算：

$$c=\frac{m_3-m_2}{m_1} \quad \cdots\cdots\cdots\cdots (G.1)$$

式中　c——加压吸收量，单位为克每克（g/g）；

m_1——称取试样的质量，单位为克（g）；

m_2——塑料活塞和塑料圆筒的质量，单位为克（g）；

m_3——加压吸收后塑料圆筒、塑料活塞和试样的质量，单位为克（g）。

同时进行两次测定，并取其算术平均值作为测定结果，结果修约至小数点后一位。

卫生巾用面层通用技术规范（GB/T 30133—2013）

2014-12-01 实施

1　范围

本标准规定了卫生巾用面层产品的术语和定义、分类、要求、试验方法、检验规则和标志、包装、运输、贮存。

本标准适用于卫生巾和卫生护垫用面层产品的生产和销售。

2　规范性引用文件

下列文件对于本文件的应用是必不可少的。凡是注日期的引用文件，仅注日期的版本适用于本文件。凡是不注日期的引用文件，其最新版本（包括所有的修改单）适用于本文件。

GB/T 450　纸和纸板　试样的采取及试样纵横向、正反面的测定

GB/T 451.1　纸和纸板尺寸及偏斜度的测定

GB/T 451.2　纸和纸板定量的测定

GB/T 462　纸、纸板和纸浆　分析试样水分的测定

GB/T 1545—2008　纸、纸板和纸浆　水抽提液酸度或碱度的测定

GB/T 1914　化学分析滤纸

GB/T 2828.1　计数抽样检验程序　第1部分：按接收质量限（AQL）检索的逐批检验抽样计划

GB/T 10739　纸、纸板和纸浆试样处理和试验的标准大气条件

GB/T 12914　纸和纸板　抗张强度的测定

GB 15979　一次性使用卫生用品卫生标准

GB/T 27741—2011　纸和纸板　可迁移性荧光增白剂的测定

3 术语和定义

下列术语和定义适用于本文件。

3.1 复合膜 composite membrane

由无纺布和打孔膜两种材料复合加工，用于卫生巾和卫生护垫面层的材料。

4 分类

卫生巾用面层产品分为无纺布、打孔膜、复合膜等。

5 要求

5.1 技术要求

卫生巾用面层产品技术指标应符合表1或订货合同的规定。

表 1

指标名称			单位	规定		
				无纺布	打孔膜	复合膜
定量偏差			%	±10		
抗张强度	≥	纵向	N/m	400	200	300
伸长率	≥	纵向	%	20	90	25
可迁移性荧光增白剂			—	无		
渗入量	≥		g	1.5		
回渗量	≤		g	2.5	0.5	2.5
透气率	≥		mm/s	1200		
pH			—	4.0~8.5		
交货水分	≤		%	8.0		

5.2 卫生要求

卫生巾用面层产品卫生指标应符合 GB 15979 的规定。

5.3 规格

卫生巾用面层产品一般以盘为单位，每盘宽度偏差应不超过±3mm，盘面缠绕应松紧适度、凹陷凸起部分应不大于5mm。

5.4 外观

5.4.1 卫生巾用面层产品表面应洁净、无污物，无死褶、破损，无掉毛、硬质块，无明显条状、云斑；无纺布表层不应有硬丝；打孔材料打孔应饱满、规则，打孔膜盲孔数2m内应不超过6个，且不应有大于等于1mm^{2}的盲孔。

5.4.2 卫生巾用面层产品色泽应均匀，同批材料不应有明显色差，无纺布面层不应出现颜色变化的现象。

5.4.3 卫生巾用面层产品切边应整齐。

5.4.4 卫生巾用面层产品应无明显异味。

5.5 原材料

卫生巾用面层产品生产时不得使用有毒有害原材料，不得使用回收原材料。

6 试验方法

6.1 试样的采取按 GB/T 450 规定进行，试样试验前温湿处理按 GB/T 10739 规定进行。

6.2 尺寸偏差按 GB/T 451.1 测定。

6.3　定量偏差按 GB/T 451.2 测定。

6.4　抗张强度、伸长率按 GB/T 12914 测定，采用 50mm 试验夹距，仲裁时采用恒速拉伸法。

6.5　可迁移性荧光增白剂：将试样置于紫外灯下，在波长 254nm 和 365nm 的紫外光下检测是否有荧光现象。若试样在紫外灯下无荧光现象，则判定无可迁移性荧光增白剂。若试样有荧光现象，则按 GB/T 27741—2011 中第 5 章进行可迁移性荧光增白剂测定。

6.6　渗入量按附录 A 进行测定。

6.7　回渗量按附录 B 进行测定。

6.8　透气率按附录 C 进行测定。

6.9　pH 的测定按 GB/T 1545—2008 中 pH 计法进行测定，采用冷抽提。在抽提过程中，装有试样的锥形瓶需在振荡器（振荡速率为往复式 60 次/min，旋转式 30 周/min）上振荡 1h。

6.10　交货水分按 GB/T 462 测定。

6.11　卫生指标按 GB 15979 测定。

6.12　外观质量采用目测检验。

7　检验规则

7.1　以一次交货为一批，但每批应不超过 500 件。

7.2　生产厂应保证所生产的产品符合本标准或订货合同要求。

7.3　产品的卫生指标不合格，则判定该批是不可接收的。

7.4　计数抽样检验程序按 GB/T 2828.1 规定进行，样本单位为件。接收质量限（AQL）：pH、可迁移性荧光增白剂、渗入量、回渗量为 4.0，定量偏差、抗张强度、伸长率、透气率、交货水分、尺寸偏差、外观质量为 6.5。抽样方案采用正常检验二次抽样方案，检查水平为一般检查水平 I。见表 2。

表 2

批量/件	正常检验二次抽样方案　一般检验水平 I				
	样本量	AQL=4.0		AQL=6.5	
		Ac	Re	Ac	Re
2~25	2	—	—	0	1
	3	0	1	—	—
26~90	3	0	1	—	—
	5	—	—	0	2
	5（10）	—	—	1	2
91~150	5	—	—	0	2
	5（10）	—	—	1	2
	8	0	2	—	—
	8（16）	1	2	—	—
151~280	8	0	2	0	3
	8（16）	1	2	3	4
281~500	13	0	3	1	3
	13（26）	3	4	4	5

7.5　可接收性的确定：第一次检验的样品数量应等于该方案给出的第一样本量。如果第一样本中发现的不合格品数小于或等于第一接收数，应认为该批是可接收的；如果第一样本中发现的不合格品数大于或等于第一拒收数，应认为该批是不可接收的。如果第一样本中发现的不合格品数介于第一接收数与第一拒收数之间，应检验由方案给出样本量的第二样本并累计在第一样本和第二样本中发现的不合格品数。如果不合格品累计数小于或等于第二接收数，则判定该批是可接收的；如果不合格品累计数

大于或等于第二拒收数，则判定该批是不可接收的。

7.6 需方有权按本标准或订货合同进行验收，如对该批产品质量有异议，应在到货后三个月内通知供方共同取样进行复验。如符合本标准或订货合同要求，则判为该批可接收，由需方负责处理。如不符合本标准或订货合同要求，则判为该批不可接收，由供方负责处理。

8 标志、包装、运输和贮存

8.1 产品标志及包装

8.1.1 产品包装上应标明以下内容：

a）产品名称；

b）企业名称、地址、联系方式；

c）定量、规格、数量、净重；

d）生产日期和保质期或生产批号和限期使用日期。

8.1.2 与卫生巾面层直接接触的包装材料应清洁、无毒、无害。卫生巾面层不应裸露，以保证产品不受污染。

8.1.3 每件卫生巾面层应附一份产品质量合格证。

8.2 产品运输及贮存

8.2.1 包装上应标明运输及贮存条件。

8.2.2 卫生巾面层在运输过程中应使用具有防护措施的工具，防止重压、尖物碰撞及日晒雨淋。

8.2.3 卫生巾面层应保存在干燥通风、不受阳光直接照射的室内，防止雨雪淋袭和地面湿气的影响，不应与有污染或有毒化学品仪器贮存。

8.2.4 超过保质期的卫生巾面层，经重新检验合格后方可限期使用。

附 录 A

（规范性附录）

渗入量的测定

A.1 仪器与测试溶液

A.1.1 仪器与材料

A.1.1.1 天平：感量0.01g；

A.1.1.2 渗透性能测试仪（以下简称测试仪，见图A.1）；

A.1.1.3 放液漏斗：60mL（以下简称漏斗）；

A.1.1.4 移液管：10mL；

A.1.1.5 烧杯；

A.1.1.6 钢板直尺；

A.1.1.7 化学定性分析滤纸：符合GB/T 1914要求的中速化学定性分析滤纸若干张（以下简称“滤纸”），滤纸长（纵）200mm，宽（横）150mm。

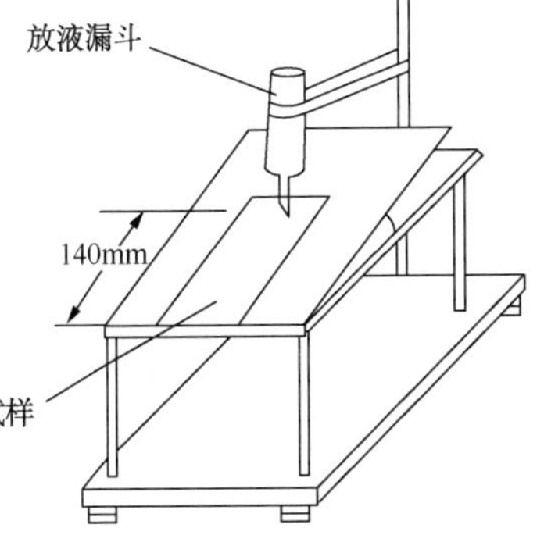

图A.1 渗透性能测试仪示意图

A.1.2 测试溶液

A.1.2.1 概述

测试溶液是渗透性能测试专用的标准合成试液，配方见A.1.2.2，测试时测试溶液的温度应保持在（23±1）℃。仲裁检验时应在标准大气条件，即（23±1）℃、（50±2）%相对湿度下处理试样及进行测试。

A.1.2.2 测试溶液配方

蒸馏水或去离子水：860mL；
氯化钠：10.00g；
碳酸钠：40.00g；
丙三醇（甘油）：140mL；
苯甲酸钠：1.00g；
食用色素：适量；
羧甲基纤维素钠：约 5g；
标准媒剂：1%（体积分数）。
以上试剂均为分析纯。

A.1.2.3 测试溶液的物理性能

在（23±1）℃时：
密度：（1.05±0.05）g/cm^3；
黏度：（11.9±0.7）s（用 4 号涂料杯测）；
表面张力：（36±4）mN/m。

A.2 试样采取

切取长（纵向）200mm，宽（横向）100mm 的卫生巾用面层试样至少 5 张，宽度不足 100mm 的以实际尺寸测试，但应在试验报告中注明。

A.3 试验步骤

A.3.1 先将测试仪（A.1.1.2）放于水平位置，调节上面板与下面板之间的角度为 10°，再调节放液漏斗（A.1.1.3）的下口，使其中心点的投影距测试仪斜面板的下边缘为（140±2）mm；漏斗下口开口面向操作者。将适量的测试溶液（A.1.2）倒入漏斗中，使漏斗润湿，并用该溶液润洗漏斗两遍，然后放掉漏斗中的溶液。

A.3.2 取足够层数的滤纸（A.1.1.7），滤纸的层数以测试液不透过为宜，称其质量，记为 m_0。然后取待测试样一张，置于已称好的滤纸上，滤纸的粗糙面朝上，试样正面朝上，试验时应确保试样的长边与滤纸的长边平行，且试样与滤纸上下边缘对齐。将滤纸与试样平整地置于斜面板中心位置，确保滤纸下边缘与斜面板的下边缘对齐，将试样与滤纸固定在斜面板上。调节漏斗高度，使其下口的最下端距试样表面（5~10）mm，然后在测试仪斜面板的下方放一个烧杯（A.1.1.5），接经试样渗透后流下的溶液。

A.3.3 用移液管（A.1.1.4）准确移取测试溶液 5mL 于调节好的漏斗中，然后迅速打开漏斗节门至最大，使溶液自由地流到试样的表面上，并沿着斜面往下流动；溶液流完后，将漏斗节门关闭，然后将试样移开，将滤纸再次放在天平（A.1.1.1）上称量，计为 m_1。若试液从试样侧面流走，则该试样作废，另取一张重新测试。若同种样品有 2 个以上试样出现此现象时，其结果可以保留，但应在报告中注明。

A.4 试验结果的计算

试样的渗入量 m 以吸收测试溶液的质量来表示，单位为克（g），按式（A.1）计算每张试样的渗入量。

$$m = m_1 - m_0 \qquad (A.1)$$

每个样品测 5 张试样，以 5 张试样测量的算术平均值作为其最终测试结果，精确至 0.1g。

附录B
(规范性附录)
回渗量的测定

B.1 器材与测试溶液

B.1.1 试验器材

B.1.1.1 天平：感量0.01g；

B.1.1.2 移液管：10mL；

B.1.1.3 化学定性分析滤纸：符合GB/T 1914要求的中速化学定性分析滤纸若干张（以下简称“滤纸”），滤纸长150mm，宽150mm。

B.1.1.4 标准压块，ϕ100mm，质量为（1.2±0.002）kg（能够产生1.5kPa的压强）。

B.1.2 测试溶液

同A.1.2。

B.2 试样采取

切取长（纵向）100mm，宽（横向）100mm的卫生巾用面层试样至少5张，宽度不足100mm的以实际尺寸测试，但应在试验报告中注明。

B.3 试验步骤

取待测试样一张，将其正面朝上平铺于150mm×150mm的若干层滤纸（B.1.1.3）上，滤纸的层数以测试溶液不透过为宜，试样的中心点与滤纸的中心点重合，且试样的纵向与滤纸的横向平行放置。用移液管（B.1.1.2）准确移取测试溶液（B.1.2）5mL，在移液管下口中心点距试样表面中心点的垂直距离为5mm~10mm处，使溶液自由地流到试样的表面上，并同时开始计时，5min时，迅速将150mm×150mm已知质量（G_1）的若干层滤纸（B.1.1.3）（以最上层滤纸无吸液为宜）放到试样的表面上，同时将标准压块压（B.1.1.4）于滤纸上，重新开始计时，加压1min时将标准压块移去，用天平（B.1.1.1）称量试样上面滤纸的质量（G_2）。

B.4 试验结果的计算

试样的回渗量（G）以经试样吸收后回渗到滤纸上的液体的质量来表示，单位为克（g），按式（B.1）计算。

$$G = G_2 - G_1 \qquad \text{(B.1)}$$

每个样品测5张试样，取5张试样的算术平均值作为其最终测试结果，精确至0.1g。

附录C
(规范性附录)
透气率的测定

C.1 原理

在规定的压差条件下，测定一定时间内垂直通过试样给定面积的气流流量，计算出透气率。气流流量可直接测出，也可通过测定流量孔径两面的压差换算而得。

C.2 仪器

C.2.1 试样圆台：具有试验面积为5cm^2、20cm^2、50cm^{2}或100cm^{2}的圆形通气孔，试验面积误差应不超过±0.5%。对于较大试验面积的通气孔应有适当的试样支撑网。

C.2.2　夹具：应能平整地固定试样，并保证试样边缘不漏气。

C.2.3　橡胶垫圈：用以防止漏气，与夹具（C.2.2）吻合。

C.2.4　压力计或压力表：连接于试验箱，能指示试样两侧的压降为50Pa、100Pa、200Pa或500Pa，精度至少为2%。

C.2.5　气流平稳吸入装置（风机）：能使具有标准温度的空气进入试样圆台，并可使透过试样的气流产生（50~500）Pa的压降。

C.2.6　流量计、容量计或测量孔径：能显示气流的流量，单位为dm^3/min（L/min），精度不超过±2%：

注1：只要流量计、容量计能满足精度±2%的要求，所测量的气流流量也可用cm^3/s或其他适当的单位表示。

注2：使用压差流量计的仪器，核对所测量的透气量与校正板所标定的透气量是否相差在2%以内。

C.3　试验条件

试验条件：试验面积$20cm^2$，压降50 Pa。

C.4　试样准备

切取足够卫生巾用面层试样，试样宽度至少100mm，总长不低于500mm，作为被测试样，所取试样应具代表性。

C.5　试验步骤

C.5.1　将试样夹持在试样圆台（C.2.1）上，测试点应避开破损处，夹样时采用足够的张力使试样平整且不变形，为防止漏气在试样的低压一侧（即试样圆台一侧）应垫上橡胶垫圈（C.2.3）。

C.5.2　启动吸风机或其他装置（C.2.5）使空气通过试样，调节流量，使压力降逐渐接近50Pa，约1min后或达到稳定时，记录气流流量。

注：如使用容量计，为达到所需精度需测定容积约$10dm^3$以上。

使用压差流量计的仪器，应选择适宜的孔径，记录该孔径两侧的压差。

C.5.3　在同样条件下，每个试样正反面各测3次，同一样品共测定6次。

C.6　结果计算和表示

C.6.1　计算测定值的算术平均值q_v。

C.6.2　按式（C.1）计算透气率R，以mm/s表示，结果保留三位有效数字。

$$R = \frac{q_v}{A} \times 167 \qquad (C.1)$$

式中　q_v——平均气流量，dm^3/min（L/min）；

A——试样面积，cm^2；

167——由$dm^3/min \times cm^2$换算成mm/s的换算系数。

制浆造纸工业水污染物排放标准（GB 3544—2008）

2008-08-01实施

1　适用范围

本标准规定了制浆造纸企业或生产设施水污染物排放限值。

本标准适用于现有制浆造纸企业或生产设施的水污染物排放管理。

本标准适用于对制浆造纸工业建设项目的环境影响评价、环境保护设施设计、竣工环境保护验收及其投产后的水污染物排放管理。

本标准适用于法律允许的污染物排放行为。新设立污染源的选址和特殊保护区域内现有污染源的管理，按照《中华人民共和国大气污染防治法》、《中华人民共和国水污染防治法》、《中华人民共和国海洋环境保护法》、《中华人民共和国固体废物污染环境防治法》、《中华人民共和国放射性污染防治法》、《中华人民共和国环境影响评价法》等法律、法规、规章的相关规定执行。

本标准规定的水污染物排放控制要求适用于企业向环境水体的排放行为。

企业向设置污水处理厂的城镇排水系统排放废水时，有毒污染物可吸附有机卤素（AOX）、二噁英在本标准规定的监控位置执行相应的排放限值；其他污染物的排放控制要求由企业与城镇污水处理厂根据其污水处理能力商定或执行相关标准，并报当地环境保护主管部门备案；城镇污水处理厂应保证排放污染物达到相关排放标准要求。

建设项目拟向设置污水处理厂的城镇排水系统排放废水时，由建设单位和城镇污水处理厂按前款的规定执行。

2 规范性引用文件

本标准内容引用了下列文件或其中的条款。

GB/T 6920—1986 水质 pH 值的测定 玻璃电极法

GB/T 7478—1987 水质 铵的测定 蒸馏和滴定法

GB/T 7479—1987 水质 铵的测定 纳氏试剂比色法

GB/T 7481—1987 水质 铵的测定 水杨酸分光光度法

GB/T 7488—1987 水质 五日生化需氧量（BOD_5）的测定 稀释与接种法

GB/T 11893—1989 水质 总磷的测定 钼酸铵分光光度法

GB/T 11894—1989 水质 总氮的测定 碱性过硫酸钾消解紫外分光光度法

GB/T 11901—1989 水质 悬浮物的测定 重量法

GB/T 11903—1989 水质 色度的测定 稀释倍数法

GB/T 11914—1989 水质 化学需氧量的测定 重铬酸盐法

GB/T 15959—1995 水质 可吸附有机卤素（AOX）的测定 微库仑法

HJ/T 77—2001 水质 多氯代二苯并二噁英和多氯代二苯并呋喃的测定 同位素稀释高分辨毛细管气相色谱/高分辨质谱法

HJ/T 83—2001 水质 可吸附有机卤素（AOX）的测定 离子色谱法

HJ/T 195—2005 水质 氨氮的测定 气相分子吸收光谱法

HJ/T 199—2005 水质 总氮的测定 气相分子吸收光谱法

《污染源自动监控管理办法》（国家环境保护总局令第 28 号）

《环境监测管理办法》（国家环境保护总局令第 39 号）

3 术语和定义

下列术语和定义适用于本标准。

3.1 制浆造纸企业

指以植物（木材、其他植物）或废纸等为原料生产纸浆，及（或）以纸浆为原料生产纸张、纸板等产品的企业或生产设施。

3.2 现有企业

指本标准实施之日前已建成投产或环境影响评价文件已通过审批的制浆造纸企业。

3.3 新建企业

指本标准实施之日起环境影响文件通过审批的新建、改建和扩建制浆造纸建设项目。

3.4 制浆企业

指单纯进行制浆生产的企业，以及纸浆产量大于纸张产量，且销售纸浆量占总制浆量80%及以上的制浆造纸企业。

3.5 造纸企业

指单纯进行造纸生产的企业，以及自产纸浆量占纸浆总用量20%及以下的制浆造纸企业。

3.6 制浆和造纸联合生产企业

指除制浆企业和造纸企业以外、同时进行制浆和造纸生产的制浆造纸企业。

3.7 废纸制浆和造纸企业

指自产废纸浆量占纸浆总用量80%及以上的制浆造纸企业。

3.8 排水量

指生产设施或企业向企业法定边界以外排放的废水的量，包括与生产有直接或间接关系的各种外排废水(如厂区生活污水、冷却废水、厂区锅炉和电站排水等)。

3.9 单位产品基准排水量

指用于核定水污染物排放浓度而规定的生产单位纸浆、纸张(板)产品的废水排放量上限值。

4 水污染物排放控制要求

4.1 自2009年5月1日起至2011年6月30日现有制浆造纸企业执行表1规定的水污染物排放限值。

表1 现有企业水污染物排放限值

		企业生产类型	制浆企业	制浆和造纸联合生产企业		造纸企业	污染物排放监控位置
				废纸制浆和造纸企业	其他制浆和造纸企业		
排放限值	1	pH值	6~9	6~9	6~9	6~9	企业废水总排放口
	2	色度（稀释倍数）	80	50	50	50	企业废水总排放口
	3	悬浮物（mg/L）	70	50	50	50	企业废水总排放口
	4	五日生化需氧量（BOD_5，mg/L）	50	30	30	30	企业废水总排放口
	5	化学需氧量（COD_{Cr}，mg/L）	200	120	150	100	企业废水总排放口
	6	氨氮（mg/L）	15	10	10	10	企业废水总排放口
	7	总氮（mg/L）	18	15	15	15	企业废水总排放口
	8	总磷（mg/L）	1.0	1.0	1.0	1.0	企业废水总排放口
	9	可吸附有机卤素（AOX，mg/L）	15	15	15	15	车间或生产设施废水排放口
单位产品基准排水量，吨/吨（浆）			80	20	60	20	排水量计量位置与污染物排放监控位置一致

说明：

1. 可吸附有机卤素(AOX)指标适用于采用含氯漂白工艺的情况。
2. 纸浆量以绝干浆计。
3. 核定制浆和造纸联合生产企业单位产品实际排水量，以企业纸浆产量与外购商品浆数量的总和为依据。
4. 企业漂白非木浆产量占企业纸浆总用量的比重大于60%的，单位产品基准排水量为80吨/吨（浆）。

4.2 自2011年7月1日起，现有制浆造纸企业执行表2规定的水污染物排放限值。

4.3 自2008年8月1日起，新建制浆造纸企业执行表2规定的水污染物排放限值。

表 2 新建企业水污染物排放限值

企业生产类型			制浆企业	制浆和造纸联合生产企业	造纸企业	污染物排放监控位置
排放限值	1	pH 值	6~9	6~9	6~9	企业废水总排放口
	2	色度（稀释倍数）	50	50	50	企业废水总排放口
	3	悬浮物（mg/L）	50	30	30	企业废水总排放口
	4	五日生化需氧量（BOD_5，mg/L）	20	20	20	企业废水总排放口
	5	化学需氧量（COD_{Cr}，mg/L）	100	90	80	企业废水总排放口
	6	氨氮（mg/L）	12	8	8	企业废水总排放口
	7	总氮（mg/L）	15	12	12	企业废水总排放口
	8	总磷（mg/L）	0.8	0.8	0.8	企业废水总排放口
	9	可吸附有机卤素（AOX，mg/L）	12	12	12	车间或生产设施废水排放口
	10	二噁英（pgTEQ/L）	30	30	30	车间或生产设施废水排放口
单位产品基准排水量，吨/吨（浆）			50	40	20	排水量计量位置与污染物排放监控位置一致

说明：

1. 可吸附有机卤素（AOX）和二噁英指标适用于采用含氯漂白工艺的情况。
2. 纸浆量以绝干浆计。
3. 核定制浆和造纸联合生产企业单位产品实际排水量，以企业纸浆产量与外购商品浆数量的总和为依据。
4. 企业自产废纸浆量占企业纸浆总用量的比重大于 80%的，单位产品基准排水量为 20 吨/吨（浆）。
5. 企业漂白非木浆产量占企业纸浆总用量的比重大于 60%的，单位产品基准排水量为 60 吨/吨（浆）。

4.4 根据环境保护工作的要求，在国土开发密度较高、环境承载能力开始减弱，或水环境容量较小、生态环境脆弱，容易发生严重水环境污染问题而需要采取特别保护措施的地区，应严格控制企业的污染物排放行为，在上述地区的企业执行表 3 规定的水污染物特别排放限值。

执行水污染物特别排放限值的地域范围、时间，由国务院环境保护行政主管部门或省级人民政府规定。

表 3 水污染物特别排放限值

企业生产类型			制浆企业	制浆和造纸联合生产企业	造纸企业	污染物排放监控位置
排放限值	1	pH 值	6~9	6~9	6~9	企业废水总排放口
	2	色度（稀释倍数）	50	50	50	企业废水总排放口
	3	悬浮物（mg/L）	20	10	10	企业废水总排放口
	4	五日生化需氧量（BOD_5，mg/L）	10	10	10	企业废水总排放口
	5	化学需氧量（COD_{Cr}，mg/L）	80	60	50	企业废水总排放口
	6	氨氮（mg/L）	5	5	5	企业废水总排放口
	7	总氮（mg/L）	10	10	10	企业废水总排放口
	8	总磷（mg/L）	0.5	0.5	0.5	企业废水总排放口
	9	可吸附有机卤素（AOX，mg/L）	8	8	8	车间或生产设施废水排放口
	10	二噁英（pgTEQ/L）	30	30	30	车间或生产设施废水排放口
单位产品基准排水量，吨/吨（浆）			30	25	10	排水量计量位置与污染物排放监控位置一致

说明：

1. 可吸附有机卤素（AOX）和二噁英指标适用于采用含氯漂白工艺的情况。
2. 纸浆量以绝干浆计。
3. 核定制浆和造纸联合生产企业单位产品实际排水量，以企业纸浆产量与外购商品浆数量的总和为依据。
4. 企业自产废纸浆量占企业纸浆总用量的比重大于 80%的，单位产品基准排水量为 15 吨/吨（浆）。

4.5 水污染物排放浓度限值适用于单位产品实际排水量不高于单位产品基准排水量的情况。若单位产品实际排水量超过单位产品基准排水量，须按公式（1）将实测水污染物浓度换算为水污染物基准水量排放浓度，并以水污染物基准水量排放浓度作为判定排放是否达标的依据。产品产量和排水量统计周期为一个工作日。

在企业的生产设施同时生产两种以上产品、可适用不同排放控制要求或不同行业国家污染物排放标准，且生产设施产生的污水混合处理排放的情况下，应执行排放标准中规定的最严格的浓度限值，并按公式（1）换算水污染物基准水量排放浓度：

$$C_{基} = \frac{Q_{总}}{\Sigma Y_{i} Q_{i基}} \times C_{实} \quad (1)$$

式中 $C_{基}$——水污染物基准水量排放浓度，mg/L；

$Q_{总}$——排水总量，吨；

Y_{i}——第 i 种产品产量，吨；

$Q_{i基}$——第 i 种产品的单位产品基准排水量，吨/吨；

$C_{实}$——实测水污染物浓度，mg/L。

若 $Q_{总}$ 与 $\Sigma Y_{i} Q_{i基}$ 的比值小于1，则以水污染物实测浓度作为判定排放是否达标的依据。

5 水污染物监测要求

5.1 对企业排放废水采样应根据监测污染物的种类，在规定的污染物排放监控位置进行，有废水处理设施的，应在该设施后监控。在污染物排放监控位置须设置永久性排污口标志。

5.2 新建企业应按照《污染源自动监控管理办法》的规定，安装污染物排放自动监控设备，并与环境保护主管部门的监控设备联网，并保证设备正常运行。各地现有企业安装污染物排放自动监控设备的要求由省级环境保护行政主管部门规定。

5.3 对企业污染物排放情况进行监测的频次、采样时间等要求，按国家有关污染源监测技术规范的规定执行。

二噁英指标每年监测一次。

5.4 企业产品产量的核定，以法定报表为依据。

5.5 对企业排放水污染物浓度的测定采用表4所列的方法标准。

表4 水污染物浓度测定方法标准

序号	污染物项目	方法标准名称	方法标准编号
1	pH值	水质 pH值的测定 玻璃电极法	GB/T 6920—1986
2	色度	水质 色度的测定 稀释倍数法	GB/T 11903—1989
3	悬浮物	水质 悬浮物的测定 重量法	GB/T 11901—1989
4	五日生化需氧量	水质 五日生化需氧量（BOD_5）的测定 稀释与接种法	GB/T 7488—1987
5	化学需氧量	水质 化学需氧量的测定 重铬酸盐法	GB/T 11914—1989
6	氨氮	水质 铵的测定 蒸馏和滴定法	GB/T 7478—1987
		水质 铵的测定 纳氏试剂比色法	GB/T 7479—1987
		水质 铵的测定 水杨酸分光光度法	GB/T 7481—1987
		水质 氨氮的测定 气相分子吸收光谱法	HJ/T 195—2005
7	总氮	水质 总氮的测定 碱性过硫酸钾消解紫外分光光度法	GB/T 11894—1989
		水质 总氮的测定 气相分子吸收光谱法	HJ/T 199—2005
8	总磷	水质 总磷的测定 钼酸铵分光光度法	GB/T 11893—1989

续表

序号	污染物项目	方法标准名称	方法标准编号
9	可吸附有机卤素(AOX)	水质 可吸附有机卤素(AOX)的测定 微库仑法	GB/T 15959—1995
		水质 可吸附有机卤素(AOX)的测定 离子色谱法	HJ/T 83—2001
10	二噁英	水质 多氯代二苯并二噁英和多氯代二苯并呋喃的测定 同位素稀释高分辨毛细管气相色谱/高分辨质谱法	HJ/T 77—2001

5.6 企业须按照有关法律和《环境监测管理办法》的规定，对排污状况进行监测，并保存原始监测记录。

6 实施与监督

6.1 本标准由县级以上人民政府环境保护行政主管部门负责监督实施。

6.2 在任何情况下，企业均应遵守本标准的水污染物排放控制要求，采取必要措施保证污染防治设施正常运行。各级环保部门在对企业进行监督性检查时，可以现场即时采样或监测的结果，作为判定排污行为是否符合排放标准以及实施相关环境保护管理措施的依据。在发现企业耗水或排水量有异常变化的情况下，应核定企业的实际产品产量和排水量，按本标准的规定，换算水污染物基准水量排放浓度。

取水定额 第5部分：造纸产品（GB/T 18916.5—2012）

1 范围

GB/T 18916 的本部分规定了造纸产品取水定额的术语和定义、计算方法及取水量定额等。

本部分适用于现有和新建造纸企业取水量的管理。

2 规范性引用文件

下列文件对于本文件的应用是必不可少的。凡是注日期的引用文件，仅注日期的版本适用于本文件。凡是不注日期的引用文件，其最新版本（包括所有的修改单）适用于本文件。

GB/T 4687 纸、纸板、纸浆及相关术语

GB/T 12452 企业水平衡测试通则

GB/T 18820 工业企业产品取水定额编制通则

GB/T 21534 工业用水节水 术语

GB 24789 用水单位水计量器具配备和管理通则

3 术语和定义

GB/T 4687、GB/T 18820 和 GB/T 21534 界定的术语和定义用于本文件。

4 计算方法

4.1 一般规定

4.1.1 取水量范围

取水量范围是指企业从各种常规水资源提取的水量，包括取自地表水（以净水厂供水计量）、地下水、城镇供水工程，以及企业从市场购得的其他水或水的产品（如蒸汽、热水、地热水等）的水量。

4.1.2 造纸产品主要生产的取水统计范围

以木材、竹子、非木类（麦草、芦苇、甘蔗渣）等为原料生产本色、漂白化学浆，以木材为原料生产化学机械木浆，以废纸为原料生产脱墨或未脱墨废纸浆，其生产取水量是指从原料准备至成品浆（液态或风干）的生产全过程所取用的水量。化学浆生产过程取水量还包括碱回收、制浆化学品药液制备、黑（红）液副产品（粘合剂）生产在内的取水量。

以自制浆或商品浆为原料生产纸及纸板，其生产取水量是指从浆料预处理、打浆、抄纸、完成以及涂料、辅料制备等生产全过程的取水量。

注：造纸产品的取水量等于从自备水源总取水量中扣除给水净化站自用水量及由该水源供给的居住区、基建、自备电站用于发电的取水量及其他取水量等。

4.1.3 各种水量的计量

取水量、外购水量、外供水量以企业的一级计量表计量为准。

4.2 单位造纸产品取水量

单位造纸产品取水量按式（1）计算：

$$V_{ui}=\frac{V_i}{Q} \qquad (1)$$

式中 V_{ui}——单位造纸产品取水量，m^3/t；

Q——在一定的计量时间内，造纸产品产量，t；

V_i——在一定的计量时间内，生产过程中常规水资源的取水量总和，m^3。

5 取水定额

5.1 现有企业取水定额

现有造纸企业单位产品取水量定额指标见表1。

表1 现有造纸企业单位产品取水量定额指标

产品名称		单位造纸产品取水量/（m^3/t）
纸浆	漂白化学木（竹）浆	90
	本色化学木（竹）浆	60
	漂白化学非木（麦草、芦苇、甘蔗渣）浆	130
	脱墨废纸浆	30
	未脱墨废纸浆	20
	化学机械木浆	35
纸	新闻纸	20
	印刷书写纸	35
	生活用纸	30
	包装用纸	25
纸板	白纸板	30
	箱纸板	25
	瓦楞原纸	25

注1：高得率半化学本色木浆及半化学草浆按本色化学木浆执行；机械木浆按化学机械木浆执行。

注2：经抄浆机生产浆板时，允许在本定额的基础上增加$10m^3/t$。

注3：生产漂白脱墨废纸浆时，允许在本定额的基础上增加$10m^3/t$。

注4：生产涂布类纸及纸板时，允许在本定额的基础上增加$10m^3/t$。

注5：纸浆的计量单位为吨风干浆（含水10%）。

注6：纸浆、纸、纸板的取水量定额指标分别计。

注7：本部分不包括特殊浆种、薄页纸及特种纸的取水量。

5.2 新建企业取水定额

新建造纸企业单位产品取水量定额指标见表2。

表 2　新建造纸企业单位产品取水量定额指标

产品名称		单位造纸产品取水量/（m^3/t）
纸浆	漂白化学木（竹）浆	70
	本色化学木（竹）浆	50
	漂白化学非木（麦草、芦苇、甘蔗渣）浆	100
	脱墨废纸浆	25
	未脱墨废纸浆	20
	化学机械木浆	30
纸	新闻纸	16
	印刷书写纸	30
	生活用纸	30
	包装用纸	20
纸板	白纸板	30
	箱纸板	22
	瓦楞原纸	20

注 1：高得率半化学本色木浆及半化学草浆按本色化学木浆执行；机械木浆按化学机械木浆执行。

注 2：经抄浆机生产浆板时，允许在本定额的基础上增加 $10m^3/t$。

注 3：生产漂白脱墨废纸浆时，允许在本定额的基础上增加 $10m^3/t$ 。

注 4：生产涂布类纸及纸板时，允许在本定额的基础上增加 10 m^3/t。

注 5：纸浆的计量单位为吨风干浆(含水 10%)。

注 6：纸浆、纸、纸板的取水量定额指标分别计。

注 7：本部分不包括特殊浆种、薄页纸及特种纸的取水量。

6　定额使用说明

6.1　取水定额指标为最高允许值，在实际运用中取水量应不大于定额指标值。

6.2　造纸企业用水计量器具配置和管理应符合 GB 24789 的要求。

6.3　取水定额管理中，企业水平衡测试应符合 GB/T 12452 要求。

6.4　本定额未考虑工艺过程中采用直流冷却水的取水指标。

6.5　本定额中产品名称是通称，其包括内容如下：

(a) 化学机械木浆包括化学热磨机械浆（chemi-thermomechanical pulp，简称 CTMP）、漂白化学热磨机械浆（bleached chemi-thermomechanical pulp，简称 BCTMP）和碱性过氧化氢机械浆（alkaline peroxide mechanical pulp，简称 APMP）等。

(b) 印刷书写纸包括书刊印刷纸、书写纸、涂布纸等。

(c) 生活用纸包括卫生纸品，如卫生纸、面巾纸、手帕纸、餐巾纸、妇女卫生巾、婴儿纸尿裤等。

(d) 包装用纸包括水泥袋纸、牛皮纸、书皮纸等。

(e) 白纸板包括涂布或未涂布白纸板、白卡纸、液体包装纸板等。

(f) 箱纸板包括普通箱纸板、牛皮挂面箱纸板、牛皮箱纸板等。

6.6　其他未列明的纸浆、纸及纸板产品的取水量可相应参照定额执行。

消毒产品标签说明书管理规范
(卫监督发〔2005〕426 号附件)

第一条　为加强消毒产品标签和说明书的监督管理，根据《中华人民共和国传染病防治法》和

《消毒管理办法》的有关规定，特制定本规范。

第二条 本规范适用于在中国境内生产、经营或使用的进口和国产消毒产品标签和说明书。

第三条 消毒产品标签、说明书标注的有关内容应当真实，不得有虚假夸大、明示或暗示对疾病的治疗作用和效果的内容，并符合下列要求：

（一）应采用中文标识，如有外文标识的，其展示内容必须符合国家有关法规和标准的规定。

（二）产品名称应当符合《卫生部健康相关产品命名规定》，应包括商标名（或品牌名）、通用名、属性名；有多种消毒或抗（抑）菌用途或含多种有效杀菌成分的消毒产品，命名时可以只标注商标名（或品牌名）和属性名。

（三）消毒剂、消毒器械的名称、剂型、型号、批准文号、有效成分含量、使用范围、使用方法、有效期/使用寿命等应与省级以上卫生行政部门卫生许可或备案时的一致；卫生用品主要有效成分含量应当符合产品执行标准规定的范围。

（四）产品标注的执行标准应当符合国家标准、行业标准、地方标准和有关规范规定。国产产品标注的企业标准应依法备案。

（五）杀灭微生物类别应按照卫生部《消毒技术规范》的有关规定进行表述；经卫生部审批的消毒产品杀灭微生物类别应与卫生部卫生许可时批准的一致；不经卫生部审批的消毒产品，其杀灭微生物类别应与省级以上卫生行政部门认定的消毒产品检验机构出具的检验报告一致。

（六）消毒产品对储存、运输条件安全性等有特殊要求的，应在产品标识中明确注明。

（七）在标注生产企业信息时，应同时标注产品责任单位和产品实际生产加工企业的信息（两者相同时，不必重复标注）。

（八）所标注生产企业卫生许可证号应为实际生产企业卫生许可证号。

第四条 未列入消毒产品分类目录的产品不得标注任何与消毒产品管理有关的卫生许可证明编号。

第五条 消毒产品的最小销售包装应当印有或贴有标签，应清晰、牢固、不得涂改。

消毒剂、消毒器械、抗（抑）菌剂、隐形眼镜护理用品应附有说明书，其中产品标签内容已包括说明书内容的，可不另附说明书。

第六条 消毒剂包装（最小销售包装除外）标签应当标注以下内容：

（一）产品名称；

（二）产品卫生许可批件号；

（三）生产企业（名称、地址）；

（四）生产企业卫生许可证号（进口产品除外）；

（五）原产国或地区名称（国产产品除外）；

（六）生产日期和有效期/生产批号和限期使用日期。

第七条 消毒剂最小销售包装标签应标注以下内容：

（一）产品名称；

（二）产品卫生许可批件号；

（三）生产企业（名称、地址）；

（四）生产企业卫生许可证号（进口产品除外）；

（五）原产国或地区名称（国产产品除外）；

（六）主要有效成分及其含量；

（七）生产日期和有效期/生产批号和限期使用日期；

（八）用于黏膜的消毒剂还应标注“仅限医疗卫生机构诊疗用”内容。

第八条 消毒剂说明书应标注以下内容：

（一）产品名称；

（二）产品卫生许可批件号；

（三）剂型、规格；
（四）主要有效成分及其含量；
（五）杀灭微生物类别；
（六）使用范围和使用方法；
（七）注意事项；
（八）执行标准；
（九）生产企业（名称、地址、联系电话、邮政编码）；
（十）生产企业卫生许可证号（进口产品除外）；
（十一）原产国或地区名称（国产产品除外）；
（十二）有效期；
（十三）用于黏膜的消毒剂还应标注“仅限医疗卫生机构诊疗用”内容。
第九条 消毒器械包装（最小销售包装除外）标签应标注以下内容：
（一）产品名称和型号；
（二）产品卫生许可批件号；
（三）生产企业（名称、地址）；
（四）生产企业卫生许可证号（进口产品除外）；
（五）原产国或地区名称（国产产品除外）；
（六）生产日期；
（七）有效期（限于生物指示物、化学指示物和灭菌包装物等）；
（八）运输存储条件；
（九）注意事项。
第十条 消毒器械最小销售包装标签或铭牌应标注以下内容：
（一）产品名称；
（二）产品卫生许可批件号；
（三）生产企业（名称、地址）；
（四）生产企业卫生许可证号（进口产品除外）；
（五）原产国或地区名称（国产产品除外）；
（六）生产日期；
（七）有效期（限生物指示剂、化学指示剂和灭菌包装物）；
（八）注意事项。
第十一条 消毒器械说明书应标注以下内容：
（一）产品名称；
（二）产品卫生许可批件号；
（三）型号规格；
（四）主要杀菌因子及其强度、杀菌原理和杀灭微生物类别；
（五）使用范围和使用方法；
（六）使用寿命（或主要元器件寿命）；
（七）注意事项；
（八）执行标准；
（九）生产企业（名称、地址、联系电话、邮政编码）；
（十）生产企业卫生许可证号（进口产品除外）；
（十一）原产国或地区名称（国产产品除外）；
（十二）有效期（限于生物指示物、化学指示物和灭菌包装物等）。

第十二条 卫生用品包装（最小销售包装除外）标签应标注以下内容：
（一）产品名称；
（二）生产企业（名称、地址）；
（三）生产企业卫生许可证号（进口产品除外）；
（四）原产国或地区名称（国产产品除外）；
（五）符合产品特性的储存条件；
（六）生产日期和保质期/生产批号和限期使用日期；
（七）消毒级的卫生用品应标注“消毒级”字样、消毒方法、消毒批号/消毒日期、有效期/限定使用日期。

第十三条 卫生用品最小销售包装标签应标注以下内容：
（一）产品名称；
（二）主要原料名称；
（三）生产企业（名称、地址、联系电话、邮政编码）；
（四）生产企业卫生许可证号（进口产品除外）；
（五）原产国或地区名称（国产产品除外）；
（六）生产日期和有效期（保质期）/生产批号和限期使用日期；
（七）消毒级产品应标注“消毒级”字样；
（八）卫生湿巾还应标注杀菌有效成分及其含量、使用方法、使用范围和注意事项。

第十四条 抗（抑）菌剂最小销售包装标签除要标注本规范第十三条规定的内容外，还应标注产品主要原料的有效成分及其含量；含植物成分的抗（抑）菌剂，还应标注主要植物拉丁文名称；对指示菌的杀灭率大于等于90%的，可标注“有杀菌作用”；对指示菌的抑菌率达到50%或抑菌环直径大于7mm的，可标注“有抑菌作用”；抑菌率大于等于90%的，可标注“有较强抑菌作用”。

用于阴部黏膜的抗（抑）菌产品应当标注“不得用于性生活中对性病的预防”。

第十五条 抗（抑）菌剂的说明书应标注下列内容：
（一）产品名称；
（二）规格、剂型；
（三）主要有效成分及含量，植物成分的抗（抑）菌剂应标注主要植物拉丁文名称；
（四）抑制或杀灭微生物类别；
（五）生产企业（名称、地址、联系电话、邮政编码）；
（六）生产企业卫生许可证号（进口产品除外）；
（七）原产国或地区名称（国产产品除外）；
（八）使用范围和使用方法；
（九）注意事项；
（十）执行标准；
（十一）生产日期和保质期/生产批号和限期使用日期。

第十六条 隐形眼镜护理用品的说明书应标注下列内容：
（一）产品名称；
（二）规格、剂型；
（三）生产企业（名称、地址、联系电话、邮政编码）；
（四）生产企业卫生许可证号（进口产品除外）；
（五）原产国或地区名称（国产产品除外）；
（六）使用范围和使用方法；
（七）注意事项；

（八）执行标准；

（九）生产日期和保质期/生产批号和限期使用日期。

有消毒作用的隐形眼镜护理用品还应注明主要有效成分及含量，杀灭微生物类别。

第十七条 同一个消毒产品标签和说明书上禁止使用两个及其以上产品名称。卫生湿巾和湿巾名称还不得使用抗（抑）菌字样。

第十八条 消毒产品标签及说明书禁止标注以下内容：

（一）卫生巾（纸）等产品禁止标注消毒、灭菌、杀菌、除菌、药物、保健、除湿、润燥、止痒、抗炎、消炎、杀精子、避孕，以及无检验依据的抗（抑）菌作用等内容。

（二）卫生湿巾、湿巾等产品禁止标注消毒、灭菌、除菌、药物、高效、无毒、预防性病、治疗疾病、减轻或缓解疾病症状、抗炎、消炎、无检验依据的使用对象和保质期等内容。卫生湿巾还应禁止标注无检验依据的抑/杀微生物类别和无检验依据的抗（抑）菌作用。湿巾还应禁止标注抗/抑菌、杀菌作用。

（三）抗（抑）菌剂产品禁止标注高效、无毒、消毒、灭菌、除菌、抗炎、消炎、治疗疾病、减轻或缓解疾病症状、预防性病、杀精子、避孕，及抗生素、激素等禁用成分的内容；禁止标注无检验依据的使用剂量及对象、无检验依据的抑/杀微生物类别、无检验依据的有效期以及无检验依据的抗（抑）菌作用；禁止标注用于人体足部、眼睛、指甲、腋部、头皮、头发、鼻黏膜、肛肠等特定部位；抗（抑）菌产品禁止标注适用于破损皮肤、黏膜、伤口等内容。

（四）隐形眼镜护理用品禁止标注全功能、高效、无毒、灭菌或除菌等字样，禁止标注无检验依据的消毒、抗（抑）菌作用，以及无检验依据的使用剂量和保质期。

（五）消毒剂禁止标注广谱、速效、无毒、抗炎、消炎、治疗疾病、减轻或缓解疾病症状、预防性病、杀精子、避孕，及抗生素、激素等禁用成分内容；禁止标注无检验依据的使用范围、剂量及方法，无检验依据的杀灭微生物类别和有效期；禁止标注用于人体足部、眼睛、指甲、腋部、头皮、头发、鼻黏膜、肛肠等特定部位等内容。

（六）消毒产品的标签和使用说明书中均禁止标注无效批准文号或许可证号以及疾病症状和疾病名称（疾病名称作为微生物名称一部分时除外，如“脊髓灰质炎病毒”等）。

第十九条 标签和说明书中所标注的内容应符合本规范附件“消毒产品标签、说明书各项内容书写要求”的规定。

第二十条 本规范下列用语的含义：

消毒产品：包括消毒剂、消毒器械（含生物指示物、化学指示物及灭菌物品包装物）和卫生用品。

标签：指产品最小销售包装和其他包装上的所有标识。

说明书：指附在产品销售包装内的相关文字、音像、图案等所有资料。

灭菌（sterilization）：杀灭或清除传播媒介上一切微生物的处理。

消毒（disinfection）：杀灭或清除传播媒介上病原微生物，使其达到无害化的处理。

抗菌（antibacterial）：采用化学或物理方法杀灭细菌或妨碍细菌生长繁殖及其活性的过程。

抑菌（bacteriostasis）：采用化学或物理方法抑制或妨碍细菌生长繁殖及其活性的过程。

隐形眼镜护理用品：是指专用于隐形眼镜护理的，具有清洁、杀菌、冲洗或保存镜片，中和清洁剂或消毒剂，物理缓解（或润滑）隐形眼镜引起的眼部不适等功能的溶液或可配制成溶液使用的可溶性固态制剂。

卫生湿巾：特指符合《一次性使用卫生用品卫生标准》（GB 15979）的有杀菌效果的湿巾。对大肠杆菌和金黄色葡萄球菌的杀灭率 ≥90%，如标注对真菌有作用的，应对白色念珠菌的杀灭率≥90%，其杀菌作用在室温下至少保持 1 年。

消毒级卫生用品：经环氧乙烷、电离辐射或压力蒸气等有效消毒方法处理过并达到《一次性使用卫生用品卫生标准》(GB 15979)规定消毒级要求的卫生用品。

产品责任单位：是指依法承担因产品缺陷而致他人人身伤害或财产损失的赔偿责任的法人单位。委托生产加工时，特指委托方。

第二十一条 本规范自2006年5月1日起施行。由卫生部负责解释。

附：

消毒产品标签、说明书各项内容书写要求

[产品名称]

1. 产品商标已注册者标注“##® ”，产品商标申请注册者标注“##™”，其余产品标注“##牌”。

消毒剂的产品名称如：“##® 皮肤黏膜消毒液”、“##™戊二醛消毒液”、“##牌三氯异氰尿酸消毒片”。

消毒器械的产品名称如：“##® RTP-50型食具消毒柜”、“##™YKX-2000医院被服消毒机”、“##牌CPF-100二氧化氯发生器”。

卫生用品产品的名称如：“##® 隐形眼镜护理液”、“##™妇女用抗菌洗液”、“##牌妇女用抑菌洗液”等。

多用途或多种有效杀菌成分的消毒产品名称如：“##®（牌）消毒液（粉、片）”或“##®（牌）YKX-2000消毒机（器）”表示。

2. 不得标注本规范禁止的内容，如下列名称均不符合本规定：“××药物卫生巾”、“××消毒湿巾”、“××抗菌卫生湿巾”、“湿疣外用消毒杀菌剂”、“××白斑净”、“××灰甲灵”、“××鼻康宁”、“××除菌洗手液”、“全能多功能护理液”、“××全功能保养液”和“××速效杀菌全护理液”、“××滴眼露”、“××眼部护理液”等等。

[剂型、型号]

消毒剂、抗（抑）菌剂的剂型如：“液体”、“片剂”、“粉剂”等等；禁止标注栓剂、皂剂。

消毒器械的型号如“RTP-50（型）”等。

[主要有效成分及含量]

1. 消毒剂、抗（抑）菌剂应标注主要有效成分及含量；有效成分的表示方法应使用化学名；含量应标注产品执行标准规定的范围，如戊二醛消毒剂应标注“戊二醛，2.0%~2.2%（w/w）”；三氯异氰尿酸消毒片“三氯异氰尿酸，含有效氯45.0%~50.0%”（w/w）；也可用g/L表示。

2. 具有消毒作用的隐形眼镜护理用品应标注主要有效成分及含量。有效成分的表示方法应使用化学名；含量应按产品执行标准规定的范围进行标注。

3. 对于植物或其他无法标注主要有效成分的产品，应标注主要原料名称（植物类应标注拉丁文名称）及其在单位体积中原料的加入量。

4. 消毒产品禁止标注抗生素、激素等禁用成分，如“甲硝唑”、“肾上腺皮质激素”等等。

[批准文号]

系指产品及其生产企业经省级以上卫生行政部门批准的文号。

生产企业卫生许可证号：“(省、自治区、直辖市简称)卫消证字(发证年份)第××××号”，产品卫生许可批件号：“卫消字(年份)第××××号”、“卫消进字(年份)第××××号”。

不得标注无效批准文号，如：(1996)×卫消准字第××××号。

[执行标准]

产品执行标准应为现行有效的标准，以标准的编号表示，如“GB 15979”、“Q/HJK001”等，可不标注标准的年代号。企业标准应符合国家相关法规、标准和规范的要求。

[杀灭微生物类别]

1. 应按照卫生部《消毒技术规范》的有关规定进行表述。对指示微生物具有抑制、杀灭作用的，应在产品说明书中标注对其代表的微生物种类有抑制、杀灭作用。例如对金黄色葡萄球菌杀灭率≥99.999%，可标注“对化脓菌有杀灭作用”；对脊髓灰质炎病毒有灭活作用，可标注“对病毒有灭活作用”；

2. 禁止标注各种疾病名称和疾病症状，如“牛皮癣”、“神经性皮炎”、“脂溢性皮炎”等。

3. 禁止标注无检验依据的抑/杀微生物类别，如“尖锐湿疣病毒”、“非典病毒”等。

[使用范围和使用方法]

1. 应明确、详细列出产品使用方法。使用方法二种以上的，建议用表格表示。

2. 消毒剂、抗（抑）菌剂、隐形眼镜护理用品应标注作用对象，作用浓度（用有效成分含量表示）和配制方法、作用时间（以抑菌环试验为检验方法的可不标注时间）、作用方式、消毒或灭菌后的处理方法。用于黏膜的消毒剂应标注“仅限医疗卫生机构诊疗用”内容。

例如：戊二醛消毒液的使用范围“适用于医疗器械的消毒、灭菌”；使用方法“①使用前加入本品附带的A剂（碳酸氢钠），充分搅匀溶解；再加入附带的B剂（亚硝酸钠）溶解混匀。②消毒方法：用原液擦拭、浸泡消毒物品20min~45min。③灭菌方法：用原液浸泡待灭菌物品10h。④消毒、灭菌的医疗器械必须用无菌水冲洗干净后方可使用”。

3. 消毒器械应标注作用对象，杀菌因子强度、作用时间、作用方式、消毒或灭菌后的处理方法。如食具消毒柜的使用范围“餐(饮)具的消毒、保洁”；使用方法“将洗净沥干的食具有序地放在层架上；按电源和消毒键，指示灯同时启亮；作用一个周期后，消毒指示灯灭，表示消毒结束。”

4. 使用方法中禁止标注无检验依据的使用对象、与药品类似用语、无检验依据的使用剂量及对象，如“每日×次”，“××天为一疗程，或遵医嘱”等等。

[注意事项]

本项内容包括产品保存条件、使用防护和使用禁忌。对于使用中可能危及人体健康和人身、财产安全的产品，应当有警示标志或者中文警示说明。

[生产日期、有效期或保质期]

生产日期应按“年、月、日”或“20050903”方式表示。

保质期、有效期应按“×年或××个月”方式表示。

[生产批号和限期使用日期]

生产批号形式由企业自定。限期使用日期应按“请在××××年××月前使用”或“有效期至××××年××月”等方式表示。

[主要元器件使用寿命]

本项内容应标注消毒器械产生杀菌因子的元器件的使用寿命或更换时间。使用寿命应按“×年或××××小时”等方式表示。

[生产企业及其卫生许可证号]

生产企业名称、地址应与其消毒产品生产企业卫生许可证一致。

委托生产加工的，需同时标注产品责任单位（委托方）名称、地址和实际生产加工企业（被委托方）的名称及卫生许可证号。

虽不属于委托生产加工，但产品责任单位与实际生产加工企业信息不同时，也应分别标注产品责任单位信息和实际生产加工企业信息。例如责任单位为总公司，实际生产加工企业为其下属某个企业。

进出口一次性使用纸制卫生用品检验规程（SN/T 2148—2008）

2009-03-16 实施

1 范围

本标准规定了进出口一次性使用纸制卫生用品的抽样要求，卫生和毒理学试验要求，包装和产品标识的要求，产品试验方法及检验结果的判定。

本标准适用于一次性使用纸制卫生用品的进出口检验。

2 规范性引用文件

下列文件中的条款通过本标准的引用而成为本标准的条款。凡是注日期的引用文件，其随后所有的修改单（不包括勘误的内容）或修订版均不适用于本标准，然而，鼓励根据本标准达成协议的各方研究是否可使用这些文件的最新版本。凡是不注日期的引用文件，其最新版本适用于本标准。

GB/T 5009.78　食品包装用原纸卫生标准的分析方法

GB 15979—2002　一次性使用卫生用品卫生标准

GB 20810—2006　卫生纸（含卫生纸原纸）

3 术语和定义

下列术语和定义适用于本标准。

3.1 一次性使用纸制卫生用品 disposable sanitary paper products

使用一次后即丢弃的、与人体直接或间接接触的，并为达到人体生理卫生或卫生保健（抗菌或抑菌）目的而使用的各种日常生活用纸制品。例如：纸面巾、纸餐巾、纸手帕、纸湿巾和卫生湿巾、纸台布、纸卫生巾（卫生护垫）、纸尿布（裤）、卫生纸、卫生纸原纸、纸制的衣服和衣着用品、纸制的床单、口罩及其他家庭、卫生和医院用品等。

3.2 检验批 inspection lot

检验检疫报检单所列同一种商品为一检验批。

4 抽样和要求

从同一检验批的三个运输包装中至少抽取 12 个最小销售包装样品，四分之一样品用于检测，四分之一样品用于留样，另两分之一样品封存留在抽样部门必要时用于复验。抽样的最小销售包装不应有破裂，检验前不得开启。

对于无销售包装的产品抽样，从同一检验批的三个运输包装中至少抽取 12 份样品，每份样品量应不少于 150g，四分之一样品用于检测，四分之一样品用于留样，另两分之一样品封存留在抽样部门必要时用于复验。抽样工具和存样容器应预先进行灭菌处理，应保证抽样过程不会对样品造成污染。

5 产品的卫生检验和要求

5.1 产品外观应整洁，符合该卫生用品固有性状，不得有异常气味与异物。

5.2 产品的微生物学指标应符合表 1。

5.3 纸面巾、纸餐巾、纸手帕、纸湿巾等产品应当进行荧光检查，任何一份 100cm^2 样品荧光面积不得大于 5cm^2。

表 1　产品的微生物学指标

产品种类	微生物指标				
	初始污染菌[a]/(CFU/g)	细菌菌落总数/(CFU/g 或 CFU/mL)	大肠菌群	致病性化脓菌[b]	真菌菌落总数/(CFU/g 或 CFU/mL)
纸面巾、纸餐巾、纸手帕、纸湿巾、纸台布、纸制的床单、纸制的衣服和衣着用品、其他家庭、卫生和医院用品	—	≤200	不得检出	不得检出	≤100
卫生湿巾	—	≤20	不得检出	不得检出	不得检出
口罩					
普通级	—	≤200	不得检出	不得检出	≤100
消毒级	≤10000	≤20	不得检出	不得检出	不得检出
纸卫生巾（卫生护垫）					
普通级	—	≤200	不得检出	不得检出	≤100
消毒级	≤10000	≤20	不得检出	不得检出	不得检出
纸尿布（纸尿裤）					
普通级	—	≤200	不得检出	不得检出	≤100
消毒级	≤10000	≤20	不得检出	不得检出	不得检出
卫生纸	—	≤600	不得检出	不得检出[c]	—
卫生纸原纸	—	≤500			

a　如初始污染菌超过表内数值，应相应提高杀灭指数，使达到本标准规定的细菌与真菌限值。

b　致病性化脓菌指绿脓杆菌、金黄色葡萄球菌与溶血性链球菌。

c　卫生纸和卫生原纸的致病性化脓菌指金黄色葡萄球菌与溶血性链球菌。

6　产品的毒理学试验要求

6.1　对于初次检验的进出口一次性使用纸制卫生用品，应按表 2 的要求提供有法律效力的产品毒理学测试报告，产品毒理学测试报告应包括测试样品的品名、品牌、规格、测试结果有效期等内容。试验项目按表 2 进行。

表 2　产品毒理学试验项目

产品种类	皮肤刺激试验	阴道黏膜刺激试验	皮肤变态反应试验
纸制的内衣、内裤	✓		✓
纸湿巾、卫生湿巾	✓		
口罩	✓		
纸卫生巾（卫生护垫）		✓	✓
纸尿布（纸尿裤）	✓	✓[a]	✓

a　产品如标有男用标识可不进行该试验。

6.2　未列入表 2 的进出口一次性使用纸制卫生用品可不进行产品毒理学试验。

7　半成品或原材料的卫生要求

7.1　一次性使用纸制卫生用品的半成品应按照本标准对于成品的要求进行微生物项目检验和毒理学试验。

7.2　生产一次性使用纸制卫生用品的原材料应无毒、无害、无污染，重要的原材料应进行微生物检测，检测的项目应与产品需检测的微生物项目相同。

7.3　禁止将使用过的卫生用品作原材料或半成品。

8 产品包装和产品标识的要求

8.1 直接与产品接触的包装材料应无毒、无害、清洁，产品的所有包装材料应具有足够的密封性和牢固性，以保证产品在正常的运输与储存条件下不受污染。

8.2 产品包装应标明产品名称、生产单位、生产日期、生产批号和保质期（使用有效期）等内容。

9 产品试验方法

9.1 产品外观：在抽取样品时进行目视检验，应符合5.1的规定。

9.2 产品（不包括卫生纸和卫生原纸）微生物指标按GB 15979—2002中的附录B进行测定。

9.3 卫生纸和卫生原纸微生物指标按GB 20810—2006中的附录A进行测定。

9.4 产品毒理学试验按GB 15979—2002中的附录A进行测定。

9.5 荧光检查按GB/T 5009.78规定方法进行测定。

10 检验结果的判定

以上各检验项目均为合格时，该检验批为合格，有一项不合格则判该检验批不合格。

11 不合格的处置

对不合格检验批，进口产品不许销售使用，出口产品不许出口。

一次性生活用纸生产加工企业监督整治规定
（国质检执〔2003〕289号附件1）

第一条 为加强对一次性生活用纸生产、加工企业的监督管理，规范企业的生产、加工行为，提高产品质量，保护消费者的合法权益和安全健康，依据国家有关法律法规制定本规定。

第二条 本规定中的一次性生活用纸是指纸巾纸（含面巾纸、餐巾纸、手帕纸等）、湿巾、皱纹卫生纸。

第三条 纸巾纸、湿巾、卫生纸应符合一次性使用卫生用品卫生标准（GB 15979）和一次性生活用纸产品标准等规定要求。

第四条 一次性生活用纸生产、加工企业的生产加工区不得露天生产操作；纸巾纸、湿巾的生产流程做到人、物分流，不得逆向交叉；在生产加工区与非生产加工区之间，必须设置缓冲区。

第五条 生产纸巾纸、湿巾的缓冲区必须配备流动水洗手池，操作人员在每次操作之前，必须清洗、消毒双手。

第六条 生产纸巾纸、湿巾的加工区必须配备更衣室，直接接触裸装产品的操作人员必须穿戴清洁卫生或经消毒的工作衣、工作帽及工作鞋，并配戴口罩方可生产。

第七条 生产纸巾纸、湿巾的加工区应当配备能够满足需要消毒场所所需数量的紫外灯等设施，必须按规定用紫外灯等空气消毒装置定时消毒，并定期对地面、墙面、顶面及工作台面进行清洁和消毒。

第八条 成品仓库必须具有通风、防尘、防鼠、防蝇、防虫等设施，成品的存放必须保持干燥、清洁和整齐。

第九条 生产纸巾纸，只可以使用木材、草类、竹子等原生纤维作原料，不得使用任何回收纸、纸张印刷品、纸制品及其他回收纤维状物质作原料。

生产湿巾，可以使用干法纸、非织造布作原料，不得使用任何回收纸、回收湿巾及其他回收纤维状物质作原料。

第十条 生产卫生纸可以使用原生纤维、回收的纸张印刷品、印刷白纸边作原料。不得使用废弃的生活用纸、医疗用纸、包装用纸作原料。使用回收纸张印刷作原料的，必须对回收纸张印刷品进行脱墨处理。

第十一条 与一次性生活用纸产品直接接触的包装材料，必须无毒、无害、无污染。包装的密封性和牢固性必须确保在正常运输和贮存时，产品不受污染。

第十二条 一次性生活用纸产品的销售包装标识不得违反国家有关标注规定的要求。

销售用于生产加工一次性生活用纸产品的原纸须标明用于加工纸巾纸或用于加工卫生纸等用途。

第十三条 一次性生活用纸生产、加工企业应确保不购进不合格原材料加工生产，不出厂销售不合格产品。不具备按照第三条所列标准要求项目对购进原料和出厂产品质量检验能力的，应将本企业对购进原料和出厂产品的质量检验责任委托具备该种原料或产品质量检验能力的法定质检机构负责。

受委托质检机构应按标准规定和有关要求对委托企业的购进原料和出厂产品进行抽样检验，不得接受委托企业的送样实施检验。

第十四条 违反本规定第三条要求的，依照产品质量法第 49 条规定处理；产品质量不符合本规定第三条要求，且违反本规定第四条至第八条及第十三条第一款之任一条要求的，依照产品质量法第 49 条规定的上限处理，并责令停产，整改不符合本规定的，不得恢复生产。

第十五条 违反本规定第九条或第十条要求的，依照产品质量法第 50 条规定的上限处理，并责令停产，整改不符合本规定的，不得恢复生产。

第十六条 违反本规定第十二条要求的，依照产品质量法第 54 条处理。

第十七条 受委托质检机构违反本规定第十三条第二款要求的，视为伪造检验结果或出具虚假证明，由此造成被委托企业产品质量不合格并造成企业损失的，依照产品质量法第 57 条处理。

第十八条 对依法必须取得卫生许可证和营业执照等许可证明而未取得，擅自生产加工一次性生活用纸产品不符合本规定第三条、第九条、第十条之任一规定的，依照产品质量法第 60 条处理。

附　　录

APPENDIX

[8]

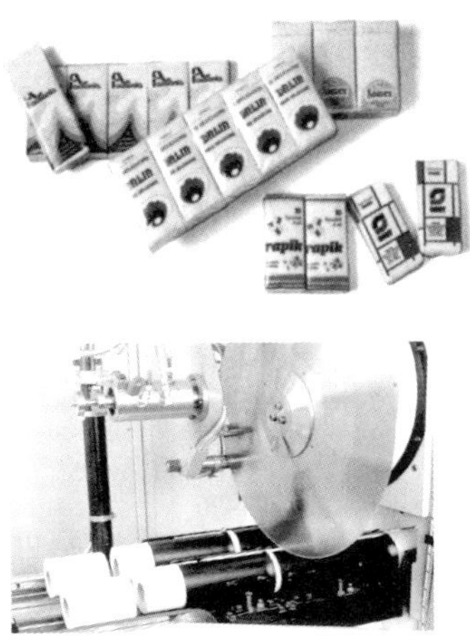

人口数及构成
Population and its composition

单位:万人(10 000 persons)

年 份 Year	总人口(年末) Total Population (year-end)	按性别分 By Sex				按城乡分 By Residence			
		男 Male		女 Female		城镇 Urban		乡村 Rural	
		人口数 Population	比重(%) Proportion	人口数 Population	比重(%) Proportion	人口数 Population	比重(%) Proportion	人口数 Population	比重(%) Proportion
1949	54167	28145	51. 96	26022	48. 04	5765	10. 64	48402	89. 36
1950	55196	28669	51. 94	26527	48. 06	6169	11. 18	49027	88. 82
1951	56300	29231	51. 92	27069	48. 08	6632	11. 78	49668	88. 22
1955	61465	31809	51. 75	29656	48. 25	8285	13. 48	53180	86. 52
1960	66207	34283	51. 78	31924	48. 22	13073	19. 75	53134	80. 25
1965	72538	37128	51. 18	35410	48. 82	13045	17. 98	59493	82. 02
1970	82992	42686	51. 43	40306	48. 57	14424	17. 38	68568	82. 62
1971	85229	43819	51. 41	41410	48. 59	14711	17. 26	70518	82. 74
1972	87177	44813	51. 40	42364	48. 60	14935	17. 13	72242	82. 87
1973	89211	45876	51. 42	43335	48. 58	15345	17. 20	73866	82. 80
1974	90859	46727	51. 43	44132	48. 57	15595	17. 16	75264	82. 84
1975	92420	47564	51. 47	44856	48. 53	16030	17. 34	76390	82. 66
1976	93717	48257	51. 49	45460	48. 51	16341	17. 44	77376	82. 56
1977	94974	48908	51. 50	46066	48. 50	16669	17. 55	78305	82. 45
1978	96259	49567	51. 49	46692	48. 51	17245	17. 92	79014	82. 08
1979	97542	50192	51. 46	47350	48. 54	18495	18. 96	79047	81. 04
1980	98705	50785	51. 45	47920	48. 55	19140	19. 39	79565	80. 61
1981	100072	51519	51. 48	48553	48. 52	20171	20. 16	79901	79. 84
1982	101654	52352	51. 50	49302	48. 50	21480	21. 13	80174	78. 87
1983	103008	53152	51. 60	49856	48. 40	22274	21. 62	80734	78. 38
1984	104357	53848	51. 60	50509	48. 40	24017	23. 01	80340	76. 99
1985	105851	54725	51. 70	51126	48. 30	25094	23. 71	80757	76. 29
1986	107507	55581	51. 70	51926	48. 30	26366	24. 52	81141	75. 48
1987	109300	56290	51. 50	53010	48. 50	27674	25. 32	81626	74. 68
1988	111026	57201	51. 52	53825	48. 48	28661	25. 81	82365	74. 19
1989	112704	58099	51. 55	54605	48. 45	29540	26. 21	83164	73. 79
1990	114333	58904	51. 52	55429	48. 48	30195	26. 41	84138	73. 59
1991	115823	59466	51. 34	56357	48. 66	31203	26. 94	84620	73. 06
1992	117171	59811	51. 05	57360	48. 95	32175	27. 46	84996	72. 54
1993	118517	60472	51. 02	58045	48. 98	33173	27. 99	85344	72. 01
1994	119850	61246	51. 10	58604	48. 90	34169	28. 51	85681	71. 49
1995	121121	61808	51. 03	59313	48. 97	35174	29. 04	85947	70. 96
1996	122389	62200	50. 82	60189	49. 18	37304	30. 48	85085	69. 52
1997	123626	63131	51. 07	60495	48. 93	39449	31. 91	84177	68. 09
1998	124761	63940	51. 25	60821	48. 75	41608	33. 35	83153	66. 65
1999	125786	64692	51. 43	61094	48. 57	43748	34. 78	82038	65. 22
2000	126743	65437	51. 63	61306	48. 37	45906	36. 22	80837	63. 78
2001	127627	65672	51. 46	61955	48. 54	48064	37. 66	79563	62. 34
2002	128453	66115	51. 47	62338	48. 53	50212	39. 09	78241	60. 91
2003	129227	66556	51. 50	62671	48. 50	52376	40. 53	76851	59. 47
2004	129988	66976	51. 52	63012	48. 48	54283	41. 76	75705	58. 24
2005	130756	67375	51. 53	63381	48. 47	56212	42. 99	74544	57. 01
2006	131448	67728	51. 52	63720	48. 48	58288	44. 34	73160	55. 66
2007	132129	68048	51. 50	64081	48. 50	60633	45. 89	71496	54. 11
2008	132802	68357	51. 47	64445	48. 53	62403	46. 99	70399	53. 01
2009	133450	68647	51. 44	64803	48. 56	64512	48. 34	68938	51. 66
2010	134091	68748	51. 27	65343	48. 73	66978	49. 95	67113	50. 05
2011	134735	69068	51. 26	65667	48. 74	69079	51. 27	65656	48. 73
2012	135404	69395	51. 25	66009	48. 75	71182	52. 57	64222	47. 43
2013	136072	69728	51. 24	66344	48. 76	73111	53. 73	62961	46. 27
2014	136782	70079	51. 23	66703	48. 77	74916	54. 77	61866	45. 23
2015	137462	70414	51. 22	67048	48. 78	77116	56. 10	60346	43. 90
2016	138271	70815	51. 21	67456	48. 79	79298	57. 35	58973	42. 65

注：1. 1981 年及以前数据为户籍统计数；1982、1990、2000、2010 年数据为当年人口普查数据推算数；其余年份数据为年度人口抽样调查推算数据。

2. 总人口和按性别分人口中包括现役军人，按城乡分人口中现役军人计入城镇人口。

a) Figures 1981 (inclusive) are from household registrations; for the year 1982, 1990, 2000 and 2010 are the census year estimates; the rest of the data covered in those tables have been estimated on the basis of the annual national sample surveys of population.

b) Total population and population by sex include the military personnel of the Chinese People' s Liberation Army, the military personnel are classified as urban population in the item of population by residence.

《中国统计年鉴—2017》

人口出生率、死亡率和自然增长率
Birth rate, death rate and natural growth rate of population

单位:‰

年 份 Year	出生率 Birth Rate	死亡率 Death Rate	自然增长率 Natural Growth Rate
1978	18.25	6.25	12.00
1980	18.21	6.34	11.87
1981	20.91	6.36	14.55
1982	22.28	6.60	15.68
1983	20.19	6.90	13.29
1984	19.90	6.82	13.08
1985	21.04	6.78	14.26
1986	22.43	6.86	15.57
1987	23.33	6.72	16.61
1988	22.37	6.64	15.73
1989	21.58	6.54	15.04
1990	21.06	6.67	14.39
1991	19.68	6.70	12.98
1992	18.24	6.64	11.60
1993	18.09	6.64	11.45
1994	17.70	6.49	11.21
1995	17.12	6.57	10.55
1996	16.98	6.56	10.42
1997	16.57	6.51	10.06
1998	15.64	6.50	9.14
1999	14.64	6.46	8.18
2000	14.03	6.45	7.58
2001	13.38	6.43	6.95
2002	12.86	6.41	6.45
2003	12.41	6.40	6.01
2004	12.29	6.42	5.87
2005	12.40	6.51	5.89
2006	12.09	6.81	5.28
2007	12.10	6.93	5.17
2008	12.14	7.06	5.08
2009	11.95	7.08	4.87
2010	11.90	7.11	4.79
2011	11.93	7.14	4.79
2012	12.10	7.15	4.95
2013	12.08	7.16	4.92
2014	12.37	7.16	5.21
2015	12.07	7.11	4.96
2016	12.95	7.09	5.86

《中国统计年鉴—2017》

按年龄和性别分人口数（2016 年）
Population by age and sex（2016）

本表是 2016 年全国人口变动情况抽样调查样本数据，抽样比为 0.837‰。

Data in this table are obtained from the 2016 National Sample Survey on Population Changes. The sampling fraction is 0.837‰.

年龄 Age	人口数（人）Population（person）			占总人口比重（%）Percentage to Total Population（%）			性别比（女=100）Sex Ratio（Female=100）
		男 Male	女 Female		男 Male	女 Female	
总计 Total	**1158019**	**593087**	**564932**	**100.00**	**51.22**	**48.78**	**104.98**
0—4	68447	36703	31744	5.91	3.17	2.74	115.62
5—9	63831	34666	29165	5.51	2.99	2.52	118.86
10—14	60420	32773	27647	5.22	2.83	2.39	118.54
15—19	61562	33199	28363	5.32	2.87	2.45	117.05
20—24	79102	41366	37736	6.83	3.57	3.26	109.62
25—29	106663	54225	52439	9.21	4.68	4.53	103.41
30—34	87573	44070	43503	7.56	3.81	3.76	101.30
35—39	80485	40992	39492	6.95	3.54	3.41	103.80
40—44	94730	48342	46388	8.18	4.17	4.01	104.21
45—49	104623	53194	51429	9.03	4.59	4.44	103.43
50—54	97608	49491	48116	8.43	4.27	4.16	102.86
55—59	59638	30264	29374	5.15	2.61	2.54	103.03
60—64	67696	33810	33887	5.85	2.92	2.93	99.77
65—69	48454	23878	24576	4.18	2.06	2.12	97.16
70—74	31677	15545	16132	2.74	1.34	1.39	96.36
75—79	22449	10744	11705	1.94	0.93	1.01	91.79
80—84	14331	6446	7884	1.24	0.56	0.68	81.76
85—89	6416	2613	3803	0.55	0.23	0.33	68.73
90—94	1902	630	1271	0.16	0.05	0.11	49.58
95+	413	134	279	0.04	0.01	0.02	48.25

注：由于各地区数据采用加权汇总的方法，全国人口变动情况抽样调查样本数据合计与各分项或分组相加略有误差。

Because data by region are calculated by the method of weighted sum, total data of the National Sample Survey on Population Changes is not equal to the sum of each item or group.

《中国统计年鉴—2017》

分地区户数、人口数、性别比和户规模（2016 年）

Household, population, sex ratio and household size by region（2016）

本表是 2016 年全国人口变动情况抽样调查样本数据，抽样比为 0. 837‰。

Data in this table are obtained from the 2016 National Sample Survey on Population Changes. The sampling fraction is 0. 837‰.

地区	Region	户数（户） Number of Households (household)	家庭户 Family Household	集体户 Collective Household	人口数（人） Population (person)	男 Male	女 Female	性别比 (女=100) Sex Ratio (Female=100)	家庭户人口数(人) Family Household Population (person)	男 Male	女 Female	集体户人口数(人) Collective Household Population (person)	男 Male	女 Female	平均家庭户规模(人/户) Average Family Size (person/household)
全　国	**National Total**	**371070**	**364431**	**6638**	**1158019**	**593087**	**564932**	**104. 98**	**1132138**	**578632**	**553506**	**25881**	**14455**	**11426**	**3. 11**
北　京	Beijing	6793	6372	421	18132	9324	8808	105. 85	16695	8334	8361	1437	990	447	2. 62
天　津	Tianjin	4497	4145	352	13046	6961	6085	114. 39	11472	5759	5714	1574	1202	371	2. 77
河　北	Hebei	19210	19130	80	62750	32082	30668	104. 61	62372	31900	30472	378	182	196	3. 26
山　西	Shanxi	9835	9768	67	30910	15909	15002	106. 04	30383	15674	14709	528	235	293	3. 11
内蒙古	Inner Mongolia	7654	7467	187	21136	10675	10461	102. 05	20376	10431	9945	760	244	516	2. 73
辽　宁	Liaoning	13389	13344	45	36668	18503	18165	101. 86	36513	18415	18099	155	88	66	2. 74
吉　林	Jilin	8038	8016	22	22945	11665	11280	103. 41	22881	11632	11249	64	33	31	2. 85
黑龙江	Heilongjiang	11521	11460	61	31874	16104	15770	102. 11	31496	16026	15470	378	78	300	2. 75
上　海	Shanghai	8127	7801	325	20188	10382	9806	105. 87	19303	9799	9505	885	583	302	2. 47
江　苏	Jiangsu	20935	20355	580	66998	33738	33260	101. 44	64769	32742	32027	2229	997	1233	3. 18
浙　江	Zhejiang	17378	16889	489	46831	24377	22454	108. 56	45228	23147	22081	1603	1230	373	2. 68
安　徽	Anhui	15687	15635	52	52056	26727	25329	105. 52	51868	26628	25240	188	99	88	3. 32
福　建	Fujian	10591	10310	281	32474	16540	15934	103. 80	31399	15935	15464	1075	605	470	3. 05
江　西	Jiangxi	10585	10482	102	38576	20069	18506	108. 45	38169	19714	18455	406	355	51	3. 64
山　东	Shandong	28939	28783	156	83464	42579	40886	104. 14	82708	42383	40325	757	196	561	2. 87
河　南	Henan	22955	22834	120	80140	40834	39306	103. 89	79392	40566	38826	748	268	480	3. 48
湖　北	Hubei	15757	15304	453	49384	25352	24032	105. 49	47625	24326	23299	1759	1026	733	3. 11
湖　南	Hunan	17503	17414	89	57310	29286	28024	104. 51	56440	28711	27729	870	575	295	3. 24
广　东	Guangdong	29620	27857	1763	92107	48869	43238	113. 02	86392	45364	41028	5715	3504	2210	3. 10
广　西	Guangxi	11484	11410	74	40677	21161	19516	108. 43	40474	21028	19446	203	133	70	3. 55
海　南	Hainan	2037	2020	17	7698	4058	3641	111. 46	7626	4021	3605	72	37	35	3. 78
重　庆	Chongqing	9209	9132	77	25560	12992	12568	103. 37	25129	12700	12430	430	292	138	2. 75
四　川	Sichuan	22929	22751	178	69457	34682	34775	99. 73	68636	34421	34215	821	261	560	3. 02
贵　州	Guizhou	8986	8940	46	29915	15438	14476	106. 65	29753	15332	14421	161	106	55	3. 33
云　南	Yunnan	11282	11002	279	40141	20285	19855	102. 16	39058	19907	19152	1082	378	704	3. 55
西　藏	Tibet	686	675	10	2789	1410	1380	102. 18	2721	1363	1357	69	46	22	4. 03
陕　西	Shaanxi	9758	9510	248	32014	16160	15854	101. 93	30710	15580	15130	1304	580	725	3. 23
甘　肃	Gansu	6374	6353	21	21960	11134	10826	102. 85	21887	11097	10791	73	38	35	3. 45
青　海	Qinghai	1482	1471	11	4987	2564	2423	105. 80	4945	2534	2411	42	30	12	3. 36
宁　夏	Ningxia	1783	1776	8	5666	2925	2741	106. 70	5634	2907	2727	32	17	14	3. 17
新　疆	Xinjiang	6046	6025	22	20165	10303	9861	104. 48	20082	10257	9824	83	46	37	3. 33

《中国统计年鉴—2017》

国民经济和社会发展总量与速度指标

Principal aggregate indicators on national economic and social development and growth rates

指　　标	Item	总量指标 Aggregate Data				指数(%) Index (%) (2016 为以下各年) (2016 as Percentage of the Following Years)			平均增长速度(%) Average Annual Growth Rate (%)	
		1978	2000	2015	2016	1978	2000	2015	1979—2016	2001—2016
人口(万人)	**Population(10 000 persons)**									
总人口(年末)	Total Population (year-end)	96259	126743	137462	138271	143.6	109.1	100.6	1.0	0.5
城镇人口	Urban Population	17245	45906	77116	79298	459.8	172.7	102.8	4.1	3.5
乡村人口	Rural Population	79014	80837	60346	58973	74.6	73.0	97.7	-0.8	-2.0
就业(万人)	**Employment(10 000 persons)**									
就业人员数	Employment	40152	72085	77451	77603	193.3	107.7	100.2	1.7	0.5
第一产业	Primary Industry	28318	36043	21919	21496	75.9	59.6	98.1	-0.7	-3.2
第二产业	Secondary Industry	6945	16219	22693	22350	321.8	137.8	98.5	3.1	2.0
第三产业	Tertiary Industry	4890	19823	32839	33757	690.3	170.3	102.8	5.2	3.4
城镇登记失业人数	Number of Registered Unemployed Persons in Urban Areas	530	595	966	982	185.3	165.0	101.7	1.6	3.2
国民经济核算	**National Accounts**									
国民总收入(亿元)	Gross National Income (100 million yuan)	3678.7	99066.1	686449.6	741140.4	3216.7	428.3	106.7	9.6	9.5
国内生产总值(亿元)	Gross Domestic Product (100 million yuan)	3678.7	100280.1	689052.1	744127.2	3229.7	424.8	106.7	9.6	9.5
第一产业	Primary Industry	1018.5	14717.4	60862.1	63670.7	517.0	187.7	103.3	4.4	4.0
第二产业	Secondary Industry	1755.2	45664.8	282040.3	296236.0	5015.1	467.6	106.1	10.9	10.1
第三产业	Tertiary Industry	905.1	39897.9	346149.7	384220.5	4481.7	467.5	107.8	10.5	10.1
人均国内生产总值(元)	Per Capita GDP (yuan)	385	7942	50251	53980	2240.2	389.1	106.1	8.5	8.9
人民生活	**People's Living Conditions**									
全国居民人均可支配收入(元)	**Per Capita Disposable Income of Households (yuan)**			**21966**	**23821**			**108.4**		
城镇居民人均可支配收入	Per Capita Disposable Income of Urban Households	343	6280	31195	33616			107.8		
农村居民人均可支配收入	Per Capita Disposable Income of Rural Households	134	2253	11422	12363			108.2		
财政(亿元)	**Government Finance (100 million yuan)**									
一般公共预算收入	General Public Budget Revenue	1132	13395	152269	159605	14096.1	1191.5	104.8	13.9	16.7
一般公共预算支出	General Public Budget Expenditure	1122	15887	175878	187755	16732.6	1181.9	106.8	14.4	16.7

续表Continued

指标	Item	总量指标 Aggregate Data				指数(%) Index(%)(2016为以下各年)(2016 as Percentage of the Following Years)			平均增长速度(%) Average Annual Growth Rate(%)	
		1978	2000	2015	2016	1978	2000	2015	1979—2016	2001—2016
环境、灾害	**Environment and Disaster**									
废水中化学需氧量排放量(万吨)	COD Discharge of Waste Water(10 000 tons)			2224	1047			47. 1		
废气中二氧化硫排放量(万吨)	Sulphur Dioxide Emission of Waste Gas (10 000 tons)			1859	1103			59. 3		
能源(万吨标准煤)	**Energy (10 000 tons of SCE)**									
能源生产总量	Total Energy Production	62770	138570	361476	346000	551. 2	249. 7	95. 7	4. 6	5. 9
能源消费总量	Total Energy Consumption	57144	146964	429905	436000	763. 0	296. 7	101. 4	5. 5	7. 0
固定资产投资	**Investment in Fixed Assets**									
全社会固定资产投资总额(亿元)	Total Investment in Fixed Assets (100 million yuan)		32918	562000	606466			107. 9		21. 6
#房地产开发	Real Estate Development		4984	95979	102581			106. 9		23. 3
全社会住宅投资	Total Investment in Residential Buildings		7594	80248	83660					
全社会房屋施工面积(万平方米)	Floor Space of Buildings under Construction (10 000 sq. m)		265294	1292372	1264395		476. 6	97. 8		11. 8
#住宅	Residential Buildings		180634	669297	660662		365. 7	98. 7		9. 5
全社会房屋竣工面积(万平方米)	Floor Space of Buildings Completed (10 000 sq. m)		181974	350973	312119		171. 5	88. 9		4. 6
#住宅	Residential Buildings		134529	179738	171471		127. 5	95. 4		2. 1
对外经济贸易(亿美元)	**Foreign Trade(100 million yuan)**									
货物进出口总额	Total Value of Imports and Exports	206. 4	4743. 0	39530. 3	36855. 6	17856. 4	777. 1	93. 2	14. 6	13. 7
出口额	Exports	97. 5	2492. 0	22734. 7	20976. 3	21514. 2	841. 7	92. 3	15. 2	14. 2
进口额	Imports	108. 9	2250. 9	16795. 6	15879. 3	14581. 5	705. 5	94. 5	14. 0	13. 0
外商直接投资	Foreign Direct Investment		407. 2	1262. 7	1260. 0		309. 5	99. 8		7. 3
农业	**Agriculture**									
农林牧渔业总产值(亿元)	Gross Output Value of Agriculture, Forestry, Animal Husbandry and Fishery (100 million yuan)	1397. 0	24915. 8	107056. 4	112091. 3	788. 9	201. 5	103. 9	5. 6	4. 5
主要农产品产量(万吨)	Output of Major Farm Products (10 000 tons)									
粮　食	Grain	30476. 5	46217. 5	62143. 9	61625. 0	202. 2	133. 3	99. 2	1. 9	1. 8
棉　花	Cotton	216. 7	441. 7	560. 3	529. 9	244. 6	120. 0	94. 6	2. 4	1. 1
油　料	Oil-bearing Crops	521. 8	2954. 8	3537. 0	3629. 5	695. 6	122. 8	102. 6	5. 2	1. 3

续表Continued

指标	Item	总量指标 Aggregate Data				指数(%) Index (%) (2016 为以下各年) (2016 as Percentage of the Following Years)			平均增长速度(%) Average Annual Growth Rate (%)	
		1978	2000	2015	2016	1978	2000	2015	1979—2016	2001—2016
肉　类	Meat	943. 0	6013. 9	8625. 0	8537. 8	950. 4	142. 0	99. 0	6. 0	2. 2
水产品	Aquatic Products	465. 4	3706. 2	6699. 6	6901. 3	1483. 0	186. 2	103. 0	7. 4	4. 0
工业	**Industry**									
主要工业产品产量	Output of Major Industrial Products									
原　煤（亿吨）	Coal（100 million tons）	6. 2	13. 8	37. 5	34. 1	551. 9	246. 4	91. 0	4. 6	5. 8
原　油（万吨）	Crude Oil（10 000 tons）	10405. 0	16300. 0	21455. 6	19968. 5	191. 9	122. 5	93. 1	1. 7	1. 3
天然气（亿立方米）	Natural Gas（100 million cu. m）	137. 3	272. 0	1346. 1	1368. 7	996. 8	503. 2	101. 7	6. 2	10. 6
水　泥（万吨）	Cement（10 000 tons）	6524. 0	59700. 0	235918. 8	241031. 0	3694. 5	403. 7	102. 2	10. 0	9. 1
粗　钢（万吨）	Crude Steel（10 000 tons）	3178. 0	12850. 0	80382. 5	80760. 9	2541. 3	628. 5	100. 5	8. 9	12. 2
钢　材（万吨）	Rolled Steel（10 000 tons）	2208. 0	13146. 0	112349. 6	113460. 7	5138. 6	863. 1	101. 0	10. 9	14. 4
汽　车（万辆）	Motor Vehicles（10 000 sets）	14. 9	207. 0	2450. 4	2811. 9	18859. 2	1358. 4	114. 8	14. 8	17. 7
发电机组（万千瓦）	Power Generation Equipment（10 000 kw）	483. 8	1249. 0	12431. 4	13119. 8	2711. 8	1050. 4	105. 5	9. 1	15. 8
金属切削机床（万台）	Metal-cutting Machine Tools（10 000 sets）	18. 3	17. 7	75. 5	67. 3	367. 2	381. 0	89. 1	3. 5	8. 7
发电量（亿千瓦小时）	Electricity（100 million kwh）	2566. 0	13556. 0	58145. 7	61424. 9	2393. 8	453. 1	105. 6	8. 7	9. 9
规模以上工业企业主要指标（亿元）	Principal Indicators of Industrial Enterprises above Designated Size（100 million yuan）									
资产总计	Total Assets		126211	1023398	1085866		860. 4	106. 1		14. 4
主营业务收入	Revenue from Principal Business		84152	1109853	1158999		1377. 3	104. 4		17. 8
利润总额	Total Profits		4393	66187	71921		1637. 0	108. 7		19. 1
建筑业	**Construction**									
建筑业总产值（亿元）	Gross Output Value of Construction（100 million yuan）		12498	180757	193567		1548. 8	107. 1		18. 7
房地产业	**Real Estate**									
房地产企业房屋施工面积（万平方米）	Floor Space of Buildings under Construction（10 000 sq. m）		65897	735693	758975		1151. 8	103. 2		16. 5
房地产企业房屋竣工面积（万平方米）	Floor Space of Buildings Completed（10 000 sq. m）		25105	100039	106128		422. 7	106. 1		9. 4

续表Continued

指　　标	Item	总量指标 Aggregate Data				指数(%) Index (%) (2016 为以下各年) (2016 as Percentage of the Following Years)			平均增长速度(%) Average Annual Growth Rate (%)	
		1978	2000	2015	2016	1978	2000	2015	1979—2016	2001—2016
房地产企业商品房销售面积(万平方米)	Floor Space of Commercialized Buildings Sold (10 000 sq. m)		18637	128495	157349		844. 3	122. 5		14. 3
#住宅	Residential Buildings		16570	112412	137540		830. 0	122. 4		14. 1
房地产企业商品房销售额(亿元)	Total Sale of Commercialized Buildings(100 million yuan)		3935	87281	117627		2988. 9	134. 8		23. 7
#住宅	Residential Buildings		3229	72770	99064		3068. 3	136. 1		23. 9
批发、零售和旅游业	**Wholesale, Retail Sales and Tourism**									
社会消费品零售总额(亿元)	Total Retail Sales of Consumer Goods (100 million yuan)	1558. 6	39106. 0	300930. 8	332316. 3	21321. 5	849. 8	110. 4	15. 2	14. 3
外国人境旅客(万人次)	Number of Foreigners (10 000 person-times)	23. 0	1016. 0	2598. 5	2815. 0	12260. 5	277. 1	108. 3	13. 5	6. 6
国内旅客(亿人次)	Number of Domestic Visitors (100 million person-times)		7. 4	40. 0	44. 4		596. 8	111. 0		11. 8
国际旅游收入(亿美元)	Foreign Exchange Earnings from International Tourism USD(100 million)	2. 6	162. 2	1136. 5	1200. 0	45627. 4	739. 6	105. 6	17. 5	13. 3
国内旅游总花费(亿元)	Earnings from Domestic Tourism (100 million yuan)		3175. 5	34195. 1	39390. 0		1240. 4	115. 2		17. 0
交通运输业	**Transport**									
客运量(万人)	Passenger Traffic (10 000 persons)	253993	1478573	1943271	1900194	748. 1	128. 5	97. 8	5. 4	1. 6
铁　路	Railways	81491	105073	253484	281405	345. 3	267. 8	111. 0	3. 3	6. 4
公　路	Highways	149229	1347392	1619097	1542759	1033. 8	114. 5	95. 3	6. 3	0. 8
水　运	Waterways	23042	19386	27072	27234	118. 2	140. 5	100. 6	0. 4	2. 1
民　航	Civil Aviation	231	6722	43618	48796	21123. 8	725. 9	111. 9	15. 1	13. 2
货运量(万吨)	Freight Traffic (10 000 tons)	319431	1358682	4175886	4386763	1373. 3	322. 9	105. 0	7. 1	7. 6
铁　路	Railways	110119	178581	335801	333186	302. 6	186. 6	99. 2	3. 0	4. 0
公　路	Highways	151602	1038813	3150019	3341259	2204. 0	321. 6	106. 1	8. 5	7. 6
水　运	Waterways	47357	122391	613567	638238	1347. 7	521. 5	104. 0	7. 1	10. 9
民　航	Civil Aviation	6. 4	196. 7	629. 3	668. 0	10437. 7	339. 6	106. 2	13. 0	7. 9

续表Continued

指标	Item	总量指标 Aggregate Data				指数(%) Index (%)(2016 为以下各年)(2016 as Percentage of the Following Years)			平均增长速度(%) Average Annual Growth Rate (%)	
		1978	2000	2015	2016	1978	2000	2015	1979—2016	2001—2016
管　道	Pipelines	10347	18700	75870	73411	709. 5	392. 6	96. 8	5. 3	8. 9
沿海规模以上港口货物吞吐量(万吨)	Volume of Freight Handled at Coastal Ports above Designated Size (10 000 tons)	19834	125603	784578	810933	4088. 6	645. 6	103. 4	10. 3	12. 4
民用汽车拥有量(万辆)	Possession of Civil Motor Vehicles (10 000 sets)	135. 8	1608. 9	16284. 5	18574. 5	13673. 8	1154. 5	114. 1	13. 8	16. 5
#私人汽车	Private Vehicles		625. 3	14099. 1	16330. 2		2611. 5	115. 8		22. 6
邮政、电信和信息软件业	**Postal, Telecommunication & Information Services**									
邮政业务总量(亿元)	Business Volume of Postal Services (100 million yuan)	14. 9	232. 8	5078. 7	7397. 2	49579. 4	68391. 0	145. 7	17. 7	50. 4
电信业务总量(亿元)	Volume of Telecommunication Services (100 million yuan)	19. 2	4559. 9	23346. 3	15617. 0	81465. 6	68392. 0	66. 9	19. 3	50. 4
移动电话年末用户(万户)	Number of Mobile Telephone Subscribers at Year-end (10 000 accounts)		8453. 3	127139. 7	132193. 4		1563. 8	104. 0		18. 8
固定电话年末用户(万户)	Number of Fixed Telephone Subscribers at Year-end (10 000 accounts)	192. 5	14482. 9	23099. 6	20662. 4	10731. 3	142. 7	89. 4	13. 1	2. 2
局用交换机容量(万门)	Capacity of Office Telephone Exchanges (10 000 lines)	405. 9	17825. 6	26446. 5	22441. 6	5529. 1	125. 9	84. 9	11. 1	1. 4
互联网宽带接入用户(万户)	Broadband Subscribers of Internet (10 000 accounts)			25946. 6	29720. 7			114. 5		
软件业务收入(亿元)	Software Income (100 million yuan)			42847. 9	48232. 2			112. 6		
金融业	**Financial Intermediation**									
社会融资规模增量(万亿元)	Increment of All-system Financing Aggregates (trillion yuan)			15. 4	17. 8					
货币和准货币(M2)(万亿元)	Money and Quasi-Money (M2) (trillion yuan)		13. 5	139. 2	155. 0		1151. 5	111. 3		16. 5
货币(M1)(万亿元)	Money (M1) (trillion yuan)		5. 3	40. 1	48. 7		915. 5	121. 4		14. 8
流通中现金(M0)(万亿元)	Currency in Circulation (M0) (trillion yuan)		1. 5	6. 3	6. 8		466. 2	108. 0		10. 1
金融机构人民币各项存款余额(万亿元)	Deposits of National Banking System (trillion yuan)	0. 1	12. 4	135. 7	150. 6	130376. 7	1216. 3	111. 0	20. 8	16. 9
金融机构人民币各项贷款余额(万亿元)	Loans of National Banking System (trillion yuan)	0. 2	9. 9	94. 0	106. 6	56391. 7	1072. 8	113. 5	18. 1	16. 0
股票筹资额(亿元)	Raised Capital of Listed Companies (100 million yuan)		2103. 2	10974. 9	16257. 4		773. 0	148. 1		13. 6

续表Continued

指　　标	Item	总量指标 Aggregate Data				指数(%) Index (%) (2016 为以下各年) (2016 as Percentage of the Following Years)			平均增长速度(%) Average Annual Growth Rate (%)	
		1978	2000	2015	2016	1978	2000	2015	1979—2016	2001—2016
保险公司保费金额（亿元）	Insurance Premium of Insurance Companies (100 million yuan)		1598. 0	24282. 5	30904. 2		1933. 9	127. 3		20. 3
保险公司赔款及给付金额（亿元）	Claim and Payment of Insurance Companies (100 million yuan)		526. 0	8674. 1	10515. 7		1999. 2	121. 2		20. 6
科学技术	**Expenditure for Science and Technology**									
研究与试验发展经费支出（亿元）	Expenditure on R&D (100 million yuan)		895. 7	14169. 9	15676. 7		1750. 2	110. 6		19. 6
发明专利申请授权数(万件)	Number of Patent Applications Granted (10 000 pieces)		1. 3	35. 9	40. 4		3109. 3	112. 5		24. 0
技术市场成交额（亿元）	Transaction Value in Technical Market (100 million yuan)		650. 8	9836. 0	11407. 0		1752. 8	116. 0		19. 6
教育	**Education**									
专任教师数（万人）	Full-time Teachers(10 000 persons)									
#普通高等学校	Regular Institutions of Higher Education	20. 6	46. 3	157. 3	160. 2	777. 7	346. 1	101. 9	5. 5	8. 1
普通高中	Regular Senior Secondary Schools	74. 1	75. 7	169. 5	173. 3	233. 9	229. 0	102. 2	2. 3	5. 3
初中	Junior Secondary Schools	244. 1	328. 7	347. 6	348. 8	142. 9	106. 1	100. 3	0. 9	0. 4
普通小学	Regular Primary Schools	522. 6	586. 0	568. 5	578. 9	110. 8	98. 8	101. 8	0. 3	-0. 1
在校学生数（万人）	Total Enrollment (10 000 persons)									
#普通本专科	Regular Undergraduates and College Students	85. 6	556. 1	2625. 3	2695. 8	3149. 3	484. 8	102. 7	9. 5	10. 4
普通高中	Regular Senior Secondary Schools	1553. 1	1201. 3	2374. 4	2366. 6	152. 4	197. 0	99. 7	1. 1	4. 3
初中	Regular Junior Secondary Schools	4995. 2	6256. 3	4312. 0	4329. 4	86. 7	69. 2	100. 4	-0. 4	-2. 3
普通小学	Regular Primary Schools	14624. 0	13013. 3	9692. 2	9913. 0	67. 8	76. 2	102. 3	-1. 0	-1. 7
教育经费支出（亿元）	Government Expenditures on Education (100 million yuan)		3849. 1	36129. 2						
卫生	**Public Health**									
医院（个）	Hospitals (unit)	9293	16318	27587	29140	313. 6	178. 6	105. 6	3. 1	3. 7
医院床位数（万张）	Number of Beds of Hospitals (10 000 units)	110. 0	216. 7	533. 1	568. 9	517. 2	262. 6	106. 7	4. 4	6. 2
执业(助理)医师（万人）	Licensed (Assistant) Doctors (10 000 persons)	97. 8	207. 6	303. 9	319. 1	326. 2	153. 7	105. 0	3. 2	2. 7
卫生总费用（亿元）	Total Expenditure for Public Health (100 million yuan)	110. 2	4586. 6	40974. 6	46344. 9	42051. 4	1010. 4	113. 1	17. 2	15. 6

续表Continued

指　　标	Item	总量指标 Aggregate Data				指数(%) Index (%) (2016 为以下各年) (2016 as Percentage of the Following Years)			平均增长速度(%) Average Annual Growth Rate (%)	
		1978	2000	2015	2016	1978	2000	2015	1979—2016	2001—2016
文化	**Culture**									
图书出版总印数（亿册、亿张）	Number of Books Published (100 million copies)	37. 7	62. 7	86. 6	90. 4	239. 4	144. 0	104. 3	2. 3	2. 3
电视节目制作时间（万小时）	Time for TV Programs Production (10 000 hours)		58. 5	352. 0	350. 7		599. 5	99. 6		11. 8
故事影片产量（部）	Production of Feature Films(film)	46. 0	91. 0	686. 0	772. 0	1678. 3	848. 4	112. 5	7. 7	14. 3
社会保险	**Welfare and Social Insurance**									
社会保险基金收入（亿元）	Revenue of Social Insurance Fund (100 million yuan)		2644. 9	46012. 1	53562. 7		2025. 1	116. 4		20. 7
社会保险基金支出（亿元）	Expenses of Social Insurance Fund (100 million yuan)		2385. 6	38988. 1	46888. 4		1965. 5	120. 3		20. 5
参加基本养老保险人数（万人）	Contributors in Basic Pension Insurance (10 000 persons)		13617. 4	85833. 4	88776. 8		651. 9	103. 4		12. 4
参加城镇基本医疗保险人数(万人)	Contributors in Basic Medical Care Insurance (10 000 persons)		3786. 9	66581. 6	74391. 6		1964. 4	111. 7		20. 5
参加失业保险人数（万人）	Number of Employees Joining Unemployment Insurance (10 000 persons)		10408. 4	17326. 0	18088. 8		173. 8	104. 4		3. 5

注：1. 本表速度指标中，国民总收入、国内生产总值及三次产业增加值、农林牧渔业总产值和城乡居民收入指标均按可比价格计算。固定资产投资平均增长速度按累计法计算。

2. 农村居民人均可支配收入 2000 年以前为人均纯收入。

3. 2011 年起，固定资产投资除房地产投资、农村个人投资外，统计起点由 50 万元提高至 500 万元，城镇固定资产投资数据发布口径改为产投资(不含农户)，即原口径的城镇固定资产投资加上农村企事业组织的项目投资。

a) The indices and growth rates of the follow indicators are calculated at constant prices: gross national income, gross domestic product, value-added of the three strata of industry, gross output value of agriculture, forestry, animal husbandry and fishery, per capita income of urban and rural residents. The average annual growth rate of total investment in fixed assets is calculated at the accumulate method.

b) Per capita disposable income of rural households was per capita net income of rural households before 2000 in this table.

c) Since 2011, the cut-off point of projects of investment has changed from 500 000 yuan to 5 million yuan, published coverage of investment in fixed assets in urban area changed into investment in fixed assets (excluding rural households) which included investment in urban area and investment in rural enterprises(units).

《中国统计年鉴—2017》

地区生产总值和指数

Gross regional product and indices

本表绝对数按当年价格计算，指数按不变价格计算。

Level data in this table are calculated at current prices while indices at constant prices.

地 区	Region	地区生产总值(亿元) Gross Regional Product (100 million yuan)					指 数(上年=100) Indices (preceding year=100)				
		2012	2013	2014	2015	2016	2012	2013	2014	2015	2016
北 京	Beijing	17879.40	19800.81	21330.83	23014.59	25669.13	107.7	107.7	107.3	106.9	106.8
天 津	Tianjin	12893.88	14442.01	15726.93	16538.19	17885.39	113.8	112.5	110.0	109.3	109.1
河 北	Hebei	26575.01	28442.95	29421.15	29806.11	32070.45	109.6	108.2	106.5	106.8	106.8
山 西	Shanxi	12112.83	12665.25	12761.49	12766.49	13050.41	110.1	108.9	104.9	103.1	104.5
内蒙古	Inner Mongolia	15880.58	16916.50	17770.19	17831.51	18128.10	111.5	109.0	107.8	107.7	107.2
辽 宁	Liaoning	24846.43	27213.22	28626.58	28669.02	22246.90	109.5	108.7	105.8	103.0	97.5
吉 林	Jilin	11939.24	13046.40	13803.14	14063.13	14776.80	112.0	108.3	106.5	106.3	106.9
黑龙江	Heilongjiang	13691.58	14454.91	15039.38	15083.67	15386.09	110.0	108.0	105.6	105.7	106.1
上 海	Shanghai	20181.72	21818.15	23567.70	25123.45	28178.65	107.5	107.7	107.0	106.9	106.9
江 苏	Jiangsu	54058.22	59753.37	65088.32	70116.38	77388.28	110.1	109.6	108.7	108.5	107.8
浙 江	Zhejiang	34665.33	37756.58	40173.03	42886.49	47251.36	108.0	108.2	107.6	108.0	107.6
安 徽	Anhui	17212.05	19229.34	20848.75	22005.63	24407.62	112.1	110.4	109.2	108.7	108.7
福 建	Fujian	19701.78	21868.49	24055.76	25979.82	28810.58	111.4	111.0	109.9	109.0	108.4
江 西	Jiangxi	12948.88	14410.19	15714.63	16723.78	18499.00	111.0	110.1	109.7	109.1	109.0
山 东	Shandong	50013.24	55230.32	59426.59	63002.33	68024.49	109.8	109.6	108.7	108.0	107.6
河 南	Henan	29599.31	32191.30	34938.24	37002.16	40471.79	110.1	109.0	108.9	108.3	108.1
湖 北	Hubei	22250.45	24791.83	27379.22	29550.19	32665.38	111.3	110.1	109.7	108.9	108.1
湖 南	Hunan	22154.23	24621.67	27037.32	28902.21	31551.37	111.3	110.1	109.5	108.5	108.0
广 东	Guangdong	57067.92	62474.79	67809.85	72812.55	80854.91	108.2	108.5	107.8	108.0	107.5
广 西	Guangxi	13035.10	14449.90	15672.89	16803.12	18317.64	111.3	110.2	108.5	108.1	107.3
海 南	Hainan	2855.54	3177.56	3500.72	3702.76	4053.20	109.1	109.9	108.5	107.8	107.5
重 庆	Chongqing	11409.60	12783.26	14262.60	15717.27	17740.59	113.6	112.3	110.9	111.0	110.7
四 川	Sichuan	23872.80	26392.07	28536.66	30053.10	32934.54	112.6	110.0	108.5	107.9	107.8
贵 州	Guizhou	6852.20	8086.86	9266.39	10502.56	11776.73	113.6	112.5	110.8	110.7	110.5
云 南	Yunnan	10309.47	11832.31	12814.59	13619.17	14788.42	113.0	112.1	108.1	108.7	108.7
西 藏	Tibet	701.03	815.67	920.83	1026.39	1151.41	111.8	112.1	110.8	111.0	110.1
陕 西	Shaanxi	14453.68	16205.45	17689.94	18021.86	19399.59	112.9	111.0	109.7	107.9	107.6
甘 肃	Gansu	5650.20	6330.69	6836.82	6790.32	7200.37	112.6	110.8	108.9	108.1	107.6
青 海	Qinghai	1893.54	2122.06	2303.32	2417.05	2572.49	112.3	110.8	109.2	108.2	108.0
宁 夏	Ningxia	2341.29	2577.57	2752.10	2911.77	3168.59	111.5	109.8	108.0	108.0	108.1
新 疆	Xinjiang	7505.31	8443.84	9273.46	9324.80	9649.70	112.0	111.0	110.0	108.8	107.6

《中国统计年鉴—2017》

居民消费水平
Household consumption expenditure

本表绝对数按当年价格计算，指数按不变价格计算。

Level in this table are calculated at current prices, while indices are calculated at constant prices.

年 份 Year	绝对数(元) Level(yuan)			城乡消费水平对比（农村居民=1） Urban/Rural Consumption Ratio(Rural Household=1)	指数(上年=100) Index(Preceding Year=100)			指数(1978=100) Index(1978=100)		
	全体居民 All House-holds	城镇居民 Urban House-hold	农村居民 Rural House-hold		全体居民 All House-holds	城镇居民 Urban House-hold	农村居民 Rural House-hold	全体居民 All House-holds	城镇居民 Urban House-hold	农村居民 Rural House-hold
1978	184	405	138	2.9	104.1	103.3	104.3	100.0	100.0	100.0
1980	238	490	178	2.7	109.1	107.3	108.6	116.8	110.4	115.7
1985	440	750	346	2.2	112.7	107.4	114.4	181.3	137.4	192.5
1990	831	1404	627	2.2	102.8	101.4	103.4	227.5	163.6	240.4
1995	2330	4769	1344	3.5	108.3	109.5	105.0	339.8	285.6	288.8
2000	3721	6999	1917	3.7	110.6	109.7	106.6	493.1	382.9	377.6
2001	3987	7324	2032	3.6	106.1	103.8	104.6	523.2	397.4	395.2
2002	4301	7745	2157	3.6	108.4	106.3	106.6	567.3	422.5	421.1
2003	4606	8104	2292	3.5	105.8	103.5	104.6	600.0	437.2	440.5
2004	5138	8880	2521	3.5	107.2	106.0	103.9	643.0	463.3	457.8
2005	5771	9832	2784	3.5	109.7	108.5	106.8	705.4	502.6	488.9
2006	6416	10739	3066	3.5	108.4	106.6	107.3	765.0	535.6	524.7
2007	7572	12480	3538	3.5	112.8	111.6	108.7	862.6	597.6	570.4
2008	8707	14061	4065	3.5	108.3	106.5	107.0	934.3	636.4	610.3
2009	9514	15127	4402	3.4	109.8	108.0	109.3	1026.1	687.1	666.9
2010	10919	17104	4941	3.5	109.6	107.9	107.4	1124.5	741.2	716.0
2011	13134	19912	6187	3.2	111.0	108.2	112.9	1248.6	802.1	808.6
2012	14699	21861	6964	3.1	109.1	107.2	108.9	1362.0	859.9	880.4
2013	16190	23609	7773	3.0	107.3	105.3	108.6	1462.0	905.4	955.8
2014	17778	25424	8711	2.9	107.7	105.6	109.9	1574.6	956.3	1050.4
2015	19397	27210	9679	2.8	107.5	105.4	109.5	1692.6	1008.1	1150.6
2016	21228	29219	10752	2.7	107.3	105.2	109.1	1816.1	1060.9	1254.9

注：1. 城乡消费水平对比没有剔除城乡价格不可比的因素。

2. 居民消费水平指按常住人口计算的人均居民消费支出。

a) The effect of price differentials between urban and rural areas has not been removed in the calculation of the urban/rural consumption ratio.

b) Household consumption level refers to per capita household consumption on the basis of usual residents.

《中国统计年鉴—2017》

分地区居民消费水平（2016 年）
Household consumption expenditure by region（2016）

本表绝对数按当年价格计算，指数按不变价格计算。

Level in this table are calculated at current prices, while indices are calculated at constant prices.

地区	Region	绝对数(元) Level(yuan) 全体居民 All Households	城镇居民 Urban Household	农村居民 Rural Household	城乡消费水平对比(农村居民=1) Urban/Rural Consumption Ratio(Rural Household=1)	指数(上年=100) Index(Preceding Year=100) 全体居民 All Households	城镇居民 Urban Household	农村居民 Rural Household
北京	Beijing	48883	52721	24285	2.2	106.2	106.1	107.4
天津	Tianjin	36257	39181	22194	1.8	106.9	106.4	109.3
河北	Hebei	14328	19276	8897	2.2	110.7	106.8	114.5
山西	Shanxi	15065	19724	9226	2.1	103.7	102.5	103.7
内蒙古	Inner Mongolia	22293	28289	13013	2.2	105.5	104.2	107.2
辽宁	Liaoning	23670	29254	12145	2.4	110.1	110.4	107.8
吉林	Jilin	13786	18144	8390	2.2	103.4	102.6	104.8
黑龙江	Heilongjiang	17393	22318	10305	2.2	105.6	104.2	108.5
上海	Shanghai	49617	53240	23660	2.3	106.7	107.6	101.4
江苏	Jiangsu	35875	41957	23459	1.8	109.1	107.7	110.6
浙江	Zhejiang	30743	35152	22028	1.6	105.4	103.7	108.8
安徽	Anhui	15466	22030	8565	2.6	108.1	105.8	109.3
福建	Fujian	23355	27859	15653	1.8	110.9	109.3	113.8
江西	Jiangxi	16040	20335	11320	1.8	108.9	105.8	112.3
山东	Shandong	25860	33016	15970	2.1	108.5	104.6	114.2
河南	Henan	16043	23454	9291	2.5	109.0	105.9	110.6
湖北	Hubei	19391	25703	10860	2.4	109.7	107.7	111.7
湖南	Hunan	17490	24025	10461	2.3	108.0	106.5	106.7
广东	Guangdong	28495	34667	14784	2.3	105.7	104.9	107.0
广西	Guangxi	15013	22491	8225	2.7	106.3	103.7	109.1
海南	Hainan	18431	24664	10512	2.3	106.6	103.1	112.3
重庆	Chongqing	21032	28209	9433	3.0	110.0	107.9	111.5
四川	Sichuan	16013	21246	11094	1.9	107.3	104.2	110.2
贵州	Guizhou	14666	22301	8887	2.5	112.6	109.6	112.0
云南	Yunnan	14534	22365	8336	2.7	106.8	104.3	106.7
西藏	Tibet	9743	18775	5952	3.2	108.0	104.1	107.1
陕西	Shaanxi	16657	23206	8768	2.6	107.3	104.9	109.4
甘肃	Gansu	13086	21128	6781	3.1	108.8	107.3	106.4
青海	Qinghai	16751	22761	10505	2.2	109.2	106.3	113.6
宁夏	Ningxia	18570	25384	9980	2.5	107.2	104.9	109.6
新疆	Xinjiang	15247	22272	8816	2.5	110.4	107.6	113.2

《中国统计年鉴—2017》

分地区最终消费支出及构成（2016 年）

Final consumption expenditure and its composition by region（2016）

本表按当年价格计算。

Data in value terms in this table are calculated at current prices.

地区	Region	最终消费支出（亿元）Final Consumption Expenditures（100 million yuan）	居民消费支出 Household Consumption	城镇居民 Urban Household	农村居民 Rural Household	政府消费支出 Government Consumption	最终消费支出=100 Final Consumption Expenditures=100 居民消费支出 Household Consumption	政府消费支出 Government Consumption	居民消费支出=100 Household Consumption Expenditures=100 城镇居民 Urban Household	农村居民 Rural Household
北京	Beijing	15406.5	10621.7	9909.4	712.3	4784.8	68.9	31.1	93.3	6.7
天津	Tianjin	8012.0	5636.3	5042.4	593.9	2375.8	70.3	29.7	89.5	10.5
河北	Hebei	14536.1	10670.8	7512.0	3158.8	3865.4	73.4	26.6	70.4	29.6
山西	Shanxi	7451.5	5533.3	4029.5	1503.7	1918.2	74.3	25.7	72.8	27.2
内蒙古	Inner Mongolia	8030.9	5608.0	4323.0	1285.0	2422.9	69.8	30.2	77.1	22.9
辽宁	Liaoning	13149.5	10367.6	8631.2	1736.4	2781.9	78.8	21.2	83.3	16.7
吉林	Jilin	5567.1	3802.5	2768.6	1033.9	1764.5	68.3	31.7	72.8	27.2
黑龙江	Heilongjiang	9580.0	6619.1	5011.1	1608.0	2960.9	69.1	30.9	75.7	24.3
上海	Shanghai	16177.0	11994.8	11294.1	700.7	4182.3	74.1	25.9	94.2	5.8
江苏	Jiangsu	39499.9	28654.7	22494.0	6160.8	10845.2	72.5	27.5	78.5	21.5
浙江	Zhejiang	22751.7	17106.7	12988.5	4118.2	5645.0	75.2	24.8	75.9	24.1
安徽	Anhui	12112.8	9541.6	6965.5	2576.1	2571.2	78.8	21.2	73.0	27.0
福建	Fujian	11614.4	9006.8	6779.4	2227.4	2607.6	77.5	22.5	75.3	24.7
江西	Jiangxi	9362.7	7344.9	4875.5	2469.4	2017.9	78.4	21.6	66.4	33.6
山东	Shandong	32149.7	25593.4	18958.5	6634.9	6556.3	79.6	20.4	74.1	25.9
河南	Henan	20777.0	15250.8	10629.9	4621.0	5526.2	73.4	26.6	69.7	30.3
湖北	Hubei	15255.0	11379.2	8669.3	2709.9	3875.8	74.6	25.4	76.2	23.8
湖南	Hunan	16122.6	11897.7	8469.4	3428.3	4224.9	73.8	26.2	71.2	28.8
广东	Guangdong	40885.9	31127.6	26113.9	5013.6	9758.3	76.1	23.9	83.9	16.1
广西	Guangxi	9834.5	7231.8	5155.0	2076.8	2602.7	73.5	26.5	71.3	28.7
海南	Hainan	2489.6	1684.5	1261.3	423.2	805.0	67.7	32.3	74.9	25.1
重庆	Chongqing	8444.5	6378.1	5284.7	1093.4	2066.4	75.5	24.5	82.9	17.1
四川	Sichuan	17237.9	13183.4	8475.4	4708.0	4054.5	76.5	23.5	64.3	35.7
贵州	Guizhou	6746.0	5195.2	3403.5	1791.7	1550.8	77.0	23.0	65.5	34.5
云南	Yunnan	9592.7	6912.8	4699.7	2213.1	2680.0	72.1	27.9	68.0	32.0
西藏	Tibet	901.0	322.0	183.5	138.6	578.9	35.7	64.3	57.0	43.0
陕西	Shaanxi	8790.9	6334.7	4822.2	1512.5	2456.2	72.1	27.9	76.1	23.9
甘肃	Gansu	4751.4	3408.5	2418.3	990.2	1342.9	71.7	28.3	70.9	29.1
青海	Qinghai	1676.4	989.9	685.5	304.4	686.5	59.0	41.0	69.3	30.7
宁夏	Ningxia	1891.6	1246.8	950.4	296.4	644.8	65.9	34.1	76.2	23.8
新疆	Xinjiang	6155.3	3627.2	2532.4	1094.9	2528.1	58.9	41.1	69.8	30.2

《中国统计年鉴—2017》

全国居民人均收支情况

Per capita income and consumption expenditure nationwide

单位：元(yuan)

指　标	Item	2013	2014	2015	2016
全国居民人均收入	**Per Capita Income Nationwide**				
可支配收入	Disposable Income	18310.8	20167.1	21966.2	23821.0
1. 工资性收入	1. Income of Wages and Salaries	10410.8	11420.6	12459.0	13455.2
2. 经营净收入	2. Net Business Income	3434.7	3732.0	3955.6	4217.7
3. 财产净收入	3. Net Income from Property	1423.3	1587.8	1739.6	1889.0
4. 转移净收入	4. Net Income from Transfer	3042.1	3426.8	3811.9	4259.1
现金可支配收入	Cash Disposable Income	17114.6	18747.4	20424.3	22204.5
1. 工资性收入	1. Income of Wages and Salaries	10348.6	11352.7	12386.2	13379.0
2. 经营净收入	2. Net Business Income	3354.2	3571.5	3782.7	4111.4
3. 财产净收入	3. Net Income from Property	526.6	621.8	689.5	739.8
4. 转移净收入	4. Net Income from Transfer	2885.2	3201.3	3565.9	3974.3
全国居民人均支出	**Per Capita Expenditure Nationwide**				
消费支出	Consumption Expenditure	13220.4	14491.4	15712.4	17110.7
1. 食品烟酒	1. Food, Tobacco and Liquor	4126.7	4493.9	4814.0	5151.0
2. 衣着	2. Clothing	1027.1	1099.3	1164.1	1202.7
3. 居住	3. Residence	2998.5	3200.5	3419.2	3746.4
4. 生活用品及服务	4. Household Facilities, Articles and Services	806.5	889.7	951.4	1043.7
5. 交通通信	5. Transport and Communications	1627.1	1869.3	2086.9	2337.8
6. 教育文化娱乐	6. Education, Cultural and Recreation	1397.7	1535.9	1723.1	1915.3
7. 医疗保健	7. Health Care and Medical Services	912.1	1044.8	1164.5	1307.5
8. 其他用品及服务	8. Miscellaneous Goods and Services	324.7	358.0	389.2	406.3
现金消费支出	Cash Consumption Expenditure	10917.4	11975.7	12988.7	14142.0
1. 食品烟酒	1. Food, Tobacco and Liquor	3822.8	4185.6	4505.0	4846.7
2. 衣着	2. Clothing	1025.7	1098.6	1163.5	1202.2
3. 居住	3. Residence	1155.1	1215.7	1251.9	1359.8
4. 生活用品及服务	4. Household Facilities, Articles and Services	801.8	882.6	943.8	1036.1
5. 交通通信	5. Transport and Communications	1624.8	1866.2	2083.7	2332.9
6. 教育文化娱乐	6. Education, Cultural and Recreation	1396.5	1534.9	1722.0	1914.3
7. 医疗保健	7. Health Care and Medical Services	772.1	838.3	933.3	1048.5
8. 其他用品及服务	8. Miscellaneous Goods and Services	318.7	353.8	385.6	401.5

注：从2013年起，国家统计局开展了城乡一体化的住户收支与生活状况调查，本表数据来源于此调查，与2012年及以前分别开展的城镇和农村住户调查的调查范围、调查方法、指标口径有所不同。

The NBS started an integrated household income and expenditure survey in 2013, including both urban and rural households. The data shown in this table are compiled on the basis of the survey. The coverage, methodology and definitions used in the survey are different from those used for the separated urban and rural household surveys prior to 2012.

《中国统计年鉴—2017》

城乡居民人均收入
Per capita income of urban and rural households

年 份 Year	城镇居民人均可支配收入 Per Capita Disposable Income of Urban Households		农村居民人均纯收入 Per Capita Net Income of Rural Households	
	绝对数（元） Value（yuan）	指数（1978=100） Index	绝对数（元） Value（yuan）	指数（1978=100） Index
1978	343. 4	100. 0	133. 6	100. 0
1980	477. 6	127. 0	191. 3	139. 0
1985	739. 1	160. 4	397. 6	268. 9
1990	1510. 2	198. 1	686. 3	311. 2
1991	1700. 6	212. 4	708. 6	317. 4
1992	2026. 6	232. 9	784. 0	336. 2
1993	2577. 4	255. 1	921. 6	346. 9
1994	3496. 2	276. 8	1221. 0	364. 3
1995	4283. 0	290. 3	1577. 7	383. 6
1996	4838. 9	301. 6	1926. 1	418. 1
1997	5160. 3	311. 9	2090. 1	437. 3
1998	5425. 1	329. 9	2162. 0	456. 1
1999	5854. 0	360. 6	2210. 3	473. 5
2000	6280. 0	383. 7	2253. 4	483. 4
2001	6859. 6	416. 3	2366. 4	503. 7
2002	7702. 8	472. 1	2475. 6	527. 9
2003	8472. 2	514. 6	2622. 2	550. 6
2004	9421. 6	554. 2	2936. 4	588. 0
2005	10493. 0	607. 4	3254. 9	624. 5
2006	11759. 5	670. 7	3587. 0	670. 7
2007	13785. 8	752. 5	4140. 4	734. 4
2008	15780. 8	815. 7	4760. 6	793. 2
2009	17174. 7	895. 4	5153. 2	860. 6
2010	19109. 4	965. 2	5919. 0	954. 4
2011	21809. 8	1046. 3	6977. 3	1063. 2
2012	24564. 7	1146. 7	7916. 6	1176. 9
2013	26955. 1	1227. 0	8895. 9	1286. 4
2014	29381. 0	1310. 5	9892. 0	1404. 7
2015	31790. 3	1396. 9	10772. 0	1510. 1

注：本表1978—2012年数据来源于分别开展的城镇住户调查和农村住户调查，2013—2015年数据是为满足“十二五”规划需要，根据城乡一体化住户收支与生活状况调查数据，按可比口径推算获得。2016年起不再推算。

The data shown of the year 1978—2012 in the table are compiled on the basis of the urban and rural household surveys. To meet the needs of China's 12th Five-Year Plan, the year 2013—2015 in the table are reckoned at comparable coverage on the basis of the integrated household income and expenditure survey. The data are no longer reckoned from 2016.

《中国统计年鉴—2017》

分地区居民人均可支配收入
Per capita disposable income of households by region

单位：元(yuan)

地 区	Region	2013	2014	2015	2016
全 国	**National Average**	**18310.8**	**20167.1**	**21966.2**	**23821.0**
北 京	Beijing	40830.0	44488.6	48458.0	52530.4
天 津	Tianjin	26359.2	28832.3	31291.4	34074.5
河 北	Hebei	15189.6	16647.4	18118.1	19725.4
山 西	Shanxi	15119.7	16538.3	17853.7	19048.9
内蒙古	Inner Mongolia	18692.9	20559.3	22310.1	24126.6
辽 宁	Liaoning	20817.8	22820.2	24575.6	26039.7
吉 林	Jilin	15998.1	17520.4	18683.7	19967.0
黑龙江	Heilongjiang	15903.4	17404.4	18592.7	19838.5
上 海	Shanghai	42173.6	45965.8	49867.2	54305.3
江 苏	Jiangsu	24775.5	27172.8	29538.9	32070.1
浙 江	Zhejiang	29775.0	32657.6	35537.1	38529.0
安 徽	Anhui	15154.3	16795.5	18362.6	19998.1
福 建	Fujian	21217.9	23330.9	25404.4	27607.9
江 西	Jiangxi	15099.7	16734.2	18437.1	20109.6
山 东	Shandong	19008.3	20864.2	22703.2	24685.3
河 南	Henan	14203.7	15695.2	17124.8	18443.1
湖 北	Hubei	16472.5	18283.2	20025.6	21786.6
湖 南	Hunan	16004.9	17621.7	19317.5	21114.8
广 东	Guangdong	23420.7	25685.0	27858.9	30295.8
广 西	Guangxi	14082.3	15557.1	16873.4	18305.1
海 南	Hainan	15733.3	17476.5	18979.0	20653.4
重 庆	Chongqing	16568.7	18351.9	20110.1	22034.1
四 川	Sichuan	14231.0	15749.0	17221.0	18808.3
贵 州	Guizhou	11083.1	12371.1	13696.6	15121.1
云 南	Yunnan	12577.9	13772.2	15222.6	16719.9
西 藏	Tibet	9740.4	10730.2	12254.3	13639.2
陕 西	Shaanxi	14371.5	15836.7	17395.0	18873.7
甘 肃	Gansu	10954.4	12184.7	13466.6	14670.3
青 海	Qinghai	12947.8	14374.0	15812.7	17301.8
宁 夏	Ningxia	14565.8	15906.8	17329.1	18832.3
新 疆	Xinjiang	13669.6	15096.6	16859.1	18354.7

注：本表数据来源于国家统计局开展的城乡一体化住户收支与生活状况调查。

The data shown in this table are compiled on the basis of the integrated household income and expenditure survey of the NBS, including both urban and rural households.

《中国统计年鉴—2017》

分地区居民人均消费支出

Per capita consumption expenditure of households by region

单位：元(yuan)

地　区	Region	2013	2014	2015	2016
全　国	National Average	13220. 4	14491. 4	15712. 4	17110. 7
北　京	Beijing	29175. 6	31102. 9	33802. 8	35415. 7
天　津	Tianjin	20418. 7	22343. 0	24162. 5	26129. 3
河　北	Hebei	10872. 2	11931. 5	13030. 7	14247. 5
山　西	Shanxi	10118. 3	10863. 8	11729. 1	12682. 9
内蒙古	Inner Mongolia	14877. 7	16258. 1	17178. 5	18072. 3
辽　宁	Liaoning	14950. 2	16068. 0	17199. 8	19852. 8
吉　林	Jilin	12054. 3	13026. 0	13763. 9	14772. 6
黑龙江	Heilongjiang	12037. 2	12768. 8	13402. 5	14445. 8
上　海	Shanghai	30399. 9	33064. 8	34783. 6	37458. 3
江　苏	Jiangsu	17925. 8	19163. 6	20555. 6	22129. 9
浙　江	Zhejiang	20610. 1	22552. 0	24116. 9	25526. 6
安　徽	Anhui	10544. 1	11727. 0	12840. 1	14711. 5
福　建	Fujian	16176. 6	17644. 5	18850. 2	20167. 5
江　西	Jiangxi	10052. 8	11088. 9	12403. 4	13258. 6
山　东	Shandong	11896. 8	13328. 9	14578. 4	15926. 4
河　南	Henan	10002. 5	11000. 4	11835. 1	12712. 3
湖　北	Hubei	11760. 8	12928. 3	14316. 5	15888. 7
湖　南	Hunan	11945. 9	13288. 7	14267. 3	15750. 5
广　东	Guangdong	17421. 0	19205. 5	20975. 7	23448. 4
广　西	Guangxi	9596. 5	10274. 3	11401. 0	12295. 2
海　南	Hainan	11192. 9	12470. 6	13575. 0	14275. 4
重　庆	Chongqing	12600. 2	13810. 6	15139. 5	16384. 8
四　川	Sichuan	11054. 7	12368. 4	13632. 1	14838. 5
贵　州	Guizhou	8288. 0	9303. 4	10413. 8	11931. 6
云　南	Yunnan	8823. 8	9869. 5	11005. 4	11768. 8
西　藏	Tibet	6306. 8	7317. 0	8245. 8	9318. 7
陕　西	Shaanxi	11217. 3	12203. 6	13087. 2	13943. 0
甘　肃	Gansu	8943. 4	9874. 6	10950. 8	12254. 2
青　海	Qinghai	11576. 5	12604. 8	13611. 3	14774. 7
宁　夏	Ningxia	11292. 0	12484. 5	13815. 6	14965. 4
新　疆	Xinjiang	11391. 8	11903. 7	12867. 4	14066. 5

注：本表数据来源于国家统计局开展的城乡一体化住户收支与生活状况调查。

The data shown it this table are compiled on the basis of the integrated household income and expenditure survey of the NBS, including both urban and rural households.

《中国统计年鉴—2017》

分地区居民人均可支配收入来源（2016年）
Per capita disposable income of households by sources and region（2016）

单位：元（yuan）

地区	Region	可支配收入 Disposable Income	工资性收入 Income from Wages and Salaries	经营净收入 Net Business Income	财产净收入 Net Income from Properties	转移净收入 Net Income from Transfers
全国	**National Average**	**23821.0**	**13455.2**	**4217.7**	**1889.0**	**4259.1**
北京	Beijing	52530.4	33114.2	1396.4	8229.6	9790.2
天津	Tianjin	34074.5	21218.6	3136.7	3217.4	6501.9
河北	Hebei	19725.4	11888.9	3020.3	1335.4	3480.8
山西	Shanxi	19048.9	11304.9	2693.1	1111.8	3939.0
内蒙古	Inner Mongolia	24126.6	12939.5	5776.4	1202.7	4208.0
辽宁	Liaoning	26039.7	13787.5	4526.8	1294.1	6431.3
吉林	Jilin	19967.0	9699.3	4814.9	861.3	4591.4
黑龙江	Heilongjiang	19838.5	9673.3	4263.6	994.6	4907.0
上海	Shanghai	54305.3	32718.6	1398.9	7684.2	12503.7
江苏	Jiangsu	32070.1	18664.4	4723.7	2880.4	5801.6
浙江	Zhejiang	38529.0	22206.7	6588.6	4337.5	5396.2
安徽	Anhui	19998.1	10931.6	4512.7	1085.5	3468.3
福建	Fujian	27607.9	16041.9	5280.2	2621.9	3663.9
江西	Jiangxi	20109.6	11309.4	3579.8	1368.6	3851.8
山东	Shandong	24685.3	14259.3	5470.4	1632.8	3322.7
河南	Henan	18443.1	9265.5	4257.3	1142.3	3777.9
湖北	Hubei	21786.6	10818.7	4781.4	1322.9	4863.7
湖南	Hunan	21114.8	10796.9	4233.8	1503.5	4580.7
广东	Guangdong	30295.8	21361.9	4101.8	3096.5	1735.6
广西	Guangxi	18305.1	8882.9	4779.4	1069.1	3573.7
海南	Hainan	20653.4	12258.1	4042.1	1216.5	3136.7
重庆	Chongqing	22034.1	11557.7	3684.3	1413.7	5378.4
四川	Sichuan	18808.3	9278.2	3993.2	1198.5	4338.3
贵州	Guizhou	15121.1	7787.3	3555.4	773.3	3005.1
云南	Yunnan	16719.9	7659.6	4433.2	1673.0	2954.2
西藏	Tibet	13639.2	7111.0	4141.1	527.0	1860.1
陕西	Shaanxi	18873.7	10366.1	2538.3	1103.3	4866.0
甘肃	Gansu	14670.3	7910.3	2746.9	1009.5	3003.6
青海	Qinghai	17301.8	10234.6	2629.2	862.7	3575.3
宁夏	Ningxia	18832.3	11238.9	3359.7	792.0	3441.7
新疆	Xinjiang	18354.7	9968.2	4434.4	695.0	3257.0

注：本表数据来源于国家统计局开展的城乡一体化住户收支与生活状况调查。

The data shown in this table are compiled on the basis of the integrated household income and expenditure survey of the NBS, including both urban and rural households.

《中国统计年鉴—2017》

分地区居民人均消费支出（2016年）
Per capita consumption expenditure of households by region (2016)

单位：元(yuan)

地区	Region	消费支出 Consumption Expenditure	食品烟酒 Food, Tobacco and Liquor	衣着 Clothing	居住 Residence	生活用品及服务 Household Facilities Articles and Services	交通通信 Transport and Communications	教育文化娱乐 Education, Culture and Recreation	医疗保健 Health Care and Medical Services	其他用品及服务 Miscellaneous Goods and Services
全国	National Average	17110.7	5151.0	1202.7	3746.4	1043.7	2337.8	1915.3	1307.5	406.3
北京	Beijing	35415.7	7608.5	2433.0	11187.7	2327.2	4701.7	3686.6	2455.7	1015.2
天津	Tianjin	26129.3	8020.6	1931.2	5654.8	1561.7	3752.2	2404.0	2022.9	782.0
河北	Hebei	14247.5	3819.1	1111.1	3295.0	957.6	2062.2	1449.2	1225.4	327.8
山西	Shanxi	12682.9	3098.1	1104.0	2751.3	679.6	1709.0	1810.7	1227.5	302.6
内蒙古	Inner Mongolia	18072.3	5169.0	1827.1	3173.6	1126.9	2525.5	2165.8	1569.9	514.4
辽宁	Liaoning	19852.8	5457.8	1745.3	3700.7	1182.4	2837.3	2422.1	1912.1	595.0
吉林	Jilin	14772.6	3949.0	1266.5	2794.3	773.9	2073.0	1850.1	1681.7	384.1
黑龙江	Heilongjiang	14445.8	3997.0	1313.7	2616.9	750.7	2040.9	1688.3	1694.7	343.8
上海	Shanghai	37458.3	9564.0	1734.0	12263.9	1755.2	4228.5	4174.6	2720.7	1017.6
江苏	Jiangsu	22129.9	6265.7	1453.3	5107.2	1363.1	3372.2	2514.5	1453.7	600.2
浙江	Zhejiang	25526.6	7414.2	1564.1	6133.5	1224.0	4377.3	2794.3	1506.5	512.6
安徽	Anhui	14711.5	4880.2	990.8	3047.3	868.8	1975.2	1558.8	1092.1	298.4
福建	Fujian	20167.5	6907.0	1093.1	5199.8	1111.2	2504.2	1905.4	1053.9	392.8
江西	Jiangxi	13258.6	4400.8	944.7	3089.1	765.0	1576.9	1424.4	764.5	293.2
山东	Shandong	15926.4	4489.5	1326.1	3214.7	1124.5	2324.8	1754.6	1339.0	353.1
河南	Henan	12712.3	3585.2	1141.7	2630.0	953.8	1550.8	1439.5	1113.4	298.0
湖北	Hubei	15888.7	4926.4	1106.5	3369.9	938.1	1931.0	1739.5	1528.2	349.1
湖南	Hunan	15750.5	4812.0	1057.9	3104.6	993.1	1915.5	2392.7	1165.0	309.8
广东	Guangdong	23448.4	8015.1	1209.9	5247.0	1402.0	3296.5	2451.2	1144.9	681.9
广西	Guangxi	12295.2	4232.3	532.5	2735.5	711.0	1541.6	1444.0	907.4	190.8
海南	Hainan	14275.4	5745.5	596.5	2647.1	704.3	1762.2	1544.9	1021.0	254.0
重庆	Chongqing	16384.8	5611.6	1373.7	2903.1	1145.8	1941.6	1745.9	1344.5	318.7
四川	Sichuan	14838.5	5321.2	1140.8	2734.4	967.2	1850.3	1284.8	1172.6	367.1
贵州	Guizhou	11931.6	3708.9	810.6	2518.2	751.3	1610.6	1602.5	724.7	204.8
云南	Yunnan	11768.8	3742.4	653.5	2346.6	682.1	1723.5	1429.8	976.4	214.4
西藏	Tibet	9318.7	4530.4	926.8	1522.8	500.8	990.0	370.1	257.7	220.1
陕西	Shaanxi	13943.0	3857.2	1024.1	2850.2	953.4	1664.1	1785.2	1528.2	280.7
甘肃	Gansu	12254.2	3701.2	994.5	2294.9	803.0	1573.0	1502.1	1122.7	262.9
青海	Qinghai	14774.7	4271.8	1269.5	2595.5	873.8	2287.0	1568.2	1503.9	404.8
宁夏	Ningxia	14965.4	3701.3	1219.9	2741.7	924.6	2748.6	1772.1	1473.2	384.1
新疆	Xinjiang	14066.5	4213.4	1271.6	2492.9	911.6	2052.4	1471.2	1333.2	320.1

注：本表数据来源于国家统计局开展的城乡一体化住户收支与生活状况调查。

The data shown in this table are compiled on the basis of the integrated household income and expenditure survey of the NBS, including both urban and rural households.

《中国统计年鉴—2017》